住房和城乡建设部“十四五”规划教材

高等学校土木工程学科专业指导委员会铁道工程指导小组规划教材

钢结构设计原理

姜兰潮　杨　娜　主　编

中国建筑工业出版社

图书在版编目（CIP）数据

钢结构设计原理 / 姜兰潮，杨娜主编. — 北京：
中国建筑工业出版社，2024.3
住房和城乡建设部“十四五”规划教材　高等学校土
木工程学科专业指导委员会铁道工程指导小组规划教材
ISBN 978-7-112-29306-3

Ⅰ. ①钢… Ⅱ. ①姜… ②杨… Ⅲ. ①钢结构一结构
设计一高等学校一教材 Ⅳ. ①TU391.04

中国国家版本馆 CIP 数据核字(2023)第 208047 号

“钢结构设计原理”是土木工程、铁道工程等相关专业的核心专业基础课程。本教材主要根据《钢结构通用规范》GB 55006—2021、《钢结构设计标准》GB 50017—2017、《高强钢结构设计标准》JGJ/T 483—2020、《铁路桥梁钢结构设计规范》TB 10091—2017、《铁路桥涵设计规范（极限状态法）》Q/CR 9300—2018 等专业标准、规范，并结合作者近年来在钢结构教学中的实践编写而成。本教材主要介绍土木工程房屋建筑、铁路桥梁、铁路房建设备中钢结构设计的基本原理。全书共分为 12 章，包括绪论、钢结构的材料、钢结构的设计方法、钢结构的稳定与疲劳、轴心受力构件、受弯构件、拉弯和压弯构件、钢结构的焊缝连接、钢结构的紧固件连接等基础知识，以及钢平台结构、钢桁架桥、钢结构的建造等拓展知识的综合应用部分。各章开头有本章知识点、重点和难点，章后还附有习题，便于教学使用。

本书可以作为高等学校土木工程及相关专业的教学用书，也可以用作继续教育的教材及土建设计和工程专业技术人员学习与参考用书。

为了更好地支持教学，我们向采用本书作为教材的教师提供课件，可通过以下方式索取：建工书院：http://edu.cabplink.com，邮箱：jckj@cabp.com.cn，电话：(010)58337285。

责任编辑：聂　伟　吉万旺
文字编辑：卜　煜
责任校对：张　颖

住房和城乡建设部“十四五”规划教材
高等学校土木工程学科专业指导委员会铁道工程指导小组规划教材
钢结构设计原理
姜兰潮　杨　娜　主　编
*
中国建筑工业出版社出版、发行（北京海淀三里河路 9 号）
各地新华书店、建筑书店经销
北京红光制版公司制版
建工社（河北）印刷有限公司印刷
*
开本：787 毫米×1092 毫米　1/16　印张：24¾　字数：757 千字
2024 年 2 月第一版　　2024 年 2 月第一次印刷
定价：**69.00** 元（赠教师课件）
ISBN 978-7-112-29306-3
(41859)

出版说明

党和国家高度重视教材建设。2016 年，中办国办印发了《关于加强和改进新形势下大中小学教材建设的意见》，提出要健全国家教材制度。2019 年 12 月，教育部牵头制定了《普通高等学校教材管理办法》和《职业院校教材管理办法》，旨在全面加强党的领导，切实提高教材建设的科学化水平，打造精品教材。住房和城乡建设部历来重视土建类学科专业教材建设，从“九五”开始组织部级规划教材立项工作，经过近 30 年的不断建设，规划教材提升了住房和城乡建设行业教材质量和认可度，出版了一系列精品教材，有效促进了行业部门引导专业教育，推动了行业高质量发展。

为进一步加强高等教育、职业教育住房和城乡建设领域学科专业教材建设工作，提高住房和城乡建设行业人才培养质量，2020 年 12 月，住房和城乡建设部办公厅印发《关于申报高等教育职业教育住房和城乡建设领域学科专业“十四五”规划教材的通知》（建办人函〔2020〕656 号），开展了住房和城乡建设部“十四五”规划教材选题的申报工作。经过专家评审和部人事司审核，512 项选题列入住房和城乡建设领域学科专业“十四五”规划教材（简称规划教材）。2021 年 9 月，住房和城乡建设部印发了《高等教育职业教育住房和城乡建设领域学科专业“十四五”规划教材选题的通知》（建人函〔2021〕36 号）。为做好“十四五”规划教材的编写、审核、出版等工作，《通知》要求：（1）规划教材的编著者应依据《住房和城乡建设领域学科专业“十四五”规划教材申请书》（简称《申请书》）中的立项目标、申报依据、工作安排及进度，按时编写出高质量的教材；（2）规划教材编著者所在单位应履行《申请书》中的学校保证计划实施的主要条件，支持编著者按计划完成书稿编写工作；（3）高等学校土建类专业课程教材与教学资源专家委员会、全国住房和城乡建设职业教育教学指导委员会、住房和城乡建设部中等职业教育专业指导委员会应做好规划教材的指导、协调和审稿等工作，保证编写质量；（4）规划教材出版单位应积极配合，做好编辑、出版、发行等工作；（5）规划教材封面和书脊应标注“住房和城乡建设部‘十四五’规划教材”字样和统一标识；（6）规划教材应在“十四五”期间完成出版，逾期不能完成的，不再作为《住房和城乡建设领域学科专业“十四五”规划教材》。

住房和城乡建设领域学科专业“十四五”规划教材的特点：一是重点以修订教育部、住房和城乡建设部“十二五”“十三五”规划教材为主；二是严格按照专业标准规范要求编写，体现新发展理念；三是系列教材具有明显特点，满足不同层次和类型的学校专业教学要求；四是配备了数字资源，适应现代化教学的要求。规划教材的出版凝聚了作者、主审及编辑的心血，得到了有关院校、出版单位的大力支持，教材建设管理过程有严格保障。希望广大院校及各专业师生在选用、使用过程中，对规划教材的编写、出版质量进行反馈，以促进规划教材建设质量不断提高。

住房和城乡建设部“十四五”规划教材办公室

2021 年 11 月

前　言

从 2018 年 7 月 1 日起实施的《钢结构设计标准》GB 50017—2017，在《钢结构设计规范》GB 50017—2003 的基础上增加了大幅的内容，从原来的 11 章修订至 18 章，除传统钢结构设计内容外，增加了很多新型实用内容。2019 年 6 月《铁路桥涵设计规范（极限状态法）》Q/CR 9300—2018 以及 2020 年 6 月《铁路工程结构可靠性设计统一标准》GB 50216—2019 的正式实施，明确指出了铁路工程结构设计宜采用以概率理论为基础、以分项系数表达的极限状态设计方法，开启了铁路钢桥设计近似概率极限状态设计法与容许应力法并行的转轨过渡期。基于以上背景，本教材结合土木工程专业宽口径教学的需要，以及铁道工程的专业需求，依据多年教学实践的经验与反馈、钢结构设计理论和技术的研究成果和工程实践的新知识，提炼钢结构设计基本概念和基本原理，对钢结构设计原理课程教材内容进行增补、调整与完善，形成专业覆盖范围广、以概念和理论为重点、以实际应用为导向的土木工程专业基础课程教材。本教材在每章补充了《铁路桥梁钢结构设计规范》TB 10091—2017 中容许应力设计法的内容，其内容及教学符合《高等学校土木工程本科专业指南》的要求。本教材可以作为高等学校土木工程及相关专业的教学用书，也可以用作继续教育的教材及土建设计和工程专业技术人员学习与参考用书。

本教材基于《钢结构设计标准》GB 50017—2017、《铁路桥梁钢结构设计规范》TB 10091—2017、《铁路桥涵设计规范（极限状态法）》Q/CR 9300—2018 等，面向基本构件及连接方法，主要介绍钢结构材料的物理力学性能（第 2 章）、钢结构的设计方法（第 3 章，包括极限状态设计法和容许应力法）、钢结构的基本构件的受力性能分析与设计计算（第 4～7 章，包括钢结构的疲劳与稳定、轴心受力构件、受弯构件、拉弯和压弯构件）、钢结构的连接构造及计算（第 8、9 章，包括焊接、栓接和铆接等）等。最后，通过两个实际结构体系设计案例（第 10、11 章），将所学原理知识综合运用，并了解钢结构的建造技术（第 12 章）。通过本教材的学习，可使学生掌握钢结构的基本理论和基本设计方法，为学习后续专业课程、毕业设计，以及毕业后从事土木工程领域相关工作（包括房建和铁路桥梁方面）打下坚实的基础。

本教材在叙述方法上由浅入深，循序渐进，力求对基本概念论述清楚，使读者能较容易地掌握钢结构基本构件的力学性能及理论分析方法；突出应用，有明确的计算方法和实用设计步骤，书中有一定数量的计算例题，有利于理解和掌握设计原理。此外，“钢结构设计原理”是土木工程专业的核心专业基础课，该课程除了专业理论知识外，也是培养学生工程与社会可持续发展、工程师责任意识与家国情怀等非技术能力和素养的重要平台，因此教材内容除了教学大纲的知识体系和内容外，全过程、多角度地融入钢结构历史、国家战略、经典及现代钢结构工程实践等多维思政案例，并将其与思政元素、课程教学内容知识点有机衔接，以期实现课程的内涵思政。

本教材由长期担任“钢结构设计原理”课程教学工作的教师共同编写。参加编写的人员有：北京交通大学王萌，第 1、9 章；刘磊，第 2、11 章；邢佶慧，第 3、8 章；窦超，

第 4、5 章；陈爱国，第 6、7 章；姜兰潮，第 10、12 章；白凡，习题、附录。全书由姜兰潮、杨娜任主编。本教材第 10～12 章以二维码数字资源的方式呈现，同时另配有试验视频、案例详解以及习题答案等数字资源。

高日教授、石永久教授对本教材进行了审阅，并提出了许多宝贵的意见，为本教材做了大量工作，在此表示诚挚的谢意。中物杭萧绿建科技股份有限公司的方明和中国新兴建设开发有限责任公司的贺海勃为本书提供了大量钢结构制作加工的照片、视频等素材，在此深表感谢。编写过程中，研究生吴金在例题、图表绘制等方面协助做了大量工作，在此一并感谢。

编者

2023 年 1 月

目　　录

第10章

第11章

第12章

第 1 章　绪　　论

【本章知识点】

本章主要介绍钢结构的组成及发展简史、钢结构的特点及工程应用、我国钢结构的行业政策及发展趋势。

【重点】

掌握钢结构的特点及对应的工程应用。

【难点】

能够根据钢结构的特点，解释工程中应用钢结构的原因；能够针对某类型的实际钢结构，描述其结构特点。

1.1　钢结构的组成

钢结构是以钢材为主要材料制作而成的结构，是土木工程结构的主要形式之一，广泛应用于桥梁、房屋建筑等各类工程中。通常利用钢板、热轧型钢或冷加工型钢等结构钢材制成梁、柱、支撑等构件，各构件之间采用焊缝、螺栓或铆钉等形式进行连接，形成整体钢结构，如图 1-1 所示。部分钢结构也采用钢丝绳或钢丝束，形成预应力结构。钢材优异的力学性能和加工工艺性能、制作安装的高度工业化、丰富多样的结构形式以及对复杂条件良好的适用性等特点极大地促进了钢结构的发展。

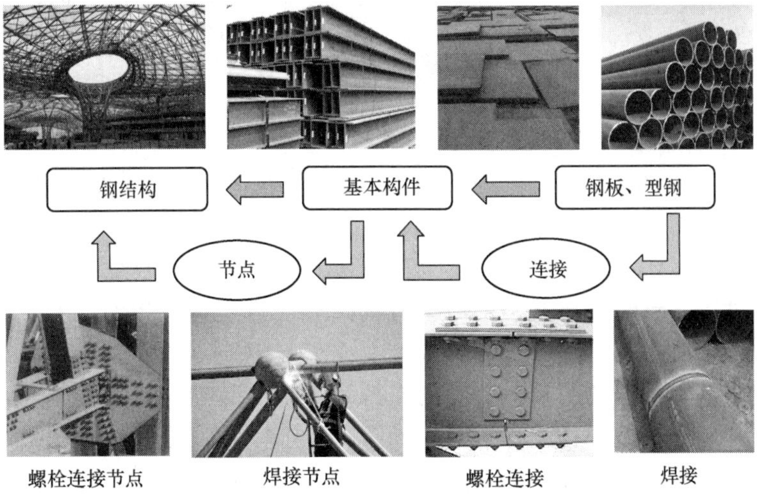

图 1-1　钢结构的组成原理

1.2 钢结构的发展简史

最早的钢结构由铁结构发展而来。1779 年，在英格兰中部西米德兰兹郡建成了世界第一座铸铁拱桥——雪纹（Coalbrookdale）桥，如图 1-2 所示，其跨度为 30.7m。以此为起点，国外的钢结构开始了快速发展。1890 年，英国在爱丁堡城北福兹河（Firth of Forth）上建成了福兹双线铁路桥（Forth Bridge），该桥主跨达 519m，是英国人引以为豪的工程杰作，如图 1-3 所示。法国的埃菲尔铁塔始建于 1887 年 1 月 26 日，于 1889 年 3 月 31 日竣工，成为当时世界最高建筑，如图 1-4 所示。20 世纪 30 年代，美国进入钢铁产业的迅猛发展时期，钢铁产量和质量的提高带动了钢结构突飞猛进的发展，在纽约、芝加哥等城市建设了大量钢结构桥梁、高层钢结构等，如图 1-5 所示。

图 1-2 雪纹桥

图 1-3 福兹双线铁路桥

图 1-4 埃菲尔铁塔

图 1-5 旧金山新海湾大桥

我国自 1949 年中华人民共和国成立以来，随着经济建设的发展，钢结构也得到了一定程度的发展，但由于受到钢产量的制约，钢结构仅在重型厂房、大跨度公共建筑、铁路桥梁以及桅杆结构中采用。1978 年以后，我国实行“改革开放”政策，经济建设有了突飞猛进的发展，钢结构也有了前所未有的发展，应用领域有了较大进展。1996 年，我国钢产量首次超过 1 亿 t，在绝对数量上占据世界钢产量首位。随着钢产量的增加，钢结构供不应求的局面逐渐改善，其应用也得到了积极的推广。凭借优异的性能，钢结构广泛应用于我国各类公共建筑，例如体育场、歌剧院、超高层建筑和大跨度桥梁等，如图 1-6～图 1-14 所示。21 世纪以来，随着科学技术的迅猛发展以及人们对物质文化生活要求的不断提高，钢结构面临飞速发展的机遇和挑战。新的结构形式、设计理念、计算分析理论、制作安装技术层出不穷，为钢结构的发展提供了前提和保障，此部分内容在本教材 1.4 节进行详细介绍。

图 1-6　国家游泳中心

图 1-7　国家大剧院

图 1-8　深圳地王大厦

图 1-9　金茂大厦

图 1-10　台北 101 大厦

图 1-11　国贸三期

图 1-12　香港环球贸易广场

图 1-13　上海杨浦大桥

图 1-14　苏通大桥

1.3　钢结构的特点

与其他材料制作的结构相比，钢结构具有如下特点：

1. 轻质高强，承载能力大

与混凝土、木材等其他结构材料相比，钢材的密度虽然较大，但其强度与其他结构材料相比有显著提高，从而使钢结构具有较大的承载能力，适用于承受大荷载的结构，如冶金厂房与重型机械厂房，如图 1-15 所示的上海宝钢冶金车间。钢材的强度与密度的比值远大于混凝土和木材。因此，在承受同样荷载（尤其是拉力）时，与混凝土结构和木结构相比，钢结构构件的截面面积较小、自重较轻，适用于轻型厂房、仓储、贸易市场等轻型钢结构，如图 1-16 所示轻型钢结构厂房以及图 1-17 所示波纹拱板结构。

图 1-15　重型工业厂房——上海宝钢冶金车间

图 1-16　轻型钢结构厂房

钢材轻质高强的特性使钢结构在跨度大、高度大时体现出良好的综合效益，近年来钢结构在大跨、高层及高耸结构中得到广泛应用，如高层建筑、大跨度桥梁、大跨度屋盖等结构，如图 1-18 及图 1-19 所示。

图 1-17　波纹拱板结构

图 1-18　高层建筑结构

(a) 南京大胜关长江大桥(京沪高速铁路跨江大桥)

(b) 大兴机场主体结构

图 1-19　大跨度结构

2. 钢材材性好，可靠性高

钢材在冶炼和轧制过程中质量可以得到严格控制，材质波动范围小。钢材质地均匀，各向同性，弹性模量大，具有良好的塑性和韧性，可近似看作理想弹塑性体，符合目前采用结构计算方法的基本概念和假定，从而使钢结构的分析计算理论能够较好地反映钢结构的实际工作性能，可靠性高。

3. 工业化程度高，品质易保证

结构钢具有良好的冷、热加工性能，便于在专业化工厂进行机械加工，再运输到现场安装。钢结构工厂制造、现场安装的施工方法既能保证加工和施工精度，又能有效缩短施工周期，劳动生产率高，需要的作业人员少，大大降低了综合造价，非常适用于拼装式结构或需要移动的结构，如各种移动式起重机械、军用桥、栈桥、施工脚手架等可拆装结构，如图 1-20 所示通廊结构。同时，钢结构的工业化生产也为降低工程造价、提高经济效益创造了有利条件。装配式钢结构建筑迅速发展，因为其工业化程度高，很好地满足了工业化发展趋势，也在抗击疫情中发挥了重要作用，如图 1-21 火神山医院及图 1-22雷神山医院，充分体现了装配式建筑的优势。应用智能建造技术使钢结构建筑项

图 1-20　宝钢一号高炉上料系统主皮带通廊

图 1-21　火神山医院

图 1-22　雷神山医院

目拥有清晰的生产制造管理流程，在项目中引入建筑信息模型（BIM）技术，对提高设计速度，减少制作及安装错误，保持施工与设计一致性等具有积极的意义，同时还可实现钢构件的高质量数字化制造、施工进度的全生命周期管理和施工资源的有效调度。

4. 抗震性能好

钢材具有良好的塑性和韧性；钢结构自重轻且结构体系轻盈，受到的地震作用较小，因此在国内外的历次地震中，钢结构均是损坏最轻的结构。国际已公认，钢结构是抗震设防区，特别是强震区最适宜的结构类型。

5. 气密、水密性好

结构钢本身具有优良的气密、水密性，而钢构件之间的连接又可以实现完全封闭，非常适用于对密闭性要求高的结构，如油罐、燃气罐、管道、高炉、除尘器、脱硫塔及各种船舶结构等，如图 1-23 所示某化工厂的除尘器、图 1-24 所示海底天然气的输送管道、图 1-25所示屋面及墙面围护结构、图 1-26 所示跨海大桥沉井施工。同时，钢结构在其使用周期内不易因温度等作用出现裂缝，具有较好的耐久性。因此，钢结构容易达到工程或工业所需的密闭性要求。

图 1-23　上海宝钢集团宝山钢铁公司除尘器钢围护结构

图1-24　海底天然气输送管道

图 1-25　屋面及墙面围护结构

图 1-26　跨海大桥沉井施工

6. 绿色环保无污染

钢材是一种高强度、高效能的材料，可以 100%回收再利用，而且没有资源损失，具有很高的再循环价值，其边角料也有价值，不需要制模施工，有助于环保和可持续发展，具有“绿色”建材的优良属性。采用钢结构可在建筑的全生命周期实现降低碳排放的目的，设计阶段应用钢结构可减轻结构自重，节约材料用量；施工阶段采用装配式建造方法能有效缩短工期，减小施工过程对环境的影响；运营阶段可实现对钢构件的及时更换，避免大规模维修导致的材料浪费；拆除阶段钢材具有较高的回收价值，减少了废弃物的产生。与混凝土结构、砖混结构等相比，在同样楼层净高条件下，钢结构围护墙体面积小，可以节约空调所需能源。

7. 易锈蚀

铁元素易与氧及其他非金属元素发生氧化反应，致使钢结构在一般自然环境中极易锈蚀，需经常进行防腐养护，维护费用昂贵，这是钢结构的最大弱点。但是，在没有腐蚀性介质的一般建筑结构中，钢构件经过彻底除锈、喷涂防腐涂料后，锈蚀问题并不严重；对于湿度大或有腐蚀性介质环境中的钢结构，可采用耐候钢或不锈钢解决其易腐蚀的问题，如图 1-27 所示首钢滑雪大跳台，其建筑材料选用了耐火耐候钢。

图 1-27　首钢滑雪大跳台

8. 耐热性好，耐火性差

钢材耐热，但不耐火。当环境温度在 150℃以内时，钢材性质变化很小；当环境温度超过 300℃后，钢材的强度开始逐渐下降；当环境温度升至 450～650℃时，钢材强度接近于零。因此，在有防火要求的建筑中，钢结构必须用防火材料加以防护。

1.4　我国钢结构的发展及工程应用

二维码1-1
四川泸定大渡河铁索桥

在公元前 60 年前后，我国就修建了铁链桥。1705 年，桥长 100m 的四川泸定大渡河铁索桥不仅是我国具有标志性意义的铁制结构，亦是世界具有里程碑意义的铁制结构。钱塘江大桥由中国桥梁专家茅以升主持全部结构设计，是中国自行设计、建造的第一座双层铁路、公路两用双层桁架桥。该桥始建于 1934 年，并于 1937 年建成通车，同年为阻断侵华日军南下而被炸毁，于 1948 年成功修复。改革开放后，我国钢结构的设计、制造和安装水平有了迅速提高，先后建成一批规模较大、技术较为先进的钢结构建筑，为我国钢结构的进一步发展奠定了坚实的技术基础。随着钢材的产量和质量不断提高，为工程建设中大量采用钢结构提供了物质保证。2008 年奥运会、2019 年世界园艺博览会、2022 年冬奥会在北京召开，更为钢结构在我国的发展提供了历史契机。表 1-1、表 1-2 和表 1-3 分别列出了新中国成立以来我国重要的桥梁钢结构、高层建筑钢结构和大跨度建筑钢结构。

二维码1-2
钱塘江大桥

国内典型的桥梁钢结构 **表 1-1**

工程名称	结构形式及主要技术指标	建成时间（年）	用途
钱塘江大桥	桁架梁，全长 1453m，公路桥宽 9.14m	1948	公铁
武汉长江大桥	连续梁，主桥长 1156m	1957	公铁
南京长江大桥	连续梁桥，主桥长 1576m	1968	公铁
九江长江大桥	系杆拱桥，全长 7675m，主桥长 1806m	1992	公铁
上海杨浦大桥（图 1-13）	斜拉桥，全长 7658m，主桥长 1172m	1993	公路
香港青马大桥	悬索桥，主跨 1377m	1997	公铁
江阴长江大桥	悬索桥，主跨 1385m	1999	公路
南京长江二桥（图 1-28）	斜拉桥，主跨 628m，流线形钢箱梁	2000	公路
宜昌长江大桥（图 1-29）	悬索桥，主跨 960m	2001	公路
卢浦大桥	中承式系杆拱桥，主跨 550m	2003	公路
润扬大桥	悬索桥，主跨 1490m	2005	公路
杭州湾跨海大桥	斜拉桥，主跨 448m，双塔双索面钢箱梁	2007	公路
苏通大桥（图 1-14）	斜拉桥，主跨 1088m，钢箱梁	2007	公路
武汉天兴洲大桥（图 1-30）	斜拉桥，主跨 504m	2009	公铁
矮寨大桥（图 1-31）	悬索桥，主跨 1176m	2012	公路
东水门长江大桥	斜拉桥，主跨 445m，钢桁梁	2014	公铁
重庆千厮门嘉陵江大桥（图 1-32）	斜拉桥，主跨 312m，钢桁梁	2015	公铁
安庆长江铁路大桥（图 1-33）	斜拉桥，主跨 580m，钢桁梁	2015	铁路
芜湖长江二桥（图 1-34）	斜拉桥，主桥长 1622m，双塔双索面钢箱梁	2017	公路
港珠澳大桥（图 1-35）	斜拉桥，全长 55km，主桥长 29.6km	2018	公路
官厅水库特大桥（图 1-36）	全长 9km，主桥长 880m，钢桁梁	2019	铁路
商合杭高铁裕溪河特大桥（图 1-37）	斜拉桥，主桥长 686m，钢箱桁梁	2020	铁路
北口大桥	悬索桥，跨江主桥长 2090m，钢桁梁	2022	公路

图 1-28　南京长江二桥

图 1-29　宜昌长江大桥

图 1-30　武汉天兴洲大桥

图 1-31　矮寨大桥

图 1-32　重庆千厮门嘉陵江大桥

图 1-33　安庆长江铁路大桥

图 1-34　芜湖长江二桥

图 1-35　港珠澳大桥

图 1-36　京张高铁官厅水库特大桥

图 1-37　商合杭高铁裕溪河特大桥

国内典型的高层建筑钢结构　　**表 1-2**

工程名称	城市	总建筑面积（万 m^2）	层数	高度（m）	建成时间（年）
中环广场	香港	13	78	374	1993
中信广场	广州	29	80	391.1	1997
金贸大厦（图 1-9）	上海	28.9	88	420.5	1998
中国银行大厦	香港	12.9	72	368	1998
国际金融中心二期	香港	20	90	415.8	2003
101 大厦（图 1-10）	台北	19.3	101	508	2004
中央电视台总部大楼（图 1-38）	北京	55	45	230	2008
国贸三期（图 1-11）	北京	54	75	330	2008
上海环球金融中心大厦（图 1-39）	上海	38.2	101	492	2008
北京银泰中心（图 1-40）	北京	3.1	63	249.9	2008
广州新电视塔（图 1-41）	广州	11.4	112	600	2009
香港环球贸易广场（图 1-12）	香港	50.4	118	484	2010
上海中心大厦（图 1-42）	上海	43.4	119	632	2015
广州周大福金融中心	广州	40.4	116	530	2016
深圳平安金融中心（图 1-43）	深圳	46.1	123	592.5	2017
中国尊（图 1-44）	北京	43.7	115	527.7	2018
武汉绿地中心	武汉	39.2	77	475	2019（封顶）
民盈·国贸中心 T2 塔楼（图 1-45）	东莞	20	89	423	2021

图 1-38 中央电视台总部大楼

图 1-39 上海环球金融中心大厦

图 1-40 北京银泰中心

图 1-41 广州新电视塔

图 1-42 上海中心大厦

图 1-43 深圳平安金融中心

图 1-44　中国尊

图 1-45　民盈·国贸中心 T2 塔楼

国内典型的大跨度建筑钢结构　　表 1-3

工程名称	总建筑面积（万 m^2）	结构形式及主要技术指标	建成时间（年）
北京工人体育馆	8	车辐式双层索结构，直径 94m	1961
首都四机位机库	3.5	网架，跨度 153m	1996
国家大剧院（图 1-7）	15	椭球形网壳，东西方向长轴长度为 212.20m，南北方向短轴长度为 143.64m	2007
国家体育馆	8.09	双向张弦钢屋架结构，南北跨度 144m，东西跨度 114m	2007
国家体育场（鸟巢）（图 1-46）	25.8	格构式门式刚架，长轴 340m，短轴 292m	2008
北京工业大学羽毛球馆（图 1-47）	2.8	弦支穹顶结构，跨度 93m	2008
国家游泳中心（水立方）（图 1-6）	6.5～8	多面体空间刚架结构，跨度 177m	2008
首都 A380 飞机维修机库	7	网架，跨度 350.8	2008
首都机场 T3 航站楼	30	空间网格结构，长 950m，宽 750m	2008
武汉站（图 1-48）	37.09	网壳，最大跨度 65m	2009
黄石体育馆（图 1-49）	4.54	网壳，最大跨度 86m	2010
广州南站	61.5	柔性拉索，最大跨度 88.5m	2010
深圳大运中心（图 1-50）	13.93	单层空间折面网格结构，建筑平面直径 144m	2011
深圳北站（图 1-51）	18.21	桁架，最大跨度 86m	2011
苏州奥林匹克体育中心体育馆	5.8	钢桁架，钢结构最大跨度 134m	2018
北京大兴国际机场（图 1-52）	9.4	网架，航站楼跨度达 180m	2019
雄安站（图 1-53）	47.52	大跨度拱形箱梁，最大跨度 78m	2020
国家速滑馆（图 1-54）	1.2	单层双向正交马鞍形索网屋面，最大跨度 198m	2020
日照之光体育馆	14.3	屋顶采用索膜结构，南北跨度 273m	2022

图 1-46　国家体育场（鸟巢）

图 1-47　北京工业大学羽毛球馆

图 1-48　武汉站

图 1-49　黄石体育馆

图 1-50　深圳大运中心

图 1-51　深圳北站

图 1-52　北京大兴国际机场

图 1-53　雄安站

图 1-54　国家速滑馆

1.5　我国钢结构行业政策

钢铁产业是国民经济的重要基础原材料产业，投资拉动作用大、吸纳就业能力强、产业关联度高，为我国经济社会发展做出了重要贡献。到 2022 年，我国钢铁产量连续 26 年稳居全球第一，但发达国家的钢结构应用比例要比我国高。为提高钢结构应用比例，充分发挥钢结构的优势，国家为钢结构的发展及绿色装配式建筑的发展提供了各种政策支持。表 1-4 列出了近年来国家各部门出台的钢结构相关政策。

国内钢结构相关政策　　**表 1-4**

日期	部门	政策名称	相关内容
2016.02.01	国务院	《关于钢铁行业化解过剩产能实现脱困发展的意见》	推广应用钢结构建筑，结合棚户区改造、危房改造和抗震安居工程实施，开展钢结构建筑推广应用试点，大幅提高钢结构应用比例。既可有效缓解钢铁行业产能过剩，也可推进传统产业转型升级
2016.02.06	中共中央国务院	《关于进一步加强城市规划建设管理工作的若干意见》	在发展新型建造方式方面加大政策支持力度，积极稳妥推广钢结构建筑
2016.03.05	第十二届全国人民代表大会第四次会议	李克强总理《政府工作报告》	积极推广绿色建筑和建材，大力发展钢结构和装配式建筑，提高建筑工程标准和质量。这是在国家政府工作报告中首次单独提出发展钢结构
2016.09.27	国务院办公厅	《关于大力发展装配式建筑的指导意见》	创新装配式建筑设计、提升装配施工水平、推进建筑全装修，因地制宜发展装配式建筑
2017.02.21	国务院办公厅	《关于促进建筑业持续健康发展的意见》	大力发展装配式钢结构建筑，提高装配式建筑在新建建筑中的比例。力争用 10 年左右，使装配式建筑占新建建筑面积的比例达 30%
2017.05.04	住房和城乡建设部	《建筑业发展“十三五”规划》	到 2020 年，城镇绿色建筑占新建建筑比例达到 50%，绿色建材应用比例达到 40%，装配式建筑面积占新建建筑比例达到 15%

续表

日期	部门	政策名称	相关内容
2018.03.27	住房和城乡建设部	《住房城乡建设部建筑节能与科技司 2018 年工作要点》	引导有条件地区和城市新建建筑全面执行绿色建筑标准，扩大绿色建筑强制推广范围，力争到 2018 年底，城镇绿色建筑面积占比达 40%
2019.03.11	住房和城乡建设部	《住房和城乡建设部建筑市场监管司 2019 年工作要点》	开展钢结构装配式住宅建设试点，推动建立成熟的钢结构装配式住宅建设体系
2019.09.15	国务院办公厅转发住房和城乡建设部	《关于完善质量保障体系提升建筑工程品质的指导意见》	贯彻落实“适用、经济、绿色、美观”的建筑方针，推行绿色建造方式，大力发展装配式建筑，对装配式建筑部品部件实行驻厂监造制度
2020.02.08	国家卫生健康委员会、住房和城乡建设部	《新型冠状病毒肺炎应急救治设施设计导则（试行）》	鼓励优先采用装配式建造方式。新建工程项目宜采用整体式、模块化结构，特殊功能区域和连接部位可采用成品轻质板材，现场组接。结构形式选择应当因地制宜，方便快速加工、运输、安装，优先考虑轻型钢结构等装配式建筑，轻质结构应当充分考虑抗风措施，构件连接安全可靠
2020.05.08	住房和城乡建设部	《关于推进建筑垃圾减量化的指导意见》	实施新型建造方式，大力发展装配式建筑，积极推广钢结构装配式住宅，推行工厂化预制、装配化施工、信息化管理的建造模式。鼓励创新设计、施工技术与装备，优先选用绿色建材，实行全装修交付，减少施工现场建筑垃圾的产生
2020.07.15	住房和城乡建设部、国家发展改革委等七部门	《绿色建筑创建行动方案》	大力发展钢结构等装配式建筑，新建公共建筑原则上采用钢结构；提高装配式建筑构配件标准化水平；推动装配式装修；打造装配式建筑产业基地
2020.08.28	住房和城乡建设部等九部门	《住房和城乡建设部等部门关于加快新型建筑工业化发展的若干意见》	大力发展钢结构建筑。鼓励医院、学校等公共建筑优先采用钢结构，积极推进钢结构住宅和农房建设。完善钢结构建筑防火、防腐等性能与技术措施，加大热轧 H 型钢、耐候钢和耐火钢应用，推动钢结构建筑关键技术和相关产业全面发展
2021.10.21	中共中央办公厅、国务院办公厅	《关于推动城乡建设绿色发展的意见》	大力发展装配式建筑，重点推动钢结构装配式住宅建设，不断提升构件标准化水平，推动形成完整产业链，推动智能建造和建筑工业化协同发展
2021.10.24	国务院	《2030 年前碳达峰行动方案》	推广绿色低碳建材和绿色建造方式，加快推进新型建筑工业化，大力发展装配式建筑，推广钢结构住宅，推动建材循环利用，强化绿色设计和绿色施工管理
2022.01.19	住房和城乡建设部	《“十四五”建筑业发展规划》	大力推广应用装配式建筑，积极推进高品质钢结构住宅建设，鼓励学校、医院等公共建筑优先采用钢结构

在国家政策的支持下，装配式钢结构的应用日益广泛，一些高层住宅楼也开始使用装配式钢结构，例如位于杭州的钱江时代公寓（图 1-55）和包头的万郡大都城（图 1-56）等。2020 年疫情期间的应急救济设施更是采用了装配式钢结构。火神山、雷神山医院装配式施工，如图 1-57 所示，一天完成一栋双层病房区搭建。2020 年 1 月 23 日开始动工，2 月 2 日火神山交付使用；2020 年 1 月 25 日动工，2 月 6 日雷神山交付使用。短短十天从无到有，不仅体现了装配式钢结构建造速度之快，也体现出建设者们付出的心血与汗水以及我们国家生命至上的价值理念。

二维码1-3
火神山、雷神山医院案例

图 1-55　钱江时代公寓

图 1-56　万郡大都城

图 1-57　火神山、雷神山装配式建造技术

1.6　钢结构的发展趋势

近十年来，钢结构行业发展质量得到稳步提升，一系列标志性建筑都采用了钢结构建筑，如北京大兴国际机场航站楼、国家速滑馆（冰丝带）、北京中信大厦、上海中心大厦、500m 口径球面射电望远镜（FAST）等。钢结构建筑具有承载力高、易于装配建造、施工周期短、抗震性能好、改建和拆除容易、材料回收循环利用率高等特点，大大减少了建筑垃圾，被誉为 21 世纪的“绿色建筑”。未来钢结构将在更多领域进行推广应用，例如，重点抗震设防建筑（学校、幼儿园、医院、大型公共建筑、重要建筑等）、大跨度结构、钢结构住宅、钢结构农房、老旧小区改造、军工设施、城市更新等。钢结构将在以下几个

方面得到高质量发展。

1. 高性能与高效能钢材的应用

高强度，耐腐蚀，钢材新的性能有了很大的发展，自20世纪50年代开始，我国的主要结构用钢为Q235钢材（屈服强度为235MPa）。随着社会需求的不断提升，不少重大工程开始采用高强度钢材，如1993年建成通车的九江长江大桥采用的钢材是15MnV（450MPa）高强度低合金钢；2008年建成使用的北京国家体育场（鸟巢）则采用了Q460钢材；2020年建成通车的沪苏通长江公铁大桥采用了Q500qE钢材；2021年建成通车的武汉汉江湾桥首次应用了Q690qE桥梁钢；国内的海工产品，如钻井平台、起重设备等常采用强度为690MPa的钢材。目前国内已经有能力生产Q960牌号的钢材，这种钢材多用于大型工程机械制造。对于受材料强度控制的结构，高强度钢可大幅度降低用钢量从而减轻结构自重。发展高强度钢材和新品种型钢，如强度更高的钢材、耐候钢（抗腐蚀），以及提高厚板材的质量（抗层状撕裂），对于推动钢结构的发展具有非常重要的意义，如2019年建成的北京冬奥会体育场馆首钢滑雪大跳台“雪飞天”就应用了SQ345FRW耐火耐候钢。行业鼓励建立钢铁厂与钢结构设计院等上下游企业的信息共享和协同工作，以促进高性能与高效能钢材在建筑领域的应用，有助于快速提高钢结构制造的生产效率和产品质量。

2. 分析理论与分析方法的发展

结构的计算理论和计算方法是结构设计的重要基础。结构学科的进步和计算技术的发展为钢结构分析方法的改进和完善提供了良好前提。钢结构在外界荷载作用下的全过程响应正在越来越多地受到关注，除了依据材料力学的基本假定和计算理论进行一般钢结构分析外，人们还关心钢结构“从弹性进入弹塑性”到“出现塑性内力重分布”到“形成机构丧失承载力”整个过程的内力、应力和变形的变化情况，以及结构在丧失承载能力后的性态表现；对于钢材的脆性断裂，人们还需要研究裂缝在钢构件受力过程中的衍生、扩展、断裂等过程。建立符合实际的钢材本构关系（如常温、高温和复杂受力时的本构关系以及材料的断裂准则等），了解几何非线性、材料（物理）非线性以及尺寸效应等因素对钢结构性能的影响则是进行钢结构全过程响应分析的基础。直接分析法作为结构设计的方法之一，同时考虑了结构整体和构件局部的初始缺陷，其本质是结构的二阶弹塑性分析方法，这种分析方法旨在反映结构体系的真实响应。同时，优化是结构设计的重要过程。结构优化准则、优化目标都是影响结构设计效果的重要因素，如《钢结构设计标准》GB 50017—2017（后简称《钢标》）就新增了关于钢结构抗震性能化设计的相关规定。

3. 新型结构形式的研究与应用

结构体系是近30年来结构方面最为活跃的领域。大跨度空间结构体系的表现尤为突出，其结构形式经历了由传统的梁格体系、拱结构体系、桁架体系到现代的网格结构体系、悬索结构体系、索膜结构体系、可开合结构体系、杂交结构体系以及张拉整体结构体系等。悬索、斜拉等结构已将桥梁的跨度增大到2300m，这是传统简支梁桥无法达到的跨度。钢结构住宅建设也有了新的研究方向，如钢结构体系和外围护体系的高效连接，防腐、防火、防渗、保温隔热、抗裂、隔声等技术的研发，结构布置与建筑设计和内装设计相结合的钢结构住宅集成化建筑新体系的研究等。每种新型结构的研制成功，都会带来钢结构的一场变革。每一种新结构体系都是对既有分析方法和设计理念的挑战。

4. 绿色建筑与建筑工业化

随着人们环保意识的提高，加之国家政策的支持，绿色建筑已经成为建筑行业发展的必然方向，绿色可持续发展将是未来发展的重要理念。钢结构凭借自身环境污染少、能够充分回收利用等优点成为了绿色建筑体系中极具优势的一种建筑材料。积极发展钢结构，有助于我国建筑业的能源低碳转型，更有助于绿色建筑的普及和应用。建筑工业化是按照大工业生产方式改造建筑业，使之逐步从手工操作进化成为工业化集成建造，建成高质量、高舒适度、设计合理且建造快速的工业化建筑。传统建筑能耗大、污染大且生产率低。因此，在我国推进发展建筑工业化非常必要，不仅可以提高建造效率，减少传统建筑业无法避免的质量通病，使建筑业真正进入可质量回溯、可规模化控制的时代，而且建筑业的转型升级还有助于加快城市化进程的步伐。在各种装配式建筑结构中，钢结构最适合推进建筑工业化，因为钢材本身就具有工业化属性，是天然的装配式建筑材料。

5. 智能建造与标准化、信息化

钢结构未来必然要实现智能建造，甚至智慧建造。钢结构智能建造与新型工业化融合创新，代表了“互联网+建筑业”的前沿发展方向，使建筑工业化和信息化融合迈上新台阶。建筑领域同汽车、电子等工业领域相比，在智能制造方面差距非常大。所以抓住新技术、新业态不断涌现的历史机遇，推广新一代信息技术与制造装备融合的集成创新和工程应用，推动钢结构制造全流程数字化生产、关键工序智能化的进程显得尤为重要。同时，以推动建筑业供给侧结构性改革为导向，开展智能建造与新型建筑工业化政策体系、技术体系和标准体系研究，研究数字化设计、部品部件柔性智能生产、智能施工和建筑机器人关键技术，研究建立建筑产业互联网平台，促进建筑业转型升级等都有助于智能建造的发展进步。

标准化工作是实现钢结构智能建造的基础，是推动钢结构可持续发展的必要前提。通过标准化的部件组合来实现钢结构建筑的多样化，满足各种不同的需求。为推动钢结构设计建造通用化、模数化、标准化，应积极应用 BIM 技术，提高各专业信息协同能力，实现基于云平台的钢结构智能建造和运营维护。

BIM 技术在钢结构设计建造过程中能够提供方便的信息共享平台，减少信息遗漏，使信息价值最大化。通过平台多方管理，改变传统的管理方式，促进钢结构建筑向着智能化、信息化发展。与 BIM 相关的研发方向包括研究钢结构建筑产业化全过程的 BIM 管理平台，建立 BIM 平台下钢结构建筑部件（墙、板、楼梯、阳台、梁、柱）数据库，研究基于 BIM 平台的装配式钢结构的分析设计关键技术与设计软件、钢构件详图自动化生成技术、钢结构预拼装技术及软件，以及 BIM 模型数据对接工厂加工生产的信息化管理系统技术等。

1.7 本教材的主要内容

二维码1-4
基本构件与结构体系的关系

虽然钢结构的形式多样，但其本质均可拆解为各类基本构件。比如桁架结构主要由轴心受力构件（拉杆和压杆）组成；框架结构中梁以受弯为主，柱多为压弯构件；拱结构由于存在水平推力，各截面以受压为主；空间结构体系中各构件的受力复杂多样，需要针对具体结构进行分析。钢板、型钢等通过栓接、焊接等连接方式被加工成各类构件，再通过连接和节点组装成完整的结构。综上所述，本教材基于《钢结构设计标准》GB 50017—2017、《铁路桥梁钢结构设计规范》TB 10091—2017、《铁路桥涵设计规范（极限状态法）》QCR 9300—2018 等，面向基础构件及连接方法，主要学习钢结构材料的物理力学性能（第 2 章）、钢结构的设计方法（第 3 章，包括极限状态设计法和容许应力法）、钢结构的基本构件的受力性能分析与设计计算（第 4～7 章，包括轴心受力构件、受弯构件、拉弯和压弯构件）、钢结构的连接构造及计算（第 8、9 章，包括焊接、栓接和铆接等）等。最后，通过两个实际结构体系设计案例（第 10、11 章），将所学原理知识综合运用，并了解钢结构的建造技术（第 12 章）。

第 2 章　钢结构的材料

【本章知识点】

本章主要讲述钢结构对钢材工作性能的基本要求，钢材的两种破坏形式（塑性破坏与脆性破坏）的概念，钢材的主要性能及衡量指标，影响钢材性能的主要因素，结构钢材的种类、牌号、规格和表示方法，结构钢材的选用原则。

【重点】

能明确结构对钢材有哪些性能要求，能够区分钢材的破坏形式并解释破坏机理，掌握钢材主要性能及衡量指标的概念与工程应用，能够解释影响钢材性能的主要因素，熟悉结构钢材的选用原则，能够根据工程需要选择合适的钢材牌号、种类及规格。

【难点】

钢材主要性能及衡量指标的概念与工程应用，根据工程需要选择合适的钢材牌号、种类及规格。

钢是以铁（Fe）和碳（C）为主要成分的合金。化学成分、冶炼、铸造和加工工艺的不同，使得钢材的种类繁多，性能差别大，适用于钢结构的钢材只是其中一小部分，如《钢标》推荐的承重结构用钢有碳素结构钢中的 Q235 和低合金高强度结构用钢的 Q355、Q390、Q420、Q460 和建筑结构用钢板 Q345GJ 等。

本章主要介绍结构钢材的工作性能和影响工作性能的因素，以及常用钢材的牌号、规格及选用原则。

2.1　钢结构对钢材的工作性能要求

钢结构广泛应用在大跨、高层或承受较大荷载的结构中，由于钢结构受力情况多样、使用环境多变，设计者在合理选择钢材前需要了解钢材的主要工作性能及其衡量指标。

结构钢材应具备的工作性能有力学性能、加工工艺性能、耐久性能以及抗火性能等。

1. 力学性能

结构钢材的力学性能主要是对其强度、塑性和韧性的要求，具体如下：

（1）较高的强度：通过屈服点 f_y 和抗拉强度 f_u 两个指标反映。f_y 是衡量结构承载能力的指标，是设计的主要依据，f_y 高可节约钢材，降低造价；f_u 是衡量钢材经过较大变形后的抗拉能力，它直接反映钢材内部组织的优劣，f_u 高可增加结构的安全储备。

（2）良好的塑性和韧性：塑性和韧性分别表示钢材在静荷载和动荷载作用下的变形能力。较大的塑性变形可以调整局部应力；韧性好表明钢材具有较好的抵抗动荷载作用的能力，从而可以减轻钢材脆性破坏的倾向。

2. 加工工艺性能

钢材的加工工艺性能是指在对材料进行冷加工（如剪切、冲剪、折弯、钻削、滚圆、车削、刨削、铣削、锯切等）、热加工（如焊接、热弯、火焰切割等）时（详见本教材第 12 章），易于加工成形，而且不致因加工而对材料的强度、塑性、韧性等造成较大的不利影响。良好的加工性能是保证钢材力学性能均匀稳定的基础。

3. 耐久性能

钢材的耐久性能主要是指钢材本身应具有较高的耐腐蚀性，另外钢材在各种不利荷载（如长期荷载、反复荷载等）作用下，其基本的力学性能没有较为明显的下降。钢材的耐久性直接影响钢结构的耐久性，故耐久性好也是确保钢材性能的基本要求。

4. 抗火性能

钢材的抗火性能是指钢材在高温下能保持室温时原有钢材力学性能的能力。普通钢材高温易软化，抗火性能差，火灾严重威胁钢结构的安全性和耐久性。在有防火要求的建筑中，钢结构一般用防火材料加以防护。近年来，有较好抗火性能的耐火钢被广泛应用于钢结构建筑中，极大地提高了钢结构在建筑行业的竞争力。

综上所述，承重结构钢材应具有较高的强度，良好的变形性能、加工工艺性能、耐久性能和抗火性能。

2.2　钢材的破坏形式

在静力荷载作用下，钢材发生破坏时有两种性质完全不同的破坏形式，即塑性破坏和脆性破坏。

塑性破坏是由于变形过大，超过了材料或构件可能的应变能力而产生的，而且仅在构件的应力达到了钢材的抗拉强度后才发生。破坏前构件产生较大的塑性变形，断裂后的断口与作用力方向呈 45°，断口呈纤维状，色泽发暗，出现颈缩现象（图 2-1a）。微观上塑性破坏是由于剪应力超过钢材晶粒的抗剪能力。在塑性破坏前，由于总会产生较大的塑性变形，且变形持续的时间较长，很容易及时发现并采取措施予以补救，不致引起严重后果。

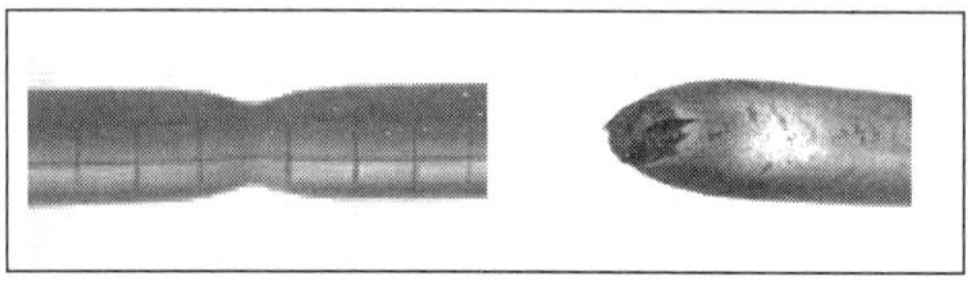

(a) 塑性破坏

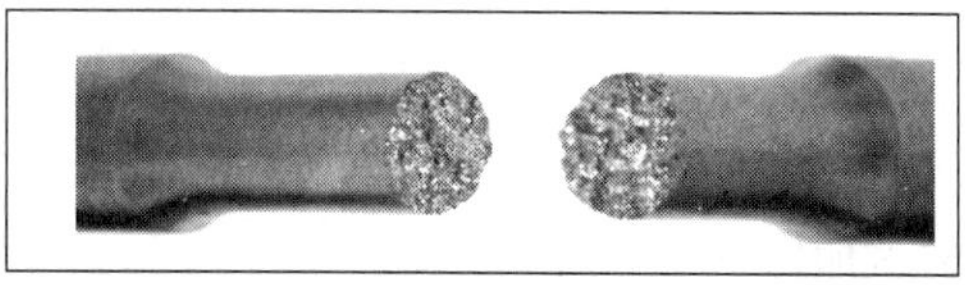

(b) 脆性破坏

图 2-1　钢材的两种破坏图示

脆性破坏是破坏前没有任何预兆，塑性变形小，甚至没有塑性变形而突然发生的破坏。断口与拉应力方向垂直，并呈有光泽的晶粒状（图 2-1b）。脆性断裂是拉应力将钢材晶体拉断的结果，此时的剪应力不足以引起晶粒滑移。脆性破坏的计算应力可能小于钢材的屈服点，断裂从应力集中处开始。由于脆性破坏前没有明显的预兆，无法及时觉察和采取补救措施，而且个别构件的断裂可能引起整个结构塌毁。

虽然结构钢具有较高的塑性和韧性，一般为塑性破坏，但钢材塑性性能不仅取决于钢材化学成分和轧制条件，还取决于其所处的工作条件，如荷载性质、温度及构造等。也就是说，即使原来塑性性能良好的钢材，在一定的条件下（如低温下、带裂纹或尖锐槽口等情况），仍然有脆性破坏的可能性。因此在设计、施工和使用钢结构时要特别注意防止出现脆性破坏。

2.3 钢材的力学性能

钢材在不同应力状态下表现出不同的工作性能，本节主要讨论钢材在一次单向均匀受拉时的力学性能、冷弯性能、冲击韧性以及钢材在反复荷载作用下的疲劳性能。钢材的主要力学性能及其指标可由钢材的相关试验获得，如一次单向均匀拉伸试验、冷弯试验、冲击韧性试验以及疲劳试验等。

2.3.1 拉伸性能

1. 钢材的一次单向均匀拉伸试验

材料拉伸试验的试样及其尺寸测量、试验设备、试验要求、性能测定等相关规定应符合规范《金属材料 拉伸试验 第1部分：室温试验方法》GB/T 228.1—2021的要求。

图2-2是低碳钢标准试件在室温（10～35℃范围内）静荷载情况下，单向均匀受拉试验时的应力-应变（σ-ε）曲线。从图2-2可以看出，钢材一次拉伸过程可分为以下五个阶段。

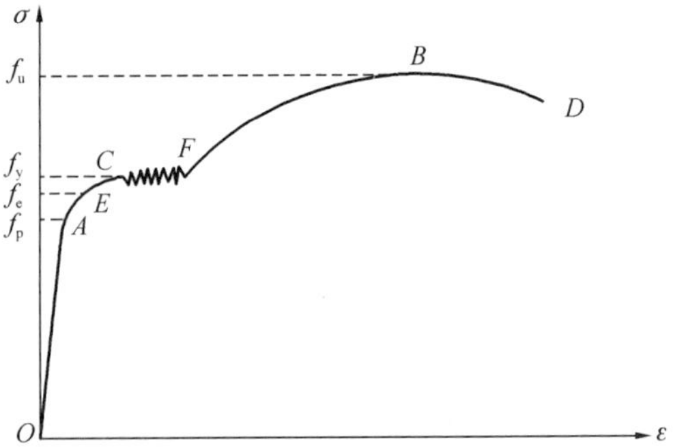

图2-2 低碳钢一次拉伸的应力-应变曲线

（1）弹性阶段

在曲线OE段，钢材表现为弹性，即应变随着应力的增加而增加，卸载后应变为零。其中OA段是一条斜直线，A点对应的应力为比例极限f_p。当$\sigma \leqslant f_p$时，应力和应变呈正比，符合胡克定律，其斜率即弹性模量为$E=\Delta\sigma/\Delta\varepsilon=206\times10^3$MPa，此阶段变形很小；当$\sigma>f_p$时，即$AE$段，此段曲线弯曲，应力-应变呈非线性，但钢材仍具有弹性性质，弹性阶段终点E点，对应的应力为弹性极限f_e。由于f_p和f_e非常接近，一般不加以区分。

（2）弹塑性阶段

$\sigma>f_e$，钢材进入弹塑性阶段，即曲线EC段，此阶段变形包括弹性变形和塑性变形两个部分，其中塑性变形不会因荷载消失而消失，也称为残余变形或永久变形。此阶段应力-应变呈曲线关系，弹性模量逐渐降到零，应力则由弹性极限f_e上升到f_y。

（3）塑性阶段

随着变形的加快，曲线出现锯齿形波动，直到出现应力保持不变而应变仍持续增大的现象，这就是塑性阶段，即曲线CF段。也就是钢材对外力的屈服阶段，相应的应力称为屈服强度f_y，此时钢材的内部组织纯铁体晶粒产生滑移。应变由开始屈服时的0.1%～

0.2%，到屈服结束可增大到 2%～3%，钢材表现为暂时失去承载能力。

在开始进入塑性流动阶段时，曲线的波动较大，而后才逐渐趋于平稳，即出现上屈服点和下屈服点。上屈服点和试验条件（如加荷速度、试件形状等）有关，而下屈服点则对此不太敏感，因而一般采用下屈服点作为屈服强度 f_y（但低合金高强度结构钢材的屈服强度采用上屈服点）。

（4）强化阶段

塑性变形对钢材的微观组织结构产生明显影响，从而使得钢的材料性能发生变化。其中最主要的影响是钢材原有的晶粒被细化，并引发钢晶体内部的位错密度上升，最终导致了钢材的强度提升。

故钢材经过屈服阶段后，又恢复了一定的承载能力，曲线有所上升，即曲线 FB 段，此阶段称为强化阶段，或应变硬化阶段，该阶段以塑性变形为主。曲线最高点 B 点对应的强度即为抗拉强度 f_u。

（5）颈缩阶段

随后，在试件材料质量较差的地方，截面出现横向收缩变形即“颈缩”，截面面积开始显著缩小，塑性变形迅速增大，此时应力（拉力与初始截面积的比值）不断降低（由于截面积减小，但实际应力是增大的），应变却延续发展，直至试件断裂，此阶段对应的曲线为 BD 段。

2. 钢材的强度、塑性性能及其指标

通过以上静力拉伸试验可获得钢材的强度和塑性性能指标。

（1）强度及其指标

通过对低碳钢标准试件一次拉伸试验的应力-应变曲线进行分析，可以得到具有代表性的强度指标，如比例极限、弹性极限、屈服强度和抗拉强度。但钢材常存在残余应力，在残余应力的影响下，弹性极限和比例极限很难区分，且应力达到屈服强度时的应变和比例极限时的应变很接近，因而可以认为应力达到屈服强度时为弹性工作的终点，即钢材在达到屈服强度以前是理想弹性体，达到屈服强度后，在一个较大的塑性应变范围（0.15%～2.5%），应力不会继续增加，接近理想塑性体。因此，可以将钢材看作是理想弹塑性体（图 2-3），将屈服强度作为弹性工作和塑性工作的分界点，将屈服强度作为弹性计算时的强度极限。当钢材屈服后，应变急剧增长，从而使结构的变形迅速增加以致不能继续使用。因此，钢材屈服强度是衡量结构承载能力和确定强度设计值的重要指标。另外，钢材在达到屈服强度后，会产生很大的塑性变形，极易被人们发现，可以及时采取措施，避免发生突然破坏。

低碳钢和低合金钢有明显的屈服强度和屈服平台，而热处理钢材（如 $f_y=690$MPa 的美国 A514 钢）可以有较好的塑性性质但没有明显的屈服强度和屈服平台，应力-应变曲线如图 2-4 所示。对于这种没有明显屈服平台的钢材，其屈服条件是根据试验分析结果而人为规定的，通常将残余应变为 $\varepsilon=0.2\%$时对应的应力作为屈服强度，用 $\sigma_{0.2}$ 表示，称为名义屈服强度或条件屈服强度。

抗拉强度 f_u 是钢材破坏前所能承受的最大应力，是衡量钢材经过巨量变形后的抗拉能力。它不仅是一般的强度指标，而且能直接反映钢材内部组织的优劣，并与疲劳强度有比较密切的关系。钢材屈服后，由于产生很大的塑性变形而不能继续使用，但从屈服开始到断裂的塑性工作区域很大，比弹性工作区域约大 200 倍，是钢材极大的强度储备，因此抗拉强度 f_u 为结构提供了安全保障。屈强比（对低碳钢 $f_y/f_u=0.53\sim0.63$）可以看作是衡量钢材强度储备的一个系数，屈强比越低，钢材的安全储备越大。

综上所述，屈服强度 f_y 和抗拉强度 f_u 是钢材强度的两项重要指标。

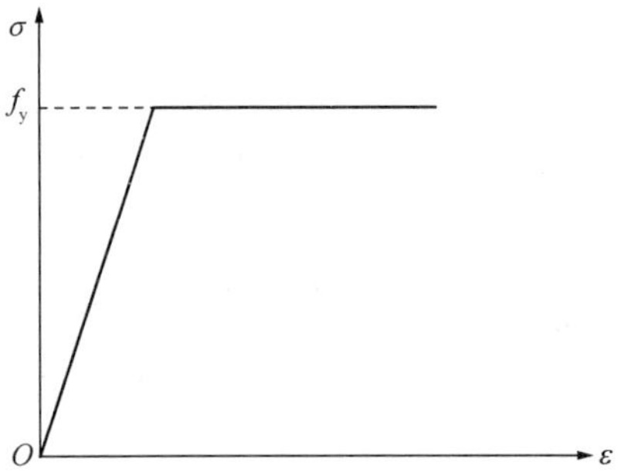

图 2-3 理想弹塑性体的应力-应变曲线

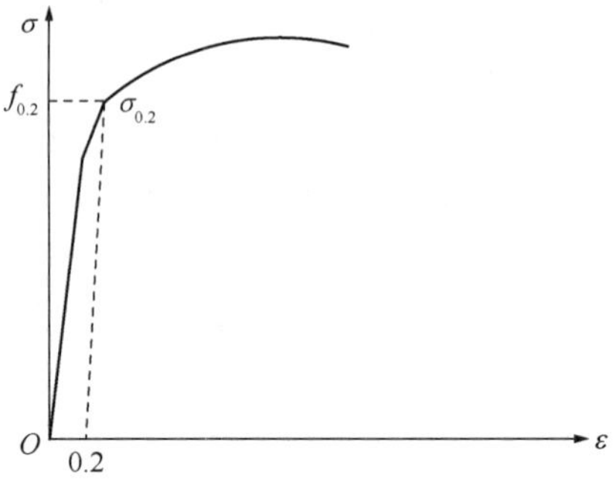

图 2-4 高强度钢材的应力-应变曲线

(2) 塑性及其指标

钢材的塑性一般是指当应力超过屈服强度 f_y 后，产生显著的塑性变形（残余变形）而不立即断裂的性质，即钢材在外力作用下产生永久变形时抵抗断裂的能力。可由一次单向均匀拉伸试验得到的伸长率 δ 来衡量。

伸长率 δ 等于试件拉断后的原标距间长度的伸长值和原标距的比值，以百分数表示（图 2-5），即：

$$\delta=\frac{l_1-l}{l}\times100\% \tag{2-1}$$

式中 l——试件原标距间长度；

l_1——试件拉断后标距间长度。

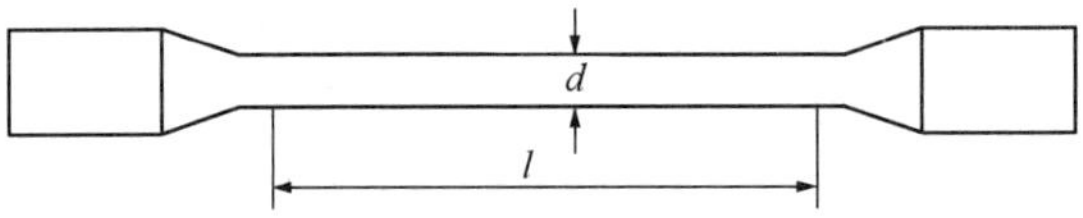

图 2-5 拉伸试件

伸长率 δ 越大，说明钢材的塑性越好。对于出现颈缩的材料，其伸长量包括两部分：颈缩前的均匀伸长和颈缩后的集中伸长。集中伸长量与试样的几何尺寸有关，因而同一钢材的短试件（$l=5d$）和长试件（$l=10d$）测得的伸长率不同，伸长率随试件标距的减短而增大。当 $l=5d$ 时，以 δ_5 表示；当 $l=10d$ 时，以 δ_{10} 表示。目前标准标距多采用 $l=5.65\sqrt{A_0}$，其中 A_0 为原始横截面积，且原始标距不应小于 15mm。

断面收缩率 ψ 也可以作为钢材的塑性指标，但由于试样拉断时形成的最小横截面形状复杂多样，因而对于复杂横截面形状的试样，断面收缩率的测定还未有标准方法，仅仅对于圆形横截面试样和矩形横截面试样的断面收缩率有相对成熟的测定方法，且其测定方法和标准相对严格。断面收缩率 ψ 一般用于衡量钢材沿厚度方向的塑性性能。

2.3.2 冷弯性能

如前所述，结构钢不仅要有较高的强度、足够的变形能力，还应具有良好的加工性能。结构在制作、安装过程中有时需要进行冷加工，尤其是焊接结构焊后变形的调直等工序，都需要钢材有较好的冷弯性能，而非焊接的重要结构，如吊车梁、吊车桁架、有大吨位吊车厂房的屋架等，也要求冷弯试验合格。

钢材的冷弯性能是衡量钢材在常温下弯曲加工产生塑性变形时对裂纹抵抗能力的一项指标。钢材的冷弯性能用冷弯试验来检验，试验方法可参考《金属材料　弯曲试验方法》GB/T 232—2010。

冷弯试验是在材料试验机上进行的，根据试样厚度，按规定的弯曲压头直径 d，通过冷弯冲头加压，将试样弯曲至 180°，检查试样外表面及侧面无裂纹或分层，即为冷弯试验合格（图 2-6）。180°冷弯试验中规定，当试样厚度 $a \leqslant 16$mm 时，$d=2a$；当试样厚度 16mm$<a<$100mm 时，$d=3a$。

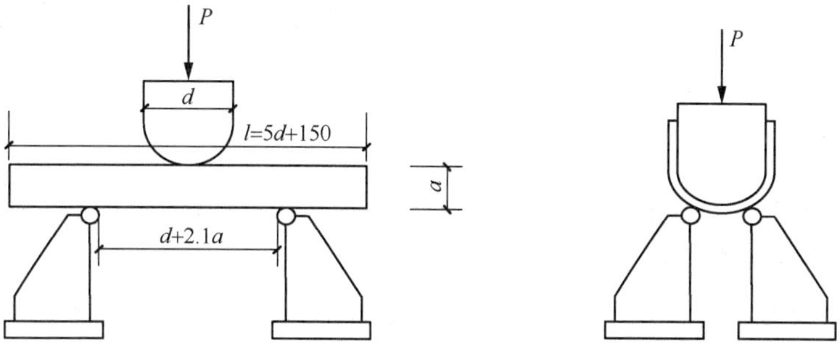

图 2-6　冷弯试验

180°冷弯试验一方面能直接检验钢材的弯曲能力或塑性性能、检验钢材能否适应构件制作中的冷加工工艺过程；另一方面还能暴露钢材内部的冶金缺陷（晶粒组织、结晶情况及非金属夹杂分布情况），直接反映材质优劣。重要结构中需要有良好的冷加工工艺性能时，应有 180°冷弯试验合格保证。

2.3.3 冲击韧性

拉力试验所表现的钢材性能，如强度和塑性，是静力性能，而冲击韧性试验可获得钢材的一种动力性能。冲击韧性是钢材抵抗冲击荷载的能力，它用材料在断裂时所吸收的总能量（包括弹性和非弹性能）来量度，通常是钢材强度提高，韧性降低，则表示钢材趋于脆性。

材料的冲击韧性数值随试件缺口形式和使用试验机的不同而异（图 2-7）。《金属材

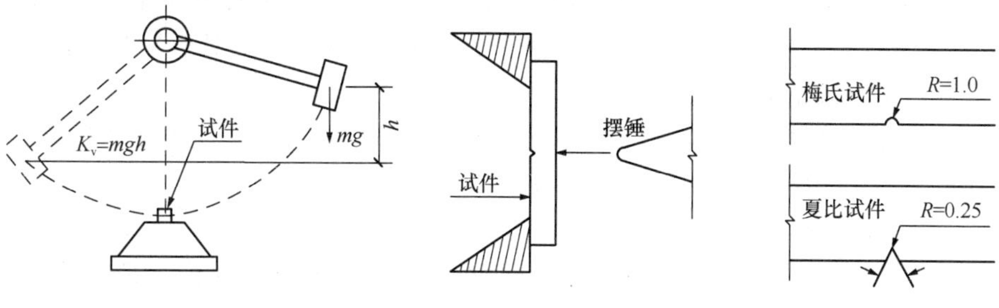

图 2-7　冲击韧性试验

料 夏比摆锤冲击试验方法》GB/T 229—2020，规定采用夏比V形缺口试件在夏比试验机上进行，所得结果以所消耗的功 K_v 表示，单位为J，试验结果不除以缺口处的截面面积。过去我国长期以来皆采用梅氏试件在梅氏试验机上进行，所得结果以单位截面积上所消耗的冲击功 a_K 表示，单位为 J/cm^2。由于夏比试件比梅氏试件具有更为尖锐的缺口，更接近构件中可能出现的严重缺陷，目前我国国标采用的是夏比V形缺口试件。

由于低温对钢材的脆性破坏有显著影响，在寒冷地区建造的结构不但要求钢材具有常温（20℃）冲击韧性指标，还要求具有零度或负温（−20℃和−40℃）冲击韧性指标，以保证结构具有足够的抗脆性破坏能力。

与建筑用钢相比，桥梁用钢的冲击韧性指标要求更高。首先是因为桥梁是承受动荷载的结构，再者桥梁所在的环境温度通常更低。如《桥梁用结构钢》GB/T 714—2015除了要求钢材具有一般负温（−20℃和−40℃）冲击韧性指标以外，对于高强钢材还有−60℃的冲击韧性指标要求。

2.3.4 疲劳性能

与单向均匀受拉时的工作性能不同，钢材在反复荷载作用下可能会发生疲劳破坏。

1. 钢材的疲劳破坏现象

钢材在连续反复荷载作用下，应力还低于极限抗拉强度，甚至低于屈服强度，发生的突然的脆性断裂称为疲劳破坏，破坏时的最大应力称为疲劳强度。

疲劳破坏过程经历三个阶段：裂纹的形成、裂纹的缓慢扩展和最后迅速断裂。钢构件在反复荷载作用下，总会在钢材内部质量薄弱处出现应力集中，个别点上首先出现塑性变形，并硬化而逐渐形成一些微观裂痕，在反复荷载作用下，裂痕的数量不断增加并相互连接发展成宏观裂纹，随后断面的有效截面面积减小，应力集中现象越来越严重，裂纹不断扩展，最后当钢材截面削弱到不足以抵抗外荷载时，钢材突然断裂。疲劳破坏前，塑性变形极小，没有明显的破坏预兆。

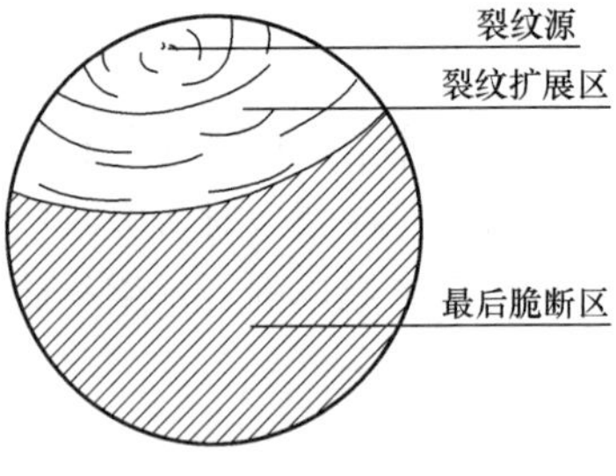

图 2-8 疲劳破坏断裂特征

对于钢构件，由于制作和构造原因，总会存在各种缺陷，成为裂纹的起源，如焊接构件的焊趾处或焊缝中的孔洞、夹渣、欠焊等位置，非焊接构件的冲孔、剪切、气割等位置，实际上只有裂纹扩展和最后断裂两个阶段。

疲劳破坏的断口一般可分为光滑区和粗糙区两部分。光滑区的形成是因为裂纹的多次开合，截面突然断裂面则类似于拉伸试件的断口，比较粗糙（图 2-8）。

2. 影响疲劳性能的因素

疲劳破坏的影响因素很多，疲劳强度主要与应力循环的性质、应力循环特征值、应力幅、应力循环次数以及应力集中的程度等有关。

（1）应力循环的性质

疲劳破坏是裂纹的不断扩展引起的，因此不出现拉应力的部位一般不会发生疲劳破坏。

（2）应力循环特征和应力幅

应力循环特征常用应力比 ρ 表示，它是绝对值最小峰值应力 $\sigma_{\min}$ 与绝对值最大峰值应力 $\sigma_{\max}$ 的比值，即 $\rho=\sigma_{\min}/\sigma_{\max}$，拉应力取正值，压应力取负值。如图 2-9 所示，当 $\rho=-1$ 时称为完全对称循环；$\rho=0$ 时称为脉冲循环；$\rho=+1$ 时为静荷载；$\sigma_{\max}>0$ 时，为以拉为主的应力循环；$\sigma_{\max}<0$ 时，为以压为主的应力循环。

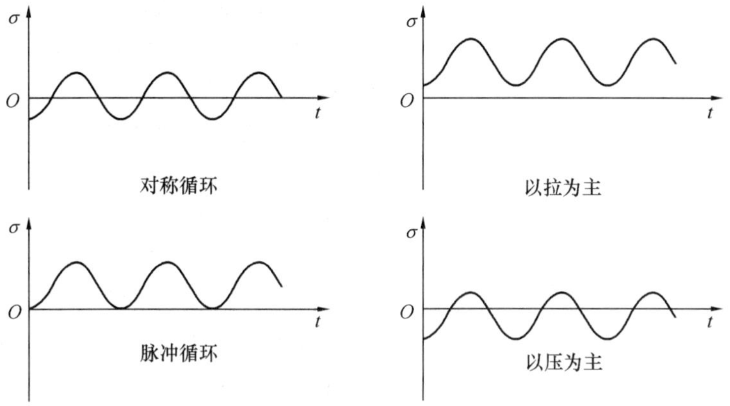

图 2-9　几种典型的应力循环

对于焊接结构，由于存在焊接残余应力，焊缝及其附近主体金属处的残余拉应力通常高达钢材的屈服强度 f_y，此部位是疲劳裂纹萌生和发展最敏感的区域。而该处的名义最大应力和应力比并不代表其真实的应力状态。图 2-10 中的焊接工字形构件承受纵向拉压循环，板件中名义应力从 $\sigma_{\min}$ 到 $\sigma_{\max}$ 循环变化。当开始承受拉应力时，因焊缝附近的残余拉应力已达屈服强度 f_y，实际拉应力不再增加，保持 $\sigma_{\max}=f_y$ 不变；当名义循环应力减小到最小值 $\sigma_{\min}$ 时，焊缝附近的实际应力降至 $f_y-(\sigma_{\max}-\sigma_{\min})$。显然焊缝附近的真实应力比为 $\rho=[f_y-(\sigma_{\max}-\sigma_{\min})]/f_y$，而不是名义应力比 $\rho=\sigma_{\min}/\sigma_{\max}$。如构件中施加应力由 σ 到 0［此时应力循环的幅度 $\Delta\sigma=(\sigma_{\max}-\sigma_{min})=\sigma-0=\sigma$］，真实应力由 f_y 到 $f_y-\sigma$；如施加应力由 $\sigma/2$ 至 $-\sigma/2$ $\left[\text{此时 } \Delta\sigma=(\sigma_{\max}-\sigma_{\min})=\frac{\sigma}{2}-\left(-\frac{\sigma}{2}\right)=\sigma\right]$，真实应力变化范围仍是由 f_y 到 $f_y-\sigma$。因此，对于焊接结构，不管循环荷载下的名义应力比 ρ 为何值，只要应力的幅度 $\Delta\sigma=(\sigma_{\max}-\sigma_{\min})$ 相同，真实的应力比就相同，对构件的实际作用效果就相同。

定义一个应力循环中最大应力与最小应力的代数差为应力幅 $\Delta\sigma=(\sigma_{\max}-\sigma_{\min})$，以拉应力为正值，压应力为负值，应力幅总是正值。因此应力幅是决定疲劳的关键，这就是应

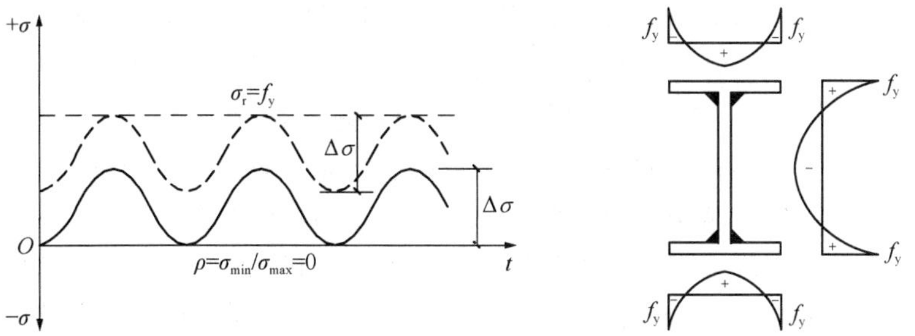

图 2-10　焊缝附近的真实应力循环

力幅准则。焊接结构的疲劳计算宜以应力幅为准则。

对于非焊接结构，残余拉应力很小或没有。此时最大应力或应力比 ρ 对疲劳强度有着直接影响。为了统一采用应力幅，《钢标》对非焊接结构采用计算应力幅：

$$\Delta\sigma = \sigma_{max} - 0.7\sigma_{min} \tag{2-2}$$

式（2-2）中的系数 0.7 是由试验数据统计而确定的。

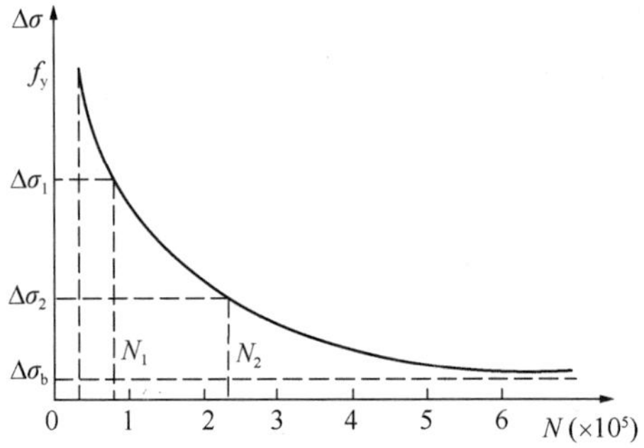

图 2-11　疲劳曲线

（3）应力循环次数 n 和疲劳寿命 N

图 2-11 为应力幅随疲劳寿命 N 变化的曲线。疲劳破坏时应力循环次数（即疲劳寿命）N 越小，产生疲劳破坏的应力幅越大，疲劳强度越高；反之，N 越大，产生疲劳破坏的应力幅越小，疲劳强度越低。

当应力循环次数 n 少到一定程度，引起的损伤不足以产生疲劳破坏。因此，《钢标》规定，承受动力荷载重复作用的钢结构构件（如吊车梁、吊车桁架、工作平台梁等）及其连接，当应力循环次数 n 大于或等于 5×10^4 次时，才应进行疲劳计算；当应力幅小到一定程度，不管循环多少次都不会产生疲劳破坏，这个应力幅称为疲劳强度极限，简称疲劳极限。

（4）应力集中

应力集中的程度由构造细节所决定，包括微小缺陷、孔洞、缺口、凹槽及截面的厚度和宽度是否有变化等，对焊接结构表现为零件之间相互连接的方式和焊缝的形式。因此，对于相同的连接形式，构造细节的处理不同，也会对疲劳强度有较大的影响，规范根据各种构造产生的应力集中程度不同，对构件和连接的疲劳类别进行分类。

研究表明，钢材的静力强度对疲劳性能无显著影响，因此疲劳起控制作用时，采用高强度钢材往往不能发挥作用。

综上所述，钢材发生疲劳破坏的条件有三：存在应力循环且应达到一定次数、存在拉应力、存在应力集中。

2.4　钢材的可焊性能

钢材的加工工艺性能是指钢材对不同加工方法的适应能力。把钢材加工成所需的结构构件，需经过一系列的工序（详见本教材第 12 章相关内容），包括有各种机加工（铣、刨、制孔），切割，冷、热矫正以及焊接等，钢材的工艺性能应满足这些工序的需要，不能在加工过程中出现钢材开裂或材质受损的现象。低碳钢和低合金钢所具备的良好的塑性在很大程度上满足了加工需要，但是加工位置附近钢材的多个力学性能（塑性、冲击韧性、冷弯性能）会有不同程度的下降，其中焊接工艺是影响最为突出的一种。

焊缝连接是钢结构最常用的连接形式，钢材焊接后在焊缝附近将产生热影响区，使钢材组织发生变化并产生焊接残余应力和焊接残余变形，进而影响到钢结构的工作状态。钢材可焊性有两方面的要求：一是通过一定的焊接工艺能保证焊接接头具有良好的力学性能；二是施工过程中，选择适宜的焊接材料和焊接工艺参数后，可以避免焊缝金属和钢材热影响区产生热（冷）裂纹。

钢材的可焊性评定可分化学成分判别和工艺试验法评定两种方法。

钢材的可焊性与化学成分含量有关，其中碳元素既是形成钢材强度的主要元素，也是影响可焊性的首要元素，含碳量超过一定值的钢材甚至是不可施焊的。对于普通碳素钢，当其含碳量在0.27%以下，以及形成其固定杂质的含锰量在0.7%以下、含硅量在0.4%以下、硫和磷含量各在0.05%以下时，可认为该钢材可焊性是好的；对于低合金钢，化学成分判别是以碳当量来判定钢材的可焊性，即把钢材化学成分中对焊接有显著影响的各种元素，全部折算成碳的含量。碳当量越高，可焊性越差。碳当量可按式（2-3）计算：

$$CEV = C + \frac{Mn}{6} + \frac{(Cr + Mo + V)}{5} + \frac{(Cu + Ni)}{15} \tag{2-3}$$

式中 CEV——钢的碳当量（%）。

可焊性的工艺试验方法很多，可分为模拟焊接和实际焊接两大类。

模拟性可焊性试验是对钢材试样模仿焊接特点加热冷却，有时还施加一定的拉伸应力来观察钢材的变化；实际焊接的可焊性试验则是通过在一定条件下进行焊接的方法来观察可能出现的问题。两者相比，实际焊接的可焊性试验更接近生产实践，但仍存在一定的距离，因此可焊性试验仅提供一定的参考意义。

除了进行试验之外，还有从理论分析来评价可焊性的方法，如冷裂纹敏感系数法等。冷裂纹敏感指数是间接判断钢材的可焊性好坏的一种方法，主要是判定钢的冷裂纹倾向大小。冷裂纹敏感指数越大，说明钢在焊接时产生裂纹的倾向就大，其可焊性就差。

$$Pcm = C + \frac{Si}{30} + \frac{Mn}{20} + \frac{Cu}{20} + \frac{Ni}{60} + \frac{Cr}{20} + \frac{Mo}{15} + \frac{V}{15} + 5B \tag{2-4}$$

式中 Pcm——焊接裂纹敏感指数（%）。

一般情况下，理论估算可焊性和实际试验可焊性同时进行。

《桥梁用结构钢》GB/T 714—2015 规定用碳当量 CEV 和焊接裂纹敏感指数 Pcm 来评价可焊性。除耐候钢外，含碳量不大于0.12%时采用 Pcm，要求 Pcm 不超过0.20～0.25；其余要求 CEV 不超过0.43～0.65。

2.5 钢材的耐久性能

耐久性是指钢材在使用过程中经受环境的作用，而能保持其使用性能的能力。不耐腐蚀易生锈是钢材最主要的缺点，腐蚀是影响钢材耐久性的重要因素，所以研究钢材腐蚀及其防护方法是研究钢材耐久性的重中之重。

防止钢材腐蚀的主要措施是依靠涂料来加以保护。近年来也开始研制一些耐大气腐蚀的钢材，即在结构钢材中加入适量的铬（Cr）、镍（Ni）、铜（Cu）等元素后，钢材在大气环境下发生锈蚀时可在钢材表面形成密实的锈层，阻碍锈蚀向钢材内部扩散和发展，可大幅度减缓钢材的锈蚀速度，从而提高钢材的腐蚀耐久性，这种钢材称为耐候钢或耐蚀钢。

耐候钢的抗大气腐蚀能力比普通钢材提高2～8倍，大幅度提高结构的耐久性，减少或免除防锈蚀涂装，采用耐候钢的钢结构运维成本也会大幅度降低。国内外一般采用耐大气腐蚀性耐候指数评价结构钢材的耐候性，一般认为其不应小于 6.0。

耐候钢在结构中既可以裸露使用，也可以涂装使用。耐候钢在与大气的接触过程中会形成表面的锈层。经过 3～10 年的时间，锈层便会逐渐稳定，耐候钢表面受腐蚀的速度也会减慢。由于这层膜既防水又防水蒸气，因而阻绝了锈蚀蔓延到金属的基层，使其使用时间可达 80 年。在自然氧化的过程中，耐候钢的色彩与肌理也会随之变化，展现出将时间解码并呈现的能力。

涂装使用的耐候钢有着优越的耐蚀性，但不能很好地展现耐候钢裸露使用时所表现的原始性、时间性等特征。裸露使用是最能体现耐候钢特点的方式，免除了现有防锈、热镀锌等工序，大大降低了生产成本，减少了对环境的不利影响。但裸露使用耐候钢时，稳定锈层的生成需要较长的时间，而且生成过程中会有锈液流挂，影响建筑的外观与周边环境。因此，很多建筑师为了较早达到耐候钢所要展现的效果，采用锈层稳定化处理后再使用。

耐候钢在其材料形态、色彩、质感等方面具有一定的优越性，经过建筑师的设计创造，表达出了一定的艺术魅力与精神价值，为建筑的创新带来了源源不断的生机，深受国内外艺术家及景观设计师的青睐。

二维码2-1
耐候桥梁钢的
工程应用及意义

自 20 世纪 60 年代以来，美国、欧洲建造了上万座的免涂装耐候钢桥；日本约 20%的桥梁采用耐候钢；加拿大新建的钢桥中有 90%采用耐候钢。经过几十年的使用经验，国外已逐渐将耐候钢当作一种普通钢种来广泛使用，且应用效果良好。我国已经具备耐候钢种的生产能力以及耐候钢桥的制造能力，如港珠澳大桥青州航道桥索塔钢锚箱结构采用 Q355NHD 耐候钢、拉林铁路上的藏木雅鲁藏布江大桥采用 Q420qENH 耐候钢、官厅水库公路特大桥采用 Q345qENH 耐候钢。耐候桥梁钢的发展与应用，开启了中国桥梁钢发展的新篇章。

2.6 钢材的抗火性能

钢材耐热不耐高温，钢结构适用于环境温度不大于 250℃的场合。在火灾高温作用下，钢材内部晶格结构发生变化，强度、弹性模量等随温度升高明显降低，而钢材的导热系数大，截面温度均匀分布，火更容易损伤内部材料，使其出现高温软化问题。普通钢材的耐火极限仅为 15min 左右。当钢材表面温度处于 150℃以上时，必须采取隔热和防火措施，在实际工程中通常需要喷涂耐火绝热层。这种处理方法首先增加了材料成本和施工周期，同时也增加了钢结构的自重。为了减少或不用绝热层，人们研究开发了具有耐火性能的建筑用耐火钢。耐火钢是指在 600℃高温下 1～3h 内的屈服强度始终保持在室温屈服强度的 2/3 以上，且其他性能（包括常温力学性能、加工工艺性能等）与相应规格的普通结构钢基本一致的工程结构钢。

耐火钢是在生产过程中添加多种微量元素（如铬 Cr、铌 Nb、钼 Mo），并控制含碳量及合金配比从而提高钢材的抗火性能。国内外学者自 20 世纪 70 年代开始进行耐火钢的研发，目前耐火钢的应用在日本已较为成熟，已开发出多个强度等级的建筑用耐火钢，并且能生产出耐火型钢、板材、钢管、高强度螺栓以及相应的焊接材料等多种产品。我国宝钢、鞍钢、攀钢等单位开展了一系列耐火钢的研究，并成功应用到了国家大剧院等重大工程中。

除了高温下的强度指标以外，国内外学者对耐火钢的其他材料性能的相关研究如下：耐火钢和普通钢的热物理参数差别不大，在进行耐火钢结构设计和计算时可利用普通结构钢的热物理参数。与普通钢相比，耐火钢表现出更加优良的抗震性能；低温时耐火钢表现出优良的冲击韧性。

添加合金元素提高耐火钢耐火性能的同时，降低了钢材的塑性和韧性，对耐火钢的焊接性能有直接影响，这是目前研究的热点之一。另外由于试验研究差异性，国内外现行结构抗火设计规范并未统一。目前耐火钢的研发向着高强度、低成本发展。

"十三五"期间，我国研发了新型建筑结构用抗震耐蚀耐火钢，这种钢材具有优越的抗灾性能，为建筑钢结构的全寿命周期抗震、抗火、耐腐蚀提供了可靠的解决方案，同时研发了配套的焊材和螺栓连接材料。2022 年北京冬奥会体育场馆建设开启了建筑用耐火耐候结构钢材的时代，例如延庆赛区高山滑雪场、雪橇中心采用了 Q355NHD 建筑用耐候钢、首钢滑雪大跳台裁判塔采用 SQ345FRW 耐火耐候钢，大幅减少了防腐和防火涂装以及后期的维护成本，实现了绿色环保和降低碳排放的高质量发展理念。

二维码2-2
首钢大跳台耐火耐候钢材的应用及可持续发展理念

2.7　影响钢材工作性能的因素

钢材的性能并非一直不变，在不同条件下其性能会有不同的变化，影响钢材力学性能的主要因素有化学成分、冶金缺陷与轧制过程、钢材硬化、温度、应力状态、加载速度，以及钢材厚度方向的性能。

2.7.1　化学成分

钢主要由铁和碳组成，其中铁是钢材的基本元素，纯铁质软，在碳素结构钢中约占 99%；碳和其他元素约占 1%，但对钢材的力学性能却有着决定性的影响。钢还含有少量其他元素包括硅（Si）、锰（Mn）、硫（S）、磷（P）、氮（N）和氧（O）等。低合金钢中还含有少量（低于 5%）合金元素，如铜（Cu）、钒（V）、钛（Ti）、铌（Nb）和铬（Cr）等。

在碳素结构钢中，碳是仅次于纯铁的主要元素，它对钢的性能影响最大，直接影响钢材的强度、塑性、韧性和可焊性等。碳含量增加，钢的静力强度提高，而塑性、韧性和疲劳强度下降，同时恶化钢的可焊性和抗腐蚀性。因此，尽管碳是使钢材获得足够强度的主要元素，但在钢结构中采用的碳素结构钢对含碳量要加以限制，一般不应超过 0.22%，在焊接结构中还应低于 0.20%。当碳含量超过铁的溶碳能力，多余的碳会与铁形成高硬度而塑性几乎为零的渗碳体，从而降低钢材的塑性、韧性和可焊性。

硫和磷（其中特别是硫）是钢中的有害成分，它们降低钢材的塑性、韧性、可焊性和疲劳强度。在高温时，硫使钢变脆，谓之热脆；在低温时，磷使钢变脆，谓之冷脆。一般硫的含量应不超过 0.045%，磷的含量不超过 0.045%。但是，磷可提高钢材的强度和抗腐蚀性能。可使用的高磷钢，其含量可达 0.12%，这时应减少钢材中的含碳量，以保持一定的塑性和韧性。如“泰坦尼克号”轮船的钢材含磷、含硫太高，导致了钢材冲击韧性差，在撞击冰山后发生脆性断裂。

氧和氮都是钢中的有害杂质。氧的作用和硫类似，使钢热脆；氮的作用和磷类似，使钢冷脆。由于氧、氮容易在熔炼过程中逸出，一般不会超过极限含量，故通常不要求进行含量分析。

钢中加入合金元素，可以提高强度。这是由于合金元素溶入固溶体，使铁原子的晶体点阵发生不同程度的畸变；合金元素与钢中的碳形成硬而脆的碳化物；合金元素改变钢中相的组成，造成组织的多相性等。以上因素都会造成钢的强度提高，但同时降低钢材的塑性、韧性和可焊性。

硅和锰是炼钢的脱氧剂，是钢中的有益元素，可提高钢材的强度，含量不过高时，对塑性和韧性无显著的不良影响。在碳素结构钢中，硅的含量应不大于0.3%，锰的含量为0.3%～0.8%；对于低合金高强度结构钢，锰的含量可达1.0%～1.6%，硅的含量可达0.55%。

钒和钛是钢中的合金元素，能提高钢的强度和抗腐蚀性能，又不显著降低钢的塑性。

铜在碳素结构钢中属于杂质成分。它可以显著地提高钢的抗腐蚀性能，也可以提高钢的强度，但对可焊性有不利影响。

2.7.2 冶金缺陷与轧制过程

常见的冶金缺陷有偏析、非金属夹杂、气孔、裂纹及分层等。这些缺陷都将影响钢材的力学性能。偏析是钢中化学成分分布不均匀，特别是硫、磷偏析，严重恶化钢材的性能；非金属夹杂是钢中含有硫化物与氧化物等杂质；气孔是浇铸钢锭时，由氧化铁与碳作用所生成的一氧化碳气体不能充分逸出；浇铸时的非金属夹杂物在轧制后能造成钢材的分层，会严重降低钢材的冷弯性能。

冶金缺陷对钢材性能的影响，不仅在结构或构件受力工作时表现出来，有时在加工制作过程中也可表现出来。

钢材的轧制是在高温（1200～1300℃）和压力作用下将钢锭热轧成钢板或型钢。轧制使钢锭中的小气孔、裂纹等缺陷焊合起来，使钢材金相组织更加致密，同时细化钢的晶粒，从而改善钢材的力学性能。故轧制次数越多，钢材质量越好（各项力学性能指标均明显提高），而且经过双向轧制的钢板比只经过单向轧制的性能好。厚度大的钢材辊轧次数较少而晶粒较粗，与同条件的较薄钢材比，力学性能指标低些，焊接性能也差。《钢标》根据钢板和型钢的厚度或直径，将钢材分为3～5组，每组给出不同的设计强度，第一组最薄，设计强度也最高，如附表A-1所示。

2.7.3 钢材硬化

钢材的硬化可分为冷作硬化和时效硬化两类，二者对钢材性能的影响类似。

冷拉、冷弯、冲孔、机械剪切等冷加工使钢材产生很大的塑性变形，从而提高了钢的屈服点，同时降低了钢的塑性和韧性，这种现象称为冷作硬化（或应变硬化）。

钢材在弹性范围内重复加、卸荷载一般不致改变钢材的性能，超过此范围时则将引起钢材性能的变化。如图2-12所示：第一次加载（由O点开始）至已经发生塑性变形的J

点后完全卸载至 O' 点；当再次加载时，σ-ε 曲线将按卸载时的原有直线 $O'J$ 回升，荷载更大时，再沿原来的钢材一次加载情况的 σ-ε 曲线的 JGH 前进，表现为钢材的屈服强度提高，弹性范围增加，塑性和伸长率降低。

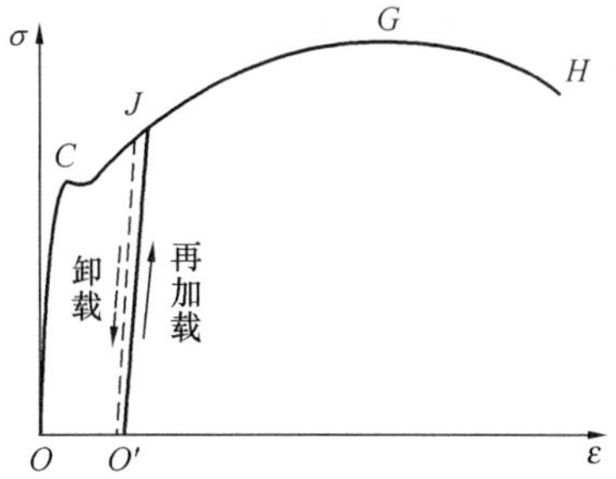

图 2-12　重复加载的 σ-ε 曲线

冷作硬化使钢材得以强化，是以牺牲钢材的塑性和韧性为代价的，这对钢结构，特别是承受动力荷载的钢结构是不利的。因此，钢结构设计中一般不利用冷作硬化来实现钢材屈服强度的提高，而且对直接承受较大动力荷载的钢结构，还应设法消除冷作硬化的影响，例如将局部硬化部分用刨边或扩钻加以消除。

加工硬化的原因，目前普遍认为是与钢材内部晶粒位错的交互作用有关。随着塑性变形的进行，位错密度不断增加，位错之间的距离随之减小，位错间的交互作用增强，大量形成位错缠结、不动位错和位错胞等障碍，造成位错运动阻力的增大，引起变形抗力的增加。这样，钢材的塑性变形就变得困难，要继续变形就必须增大外力，从而提高了钢材的强度。

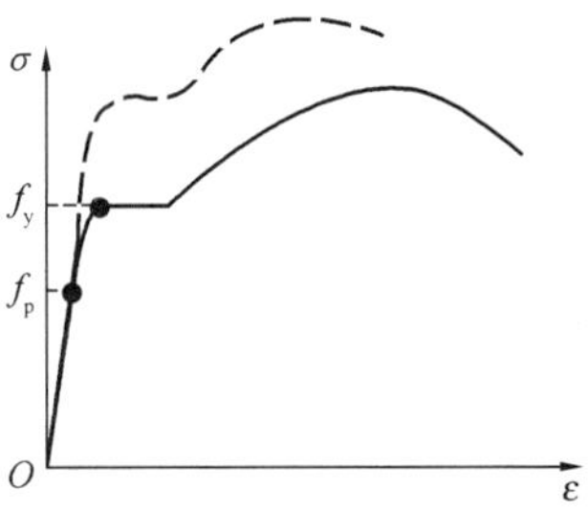

图 2-13　时效硬化的 σ-ε 曲线

在高温时熔化于铁中的少量氮和碳，随着时间的增长逐渐从纯铁中析出，形成自由碳化物和氮化物，对纯铁体的塑性变形起遏制作用，从而使钢材的强度提高，塑性、韧性下降。这种现象称为时效硬化，俗称老化（图 2-13 中的虚线为时效硬化后材料性能的变化）。

时效硬化的过程一般很长，但如在材料塑性变形后加热，可使时效硬化发展特别迅速，这种方法称为人工时效。

有些重要结构要求对钢材进行人工时效以提高其强度，但应检验其冲击韧性，以保证结构具有足够的抗脆性破坏能力。

2.7.4　温度影响

钢材性能随温度变化而有所变化。总的趋势是：温度升高，钢材强度降低，应变增大；反之，温度降低，钢材强度会略有增加，塑性和韧性却降低，钢材变脆（图 2-14）。

温度升高，约在 200℃以内钢材性能没有很大变化，430～540℃之间强度急剧下降，600℃时强度很低不能承担荷载。但在 250℃左右，钢材的强度反而略有提高，同时塑性和韧性均下降，材料有转脆的倾向，钢材表面氧化膜呈现蓝色，称为蓝脆现象。这是由于此温度区间内钢材内部晶粒的位错运动受阻，使得塑性降低。钢材应避免在蓝脆温度范围内进行热加工。

当温度在 260～320℃时，在应力持续不变的情况下，钢材以很缓慢的速度继续变形，此种现象称为徐变。

当温度从常温开始下降，特别是在负温度范围内时，钢材强度虽有提高，但其塑性和韧性降低，材料逐渐变脆，这种性质称为低温冷脆。图 2-15 是钢材冲击韧性与温度的关系曲线。由图可见，随着温度的降低，C_v 值迅速下降，材料将由塑性破坏转变为脆性破

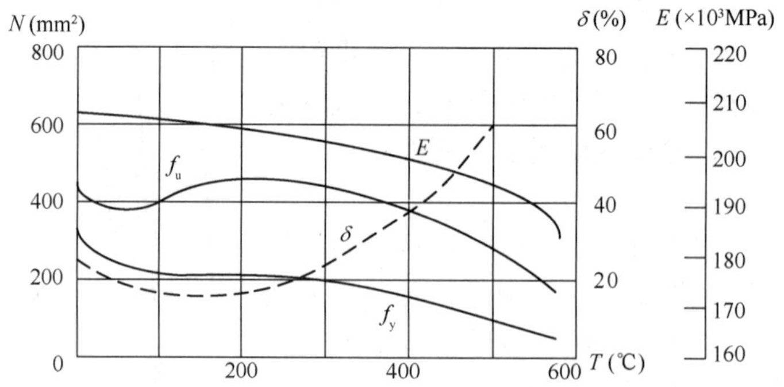

图 2-14　温度对钢材力学性能的影响

坏，同时这一转变是在一个温度区间［T_1，T_2］内完成的，此温度区［T_1，T_2］称为钢材的脆性转变温度区，在此区内曲线的反弯点（最陡点）所对应的温度 T_0 称为转变温度。如果把完全脆性破坏的最高温度 T_1 作为钢材的脆断设计温度（即钢材的工作温度高于此值），可防止钢材低温脆断。每种钢材的脆性转变温度区及脆断设计温度需要由大量破坏或不破坏的使用经验和试验资料统计分析确定。

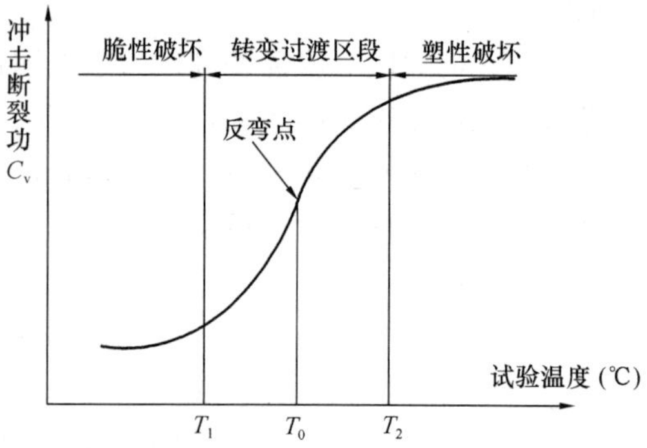

图 2-15　钢材冲击韧性与温度的关系

2.7.5　复杂应力状态

实际结构中，钢材经常在双向或三向的复杂应力状态下工作（图 2-16a），这时钢材的屈服并不只取决于某一方向的应力，而是由反映各方向应力综合阻碍的应力函数，及所谓的屈服条件来决定。钢材在单向应力作用下，当应力达到屈服强度 f_y 时，钢材即进入塑性状态；复杂应力状态下，钢材的屈服可按材料力学第四强度理论（形状改变比能理论）来判断，即用折算应力 σ_{zs} 与钢材单向应力下的屈服强度 f_y 相比较来判断：

$$\sigma_{zs}=\sqrt{\sigma_x^2+\sigma_y^2+\sigma_z^2-(\sigma_x\sigma_y+\sigma_y\sigma_z+\sigma_z\sigma_x)+3(\tau_{xy}^2+\tau_{xz}^2+\tau_{yz}^2)} \tag{2-5}$$

式中　σ_x、σ_y、σ_z——单元体各面上的正应力；

τ_{xy}、τ_{xz}、τ_{yz}——单元体各面上的剪应力。

当 $\sigma_{zs}<f_y$ 时，为弹性阶段；

当 $\sigma_{zs}\geqslant f_y$ 时，为塑性阶段。

当仅有正应力作用时（图 2-16b），式（2-5）简化成：

$$\sigma_{zs}=\sqrt{0.5[(\sigma_1-\sigma_2)^2+(\sigma_2-\sigma_3)^2+(\sigma_3-\sigma_1)^2]} \tag{2-6}$$

式中　σ_1、σ_2、σ_3——单元体主平面上的主应力。

由式（2-6）可知，如果 3 个方向的应力值均为拉应力，且数值上差别不大，则无论单向拉应力值多高，折算应力都很小，钢材无法进入塑性。甚至直到破坏也没有明显的塑

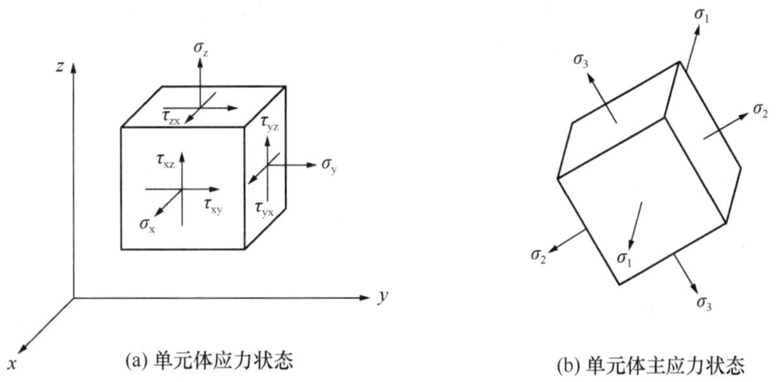

图 2-16　复杂应力状态

性变形产生，故三向受拉时钢材易发生脆性破坏。相反在异号应力场下剪应变增大，钢材会较早进入塑性状态，从而提高了钢材的塑性性能。

对于平面应力状态，其折算应力为：

$$\sigma_{zs}=\sqrt{\sigma_x^2+\sigma_y^2-\sigma_x\sigma_y+3\tau_{xy}^2} \tag{2-7}$$

在一般的梁中，只有正应力和剪应力，则 $\sigma_{zs}=\sqrt{\sigma^2+3\tau^2}$。

纯剪状态下，只存在剪应力 τ（即 τ_{xy}），则：

$$\sigma_{zs}=\sqrt{3\tau^2}=\sqrt{3}\tau \tag{2-8}$$

屈服时 $\sigma_{zs}=f_y$，即得剪切屈服强度 $f_{vy}=0.58f_y$。

2.7.6　应力集中

钢构件中不可避免地会存在应力集中，从而对钢材性能产生不利影响，故在实际工程中应注意尽量降低应力集中的程度。

1. 钢构件截面的应力集中现象

钢材的工作性能和力学性能指标都是以轴心受拉杆件中应力沿截面均匀分布的情况为基础的。实际上在钢结构构件中有时存在着孔洞、槽口、凹角、截面突然改变以及钢材内部缺陷等问题。此时，构件中的应力分布将不再保持均匀，而是在某些区域产生局部高峰应力，在另外一些区域则应力降低，形成所谓应力集中现象（图 2-17a）。高峰区的最大应力与净截面的平均应力之比称为应力集中系数。应力集中程度与缺口边缘的尖锐程度密切

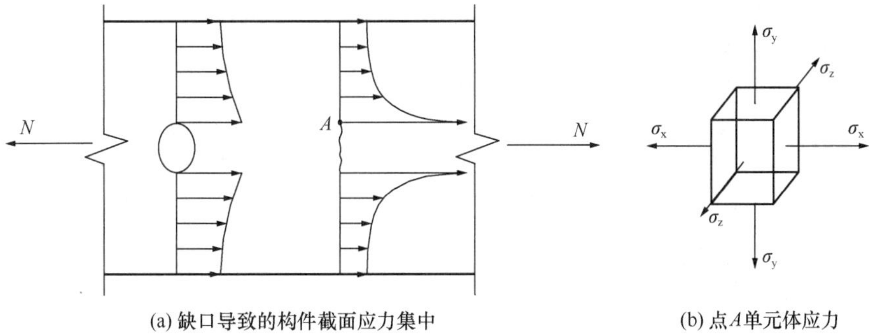

图 2-17　应力集中示意图

相关，削弱面积相同时，微裂纹造成的应力集中要比机械孔大得多。

2. 应力集中对钢结构的不利影响

研究表明，在应力高峰区域总是存在着同号的双向或三向应力（图 2-17b），这是因为由高峰拉应力引起的截面横向收缩受到附近低应力区的阻碍而引起垂直于内力方向的拉应力 σ_y ，在较厚的构件里还产生 σ_z 。故应力集中使得名义上轴向受力的材料实际上处于复杂的受力状态。由上节可知，这种同号的平面或立体的应力场有使钢材变脆的趋势。应力集中系数越大，变脆的倾向亦越严重。

3. 构造形式在结构设计中的重要性

由于建筑钢材塑性较好，在一定程度上能促使应力进行重分配，使应力分布严重不均的现象趋于平缓。故受静荷载作用的构件在常温下工作时，在计算中可不考虑应力集中的影响。但对于在负温下或动力荷载作用下的结构，应力集中的不利影响将十分突出，往往是引起脆性破坏的根源，故在设计中应采取措施避免或减小应力集中，并选用质量优良的钢材。下面举例说明几种减小应力集中的措施。

（1）下承式板梁桥的肱板构造

如图 2-18 所示为铁路下承式钢板梁桥的桥面构造。下承式板梁桥桥面布置在两片主梁之间，列车在两片主梁之间通过。纵梁和横梁组成桥面系，桥面搁置在纵梁上。为满足桥梁净空的要求，无法设置上平纵梁，故在横梁与主梁之间加设肱板。肱板一方面可以保证主梁上翼缘稳定，另一方面可以与横梁连成一块，起到横联作用。

观察肱板的构造，它是一块梯形板，一侧与主梁相连，边长为主梁高；另一侧与横梁相连，边长为横梁高。在不等高的主梁与横梁之间用斜线过渡。这样的连接构造有效降低了此连接处的应力集中。

（2）对接焊缝的不同接头构造

当用对接焊缝连接等厚不等宽钢板时，可采用的不同接头构造如图 2-19 所示：图 2-19(a) 为直接对接，施工简单，但应力集中程度高；图 2-19(b) 在宽板部分设置过渡坡，从而减小了应力集中，大大改善了接头应力状态；图 2-19(c) 在设置过渡坡的基础上增设圆弧过渡，进一步降低了应力集中，但加工复杂。故在实际工程中常采用图 2-19(b) 所示形式接头，特殊情况采用图 2-19(c) 形式接头。

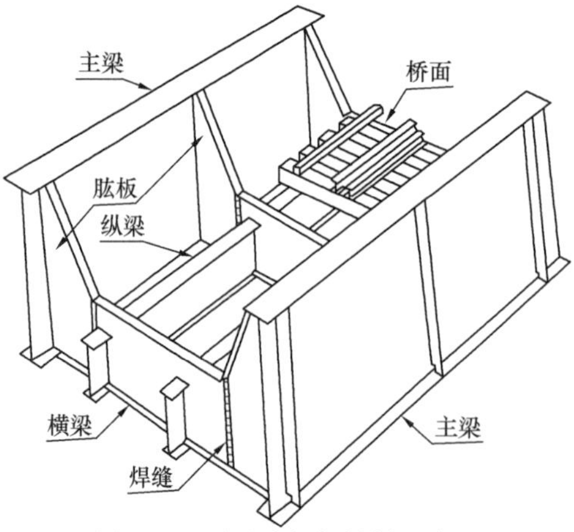

图 2-18　下承式钢板梁桥面布置

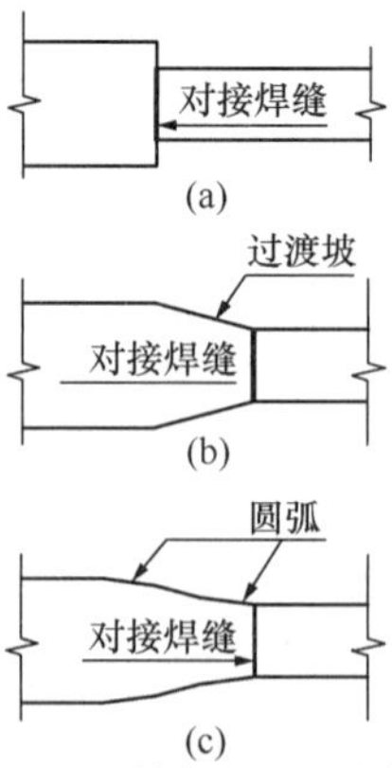

图 2-19　对接焊缝的不同构造

2.7.7　加载速度

随着加载速度的提高，导致钢材晶粒间的滑移来不及实现，钢材的屈服强度和抗拉强度均有一定程度的提高，但钢材的塑性、韧性有一定的降低。

从微观上来看，当加载速度大时，要同时驱使更多钢材内部晶粒的位错更快地运动，钢晶体的临界剪应力将提高，使变形抗力增大；加载速度大还会导致塑性变形来不及在整个变形体内均匀地扩展，故钢的变形主要表现为弹性变形。根据胡克定律，弹性变形量越大，则应力越大，变形抗力也就越大。另外，速度增加后，变形体没有足够的时间进行恢复和再结晶，而使钢的变形抗力增加，塑性降低。

2.7.8　厚度方向性能

钢板（尤其是厚板）三个方向的力学性能存在一定的差别，这是由于在轧制过程中金属变形，形成了层状纤维组织。通常沿轧制方向（长度方向）的性能最好，垂直于轧制方向（宽度方向）的性能次之，而厚度方向的性能较差。

在轧制过程中，钢板沿长度方向（纵向）的变形较大，钢板长度通常可达坯料长度的 3 倍以上。钢板的横向变形通常较小，纵横向变形的差异影响了钢材的内部组织结构，从而导致钢板的纵横向性能存在差异。因钢材内部的非金属夹杂物（主要为硫化物、氧化物、硅酸盐等）经过轧压后被压成薄片，仍残留在钢板中（一般与钢板表面平行），而使钢板出现分层、疏松、裂纹等现象。采用焊接连接的钢结构中，当钢板厚度不小于 40mm 且承受沿板厚度方向的拉力时，为避免焊接时产生层状撕裂，需采用抗层状撕裂的钢材（通常简称为“Z 向钢”）。

钢板沿厚度方向的受力性能称为 Z 向性能。钢板的 Z 向性能可通过拉伸试验得到，一般用断面收缩率来度量。现行国家标准《厚度方向性能钢板》GB/T 5313—2010 将它分为三个级别，即 Z15、Z25、Z35。Z 后面的数字为截面收缩率的指标（%）。

钢材厚度方向性能对于其安全性和使用寿命有着重要的影响。在实际应用中，钢材厚度方向性能的要求是多方面的，需要综合考虑材料性质、加工工艺和应用领域等因素，并且在具体实践中采取相应的措施，才能保证钢材的性能表现。

2.8　钢材的牌号、规格及选用

钢结构常用的钢材主要有碳素结构钢和低合金高强度结构钢。当结构处于腐蚀性环境中时，可采用耐大气腐蚀用钢（耐候钢），还有用于桥梁工程的桥梁结构钢等。

2.8.1　碳素结构钢

由于碳素结构钢冶炼容易，成本低廉，并有良好的加工性能，使用较广泛。按《碳素结构钢》GB/T 700—2006 规定，碳素结构钢的牌号由代表屈服强度的汉语拼音字母 Q、屈服强度数值、质量等级（A、B、C、D）、脱氧方法符号（F、Z、TZ）等四个部分按顺序组成。

碳素结构钢按屈服强度从小到大，分为 Q195、Q215、Q235 和 Q275 四种牌号。屈服强度越高，含碳量越大，强度和硬度越高，塑性越低。其中，Q195 和 Q215 的强度较低，Q275 的含碳量超出低碳钢的范围，而 Q235 在使用和加工方面的性能都比较好，所以 Q235 是钢结构常用的钢材品种之一。

碳素结构钢按质量等级由低到高，分为 A、B、C、D 四级。不同质量等级对冲击韧性（夏比氏 V 形缺口试验）的要求有区别。A 级钢只保证抗拉强度、屈服强度和伸长率，必要时要求冷弯试验合格，无冲击韧性要求；B、C、D 级均要求保证抗拉强度、屈服强度、伸长率和冷弯试验合格。此外，B 级还要求 20℃时冲击功 $A_k \geqslant 27J$；C 级要求 0℃时冲击功 $A_k \geqslant 27J$；D 级要求 -20℃时冲击功 $A_k \geqslant 27J$。不同质量等级对化学成分的要求也有区别。

钢材在浇铸过程中，根据脱氧程度的不同分为镇静钢（Z）和沸腾钢（F）。此外，还有用铝补充脱氧的特殊镇静钢（TZ）。对 Q235 来说，A、B 两级钢的脱氧方法可以是 Z 或 F；C 级只能是 Z；D 级只能是 TZ。用 Z 和 TZ 表示牌号时可以省略。现将 Q235 钢表示法举例如下：

Q235AF——屈服强度为 235MPa 的 A 级沸腾钢；

Q235B——屈服强度为 235MPa 的 B 级镇静钢；

Q235C——屈服强度为 235MPa 的 C 级镇静钢；

Q235D——屈服强度为 235MPa 的 D 级特殊镇静钢。

2.8.2 低合金高强度结构钢

低合金高强度结构钢是在冶炼过程中添加少量几种合金元素（合金元素总量低于 5%），使钢材强度明显提高，故称为低合金高强度结构钢。根据《低合金高强度结构钢》GB/T 1591—2018，其牌号表示方法已经与碳素结构钢一致，即由代表屈服强度的汉语拼音字母 Q、最小上屈服点数值、交货状态、质量等级符号（B、C、D、E、F）四个部分按顺序排列表示。其中交货状态为热轧时，代号为 AR 或 WAR，可省略；交货状态为正火或正火轧制状态时，代号用 N 表示。如 Q355ND，其中：Q 为钢材屈服强度的“屈”字汉语拼音的首字母；355 为规定的最小上屈服强度数值，单位为兆帕（MPa）；N 为交货状态为正火或正火轧制；D 表示质量等级为 D 级。

热轧钢材牌号按屈服强度由小到大，分为 Q355、Q390、Q420 和 Q460 四种。质量等级分别为 Q355（B、C、D）、Q390（B、C、D）、Q420（B、C）和 Q460（C）。和碳素结构钢一样，不同质量等级是按对冲击韧性（夏比氏 V 形缺口试验）的要求区分的。B 级要求 20℃时冲击功 $A_k \geqslant 34J$（纵向试样）；C 级要求 0℃时冲击功 $A_k \geqslant 34J$（纵向试样）；D 级要求 -20℃时冲击功 $A_k \geqslant 34J$（纵向试样）。当冲击试验横向取样时，应满足相应的要求。不同质量等级对碳、硫、磷化学成分的含量要求也有区别。

低合金高强度结构钢按脱氧方法分为镇静钢或特殊镇静钢。B 级属于镇静钢，C、D 级属于特殊镇静钢。它们应以热轧、正火或正火轧制等状态交货。低合金高强度结构钢按脱氧方法分为镇静钢或特殊镇静钢。B 级属于镇静钢，C、D 级属于特殊镇静钢。它们应以热轧、正火或正火轧制等状态交货。对于低合金高强度宽厚板，常采用 TMCP（Thermo Mechanical Control Process）工艺来提高钢材的强度、韧性和可焊性，TMCP 工艺不添加过多的合金元素，也不需要复杂的后续热处理，是一项节约合金和能源，并有利于环保的工艺。

低合金高强度结构钢与碳素钢相比：强度高，可减轻自重，节约钢材；综合性能好，如抗冲击性强、耐低温和耐腐蚀，有利于延长使用年限，塑性、韧性和可焊性好，有利于加工和施工。

2.8.3　优质碳素结构钢

优质碳素结构钢是碳素结构钢经过热处理（如调质处理和正火处理）得到的优质钢。按《优质碳素结构钢》GB/T 699—2015 的规定，根据含锰量不同可分为普通含锰量（小于 0.8%，共 17 个钢号）和较高含锰量（0.7%～1.2%，共 11 个钢号）两组。其钢号用两位数字表示，代表平均含碳量的万分数，含锰较高时，在钢号后加注“Mn”。优质碳素钢均为镇静钢。

优质碳素结构钢和碳素结构钢的主要区别在于钢中含杂质元素较少，硫、磷含量都不大于 0.035%，并严格限制其他缺陷，所以这种钢材具有较好的综合性能。例如，用于制造高强度螺栓的 45 号优质碳素结构钢，就是通过调质处理提高其强度而对其塑性和韧性又无显著影响。

土木工程中，优质碳素结构钢主要用于重要结构的钢铸件和高强度螺栓，常用 30～45 号钢。在预应力钢筋混凝土中制作锚具时常用 45 号钢；碳素钢丝、刻痕钢丝和钢绞线常用 65～80 号钢。

2.8.4　耐大气腐蚀用钢

耐候钢比碳素结构钢的力学性能高，冲击韧性、特别是低温冲击韧性较好，同时还有良好的冷成形性和热成形性。

1. 分类

我国目前生产的耐候钢分为高耐候钢和焊接耐候钢两种。高耐候结构钢的耐腐蚀性能比焊接耐候钢好，故称为高耐候结构钢。反之，与高耐候结构钢相比，焊接耐候钢具有较好的焊接性能。

2. 牌号表示方法

按照《耐候结构钢》GB/T 4171—2008 的规定，钢的牌号表示方法是由“屈服强度”“高耐候”或“耐候”的拼音首位字母 Q、GNH 或 NH，屈服强度的下限值以及质量等级（A、B、C、D、E）组成。

如 Q355GNHC 表示：屈服强度为 355MPa 的高耐候 C 级钢。

2.8.5　高性能建筑结构用钢

高性能建筑结构用钢简称高建钢，要求具有较高的冲击韧性、足够的强度、良好的焊接性能和一定的屈强比，必要时还要求厚度方向性能。主要应用于高层建筑、超高层建筑、大跨度体育场馆、机场、会展中心以及钢结构厂房等大型建筑工程。

高建钢分为 235MPa、345MPa、390MPa、420MPa、460MPa、500MPa、550MPa、620MPa 和 690MPa 九个强度级别，各强度级别分为 Z 向和非 Z 向钢，Z 向钢有 Z15、Z25 和 Z35 三个等级，各牌号又按不同冲击试验要求分为不同质量等级，各牌号均具有良好的焊接性能。我国高建钢执行的国家标准为《建筑结构用钢板》GB/T 19879－2015。

考虑建筑结构用钢的特性，并突出高层建筑，钢的牌号由代表屈服强度的汉语拼音字母 Q、规定的最小屈服强度数值、代表高性能建筑结构用钢的汉语拼音字母 GJ、质量等级符号（B、C、D、E）组成。对于厚度方向性能钢板，在质量等级符号后加上厚度方向性能级别，如 Q345GJCZ25，其中 Q、GJ 分别为屈服点、高性能建筑结构用钢的首位汉语拼音字母；345 为屈服强度数值，单位为 MPa；Z25 为厚度方向性能级别；C 为质量等级，对应于 0℃冲击试验。

2.8.6　铁路桥梁用结构钢

与一般建筑结构用钢相比，桥梁结构用钢的性能要求要高一些。桥梁直接承受动荷载，尤其铁路桥梁荷载的动静比大，对疲劳强度要求高。而且钢桥从栓接发展到全焊接钢结构，对桥梁用钢的综合性能要求越来越高。桥梁结构用钢不仅要具备高强度、高韧性、低屈强比、易焊接等特性，还应具有良好的抗震性和耐蚀性等特点。

在《桥梁用结构钢》GB/T 714—2015 中，首次提出桥梁钢冲击功不小于 120J 的要求，较原标准大幅提高，并且将屈强比作为推荐值纳入规范。从下游用户的订货要求看，多数用户已经将低碳当量、低焊接裂纹敏感系数、高冲击韧性、低屈强比作为桥梁用钢的基本设计要求。例如作为国家“十三五”重点研发项目的高性能桥梁钢的示范工程，湖北武汉汉江湾公路大桥（2021 年 5 月建成通车）采用了板厚 50mm 的 Q690qE 高强度桥梁钢，与 Q500q 相比，降低了桥梁钢材使用量，从而减小了桥梁主体自重。

为满足铁路钢桥的大跨、重载、高速三大特点，钢板的厚度也越来越大，小于或等于 64mm 的厚板也出现在《铁路桥梁用结构钢》TB/T 3556—2020 中。

按屈服强度大小，铁路钢桥用钢分 Q345q、Q370q、Q420q、Q460q、Q500q 五种牌号。

示例：Q500qE

Q——铁路桥梁用钢屈服强度的“屈”字汉语拼音的首位字母；

500——规定最小屈服强度数值（MPa）；

q——铁路桥梁用钢的“桥”字汉语拼音的首位字母；

E——质量等级为 E 级。

当铁路桥梁用钢具有耐候性能和厚度方向性能时，则在上述规定的牌号后分别加上耐候（NH）和厚度方向（Z 向）性能级别的代号。如 E 级钢板具有耐候性能及厚度方向性能时，采用 Q500qENHZ15 表示。

二维码2-3
我国铁路钢结构发展回顾与展望

2.8.7　钢材的选用原则

钢材的选择在钢结构设计中是首要的一环，选择的目的是保证安全可靠和做到经济合理。选用的基本原则是物尽其材，尽量避免大材小用、绝对禁止小材大用。选择钢材时需考虑的因素有：

1. 结构或构件的重要性

结构及其构件按其用途、所处部位及破坏后的严重性等方面的不同，可分为一级（重要的）、二级（一般的）和三级（次要的）。安全等级不同，要求的钢材质量也应不同。对重型工业建筑结构、大跨度结构、高层或超高层民用建筑结构或构筑物等重要结构，以及高速铁路、重载铁路等桥梁结构，应考虑选用质量好的钢材；对一般工业与民用建筑结构，可按工作性质选用普通质量的钢材。

2. 荷载性质和受力性质

荷载可分为静力荷载和动力荷载两种。荷载性质不同，对钢材的品种和质量等级有不同的要求。直接承受动力荷载的结构和强烈地震区的结构，应选用综合性能好的钢材；一般承受静力荷载的结构则可选用价格较低的 Q235 钢。

构件的受力有受拉、受压、受弯等状态，而拉应力区在缺陷或构造引起的应力集中情况下，裂纹更容易扩展，更易发生脆断或低温脆断，危险性更大，因此，受拉或受弯的构件对钢材的性能要求高一些。

3. 连接方法

钢结构的连接方法有焊接和非焊接两种。在焊接过程中，会产生焊接变形、焊接应力以及其他焊接缺陷，如咬边、气孔、裂纹、夹渣等，有导致结构产生裂缝或脆性断裂的危险。因此，焊接结构对材质的要求应严格一些。例如，在化学成分方面，焊接结构必须严格控制碳、硫、磷的极限含量；而非焊接结构对含碳量的要求可适当降低。

4. 结构所处的环境条件

结构的工作环境对钢材有很大影响。钢材处于低温时容易冷脆，因此在低温条件下工作的结构，尤其是焊接结构，应选用具有良好抗低温脆断性能的镇静钢。此外，露天结构的钢材容易产生时效，有害介质作用的钢材容易腐蚀、疲劳和断裂，因此也应加以区别地选择不同钢材。

5. 钢材厚度

薄钢材辊轧次数多，轧制的压缩比大，厚度大的钢材压缩比小，所以厚度大的钢材不但强度较小，而且塑性、冲击韧性和焊接性能也较差。因此，厚度大的焊接结构应采用材质较好的钢材。

采用焊缝连接的钢结构中，当钢板厚度不小于 40mm 且承受沿板厚度方向的拉力时，为避免焊接时产生层状撕裂，需采用抗层状撕裂的钢材。

抗层状撕裂钢硫含量极低（小于 0.005%），夹杂物形态得到控制，不易沿厚度方向产生层状台阶状裂纹；Z15、Z25、Z35 表示厚板的断面收缩率大小百分数为 15、25 和 35，如 Q345qDZ15。一般伸长率越大，断面收缩率也越大，塑性越好。

2.8.8　钢材的规格

钢结构用的钢材分板材和型材，板材主要指钢板，型材指各种轧制成型的钢截面材料。

1. 钢板

钢板有特厚板、厚钢板、薄钢板和扁钢之分。规格如下：

特厚板：厚度大于 60mm，宽 600～3800mm，长 4～9m；

厚钢板：厚度 4.5～60mm，级差 2mm，宽 700～3000mm，长 4～12m；

薄钢板：厚度 0.35～4mm，宽 500～1800mm，长 0.4～6m；

扁钢：厚度 4～60mm，宽 12～200mm，长 3～9m。

表示方法：“—厚×宽×长”，如—18×1000×2800。

2. 型钢

型钢分为热轧型钢和冷弯薄壁型钢。热轧型钢主要包括角钢、槽钢、H型钢（T型钢）、工字钢和钢管等。具体型号规格和尺寸可以查附录E。

1）角钢：角钢分等肢和不等肢两种。如不等肢角钢L160×100×10，表示长肢宽度为160mm，短肢宽度为100mm，肢厚为10mm；等肢角钢L160×16，两个肢相等，宽度都是160mm，厚度为16mm。

2）槽钢：分普通槽钢和轻型槽钢两种。普通槽钢按照腹板厚度从薄到厚分a、b、c三种型号。如[25b指截面高度为250mm的槽钢。

3）H型钢：分宽翼缘H型钢（HW）、中翼缘H型钢（HM）和窄翼缘H型钢（HN）。H型钢翼缘内外表面是平行的。如HW250×250×9×14，表示宽翼缘热轧H型钢，截面高度250mm，翼缘宽度250mm，翼缘厚度14mm，腹板厚度9mm。

4）T型钢：由H型钢剖分而成。

5）工字钢：分为普通工字钢和轻型工字钢两种。工字钢翼缘内表面有倾斜度，不是平面。I40b表示工字钢截面高度为400mm，腹板厚度为b类。

6）钢管：分圆钢管、方钢管和矩形管。钢管又分为无缝钢管和焊接钢管两种。圆钢管具有较小截面提供较大截面惯性矩，且没有弱轴的特点，特别适合用作受压杆件（如立柱）。圆钢管用直径加壁厚的方式表示，如ϕ350×10，表示外径为350mm，厚度为10mm的钢管。方钢管有冷弯薄壁方钢管和焊接方钢管，用“□”表示，如□150×10，表示正方形钢管，边长为150mm，壁厚为10mm。□150×120×10表示两个边长分别为150mm和120mm，壁厚为10mm的矩形钢管。

以上各类热轧型钢的各种面积模量和延米重，均可在钢结构设计手册及钢结构教科书中查到。热轧型钢的常用截面形式如图2-20所示。

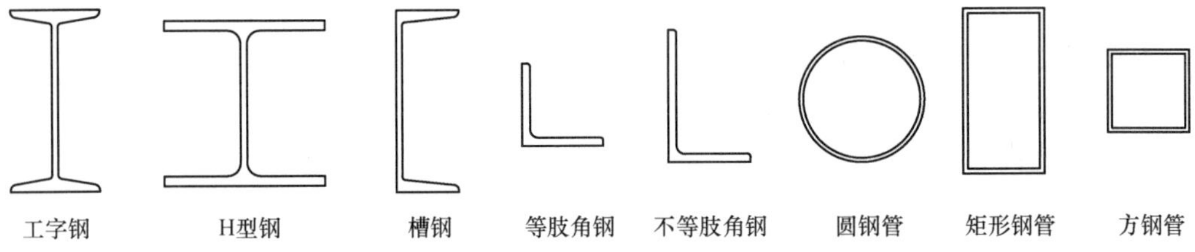

图2-20　热轧型钢的常用截面形式

热轧型钢的趋势是向大尺寸方向发展，轮廓尺寸接近甚至超过1000mm、壁厚达到100mm的大截面型钢，可直接作为重型厂房的承重柱，H型钢已在国内外大量应用。

冷弯薄壁型钢是指用2～6mm厚的薄钢板经冷弯或模压成型，广泛应用于轻型钢结构中，用作屋面檩条和墙面檩条等小荷载受力杆件。用作屋面板和墙面板的压型钢板常用厚度为0.4～1.6mm，用作承重楼板的厚度可为2～3mm或以上。薄壁型钢的截面和尺寸可按合理方案灵活设计，从而可充分利用钢材强度，大大减小结构用钢量。以彩色压型钢板为屋面板、薄壁型钢为檩条的轻钢结构近年来在我国发展十分迅猛。冷弯薄壁型钢和压型钢板的常用截面形式如图2-21所示。

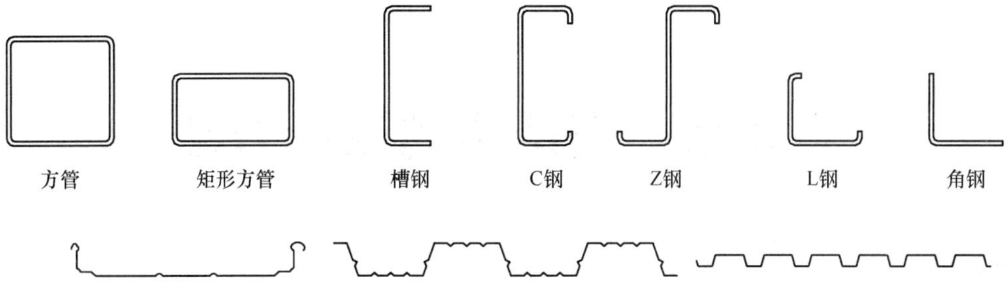

图 2-21　冷弯薄壁型钢和压型钢板的常用截面形式

习　　题

1. 简述钢材选用时应考虑哪些因素。
2. 简述钢材塑性破坏的特征。
3. 对于没有明显屈服平台的钢材，其屈服强度是如何规定的？
4. 焊接结构采用什么准则进行疲劳计算？
5. 简述钢材的破坏形式。
6. 一般情况下，同一类型钢材，设计强度与厚度有什么关系？
7. 同一钢材的伸长率计算，伸长率与试件长度有什么关系？
8. 对于变幅疲劳问题，如何验算钢结构疲劳？
9. 钢材的疲劳破坏属于何种破坏形式？
10. 通过低碳钢的单向拉伸试验可以获得钢材料的哪些性能指标？
11. 可采取什么措施提高钢材塑性和韧性？
12. 影响钢材疲劳破坏的因素有哪些？
13. 钢材的塑性衡量指标有哪些？强度衡量指标有哪些？这些指标从哪种试验获得？
14. 大跨度建筑为何采用钢结构？
15. 简述应力集中影响钢材性能的原因并举例说明如何降低应力集中。
16. 什么是钢材的疲劳破坏？发生疲劳破坏的条件有哪些？

第 3 章　钢结构的设计方法

【本章知识点】

本章主要介绍钢结构的两种设计方法：容许应力法和极限状态设计法，设计方法相关的概念：作用效应、抗力、结构功能、极限状态、可靠性、可靠度、可靠度指标，以及设计表达式。

【重点】

能够区分现行规范采用的设计方法；能够解释作用效应、抗力、结构功能、极限状态、可靠性、可靠、可靠指标等基本概念，并理解其工程应用；熟悉设计表达式的工程应用。

【难点】

可靠度的概念及其工程应用、设计表达式中分项系数和组合系数的取值。

结构设计的基本原则是要做到技术先进、经济合理、安全适用和质量保证。结构设计的本质是在结构的可靠性和经济性之间选择最佳平衡，使由较经济的投资建成的结构在设计使用年限内以适当的可靠度满足规定的各项功能要求。但结构上的作用、材料性能、构件几何参数、施工质量、计算模式等各种影响结构功能的因素都是具有随机性的非确定值，因此，在设计中如何合理考虑这些因素，分析结构在各种作用下的效应与抗力，保证结构具备适当的可靠性，是长期以来钢结构设计方法的演变趋势。

本章主要介绍钢结构设计方法的发展以及《钢结构设计标准》GB 50017—2017（后简称《钢标》）和《铁路桥梁钢结构设计规范》TB 10091—2017（后简称《桥规》）中设计方法的基本概念以及设计表达式。

3.1　钢结构设计方法的发展

二维码3-1
容许应力法

钢结构设计方法是随着钢结构的应用逐步发展和完善的。早期钢结构设计采用单一安全系数的容许应力法。

如图 3-1 所示，中华人民共和国成立时，我国钢材年产量仅有 15.8 万 t，不足世界钢产量的千分之一，钢材主要用于国防和重型机械等工业领域，桥梁和房屋钢结构建造数量十分有限，工程结构设计规范主要沿用苏联规范体系；1949～1978 年的近 30 年内，我国一直把发展钢铁工业作为实现工业化的中心环节，建成了具有 3500 万 t 钢生产能力的新中国钢铁工业体系，拉开了中国钢铁工业走向现代化的序幕。随着重工业厂房、体育场馆等大型公共建筑的建造，钢结构工程实践经验日渐丰富，我国《钢结构设计规范》TJ 17—74 采用了多系数分析单系数表达的极限状态设计法。

二维码3-2
多系数极限状态法

1979～2012 年，是我国钢铁工业奋力追赶、快速发展的时代，我国成为钢材净出口国，钢产量超过日本和美国的 5 倍之上，相当于世界前十国的钢产量总和。这一阶段，建筑领域逐渐成为中国钢材主要消费领域，建筑钢结构蓬勃发展，为了与世界主要发达国家的钢结构设计规范接轨，我国《钢结构设计规范》GBJ 17—88 和《钢结构设计规范》GB 50017—2003采用了以概率理论为基础的近似概率极限状态设计法。

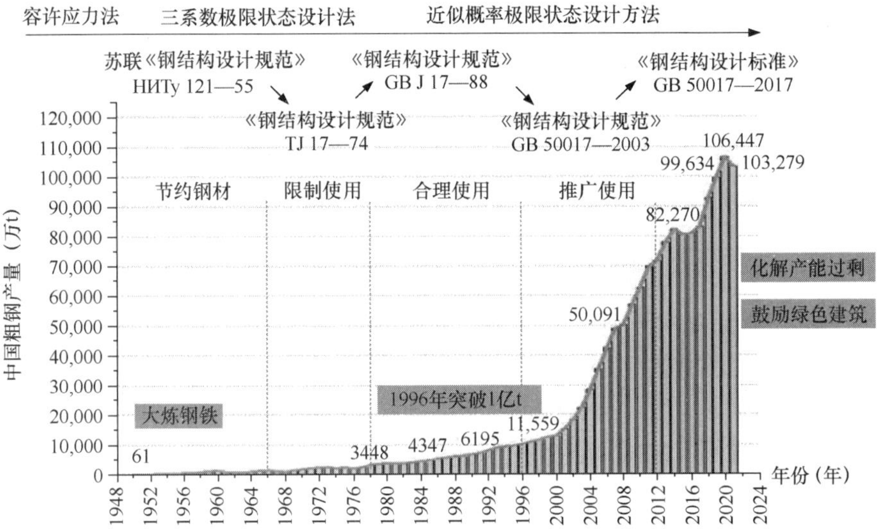

图 3-1　房屋建筑钢结构设计方法发展历程

2013 年至今，我国钢产量稳居世界第一，钢铁产业加强了科技创新，钢材产品质量不断提升，我国大力推广钢结构建筑，现行《钢结构设计标准》GB 50017—2017 除对《钢结构设计规范》GB 50017—2003 的条文进行必要修订外，引入了用于钢结构体系稳定设计的直接分析法，修正了原有规范仅能在构件或某一截面层面保证可靠度的不足，与世界主要发达国家钢结构设计规范保持同步，使钢结构的稳定设计更安全、更经济。

需要指出的是，由于疲劳问题过于复杂，《钢标》对构件及其连接的疲劳验算尚采用容许应力法。

铁路桥梁承受荷载大且列车活荷载有动力效应，因此，我国铁路系统自 1950 年颁布新中国第一部桥涵设计标准《铁路桥涵设计规程（初稿）》以来，沿用容许应力设计法已长达 70 余年。随着工程实践经验的日益丰富和工程技术水平的持续进步，传统容许应力法中安全系数的取值也不断得以修正完善，现行《铁路桥梁钢结构设计规范》TB 10091—2017 采用的仍是容许应力法。

2019 年 6 月《铁路桥涵设计规范（极限状态法）》Q/CR 9300—2018 正式实施，2020 年 6 月《铁路工程结构可靠性设计统一标准》GB 50216—2019 正式实施。后者明确指出了铁路工程结构设计宜采用以概率理论为基础、以分项系数表达的极限状态设计方法，当前我国铁路钢桥设计处于近似概率极限状态设计法与容许应力法并行的转轨过渡期。

3.2 房屋钢结构设计方法

概率极限状态设计法将影响结构功能的各种因素假定为随机变量，对结构的功能亦只做出一定的概率保证，即认为任何设计都不能保证绝对安全，而是存在着一定风险。但是，只要失效概率小到人们可以接受的程度，便可以认为所设计的结构是安全的。全概率极限状态设计法使用随机过程模型及更准确的概率计算方法，但该方法计算复杂，又因经常缺乏统计数据，很少在设计标准中直接使用。因此，除疲劳计算外，我国现行《钢标》采用的是以概率论为基础的一次二阶矩极限状态设计法，用分项系数（荷载分项系数和抗力分项系数）反映各随机参数的影响，是一种近似的概率极限状态设计法，也称为荷载抗力分项系数设计法。

3.2.1 结构的作用效应与抗力

影响结构功能的因素可归纳为两大类，即结构的作用效应与抗力。

作用效应 S 是指由作用引起的结构或结构构件的反应，包括结构的内力、变形、裂缝或应力、应变等。结构上的作用是随机变化的，以观测数据为基础，作用随时间的变化规律可采用随机过程或随机变量的概率模型进行描述。按照在设计基准期内最不利作用概率分布的某个统计特征值，《建筑结构荷载规范》GB 50009—2012 中确定了各种作用的标准值。作用是随机变量，因而作用效应也是随机变量。

二维码3-3
结构上的作用

结构抗力 R 是指结构或构件承受作用效应的能力，如构件的承载能力、刚度、抗裂能力、强度等。影响抗力的主要因素有材料性能（强度、变形模量等）、几何参数以及计算模式的精确性等，由于这些因素具有不确定性，所以结构抗力也是随机变量。

3.2.2 结构的功能与极限状态

结构应满足其功能要求。结构的功能要求体现在安全性、适用性和耐久性三个方面，具体包括：

① 能承受在正常施工和使用期间可能出现的各种作用；

② 保持良好的使用性能；

③ 具有足够的耐久性能；

④ 当发生火灾时，在规定的时间内可保持足够的承载力；

⑤ 当发生爆炸、撞击、人为错误等偶然事件时，结构能保持必要的整体稳定性，不出现与起因不相称的破坏后果，防止出现结构的连续倒塌。

其中，第①、④、⑤项是对结构安全性的要求，第②项是对结构适用性的要求，第③项是对结构耐久性的要求。

“极限状态”是结构可靠与失效的界限。所谓极限状态是与结构特定功能相对应的。若结构或结构的某一部分超过某一特定状态后，就不能满足某一规定功能要求，则此特定状态称为该功能的极限状态。因此，结构的极限状态分为承载能力极限状态、正常使用极限状态和耐久性极限状态。

承载能力极限状态是指当结构或结构构件达到最大承载能力或达到不适于继续承载的变形时的极限状态。可理解为结构或结构构件发挥允许的最大承载能力的状态。包括以下情况：

① 结构构件或连接因超过材料强度而破坏，或因过度变形而不适于继续承载；

② 整个结构或其一部分作为刚体失去平衡；

③ 结构转变为机动体系；

④ 结构或结构构件丧失稳定；

⑤ 结构因局部破坏而发生连续倒塌；

⑥ 地基丧失承载力而破坏；

⑦ 结构或结构构件的疲劳破坏。

正常使用极限状态是指结构或结构构件达到正常使用（刚度、振动等）的某项规定限值时的状态。可理解为结构或结构构件达到使用功能上允许的某个限值的状态。当结构或结构构件出现下列状态之一时，应认定为超过正常使用极限状态：

① 影响正常使用或外观的变形；

② 影响正常使用的局部损坏；

③ 影响正常使用的振动；

④ 影响正常使用的其他特定状态。

二维码3-4
赛格大厦和虎门大桥的风致振动

结构耐久性是指在服役环境作用和正常使用维护条件下，结构抵抗结构性能劣化的能力。我国以影响结构初始耐久性能的状态作为结构设计的控制条件。当钢结构或结构构件出现下列状态之一时，应认定为超过耐久性极限状态：

① 构件出现锈蚀迹象；

② 防腐涂层丧失作用；

③ 构件出现应力腐蚀裂纹；

④ 特殊防腐保护措施失去作用。

钢结构设计时，应分别考虑持久设计状况、短暂设计状况和偶然设计状况，针对结构的不同极限状态分别进行计算或验算。其中，持久设计状况适用于结构使用时的正常情况；短暂设计状况适用于结构出现的临时状况，包括结构施工和维修时的情况等；偶然设计状况适用于结构出现的异常情况，包括结构遭受罕遇地震、火灾、爆炸与撞击时的情况等。此外，对处于地震设防区的结构，尚应考虑地震设计状况，保证结构遭受多遇地震时满足“小震不坏”要求。当某一极限状态的计算或验算起控制作用时，可仅对该极限状态进行计算或验算。

3.2.3　结构的可靠性与可靠度

结构在规定的时间内，在规定的条件下，完成预定功能的能力，称为结构的可靠性。结构可靠性是结构安全性、适用性和耐久性的总称，可靠度是可靠性的定量描述。

结构是否可靠，取决于结构所处的状态。结构的工作性能可以采用功能函数 Z 进行描述。结构构件的功能函数 Z 由结构构件的作用效应 S 和抗力 R 两个相互独立的基本变量确定：

$$Z = g(R, S) = R - S \tag{3-1}$$

根据概率理论，作用效应 S 和抗力 R 假定为随机变量，则功能函数 Z 也是一个随机变量。$Z=g(R,S)=R-S=0$ 即为结构构件的极限状态方程，结构构件按极限状态设计应符合 $Z\geqslant 0$，反之，则认为结构构件失效。功能函数 Z 的概率密度曲线可由作用效应 S 和抗力 R 两个基本变量的概率密度确定，结构构件的失效概率可以通过可靠指标 β（功能函数 Z 的平均值与标准差的比值）度量。

二维码3-5
一次二阶矩极限状态设计法

根据结构破坏可能产生的后果，即危及人的生命、造成经济损失、对社会或环境产生影响的严重性，《建筑结构可靠性设计统一标准》GB 50068—2018 对不同的建筑结构规定了不同的安全等级。将破坏后果很严重、严重及不严重的建筑结构安全等级分别定义为一级、二级和三级。建筑结构中各类构件的安全等级，宜与结构的安全等级相同。结构构件可靠度水平的设置即根据其安全等级确定，对应各安全等级的构件持久设计状况承载能力极限状态设计的可靠指标（失效概率）如表 3-1 所示。与承载能力极限状态相比，正常使用极限状态、耐久性极限状态对生命的危害较小，因此，对应持久设计状况，正常使用极限状态、耐久性极限状态的失效概率可以略高一些，可靠指标则分别取为 0～1.5 和 1.0～2.0。

结构构件持久设计状况承载能力极限状态的可靠指标 β（失效概率 P_f）　　表 3-1

破坏类型	安全等级		
	一级	二级	三级
延性破坏	$3.7(1.1\times10^{-4})$	$3.2(6.9\times10^{-4})$	$2.7(3.5\times10^{-3})$
脆性破坏	$4.2(1.3\times10^{-5})$	$3.7(1.1\times10^{-4})$	$3.2(6.9\times10^{-4})$

3.2.4　结构的作用组合与分项系数

实际结构可能同时承受多种作用，对有可能同时出现的各种作用，应该考虑它们在时间和空间上的相关关系，通过作用组合来处理其对结构效应的影响。这些作用同时达到各自单独出现时的最大值的概率极小，因此，需要根据组合作用的分布来确定作用的组合系数。按承载能力极限状态设计钢结构时，对持久设计状况和短暂设计状况，应考虑作用的基本组合，必要时尚应考虑与偶然设计状况或地震设计状况对应的作用组合；按正常使用极限状态设计钢结构时，应考虑作用效应的标准组合。

此外，尽管依据作用效应与抗力的概率密度函数，可以对表 3-1 中规定的各级结构构件的可靠指标 β 进行计算和校核，完成构件设计，但这一计算过程十分复杂，设计工作量繁重。《建筑结构可靠性设计统一标准》GB 50068—2018 规定了各种极限状态在不同设计状况下的作用组合表达式，根据结构功能函数中基本变量的统计参数和概率分布类型，与表 3-1 规定的目标可靠指标相对应，计算并考虑工程经验后再进行优化，确定各种分项系数的取值。通过将对结构构件可靠度的要求分解到分项系数的取值中，使基于概率理论的复杂数值运算转化为简单的代数运算。

分项系数分为作用分项系数和抗力分项系数。作用分项系数是反映作用不定性并与结构可靠度相关联的分项系数，抗力分项系数是反映抗力不定性并与结构可靠度相关联的分项系数。因抗力不定性可由材料性能不定性来体现，故也常用材料性能的分项系数替代抗力分项系数。

按承载能力极限状态进行设计时，对持久设计状况和短暂设计状况，基本组合的作用效应采用如下设计表达式进行验算：

$$\gamma_0 S(\sum \gamma_{G_i} G_{ik} + \gamma_{Q_1}\gamma_{L_1} Q_{1k} + \sum_{j=2}^{n} \psi_{cj}\gamma_{Q_j}\gamma_{L_j} Q_{jk}) \leqslant R_d \tag{3-2}$$

式中　γ_0 ——结构重要性系数，根据结构或构件的安全等级确定，安全等级为一级、二级和三级时，γ_0 分别不应小于 1.1、1.0 和 0.9；

$S(\cdot)$ ——作用组合的效应函数；

G_{ik} ——第 i 个永久作用的标准值；

Q_{1k}、Q_{jk} ——第 1 个和第 j（$j \geqslant 2$）个可变作用的标准值；

γ_{G_i} ——第 i 个永久作用的分项系数，当其效应对结构不利时采用 1.3，对结构有利时取值不应大于 1.0，一般结构的倾覆、滑移或漂浮验算取 0.9；

γ_{Q_1}、γ_{Q_j} ——第 1 个和第 j（$j \geqslant 2$）个可变作用的分项系数，当其效应对结构不利时采用 1.5，对结构有利时采用 0；标准值大于 $4kN/m^2$ 的工业房屋楼面活荷载，对结构不利时可取 1.4，对结构有利时采用 0；

γ_{L_1}、γ_{L_j} ——第 1 个和第 j（$j \geqslant 2$）个考虑结构设计使用年限的荷载调整系数。当结构的设计使用年限为 5 年、50 年和 100 年时，分别取为 0.9、1.0 和 1.1；

ψ_{cj} ——第 j 个可变荷载组合系数，按《建筑结构荷载规范》GB 50009—2012 规定取用；

R_d ——结构抗力的设计值，$R_d = R\left(\frac{f_k}{\gamma_M}, a_d\right)$，其中 f_k 为材料性能的标准值；γ_M 为材料性能的分项系数，按《钢标》规定采用；a_d 为几何参数的设计值，可采用几何参数的标准值 a_k。

按承载能力极限状态进行设计时，对偶然设计状况，应采用作用的偶然组合对效应进行验算，符合式（3-3）规定：

$$S(\sum G_{ik} + A_d + (\psi_{f1} \text{或} \psi_{q1}) Q_{1k} + \sum_{j=2}^{n} \psi_{qj} Q_{jk}) \leqslant R_d \tag{3-3}$$

式中　A_d ——偶然作用的设计值；

ψ_{f1} ——第 1 个可变作用的频遇值系数；

ψ_{q1}，ψ_{qj} ——第 1 个和第 j（$j \geqslant 2$）个可变作用的准永久值系数。

按承载能力极限状态进行设计时，对地震设计状况，应采用作用的地震组合对效应进行验算，符合式（3-4）规定：

$$\gamma_G S_{GE} + \gamma_{Eh} S_{Ehk} + \gamma_{Ev} S_{Evk} + \psi_w \gamma_w S_{wk} \leqslant \frac{R_d}{\gamma_{RE}} \tag{3-4}$$

式中　γ_{Eh}、γ_{Ev} ——分别为水平、竖向地震作用分项系数，按《建筑抗震设计规范》GB 50011—2010（2016 年版）采用；

γ_w ——风荷载分项系数；

ψ_w ——风荷载组合值系数；

S_{GE}——重力代表值的效应；

S_{Ehk}、S_{Evk}——分别为水平、竖向地震作用标准值的效应，尚应乘以相应的增大系数或调整系数；

S_{wk}——风荷载标准值的效应；

γ_{RE}——承载力抗震调整系数。

按正常使用极限状态进行设计时，标准组合的作用效应采用如下设计表达式进行验算：

$$S(\sum G_{ik}+Q_{1k}+\sum_{j=2}^{n}\psi_{cj}Q_{jk})\leqslant C \tag{3-5}$$

式中　C——设计规定的变形限值。

对于耐久性极限状态，钢结构或构件所采纳的控制条件为不影响结构的初始耐久性能，因此，当钢结构或结构构件出现锈蚀、防腐涂层丧失作用等情况时即为达到极限状态，不需要进行验算。

值得注意的是，验算钢构件强度、连接强度以及构件稳定性时，应采用作用设计值（作用标准值乘以分项系数）；而《钢标》中疲劳计算仍基于容许应力法，因此，验算疲劳强度和变形时，应采用作用标准值（不考虑分项系数）。

【例题 3-1】某工业房屋结构楼层梁为跨度 6.0m 的简支梁，梁间距 3.0m。楼面均布永久作用（包括楼板、楼面的构造重量及梁自重）标准值为 2.4kN/mm^2，楼面活荷载标准值为 5.0kN/mm^2，结构的设计使用年限为 50 年。试求：(1) 按承载能力极限状态设计时，对持久设计状况，跨中截面弯矩设计值；(2) 按正常使用极限状态设计时，荷载标准组合的跨中截面弯矩设计值。

解：(1) 按承载能力极限状态设计时，对持久设计状况，梁跨中截面的弯矩设计值应按式 (3-2) 中作用的基本组合计算效应。

工业房屋结构为一般房屋，安全等级为二级，$\gamma_0=1.0$，永久作用的分项系数采用 $\gamma_G=1.3$。本例题仅有楼面活荷载一种可变荷载，效应对结构不利时 γ_Q 应采用 1.5，但工业房屋楼面活荷载标准值 $5.0\text{kN/mm}^2>4.0\text{kN/mm}^2$，可取 $\gamma_Q=1.4$。考虑设计使用年限的调整系数 $\gamma_L=1.0$，则：

$$\begin{aligned}M&=\gamma_0(\gamma_{G_1}S_{G_{1k}}+\gamma_{Q_1}\gamma_{L_1}S_{Q_{1k}})\\&=1.0\times\left(1.3\times\frac{1}{8}\times2.4\times3.0\times6.0^2+1.4\times1.0\times\frac{1}{8}\times5.0\times3.0\times6.0^2\right)\\&=136.62\text{kN}\cdot\text{m}\end{aligned}$$

(2) 按正常使用极限状态设计时，梁跨中截面的弯矩设计值应按式 (3-5) 作用的标准组合计算效应。

$$M=S_{G_{1k}}+S_{Q_{1k}}=\frac{1}{8}\times2.4\times3.0\times6.0^2+\frac{1}{8}\times5.0\times3.0\times6.0^2=99.9\text{kN}\cdot\text{m}$$

3.3　铁路桥梁钢结构设计方法

3.3.1　容许应力法

《桥规》采用的是容许应力法。容许应力法的设计原则是控制截面的最大应力，使之小于规范规定的容许应力，从而保证构件的安全。但是，确定容许应力取值时所采用的安全系数间接体现了荷载情况、工作环境、材料性能变异、工程试验结果等多种因素的影响，并考虑了荷载组合类型的影响。其容许应力法的表达式可以简单写成：

$$\sigma_{\max} \leqslant \gamma[\sigma] = \gamma \frac{f_{y}(\text{或 } f_{u})}{K} \tag{3-6}$$

式中　$\sigma_{\max}$——根据荷载标准值求得的截面最大应力；

γ——不同荷载组合的容许应力提高系数；

$[\sigma]$——钢材的基本容许应力；

f_y、f_u——钢材的屈服强度和抗拉强度；

K——综合安全系数，$K=K_1 \cdot K_2 \cdot K_3$，其中 K_1 为荷载系数，考虑实际荷载可能有变动而与设计荷载存在偏差，留有一定安全储备的系数；K_2 为材料系数，考虑钢材设计强度变异的系数；K_3 为调整系数，考虑工作条件、结构受力状态或荷载的特殊变异因素的系数。

桥梁结构设计应根据结构的特性，按表 3-2 所列的荷载，考虑主力与一个方向（顺桥或横桥方向）的附加力相结合，就其可能的最不利情况进行计算。但需要注意的是，桥梁钢结构的设计必须要考虑施工阶段的验算，需结合运输条件、施工安装方案等因素保证其施工安全性。

桥涵荷载　　**表 3-2**

荷载分类		荷载名称
主力	恒荷载	结构构件及附属设备自重
		预加力
		混凝土收缩和徐变的影响
		土压力
		静水压力及水浮力
		基础变位的影响
	活荷载	列车竖向静活荷载
		公路（城市道路）活荷载
		列车竖向动力作用
		离心力
		横向摇摆力
		活荷载土压力
		人行道人行荷载
		气动力
附加力		制动力或牵引力
		支座摩擦阻力
		风力
		流水压力
		冰压力
		温度变化的作用
		冻胀力
		波浪力

续表

荷载分类	荷载名称
特殊荷载	列车脱轨荷载 船只或排筏的撞击力 汽车撞击力 施工临时荷载 地震作用 长钢轨纵向作用力（伸缩力、挠曲力和断轨力）

注：1. 如杆件的主要用途为承受某种附加力，则在计算此杆件时，该附加力应按主力考虑；
2. 流水压力不与冰压力组合，两者也不与制动力或牵引力组合；
3. 船只或排筏的撞击力、汽车撞击力，只计算其中的一种荷载与主力相结合，不与其他附加力组合；
4. 列车脱轨荷载只与主力中恒荷载组合，不与主力中活荷载和其他附加力组合；
5. 地震作用与其他荷载的组合应符合现行《铁路工程抗震设计规范》GB 50111—2006（2009 年版）的相关规定；
6. 无缝线路纵向作用力不参与常规组合，其与其他荷载的组合按《铁路桥涵设计规范》TB 10002—2017 中的相关规定执行。

桥梁上不同荷载出现的概率存在差异，因此，荷载组合不同时，结构所采用的安全系数也应有所区别，反映在容许应力提高系数 γ 的取值上，如表 3-3 所示。

各种外力组合容许应力的提高系数 γ **表 3-3**

序号	外力组合		提高系数
1	主力		1.0
2	主力＋附加力		1.3
3	主力＋面内次应力（或面外次应力）		1.2
4	主力＋面内次应力＋面外次应力		1.4
5	主力＋面内次应力（或面外次应力）＋制动力（或风力）		1.45
6	主力＋地震作用		1.5
7	钢梁安装	恒荷载＋施工荷载	1.2
		恒荷载＋施工荷载＋风力	1.4
		恒荷载＋施工荷载＋风力＋面内次应力（或面外次应力）	1.5

与概率极限状态设计方法相比，容许应力设计法的优点是简单易行，缺点则是没有明确结构或构件的实际承载能力，缺乏明确的结构可靠度概念。两者的主要区别在于对结构重要性、荷载性质、材料抗力等采取了不同的处理方法。

3.3.2 近似概率极限状态设计法

铁路钢桥设计所采用的近似概率极限状态设计法与房屋钢结构设计方法基本原理一致。两者之间的主要差异如下：

（1）极限状态的定义

房屋钢结构的极限状态分为承载能力极限状态、正常使用极限状态和耐久性极限状态；而铁路钢桥结构的极限状态分为承载能力极限状态、正常使用极限状态和疲劳极限状态。

《铁路工程结构可靠性设计统一标准》GB 50216—2019 中将耐久性与适用性功能要求共同列入正常使用极限状态设计内容。其条文说明中指出，适用性包括结构变形、旅客乘坐舒适度、列车运行平稳性等；耐久性是指结构在规定工作环境下，在预定时间内不致因材料性能（如混凝土腐蚀或钢筋锈蚀）的劣化而影响结构的使用寿命。从工程概念上讲，耐久性是指结构在正常维护条件下能够正常使用达到规定设计使用年限的性能要求。因此，将出现影响耐久性能的裂纹、局部损坏认为是超过了结构的正常使用极限状态。

此外，《铁路工程结构可靠性设计统一标准》GB 50216—2019 中给出疲劳极限状态的定义：结构或构件在重复荷载累积损伤作用下出现影响安全使用的疲劳裂纹或变形，即为超过了疲劳极限状态。这是因为铁路桥梁承受列车重复荷载动力作用大，目前桥梁钢结构大量采用焊缝连接，容易因焊接缺陷诱发疲劳裂纹，又易受环境影响加快疲劳裂纹的扩展而导致严重后果，而考虑到疲劳极限状态与承载力极限状态在作用形式（以拉为主的重复荷载作用）、抗力（与构造细节高度相关，材料强度不是控制因素）、计算模型（实验科学，无明确的力学模型）等方面均不相同，疲劳极限状态单独列举有其必要性。

综上，《铁路工程结构可靠性设计统一标准》GB 50216—2019 将疲劳极限状态与承载能力极限状态、正常使用极限状态并行，构成了铁路钢桥结构的三种极限状态。疲劳极限状态的目标可靠指标值如表 3-4 所示。但进行钢桥结构疲劳设计时，只考虑永久作用和列车荷载（包括运营动力系数和离心力），各作用应采用标准值，作用分项系数可取 1.0，因此，目前其疲劳验算方法本质上仍为容许应力法。

（2）可靠指标的取值

铁路桥梁结构的目标可靠指标值如表 3-4 所示。与表 3-1 中数值进行比较可以看出，在承载能力极限状态下铁路钢桥结构的可靠指标值较房屋钢结构高 1.0～1.5，其结构失效风险水准低于房屋钢结构。

铁路桥梁结构目标可靠指标 β 值　　　　表 3-4

极限状态类型		结构安全等级		
		一级	二级	三级
正常使用极限状态		1.0～3.0		
承载能力极限状态	延性破坏	5.2	4.7	4.2
	脆性破坏	5.2	5.2	4.7
疲劳极限状态		3.5	3.0	2.5

（3）分项系数与组合系数的取值

近似概率极限状态法采用分项系数反映作用和材料强度的变异性及可靠指标。按承载能力极限状态进行房屋钢结构设计时，永久作用效应和可变作用效应的分项系数取值分别是固定的，仅需根据其是否对结构有利略做调整，各种牌号钢材的材料性能分项系数取值则略有差异，可变作用的组合系数通常小于 1.0。

《铁路桥涵设计规范（极限状态法）》Q/CR 9300—2018 中列出了按承载能力极限状态设计时对持久设计状况和短暂设计状况应采用的基本组合的六种工况，对应这些工况给出了各种作用效应的分项系数取值。进行铁路桥梁结构设计时，各种作用效应的分项系数取值并不相同。即便同为永久作用，结构自重和结构附加重力（道砟桥面或其他桥面）对应的分项系数不同，甚至同一种永久作用，如结构附加重力（道砟桥面），在不同的荷载组合工况中也有不同的分项系数取值。但《铁路桥涵设计规范（极限状态法）》Q/CR 9300—2018 中钢结构材料性能的分项系数统一采用 1.25，可变作用的组合系数一般取 1.0。

习　　题

1. 现行《钢标》和《桥规》分别采用什么设计方法？
2. 房屋钢结构设计方法有哪几种极限状态？分别如何定义？
3. 房屋钢结构按承载力极限状态验算时，一般应按照什么样的作用效应组合进行计算？
4. 房屋钢结构按正常使用极限状态验算时，所采用的荷载组合是什么？
5. 与概率极限状态设计方法相比，容许应力设计法有哪些优缺点？
6. 铁路钢桥采用极限状态法进行设计时有几种极限状态？其疲劳极限状态如何定义？
7. 铁路钢桥与房屋钢结构分别采用的近似概率极限状态设计法有何异同？
8. 如何确定分项系数的取值？为何分项系数可以体现可靠度？

第 4 章　钢结构的稳定与疲劳

【本章知识点】

本章主要讲述钢结构常见的破坏形式及其机理、钢结构稳定的基本知识（概念、规律、特点和分类等）、几类基本构件的整体稳定和局部稳定性能、钢结构的疲劳概念、原理和计算方法。

【重点】

能够分析工程中钢结构的破坏形式及其机理；清楚钢结构稳定性的基本概念；掌握几类基本构件整体失稳和局部失稳的破坏机理，以及确定稳定承载力的思路与方法；能够分析工程中钢结构的疲劳破坏现象、破坏机理和影响因素，能够利用现行规范熟练进行钢结构的疲劳计算。

【难点】

构件整体稳定和局部稳定的分析理论、疲劳强度的计算。

稳定问题与疲劳问题是造成钢结构破坏和工程事故的常见原因，也是其区别于钢筋混凝土结构的重要内容。《钢结构设计标准》GB 50017—2017 及《铁路桥梁钢结构设计规范》TB 10091—2017（后简称《钢标》和《桥规》）中对稳定及疲劳设计计算均有大量规定。

本章将对钢结构稳定和疲劳的概念分别进行论述，并在设计规范的基础上介绍疲劳计算的方法和要点。

4.1　钢结构的破坏形式

如前文所述，钢结构的极限状态分为承载能力极限状态和正常使用极限状态，前者代表着构件或结构达到最大承载能力或出现不适于继续承载的变形（图 4-1a），后者意味着出现了影响结构正常使用功能的超过限值的变形、裂缝、振动或锈蚀等（图 4-1b）。那么，理论研究、设计计算、加工制作、施工安装的所有工作，都是为了在经济合理、技术先进的基础上保证结构不会达到或超过上述极限状态，即保证结构的安全性、适用性和耐久性。

在第 2 章我们讲到，从材料层次而言，钢材有塑性破坏和脆性破坏两种不同的破坏形式。实际工程应用中，钢结构也可能由于自身或外界环境、荷载作用等原因，发生各种形式的破坏。这些钢构件、节点或结构的破坏，从本质上讲都是由于钢材产生塑性或脆性破坏而导致的，根据其各自的表现和特点，总体上可分为延性破坏、脆性断裂、疲劳破坏、损伤累积破坏和失稳破坏，如图 4-2 所示。

(a) 铁路站房网架中的杆件断裂及失稳　　(b) 锈蚀严重的铁路站台雨篷钢柱

图 4-1　实际工程中钢结构的极限状态

钢结构的破坏形式

- 延性破坏
- 脆性断裂
- 疲劳破坏
- 损伤累积破坏
- 失稳破坏
  - 整体失稳
  - 局部失稳
  - 相关失稳
  - ｜ 分岔失稳
  - ｜ 极值点失稳
  - ｜ 跃越失稳

图 4-2　钢结构的破坏分类

4.1.1　延性破坏

延性破坏即节点或构件某个截面的钢材产生明显的塑性变形、达到极限强度后而引起的破坏。当结构在多个截面上达到材料塑性并变成机构时，就会丧失承载力而整体破坏。延性破坏的特征是，节点或构件的截面平均应力超过材料屈服强度并发展达到极限强度，破坏前有较大的塑性变形发生，能够被及时发现而采取措施予以补救（图 4-3a）。

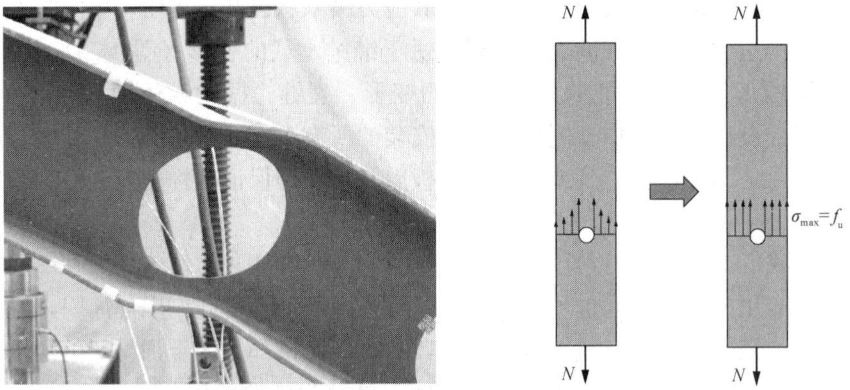

(a) 延性破坏时的显著变形　　(b) 开孔截面的应力重分布

图 4-3　钢结构的延性破坏

此外，发生塑性变形后，构件出现内力重分布，截面应力趋于均匀，有利于改善其受力性能。如图 4-3(b) 所示，尽管开孔板件在加载前期存在应力集中现象，但当最大应力超过屈服强度后，由于不断开展的塑性变形引起截面应力重分布，最终总会达到全截面屈服状态，在破坏前有显著的变形。总体来说，钢结构的延性破坏是一种较为理想的破坏形式。

4.1.2 脆性断裂

脆性断裂，指由钢材的脆性破坏引起的构件或连接节点的断裂（图 4-4）。脆性断裂发生时，如果研究其截面应力，会发现其平均应力远低于材料的屈服强度。和延性破坏不同，脆性断裂前没有明显的变形等预兆，常无法及时觉察。因此，脆性断裂是设计、施工和使用中最不希望出现的破坏形式，需要采取措施来减小其不利影响。

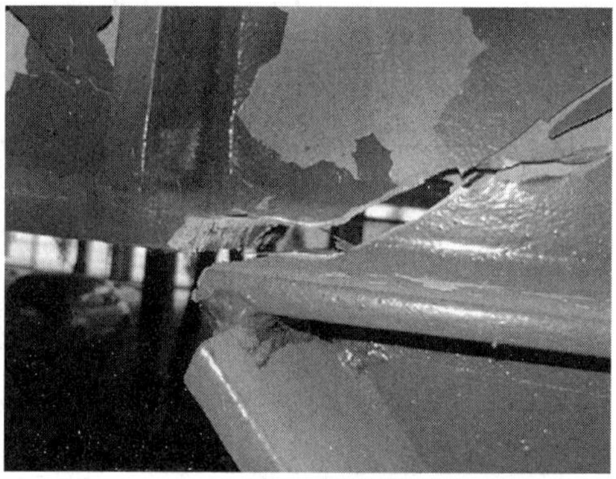

图 4-4 实际工程中的脆性破坏

造成脆性断裂的根本原因，一是钢材内部缺陷或连接构造缺陷引起相当大的应力集中，即使外力不是很大，构件或节点中的局部应力峰值可能已达到抗拉强度，致使微裂纹扩展，进而发展至宏观断裂；二是可能在不利的工作环境下或复杂应力状态下，钢材的塑性变形能力降低或受到限制，最终发生材料脆性破坏导致构件或节点的脆性断裂。

发生脆性破坏的情况主要有以下几种：

（1）焊接连接处。焊接的热应力会影响附近钢材的材料性能，使其变脆，并且焊接缺陷的存在也加大了脆性破坏的风险。此外，焊接结构中的残余应力会形成比较大的拘束力，尤其是多条焊缝附近的位置易形成复杂的三向应力场，限制了材料的塑性变形能力，引起脆性开裂。因此对于重要的结构，焊接质量是结构施工验收的一项重要内容。

（2）节点的连接构造。在构件连接或板件搭接处，如未采取适当的构造措施如过渡坡等，将加剧应力集中，增大脆性破坏的可能性。

（3）结构工作环境。潮湿、盐雾、冻融循环等环境下钢材的锈蚀、低温下钢材的韧性下降、短时冲击荷载等不利因素都可能诱发脆性断裂。因此，在设计中需要针对不同工作条件合理地选择材料。例如我国海洋平台设施、青藏铁路设施、南极科考站等钢结构，应优先采用抗腐蚀的耐候钢、低温韧性较好的高性能钢等新型钢材。

二维码4-1
青藏铁路中的
钢结构

4.1.3 疲劳破坏

疲劳破坏的最大特征，是在反复荷载作用下引起的构件或连接破坏，由于破坏前没有明显变形等预兆，因此从本质上讲也是一种由于材料脆性破坏引起的脆性断裂。

疲劳破坏又可分为“高周疲劳破坏”和“低周疲劳破坏”。高周疲劳破坏中，构件的平均拉应力水平较低，远不到材料的屈服强度，但当荷载作用循环次数很大时（一般高于

5×10^4 次），由于内部微裂纹的不断发展最终形成宏观裂缝而发生断裂。如图 4-5 所示，某悬索桥的吊杆尽管在正常工作时承受的荷载和内部平均应力不是很高，但在长年累月的动荷载作用下，某个时刻可能会产生裂纹或断裂。高周疲劳问题将在第 4.4 节进行详细介绍。

低周疲劳破坏通常指构件或连接在较大的反复荷载作用下，钢材反复进入塑性，尽管荷载循环次数不多，但材料塑性变形能力迅速降低（变脆），最终发生破坏（通常为脆性断裂）。例如，强地震作用虽然持续时间不长（几十秒，往复加载几十次上百次），但所受荷载巨大，钢结构进入弹塑性状态并反复加载卸载，材料不断损伤；损伤累积到一定程度导致构件或节点的破坏，甚至引起结构倒塌（图 4-6）。

图 4-5　悬索桥吊杆疲劳断裂

图 4-6　强震作用下钢支撑端部损伤断裂

4.1.4　损伤累积破坏

钢结构在服役过程中，由于外界环境的变化，例如温度、腐蚀、老化、碰撞等，都会使得钢材内部产生一定的微观甚至宏观的缺陷，导致钢构件或节点中出现损伤。继续服役过程中，在外荷载如动荷载、强风、地震等共同作用下，这些内在的损伤将不断积累引起结构性能下降，到达一定程度时即导致破坏，这种破坏现象称为损伤累积破坏。

图 4-7　腐蚀引起的断裂

从本质来看，疲劳破坏也属于损伤累积破坏，即也是由于反复荷载下缺陷或损伤的累积和扩展，或材料性能的退化而导致的（图 4-6）。但损伤累积破坏的涵盖范围更广，凡是结构性能随时间退化引起的破坏都可归结于损伤累积破坏，例如图 4-7 所示的钢绞线的腐蚀断裂等。

通常采用损伤变量 D 这一指标来衡量结构、构件或节点的损伤程度。它随着结构服役时间或加载历程而增加，且其范围在 [0，1] 之间，当 $D=0$ 时为无损伤状态，当 $D=1$ 时结构、构件或节点完全破坏。

4.1.5　失稳破坏

失稳是钢结构典型的破坏形式之一，实际工程中钢结构失稳事故较为常见（图 4-8）。一旦发生失稳，结构变形迅速发展，危险性较大，因此稳定问题也是钢结构理论研究和设计计算的重要内容。需要注意的是，前述塑性破坏、脆性破坏、疲劳破坏等破坏形式，更多的是与钢材材料的变形能力和强度性能紧密相关，也就是说材料的失效导致了构件或连接的破坏，而钢结构失稳则是由于刚度不足引起的一种构件或结构的整体行为，它虽然受材料弹塑性的影响，但并不由其所决定。事实上，假如构件或结构的材料是一种理想线弹性材料，尽管它不会发生塑性破坏或者脆性断裂，但仍会发生失稳破坏。

(a) 连续梁在负弯矩作用下钢梁下翼缘的失稳破坏　　(b) 壳体结构的失稳破坏

图 4-8　钢结构工程中的失稳

4.2　钢结构的稳定

4.2.1　稳定的概念

二维码4-2
桥梁工程事故

失稳是众多钢结构工程事故的主要原因之一。例如加拿大魁北克大桥垮塌事故、美国哈特福德体育馆倒塌事故（图 4-9）等，多是由于设计、施工和运营不当导致部分构件失稳，最终引起结构整体倒塌。要防止钢结构失稳，必须首先了解其稳定性能和主要影响因素。

钢结构的失稳是怎样发生的？以图 4-10 的轴心受压构件为例，根据结构力学知识，由于它是二力杆，因此只会发生轴向的压缩变形并最终破坏。但实际上随着荷载的不断增加，构件的变形过程分为两个阶段：首先，当荷载较小时构件主要处于轴向压缩状态，受力状态稳定：荷载还可以继续增加，且当荷载保持稳定时变形也不会继续增大；然而，当荷载增加到一定程度时，虽然构件没有直接承受弯矩的作用，但会突然产生明显的弯曲变形，且变形快速发展同时荷载很难继续增加，这就意味着到达了承载能力极限状态，即发生了失稳破坏（图 4-10b）。再例如，一根承受竖向荷载的钢梁，首先随着荷载的增大在竖向平面内产生挠曲变形，此状态是稳定的，即钢梁能够承受持续增加的外荷载；当荷载

(a) 美国哈特福德体育馆倒塌事故　　(b) 加拿大魁北克大桥垮塌事故

图 4-9　钢结构工程事故

增加到一定值时，此稳定的受力状态被打破，钢梁突然产生侧向变形并迅速发展，此时钢梁的受力状态极不稳定，荷载不能维持且产生了不可接受的过大面外变形，即我们熟知的钢梁弯扭失稳。

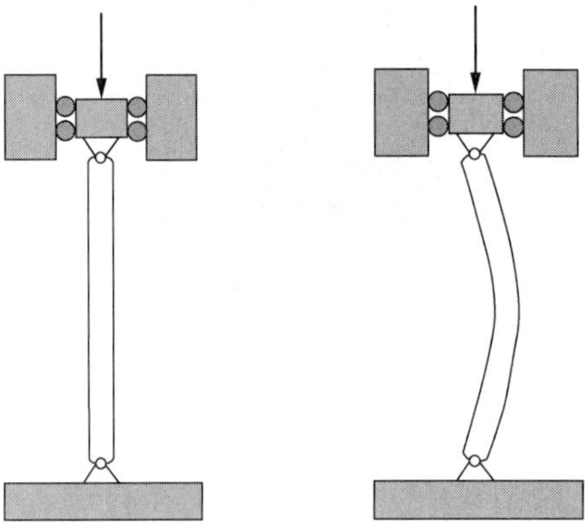

(a) 轴向压缩变形　　(b) 侧向弯曲变形

图 4-10　轴压构件的失稳

失稳，顾名思义即构件或结构失去稳定的受力状态，转变为不稳定的受力状态。从变形的角度来看，失稳过程通常涉及变形模式的改变，换句话说，只要变形模式发生转变，一般就可以认为其发生失稳破坏。例如，轴心压构的稳定状态是轴向压缩，而失稳后转变为持续发展的弯曲变形。钢梁的稳定状态是竖向挠曲，失稳后发生显著的面外弯扭变形。平板构件无论是受压还是受剪，在失稳前都是保持平面内受力，失稳后的变形模式以面外鼓曲为主。

那么，接下来一个问题就是，钢结构为什么会发生失稳？仍以图 4-10 的轴心压杆为例，它可以通过两种变形模式来承受竖向荷载，即轴向压缩模式和侧向弯曲模式，但实际受力时，它在特定时刻只能以一种确定的变形模式来抵抗外荷载。自然界有一个规律：当面临选择时，物理现象总是沿着阻力最小、最容易发生的那条途径发展。于是，对于轴心压杆，当荷载较小时轴向压缩变形相比侧向弯曲更为容易，因此为轴向压缩模式；而荷载较大时继续维持轴向压缩很难，则以侧向弯曲变形这种方式来继续受力；然而，一旦侧向弯曲发生，变形大小就不再可控，即使荷载增加不多其变形增长也极为迅速，最终导致受力状态不再稳定，发生失稳破坏。

综上，可以给出失稳的定义：构件或结构在荷载作用下，由于几何变形的影响使其刚度不断减小，最终失去承载能力或产生不可控制的过大变形，丧失了稳定。从定义可以看到，失稳的本质是几何变形的影响，而几何变形影响的实质是变形对荷载效应（即内力）的放大，放大的内力反过来又加速变形的发展，二者耦合作用，导致了构件或结构最终达到极限状态。这种变形对内力的放大效应（从而使刚度减小）称作“二阶效应”，又称 P-δ 或 P-Δ 效应。其中，P-δ 效应是指构件本身的挠曲变形对内力的放大，而 P-Δ 效应是由结构整体变形所引起的。例如图 4-11(a) 中的框架结构，由于发生了侧移，倾覆力矩从未变形时的 VH 增加到了 $VH+2P\Delta$，因此 P-Δ 效应导致了结构整体稳定的降低；图 4-11(b) 以压弯构件为例，给出了考虑 P-δ 效应的二阶最大弯矩，可以看到相比不考虑几何变形影响的一阶弯矩，计入了几何变形的荷载效应后，轴力引起附加弯矩 $P\delta$，加速了构件的侧向弯曲变形，从而导致稳定问题。结构的刚度越小，变形越大，二阶效应影响越显著，也就越容易失稳。

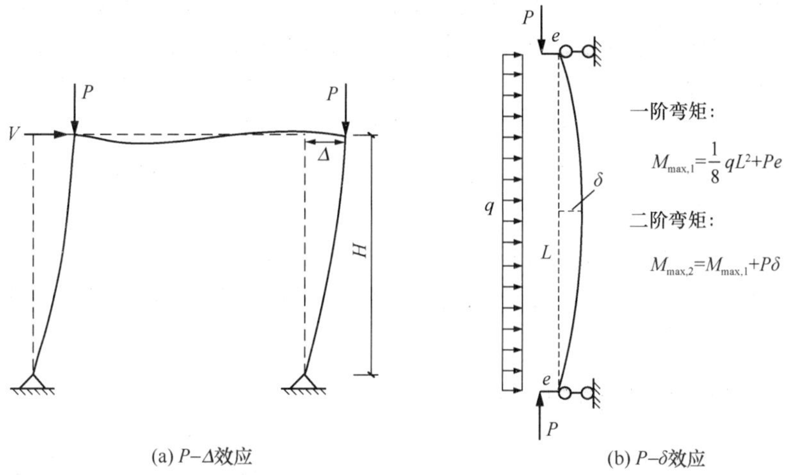

图 4-11　几何变形的荷载效应——二阶效应

可以想象，如果构件刚度较大，在受力过程中变形总体很小，则附加弯矩的影响不显著，那么构件就不易失稳，或者说稳定问题不突出。另一方面，由于失稳的发生是几何变形导致的，而非材料强度所决定的，因此任何材料的结构，无论是金属、木材、混凝土或是多种材料的组合结构，只要其几何变形影响不可忽略，就都有可能发生失稳破坏。

4.2.2　稳定问题与强度问题

上节提到，钢结构常见的有强度破坏和失稳两种失效模式。那么二者有哪些区别与联系，什么时候发生强度破坏而什么时候发生失稳？

众所周知，结构失效的本质是失去抵抗外荷载的能力。对于强度破坏，例如第 2 章单向拉伸试验中试件的受拉破坏，分析其破坏现象会发现，强度问题本质上是材料失效即材料强度问题，也就是构件中某个截面上的应力达到材料强度极限，因此材料强度越低越容易发生强度破坏。若强度不满足，可以通过增大截面尺寸（以减小应力）或采用更高强度的材料（以延迟材料失效）来提高构件或结构的承载力。

相比而言，稳定的本质是刚度和变形问题。刚度越小，构件或结构的变形越大，二阶效应越明显，更容易发生失稳破坏。这也就是为什么同样材料的轴压杆件，截面越小，长度越大，稳定问题也就越突出。正因如此，任何能够增加刚度、减小变形的措施都可以显著提高构件或结构的稳定性，即增大其失稳破坏对应的荷载。

当然，这里不是说材料强度对失稳破坏的承载力（称为“临界荷载”“屈曲荷载”或“稳定承载力”）没有影响。对于实际钢构件或结构，由于二阶效应引起的附加内力，某些部位的钢材可能已超过材料的屈服强度，材料软化将加速变形的发展和失稳的发生。例如轴心受压构件弯曲后（图 4-10b）会产生较大的附加弯矩，引起跨中截面早早进入屈服。因此，提高钢材强度后，材料屈服时刻将会推迟，对应的稳定承载力也将有所增加，但由于失稳的本质是刚度问题，故采用高强度钢材无法消除稳定问题，其对承载力的提高也不如增加构件或结构刚度等措施有效。

对于实际工程中给定的构件或结构，最终破坏形式只有一种，那么到底发生强度破坏还是失稳破坏则取决于哪种模式的承载力更低，即工程结构总是以最容易的模式发生破坏。由于钢结构的材料强度高，通常构件比较纤细，失效前变形显著，因此一般情况下其失稳破坏的极限承载力要低于强度破坏的承载力，失稳破坏往往发生在强度破坏之前，只有受拉构件由于不存在稳定问题而发生的是强度破坏。与钢结构相反，对于混凝土结构，由于材料强度远小于钢材，强度破坏的承载力通常小于失稳破坏的承载力，因此一般发生的是强度破坏。

通常情况下，钢结构强度破坏的承载力是失稳破坏承载力的上限，也就是说失稳破坏先于强度破坏而发生。因此，对于钢结构要特别重视其稳定问题，不能认为截面强度满足了，构件或结构就是安全的。

4.2.3 钢结构稳定的规律和特点

实际工程中常常要面对如下问题，即一个实际结构可能存在什么稳定问题，要考虑哪些关键因素？这就需要对钢结构稳定的特点和规律有所了解。

（1）**构件或结构中存在压应力时，才会发生失稳；只有拉应力，不会失稳。**失稳的本质在于，在不可忽略的几何变形的影响下（以及材料弹塑性的影响），构件或结构失去抵抗变形的能力。那么，压应力可以理解为一种“负刚度”效应，导致构件或结构的刚度减小，当构件或结构的刚度退化至零时就发生了失稳。从图 4-12(a) 所示的平面桁架的失稳模式可以看到，下弦杆和斜腹杆由于受压发生了弯曲失稳，而受拉的上弦杆仍保持挺直。图 4-12(b) 的纯剪切平钢板，受剪应力作用，但在 45°方向存在主压应力作用，仍然会发生失稳破坏，即板件的剪切失稳。

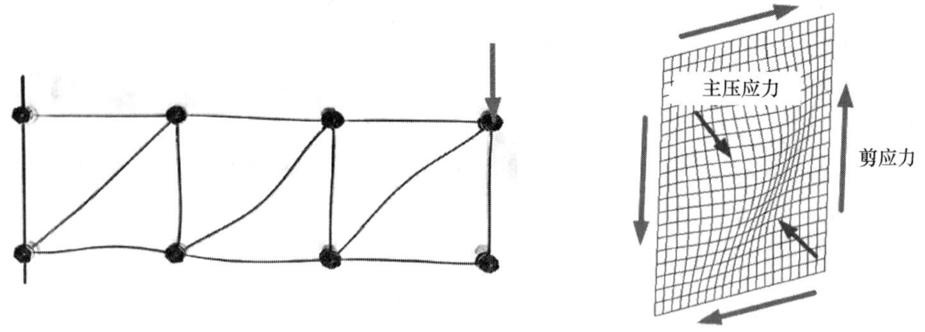

(a) 平面桁架　　(b) 剪切平钢板

图 4-12　失稳例子

利用此规律，可以方便地对实际结构的稳定问题进行初步定性判断：存在压应力的杆件或板件可能失稳；压应力更大的杆件或板件，容易先发生失稳。以图 4-13 所示的深圳宝安体育场为例，这是一个典型的车辐式张拉结构，其屋盖由外环梁和内部径向和环向相交的预应力索组成，并落在周边柱子上。根据稳定的一个规律，预应力索始终受拉，不存在稳定问题；外环梁在预应力索的拉力下承受压力，因此需要进行稳定性设计；钢柱承受上部竖向荷载及整体侧向倾覆力矩，以轴压力为主，因此也需要考虑其稳定问题。

（2）**构件或结构的刚度越小，越容易失稳。**这个规律其实是第 4.2.1 节稳定定义的直接延伸：失稳是由于结构的刚度不足引起的。例如，同样截面和边界条件的受压钢柱，长度越大其抵抗弯曲变形的刚度（EI/l）越小，因此更易失稳，稳定承载力更低。换句话说，要提高构件或结构的稳定性，可以采取任何增大其刚度、限制其变形的方法措施。

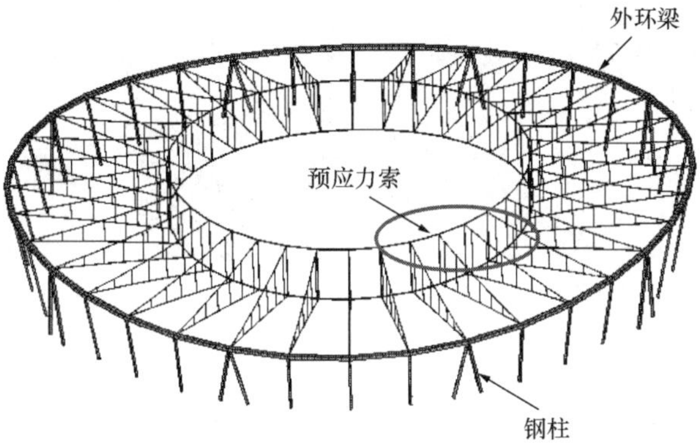

图 4-13　深圳宝安体育场的整体张拉空间结构

需要注意的是，这里所说的“刚度”，是指与可能的失稳变形形式相关的刚度。比如轴压构件失稳时通常为弯曲变形，因此应该增大其弯曲刚度或者限制其弯曲变形，而不是改变其轴压刚度。同理，对于一块板件的稳定问题（图 4-12b），由于其失稳对应的是面外的鼓曲变形，因此增大板件的弯曲刚度（如增加板厚或设置加劲肋）能够有效提高其稳定性。

实际工程中，可以采用增大截面这种最基本的方式提高稳定性，但是还有各种更为有效的措施。例如图 4-14 的汕头市游泳馆，采用了一根巨型预应力撑杆柱，它是由钢柱（格构柱，详见第 5.6 节）、撑杆以及预应力索组成。可以想象，如果只是一个单独的钢柱，由于其高度很大、特别的细长，因此很容易失稳，无法承担较大的荷载。而采用预应

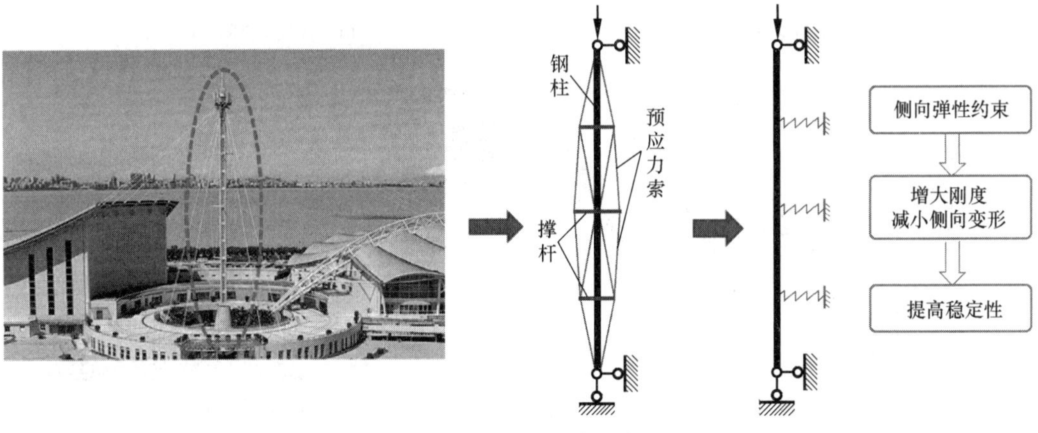

图 4-14　预应力撑杆柱

力撑杆柱后，设想钢柱受压发生侧向失稳弯曲变形时，一侧预应力索的拉力增大、另一侧减小，给钢柱施加了与变形方向相反的恢复力，约束了其侧向变形。因此，预应力撑杆柱的受力原理相当于为柱子增加了若干侧向弹簧支撑，由此显著提高其稳定承载力。此外，图 4-15(a) 的组拼拱桥中，为了提高单个拱肋的面外稳定性，通过横撑将两个拱肋连接起来，增大了结构的横向刚度，进而防止拱肋侧倾失稳的发生。图 4-15(b) 中通过将拱肋向内倾斜形成提篮拱，也可以有效提高结构的侧向稳定性。

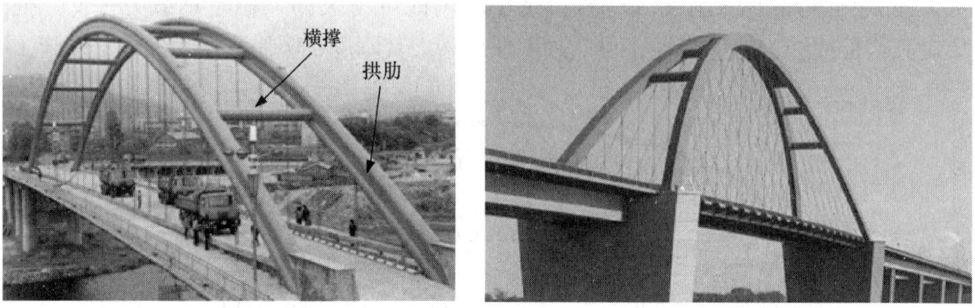

(a) 平行组拼双肋拱桥　　(b) 提篮拱桥

图 4-15　钢拱桥

通过约束变形提高稳定性的最典型例子，当属防屈曲支撑的发明和应用。如图 4-16(a) 所示，在钢框架支撑结构中，如果采用普通钢支撑，在水平地震作用下受压一侧的支撑可能发生失稳破坏（图 4-16b），导致整体结构抗震性能的降低。那么，有没有办法不

(a) 框架支撑结构　　(b) 普通钢支撑的失稳

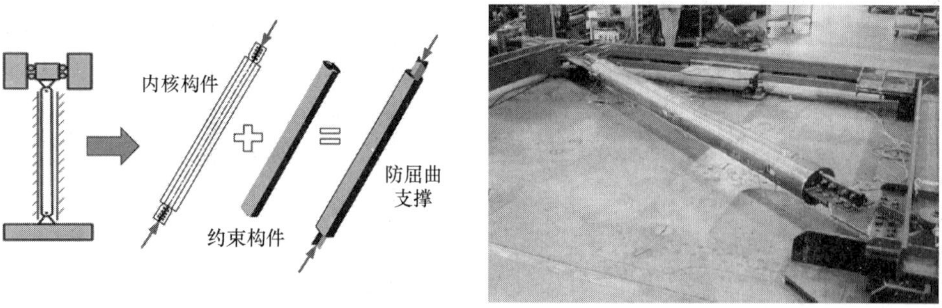

(c) 防屈曲支撑　　(d) 防屈曲支撑试验

图 4-16　普通支撑与防屈曲支撑

让受压支撑失稳？研究人员基于增大刚度提高稳定的原则，提出了图 4-16(c) 的防屈曲支撑，也称屈曲约束支撑（Buckling-restrained brace，BRB）。它由内核单元和约束单元组成，其中内核单元采用塑性变形能力较好的钢材，外围约束单元可以是钢管混凝土套管，也可以是全钢构件。防屈曲支撑的原理是，内核单元直接承受支撑的轴力作用，外围约束单元不承受轴向力，对内核单元的弯曲变形起到约束作用。可以想象，当约束单元的抗弯刚度足够大时，内核单元的弯曲变形将被完全限制，此时它只能沿着轴向拉压变形受力，从而能够达到全截面屈服。因此，防屈曲支撑代替普通钢支撑后，在地震作用下不再失稳（图 4-16d），通过材料反复进入屈服的塑性变形达到耗能和减震的目的。防屈曲支撑不仅仅可以用于高层建筑，还可以用在大跨钢桁架桥梁中，将容易发生受压失稳的弦杆或腹杆替换成防屈曲杆件，以防止由于构件失稳引起的结构破坏。

（3）**边界约束越强，构件的稳定性越好。**这个规律其实是上述刚度规律的延伸。随着构件的边界约束增强，构件刚度增大，显然稳定性得到提高。如图 4-17 所示，在其他参数都相同的条件下，两端固接轴压构件的屈曲荷载（图中砝码的重量）要远高于两端铰接构件。因此通过构造措施加强构件的端部约束，也是一种行之有效的提高稳定性的方法。

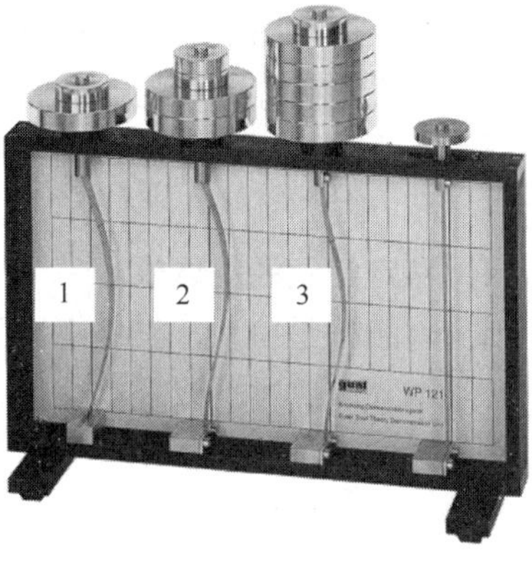

图 4-17　不同边界条件下压杆的临界荷载
1—两端铰接；2—上端铰接，下端固接；
3—两端固接

这里举一个施工过程中涉及结构体系变化的案例。如图 4-18(a) 所示，钢结构网架广泛应用于大跨民用及工业建筑中，例如西安北站、南京南站等高铁站房钢结构。网架结构常常采用整体提升方法进行安装施工，施工过程分为三个步骤：①首先在地面将网架主要结构拼装完毕，并在周边设置一些提升柱，每个提升柱上安装有提升千斤顶；②通过提升

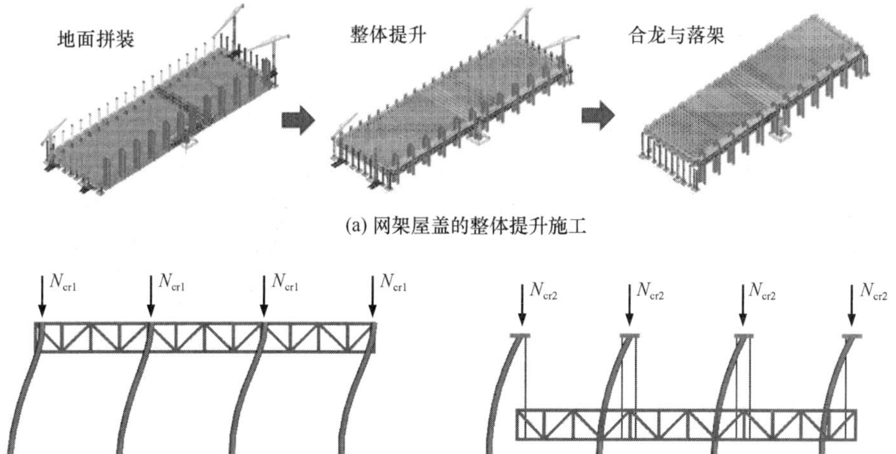

图 4-18　施工过程中的稳定问题

柱顶部的千斤顶连接钢绞线，将网架结构缓慢提升至指定高度；③最后千斤顶逐步卸载，将网架的重量落至结构柱上，并与结构柱可靠相连，补装其他构件直至施工完毕。这里涉及的一个问题就是，对于结构柱来说，如果以设计图纸上完工后的模型对其进行稳定性验算，其失稳模式如图 4-18(b)，即柱脚固定、柱顶可以侧移但由于屋面网架的约束（假设足够强）而不能转动，对应的屈曲荷载为 N_{cr1}。但是，提升过程中结构柱可能发生如图 4-18(c) 的失稳，此时柱脚固定、柱顶为自由端，对应的屈曲荷载为 N_{cr2}。显然，由于后者柱子的边界约束要弱于前者，因此其稳定性更差，屈曲荷载 $N_{cr2}<N_{cr1}$。这就意味着，即使按照设计图纸的模型进行了稳定设计，但由于施工过程中边界约束、支承条件等差异，仍有失稳破坏的可能。这就提醒我们，对于土木工程结构尤其是钢结构，不仅要按照设计图纸进行验算，还要特别注意施工过程中由于结构体系变化带来的对结构稳定性的影响。

(4) **稳定问题的整体性。**一个构件的稳定是与相邻构件的刚度和受力等密切相关的。这是因为，结构是由众多杆件组成的一个受力整体，其中一个杆件发生失稳后，由于变形协调必然带动和它刚性或弹性连接的其他杆件，也就是说它与周边杆件存在着相互作用。因此，实际结构中不能孤立地单独分析某一杆件的稳定性，必须以结构整体的观点来考虑杆件间的相互约束作用。

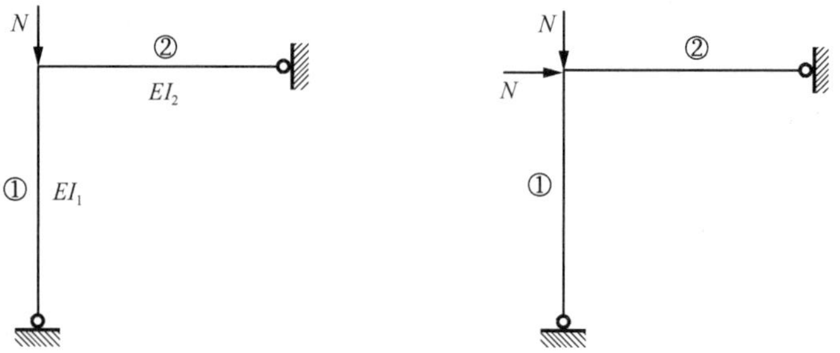

(a) 框架1　　(b) 框架2

图 4-19　平面框架的失稳

以图 4-19 所示的平面框架为例，两根构件的长度相同，研究竖向构件①的稳定性。由于它与水平构件②相连，因此必须考虑构件②对构件①的约束作用。图 4-19(a) 中，假定 $EI_2 \gg EI_1$，则构件②能为①提供强大的转动约束，因此稳定分析时构件①相当于下端铰接、上部固接的轴压柱；相反，假如 $EI_2 \ll EI_1$，那么构件①相当于两端铰接的轴压柱。需要注意的是，构件②对构件①提供的约束作用还与其本身的受力有关系，如图 4-19(b)，构件②和构件①的几何尺寸相同、承受同样的压力，随着荷载的增大它们将同时发生失稳。这就意味着，谁也没有多余的能力来帮助对方，也就是二者之间没有相互约束作用，构件①、②均可视为两端铰接轴压柱。因此，稳定问题的整体性观点中，不单单要考虑相邻构件的连接和刚度，结构中的内力分布同样对稳定分析有很大的影响。

对于复杂钢结构体系，如国家体育场、水立方游泳中心等大跨空间结构，其杆件众多，受力复杂，因此常需要采用专业软件建立整体模型来进行稳定性分析。

(5) **稳定计算要采用二阶分析。**所谓二阶分析，如图 4-11 所示，是指在计算时考虑结构变形对内力的影响，这与一般结构力学中以结构未变形的位置建立平衡方程的一阶分析法是不同的。例如，对于图 4-20 的框架失稳，不能以图 4-20(a) 的受力简图进行分析，而是要考虑可能的无侧移失稳和有侧移失稳两种模式，以失稳变形后的位置建立平衡方程和变形协调方程并进行计算，得到屈曲临界荷载。

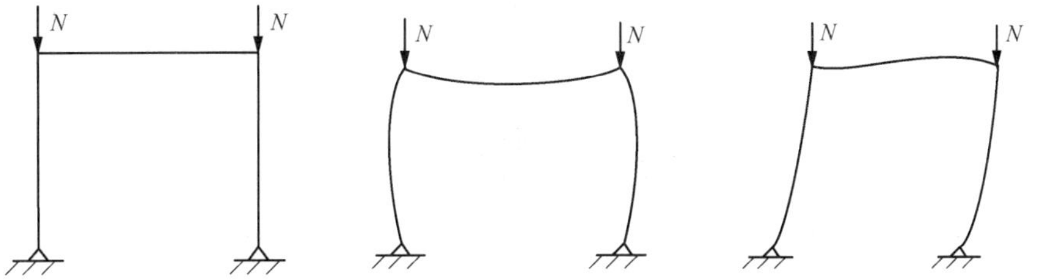

(a) 失稳前　(b) 无侧移失稳变形　(c) 有侧移失稳变形

图 4-20　框架稳定的二阶分析

4.2.4　钢结构稳定的分类

实际钢结构类型众多，失稳现象也多种多样。一般地，从平衡路径的变化角度，可将稳定问题分为分岔失稳和极值点失稳两大类；从失稳形式的角度，可将其分为整体失稳、局部失稳和相关失稳。

1. 分岔失稳与极值点失稳

分岔失稳一般是对于理想的没有初始变形的构件或结构而言的。顾名思义，其最大特征是，在荷载较小时构件或结构处于初始变形模式Ⅰ，而发生失稳时突变为变形模式Ⅱ，即发生了平衡状态的改变。如图 4-21(a) 所示的理想挺直的轴心受压杆件，失稳前处于轴向压缩状态即变形模式Ⅰ，失稳后变为弯曲变形状态即变形模式Ⅱ。分岔失稳中，变形模式突变时对应的荷载称为屈曲荷载或临界荷载，此状态称为临界状态。

极值点失稳与分岔失稳的最大区别在于，这类失稳没有平衡分岔的现象，也就是说其变形模式始终不变，只是随着荷载的增加，变形量逐渐增大，直至结构上的荷载不能继续增加而达到一个极限值，这个极限值称为稳定承载力或稳定极限荷载。图 4-21(b) 压弯构件的失稳就属于典型的极值点失稳，构件在加载全过程中始终以弯曲变形模式Ⅱ为主，刚度（曲线斜率）逐渐减小，直至达到极值点。

通常情况下，由于加工制作和施工安装的误差，钢构件或多或少总是存在初始变形等缺陷，不可能是完全理想的直线。例如，《钢结构工程施工质量验收标准》GB 50205—2020 中规定，钢柱的初始弯曲控制在 1/1000 柱高，对于 3m 高的柱子其最大初始弯曲为 3mm，可能肉眼不易发觉，但对稳定承载力有不可忽略的影响。并且，对于同一个构件或结构，一般其极值点失稳对应的承载力要低于分岔屈曲的临界荷载（图 4-21c），因此实际结构和构件，大多发生的是极值点失稳。

2. 整体失稳、局部失稳和相关失稳

顾名思义，这种分类是基于失稳变形形态进行的。整体失稳指构件沿长度方向的整体变形或者结构的整体大面积变形，图 4-22(a) 为轴心受压柱的整体弯曲失稳，图 4-22(b) 为竖向均布荷载下桁架钢拱的平面内整体失稳。而局部失稳，对于一根构件而言是指组成其的板件失去稳定，如图 4-22(c)、(d) 中工字形截面柱和梁的翼缘；对于一个结构而言是指其

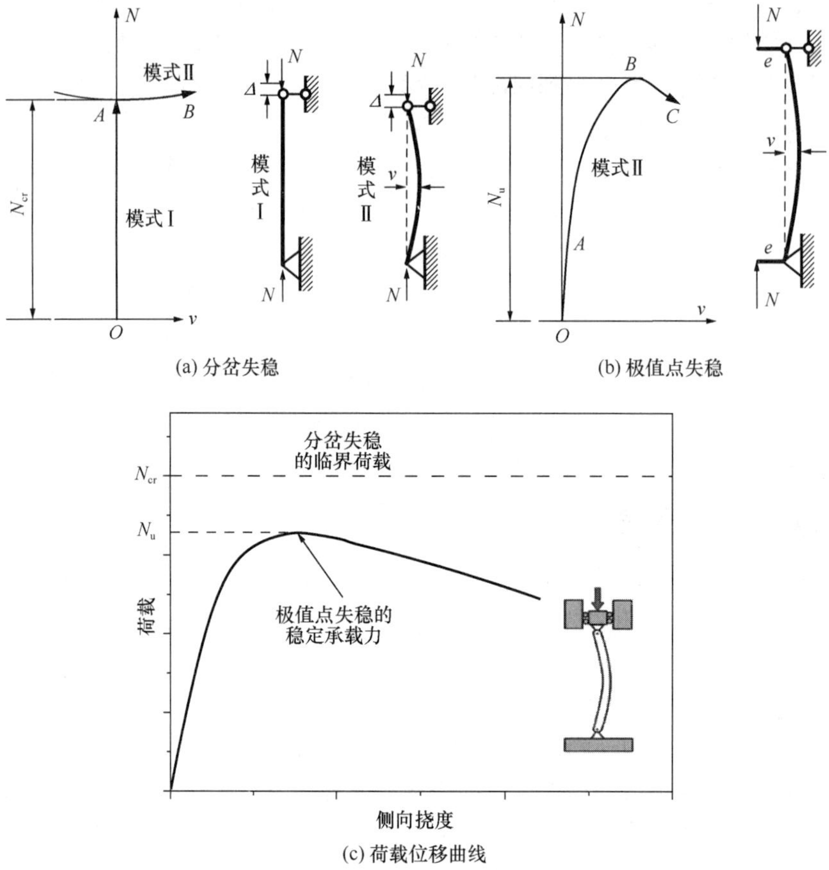

图 4-21　分岔失稳与极值点失稳

局部构件的失稳，如图 4-22(e) 中钢管桁架拱发生的弦杆和腹杆失稳。

这时有个问题就是，面对一个实际构件，我们如何判断其发生整体失稳，还是局部失稳？这取决于哪种失稳发生时对应的荷载更低，即哪种失稳形式更容易发生。一般地，构件越细长越容易发生整体失稳；构成的板件越薄则更易发生局部失稳。因此，如果一个构件比较细长、板件相对较厚，那么它很有可能发生整体失稳；相反，构件比较短粗、板件相对较薄时将首先发生局部失稳。以图 4-22 的钢管桁架拱为例，当弦杆和腹杆较粗而拱整体比较细长时的破坏形式为图 4-22(b) 的整体失稳，当弦杆或腹杆比较细长时发生图 4-22(e) 的弦杆或腹杆失稳，属于结构体系的局部失稳。值得注意的是，如果结构是一个超静定体系，局部失稳可能并不会导致结构立即失效，但将削弱结构的刚度，导致其提前失去承载能力。在某些情况下，对于钢管桁架拱，一旦发生腹杆失稳，在腹杆附近区域很快会形成塑性铰，导致结构成为机构从而失效，因此需要在设计中防止局部失稳的过早发生。

此外，如图 4-23 所示，当一个构件或结构的整体失稳临界荷载与局部失稳临界荷载比较接近时，会发生相关失稳，也就是整体失稳的同时伴随着明显的局部变形；由于局部屈曲变形的影响，相关失稳的临界荷载将比前述单纯整体失稳时有所降低。

(a) 轴压柱的整体失稳

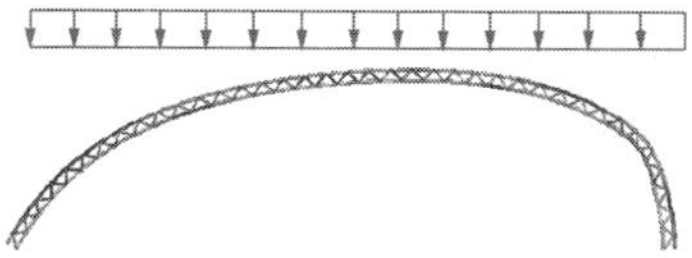

(b) 桁架拱的整体失稳

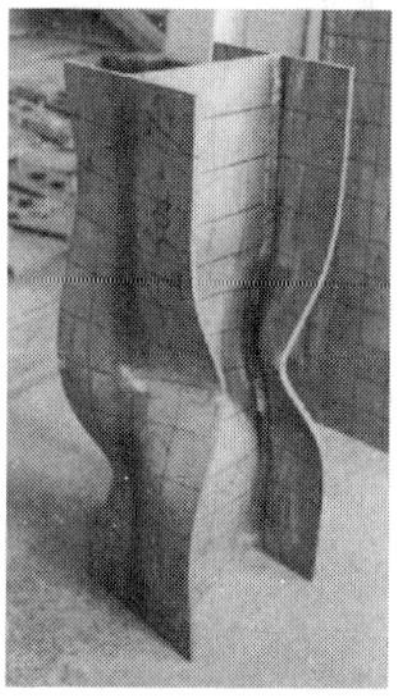

(c) 短柱的翼缘失稳

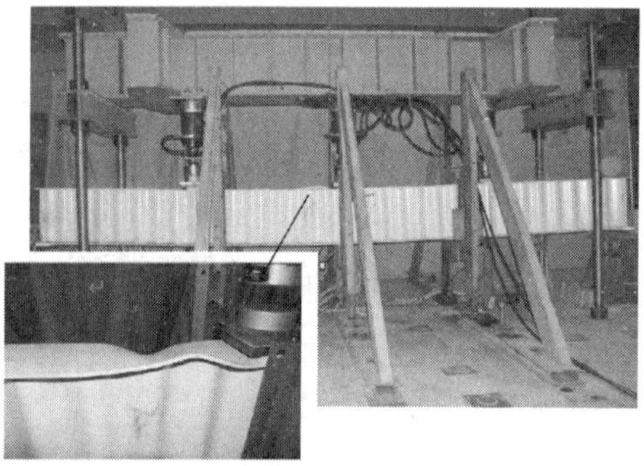

(d) 波浪腹板受弯梁的翼缘失稳

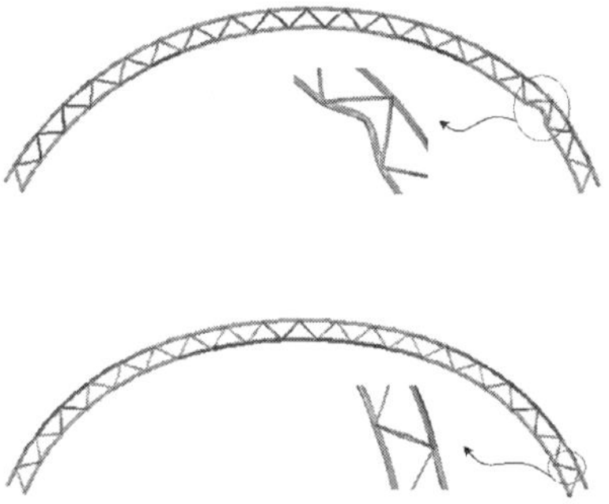

(e) 桁架拱的弦杆失稳和腹杆失稳

图 4-22　钢构件（结构）的整体失稳与局部失稳

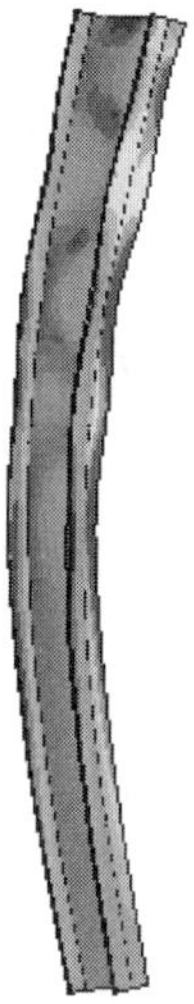

图 4-23　压弯构件的相关失稳

4.3　基本构件的稳定

接下来对常见的钢结构基本构件的整体稳定和局部稳定的特点进行介绍，包括轴心受压构件、受弯构件及压弯构件。这些基本构件是构成结构体系的基本单元，其稳定性能和计算是结构体系稳定设计的基础。

4.3.1　轴心受压构件的整体稳定

轴心受力构件分为轴心受压和轴心受拉两种情况。根据前述钢结构稳定基本规律，受拉构件不发生失稳，只会发生强度破坏。而轴心受压构件的截面如无过大削弱，由于失稳破坏对应的承载力总是低于强度破坏承载力，因此失稳总是发生在强度破坏之前，只需对其稳定性进行验算。当然，如果轴心受压构件的某个截面有削弱，也有可能在削弱的截面处发生强度破坏，这时强度和稳定都要进行验算。

图 4-24 所示为轴心受压构件几种破坏形式的有限元计算结果。可以看到，发生整体失稳时，构件有明显的整体侧向挠曲变形；发生局部失稳时，构件整体变形不明显，但构成构件截面的板件在轴向压力下发生了显著的板件面外的凹凸鼓曲变形；而发生强度破坏时，构件的整体变形和板件的局部变形都比较小，主要发生轴向压缩变形，直至截面应力

(a) 整体失稳　　(b) 局部失稳　　(c) 强度破坏

图 4-24　轴心受压构件的破坏形式

超过屈服强度最终失效。

1. 轴压杆件的整体失稳形式

二维码4-3
轴心受压构件
三种失稳形式

轴心受压构件常见于钢桁架结构、各种系杆及支撑构件中，例如网架、网壳结构的杆件及桁架钢桥中弦杆、腹杆和纵联、横联等。轴心受压构件发生整体失稳可能有图 4-25 所示的三种变形形式。到底一根构件以哪种形式失稳，这与其截面形式密切相关。一般情况下，双轴对称截面构件例如对称工字形截面、箱形截面和圆管截面等发生弯曲失稳破坏，其特征是只有弯曲变形，截面不发生扭转。单轴对称截面如槽形截面、T 形截面等，或无对称轴的截面，其失稳形式为弯扭失稳，即不仅整体侧向弯曲，还伴随着截面的扭转变形。对于十字形截面和 Z 形截面，除了弯曲失稳外，还可能在长度较小时出现只有截面扭转变形的扭转失稳。

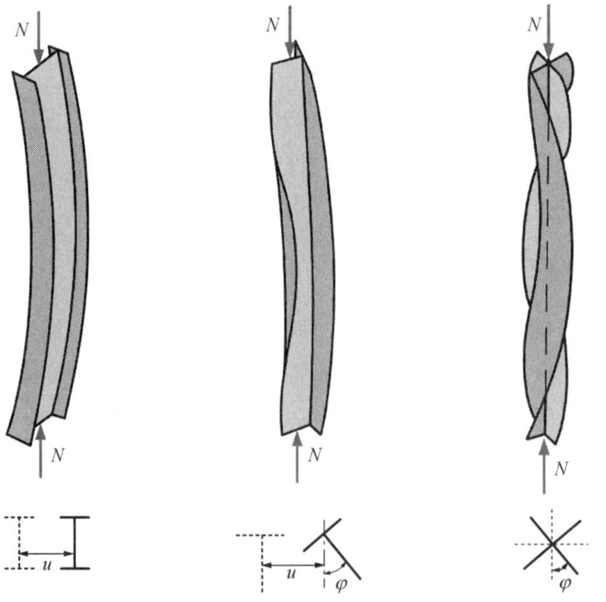

(a) 弯曲失稳　　(b) 弯扭失稳　　(c) 扭转失稳

图 4-25　轴心受压构件的失稳形式

一般来说，单轴对称截面轴压构件的弯扭失稳对应的承载力要比另外两种形式即弯曲失稳和扭转失稳都要低，其稳定性较差。同样，无对称轴截面总是发生弯扭失稳，稳定计算也更为复杂，因此较少用作压杆。因此，在实际工程中可以看到，柱子、支撑等大多采用双轴对称截面，但是输电塔、钢屋架等结构仍常用角钢以及角钢拼接成的 T 型钢构成（图 4-26），因此在设计中应特别注意可能发生的弯扭失稳问题。

图 4-26　钢结构输电塔架

2. 理想轴压构件的整体失稳

在第 4.2.4 节我们谈到，钢结构的失稳可分为分岔失稳和极值点失稳两大类，理想挺直轴压构件和实际有初始缺陷轴压构件的失稳分别属于这两类。

对于理想轴压构件的分岔失稳，最重要的是找到其将要失稳时的荷载，即屈曲荷载或临界荷载。早在 18 世纪，欧拉（Euler）便对轴压构件的分岔失稳现象进行了研究，提出了著名的欧拉临界力公式。以两端铰接轴心受压构件的弯曲失稳为例，根据平衡法可以推导得到其临界荷载及临界应力。假设构件是理想等截面的线弹性直杆，且变形为小变形。

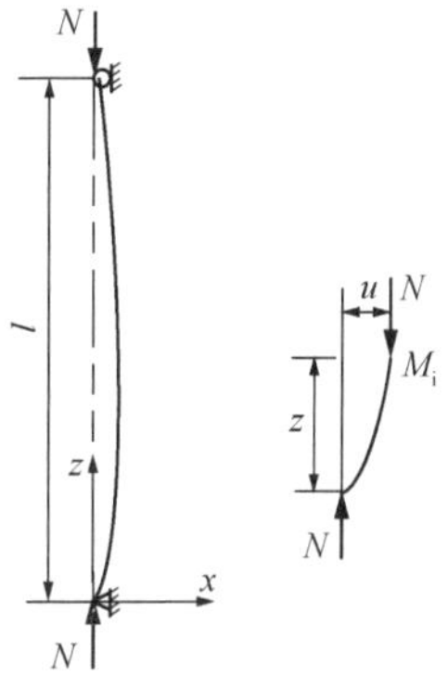

图 4-27　轴心受压构件微弯时受力

选取如图 4-27 所示的杆件隔离体，距离下端 z 处的挠度为 u，截面上的弯矩 $M_e = Nu$，截面抵抗弯矩 $M_i = EI_y\Phi = -EI_y d^2u/dz^2$，根据力矩平衡，则：

$$EI_y \frac{d^2u}{dz^2} + Nu = 0$$

令 $k^2 = N/EI_y$，此常系数微分方程的通解为：

$$u = A\sin kx + B\cos kx \tag{4-1}$$

式中　A、B——待定系数，需要根据构件的边界条件确定。

两端铰接构件的下端 $u(0)=0$，可得 $B=0$；上端 $u(l)=0$，可得：

$$A\sin kl = 0$$

A 不能等于零，否则根据式（4-1），侧向变形 u 始终等于零，即没有发生失稳。故有：

$$\sin kl = 0$$

则：

$$kl = \pi, 2\pi, 3\pi\cdots\cdots$$

$$N_{cr} = \frac{n^2\pi^2 EI_y}{l^2}$$

由于实际失稳总是在达到最小的临界荷载时发生，因此 $n=1$ 时的最小分岔屈曲临界荷载才是我们最为关心的，此荷载又称为欧拉荷载 N_E。

对于更一般的情况，欧拉荷载及临界应力写为：

$$N_{\mathrm{E}}=\frac{\pi^{2}EI_{\mathrm{y}}}{(\mu l_{\mathrm{y}})^{2}}=\frac{\pi^{2}EA}{\lambda_{\mathrm{y}}^{2}}\sigma_{\mathrm{E}}=N_{\mathrm{E}}/A=\frac{\pi^{2}E}{\lambda_{\mathrm{y}}^{2}} \tag{4-2}$$

式中 N_{E}——欧拉临界力；

σ_{E}——欧拉临界应力；

E——材料弹性模量；

A——构件截面面积；

λ_{y}——构件的最大长细比（一般绕弱轴 y 轴）。

因此，对于一根理想轴压构件，当轴心压力 $N<N_{\mathrm{E}}$时保持挺直稳定的平衡状态，一旦轴心压力 $N>N_{\mathrm{E}}$，压杆产生弯曲变形，并且变形迅速发展而失稳。值得注意的是，根据式（4-2），临界应力只与构件长细比 λ 有关，并随着长细比增大而迅速减小。因此长细比是描述构件细长程度的指标，是衡量构件是否容易失稳的最重要的参数，长细比越大，意味着构件越细长，相同条件下越容易失稳。联系第 4.2.1 节稳定的概念，可以说，长细比是衡量构件抵抗变形能力（刚度）的一个综合性参数。

二维码4-4
讨论：轴压构件的几何长度越长越容易失稳？

构件的长细比 λ 定义为：

$$\begin{gathered}\lambda_{\mathrm{x}}=\frac{l_{0\mathrm{x}}}{i_{\mathrm{x}}},\ \lambda_{\mathrm{y}}=\frac{l_{0\mathrm{y}}}{i_{\mathrm{y}}}\\ l_{0\mathrm{x}}=\mu_{\mathrm{x}}l,\ l_{0\mathrm{y}}=\mu_{\mathrm{y}}l\\ i_{\mathrm{x}}=\sqrt{I_{\mathrm{x}}/A},\ i_{\mathrm{y}}=\sqrt{I_{\mathrm{y}}/A}\end{gathered} \tag{4-3}$$

式中 λ_{x}、λ_{y}——构件绕主轴 x、主轴 y 的长细比；

$l_{0\mathrm{x}}$、$l_{0\mathrm{y}}$——构件绕主轴 x、主轴 y 的计算长度；

i_{x}、i_{y}——构件对主轴 x、主轴 y 的截面回转半径；

μ_{x}、μ_{y}——构件绕主轴 x、y 的计算长度系数，反映了端部的不同约束情况；

l——构件的几何长度；

I_{x}、I_{y}——构件对主轴 x、主轴 y 的截面惯性矩。

可以看到，轴压构件的失稳是有方向的，可能绕 x 轴也可能绕 y 轴，这取决于欧拉临界力 N_{Ex}和 N_{Ey}哪个比较小，或者说 λ_{x}和 λ_{y} 哪个大（图 4-28）。若绕 x 轴失稳则计算采用长细比 λ_{x}，绕 y 轴失稳采用长细比 λ_{y}。长细比 λ_{x}或 λ_{y} 不仅与构件的几何长度 l 直接相关，而且与截面几何特征回转半径（i_{x}或 i_{y}）及反映构件端部约束情况的计算长度系数（μ_{x}或 μ_{y}）有关。

根据式（4-3），截面的回转半径（i_{x}或 i_{y}）越大意味着同样面积下获得的惯性矩更大，因此其反映了截面的“展开”程度。如图 4-28 所示，假设一根轴压构件分别采用实心圆截面、圆管和工字形三种截面，截面面积均相同。圆管截面由于材料更多地远离形心，其抗弯刚度更大，回转半径要远远大于实心圆截面，进而其长细比更小，稳定性更高，因此实际工程中的轴压构件很少采用实心截面。另外，圆管截面对主轴 x、主轴 y 的截面回转半径相同即 $i_{\mathrm{x}}=i_{\mathrm{y}}$，那么当两个方向支承条件相同时，绕主轴 x、主轴 y 失稳时的长细比 $\lambda_{\mathrm{x}}=\lambda_{\mathrm{y}}$；而工字形截面一般对主轴 x（强轴）的截面回转半径 i_{x}要远大于对主轴 y（弱轴）的截面回转半径 i_{y}，因此当两个方向支承条件相同时长细比 $\lambda_{\mathrm{x}}<\lambda_{\mathrm{y}}$，通常工字形截面轴压构件绕着弱轴发生失稳破坏。

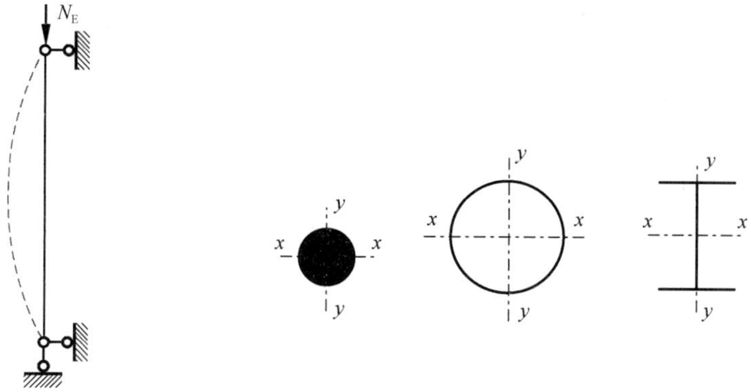

图 4-28　轴压构件的失稳方向及截面的不同展开程度

计算长度系数（μ_x或μ_y）表示了支承或约束条件对构件临界荷载的影响。表 4-1 为常见端部支承条件下的计算长度系数。可见，端部约束越强，构件的计算长度系数越小，则其长细比越小，意味着屈曲荷载越大、稳定性越好。在其他条件相同时，两端固接的轴压构件（μ=0.5）的临界荷载是两端铰接构件（μ=1.0）的 4 倍。根据表 4-1 中的计算长度系数取值，可对图 4-18 整体提升施工中柱子的临界荷载进行分析比较。

轴心受压构件的计算长度系数　　　　**表 4-1**

屈曲形式			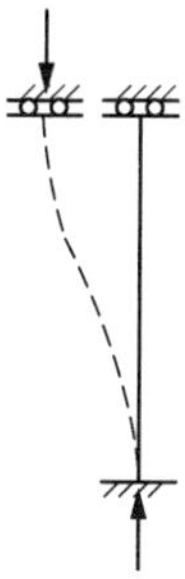			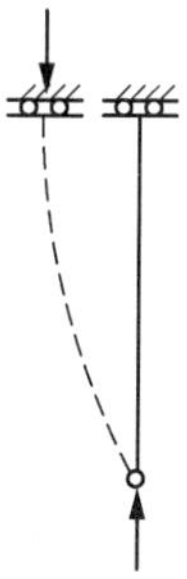
理论值	0.50	0.70	1.0	1.0	2.0	2.0
端部条件示意	无转动、无侧移，自由转动、无侧移，无转动、自由侧移，自由端					

除端部约束之外，与其连接的其他构件也会对计算长度产生影响。如图 4-29(a) 的带交叉支撑的框架结构，柱子可能发生单波的失稳破坏，其计算长度等于 L。而图 4-29(b) 的结构中，柱子发生的是 S 形的双波失稳，a 点为反弯点，此时计算长度等于 $L/2$，根据欧拉公式其临界屈曲荷载等于图 4-29(a) 中柱子的 4 倍。可见，通过适当的构件布置和构造措施，柱子的稳定性可得到显著的提升。这个例子同时也提醒我们，在计算构件稳定性时，要注意根据实际结构形式正确判断计算长度的取值。

3. 实际轴压构件的整体失稳

欧拉临界荷载和应力公式是针对理想轴心压杆的分岔失稳推导得到的，从式（4-2）可以看到，当长细比很小时临界应力将十分大，显然对于实际压杆而言，其应力不可能超过材料强度。此外，实际轴压杆件总是不可避免地带有各种初始缺陷，包括初弯曲、初扭

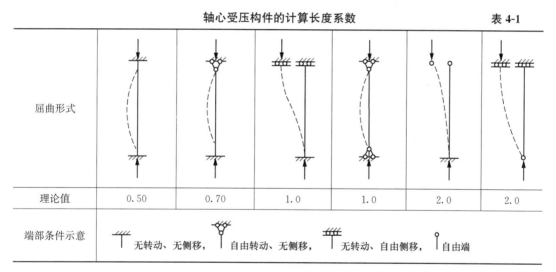

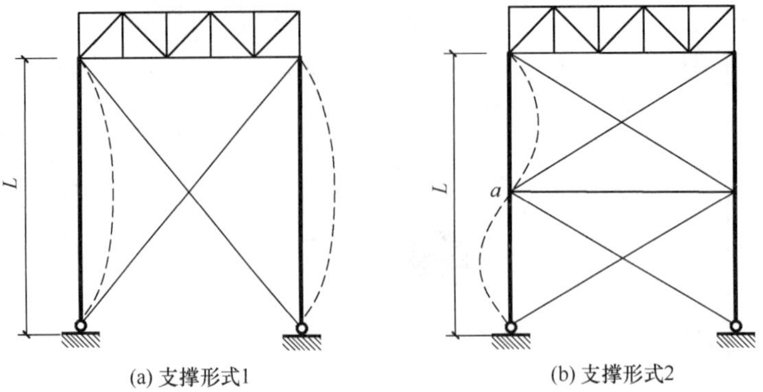

图 4-29　不同约束条件下柱子的计算长度

转、荷载的初偏心、截面残余应力等。例如，杆件现场安装完毕后，必然存在偏离直线的一定的初始弯曲变形或初始倾斜，尽管此变形量值很小，可能只有几毫米。这些初始缺陷使得实际轴压构件发生的是极值点失稳而不是分岔失稳，也就是说加载初期构件便产生挠曲变形，荷载-位移曲线如图 4-30 曲线 c 所示，直至达到曲线的顶点，就是构件能够承受的最大荷载即稳定承载力。从曲线 c 还可以看到，由于材料弹塑性、初始几何缺陷、残余应力等因素的影响，实际轴压构件的稳定承载力要小于对应的理想轴心压杆的临界荷载。

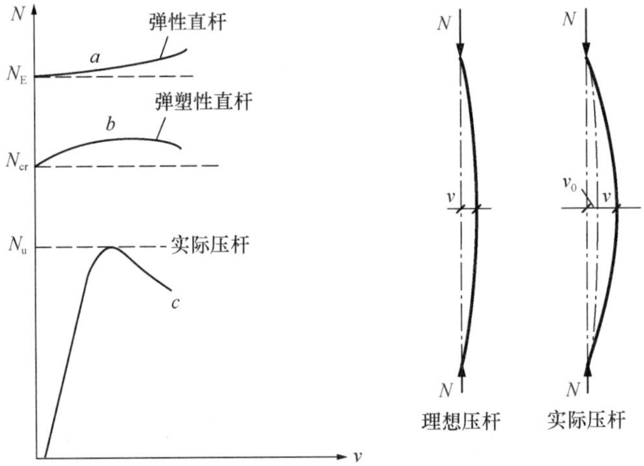

图 4-30　轴压杆件的轴力挠度曲线

定义轴心压杆的稳定系数 φ 为：

$$\varphi = \sigma_u / f_y \tag{4-4}$$

式中　σ_u ——构件失稳时的截面平均应力，$\sigma_u = \dfrac{N_u}{A}$；

f_y—— 材料屈服强度。

（1）材料弹塑性对整体稳定的影响

假定材料是线弹性的，理想轴压构件的欧拉临界应力随着长细比的减小能够无限增大，但这显然是不符合实际的。对于实际轴压杆件，由于材料性能的限制，其截面平均临界应力不能超过材料极限强度，也就是稳定系数 $\varphi \leqslant 1.0$。

以材料为理想弹塑性，但不考虑初弯曲、初偏心、截面残余应力等其他缺陷的挺直轴压杆件为例，其稳定系数随长细比的变化曲线（也称柱子曲线）如图 4-31 中的实线所示，点画线则对应于理想轴压构件的欧拉临界应力曲线，曲线上的每一个点代表一定长细比 λ_i 对应的稳定系数 φ_i。可以看到，对于比较细长的杆件，失稳时截面平均临界应力小于材料屈服强度，表明构件发生弹性分岔失稳，此时杆件的稳定系数曲线与欧拉公式曲线重合。而随着构件长细比的减小，截面平均临界应力逐渐增大，待达到材料屈服强度，构件失稳时全截面已经达到材料屈服，因此实际上发生的是强度破坏，对应的 $\varphi=1.0$。换句话说，材料弹塑性对细长构件稳定承载力影响不大，而对中等长细比和小长细比构件的稳定性有相当大的影响。

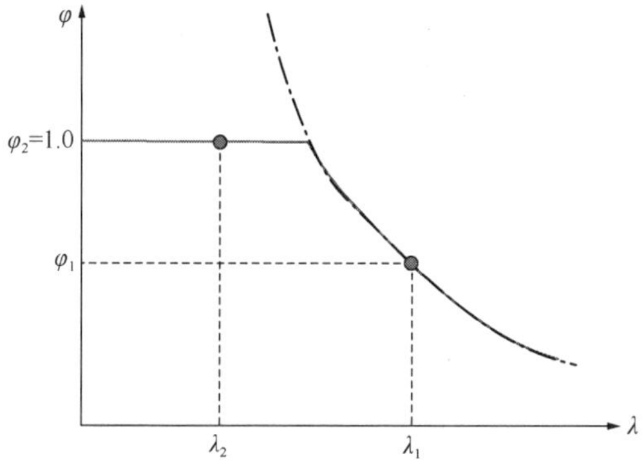

图 4-31　轴压杆件的稳定系数曲线

二维码4-5
钢材的理想
弹塑性模型

（2）初始弯曲对整体稳定的影响

实际构件在加工制作及运输安装过程中，总是会存在微小弯曲。初始弯曲的形状和大小多种多样，各个构件也不会完全相同。研究发现，正弦半波的初弯曲对轴心压杆的影响较为不利，因此通常作为代表性的初弯曲形式。此外，统计资料表明，杆件最大初始挠度一般为杆长 l 的 1/2000～1/500，现行国家标准《钢结构工程施工质量验收标准》GB 50205—2020 中规定，受压构件的弯曲初始偏差不应大于 $l/1000$，且不大于 10mm。

根据第 4.2.1 节内容，钢结构稳定分析要考虑二阶效应的影响，在变形后的位置上对结构进行受力分析。因此，对于如图 4-32(a) 所示具有初始弯曲的两端铰接轴压构件，假设初弯曲为 $v_0\sin(\pi z/l)$，在轴力 N 的作用下总的侧向弯曲挠度为 v。经过推导可以得到压杆的总挠度曲线为：

$$v=\frac{v_0}{1-N/N_E}\sin\frac{\pi z}{l}$$

跨中最大挠度为：

$$v_{max}=\frac{v_0}{1-N/N_E} \tag{4-5}$$

式中　N_E——欧拉临界力，$N_E=\pi^2EI/l^2$；

$\frac{1}{1-N/N_E}$——挠度放大系数。

对应的跨中最大弯矩为：

$$M_{\max}=Nv_{\max}=\frac{Nv_0}{1-N/N_{\mathrm{E}}}$$

二维码4-6
具有初弯曲压杆的挠度方程

根据上式可知，对于具有初弯曲的压杆，其挠度随轴力 N 非线性增加，当 N 趋于 N_{E}（但不可能达到 N_{E}）时，挠度趋于无穷大，这意味着构件丧失了抗弯刚度。结合第 4.2.1 节稳定的概念会发现，轴力导致构件或结构失稳的本质，就是轴力的二阶效应引起构件或结构的刚度减小，直到刚度完全丧失，变形不可控制。

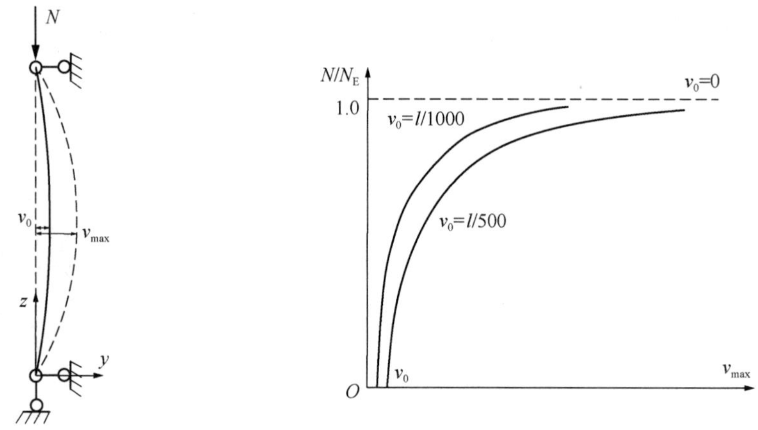

(a) 变形示意　　(b) 轴力-挠度曲线

图 4-32　具有初弯曲的轴压杆件

从图 4-32(b) 的荷载-挠度曲线可以看到，初弯曲的存在使得压杆在一开始便产生侧向挠度变形，此时稳定问题为极值点失稳问题。对于弹性构件，随着挠度的不断增大，轴力趋近但低于欧拉临界荷载 N_{E}，且初弯曲越大同样挠度对应的轴力越小，或同样轴力下的挠度越大，这表明初弯曲会降低结构的刚度和承载能力。此外，由于二阶效应的影响导致构件已成为压弯构件，构件跨中受力最不利，除轴力 N 作用外还有弯矩 $Nv_0/(1-N/N_{\mathrm{E}})$。对于实际杆件，不考虑残余应力影响，跨中截面在轴力和弯矩共同作用下开始屈服的条件为，截面边缘的压应力等于钢材的屈服强度，即：

$$\frac{N}{A}+\frac{M}{W}=\frac{N}{A}+\frac{Nv_0}{W}\cdot\frac{N_{\mathrm{E}}}{N_{\mathrm{E}}-N}=f_{\mathrm{y}} \tag{4-6}$$

式（4-6）称为边缘屈服准则，它是构建钢构件稳定设计公式的一个重要方法。

定义截面的平均应力为：

$$\sigma=\frac{N}{A} \tag{4-7}$$

则式（4-7）改写为：

$$\sigma\left(1+\varepsilon_0\cdot\frac{1}{1-\sigma/\sigma_{\mathrm{E}}}\right)=f_{\mathrm{y}} \tag{4-8}$$

式中　ε_0——相对初始弯曲率，对于给定截面反映了初始弯曲的相对大小 $\varepsilon_0=v_0A/W=v_0/\rho$；

ρ——截面的核心距，$\rho=W/A$；

W ——受压边缘纤维的毛截面抵抗矩。

根据《钢结构工程施工质量验收标准》GB 50205—2020，取 $v_0=l/1000$，则：

$$\varepsilon_0 = \frac{\lambda}{1000} \cdot \frac{i}{\rho} \tag{4-9}$$

式中　i——截面回转半径。

可以看到，构件的长细比 λ 越大，ε_0 越大，同时式（4-8）中的 σ_E 越小，则初弯曲的不利影响越大；截面的 i/ρ 越大，则截面边缘纤维越早屈服，同样初弯曲的影响增大。求解上式方程中 σ 的解并用 σ_{cr} 表示，得到柏利（Perry）公式：

$$\varphi = \sigma_{cr}/f_y = \frac{1}{2\lambda_n^2}\left[1+\varepsilon_0+\lambda_n^2-\sqrt{(1+\varepsilon_0+\lambda_n^2)^2-4\lambda_n^2}\right] \tag{4-10}$$

式中　λ_n——正则化长细比，定义为：

$$\lambda_n = \sqrt{\frac{f_y}{\sigma_E}} = \frac{\lambda}{\pi}\sqrt{\frac{f_y}{E}} \tag{4-11}$$

式中　σ_E——欧拉临界应力，同式（4-2）。

可以看到，λ_n 既包括了几何长细比 λ，又反映了材料屈服强度 f_y 的影响，因此是进行稳定计算的一个高度凝练的综合参数。$\lambda_n=1.0$ 意味着杆件欧拉临界应力正好等于材料屈服强度。

Perry 公式的意义在于，它给出了压杆稳定系数的理论公式的基本形式，同时揭示了关键影响参数：正则化长细比和初始弯曲缺陷，为实际构件稳定承载力设计方法的建立提供了指导。事实上，《钢标》的稳定系数公式便借鉴了其形式，并列在《钢标》的附录 D 中，公式将上述初始弯曲缺陷 ε_0 拓展为等效缺陷，综合考虑了各种缺陷的影响。

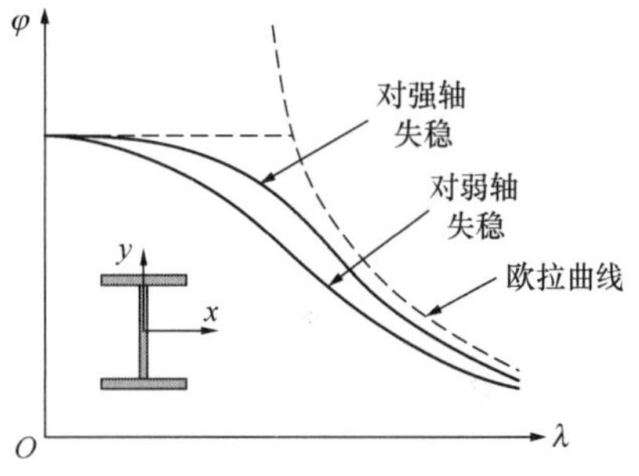

图 4-33　初弯曲对稳定系数曲线的影响

对于不同截面形式的构件，或同一截面但绕不同主轴失稳，截面 A/W 不同，则相对初始弯曲率 ε_0 不同，因此由 Perry 公式确定的稳定系数曲线就有高有低。如图 4-33 所示，通常同一截面形式的构件绕强轴失稳时的稳定系数曲线要高于绕弱轴失稳，也就意味着初弯曲对绕弱轴失稳的影响更大。

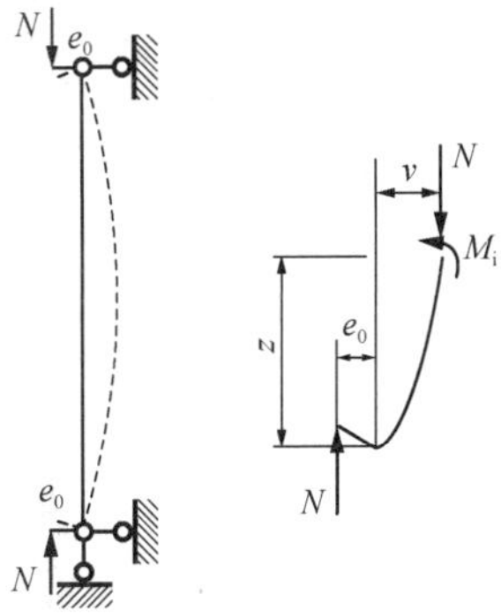

图 4-34　具有初偏心的轴压杆件

（3）荷载初偏心及截面残余应力对整体稳定的影响

与初始弯曲的缺陷类似，由于施工建造的误差和截面尺寸的变异，杆端的轴压力其实并不能绝对对中，而是不可避免地偏离截面形心而形成荷载的初始偏心 e_0，沿杆件全长除了轴心力以外，还存在因偏心产生的弯矩。以两端铰接压杆为例，同样经推导可得在偏心轴力 N 作用下压杆跨中的最大挠度为（图 4-34）：

$$v_{max} \approx e_0\,\frac{1.25N/N_E}{1-N/N_E}$$

对比式（4-5）可以发现，初偏心 e_0 的影响与初弯曲 v_0

类似，都是在初始变形 e_0 或 v_0 的基础上轴力的二阶效应［系数 $1/(1-N/N_E)$］对变形起到放大作用，加速了变形的发展从而导致更早地发生失稳。初偏心和初弯曲都导致压杆出现极值点失稳，都通过放大侧向变形使构件稳定承载力有所下降，其影响在本质上是相同的，因此在研究实际构件的稳定性时，常常把它们一并处理，统一按照初弯曲来考虑二者的共同影响。

钢材在轧制、焊接、切割及冷校正等加工制作过程中，无论是热轧型钢还是焊接截面钢构件，均会产生截面残余应力，并且随着截面形式、尺寸、加工工艺的不同，其应力分布和大小均有所不同，十分复杂。以图 4-35(a) 的热轧 H 型钢构件为例，在翼缘与腹板相交区域存在残余拉应力 $0.3f_y$，而翼缘外沿为残余压应力 $-0.3f_y$。轴压力 N 在截面上产生压应力 N/A，当 $N/A<0.7f_y$ 时与残余应力叠加后翼缘端部及腹板中部的最大压应力小于 f_y，仍然全部处于弹性状态；当 N/A 达到并超过 $0.7f_y$ 以后，翼缘端部、腹板中部开始屈服并逐渐向邻近区域发展。杆件截面内将出现部分塑性区和弹性区，图 4-35(a) 中深色部分代表屈服区域。

假设材料为理想弹塑性，根据式 (4-2)，由于塑性区的弹性模量 $E=0$，因此只有弹性区能提供有效刚度 EI_e，对构件的稳定有所贡献。可见，残余应力的存在使得轴压构件在加载时部分截面过早进入塑性，相当于削弱了构件截面，从而导致了稳定承载力的降低。与初弯曲类似，对于不同截面的构件，残余应力的影响也不尽相同，因此通常需要在统计范围内给出量化的残余应力影响规律。同时，值得注意的是，图 4-35(b) 表明，同一个柱子绕不同主轴发生失稳时，残余应力的影响不同，一般绕弱轴失稳时稳定系数更低。

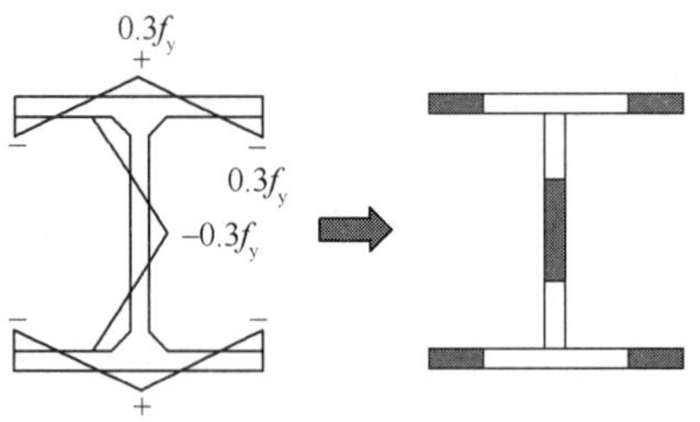

(a) 残余应力引起的截面弹性区和塑性区

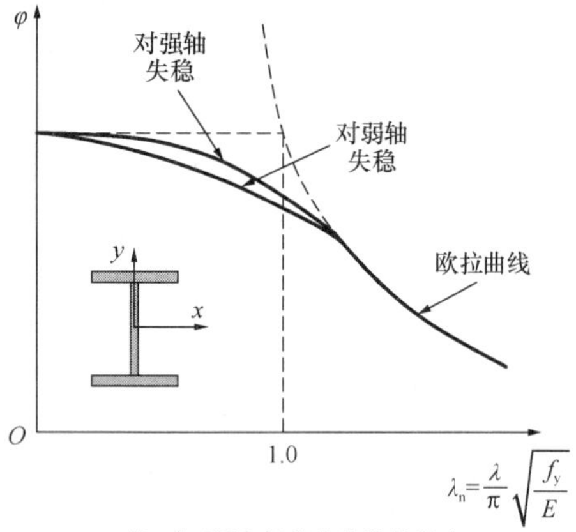

(b) 对不同主轴弯曲失稳的影响

图 4-35　残余应力对稳定系数曲线的影响

综合考虑初弯曲、初偏心和残余应力等缺陷的影响，对于给定截面的轴压构件，改变其长度，可以得到如图 4-36 所示的稳定系数随长细比的变化曲线，称为柱子曲线。从图中可以得到如下规律：

(1) 如式 (4-2)，理想轴心压杆的临界应力与长细比的关系为双曲线形式的欧拉荷载曲线，而实际构件由于材料强度的限制以及几何初始缺陷、荷载偏心和残余应力等缺陷的影响，其曲线低于理想轴心压杆的欧拉荷载曲线。

（2）大长细比构件的两个曲线差异不是很大，但随着长细比的减小，实际轴压构件的临界应力越低于理想构件。这说明，材料强度和初始缺陷对细长构件的稳定性影响不大。

（3）随着长细比的减小，实际轴压构件的临界应力逐渐增大，但不会超过材料的屈服强度。这点可以用第 4.2.2 节的观点来解释：随着长细比减小，杆件的破坏更多是由于材料达到屈服强度而不是过大侧向变形引起的，因此稳定问题逐渐向强度问题转化，当构件足够短粗时不再发生整体失稳，而是全截面受压屈服的强度破坏。当然，这里还要保证板件不先发生局部失稳，关于局部失稳将在第 4.3.4 节详细介绍。

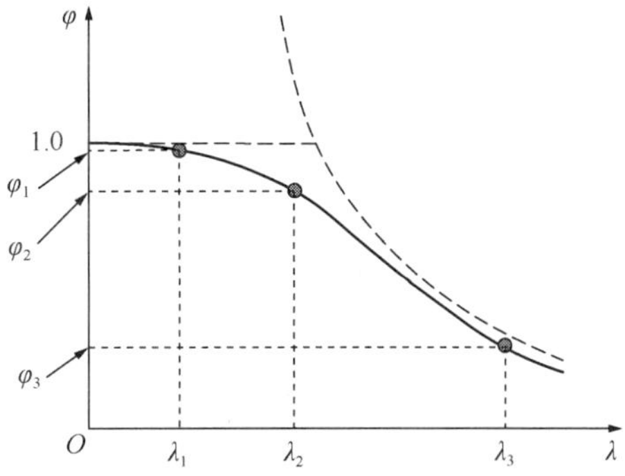

图 4-36　轴心压杆的柱子曲线

4. 轴压杆件的扭转失稳和弯扭失稳

上述内容重点研究了轴压构件的弯曲失稳，这是一种最为常见的失稳形式。然而实际工程中的轴压构件还可能发生扭转失稳或弯扭失稳，如图 4-25 所示。在介绍构件的扭转失稳和弯扭失稳之前，首先需要了解构件扭转受力的特点。

1）构件扭转的受力特点

首先，明确构件扭转的几个重要概念。

（1）剪切中心

以槽钢截面构件为例，在剪力 V_y 和弯矩 M_x 的作用下，其截面正应力和剪应力的分布如图 4-37 所示，即：

$$\sigma=\frac{M_x y}{I_x},\ \tau=\frac{V_y S_x}{I_x t}$$

分析剪应力的合力：上下翼缘剪应力的水平合力为零，腹板剪应力的竖向合力等于外荷载产生的剪力 V_y。同时，若该截面不发生扭转，则扭矩必须平衡，即剪力 V_y 需通过一特定的点 S，使得 V_y 和截面上下翼缘剪应力绕腹板中点 O 的扭矩大小相等，方向相反：

$$V_y(e-x_c)=\tau_1/2\cdot bt_f\cdot h$$

则：

$$e=\frac{b^2h^2t_f}{4I_x}+x_c \tag{4-12}$$

点 S 称为截面的剪切中心（剪心）。类似方法可求出其他形式截面的剪心，例如对于双轴对称截面，剪心就是截面形心；单轴对称截面的剪心在截面对称轴上；T 形、十字形截面的剪心在板件交汇点上，如图 4-38。

剪切中心 S 又称截面扭转中心。顾名思义，当横向荷载通过剪切中心时，截面不出现扭转变形；否则，截面发生扭转并绕剪切中心 S 转动，如图 4-38(a)、(b) 所示。此外，图 4-38(c) 的工字形构件发生弯扭失稳时，其截面的位移可分解成两部分，第一部分

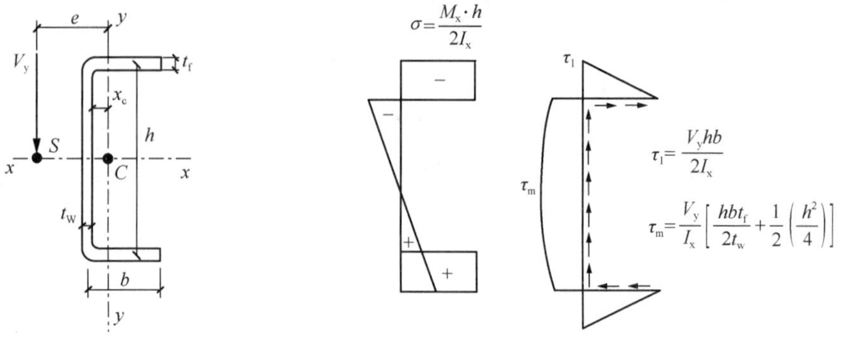

(a) 剪心与形心　　(b) 正应力与剪应力分布

图 4-37　槽钢截面的截切中心

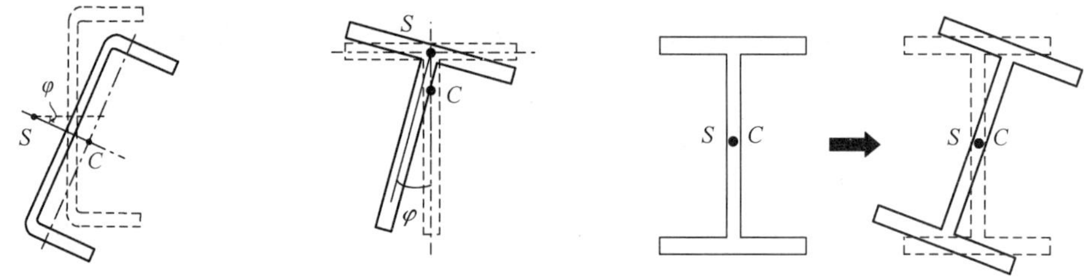

(a) 槽形截面的转动　　(b) T形截面的转动　　(c) 工字形截面的弯曲扭转变形

图 4-38　不同截面的扭转示意

为整体沿着侧向的弯曲变形，接着再发生绕截面剪心的扭转变形。由于扭转相比弯曲是一种较为不利的受力形式，因此在设计中应尽可能地使横向力接近剪切中心或采取措施防止构件扭转。

（2）翘曲变形

构件发生扭转后，截面上各点沿杆轴长度方向会产生纵向位移，这种截面各点的纵向变形称为翘曲变形或翘曲位移。由于翘曲变形的影响，截面在受扭后不再是一个平面。除了封闭的圆管截面外，其他截面在扭转时或多或少都会产生翘曲变形。箱形截面等闭口截面的翘曲变形相对较小，相比之下翘曲变形在开口截面中尤为明显。如图 4-39 所示的工字形截面构件，扭转前左端截面 $a_0b_0c_0d_0$ 是一个平面，但扭转后 a_0 与 b_0、c_0 与 d_0 的纵向翘曲位移方向相反，而在变形后的位置上 a、b、c、d 这四个点并不在同一个截面上。同理，右端截面上的各点也将有翘曲变形，这将导致截面纵向纤维 bb' 可能产生长度的变化。

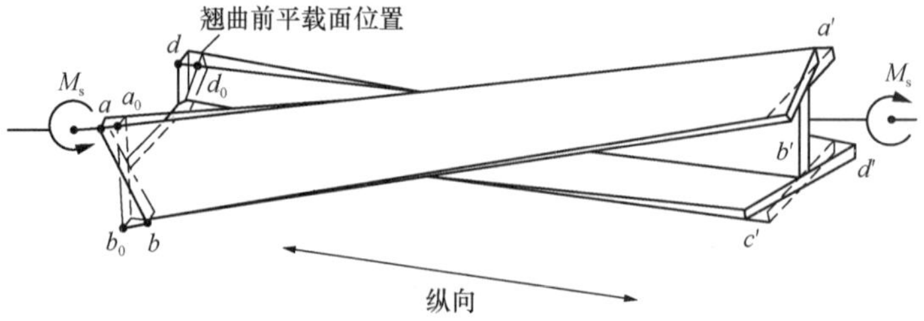

图 4-39　工字形截面构件的扭转

（3）自由扭转

当构件两端承受大小相等而方向相反的一对扭矩，且两端的支承条件又不限制端部截面的变形时翘曲，构件产生均匀的扭转，称为自由扭转，又称圣维南扭转。截面上的扭矩称为自由扭矩。

如前所述，翘曲变形将引起构件纵向纤维沿轴线方向的伸缩，原为平面的横截面不再保持平面。在自由扭转中，此纵向伸缩是自由不受约束的，因此截面上只有扭转产生的剪应力，而没有纵向的正应力，且沿轴线方向各截面上的剪应力分布都是相同的（图 4-40a）。此外，自由扭转时构件单位长度的扭转角处处相等，即 $d\varphi/dz$ 为常数。无论是开口截面还是闭口截面构件，截面的自由扭矩 M_s 等于：

$$M_s = GI_t \frac{d\varphi}{dz} \tag{4-13}$$

式中　G——钢材的剪切弹性模量；

I_t——截面的扭转常数，也称为抗扭惯性矩；

GI_t——截面的自由扭转刚度。

开口截面一般是由若干块矩形板件组成的，例如工字形截面是由上下两块翼缘板和一块腹板组合而成。开口截面的扭转常数 I_t 可按式（4-14）计算：

$$I_t = \eta \frac{1}{3} \sum_{i=1}^{n} b_i t_i^3 \tag{4-14}$$

式中　η——型钢修正系数，对于槽钢 $\eta=1.12$，T 型钢 $\eta=1.15$，工字钢 $\eta=1.20$；对于焊接截面 $\eta=1.0$；

b_i—组成截面的第 i 块板件的宽度（或高度）；

t_i—组成截面的第 i 块板件的厚度。

式（4-14）的意义是，开口截面的扭转常数取各个板件的扭转常数之和，其中 $1/3b_it_i^3$ 为第 i 块板件的扭转常数，而 η 是考虑各板件相互连接成整体和连接处圆角加强的提高系数，焊接截面由于不像热轧型钢截面那样有圆角，因此 $\eta=1.0$。

对于闭口截面，例如图 4-40 所示的圆管截面，自由扭转时其截面的剪应力沿壁厚可认为不变。截面的扭转常数按式（4-15）计算：

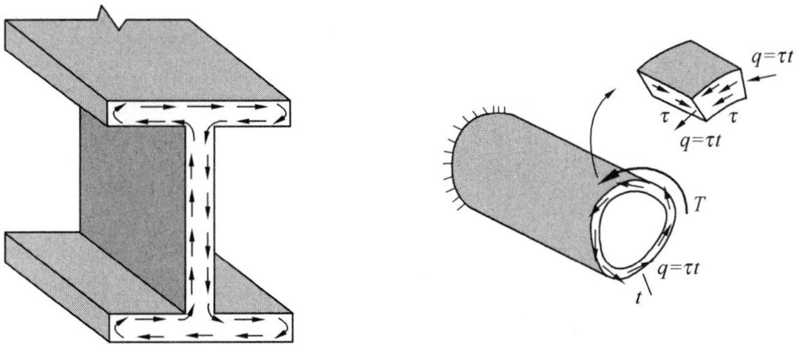

(a) 工字形截面　　(b) 圆管截面

图 4-40　自由扭转时截面剪应力分布

$$I_t = \frac{4A_0^2}{\oint \frac{ds}{t}} \tag{4-15}$$

式中　A_0——截面厚度中线所围成的面积，积分是对截面各板件厚度中线的闭路积分。

例如，直径为 D、壁厚为 t 的圆管截面：

$$I_t = \frac{\pi}{4}D^3 t$$

高度为 h、宽度为 b、翼缘厚度为 t_f、腹板厚度为 t_w 的箱形截面：

$$I_t = \frac{2b^2h^2}{b/t_f + h/t_w}$$

（4）约束扭转

当不满足自由扭转的条件时，构件受扭后纵向纤维的伸缩将受到约束，进而引起截面上的纵向正应力，此时被称为约束扭转。可以看到，由于自由扭转的条件十分理想，实际中构件的扭转绝大部分属于约束扭转。

约束扭转的最大特征是：①由于构件纵向纤维的伸长或缩短受到限制，截面上存在正应力，称为翘曲正应力；②截面上的翘曲正应力沿轴线方向的变化，导致截面上除了扭转剪应力，还存在翘曲剪应力；③翘曲剪应力形成翘曲扭矩，其和自由扭矩一起，构成截面上的总扭矩。

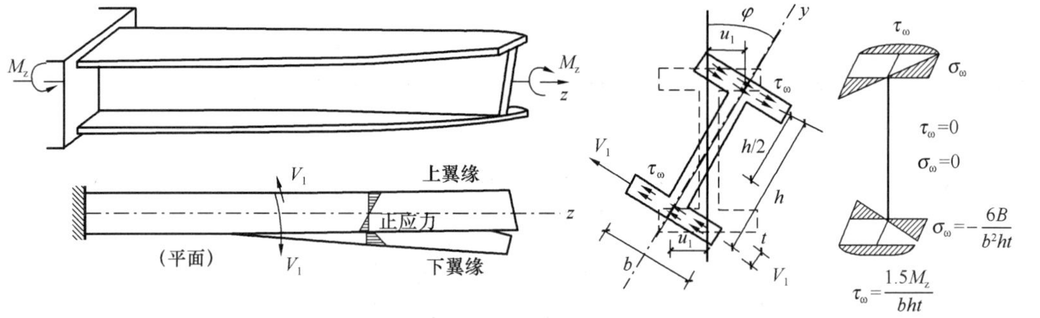

图 4-41　工字形截面悬臂梁的约束扭转

现取双轴对称工字形截面悬臂梁（图 4-41）来说明。该梁在自由端处承受外扭矩 M_z，在固定端处截面不能翘曲变形，截面扭转角 φ 为小量，是纵轴坐标 z 的函数。假设变形后构件截面外形投影不变，那么上下翼缘向相反方向侧移。将上翼缘或下翼缘看作单独的一根构件，其侧向位移（挠度）为：

$$u_1 = (h/2)\varphi$$

由此在上翼缘或下翼缘中产生弯矩：

$$M_1 = -EI_1\frac{d^2u_1}{dz^2} = -EI_1\frac{h}{2}\frac{d^2\varphi}{dz^2}$$

式中　I_1——一个翼缘对 y 轴的惯性矩，$I_1 = (1/12)t_f b^3$；

M_1——一个翼缘内的绕 y 轴的弯矩。

进而在上翼缘或下翼缘中产生大小相等、方向相反的剪力：

$$V_1=\frac{\mathrm{d}M_1}{\mathrm{d}z}=-EI_1\frac{h}{2}\frac{\mathrm{d}^3\varphi}{\mathrm{d}z^3}$$

这一对剪力在截面产生扭矩，大小为：

$$M_\omega=V_1h=-EI_1\frac{h^2}{2}\frac{\mathrm{d}^3\varphi}{\mathrm{d}z^3}$$

称为约束扭矩或翘曲扭矩。

上式可以写成：

$$M_\omega=-EI_\omega\frac{\mathrm{d}^3\varphi}{\mathrm{d}z^3} \tag{4-16}$$

式中　I_ω——截面扇形惯性矩或翘曲扭转系数；

EI_ω——截面的翘曲扭转刚度。

式（4-16）对于各种截面形式构件的扭转均适用。

如前所述，大部分情况下构件的扭转都属于约束扭转，外荷载扭矩由截面的自由扭矩 M_s 和翘曲扭矩 M_ω 共同抵抗，即：

$$M_z=M_s+M_\omega=GI_t\frac{\mathrm{d}\varphi}{\mathrm{d}z}-EI_\omega\frac{\mathrm{d}^3\varphi}{\mathrm{d}z^3} \tag{4-17}$$

式（4-17）即为受扭构件的平衡微分方程。可以看到，截面的自由扭转刚度 GI_t、翘曲扭转刚度 EI_ω 越大，表明其抵抗扭转的能力越强。

一般来说，闭口截面的自由扭转刚度 GI_t 的贡献远大于翘曲扭转刚度 EI_ω；开口截面的翘曲变形更为明显，因此其翘曲扭转刚度 EI_ω 的影响更为显著。同时，与尺寸接近的开口截面相比，闭口截面的抗扭能力更强，因此对抗扭转要求更高时宜优先选用闭口截面的构件。

2）扭转失稳与弯扭失稳的临界荷载

两端铰接理想轴压构件发生弹性分岔的扭转失稳时，其临界荷载 N_z 按式（4-18）计算：

$$N_z=\frac{1}{i_0^2}\left(GI_t+\frac{\pi^2EI_\omega}{l^2}\right) \tag{4-18}$$

式中　i_0——截面对剪心的极回转半径，$i_0=\sqrt{e_0^2+i_x^2+i_y^2}$；

e_0——截面剪心与形心的距离。

从式（4-18）看到，扭转失稳时临界荷载与截面的弯曲刚度无关，而增大扭转刚度可有效提升稳定性。

类比弯曲失稳的临界荷载的表达式，引入扭转屈曲的换算长细比 λ_z，临界荷载可写为：

$$N_z=\frac{\pi^2EA}{\lambda_z^2} \tag{4-19}$$

$$\lambda_z=\frac{l}{\sqrt{\dfrac{l^2GI_t}{\pi^2EAi_0^2}+\dfrac{I_\omega}{Ai_0^2}}} \tag{4-20}$$

如图 4-42 所示，单轴对称截面轴压构件绕非对称轴 x 轴失稳变形时，仍然为弯曲失稳，临界荷载公式同式（4-2）。但当其绕对称轴 y 轴失稳时必然为弯扭变形，这是因为将弯扭失稳变形分为两部分：弯曲变形和截面扭转变形。当发生弯曲变形后，轴压力下产生的截面横向力 V 通过截面形心，从而对截面剪心 S 产生扭矩作用 Ve_0，导致截面的扭转变形。

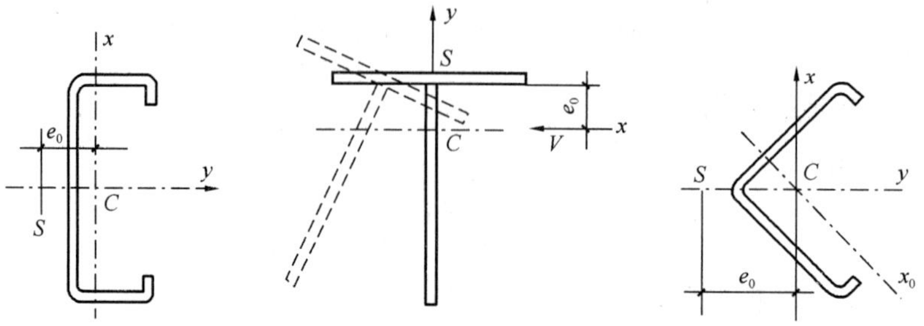

图 4-42　单轴对称截面

对于单轴对称截面或非对称截面轴压构件的弯扭失稳，其临界荷载 N_{yz} 类似地可表示为：

$$N_{yz} = \frac{\pi^2 EA}{\lambda_{yz}^2} \tag{4-21}$$

$$\lambda_{yz} = \frac{1}{\sqrt{2}}\left[(\lambda_y^2+\lambda_z^2)+\sqrt{(\lambda_y^2+\lambda_z^2)^2-4(1-e_0^2/i_0^2)\lambda_y^2\lambda_z^2}\right]^{1/2} \tag{4-22}$$

式中　λ_{yz}——构件发生弯扭失稳的换算长细比；

λ_y、λ_z——分别为构件发生弯曲失稳和扭转失稳对应的长细比，由式（4-3）和式（4-20）计算得到。

值得注意的是，当截面剪心与形心的距离 $e_0=0$ 时，截面变为双轴对称截面，上述弯扭失稳临界荷载公式变为：

$$N_{yz} = \frac{\pi^2 EA}{\lambda_{yz}^2}$$

$$\lambda_{yz} = \lambda_y \quad 或 \quad \lambda_z$$

这说明，双轴对称截面的轴压构件要么发生弯曲失稳，要么发生扭转失稳，一般不会发生弯扭失稳。

那么，对一个实际轴压构件进行加载，判断其最终破坏形式是弯曲失稳、扭转失稳还是弯扭失稳，可以根据以上公式计算得到对应于弯曲失稳、扭转失稳和弯扭失稳的三个临界荷载，比较哪种失稳的承载力最低，因为实际构件或结构总是以最容易发生的、对应承载力最低的形式破坏，这是自然界的普遍规律。

对于普通工字形截面或箱形截面等双轴对称截面，无论是热轧还是焊接，由于截面的扭转刚度较大，因此弯曲失稳临界力总是低于扭转失稳的临界力，也就是说一般发生弯曲失稳。

对于十字形截面，其截面翘曲扭转刚度 EI_ω 等于零，扭转临界力 $N_z=GI_t/i_0^2$，与构件长度无关，因此理论上有可能在构件长度不大时扭转失稳的临界力低于弯曲失稳，最终破坏形式为扭转失稳。但事实上，由于 N_z 与局部失稳的临界力相等，只要在设计中事先保证不发生局部失稳，那么也不会发生扭转失稳，因此按照规范正常设计时，十字形截面轴压构件一般也是验算弯曲失稳。

对于单轴对称截面的轴压构件，一般情况下其弯扭失稳临界力比弯曲失稳和扭转失稳的临界力都低，因此最终多发生弯扭失稳。

至于无对称轴的构件，其稳定性更差，工程中一般较少用作压杆。

4.3.2　受弯构件的整体稳定

1. 受弯构件的整体失稳形式

钢梁主要用于承受垂直其轴线的横向荷载，因而是一种以受弯为主的构件。一般地，在研究钢梁受力和变形时习惯将其变形分为平面内和平面外变形。如图 4-43 所示承受竖向荷载的钢梁，将其 yz 平面称为“平面内”，因此其竖向挠曲变形称为平面内变形；x 轴垂直于 yz 平面，因此称为“平面外”或“侧向”，截面沿着 x 轴方向的位移被称为平面外变形或侧向变形。

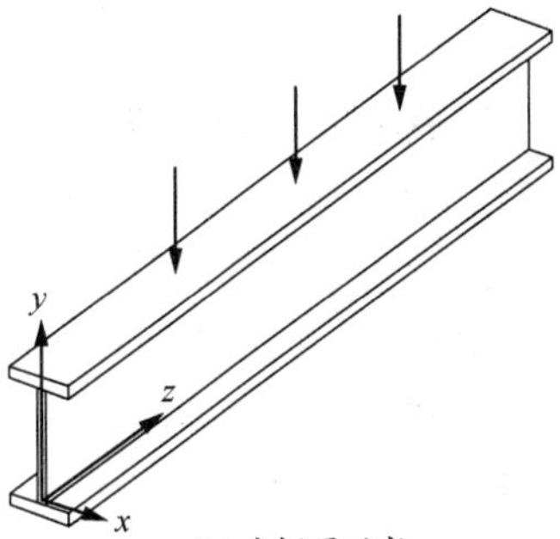

(a) 坐标系示意

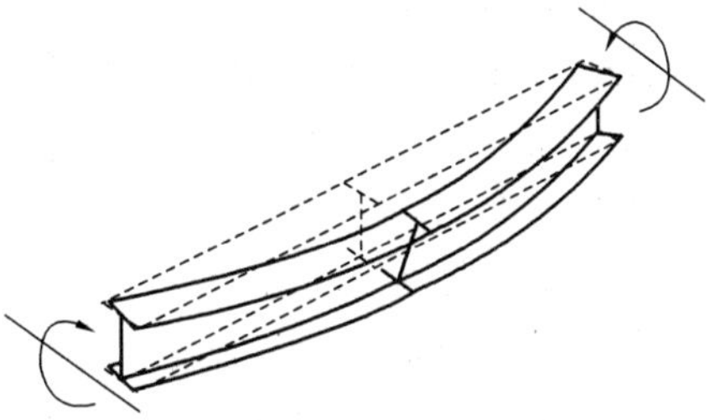
(b) 端弯矩作用下的失稳变形

图 4-43　钢梁的平面外整体弯扭失稳

钢梁一般做得高而窄，竖向荷载作用下在最大刚度平面内受弯，只有平面内的挠度，在侧向保持平直而无位移。当弯矩增大使受压翼缘的最大弯曲压应力达到某一数值时，钢梁会在偶然的很小的侧向干扰力下突然向刚度较小的侧向发生弯曲，同时伴随扭转。这时即使除去干扰力，侧向弯扭变形也不会消失，如弯矩再稍增大，则弯扭变形随即迅速增大，从而使钢梁失去承载能力。这种因弯矩超过临界限值而使钢梁从稳定平衡状态转变为不稳定平衡状态，并发生侧向弯扭屈曲的现象称为钢梁的弯扭失稳或平面外失稳，对应的最大弯矩或荷载称为临界弯矩或临界荷载。

那么，钢梁为什么会发生面外弯扭的失稳模式呢？以图 4-43 中的钢梁为例，在横向荷载或端弯矩作用下上翼缘受压、下翼缘受拉。根据第 4.2.3 节的稳定规律特点，受压翼缘类似一根轴心压杆发生失稳，下翼缘被拉直而不会失稳。当受压翼缘失稳时，由于腹板和受拉下翼缘的限制，不能在平面内沿竖向变形，只能发生平面外的侧向弯曲；同时，尽管受拉翼缘不失稳，但还是被上翼缘带动一起产生一定的侧移，最终表现为上翼缘侧向变形大、被带动的下翼缘侧向变形小的弯扭变形失稳形式。

钢梁的失稳是由于面外刚度不足引起的侧向弯扭失稳，那么根据第 4.2.3 节的钢结构稳定规律，假如钢梁面外具有足够的约束，它将不会发生整体失稳，只会在平面内一直挠度变形直至发生强度破坏或板件的局部失稳。例如实际工程中，一般框架结构中钢梁上面铺设着楼面板并与钢梁上翼缘牢靠连接，因此不必验算钢梁的整体稳定。另外，次梁通常也可视为主梁的侧向支撑，它显著提高了主梁的整体稳定性。

2. 受弯构件整体稳定的临界弯矩

如前文所述，钢梁在平面内受弯，当弯矩增大到一定值时便发生侧向的整体弯扭失稳。这是一种典型的分岔失稳现象，失稳时的最大弯矩和最大弯曲压应力称为临界弯矩 M_{cr} 和临界应力 σ_{cr}。

实际工程中，钢梁承受的荷载形式多样，端部弯矩、均布荷载和集中荷载等均会引起弯扭失稳。首先，针对两端弯矩 M_x 作用下的理想纯弯曲双轴对称截面简支梁，推导其弹性稳定临界弯矩计算式。这里梁端简支条件，指的是支座处的截面只能绕 x 轴、y 轴自由转动，但不能绕 z 轴扭转。钢梁发生失稳后，梁内任一截面其剪心 S（双轴对称截面形心与剪心重合）沿 x 轴、y 轴方向的位移分别为 u、v，截面的扭转角为 φ，原来坐标系 S-xyz 在位移后转动到新的坐标系 S'-$\xi\eta\zeta$，ζ 轴在 oxz 平面内与 z 轴的夹角为 θ。在小变形的情况下，$\sin\theta=\theta=\mathrm{d}u/\mathrm{d}z$，$\sin\varphi=\varphi$，$\cos\theta=1$，$\cos\varphi=1$，且认为新坐标系 S'-$\xi\eta\zeta$ 中构件的曲率与原坐标系 S-xyz 中相等。

图 4-44 给出了钢梁失稳后的变形示意图。为了更好地理解钢梁的受力，可以将其失稳变形分为三步。第一步先发生平面内弯曲变形 v，此时绕 η 轴的弯矩、绕 ζ 轴的扭矩为零，绕 ξ 轴的弯矩为 M_x；在此基础上，第二步钢梁整体发生平面外侧移变形 u，ζ 轴与 z 轴的夹角在 oxz 平面内变为 θ，此时力矩 M_x 绕 ξ 轴、ζ 轴的分量分别为 $M_x\cos\theta$、$M_x\sin\theta$；接着，第三步截面整体绕剪心 S 转动 φ，此时绕 ξ 轴分量进一步变为 $M_x\cos\theta\cos\varphi$，绕 ζ 轴的分量仍为 $M_x\sin\theta$，绕 η 轴的分量变为 $M_x\cos\theta\sin\varphi$。根据小变形假定：

$$M_\xi=M_x\cos\theta\cos\varphi\approx M_x$$

$$M_\eta=M_x\cos\theta\sin\varphi\approx M_x\varphi$$

$$M_\zeta\approx M_x\sin\theta\approx M_x\theta=M_x\frac{\mathrm{d}u}{\mathrm{d}z}$$

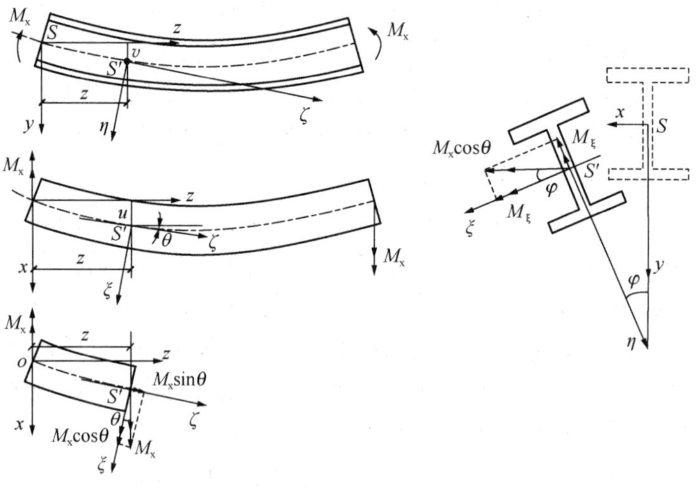

图 4-44　工字形截面均匀受弯梁的弯扭屈曲

根据材料力学中弯矩与曲率的关系，以及式（4-17）的扭矩平衡关系，可得到钢梁的平衡微分方程：

$$
\begin{aligned}
-EI_{x}\frac{\mathrm{d}^2 v}{\mathrm{d}z^2} &= M_{\xi} = M_{x} \\
-EI_{y}\frac{\mathrm{d}^2 u}{\mathrm{d}z^2} &= -M_{\eta} = M_{x}\varphi \\
GI_{t}\frac{\mathrm{d}\varphi}{\mathrm{d}z} - EI_{\omega}\frac{\mathrm{d}^3\varphi}{\mathrm{d}z^3} &= M_{\zeta} = M_{x}\frac{\mathrm{d}u}{\mathrm{d}z}
\end{aligned}
\tag{4-23}
$$

可以看到，以上三个平衡方程分别描述了钢梁的面内弯曲、面外弯曲和扭转。

由式（4-23）得到只有未知数 φ 的弯扭屈曲微分方程：

$$EI_{\omega}\frac{\mathrm{d}^4\varphi}{\mathrm{d}z^4} - GI_{t}\frac{\mathrm{d}^2\varphi}{\mathrm{d}z^2} - (M_{x}{}^{2}/EI_{y})\varphi = 0$$

结合简支梁的边界条件，即当 $z=0$ 和 $z=l$ 时，$\varphi=0$，$\mathrm{d}^2\varphi/\mathrm{d}z^2=0$，假设其截面扭转角为正弦曲线分布（实际的弯扭变形也确实如此）即 $\varphi=\varphi_0\cdot\sin(\pi z/l)$，代入上式得：

$$[EI_{\omega}(\pi/l)^4 + GI_{t}(\pi/l)^2 - (M_{x}^2/EI_{y})]\varphi_0\cdot\sin(\pi z/l) = 0$$

要使上式在任何 z 值都成立，意味着方括号中数值为零，可得到临界弯矩：

$$M_{0\mathrm{crx}} = \sqrt{\left(GI_{t} + \frac{\pi^2 EI\omega}{l^2}\right)\cdot\frac{\pi^2 EI_{y}}{l^2}} \tag{4-24}$$

对式（4-24）进行分析可以发现，受弯构件的临界弯矩包含了两部分，第一部分（$GI_{t}+\pi^2 EI_{\omega}/l^2$）与构件扭转刚度相关，第二部分 $\pi^2 EI_{y}/l^2$ 反映了构件抗弯刚度的影响，因此体现了弯扭失稳的受力特点。

式（4-24）还可写为：

$$M_{0\mathrm{crx}} = i_0{}^{2}\sqrt{N_{\mathrm{Ey}}N_{z}} \tag{4-25}$$

式中　N_{Ey}——构件轴心受压时绕弱轴（面外）弯曲失稳的临界荷载，即式（4-2）；

N_{z}——构件轴心受压时扭转失稳的临界荷载，即式（4-18）。

可见，受弯构件的临界弯矩将构件弯曲失稳和扭转失稳的临界荷载综合起来，反映了既弯曲又扭转的失稳特点。

要提高受弯构件的稳定性即增大临界弯矩，可以通过增大截面以提高截面扭转刚度 GI_{t}、EI_{ω}和面外抗弯刚度 EI_{y}，或者减小面外支承点间的长度的方式来实现，而增大截面的平面内抗弯刚度 EI_{x}对稳定性影响不大。

相对于上述理想的纯弯曲双轴对称工字形截面简支梁，实际受弯构件的临界弯矩还受到以下因素的影响：

（1）弯矩非均匀分布

实际荷载形式多样，例如不相等端部弯矩、横向均布荷载、集中荷载或它们的组合作用。对于同一受弯构件，荷载形式的不同会引起弯矩分布形状的改变，对应的临界弯矩也不同。一般来说，弯矩分布图越饱满，受压翼缘沿轴线方向的整体压应力水平越均匀，越容易失稳，梁的临界弯矩也就越低。因此，常常以纯弯曲作用下的临界弯矩 $M_{0\mathrm{crx}}$为标准，引入等效临界弯矩系数，计算一般荷载作用下的临界弯矩 M_{crx}：

$$M_{\mathrm{crx}} = \beta_1 M_{0\mathrm{crx}} \tag{4-26}$$

式中　β_1——等效临界弯矩系数，根据上述分析，显然 $\beta_1\geqslant 1.0$，且弯矩分布越远离均匀弯曲，其值越大。如图 4-45 所示，全跨均布荷载下 $\beta_1=1.13$，跨中集中荷

载下 $\beta_1=1.35$，而两端作用等值但反向端弯矩时 $\beta_1=2.65$，表明构件越不容易发生失稳。

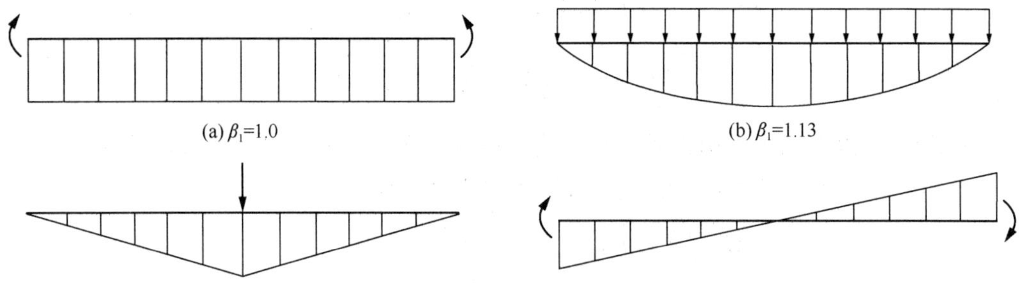
(a) β_1=1.0　(b) β_1=1.13　(c) β_1=1.35　(d) β_1=2.65

图 4-45　受弯构件的等效弯矩系数

（2）横向荷载在截面上的作用位置

如图 4-46 所示，当荷载作用于工字形截面梁的下翼缘时，由于弯扭变形后相对于截面剪心 S 形成了与截面转动方向相反的恢复扭矩的作用，因此其稳定性更好；而荷载作用于上翼缘，变形后的附加扭矩与截面转动方向一致，加速了截面的扭转变形，导致构件更容易失稳。

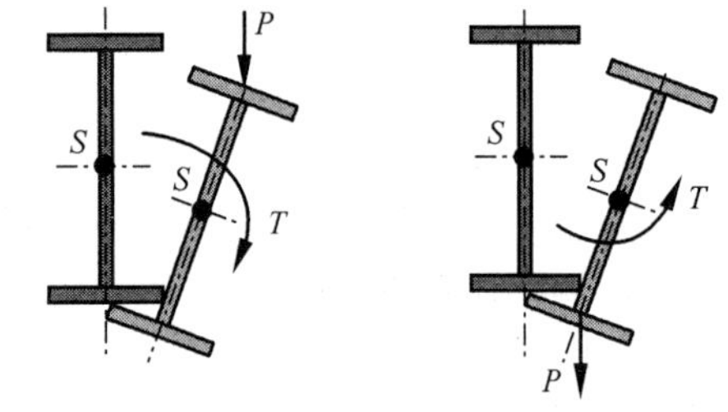

(a) 作用于上翼缘　(b) 作用于下翼缘

图 4-46　荷载作用位置对弯扭失稳的影响

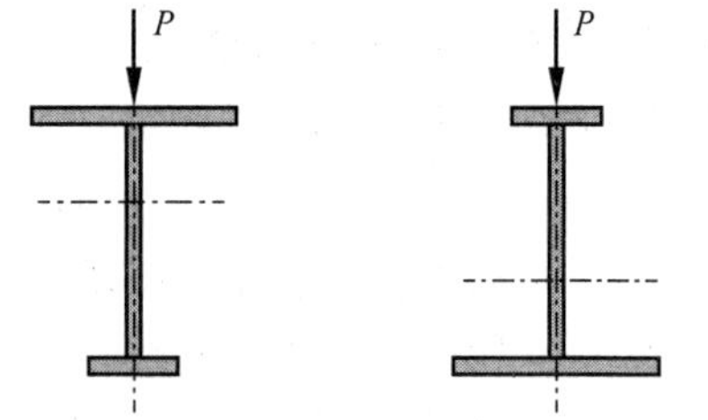

(a) 加强受压翼缘　(b) 加强受拉翼缘

图 4-47　截面形式对弯扭失稳的影响

（3）截面形式

如前文所述，相同尺寸下，闭口截面的扭转刚度更大，弯扭失稳的临界荷载更高。此外，对于如图 4-47 所示的不对称工字形截面受弯构件，加强上部受压翼缘可提高临界荷载，因此相比图 4-46(a)、(b) 的构件的临界荷载更高。这是因为，从第 4.2 节钢结构稳定的规律特点来看，失稳是由于受压部位的压应力达到一定值而发生过大变形，因此受弯构件的失稳的本质是受压翼缘失去稳定而引起的构件整体侧向弯扭变形。显然，加强受压翼缘，对应的受弯构件的整体临界弯矩也就越大。

（4）支承条件

临界弯矩公式（式 4-24）是针对简支梁推导得到的。实际上，钢梁的端部支承条件往往要强于简支的情况。根据第 4.2 节钢结构稳定的规律特点，边界约束越强，稳定性越好，临界弯矩就越高。除此之外，实际工程中钢梁在跨中常常会有其他构件与其连接。如图 4-48 所示主梁侧面的次梁。次梁将对主梁起到约束作用，限制主梁的侧移变形，这样一来主梁受弯的临界荷载将得到大幅提升。式（4-24）中的长度 l 其实与轴压构件的计算长度类似，指的是钢梁弯矩作用平面外无支承的自由长度，对于跨中无支撑的简支梁是两个支座的距离 l_0；但若跨中有侧向支撑，那么 l 应取为受压翼缘侧向支撑点之间的距离，对于图 4-48 中的主梁，长度 l 为两个次梁的间距。从式（4-24）可以看到，临界弯矩与无约束长度 l 的平方近似呈反比关系，因此设置侧向支撑是提高受弯构件稳定性的最有效方式之一。

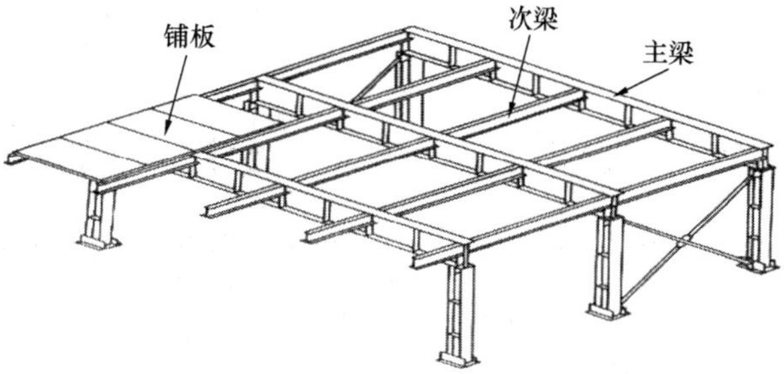

图 4-48　实际工程的主次梁结构

对于一般受力和约束条件下的受弯构件，其弯扭失稳临界弯矩的通用计算公式为：

$$M_{crx}=\beta_1\frac{\pi^2EI_y}{l^2}\left[\beta_2a+\beta_3B_y+\sqrt{(\beta_2a+\beta_3B_y)^2+\frac{I_\omega}{I_y}\left(1+\frac{l^2GI_t}{\pi^2EI_\omega}\right)}\right] \tag{4-27}$$

式中　β_1——等效弯矩系数，反映了弯矩分布的影响；

a——荷载作用点 P 至剪切中心 S 的距离（图 4-46），荷载在剪切中心以上时取负值，反之取正值，反映了荷载作用位置的影响；

B_y——截面不对称系数，反映了截面不对称的影响，双轴对称截面 $B_y=0$，受压翼缘加强截面的 B_y 要大于受拉翼缘加强截面；

β_2、β_3——与 β_1 类似，同样是与荷载类型有关的系数，如表 4-2 所示；

l——构件的受压翼缘侧向支承点之间的距离，这是由于构件失稳是由于受压翼缘失稳引起的。

对表 4-2 中 β_1、β_2 和 β_3 三个系数取值进行分析，如前文所述，随着弯矩分布越接近纯弯曲，β_1 越接近 1.00；式（4-27）中 β_2 与荷载作用位置 a 相关，纯弯曲作用下没有分布或集中力作用，因此 $\beta_2=0$，而相比均布荷载，集中荷载的作用位置影响越大，因此 β_2 取值要更大；式（4-27）中 β_3 与截面不对称性相关，弯矩分布越均匀（从集中荷载作用到纯弯曲作用），截面的不对称性影响越大，因此 β_3 也就更大。

工字形截面简支梁整体稳定的 β_1、β_2 和 β_3 系数　　**表 4-2**

荷载情况	β_1	β_2	β_3
纯弯曲	1.00	0	1.00
全跨均布荷载	1.13	0.46	0.53
跨中集中荷载	1.35	0.55	0.40

4.3.3　压弯构件的整体稳定

工程中常用到既受压又受弯的压弯构件（图 4-49），它同时兼具轴压构件和受弯构件

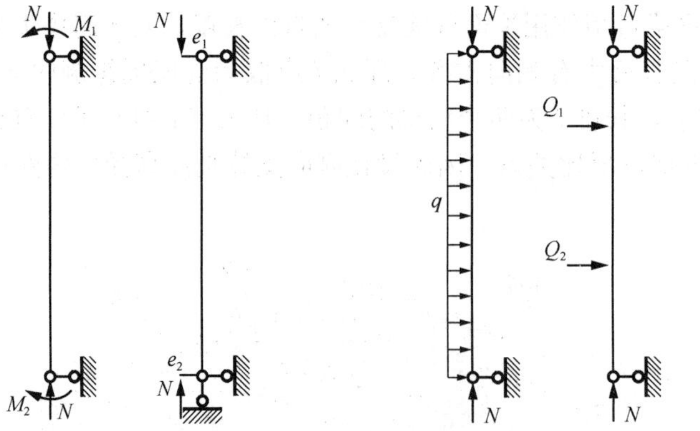

(a) 轴心压力和端弯矩作用下　　(b) 轴心压力和横向荷载作用下

图 4-49　压弯构件示意

的稳定特点。例如厂房结构中的刚架柱和抗风柱都属于压弯构件，刚架柱的柱顶有梁端传来的弯矩作用，同时在柱中吊车梁的偏心力产生集中弯矩作用，而抗风柱的弯矩主要来自山墙风荷载。

对于单向受弯的压弯构件（即只有 M_x 作用），随着轴力或弯矩的增大，其截面压应力增大到一定水平时，可能会在弯矩作用平面内像轴压柱那样发生弯曲失稳，称为弯矩作用平面内失稳（图 4-50a）；当截面抗扭刚度不强或者面外约束不足时，也可以像梁那样发生空间弯扭失稳，称为弯矩作用平面外失稳（图 4-50b）。对于理想挺直的压弯构件，加载初期在弯矩平面内产生挠曲变形，而在平面外无变形，因此根据第 4.2.4 节稳定问题的分类，压弯构件的平面内失稳属于极值点失稳，平面外失稳属于分岔失稳。由于平面内失稳和平面内失稳是两种不同性质的稳定问题，因此通常在设计中分别加以考虑。

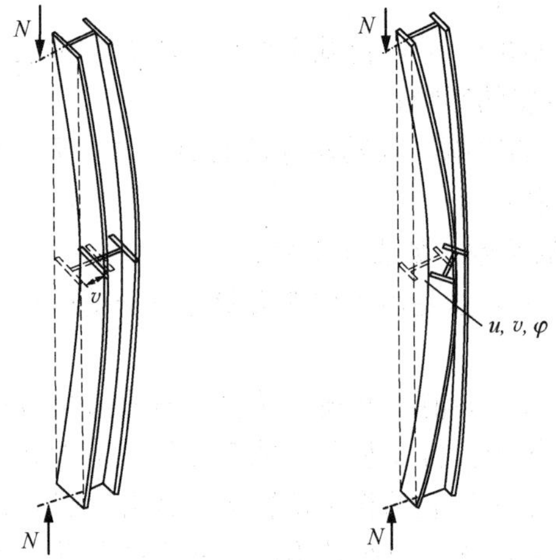

(a) 平面内失稳　　(b) 平面外失稳

图 4-50　压弯构件的平面内失稳和平面外失稳

1. 弯矩作用平面内失稳

压弯构件在轴力和弯矩共同作用下，其平面内失稳属于极值点失稳。对于如图 4-51 所示的两端铰接构件，根据静力平衡关系有：

$$EI_x y'' + Ny = -M_x \tag{4-28}$$

假设其面内挠曲变形为正弦半波曲线：

$$y = v \cdot \sin \frac{\pi z}{l}$$

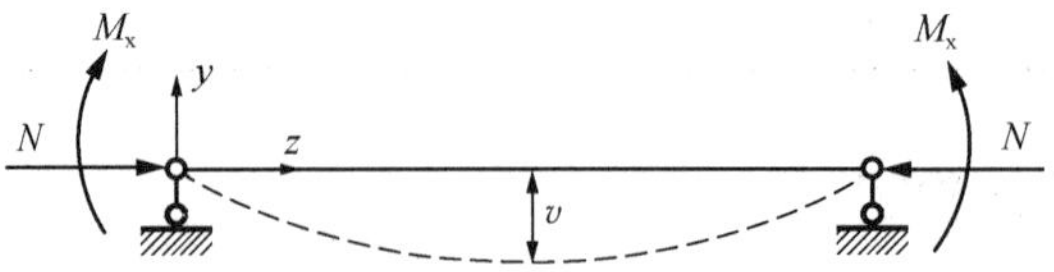

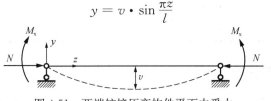

图 4-51　两端铰接压弯构件平面内受力

带入式（4-28）可得构件跨中最大挠度为：

$$v=\frac{M_x}{N(1-N/N_{Ex})} \tag{4-29}$$

式中　N_{Ex}——欧拉临界力，$N_{Ex}=\frac{\pi^2 EI_x}{l^2}$。

那么，构件的最大弯矩为：

$$M_{max}=M_x+N\cdot v=\frac{M_x}{1-N/N_{Ex}}=\alpha M_x \tag{4-30}$$

式中　α——压力作用下考虑了附加挠度后的弯矩放大系数，$\alpha=1/(1-N/N_{Ex})$。

可见，由于挠度变形的二阶效应产生的附加弯矩，构件中实际的最大弯矩 M_{max} 大于初始弯矩 M_x，并且轴压力 N 越大，弯矩的放大效应越显著；当 N 接近欧拉临界应力 N_{Ex} 时，挠度和最大弯矩都趋于无穷大，表明构件不能继续承载。实际上，由于材料弹塑性的影响，当挠度达到一定量值时，构件早已发生破坏。

在轴压力和最大弯矩的作用下，压弯构件跨中截面上的应力水平不断增长。截面最大应力亦即最外缘纤维的最大应力达到钢材的屈服强度是一个标志性时刻，标志着截面由弹性开始逐步进入屈服。此时截面最大压应力：

$$\sigma_{max}=\frac{N}{A}+\frac{M_x}{W_{1x}(1-N/N_{Ex})}=f_y$$

此式即为前文提到的边缘屈服准则。

对于实际构件，需要考虑各种初始缺陷的影响，这里采用等效附加偏心距 e_0 来综合考虑缺陷的影响，那么上式改写为：

$$\sigma_{max}=\frac{N}{A}+\frac{M_x+Ne_0}{W_{1x}(1-N/N_{Ex})}=f_y \tag{4-31}$$

当弯矩 $M_x=0$ 时，此构件退化为轴心受压构件。我们已经知道轴压构件的稳定承载力 $N_u=\varphi f_y A$，此时令式（4-31）中 $N=N_u$，可得：

$$e_0=\frac{W_{1x}}{\varphi A}(1-\varphi)(1-\varphi A f_y/N_{Ex})$$

将等效附加偏心距 e_0 代回式（4-31），得到：

$$\frac{N}{\varphi A}+\frac{M_x}{W_{1x}(1-\varphi_x N/N_{Ex})}=f_y \tag{4-32}$$

式（4-32）即可作为压弯构件平面内稳定承载力的预测公式。当然，若要用于规范中还需进行一定的修正，比如考虑实际弯矩不均匀分布、面外支承情况及材料塑性发展等因素的影响，这些将在第 7 章具体介绍。

2. 弯矩作用平面外失稳

压弯构件当轴力和弯矩达到一定值时，也可能与受弯构件类似，迅速产生平面外的弯曲变形，并伴随着截面绕剪切中心的扭转，最终发生弯扭变形的平面外失稳。此失稳一般发生在扭转刚度较小的开口截面构件中，且平面外没有足够的侧向支撑来限制截面的侧移和扭转。

两端简支双轴对称截面的压弯构件在弹性阶段工作时，受力如图 4-52 所示，根据平衡条件可得：

$$EI_{\omega}\varphi''''-(GI_{t}-Ni_{0}^{2})\varphi'+M_{x}u'=0 \tag{4-33}$$

$$EI_{y}u''+Nu+M\varphi=0 \tag{4-34}$$

第一个式子为构件的扭转平衡方程，第二个式子为构件的平面外弯曲平衡方程。与第 4.3.2 节受弯构件的弯扭平衡方程，即式（4-23）相比，可以看到分别增加了轴压力相关项 Ni_0^2 和 Nu，反映了轴压力对稳定的影响。

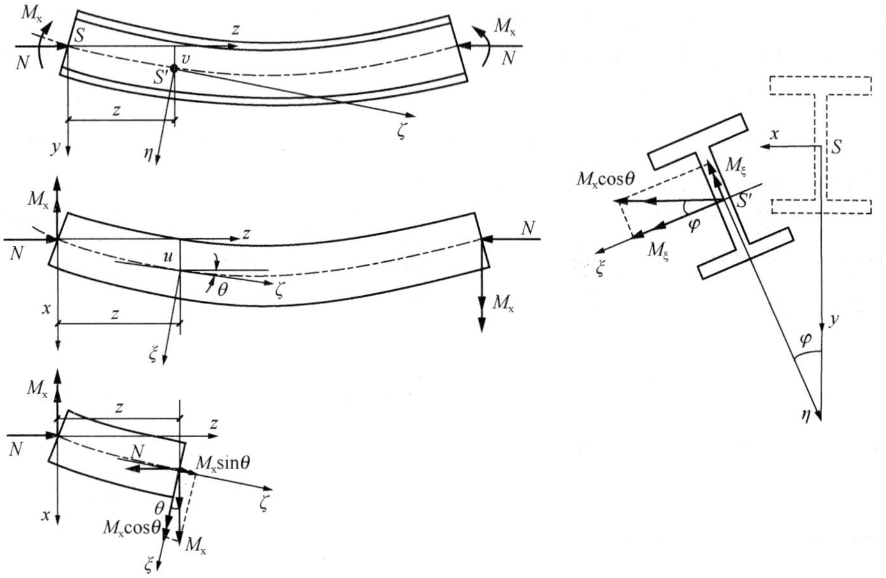

图 4-52　压弯构件平面外失稳变形示意

假设弯扭失稳的变形函数为 $u=u_0\cdot\sin(\pi z/l)$ 及 $\varphi=\varphi_0\cdot\sin(\pi z/l)$，代入上述平衡方程可得压弯构件平面外失稳的轴力-弯矩相关公式：

$$\frac{N}{N_{Ey}}+\frac{M_{x}{}^{2}}{M_{cr}{}^{2}(1-N/N_{z})}=1 \tag{4-35}$$

或是：

$$\left(1-\frac{N}{N_{z}}\right)\left(1-\frac{N}{N_{Ey}}\right)-\frac{M_{x}{}^{2}}{M_{cr}{}^{2}}=0 \tag{4-36}$$

式中　N_{Ey}——构件在轴心受压时绕弱轴（面外）弯曲失稳的临界轴力，即式（4-2）；

N_z——构件在轴心受压时绕纵轴扭转失稳的临界轴力，即式（4-18）；

M_{cr}——构件在均匀受弯时弯扭失稳的临界弯矩，即式（4-24）。

可以看到，压弯构件平面外失稳的临界力相关公式可写成与轴心受压的弯曲失稳、轴心受压的扭转失稳和均匀受弯的弯扭失稳临界力的组合，这也体现了由于变形形式引起这几种失稳模式之间的关联性。

需要注意的是，上述公式只是对压弯构件的弹性分岔失稳而推导得到。对于实际构件，由于材料弹塑性、初始几何缺陷、残余应力等各因素的影响，还需要对其进行修正，才能形成实用设计公式。这些内容同样将在第 7 章介绍。

4.3.4 构件的局部稳定

前面重点介绍了基本构件的整体失稳，但如第 4.2.4 节所述，钢构件还可能发生局部失稳。钢结构尤其是梁、柱等大型构件，通常其截面由几块板件组成，例如工字形截面的翼缘和腹板，组成截面的板件厚度一般远小于长度和宽度，即板件宽而薄。在平面内压应力作用下，板面本身会发生面外鼓曲的变形而失稳。如图 4-53 所示，轴压箱形截面柱中原本平直的翼缘和腹板在压应力的作用下产生凹凸不平的波状变形，钢梁的上翼缘在弯矩作用下、腹板在剪力作用下产生面外鼓曲变形，这都是常见的构件局部失稳现象，同样会引起构件的破坏。因此，对板件稳定性能的研究以及提出相应的设计计算方法或构造措施，也是钢结构稳定设计的一个重要问题。

(a) 轴压构件的板件失稳　(b) 受弯构件的翼缘受压失稳　(c) 钢梁腹板剪切失稳

图 4-53　构件的局部失稳

1. 局部失稳的临界应力

与构件的整体失稳类似，局部失稳的发生是由于板件内部的压应力达到一定值后，不能继续保持原有平衡位置而发生过大变形，进而导致刚度持续降低直至失去承载能力，因此同样需要确定局部失稳的分岔屈曲临界应力。

根据薄板屈曲理论，在正应力或剪应力作用下单块板件发生失稳，其弹性临界应力等于：

$$\sigma_{cr} \text{ 或 } \tau_{cr} = \frac{K\pi^2 E}{12(1-\nu^2)}\left(\frac{t}{b}\right)^2 \tag{4-37}$$

式中　K——板的屈曲系数，与板件的边界和受力情况有关；

ν——泊松比，钢材取 0.3；

b——板件的宽度（对于翼缘）或高度（对于腹板）；

t——板件的厚度。

值得注意的是，式（4-37）其实是板件稳定临界应力的通用公式，即对于各种边界条件、受力条件均成立，只是在不同边界和受力情况下屈曲系数 K 的取值有所不同。同时可以看到，在屈曲系数确定后，板件的弹性临界应力只与其宽厚比或高厚比 b/t 有关，并且板件的厚度越大、高度或宽度越小即 b/t 越小，其临界应力越高，这也是为什么板件越薄越容易失稳的原因。

下面对于典型受力条件下板件的失稳进行讨论。

(1) 轴压构件的局部失稳

如图 4-54 所示，考虑一块四边简支均匀受压矩形平板，失稳后产生若干个鼓曲的半波。所谓“简支边”，即在此条边上所有点的 z 向位移为零，并且板可绕此边自由转动。其临界应力仍为式 (4-37)，此时板的屈曲系数 K 按下式计算：

$$K=\left(\frac{mb}{a}+\frac{a}{mb}\right)^2$$

式中 a、b——非加载边和加载边的长度；

m——沿着长度 a 方向的屈曲半波数目，只能取整数，例如图 4-54 中半波数 $m=2$；对于均匀受压板，沿着宽度 b 方向总是只出现一个半波。

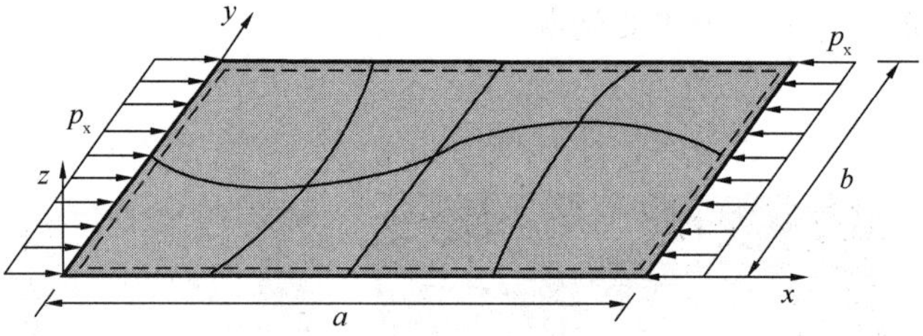

图 4-54 均匀受压板的失稳

屈曲系数 K 随板件长宽比 a/b 和屈曲半波数 m 的变化曲线如图 4-55 所示。可以看到，给定的一块四边简支均匀受压矩形板件，失稳时产生多少个半波数 m 取决于板件的长宽比 a/b，并使屈曲系数 K 最小亦即临界应力最低。例如，对于 $a/b=2$ 的板件，当 $m=2$ 时对应的屈曲系数要小于 $m=1$ 或 $m=3$ 时对应的屈曲系数，这意味着此板件最容易发生的失稳形式为沿长度方向出现 2 个半波，而不是 1 个或 3 个半波。另外，值得注意的是，对于长宽比 a/b 较大的长条形板件，屈曲系数 K 的变化不大，接近 4.0。

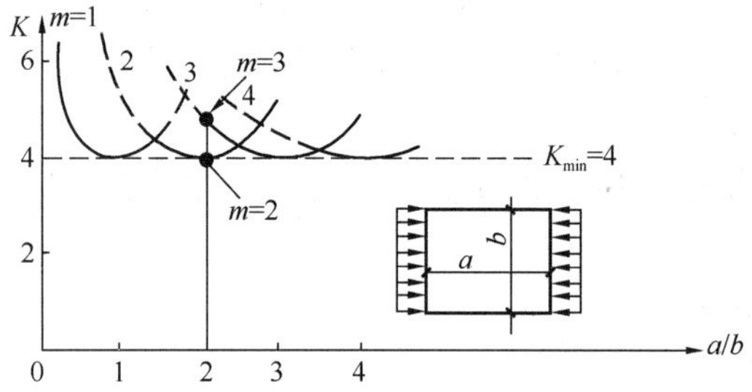

图 4-55 均匀受压板的屈曲系数

对于其他边界条件的受压板件，屈曲系数 K 的表达式和数值将有所不同，例如三边简支、一边自由板的 $K=(0.425+b^2/a^2)$；对于长条形板件，K 具有最小值 $K_{min}=0.425$。与四边简支板的 $K_{min}=4.0$ 相比可见，随着边界约束条件的减弱，板件屈曲系数迅速减小。实际梁柱构件中，板件的长度 a 都远大于宽度 b，可直接取 $K=4.0$ 或 0.425。

轴压构件的翼缘和腹板均处于均匀受压状态。如图 4-56 所示，对于工字形截面的腹板，可将其视为四边简支的受压板件，即两加载边 ab、cd 和与翼缘相交的两边 ad、bc 都为简支边，因此其屈曲系数 $K=4.0$；对于翼缘板，取其一半视为三边简支、一边自由板件，即 ab、bc 和 cd 三条边为简支边，ad 为自由边，则屈曲系数 $K=0.425$。

(2) 受弯构件与压弯构件的局部失稳

在横向荷载的作用下，受弯构件的受力比轴压构件更为复杂，不仅有弯矩，还有剪力

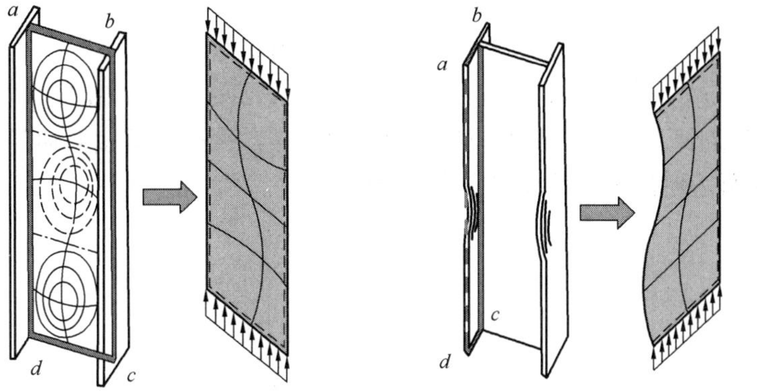

(a) 受压腹板　　(b) 受压翼缘

图 4-56　工字形截面中腹板和翼缘的失稳

和集中荷载的局部压应力作用。对于钢梁的受压翼缘，其受力与轴压构件的翼缘类似，承受弯矩产生的近似均匀压应力作用，可能出现如图 4-56(b) 所示的局部失稳，因此依然可视为三边简支、一边自由的受压板件，采用式（4-37）计算其临界应力，屈曲系数 $K=0.425$。

相比之下，钢梁的腹板受力较为复杂，例如承受全跨竖向均布荷载的简支梁，在支座处存在较大的剪力作用，而跨中附近的弯矩最大、剪力较小，同时在次梁传递的集中荷载或吊车轮压下腹板中还有较大的局部压应力。在不同受力条件下腹板的屈曲示意如图 4-57所示，分别代表在单独弯矩、单独剪力和单独局部承压下钢梁腹板的失稳，临界应力仍采用式（4-37），只是屈曲系数有所不同。如前所述，失稳是由于压应力过大导致，因此纯弯矩作用下腹板失稳的最大波形出现在压应力的合力作用点附近，即图 4-57(a) 的板件上半部分；而纯剪切作用下腹板由于斜向主压应力的作用（图 4-57b），失稳波形沿着斜向分布；在集中应力作用下，屈曲波形出现在靠近局部荷载作用点处（图 4-57c）。

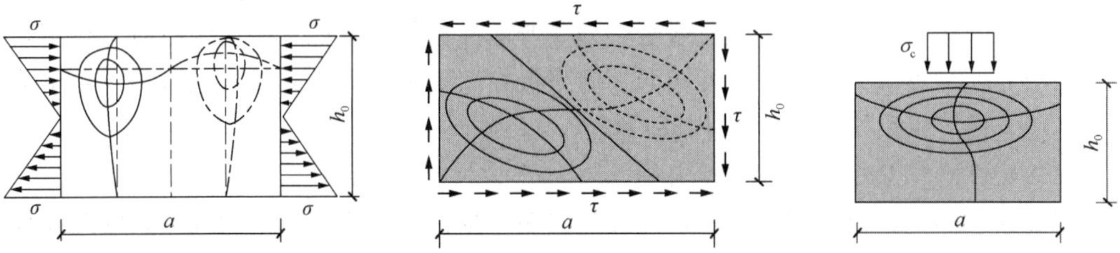

(a) 纯弯曲作用　　(b) 纯剪切作用　　(c) 局部压应力作用

图 4-57　钢梁腹板的失稳示意

对于四边简支板，在纯弯矩作用下的屈曲系数 K 随板件边长比 a/h_0 的变化曲线如图 4-58(a)所示，其中 m 为屈曲半波数目。可以看到，不同边长比下板件的屈曲半波数是不同的，对应的屈曲系数也不同，可由下式计算：

$$K=\begin{cases}15.87+1.87/(a/h_0)^2+8.6(a/h_0)^2\text{，当 }a/h_0<2/3\text{ 时}\\ 23.9\text{，当 }a/h_0\geqslant 2/3\text{ 时}\end{cases}$$

在纯剪切作用下，板的屈曲系数 K 随着边长比 a/h_0 的增加单调减小（图 4-58b），可近似取用：

$$K=\begin{cases}4.0+5.34/(a/h_0)^2，当\ a/h_0<1.0\ 时\\5.34+4.0/(a/h_0)^2，当\ a/h_0\geqslant 1.0\ 时\end{cases}$$

从上式可以看到，对于较长的腹板，可通过在板的两侧设置横向加劲肋以缩小板的边长比 a/h_0，从而达到提高局部稳定应力的目的。

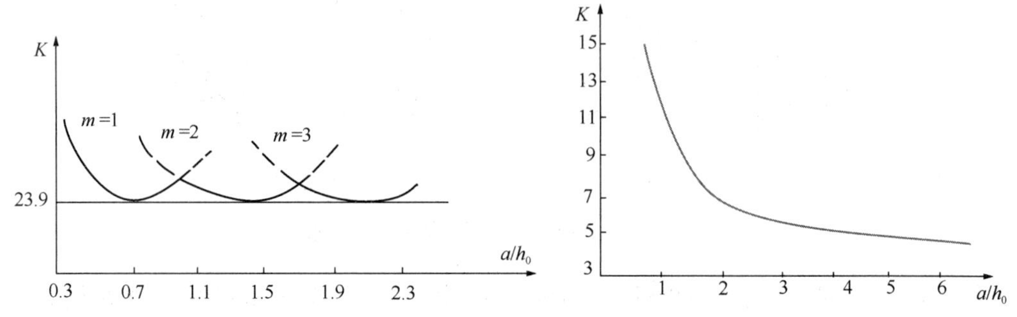

图 4-58 四边简支板的屈曲系数

在局部压应力作用下的四边简支板，其屈曲系数 K 可表示为：

$$K=\begin{cases}4.5/(a/h_0)^2+7.4/(a/h_0)，当\ 0.5\leqslant a/h_0<1.5\ 时\\11/(a/h_0)-0.9/(a/h_0)^2，当\ 1.5\leqslant a/h_0\leqslant 2.0\ 时\end{cases}$$

同时受到几种应力共同作用下板的屈曲性能相当复杂，通常根据数值分析结果采用相关公式进行计算。例如，在弯矩产生的正应力、剪力产生的剪应力及局部集中荷载的压应力共同作用下，可采用式（4-38）对板件稳定性进行验算：

$$\left(\frac{\sigma}{\sigma_{cr}}\right)^2+\left(\frac{\tau}{\tau_{cr}}\right)^2+\frac{\sigma_c}{\sigma_{c,cr}}\leqslant 1.0 \tag{4-38}$$

式中 σ_{cr}、τ_{cr}、$\sigma_{c,cr}$——正应力、剪应力、局部压应力单独作用时板件的临界应力。

对于压弯构件，由于其受压翼缘受力与受弯构件类似，近似承受均匀压应力作用，因此其翼缘失稳临界应力与受弯构件相同。但腹板在弯矩和轴力作用下，正应力分布更为复杂，其稳定性可采用式（4-38）进行验算。

（3）板件的相互作用及弹塑性失稳

需要注意的是，对于实际构件，截面是由多个板件相互连接组合而成的，因此在局部失稳变形过程中，板件之间由于变形协调是存在相互约束作用的，这时板件的板边不同于前述理想的简支约束，而是受到相邻板件的弹性约束作用。例如图 4-59(a) 所示的均匀受压矩形钢管截面构件，对于图 4-59(b) 的情况，由于四块板件的受力和几何尺寸均相同，因此它们同时发生失稳且相互之间没有约束作用，此时每块板件可视为四边简支板，即屈曲应力公式（式 4-37）中 $K=4.0$。然而，如图 4-59(c) 所示板件的宽厚比不同（$b_2/t>b_1/t$）时，较宽的板件 AB 比板件 BD 更早趋于失稳，但是由于窄板 BD 的约束作用，宽板 AB 的屈曲被推迟。于是，待荷载达到一定程度时，四块板件同时失稳，且由于变形协调其鼓曲形式如图 4-59(c) 的虚线所示，屈曲后板件间的夹角保持直角，且交线即构件棱线仍保持直线。

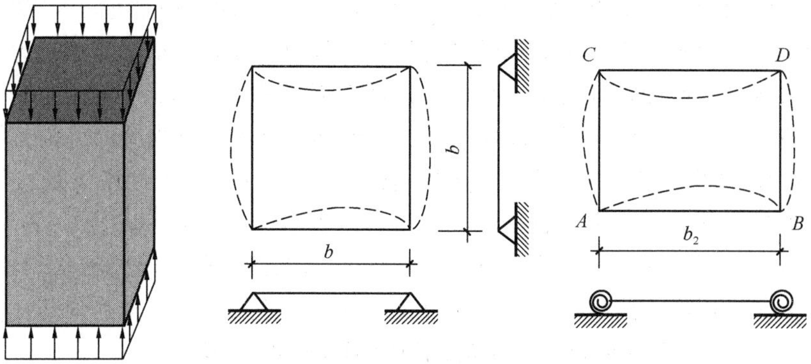

(a) 矩形截面　(b) 相同宽厚比　(c) 不同宽厚比

图 4-59　均匀受压矩形钢管截面构件的局部屈曲

此时，为了考虑由于板件间约束作用引起的板 AB 屈曲应力的提高，引入弹性嵌固系数 χ 对四边简支板的临界应力进行修正，即式（4-37）变为：

$$\sigma_{cr} 或 \tau_{cr} = \frac{\chi K \pi^2 E}{12(1-\nu^2)}\left(\frac{t}{b}\right)^2 \tag{4-39}$$

再比如，如图 4-60 所示的带卷边工字形截面轴压构件发生腹板局部失稳的同时也会带动翼缘产生局部变形。一般情况下翼缘刚度更大，因此对腹板起到约束作用，腹板的四边并不像四边简支板那样能够自由转动，其临界应力也要比四边简支板的屈曲应力高。对于工字形截面翼缘，腹板对其约束作用很小，因此弹性嵌固系数 $\chi=1.0$；而腹板由于受到翼缘的约束，$\chi>1.0$，且根据受力情况不同取值不同，例如，轴压构件中腹板的弹性嵌固系数 $\chi=1.3$；受弯构件中，当受压翼缘扭转受到约束时 $\chi=1.6$，而未受约束时 $\chi=1.23$。

关于实际板件局部稳定的设计原则和方法，将在后续章节进行详细介绍。

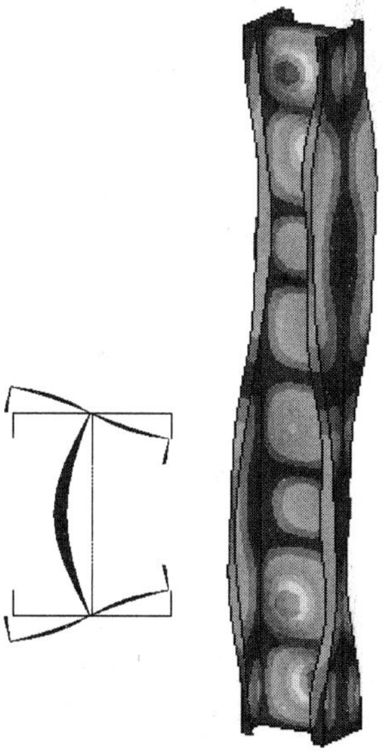

图 4-60　带卷边工字形轴压构件的局部失稳变形

2. 截面的分类

如前文所述，组成钢构件的板件（翼缘和腹板等），在只受拉力时，理论上钢材可以屈服和强化并承受非常大的塑性变形，但受压时就可能发生局部失稳。局部失稳后，构件的整体承载力将受到削弱，变形能力也受到影响。根据前述分析，局部稳定性与板件的宽厚比（或高厚比）相关，宽厚比越大则越容易屈曲。构件能够达到多大的承载力、是否能充分发挥它的塑性变形能力，都和板件的宽厚比有关。因此，在工程设计中通常将构件的截面按照板件的宽厚比（或高厚比）划分为不同等级，对应于不同的承载能力和变形能力。

我国《钢标》中给出的截面分类如表 4-3 所示，将常用工字形截面、箱形截面和圆管截面按照受力形式和板件宽厚比分为 S1～S5 五个级别。其中，板件宽厚比不超过 S1 级的截面，即使在截面形成弯矩塑性铰并发生显著的塑性转动时，板件也不会发生局部失稳，转动过程中承载力不降低，也就是说具有相当的截面承载力和塑性变形能力，因此在塑性设计中应采用此类截面，其又被称为塑性设计截面或特厚实截面。符合 S2 级截面要求的构件可形成塑性铰，但由于局部屈曲塑性铰转动能力有限，这类截面称为二级塑性截面。S4 级截面的构件当其截面边缘纤维达到屈服点时，板件不发生局部失稳，但若塑性继续发展则会发生局部变形，进而影响承载能力，此类截面称为弹性截面。而 S5 级截面的构件在边缘纤维达屈服应力前，腹板便可能发生局部屈曲，称为薄壁截面。S3 级截面中，翼缘可达到全部屈服，腹板可发展不超过 1/4 截面高度的塑性，称为弹塑性截面。

压弯和受弯构件的截面板件宽厚比等级及限值 **表 4-3**

构件	截面板件宽厚比等级		S1 级	S2 级	S3 级	S4 级	S5 级
压弯构件（框架柱）	H 形截面	翼缘 b/t	$9\varepsilon_k$	$11\varepsilon_k$	$13\varepsilon_k$	$15\varepsilon_k$	20
		腹板 h_0/t_w	$(33+13\alpha_0^{1.3})\varepsilon_k$	$(38+13\alpha_0^{1.39})\varepsilon_k$	$(40+18\alpha_0^{1.5})\varepsilon_k$	$(45+25\alpha_0^{1.66})\varepsilon_k$	250
	箱形截面	壁板（腹板）间翼缘 b_0/t	$30\varepsilon_k$	$35\varepsilon_k$	$40\varepsilon_k$	$45\varepsilon_k$	—
	圆钢管截面	径厚比 D/t	$50\varepsilon_k^2$	$70\varepsilon_k^2$	$90\varepsilon_k^2$	$100\varepsilon_k^2$	—
受弯构件（梁）	工字形截面	翼缘 b/t	$9\varepsilon_k$	$11\varepsilon_k$	$13\varepsilon_k$	$15\varepsilon_k$	20
		腹板 h_0/t_w	$65\varepsilon_k$	$72\varepsilon_k$	$93\varepsilon_k$	$124\varepsilon_k$	250
	箱形截面	壁板（腹板）间翼缘 b_0/t	$25\varepsilon_k$	$32\varepsilon_k$	$37\varepsilon_k$	$42\varepsilon_k$	—

注：1. ε_k——钢号修正系数，其值为 235 与钢材牌号中屈服点数值的比值的平方根；

b——工字形、H 形截面的翼缘外伸宽度；

t、h_0、t_w——翼缘厚度、腹板净高和腹板厚度，对轧制型截面，腹板净高不包括翼缘腹板过渡处圆弧段；对于箱形截面，b_0、t 分别为壁板间的距离和壁板厚度；

D——圆管截面处外径。

2. 箱型截面梁及单向受弯的箱形截面柱，其腹板限值可根据 H 形截面腹板采用。

3. 腹板的宽厚比可通过设置加劲肋减小。

4. 当按国家标准《建筑抗震设计规范》GB 50011—2010（2016 年版）第 9.2.14 条第 2 款的规定设计，且 S5 截面的板件宽厚比不小于 S4 级经 ε_σ 修正的板件宽厚比时，可视为 C 类截面。其中，ε_σ 为应力修正因子，$\varepsilon_\sigma=\sqrt{f_y/\sigma_{max}}$。

3. 板的屈曲后强度

如前所述，无论是受压板件还是受剪板件，当达到临界应力时都将发生面外鼓曲失稳。与轴压构件或受弯构件失稳后荷载难以增加甚至持续减小的情况不同，四边支承的较薄的板件发生失稳后往往随着面外鼓曲变形的增大，仍能继续承担更大的荷载，我们称其具有屈曲后强度。也就是说，板件的失稳并不代表其丧失承载能力，相反还具有显著的承载力增量能够利用。

为什么板件会有屈曲后强度呢？这是因为相比轴压构件，板件属于二维平面结构。如图 4-61 所示，可将一块板件离散化为纵横板条连接形成的网格结构，周边简支支承，沿着 x 方向的纵向板条承受着不断增加的外荷载压力 N_i 作用。显然，未屈曲之前结构在平面内受力，纵向板条均匀承受着纵向压力，即 $N_1=N_2=N_3$，同时横向板条中 $H_1=H_2=H_3=0$。当纵向压力达到式（4-37）的临界应力时，纵向板条发生鼓曲失稳。与单独的轴压构件不同，由于纵向板条和横向板条相互连接共同变形，纵向板条的面外挠曲受到横向板条的约束，同时横向板条也被带动产生拉力。处于板件中部的纵向板条由于其挠曲变形大，因此纵向的压缩刚度更小，相反边缘位置的纵向板条的纵向压缩刚度更大，根据荷载按照刚度分配的原则，边缘纵向板条能够承载的压力更大，如此一来外荷载压力不再是均匀分布，而是 $N_1<N_2<N_3$。随着纵向荷载的继续增大，这种不均匀分布更为明显，以至于当边缘纵向板条达到屈服应力时中部纵向板条依然处于弹性状态。

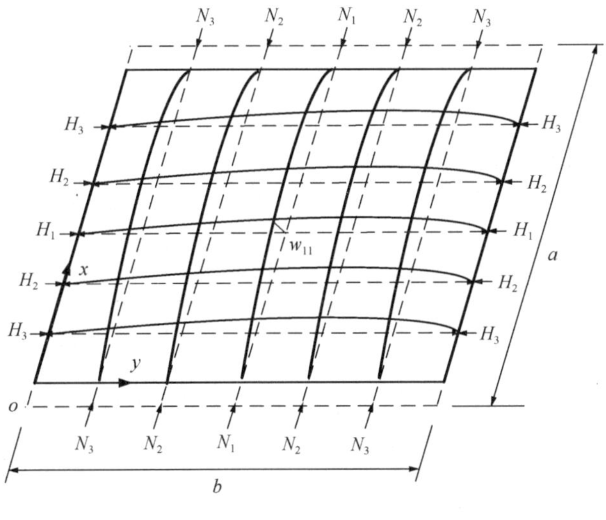

图 4-61　离散化的板件纵横板条结构

上述纵横板条的约束作用称为板的薄膜效应。基于板壳的大挠度理论，可以推导得到单向受压简支矩形板屈曲后应力分布的理论结果。板件在屈曲过程中保持矩形轮廓，即两纵边（非加载边）能在 x 方向自由移动但始终保持直线，两横边（加载边）能在 y 方向移动也保持直线，这意味着在 y 方向的面内应力 σ_y 的合力等于零，在 x 方向的面内应力 σ_x 的合力与外力相等（图 4-62），即：

$$\begin{aligned}&\text{在 } y=0,\ y=b \text{ 处：} && \int_0^a \sigma_y t\mathrm{d}x = 0\\ &\text{在 } x=0,\ x=a \text{ 处：} && \int_0^b \sigma_x t\mathrm{d}y = N_x b\end{aligned} \tag{4-40}$$

经过理论推导，板件屈曲后加载边的平均应力与跨中最大挠度 δ_{max} 之间的关系为：

$$\sigma_{xa}=\frac{N}{A}=\sigma_{xcr}+\frac{\pi^2 E\delta_{max}^2}{8b^2} \tag{4-41}$$

式中　σ_{xcr}——板件屈曲临界应力，根据式（4-37）计算。

而板的平面内 x、y 方向的应力分布规律如下：

$$\begin{aligned}\sigma_x&=\sigma_{xa}+(\sigma_{xa}-\sigma_{xcr})\cos\frac{2\pi y}{b}\\ \sigma_y&=(\sigma_{xa}-\sigma_{xcr})\cos\frac{2\pi x}{a}\end{aligned} \tag{4-42}$$

应力分布示意如图 4-62(a) 所示。从式（4-41）可以看到，由于薄膜效应的影响，板件屈曲后，应力在临界应力的基础上有明显增量 $\frac{\pi^2 E\delta_{max}^2}{8b^2}$，且该增量与最大挠度 δ_{max} 的平方呈正比。从应力分布来看，与图 4-61 的纵横板条结构类似，加载边的中部应力比边缘更小，非加载边上中部呈现拉应力，边缘为压应力。作为对比，图 4-62(b) 给出了非加载边为柔性支承时的应力分布，此时非加载边由于刚度很小，其上的应力为零，薄膜效应很弱，因此屈曲后强度不明显。

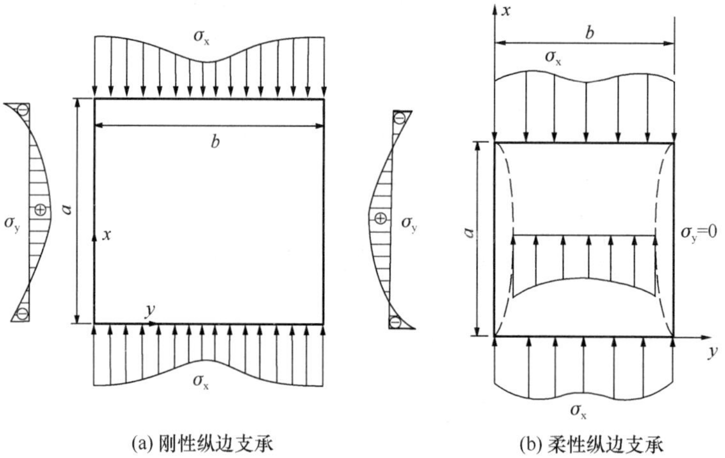

图 4-62　屈曲后板内应力分布

事实上，实际板件的平均应力不能超过材料的极限强度，即：

$$\sigma_{xa}=\sigma_{xcr}+\frac{\pi^2 E\delta_{max}^2}{8b^2}\leqslant f_u$$

也就是：

$$\frac{\pi^2 E\delta_{max}^2}{8b^2}\leqslant f_u-\sigma_{xcr}$$

从上式可以看到，宽厚比较大的板件，屈曲临界应力 σ_{xcr} 越低，则屈曲后强度可供利用的空间（$f_u-\sigma_{xcr}$）越大；反之，宽厚比小的板件，屈曲临界应力 σ_{xcr} 更大，屈曲后强度提高不明显。

4.4 钢结构的疲劳

4.4.1 疲劳破坏现象

本节所述疲劳是指高周疲劳。实际工程中常常会碰到疲劳破坏现象，这种破坏通常发生在直接承受动荷载的钢结构中，比如车辆荷载反复作用的公路或铁路钢桥、吊装荷载反复作用的吊车梁等结构，通常其正常工作时的名义应力水平并未超过材料屈服强度，但随着荷载作用循环次数的不断增大（通常超过 5×10^4 次），突然形成宏观裂纹而发生脆性断裂。注意这里的荷载循环并不是说荷载必须不间断地作用于结构上，而是指长时间内累计循环次数达到一定量值。

对于钢构件，由于加工制作和连接构造等原因，总会存在各种缺陷，成为裂纹的起源，如焊接构件的焊趾处或焊缝中的孔洞、夹渣、欠焊等位置，非焊接构件的冲孔、剪切、气割等位置，实际上构件的疲劳破坏过程总体只有裂纹缓慢扩展和最后迅速断裂两个阶段（图 4-63）。前者主要为微观裂纹在往复荷载作用下不断增加发展形成宏观裂纹，这个过程可能经历几年甚至十几年；而后者由于断面有效截面面积减小、应力集中现象越来越严重，在拉应力作用下突然发生，塑性变形极小，没有明显的破坏预兆。从构件疲劳破坏的断口也可以看到明显的裂纹扩展区和最终的强制断裂区，前者长期缓慢发展形成，表面光滑；后者为突然断裂形成，表面粗糙呈颗粒状。因此，对于承受动力荷载的结构，疲劳破坏验算和预防非常重要。

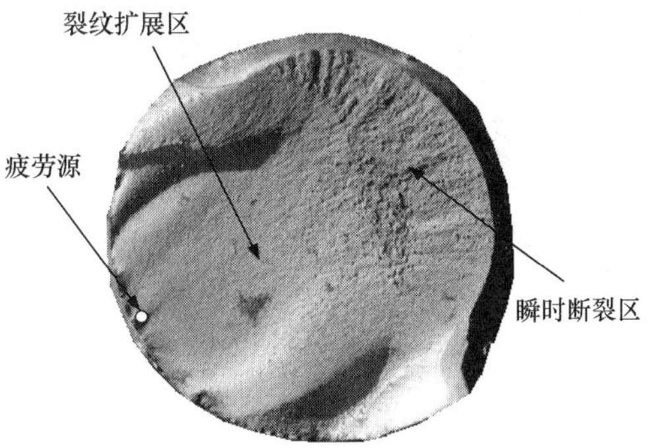

图 4-63　钢结构疲劳破坏的断裂特征

4.4.2 影响疲劳破坏的因素

构件或连接发生疲劳破坏时的最大应力称为疲劳强度。疲劳强度越高，意味着构件或连接的抗疲劳性能越好，同等应力条件下正常服役时间越长。构件或连接在外荷载反复作用下发生疲劳破坏时所经历的应力循环次数称为疲劳寿命 N。影响疲劳强度和疲劳寿命的因素很多，有内因有外因，外因作用于内因最终导致构件或连接的破坏（注：没有荷载也谈不上应力集中，应力集中只是萌生疲劳裂纹的前提条件）。

1. 构造细节——内因

钢结构的构造种类很多，对于承受拉-拉（或拉-压）循环应力的构件，不同的构造细节形式直接影响其疲劳性能。当构造细节设计不合理，或者存在连接缺陷时，构件中就会产生应力集中现象。所谓应力集中，是指结构或构件局部区域的最大应力比名义应力高的现象。应力集中是实际工程中非常普遍的现象，由于结构外形、连接构造等因素，应力流不会总是均匀地传递。通常，结构或构件在几何形状突变之处都会产生应力集中，如连接节点、构件变截面处以及开孔开洞或缺口等位置（图 4-64a），螺栓连接节点的螺栓孔、焊缝连接的焊脚或缺陷处，都是应力集中显著的地方。此外，构件在加工制作过程中材质本身存在的缺陷以及残余应力等，也是影响疲劳性能的内因。在实际工程中可以采用优化构造细节设计和加工措施来减小集中应力，如图 4-64(b)在板件的连接处常采用平缓过渡坡的构造来使传力更为均匀。对于焊缝，除控制焊接质量外，可以采用退火、喷丸、振动时效等方式来降低残余拉应力峰值，以及打磨焊缝等方式来减小集中应力，提高疲劳性能。

此外，研究表明钢结构所用钢材的静力强度（钢材等级）对钢结构的疲劳性能无显著影响，这是容易理解的，因为疲劳破坏前构件或连接中的应力水平不高，通常处于弹性范围，因此疲劳起控制作用时，采用高强度钢材不能发挥作用。

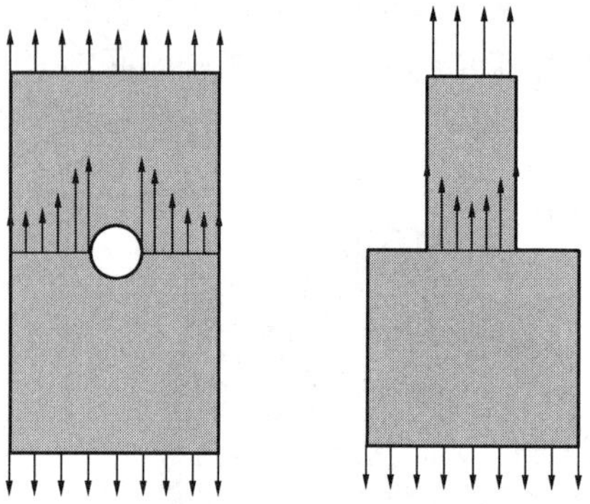
(a) 应力集中现象

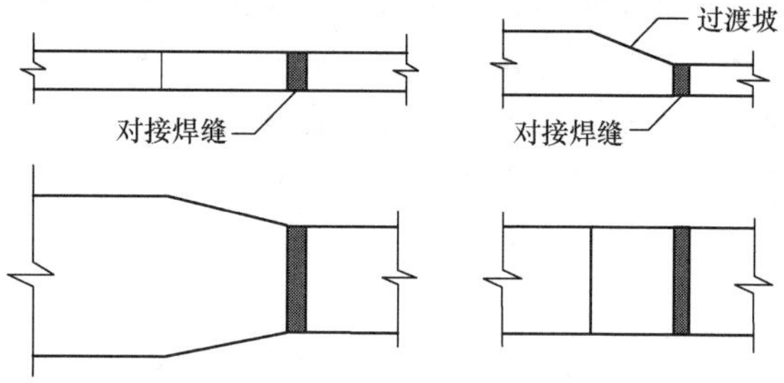

(b) 连接节点中的平滑过渡

图 4-64　应力集中及构造措施

2. 循环作用的应力——外因

除上述构造细节本身的因素外，疲劳强度还与应力循环种类、循环特征及循环次数密切相关。

（1）应力循环种类

疲劳破坏的本质是应力集中导致萌生微裂纹并不断扩展从而发生破坏。只有存在拉应力时才会萌生微裂纹，如果构件或连接中只有循环作用的压应力，则不会发生疲劳断裂。因此，不出现拉应力的钢构件一般无需考虑疲劳问题（注：混凝土构件在循环压应力作用下会发生疲劳破坏）。换句话说，拉-拉（或拉-压）应力的循环加载是疲劳破坏的必要条件。但这里需要注意的是，对于焊接结构，由于焊缝位置的残余拉应力比较大，即便外荷载不产生名义拉应力，实际结构中叠加残余应力后的真实应力仍可能存在拉应力，仍旧会疲劳破坏，只是裂纹扩展的速度比较缓慢。因此，《钢标》中规定，对于非焊接的构件或连接，其应力循环中不出现拉应力的部位可不计算疲劳强度。

（2）应力循环特征

应力循环特征常用应力比 ρ 和应力幅 $\Delta\sigma$ 表示。应力比 $\rho=\sigma_{min}/\sigma_{max}$，此处 σ_{min} 为应力循环中的绝对值最小峰值应力；σ_{max} 为绝对值最大峰值应力，并且取拉应力为正，压应力为负。如图 4-65 所示，对于完全对称循环，$\sigma_{min}=-\sigma_{max}$，则 $\rho=-1$；对于静力加载，$\sigma_{min}=\sigma_{max}$，则 $\rho=+1$；对于以拉为主的应力循环，$\sigma_{max}>0$。

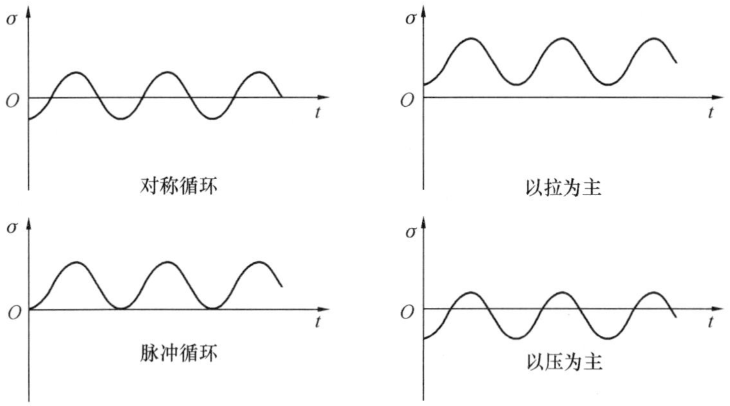

图 4-65　几种典型的应力循环

应力幅 $\Delta\sigma=(\sigma_{max}-\sigma_{min})$ 代表了外力作用下名义应力变化的幅度，此处 σ_{max}、σ_{min} 分别为应力最大和最小代数值，同样拉应力为正，压应力为负。需要注意的是，名义应力指的是根据外力和截面积或截面模量计算得到的截面理论应力，而不是考虑应力集中、残余应力等因素的实际应力。例如，承受荷载 N、截面面积为 A 的轴心受力构件，其名义应力为 N/A，尽管实际中可能由于应力集中和残余应力等原因导致截面最大应力要大于 N/A。

试验研究发现，焊缝连接或焊接构件的疲劳强度或疲劳寿命直接与应力幅 $\Delta\sigma$ 有关，而与应力比 ρ 及最大应力 σ_{max} 或最小应力 σ_{min} 关系不大。换句话说，在保持其他参数不变的情况下，增大应力幅 $\Delta\sigma$，焊接构件或连接的疲劳寿命将减小。这个现象可以用图 4-66 的焊接截面残余应力分布和应力循环变化来解释。由于存在焊接残余应力，焊缝及其附近主体金属处的残余拉应力通常高达钢材的屈服强度 f_y，此部位是疲劳裂纹萌生和发展最敏感的区域。对此部位的疲劳应力进行分析，以焊接工字形构件（截面面积为 A）为例，当承受纵向拉压循环荷载 N 时，图 4-66 中的名义应力为按照 $\sigma=N/A$ 计算的应力，而实际的真实应力应叠加初始残余应力。当开始承受拉力时，因焊缝附近的残余拉应力已达到屈服强度 f_y，实际拉应力不再增加，保持 $\sigma_{max}=f_y$ 不变；当名义循环应力减小到最小值 σ_{min} 时，焊缝附近的实际应力降至 $f_y-(\sigma_{max}-\sigma_{min})=f_y-\Delta\sigma$。可以看到，对于焊接结构，不管循环荷载下的名义应力比 ρ 为何值，只要名义应力幅 $\Delta\sigma$ 相同，那么构件或连接的真实应力变化情况就相同，对构件疲劳性能的实际作用效果就相同。因此说，应力幅 $\Delta\sigma$ 是控制焊接构件和连接疲劳破坏强度及疲劳寿命的最关键的变量。

但是，对于非焊接结构情况有所不同，由于初始残余拉应力影响较小，其疲劳计算与最大应力 σ_{max} 和应力比 ρ 直接相关，更符合应力比准则。

4.4.3　常幅疲劳破坏的计算方法

应力幅在整个应力循环过程中保持常量的循环称为常幅应力循环。对于焊接结构，进行不同的构件和连接的常幅循环应力试验，可以得到如图 4-67 所示的 $\Delta\sigma$-N 曲线（疲劳曲线，也称为 S-N 曲线）。图中每一个点对应一次疲劳试验的结果。以点（N_1，$\Delta\sigma_1$）为例，它表示这个构件或连接在应力幅 $\Delta\sigma_1$ 的作用下循环 N_1 次后发生疲劳破坏，N_1 即为疲劳寿命。通过变化应力幅进行多组试验便可以得到其他试验点(N_2，$\Delta\sigma_2$)、(N_3，$\Delta\sigma_3$)……

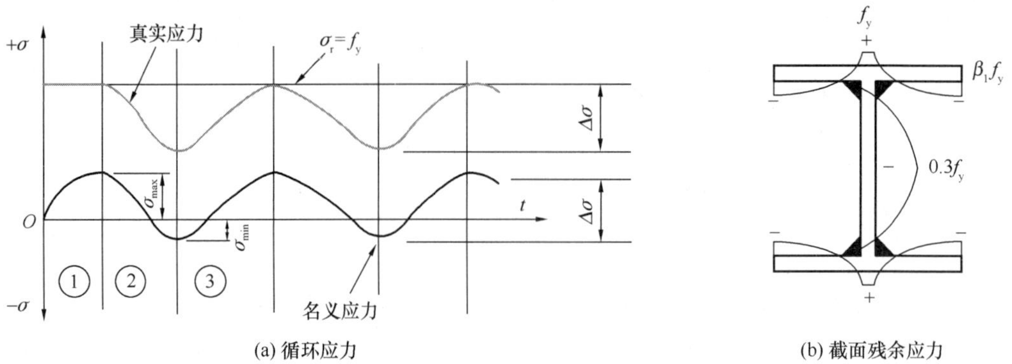

(a) 循环应力　　(b) 截面残余应力

图 4-66　焊缝处的应力变化

对这些点进行拟合便得到这类构件或连接的疲劳曲线。

可以看到，如果构件或连接承受的应力幅越大，则疲劳寿命 N 越小；反之，要想构件或连接的服役时间长，则应该限制其应力幅大小。此外，当应力幅小到一定程度，不管循环多少次都不会产生疲劳破坏（即疲劳寿命 N 可达无穷大），这个应力幅称为疲劳强度极限，也称疲劳截止限，如图 4-67 中的 $\Delta\sigma_b$；同理，当构件或连接在服役期内不需要进行太多次的应力循环时，其应力幅可以很大，甚至不需要进行疲劳验算。因此，《钢标》规定，承受动力荷载重复作用的钢结构构件（如吊车梁、工作平台梁等）及其连接，当应力循环次数 $n \geqslant 5\times10^4$ 次时，才应进行疲劳计算。

根据上述疲劳曲线，可以得到应力幅准则下焊接构件或连接的疲劳验算公式为：

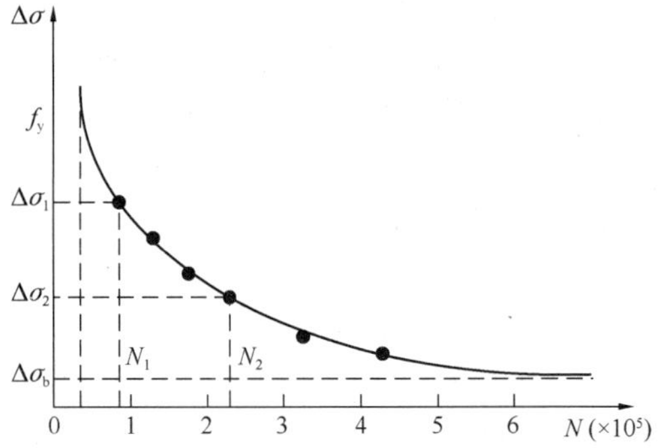

图 4-67　疲劳曲线

$$\Delta\sigma \leqslant [\Delta\sigma] = \left(\frac{C}{n}\right)^{\frac{1}{\beta}} \tag{4-43}$$

式中　C、β——与构件和连接类型有关的系数，体现出不同构造细节下应力集中的影响，由试验获得。

只要确定了系数 C 和 β，就可根据设计基准期内预期的疲劳寿命 N 确定容许应力幅 $[\Delta\sigma]$，或根据设计应力幅 $\Delta\sigma$ 预估疲劳寿命 N。

由于不同构件和连接形式下试验得到的 C、β 不尽相同，为了设计方便，《钢标》按应力集中的影响程度由低到高将构件或连接分为若干类。正应力下为 14 类即 Z1～Z14，剪应力下比如受剪的角焊缝、受剪的螺栓、栓钉等，分为 3 类即 J1～J3。正应力下的 14 类中，编号越大表示应力集中严重程度越高，疲劳性能越差。例如，当对接焊缝连接的两钢板厚度不同时，如果采用图 4-64(b) 的过渡坡缓解应力集中并经过磨平，则属于 Z2 类，但若没有过渡坡直接焊接，则下降为 Z8 类。此外，角焊缝连接的母材一般疲劳强度较低，通过端板采用角焊缝拼接的矩形管母材属于最低类 Z14，可见正面角焊缝传力时应力集中十分严重。C、β 取值及构件和连接分类见附录 D。

需要注意的是，式（4-43）是基于应力幅准则建立的疲劳强度验算方法，即应力幅 $\Delta\sigma$ 为影响疲劳性能的主要因素，这对于焊接结构是适用的。对于非焊接结构，适用于应力比准则，即最大应力 σ_{max} 应满足如下条件：

$$\sigma_{max} \leqslant [\Delta\sigma]/(1-K\rho)$$

式中 K——小于 1.0 的系数。

将上式变形得到：

$$\sigma_{max} - K\sigma_{min} \leqslant [\Delta\sigma] \tag{4-44}$$

此式与式（4-43）形式类似，因此为了方便和统一，《钢标》规定对非焊接结构也采用式（4-43）进行疲劳计算，只是左端 $\Delta\sigma$ 取为 $\sigma_{max}-0.7\sigma_{min}$。

具体设计时，《钢标》给出了正应力下和剪应力下的疲劳强度 S-N 曲线。图 4-68 为关于正应力幅的疲劳强度曲线，有几个特点：第一，随着类别次序的增大，疲劳曲线不断降低，表明疲劳性能下降；第二，任意一条曲线均由三段组成，最右一段为水平线，给出了疲劳截止限。对应于以上曲线，《钢标》中分两步验算常幅疲劳破坏：（1）首先，当结构所受的应力幅较低时，可根据疲劳截止限快速地验算疲劳强度，这是由于如前文所述，大量试验表明，低于疲劳截止限的应力幅一般不会导致疲劳破坏；（2）当应力幅超出疲劳截止限时，说明存在疲劳破坏的可能，此时需要按照结构的预期使用寿命，根据 $\Delta\sigma$-N 曲线对应的公式进行疲劳强度验算。

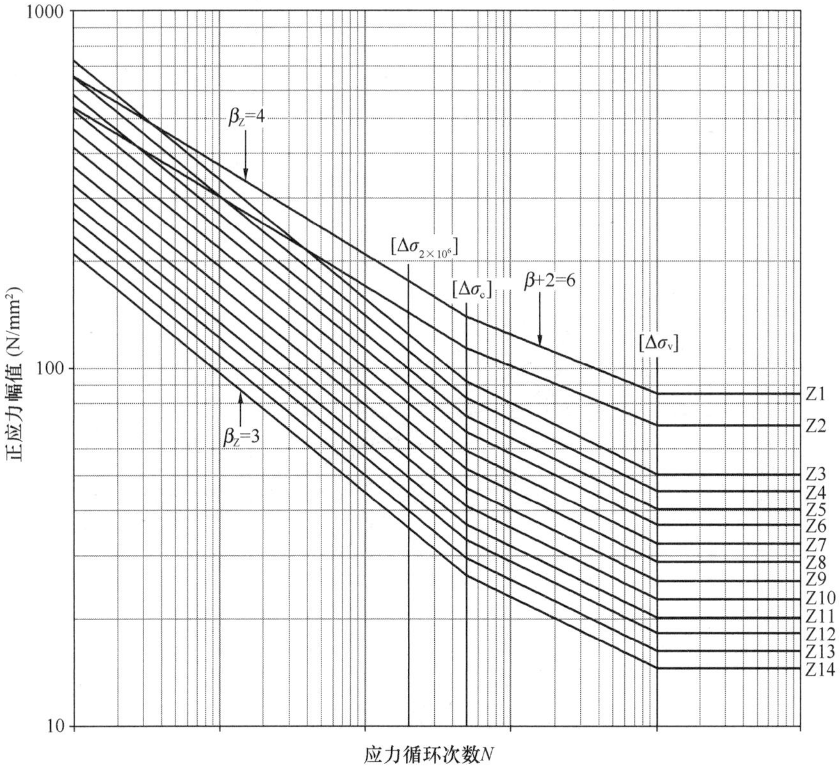

图 4-68 关于正应力幅的疲劳强度 S-N 曲线

4.4.4 变幅疲劳破坏的计算方法

若应力幅是随时间变化的，则称为变幅应力循环。大部分结构实际所承受的循环应力不是常幅的，而是变幅随机的，如桥梁、吊车梁等。对于吊车梁，吊车并不是每次都是满载运行，吊车的位置也在不断地变化，因此每次吊装时其应力幅水平都不尽相同。变幅疲劳破坏受力十分复杂，一个实用的验算方法是，若能预测结构在使用寿命期间的各种荷载的频率分布、应力幅水平以及频次分布总和所构成的设计应力谱，那么可以按照线性累积损伤准则，找到一个等效的应力幅 $\Delta\sigma_e$，用来代替常幅疲劳验算公式中的 $\Delta\sigma$，从而将变幅疲劳等效为常幅疲劳进行验算：

$$\sum \frac{n_i}{N_i} = \frac{n_1}{N_1} + \frac{n_2}{N_2} + \cdots + \frac{n_m}{N_m} = 1 \tag{4-45}$$

式中 n_i——应力幅 $\Delta\sigma_i$ 作用的循环次数；

N_i——对应的应力幅为 $\Delta\sigma_i$ 的常幅应力循环的疲劳寿命。

式（4-45）的意义是，应力幅 $\Delta\sigma_i$ 循环作用 n_i 次，就会对结构产生 n_i/N_i 的损伤度，当损伤度累计达到 1 时意味着构件或连接发生疲劳破坏。

结合式（4-43），由式（4-45）可得变幅疲劳的等效应力幅 $\Delta\sigma_e$：

$$\Delta\sigma_e = \left[\frac{\sum\limits_i n_i\,(\Delta\sigma_i)^\beta}{\sum\limits_j n_j}\right]^{1/\beta} \tag{4-46}$$

这样，变幅疲劳计算就可以用等效应力幅 $\Delta\sigma_e$，按等幅疲劳进行计算。

以上介绍的均为正应力幅下的疲劳计算。对于受剪的角焊缝、焊接栓钉等，需要验算其在剪应力幅作用下的疲劳强度。如图 4-69 所示，与正应力幅下类似，剪应力下的 S-N

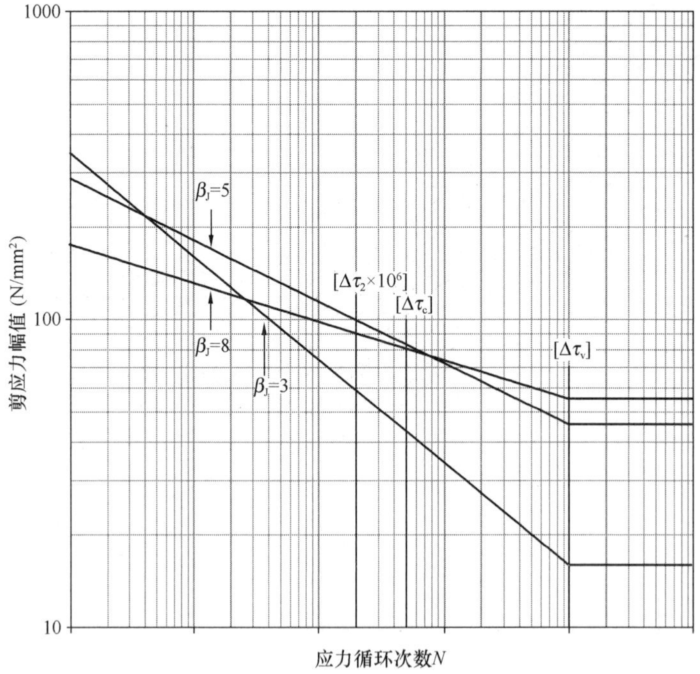

图 4-69 关于剪应力幅的疲劳强度 S-N 曲线

曲线同样以斜率β延伸至疲劳截止限。

4.4.5 《钢标》中的疲劳计算

按照图 4-68 和图 4-69 的疲劳曲线，《钢标》分段给出了在正应力幅或剪应力幅作用下构件及节点和连接的疲劳计算公式。

1）在结构设计使用年限内，当常幅疲劳或变幅疲劳的最大应力幅符合下列公式时，疲劳强度满足要求（快速验算）。

（1）正应力幅的疲劳计算：

$$\Delta\sigma < \gamma_t [\Delta\sigma_L]_{1\times10^8}$$

对焊接部位：

$$\Delta\sigma = \sigma_{max} - \sigma_{min}$$

对非焊接部位：

$$\Delta\sigma = \sigma_{max} - 0.7\sigma_{min}$$

（2）剪应力幅的疲劳计算：

$$\Delta\tau < \gamma_t [\Delta\tau_L]_{1\times10^8}$$

对焊接部位：

$$\Delta\tau = \tau_{max} - \tau_{min}$$

对非焊接部位：

$$\Delta\tau = \tau_{max} - 0.7\tau_{min}$$

式中 $\Delta\sigma$——构件或连接计算部位的正应力幅（N/mm^2）；

σ_{max}——计算部位应力循环中的最大拉应力（取正值）（N/mm^2）；

σ_{min}——计算部位应力循环中的最小拉应力或压应力（N/mm^2），拉应力取正值，压应力取负值；

$\Delta\tau$——构件或连接计算部位的剪应力幅（N/mm^2）；

τ_{max}——计算部位应力循环中的最大剪应力（N/mm^2）；

τ_{min}——计算部位应力循环中的最小剪应力（N/mm^2）；

$[\Delta\sigma_L]_{1\times10^8}$——正应力幅的疲劳截止限，根据本教材附录 D 规定的构件和连接类别按对应表格采用（N/mm^2）；

$[\Delta\tau_L]_{1\times10^8}$——剪应力幅的疲劳截止限，根据本教材附录 D 规定的构件和连接类别按对应表格采用（N/mm^2）；

γ_t——考虑板厚或螺栓直径的修正系数，通常取 1.0，具体情况下具体参照《钢标》计算。

2）当最大应力不符合 1）中要求时，按下列规定进行。

（1）正应力幅的疲劳计算按下列公式计算：

$$\Delta\sigma \leqslant \gamma_t[\Delta\sigma]$$

当 $n\leqslant5\times10^6$ 时：

$$[\Delta\sigma] = \left(\frac{C_Z}{n}\right)^{1/\beta_Z}$$

当 $5\times10^6<n\leqslant1\times10^8$ 时：

$$[\Delta\sigma] = \left[([\Delta\sigma]_{5\times10^6}) \frac{C_Z}{n} \right]^{1/(\beta_Z+2)}$$

当 $n>1\times10^8$ 时：

$$[\Delta\sigma] = [\Delta\sigma_L]_{1\times10^8}$$

（2）剪应力幅的疲劳计算按下列公式计算：

$$\Delta\tau \leqslant \gamma_t[\Delta\tau]$$

当 $n\leqslant1\times10^8$ 时：

$$[\Delta\tau] = \left(\frac{C_J}{n}\right)^{1/\beta_J}$$

当 $n>1\times10^8$ 时：

$$[\Delta\tau] = [\Delta\tau_L]_{1\times10^8}$$

式中 $[\Delta\sigma]$——常幅疲劳的容许应力幅（N/mm^2）；

n——应力循环次数；

C_Z、β_Z——构件和连接的相关参数，根据附录 D 规定的构件和连接类别按对应表格采用；

$[\Delta\sigma]_{5\times10^6}$——循环次数 n 为 5×10^6 次的容许正应力幅（N/mm^2），根据《钢标》附录 K 规定的构件和连接类别按对应表格采用；

$[\Delta\tau]$——常幅疲劳的容许剪应力幅（N/mm^2）；

C_J、β_J——构件和连接的相关参数，根据附录 D 规定的构件和连接类别按对应表格采用。

4.4.6 铁路桥梁钢结构中的疲劳计算

《铁路桥梁钢结构设计规范》TB 10091—2017 规定：凡承受动荷载重复作用的结构构件或连接应进行疲劳检算。当疲劳应力均为压应力时，可不检算疲劳。疲劳计算采用的也是容许应力幅的表达式。根据不同构件和连接的形式，《桥规》给出了 14 类疲劳容许应力幅（附录 K）。第 1 类是非连接部位母材的疲劳计算；第 2～13 类则是有不同程度应力集中的构件和连接处，例如焊接部件中有很大的焊接残余应力，非焊接构件如栓接接头有应力集中等，都会降低疲劳强度；第 14 类是 U 肋与横梁腹板的焊接，以及拉索锚固处锚压板与竖板的焊缝端部的疲劳计算，这些部位应力集中及缺陷一般十分显著。

1. 焊接构件及连接

（1）疲劳应力为拉-拉构件或以拉为主的拉-压构件，即 $\rho=\sigma_{min}/\sigma_{max}\geqslant-1$。

$$\gamma_d\gamma_n(\sigma_{max}-\sigma_{min}) \leqslant \gamma_t[\sigma_0] \tag{4-47}$$

式中 σ_{max}、σ_{min}——最大、最小应力，拉为正，压为负；

γ_d——多线桥的多线系数，考虑了多线列车同时作用的影响（$\gamma_d\geqslant1.0$），如附表 K-3、附表 K-4 所示；

γ_n——以受拉为主的构件的损伤修正系数（$\gamma_n\geqslant1.0$），根据客货共线铁路、高速铁路、城际铁路、重载铁路等类别而取值有所不同，如附表 K-5～附表 K-8 所示；

γ_t——板厚修正系数，当板厚 $t \leqslant 25mm$，$\gamma_t = 1$；当 $t > 25mm$，$\gamma_t = (25/t)^{1/4}$；当构造细节为横隔板作为主板附连件焊接构造时，$\gamma_t = 1$；引入板厚修正系数，是因为厚板和薄板比较，厚板的材质及焊接、制造工艺有许多比较难保证的因素，对疲劳强度将产生不利的影响；

$[\sigma_0]$——疲劳容许应力幅，如附表 K-1 所示。

需要注意的是，随着焊接技术的进步，近年铁路钢桥大量采用了焊接整体节点新技术。焊接整体节点一方面大大降低了现场制作难度，提高了精度，节约了工期和材料，但另一方面不可避免地会提高节点刚度，使杆件在节点附近的弯曲次应力加大（大于或等于15%）。这时在验算疲劳应力时，弯曲次应力不能忽略。因此，《桥规》规定当构件同时承受轴向应力与弯曲次应力时，应将截面所承受的角点应力分解为轴向应力 σ_N 和弯曲次应力 σ_W，并根据最不利叠加折算成轴向疲劳应力 $\sigma_{N+W}=\sigma_N+0.65\sigma_W$，作为最大应力 σ_{max} 或最小应力 σ_{min} 带入式（4-47）进行验算。

（2）疲劳应力以压为主的拉-压构件，即 $\rho = \sigma_{min}/\sigma_{max} < -1$。

$$\gamma_d \gamma'_n \sigma_{max} \leqslant \gamma_t \gamma_p [\sigma_0] \tag{4-48}$$

式中　γ'_n——损伤修正系数（$\gamma'_n \leqslant 1.0$），如附表 K-5～附表 K-8 所示；

γ_p——应力比修正系数（$\gamma_p \leqslant 1.0$），如附表 K-8 所示。

2. 非焊接构件及连接

（1）疲劳应力为拉-拉的构件，即 $\rho = \dfrac{\sigma_{min}}{\sigma_{max}} \geqslant 0$，采用式（4-47）进行疲劳检算。

（2）疲劳应力为拉-压的构件，即 $\rho = \dfrac{\sigma_{min}}{\sigma_{max}} < 0$，采用式（4-48）进行疲劳检算。

【例题 4-1】 跨度 70m 的客货共用单线铁路下承式栓焊简支钢桁梁桥的轮廓尺寸如图 4-70所示，计算跨度 $L=70m$。试按《桥规》对主桁下弦杆 $E_4E'_4$ 进行疲劳验算。杆件 $E_4E'_4$ 的截面形式为焊接工字形，截面尺寸为：腹板 412mm×24mm，翼缘 460mm×24mm，弦杆每侧有 4 排高强度螺栓，孔径为 23mm，双面拼接；其计算轴力 $N_{min}=1147kN$，$N_{max}=4468kN$。

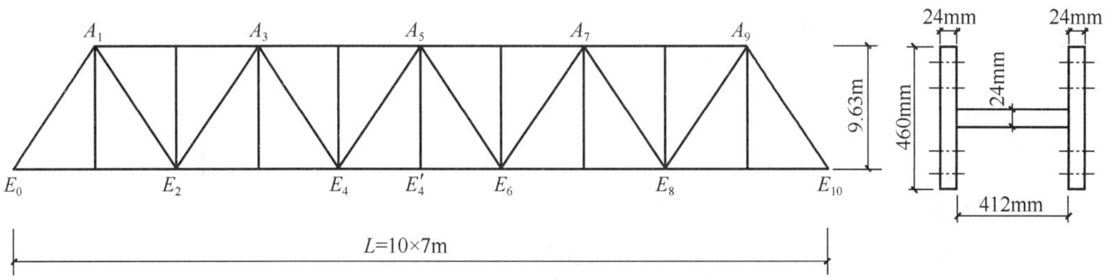

图 4-70　钢桁梁桥结构尺寸

解：

下弦杆 $E_4E'_4$ 为拉-拉构件，按《桥规》采用下式进行疲劳验算：

$$\gamma_d \gamma_n (\sigma_{max} - \sigma_{min}) \leqslant \gamma_t [\sigma_0]$$

查附录 K，对于单线桥，多线系数 $\gamma_d = 1.0$；跨度 $L>20m$ 的客货共用铁路的损伤修正系数 $\gamma_n = 1.0$；板厚 $t \leqslant 25mm$，则板厚修正系数 $\gamma_t = 1.0$。

根据附表 K-2，直接拼接断面超过总断面积 60％的双面拼接对称接头，且第一排螺栓无滑移，属于Ⅵ类连接，疲劳容许应力幅 $[\sigma_0]=109.6\text{N/mm}^2$，并检算栓接毛截面处的应力。

$E_4E'_4$ 杆件的毛截面面积：

$$A=(412+460\times 2)\times 24=31{,}968\text{mm}^2$$

则截面应力：

$$\sigma_{\min}=\frac{N_{\min}}{A}=\frac{1147\times 1000}{31{,}968}=35.9\text{N/mm}^2$$

$$\sigma_{\max}=\frac{N_{\max}}{A}=\frac{4468\times 1000}{31{,}968}=139.8\text{N/mm}^2$$

故：$\gamma_d\gamma_n(\sigma_{\max}-\sigma_{\min})=1.0\times 1.0\times(139.8-35.9)=103.9\text{N/mm}^2\leqslant\gamma_t[\sigma_0]=1.0\times 109.6\text{N/mm}^2$，验算通过。

习　题

1. 确定实际压杆稳定承载力的方法有哪些？现行《钢结构设计标准》GB 50017—2017 中的柱子曲线是采用哪个方法得到的？

2. 轴心受压构件整体屈曲失稳形式有哪些？

3. 有四根轴心受压柱，截面尺寸和边界条件均相同，但长度不同。在轴力 N 作用下得到如图 4-71 所示的四条曲线，其中钢柱为理想弹塑性材料，N_y 为截面的屈服承载力。请解释曲线表示的现象。

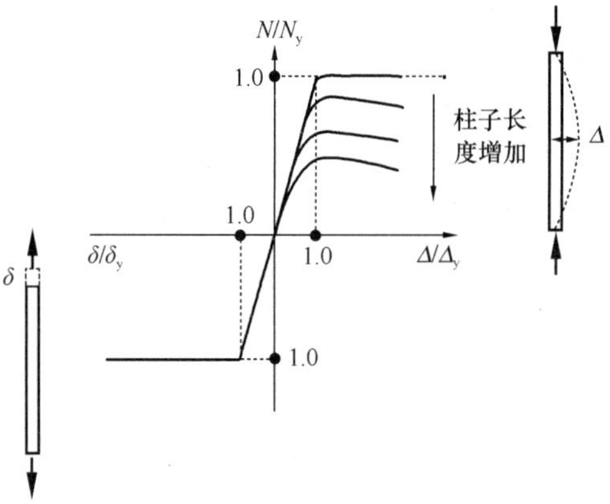

图 4-71　习题 3 图

4. 对于变幅疲劳问题，《钢标》是如何验算钢结构疲劳强度的？

5. 钢材的疲劳破坏属于何种破坏形式？破坏断面有何特征？

6. 影响钢材疲劳强度的因素主要有哪些？

7. 钢材发生疲劳破坏的条件有哪些？

第 5 章　轴心受力构件

【本章知识点】

本章主要介绍轴心受力构件的截面形式和受力性能，轴心受力构件的强度、刚度以及压杆的整体稳定和局部稳定计算，轴心受拉构件、实腹式轴心受压构件和格构式轴心受压构件的设计计算方法。

【重点】

实腹式轴心受压构件和格构式轴心受压构件的整体稳定性原理和设计计算。

【难点】

实腹式和格构式轴心压杆的设计。

轴心受力构件是钢结构中最简单和常用的基本构件形式，其受力特征是在一阶分析下截面只有轴力而无弯矩作用（或由于初偏心、初弯曲等产生的弯矩，但量值很小）。轴心受力构件通常分为受拉构件和受压构件，在设计中前者需考虑强度和刚度问题，而对于后者稳定问题尤为重要。

本章将对实腹式轴心受力构件和格构式受压构件的强度、刚度、稳定性计算和设计方法进行介绍。

5.1　轴心受力构件的类型及常用截面

轴心受力构件是钢结构中的常见构件，广泛应用于桁架钢桥、站房和雨篷网架结构、塔架、悬索结构、支撑等，如图 5-1 所示。这类结构中，杆件常可视为铰接连接，无节间荷载作用时只受轴向力的作用。

轴心受力构件的截面通常分为型钢截面和焊接组合截面两大类（图 5-2）。其中，型钢截面包括热轧型钢和冷弯型钢两种，截面形式有普通工字钢、H 型钢、T 型钢、槽钢、角钢、圆钢管、圆钢和方钢管等，只需经过少量加工即可使用，制作省时省工。相比热轧型钢，冷弯型钢由于是采用冷弯设备将钢板加工而成，一般较薄（小于或等于 6mm），当然随着设备加工能力的提升，如今更厚的板件也能做成冷弯型钢构件。组合截面是由型钢或钢板焊接或栓接组合而成，可根据受力的大小设计成各种所需形状和尺寸，包括实腹式组合截面和格构式组合截面两种，后者由两个或多个分肢通过缀板或缀条连接组成，缀板和缀条统称为缀材。格构式组合截面在用料相同的情况下比实腹式组合截面的惯性矩大，且容易实现两主轴方向的等稳定性，提高构件的刚度，节约用钢，但制作和连接复杂费工。

轴心受力构件的设计应满足两种极限状态的要求，即承载能力极限状态和正常使用极限状态。前者要求轴心受力构件不发生静力强度、疲劳强度及失稳等破坏，后者需要保证

(a) 网架结构

(b) 连续钢桁架结构

(c) 站台雨篷钢结构

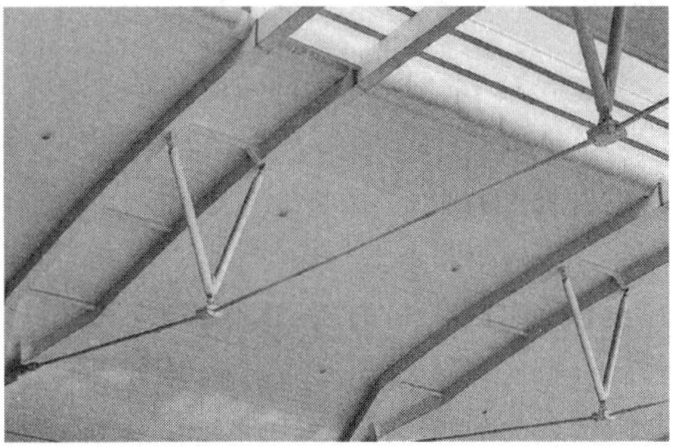

(d) 张弦结构

图 5-1　轴心受力构件的工程应用

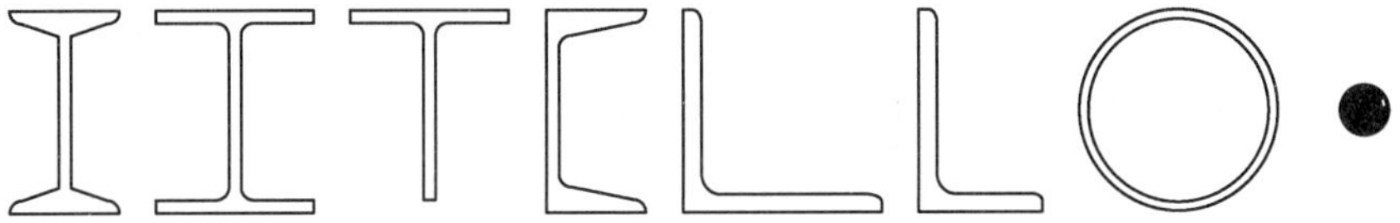

(a) 型钢截面

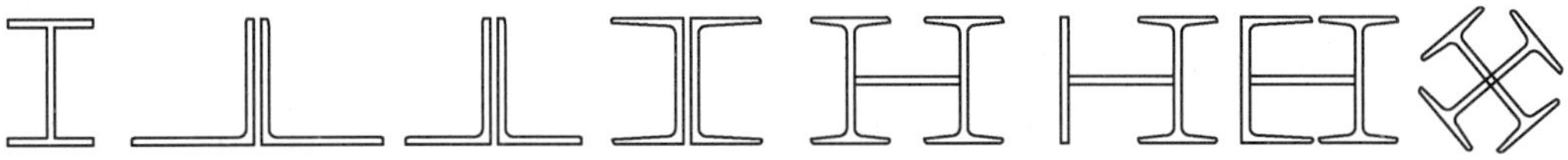

(b) 实腹式组合截面

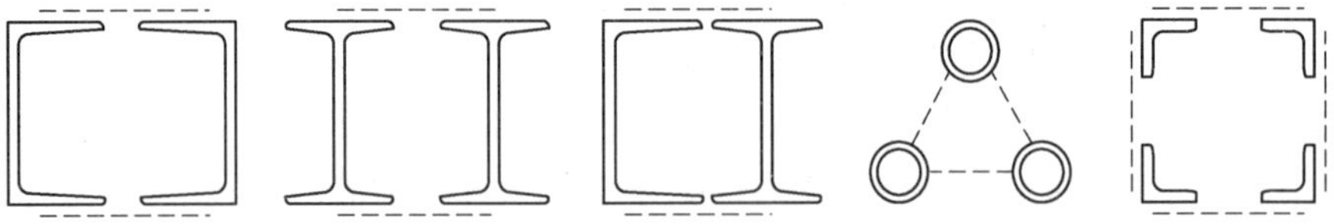

(c) 格构式组合截面

图 5-2　轴心受力构件的截面形式

构件在正常服役期间变形或振动不能过大。本章将详细介绍轴心受力构件的强度、刚度及稳定设计方法。根据第 4 章的钢结构稳定规律，只有受压构件才会有稳定问题，轴心受拉构件不会发生失稳，因此在设计中只需关注其强度和刚度验算。

5.2　轴心受力构件的强度

1. 无截面削弱的拉杆（无孔拉杆）

轴心受拉构件强度计算一般分为无孔拉杆和有孔拉杆（比如开螺栓孔）两种。对于截面无削弱的无孔拉杆，当拉应力达到材料的屈服强度 f_y 时，由于钢材具有强化段，杆件仍能继续承担增大的荷载，直至全截面拉应力达到材料的抗拉强度 f_u，杆件才被拉断。然而实际上，当拉应力超过屈服强度 f_y 后，尽管构件还能继续承载，但由于塑性变形伸长量已很大，已不能继续使用。因此，实际设计中以拉应力不大于屈服强度作为计算准则（毛截面屈服准则），即：

$$\sigma=\frac{N}{A}\leqslant\frac{f_y}{\gamma_R}=f \tag{5-1}$$

式中　N——轴心拉力设计值；

A——杆件的毛截面面积；

f_y——钢材的屈服强度；

f——钢材的强度设计值，如附表 A-1 所示；

γ_R——钢材的抗力分项系数。

2. 有截面削弱的拉杆（有孔拉杆）

对于有孔拉杆，例如采用螺栓连接的杆件，其开孔处的截面称为净截面，而其他截面称为毛截面。承受拉力后，截面开孔等削弱部位会产生应力集中，在弹性阶段孔壁边缘的最大应力比其余地方大很多，但一旦材料屈服后，便发生应力重分布，最终破坏时截面上应力趋于均匀分布。

有孔拉杆可能的强度破坏形式有两种：

（1）当构件上的开孔仅局限于较小长度内时，削弱截面的范围较小，例如只是端部用螺栓或铆钉连接，开孔截面屈服后变形对整个构件的伸长量影响不大，还可继续承载直至开孔截面应力达到材料抗拉强度而断裂。因此，构件强度计算时，要么是局部削弱截面处拉应力达到材料抗拉强度（净截面断裂准则），要么是前述毛截面受拉屈服引起整个构件伸长量过大不能使用（毛截面屈服准则），即取以下两式的不利情况进行计算：

净截面处：

$$\sigma=\frac{N}{A_n}\leqslant 0.7f_u \tag{5-2}$$

毛截面处：

$$\sigma=\frac{N}{A}\leqslant f \tag{5-3}$$

（2）当构件沿全长都有排列较密的螺栓时，削弱截面的范围较大，净截面应力达到屈服强度后构件的变形已经很大，因此为了限制变形，其强度公式按净截面屈服准则为：

$$\sigma=\frac{N}{A_n}\leqslant f \tag{5-4}$$

式中　N——轴心拉力设计值；

A_n——杆件的净截面面积；

f_u——钢材的抗拉强度，如附表 A-1 所示。

3. 轴心压杆

《钢标》规定，当轴压构件截面无削弱，或有孔洞但有螺栓或铆钉压实时，按毛截面屈服验算构件强度，即与式（5-1）相同。当构件截面有孔洞削弱且孔洞没有螺栓或铆钉时，按净截面验算强度，即采用式（5-2）。

值得注意的是，轴压构件只有当截面局部开孔削弱时才可能出现强度破坏，否则通常都发生失稳破坏，只需进行稳定验算。

铁路钢桥结构中，一般情况下轴心受力构件仅在端部连接处有开孔削弱，因此对于受拉构件的验算，其净截面处的计算应力不应超过容许应力：

净截面处：
$$\sigma = \frac{N}{A_n} \leqslant [\sigma] \tag{5-5}$$

式中 N——计算轴向力；

A_n——构件净截面面积；

$[\sigma]$——轴向容许应力，对于 Q235q 钢为 135N/mm²，Q345q 钢为 200N/mm²，具体见附表 I-1（《桥规》表 3.2.1）。

对于铁路钢桥中的受压构件，铆接连接时钉孔由铆钉杆填实，能传递压力；高强度螺栓连接时，螺栓预拉力导致钢材侧面产生强大的压力，使栓孔断面处的局部屈服强度有所提高。因此，可按照毛截面面积验算截面强度。事实上，当不考虑截面削弱时，压杆首先发生失稳破坏，无需进行强度验算。

此外，《钢标》规定，对于轴心受力构件，当其组成板件在节点或拼接处并非全部直接传力时，如表 5-1 所示，应将危险截面的面积乘以有效截面系数 η 进行折减。

轴心受力构件节点或拼接处危险截面有效截面系数 **表 5-1**

构件截面形式	连接形式	η	图例
角钢	单边连接	0.85	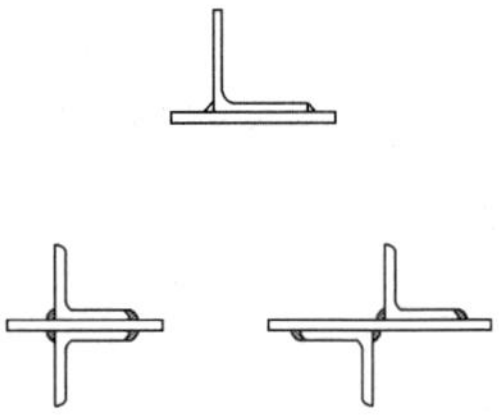
工字形、H形	翼缘连接	0.90	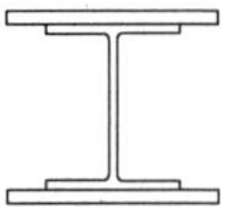
	腹板连接	0.70	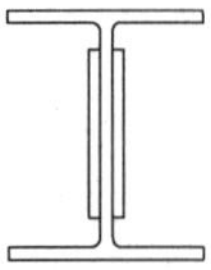

5.3　轴心受力构件的刚度

轴心受力构件在满足强度条件的同时，还应具有足够的刚度，以满足正常使用的要求。这是由于刚度与变形直接相关，若构件的刚度较小，在运输和安装过程中可能产生过大变形，或在实际正常使用中出现过大挠度或较大振动。由第 4 章我们知道，长细比 λ 是衡量细长程度的重要参数，长细比越大则构件越细长，也更容易发生挠度变形和振动。因此，根据长期的实践经验，并考虑构件的重要性及荷载情况，《钢标》通过限制构件的长细比以满足对刚度的要求（张紧的圆钢和悬索除外，因其以预张力提供构件的刚度），即：

$$\lambda \leqslant [\lambda] \tag{5-6}$$

式中　λ——杆件的长细比，根据式（4-3）计算，且取两个主轴方向 λ_x 和 λ_y 中的较大值。

杆件的容许长细比 $[\lambda]$ 根据构件类型及使用条件的不同，按表 5-2 和表 5-3 选用。

轴心受拉构件的容许长细比　　　　**表 5-2**

项次	构件名称	承受静力荷载或间接承受动力荷载的结构		直接承受动力荷载的结构
		一般建筑结构	有重级工作制吊车的厂房	
1	桁架的杆件	350	250	250
2	吊车梁或吊车桁架以下的柱间支撑	300	200	—
3	其他拉杆、支撑、系杆等（张紧的圆钢除外）	400	350	—

注：1. 承受静力荷载的结构中，可仅计算受拉构件在竖向平面内的长细比。
2. 在直接或间接承受动力荷载的结构中，计算单角钢受拉构件的长细比时，应采用角钢的最小回转半径；但在计算交叉杆件平面外的长细比时，应采用与角钢肢边平行轴的回转半径。
3. 中、重级工作制吊车桁架下弦杆的长细比不宜超过 200。
4. 在设有夹钳吊车或刚性料耙吊车的厂房中，支撑（表中第 2 项除外）的长细比不宜超过 300。
5. 受拉构件在永久荷载与风荷载组合作用下受压时，其长细比不宜超过 250。
6. 跨度等于或大于 60m 的桁架，其受拉弦杆和腹杆的长细比不宜超过 300（承受静力荷载）或 250（承受动力荷载）。

轴心受压构件的容许长细比　　　　**表 5-3**

项次	构件名称	容许长细比
1	轴心受压柱、桁架和天窗架中的压杆	150
	柱的缀条、吊车梁或吊车桁架以下的柱间支撑	
2	支撑	200
	用以减小受压构件计算长度的杆件	

注：1. 桁架（包括空间桁架）的受压腹杆，当其内力等于或小于承载能力的 50%时，容许长细比可取为 200。
2. 计算单角钢受压构件的长细比时，应采用角钢的最小回转半径；但在计算交叉杆件平面外的长细比时，应采用与角钢肢边平行轴的回转半径。
3. 跨度等于或大于 60m 的桁架，其受压弦杆和端压杆的容许长细比值宜取为 100，其他受压腹杆可取为 150（承受静力荷载）或 120（承受动力荷载）。

从表 5-2 和表 5-3 中可以看到：（1）受拉构件的容许长细比总体大于受压构件，这是由于构件受拉后其侧向刚度增大，因此长细比限值可以放松；（2）承受动力荷载的构件，为了减小振动，其长细比限值更小。

对于铁路钢桁架桥梁结构，《桥规》同样规定了构件的容许最大长细比，按表 5-4 选用。其中，为适应列车提速的需要，加强钢桥联结系的刚度，规定了纵向联结系杆的长细比为单线 110、双线 130。为了防止发生低风速涡振，对于长度较大的受拉构件，容许长细比更小。对比表 5-2 和表 5-3，总体来看桥梁钢结构中的长细比限值更为严格。这是因为，构件和结构刚度的提高能够有效降低列车振动带来的不利影响。

构件容许最大长细比 **表 5-4**

构件			最大长细比 λ
主桁杆件	弦杆受压或受反复应力的杆件		100
	不受活荷载的腹杆		150
	仅受拉力的腹杆	长度小于或等于 16m	180
		长度大于 16m	150
联结系杆件	纵向联结系		单线 110
	支点处横向联结系		多线 130
	制动联结系		130
	中间横向联结系		150

注：1. 整体式截面的构件，其计算长细比等于计算长度与相应回转半径之比。
2. H 形杆件的计算面积中未包括腹板时，长细比计算时可不考虑腹板。

5.4 实腹式轴心受压构件的稳定性计算

第 4 章详细介绍了轴心受压构件的弹性屈曲，以及材料弹塑性、初偏心、初弯曲和残余应力等缺陷对实际压杆稳定系数的影响，并且给出了按边缘纤维屈服准则确定压杆稳定系数的 Perry 公式（式 4-10）。本节主要介绍《钢标》是如何对轴压构件进行稳定性设计的，包括整体稳定和局部稳定两部分。

5.4.1 整体稳定

1. 最大强度准则

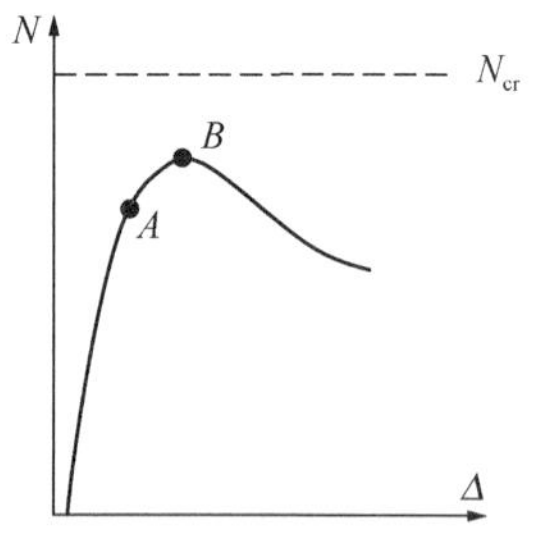

图 5-3 轴心受压构件的荷载-变形曲线

实际的轴心受压杆件受到上述初始缺陷以及材料弹塑性的影响，寻求其稳定承载力或稳定系数实质上是求解极值点失稳的荷载极值问题，如图 5-3 所示。随着外荷载的增大，在轴力和附加弯矩的共同作用下，构件截面压应力不断增大，当截面边缘纤维最大应力等于屈服强度时，即达到前述边缘纤维屈服准则确定的最大荷载，以此作为承载能力极限状态。边缘纤维屈服准则适用于薄壁构件的稳定计算，因为薄壁构件的板厚很小，不宜考虑截面塑性发展，而且残余应力的影响也比较小，按此方法确定的最大荷载十分接近构件的真实失稳荷载。

然而，对于一般的热轧型钢和焊接组合截面构件，在图5-3的荷载-变形曲线中，截面边缘纤维屈服状态对应于A点，也就是说随着截面塑性区的进一步发展荷载还有增长的空间，直至到达B点，此时构件才达到极限承载能力，之后只能卸载。因此，B点对应的极限荷载才是构件真正的稳定承载力，也称为压溃荷载，通常用N_u来表示，这就是计算极值点的稳定承载力的最大强度准则，通常借助计算机用数值方法如压杆挠曲线法、有限元法等进行求解。

2. 稳定承载力实用计算方法

(1)《钢结构设计标准》GB 50017—2017

按照最大强度准则，压杆所受的压力N不应超过压杆的极限承载力N_u，或者截面平均压应力不应超过压杆的整体稳定极限平均应力σ_u。考虑抗力分项系数γ_R后，得：

$$\sigma=\frac{N}{A}\leqslant\frac{\sigma_u}{\gamma_R}=\frac{\sigma_u}{f_y}\cdot\frac{f_y}{\gamma_R}=\varphi f \tag{5-7}$$

因此，《钢标》规定轴心压杆的整体稳定计算采用式(5-8)：

$$\frac{N}{\varphi Af}\leqslant 1.0 \tag{5-8}$$

式中 N——轴心压力设计值；

A——构件的毛截面面积；

f——钢材的强度设计值；

φ——轴心压杆的整体稳定系数。

可以看到，轴心压杆的整体稳定计算关键就是确定稳定系数φ。根据Perry公式(式4-10)，稳定系数φ与构件的正则化长细比λ_n直接相关，并受到构件截面形状、加工制作方式、弯曲方向等的影响。

因此，《钢标》基于最大强度准则，以具有几何和力学缺陷的构件为对象，选取不同截面形式、尺寸、钢材等级、残余应力模式和失稳方向，计算得到其稳定系数，以正则化长细比为横坐标绘制于图5-4中，每个点表示一个构件结果。同时，开展大量稳定承载力试验，包括工字形（H形）、T形、圆管、箱形、双角钢组合等不同截面，热轧、焊接、火焰切割和剪切等不同制造方法的各种构件，结果同样绘制在图中。可以看到，轴压构件的类型众多，得到的稳定系数的分布比较分散，即使长细比相同，稳定系数也会有较大差别。以$\lambda_n=1.0$的不同构件为例，其稳定系数φ的差别能达到1.8倍，因此采用一条φ-λ_n曲线（又称柱子曲线）来设计所有轴压构件是不合理和不经济的。

为此，《钢标》将数值计算和试验的数据散点结果进行归纳和统计分析，将不同情况进行分类和归并，最终得到a、b、c、d四条柱子曲线，各自对应一组截面分类，如表5-5所示。可以看到，截面分类与板厚（是否小于40mm）、截面形式和尺寸、失稳方向（弯曲绕x轴还是y轴）、加工方式（轧制、焊接、翼缘为焰切边还是剪切边）、钢材强度等级都有关。

那么，表5-5是依据什么原则进行截面分类的？结合第4章轴压构件稳定承载力的影响因素，可以进行如下分析：

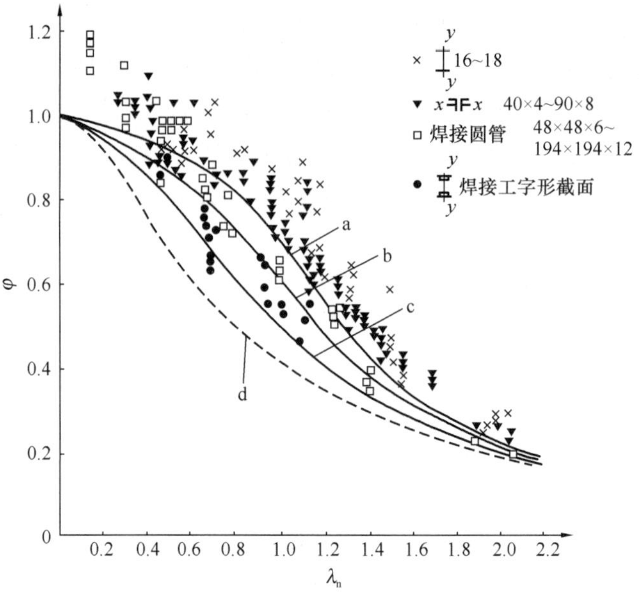

图 5-4　轴心受压构件的稳定系数曲线

① a 类曲线（或截面）包括截面外侧残余压应力峰值较小且截面回转半径与核心距的比值i/ρ也较小的轧制圆管，以及宽高比小于 0.8 且绕强轴失稳的轧制工字钢；c 类曲线针对残余应力峰值较大且 i/ρ 也较大的截面，如翼缘轧制或剪切边、绕弱轴失稳的焊接工字形截面。

② 初始几何缺陷、截面残余应力等对绕不同主轴的失稳影响不同（图 4-33 和图 4-35），同一根构件一般绕弱轴失稳的稳定系数要低于绕强轴失稳。例如表 5-5 中轧制工字钢（或 H 型钢）绕 x 轴、y 轴失稳分别为 a 类、b 类曲线，翼缘剪切边的焊接工字形构件绕 x 轴、y 轴失稳分别为 b 类、c 类曲线。

③ 通常焊接截面的残余应力要明显大于轧制型钢，因此在其他条件都相同的情况下，焊接截面轴压构件的稳定系数要低于轧制型钢构件，例如轧制圆管对应 a 类曲线，而焊接圆管对应 b 类曲线。

④ 相比翼缘轧制或剪切边的截面，翼缘为火焰切割的焊接工字形截面，由于在翼缘的外侧端部具有较高的残余拉应力，在加载时可抵消部分外荷载的压应力，因此对稳定性有利，绕强轴和弱轴失稳均为 b 类曲线。

⑤ 截面的板件越厚，残余应力峰值越大，对稳定性的不利影响越大。例如同样是轧制或焊接箱形截面，当板件宽厚比大于 20 时对应 b 类曲线，而板件宽厚比小于或等于 20 时降为 c 类曲线。而板厚大于或等于 40mm 的构件对应于 d 类曲线，此类构件多用于大跨或高层等大型钢结构中。

⑥ 从 a*、b* 的曲线分类看到，对于这两类热轧截面，残余压应力峰值基本不随钢材强度变化，因此当采用高强度钢材时，残余压应力所占比值减小，其不利影响降低，稳定系数有所提高。

轴心受压构件的截面分类　　表 5-5

<table>
<tr><th colspan="2">截面形式（板厚 $t<40$mm）</th><th>对 x 轴</th><th>对 y 轴</th></tr>
<tr><td colspan="2">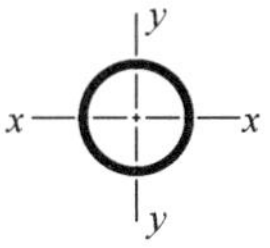 轧制</td><td>a 类</td><td>a 类</td></tr>
<tr><td rowspan="2">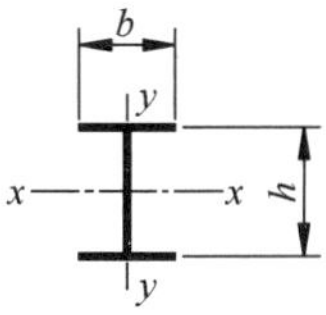 轧制</td><td>$b/h \leqslant 0.8$</td><td>a 类</td><td>b 类</td></tr>
<tr><td>$b/h > 0.8$</td><td>a* 类</td><td>b* 类</td></tr>
<tr><td colspan="2">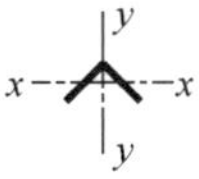
轧制等边角钢</td><td>a* 类</td><td>a* 类</td></tr>
<tr><td>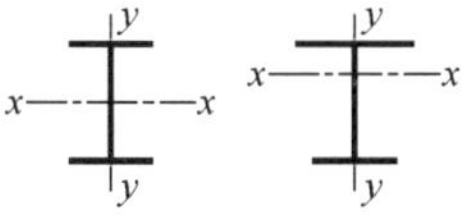
焊接、翼缘为焰切边</td><td>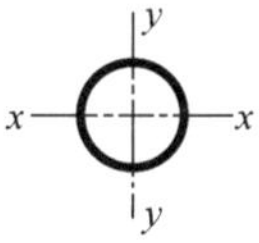
焊接</td><td rowspan="6">b 类</td><td rowspan="6">b 类</td></tr>
<tr><td colspan="2">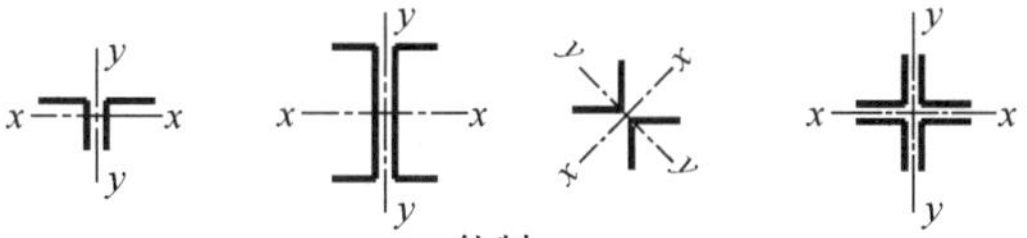
轧制</td></tr>
<tr><td>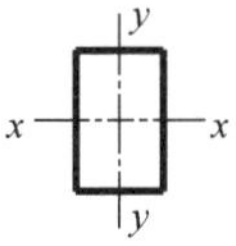
轧制、焊接（板件宽厚比大于20）</td><td>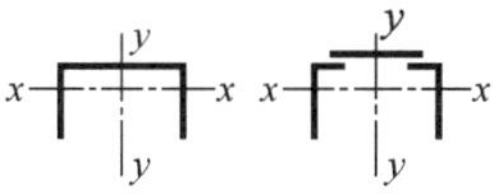
轧制或焊接</td></tr>
<tr><td>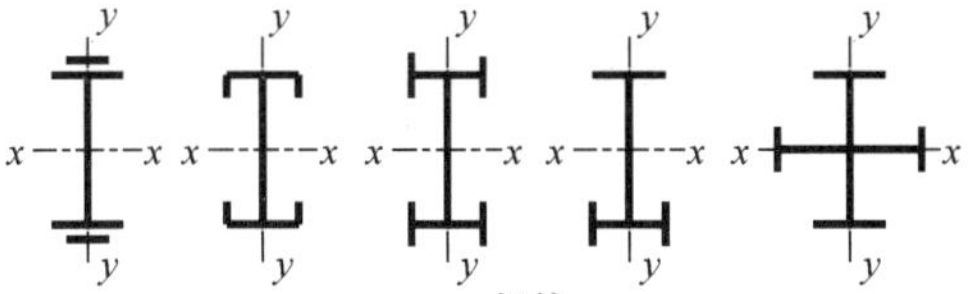
焊接</td><td>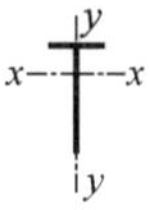
轧制截面和翼缘为焰切边的焊接截面</td></tr>
<tr><td>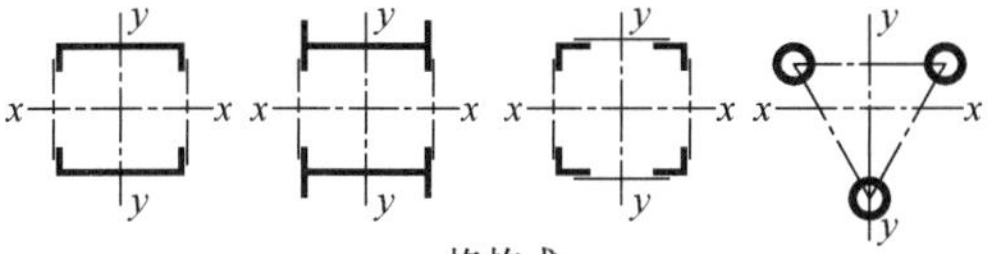
格构式</td><td>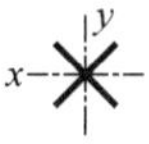
焊接，板件边缘焰切</td></tr>
</table>

续表

截面形式（板厚 $t<40$mm）		对 x 轴	对 y 轴
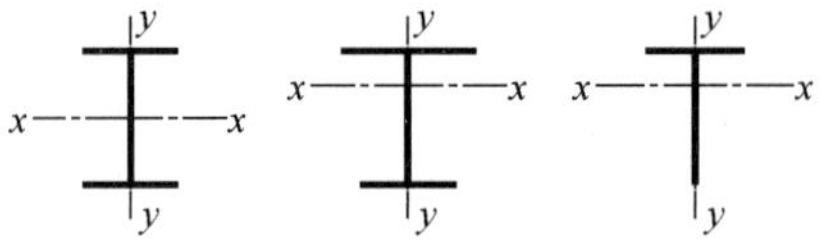 焊接、翼缘为轧制或剪切边		b类	c类
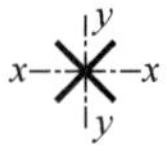 焊接、板件边缘轧制或剪切	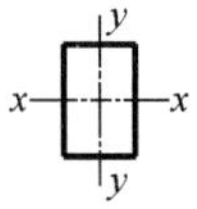 轧制、焊接（板件宽厚比小于或等于20）	c类	c类
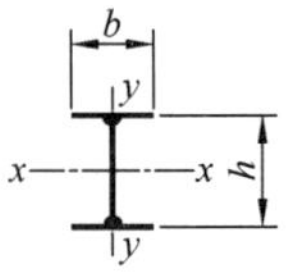 轧制工字形或H形截面	$t<80$mm	b类	c类
	$t\geqslant 80$mm	c类	d类
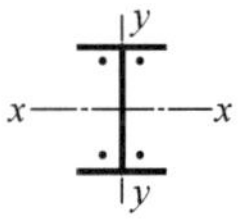 焊接工字形截面	翼缘为焰切边	b类	b类
	翼缘为轧制或剪切边	c类	d类
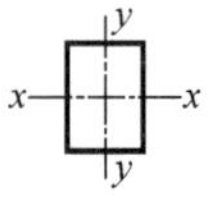 焊接箱形截面	板件宽厚比大于 20	b类	b类
	板件宽厚比小于或等于 20	c类	c类

《钢标》给出了 a、b、c、d 四类柱子曲线的 φ-λ 数据表格，可根据截面类型和 λ/ε_k 查表得到稳定系数，如附表 B-1～附表 B-4 所示。稳定系数表格事实上是由下列柱子曲线表达式计算得到的：

当 $\lambda_n \leqslant 0.215$ 时：

$$\varphi = 1 - \alpha_1 \lambda_n^2$$

当 $\lambda_n > 0.215$ 时：

$$\varphi = \frac{1}{2\lambda_n{}^2}\left[(\alpha_2 + \alpha_3\lambda_n + \lambda_n^2) - \sqrt{(\alpha_2 + \alpha_3\lambda_n + \lambda_n^2)^2 - 4\lambda_n^2}\right] \tag{5-9}$$

式中 α_1、α_2、α_3——与曲线类别相关的系数，按表 5-6 取值；

λ_n——正则化长细比。

系数 α_1、α_2、α_3　　　　**表 5-6**

截面类别		α_1	α_2	α_3
a 类		0.41	0.986	0.152
b 类		0.65	0.965	0.300
c 类	$\lambda_n \leqslant 1.05$	0.73	0.906	0.595
	$\lambda_n > 1.05$		1.216	0.302
d 类	$\lambda_n \leqslant 1.05$	1.35	0.868	0.915
	$\lambda_n > 1.05$		1.375	0.432

可以看到，式（5-9）与 Perry 公式（式 4-10）形式类似，这也正是之前提到 Perry 公式具有重要意义的原因。

综上，给定一根轴压构件，采用以下步骤计算其稳定承载力：

① 分别计算其绕两个主轴的长细比 λ_x、λ_y，并考虑钢号进行换算，即计算 λ_x/ε_k 和 λ_y/ε_k。此处 $\varepsilon_k=\sqrt{235/f_y}$ 为钢号修正系数，用来考虑不同钢材等级的影响。

② 根据截面类型，确定其绕两个主轴失稳分别属于哪一类曲线。

③ 根据 λ_x/ε_k 和 λ_y/ε_k，分别在对应柱子曲线的稳定系数表中查询，或根据式（5-9）计算得到稳定系数值 φ_x 和 φ_y。若 $\varphi_y<\varphi_x$，说明构件绕 y 轴失稳，否则绕 x 轴失稳。

④ 令 $\varphi=\min(\varphi_x,\varphi_y)$，则稳定承载力 $N_u=\varphi A f$。

（2）《铁路桥梁钢结构设计规范》TB 10091—2017

铁路钢桥中的钢压杆，一般多是由中等厚度的板件组成 H 形或箱形截面。类似地，《桥规》引入了容许应力折减系数来考虑整体失稳对承载力的影响：

$$\frac{N}{A_m}\leqslant\varphi_1[\sigma] \tag{5-10}$$

式中　A_m——构件毛截面面积；

φ_1——容许应力折减系数，根据钢种、截面形状及失稳主轴按照表 5-7 取值。

可以看到，由于涉及的截面类型较少，残余应力等初始缺陷的影响变化范围不大，因此《桥规》中的容许应力折减系数并没有像《钢标》那样分为不同的多条系数曲线，只是对两个主轴方向的稳定以及不同钢种分别给出了数值。比较发现，以 Q235q 钢材为例，对于焊接 H 形截面构件，其腹板平面内整体稳定的应力折减系数稍小于《钢标》中的 b 类曲线，翼缘平面内整体稳定的应力折减系数小于 c 类曲线。

轴向容许应力折减系数 φ_1　　　　**表 5-7**

焊接 H 形杆件（检查翼缘板平面内整体稳定）					焊接 H 形杆件（检查腹板平面内整体稳定）、焊接箱形及铆钉杆件				
杆件长细比 λ	φ_1				杆件长细比 λ	φ_1			
	Q235q	Q345q、Q370q	Q420q	Q500q		Q235q	Q345q、Q370q	Q420q	Q500q
0～30	0.900	0.900	0.866	0.837	0～30	0.900	0.900	0.885	0.867
40	0.864	0.823	0.777	0.729	40	0.878	0.867	0.831	0.810

续表

焊接H形杆件（检查翼缘板平面内整体稳定）					焊接H形杆件（检查腹板平面内整体稳定）、焊接箱形及铆钉杆件				
杆件长细比 λ	φ_1				杆件长细比 λ	φ_1			
	Q235q	Q345q、Q370q	Q420q	Q500q		Q235q	Q345q、Q370q	Q420q	Q500q
50	0.808	0.747	0.694	0.644	50	0.845	0.804	0.754	0.718
60	0.744	0.677	0.616	0.564	60	0.792	0.733	0.665	0.632
70	0.685	0.609	0.541	0.496	70	0.727	0.655	0.582	0.546
80	0.628	0.544	0.471	0.426	80	0.660	0.583	0.504	0.461
90	0.573	0.483	0.405	0.368	90	0.598	0.517	0.434	0.396
100	0.520	0.424	0.349	0.319	100	0.539	0.454	0.371	0.330
110	0.469	0.371	0.302	0.272	110	0.487	0.396	0.319	0.280
120	0.420	0.327	0.258	0.231	120	0.439	0.346	0.275	0.238
130	0.375	0.287	0.225	0.201	130	0.391	0.298	0.235	0.202
140	0.338	0.249	0.194	0.168	140	0.346	0.254	0.200	0.172
150	0.303	0.212	0.164	0.138	150	0.304	0.214	0.166	0.143

3. 长细比的计算

轴压构件稳定系数的确定需要计算其长细比。如前文所述，轴压构件的失稳形式有弯曲失稳、扭转失稳和弯扭失稳三类，长细比的计算可按下列规定进行：

（1）弯曲失稳的长细比

对于双轴对称的工字形截面、箱形截面以及圆管截面，无论绕 x 轴还是 y 轴失稳均为弯曲失稳的破坏模式，因此需要按式（4-3）计算弯曲失稳的长细比 λ_x 和 λ_y。

此外，单轴对称截面构件绕非对称主轴（假定为 x 轴）一般也为弯曲失稳，因此其长细比 λ_x 仍按式（4-3）计算。

（2）扭转失稳的长细比

对于图5-5的十字形截面构件，可能发生扭转失稳。其扇形惯性矩 I_ω 为零，且钢材 $E/G=2.6$，根据式（4-20），换算长细比按下式计算：

$$\lambda_z = 5.07\sqrt{\frac{Ai_0{}^2}{I_t}} = 5.07\sqrt{\frac{2t(2b)^3/12}{4bt^3/3}} = 5.07\,\frac{b}{t} \tag{5-11}$$

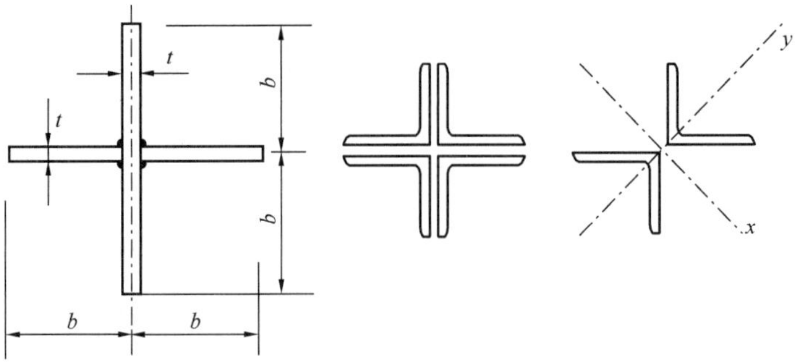

图5-5　十字形截面轴压构件

可见，十字形截面构件扭转失稳的临界荷载与构件长度无关，有可能在长度较小时低于弯曲失稳的临界荷载，从而发生扭转失稳。当按式（4-3）计算的弯曲失稳的长细比 λ_x 或 λ_y 不小于 $5.07b/t$ 时，就不会出现扭转失稳问题，只需验算弯曲失稳的稳定承载力。

（3）弯扭失稳的长细比

单轴对称截面绕对称主轴失稳为弯扭失稳，稳定承载力的计算采用换算长细比 λ_{yz}，根据式（4-22）计算。

对于上述各种情况，获得对应的长细比后，即可查询或计算得到相应的稳定系数 φ，进而采用式（5-12）进行承载力验算。

$$N \leqslant N_u = \varphi A f \tag{5-12}$$

5.4.2　局部稳定

第 4.3 节详细介绍了构件局部失稳的相关概念和弹性屈曲临界应力的计算式。实际工程中的构件在发生局部失稳时，板件可能或多或少进入了弹塑性，此时引入弹性模量折减系数 η 来考虑屈曲时可能的塑性发展，弹性临界应力公式（式 4-37）进一步调整为：

$$\sigma_{cr} \text{ 或 } \tau_{cr} = \frac{\chi\sqrt{\eta}K\pi^2 E}{12(1-\nu^2)}\left(\frac{t}{b}\right)^2 \tag{5-13}$$

如前所述此公式是板件弹塑性屈曲临界应力的通用公式，也就是说对于各种受力和边界条件均成立，只是系数取值有所不同。

构件的局部稳定性设计有两种思路。一种是不允许板件的失稳先于构件的整体失稳发生，也就是说构件整体失稳之前板件不能出现局部失稳，传统的热轧型钢和焊接截面构件就采用此思路进行设计；第二种是允许板件失稳先发生，而充分利用其屈曲后承载能力（第 4.3.4 节），达到节省钢材的目的。

轴心受压构件的设计基于局部失稳不先于整体失稳的原则（也称为等稳定原则）。此原则可表达为板件屈曲临界应力不低于构件的整体屈曲临界应力，即：

$$\frac{\chi\sqrt{\eta}K}{12(1-\nu^2)} \cdot \frac{\pi^2 E}{(b/t)^2} \geqslant \varphi f_y \tag{5-14}$$

式（5-14）可写为：

$$b/t \leqslant \left[\frac{\pi^2 E}{12(1-\nu^2)f_y} \cdot \frac{\chi\sqrt{\eta}K}{\varphi}\right]^{1/2} \tag{5-15}$$

可以看到，对于给定的构件，只要板件的宽厚比 b/t 满足一定限值，就可以保证局部屈曲不先于整体屈曲发生。

1.《钢结构设计标准》GB 50017—2017

（1）翼缘的宽厚比

不同截面板件的宽厚比及高厚比如图 5-6 所示。以工字形截面为例，如第 4.3.4 节的图 4-56 所示，受压翼缘的一半可视为三边简支、一边自由板件，在式（5-15）中屈曲系数 $K=0.425$，泊松比 $\nu=0.3$；腹板对翼缘转动变形的约束作用很弱，因此嵌固系数 $\chi=$

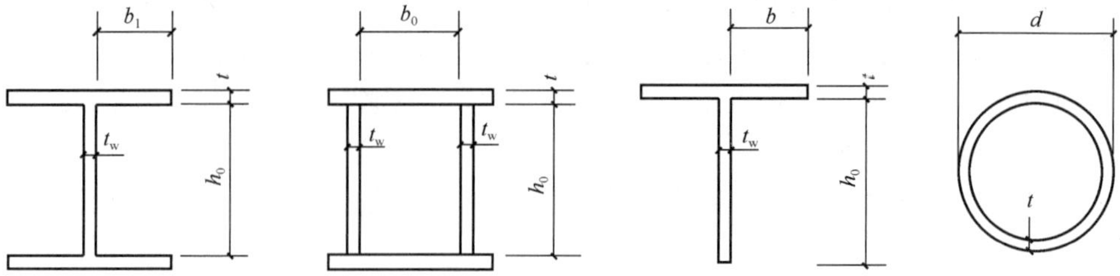

(a) 工字形截面　(b) 箱形截面　(c) T形截面　(d) 圆管截面

图 5-6　截面板件的宽厚比及高厚比

1.0。对于给定截面的构件，弹性模量折减系数 η、稳定系数 φ 只与长细比 λ 和屈服强度 f_y有关，因此式（5-15）的右端是关于 λ 和 f_y的函数。在大量数据研究的基础上，《钢标》给出了工字形截面轴压构件翼缘的宽厚比限值为：

$$\frac{b_1}{t} \leqslant (10+0.1\lambda)\varepsilon_k \tag{5-16}$$

式中　λ——杆件最大长细比，即 λ_x和 λ_y的较大值，当 $\lambda<30$ 时，取 $\lambda=30$；当 $\lambda>100$ 时，取 $\lambda=100$；

b_1——翼缘板的自由外伸宽度；

t——翼缘板的厚度。

对上述公式进行分析，随着构件长细比的增加，翼缘的宽厚比限值 b_1/t 增大。这是因为整体屈曲应力降低，对应的最大局部屈曲应力随之减小，因此板件宽厚比限值可以放宽。

（2）腹板的高厚比

同样以工字形截面为例，如前所述，其受压腹板可视为四边简支板，屈曲系数 $K=4.0$，同时考虑翼缘对腹板转动变形的约束作用，取嵌固系数 $\chi=1.3$。《钢标》中规定工字形截面轴压构件的腹板高厚比应满足：

$$\frac{h_0}{t_w} \leqslant (25+0.5\lambda)\varepsilon_k \tag{5-17}$$

λ 的取值同式（5-16）。

（3）各种截面的宽厚比限值

表 5-8 给出了常用轴心受压实腹式构件的板件宽厚比限值。需要注意的是，实际中构件承受的轴力设计值一般要小于其稳定承载能力 φfA，因此板件的宽厚比可以适当放宽，因此《钢标》中规定可将表中的宽厚比限值乘以放大系数 $\alpha=(\varphi fA/N)^{1/2}$。

当轴压构件的翼缘宽厚比或腹板高厚比超过上述限值时，可增加板厚，或采用设置纵向加劲肋的措施。

需要特别注意的是，热轧型钢截面具有既定的产品尺寸规格（附录 E），而此规格通常已经满足了局部稳定的板件宽厚比限值要求，也就是说型钢截面构件的局部稳定一般是自动满足的，不需要再进行验算。

轴心受压实腹式构件的板件宽厚比限值 **表 5-8**

项次	截面及板件尺寸	宽厚比限值
1	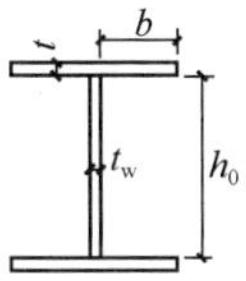	$\frac{b}{t} \leqslant (10+0.1\lambda)\varepsilon_k$
		$\frac{h_0}{t_w} \leqslant (25+0.5\lambda)\varepsilon_k$
2	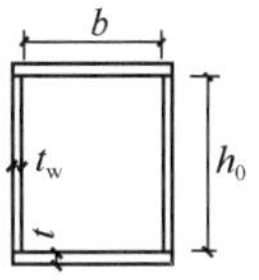	$\frac{b_0}{t}$ 或 $\frac{h_0}{t_w} \leqslant 40\varepsilon_k$
3	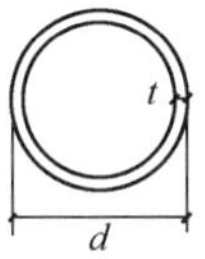	$\frac{d}{t} \leqslant 100\varepsilon_k^2$

注：表中 λ 为 λ_x、λ_y 中的较大值；对项次 1，$\lambda<30$ 时取 30，$\lambda>100$ 时取 100。

2.《铁路桥梁钢结构设计规范》TB 10091—2017

《桥规》中，对构件截面的容许最小板厚进行了规定，如表 5-9 所示。这主要是考虑到板件厚度要足够大，能够抵抗锈蚀的不利作用，同时具有一定的刚度以方便制造和运输。

构件截面的容许最小尺寸（mm） **表 5-9**

构件		最小厚度或尺寸
钢板	挂杆翼板 跨长大于或等于 16m 焊接板梁的腹板	12
	填板	4
	其他	10
联结系角钢肢厚度		10
纵梁与横梁及横梁与主桁的连接角钢		100×100×12

与《钢标》类似，《桥规》规定了轴压构件的板件宽厚比限值，如表 5-10 和图 5-7 所示。以 Q345q 的焊接 H 形截面的翼缘为例，其属于序号 3，因此当长细比 $\lambda<50$ 时，$b_3/\delta_3 \leqslant 12$；当 $\lambda \geqslant 50$ 时，$b_3/\delta_3 \leqslant 0.14\lambda+5$。总体来看，桥梁钢结构中的宽厚比限值要比建筑钢结构更为严格。

组合压杆板束宽度与厚度之比的最大值 **表 5-10**

序号	板件类型	钢材牌号							
		Q235q		Q345q、Q370q		Q420q		Q500q	
		λ	b/δ	λ	b/δ	λ	b/δ	λ	b/δ
1	H 形截面中的腹板	<60	34	<50	30	<45	28	<40	26
		≥60	$0.4\lambda+10$	≥50	$0.4\lambda+10$	≥45	$0.4\lambda+10$	≥40	$0.4\lambda+10$

续表

序号	板件类型		钢材牌号							
			Q235q		Q345q、Q370q		Q420q		Q500q	
			λ	b/δ	λ	b/δ	λ	b/δ	λ	b/δ
2	箱形截面中无加劲肋的两边支承板		<60	33	<50	30	<45	28	<40	26
			≥60	0.3λ+15	≥50	0.3λ+15	≥45	0.3λ+14.5	≥40	0.3λ+14
3	H形或T形无加劲的伸出肢	铆接杆	—	≤12	—	≤10	—	—	—	—
		焊接杆	<60	13.5	<50	12	<45	11	<40	10
			≥60	0.15λ+4.5	≥50	0.14λ+5	≥45	0.14λ+4.7	≥40	0.14λ+4.5
4	铆接杆角钢伸出肢	受轴向力的主要杆件	—	≤12	—	≤12	—	—	—	—
		支撑及次要杆件	—	≤16	—	≤16	—	—	—	—
5	箱形截面中 n 等分线附近各设一条加劲肋的两边支承板		<60	$28n$	<50	$24n$	<45	$22n$	<40	$20n$
			≥60	$(0.3\lambda+10)n$	≥50	$(0.3\lambda+9)n$	≥45	$(0.3\lambda+8.5)n$	≥40	$(0.3\lambda+8)n$

注：1. b、δ 如图 5-7 所示，图中 b_1、δ_1、b_2、δ_2、b_3、δ_3、b_4、δ_4、b_5、δ_5 分别对应表 5-6 中序号 1、2、3、4、5 项中的 b 及 δ。

2. 计算压应力 σ 小于容许应力 φ_1 $[\sigma]$ 时，表中 b/δ 值除序号 4 项外，可按规定放宽。

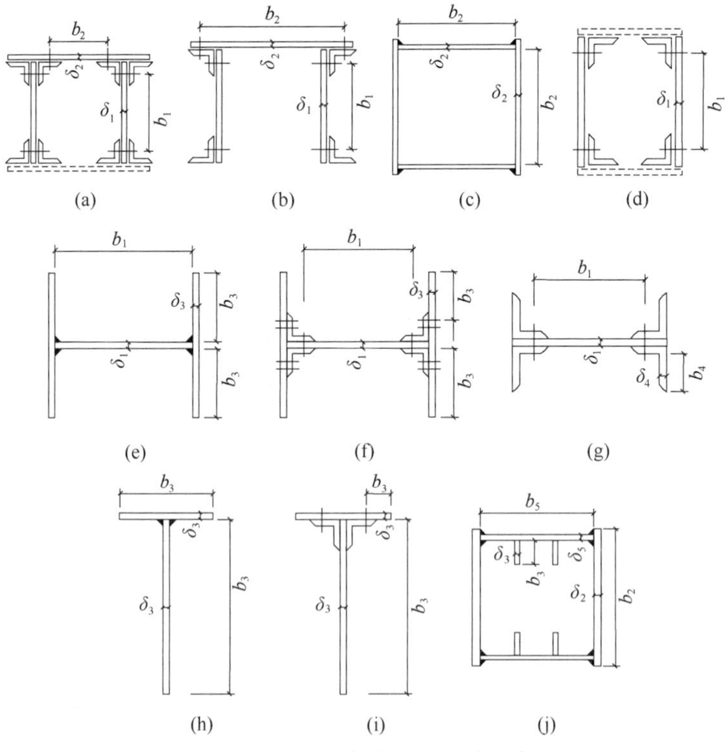

图 5-7　截面板件位置及尺寸示意

【例题 5-1】计算如图 5-8 所示的铁路桁架钢桥上弦杆 AB 的最大设计计算轴力。弦杆为 H 形焊接组合截面，截面尺寸为：腹板 440mm×20mm，翼缘 480mm×20mm，Q420q 钢材。

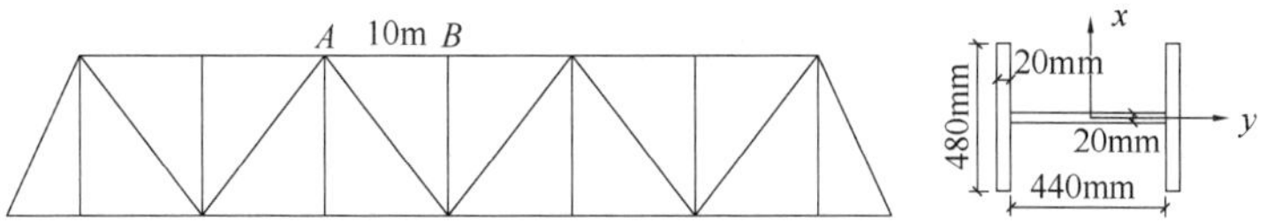

图 5-8　钢桁梁桥结构

解：

上弦杆 AB 视为轴心受压构件，容许轴向应力 $[\sigma]=240\text{N/mm}^2$。根据《桥规》按下列步骤计算其稳定承载力。

（1）截面几何参数

截面面积：$A=(440+480\times2)\times20=28{,}000\text{mm}^2$

绕 x 轴的惯性矩：

$$I_x=\frac{1}{12}\times480\times(440+20\times2)^3-\frac{1}{12}\times(480-20)\times440^3=1.158\times10^9\text{mm}^4$$

绕 y 轴的惯性矩：$I_y=2\times\frac{1}{12}\times20\times480^3+\frac{1}{12}\times440\times20^3=3.689\times10^8\ \text{mm}^4$

绕 x 轴的回转半径：$i_x=\sqrt{I_x/A}=203\text{mm}$

绕 y 轴的回转半径：$i_y=\sqrt{I_y/A}=115\text{mm}$

（2）压杆的长细比

根据《桥规》，弦杆的平面内和平面外计算长度取 $l_0=1.0l$（几何长度），因此：

上弦杆 AB 的计算长度：$l_{0x}=l_{0y}=10\text{m}$

绕 x 轴的长细比：$\lambda_x=l_{0x}/i_x=\frac{10{,}000}{203}=49<[\lambda]=100$

绕 y 轴的长细比：$\lambda_y=l_{0y}/i_y=\frac{10{,}000}{115}=87<[\lambda]=100$，满足容许长细比要求。

（3）压杆的稳定承载力

绕 x 轴的容许应力折减系数（腹板平面内整体稳定）：$\varphi_{1x}=0.777$

绕 y 轴的容许应力折减系数（翼缘板平面内整体稳定）：$\varphi_{1y}=0.518$

因此，最终稳定承载力由绕 y 轴的失稳来控制：

$N_{max}=[\sigma]A\varphi_{1y}=240\times28{,}000\times0.518/1000=3481\text{kN}$

（4）压杆的局部稳定

截面厚度：$\delta=20\text{mm}>14\text{mm}$，满足容许最小厚度要求。

板件宽厚比：

腹板：$b_1/\delta_1=440/20=22<0.4\lambda+10=0.4\times87+10=44.8$，满足宽厚比限值要求。

翼缘：$b_3/\delta_3=\frac{480-20}{2}/20=11.5<0.14\lambda+4.7=0.14\times87+4.7=16.88$，满足宽厚比限值要求。

【例题 5-2】 图 5-9 为某高铁客站雨篷的三跨曲面网架屋面钢结构，中间跨采用张弦梁结构。下部支承柱采用焊接圆管截面，截面尺寸为：外径×壁厚=500mm×20mm，采用Q390B 钢材。假设柱 AB 为轴心受力构件，柱脚刚接，柱顶铰接，高度 $L-15$m，设计轴力 N=4000kN。试验算其整体稳定性。

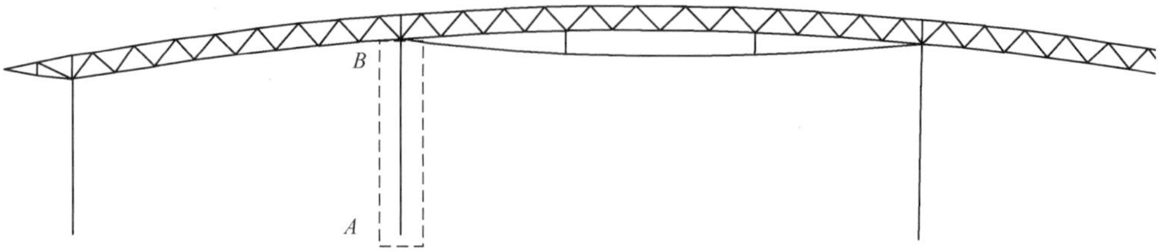

图 5-9　客站雨篷钢结构

解：

客站雨篷钢结构的稳定性计算，应根据《钢标》的相关规定进行。Q390B 钢材，厚度大于 16mm，根据附表 A-1，其抗压强度设计值 $f=330\text{N/mm}^2$。

(1) 截面几何参数

截面面积：$A=\dfrac{\pi}{4}(500^2-460^2)=30{,}144\text{mm}^2$

截面惯性矩：$I_x=I_y=\dfrac{\pi}{64}\times(500^4-460^4)=8.70\times10^8\text{mm}^4$

截面的回转半径：$i_x=i_y=\sqrt{I_x/A}=170\text{mm}$

(2) 柱子的长细比

柱子下端刚接，上端铰接，则：

计算长度：$l_{0x}=l_{0y}=0.7L=0.7\times15=10.5\text{m}$

柱子长细比：$\lambda_x=\lambda_y=l_{0x}/i_x=\dfrac{10{,}500}{170}=62<[\lambda]=150$，满足容许长细比要求。

(3) 柱子的稳定性验算

根据表 5-5，焊接圆管截面失稳对应 b 类柱子曲线。

换算长细比：$\lambda_x/\varepsilon_k=62\times\sqrt{390/235}=80$

查附表 B-2 可得稳定系数：$\varphi_x=0.687$。

$\dfrac{N}{\varphi_x A}=\dfrac{4000\times10^3}{0.687\times30{,}144}=193\text{N/mm}^2<f=330\text{N/mm}^2$，满足整体稳定的要求。

同时，根据表 5-8，圆管径厚比：

$\dfrac{D}{t}=\dfrac{500}{20}=25\leqslant100\dfrac{235}{f_y}=100\times\dfrac{235}{390}=60$，满足局部稳定的要求。

5.5　实腹式轴心受压构件的设计

实腹式轴心受压构件设计时应满足刚度、整体稳定和局部稳定的要求，当截面有开孔等较大削弱时还需验算其截面强度，可按以下步骤进行设计：(1) 初选截面，包括选择截面形式和截面尺寸；（2）截面验算，包括强度、刚度、整体稳定和局部稳定等；（3）截面调整，根据计算结果调整截面，使设计更合理。本节以《钢标》为基础，介绍实腹式轴心受压构件的设计流程。

5.5.1　截面形式的选择

实腹式轴心受压构件一般有型钢截面和焊接组合截面两种。选择截面时应遵循以下原则：（1）宽肢薄壁：这样的截面更为展开，即有更多的面积远离形心，因此具有较大的回转半径，进而能减小长细比，具有较高的刚度和稳定承载力；（2）等稳定性：使两个主轴方向的稳定系数相等，可以通过使两个方向长细比近似相等来实现，即 $\lambda_x \approx \lambda_y$；（3）便于与其他构件进行连接；（4）尽可能构造简单，制造省工，取材方便。

角钢：单角钢截面适用于塔架、桅杆结构、起重机臂杆以及轻型桁架中受力较小的腹杆。拼接而成的双角钢能够满足等稳定性的要求，常用于由节点板连接的平面桁架杆件。

热轧普通工字钢和 H 型钢：制造省工，但热轧普通工字钢两个主轴方向的回转半径差别很大，且腹板厚度过大，较不经济，因此较少用于轴压构件。热轧宽翼缘 H 型钢的截面宽度和高度相同，绕强轴的回转半径 i_x 约为绕弱轴回转半径 i_y 的 2 倍，因此若两个主轴方向计算长度 $l_{0y}=l_{0x}/2$，则能实现等稳定性设计。这种常出现在柱跨中有侧向（即轴压柱绕弱轴失稳的方向）支撑的情况。

焊接工字形截面：可利用自动焊制作成任何所需尺寸的截面，十分灵活，其腹板可按局部稳定的要求做得很薄以节省钢材，应用十分广泛。作为轴压构件，其应用情形与热轧宽翼缘 H 型钢类似。

十字形截面：两个主轴方向的回转半径相同，当两个方向的计算长度相等时，这种截面较为有利。在受力较大的轴压柱中应用广泛，但要注意避免扭转失稳。

圆管截面和箱形截面：承载能力和刚度都较大，与其他构件的连接构造相对复杂，可用作轻型或高大的承重支柱。

5.5.2　截面尺寸的确定

在确定了钢材牌号、轴力设计值、计算长度及截面形式后，按照下列步骤确定截面尺寸：

（1）假定长细比 λ 一般在 60～100 的范围内选取。当杆件压力大而计算长度较小时取小的 λ 值，反之取稍大的 λ 值。根据截面分类及钢材种类，查稳定系数 φ，从而计算出所需要的截面面积和回转半径分别为：

$$A \geqslant \frac{N}{\varphi f},\ i_x=\frac{l_{0x}}{\lambda},\ i_y=\frac{l_{0y}}{\lambda} \tag{5-18}$$

（2）根据以上计算的截面面积和回转半径，查附录 E 的型钢表，选择合适的型钢规格。

如果现有型钢规格无法满足要求，需要采用焊接组合截面。利用附表 F-1 中截面回转半径和轮廓尺寸的近似关系，即 $i_x=\alpha_1 h$ 和 $i_y=\alpha_2 b$ 确定截面的高度 h 和宽度 b，并根据等稳定条件、板件的局部稳定要求等确定截面各部分的尺寸。对于焊接工字形截面，可考虑取 $h\approx b$，腹板厚度 $t_w=(0.4\sim0.7)t_f$，其中 t_f 为翼缘厚度；腹板高度 h_0 和翼缘板宽度 b

一般取 10mm 的倍数；t_f 和 t_w 取 2mm 的倍数。

（3）对初选的截面计算截面特性，进行整体和局部稳定等内容的验算。若不能满足要求，调整截面再重新验算，直到满足。热轧型钢截面可不验算局部稳定性。当截面有较大削弱时需验算净截面的强度。

（4）设计中可能碰到荷载较小的压杆，此时若按照整体稳定性要求选择截面尺寸，会出现截面很小、杆件过于细长的结果。此时，构件的刚度可能不符合容许长细比的要求，因此截面尺寸应根据刚度要求来确定，而不是根据稳定或强度要求。

【例题 5-3】平台结构中的 GZ2 为轴心受压柱（图 5-10），内力设计值 $N=962\text{kN}$，上、下端均为铰接，柱的长度为 7m，钢材为 Q355B。要求按焊接工字形、普通工字钢和 H 型钢截面分别设计该柱。已知 $f=305\text{N/mm}^2$。

解：计算模型如图 5-10 所示，y 轴为弱轴，为提高绕 y 轴的刚度和稳定性，在柱高中部设系杆 XG1 一根，则柱的自由变形长度为 3.5m。查表 4-1 得计算长度系数 $\mu=1.0$，则：

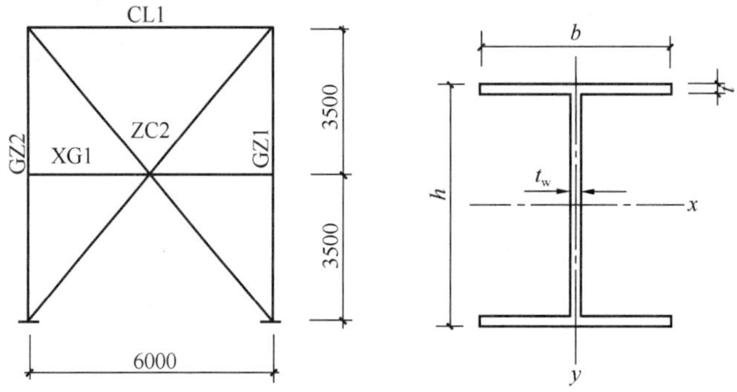

图 5-10　截面板件的宽厚比及高厚比（mm）

$$l_{0x}=1.0\times7=7\text{m},\ l_{0y}=1.0\times3.5=3.5\text{m}$$

（1）焊接组合工字形截面

采用焊接组合工字形截面，翼缘轧制边，查表 5-5，对 x 轴为 b 类截面，对 y 轴为 c 类截面。

假定长细比 $\lambda=80$，根据 $\lambda\sqrt{\dfrac{f_y}{235}}=80\sqrt{\dfrac{355}{235}}=98$ 查附表 B-2 和附表 B-3 得：$\varphi_x=0.568$，$\varphi_y=0.471$。

所需截面：$A=\dfrac{N}{\varphi_y f}=\dfrac{962\times10^3}{0.471\times305}=6697\text{mm}^2=66.97\text{cm}^2$

所需回转半径：$i_x=l_{0x}/\lambda=700/80=8.75\text{cm}$，$i_y=l_{0y}/\lambda=350/80=4.375\text{cm}$

① 确定截面尺寸

由附表 F-1 得：$\alpha_1=0.43$，$\alpha_2=0.24$，$h=i_x/\alpha_1=8.75/0.43=20.3\text{cm}$，$b=i_y/\alpha_2=4.375/0.24=18.2\text{cm}$。

取截面宽 22cm、高 22cm，翼缘截面采用 10mm×220mm 的钢板，面积为 22×1×2=44cm²。宽厚比 b/t_f 满足局部稳定要求。

腹板所需面积：$A-44=66.97-44=22.97\text{cm}^2$

腹板厚度：22.97×10/(22−2) =11.49mm，腹板厚度大于翼缘厚度，说明截面积

较集中于 y 轴，假定的长细比偏大。可减小长细比重新初选截面尺寸，此处略此步骤。

最终选取截面宽 220mm、高 220mm，腹板厚 6mm，翼缘厚 10mm。

② 计算截面特性

$A = 2 \times 22 \times 1 + 20 \times 0.6 = 56\text{cm}^2$

$I_x = \frac{1}{12} \times (22 \times 22^3 - 21.4 \times 20^3) = 5255\text{cm}^4$，$i_x = \sqrt{I_x/A} = \sqrt{5255/56} = 9.69\text{cm}$

$I_y = \frac{1}{12} \times (2 \times 1 \times 22^3 + 0.6^3 \times 20) = 1775\text{cm}^4$，$i_y = \sqrt{I_y/A} = \sqrt{1775/56} = 5.6\text{cm}$

③ 验算柱刚度整体稳定、局部稳定

$\lambda_x = 700/9.69 = 72.2$，$\lambda_y = 350/5.6 = 62.5$，均小于 $[\lambda] = 150$，刚度满足。

根据 $\lambda\sqrt{\frac{f_y}{235}} = \lambda\sqrt{\frac{355}{235}}$ 查附表 B-2 和附表 B-3 得：$\varphi_x = 0.63$，$\varphi_y = 0.598$。

$\frac{N}{\varphi_y A} = \frac{962 \times 10^3}{0.598 \times 56 \times 10^2} = 287\text{N/mm}^2 < f = 305\text{N/mm}^2$，整体稳定满足。

翼缘的宽厚比：$b_1/t = (220-6)/(10 \times 2) = 10.7 < (10 + 0.1 \times 72.2)\sqrt{235/355} = 14$

腹板的高厚比：$h_0/t_w = 200/6 = 33.3 < (25 + 0.5 \times 72.2)\sqrt{235/355} = 49.7$

说明所选截面满足整体稳定、局部稳定和刚度的要求，因为截面没有削弱，强度也满足。

(2) 普通工字钢截面

选择热轧普通工字钢，查表 5-4，绕 x 轴失稳为 a 类截面，绕 y 轴失稳为 b 类截面。

根据前面计算得到的所需截面积和回转半径，查附表 E-4，选普通工字钢 45b，截面面积 $A = 111\text{cm}^2$，$i_x = 17.4\text{cm}$，$i_y = 2.84\text{cm}$。

则长细比 $\lambda_x = 700/17.4 = 40.2$，$\lambda_y = 350/2.84 = 123$，刚度满足。

根据 $\lambda\sqrt{\frac{f_y}{235}} = \lambda\sqrt{\frac{355}{235}}$ 查附表 B-1 和附表 B-2 得：$\varphi_x = 0.917$，$\varphi_y = 0.304$。

$\frac{N}{\varphi_y A} = \frac{962 \times 10^3}{0.304 \times 111 \times 10^2} = 285\text{N/mm}^2 < f = 295\ \text{N/mm}^2$（腹板厚度 18mm，钢材属于第二组，强度设计值取 295N/mm²），整体稳定满足。

型钢截面壁厚较大，局部稳定一般均能满足，此处不再验算。

(3) H 型钢截面

选择热轧 H 型钢截面，同样绕 x 轴失稳为 a 类截面，绕 y 轴失稳为 b 类截面。

根据前面计算得到的所需截面积和回转半径，查附表 E-3，选宽翼缘 H 型钢 HW200×200，截面面积 $A = 63.53\text{cm}^2$，$i_x = 8.61\text{cm}$，$i_y = 5.02\text{cm}$。

则长细比 $\lambda_x = 700/8.61 = 81.3$，$\lambda_y = 350/5.02 = 69.7$，刚度满足。

根据 $\lambda\sqrt{\frac{f_y}{235}} = \lambda\sqrt{\frac{355}{235}}$ 查附表 B-1 和附表 B-2 得：$\varphi_x = 0.638$，$\varphi_y = 0.651$。

$\frac{N}{\varphi_x A} = \frac{962 \times 10^3}{0.638 \times 63.53 \times 10^2} = 237\text{N/mm}^2 < f = 305\ \text{N/mm}^2$，整体稳定满足。

型钢截面壁厚较大，局部稳定一般均能满足，此处不再验算。

计算结果比较 **表 5-11**

截面类型	焊接工字钢	普通工字钢	轧制 H 型钢
截面尺寸（mm）	220×220×6×10	450×152×13.5×18	200×200×8×12
长细比 λ_x（λ_y）	72.3（62.5）	40.2（123）	81.3（69.7）
应力比 $\frac{N}{\varphi Af}$	0.941	0.966	0.777
两主轴方向稳定承载能力比 φ_x/φ_y	1.05	3.02	0.980
每延米用钢量（kg）	44.0	87.5	49.9

以上三种截面计算结果比较如表 5-11 所示。

从以上数据可以看出，普通工字钢承载能力受弱轴方向控制，导致强轴方向不能充分利用，因此比较浪费材料，而其他两种截面形式，两个主轴方向稳定承载能力接近，基本满足等稳定性条件，更节约材料。

5.6 格构式轴心受压构件

5.6.1 构件的组成

当受压构件的计算长度较大而轴压力不大时，为了用较小的截面提供较大的惯性矩，以满足压杆整体稳定和刚度的要求，同时达到节约钢材的目的，往往采用格构式构件，如图 5-11 所示。其中，轴向受力构件称为分肢，通常采用槽钢、角钢、工字钢或 H 型钢、圆钢管等；连接构件称为缀材，其作用是将分肢连成整体以承受外荷载。根据缀材种类，

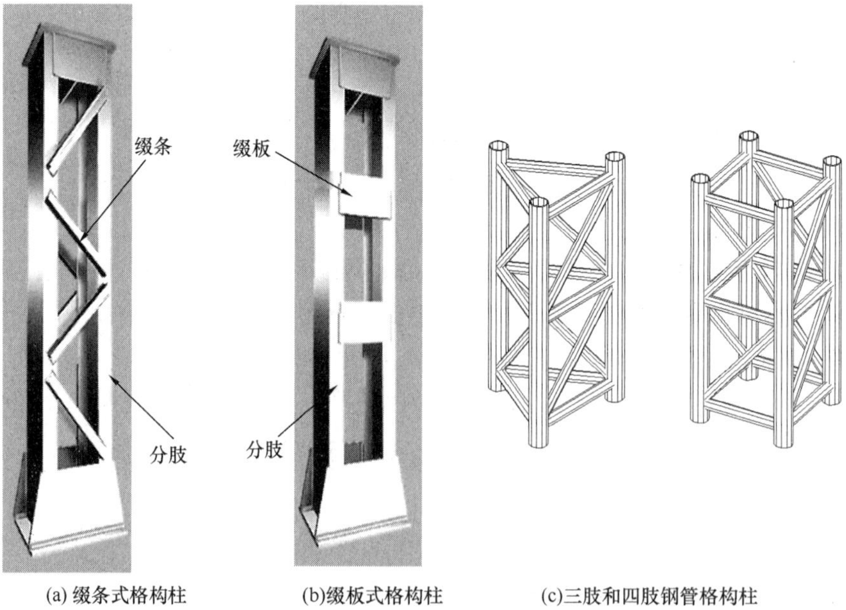

(a) 缀条式格构柱　(b)缀板式格构柱　(c)三肢和四肢钢管格构柱

图 5-11　格构式构件的组成

将格构式构件分为缀条式和缀板式两种。顾名思义，前者采用缀条（常为角钢）将分肢相连，而后者采用缀板（常为钢板）相连。根据分肢的数量可分为双肢、三肢、四肢格构式构件等。以下均以双肢格构式构件为例，介绍轴心压杆的设计计算方法。

应该注意的是，对于格构式构件，需要对主轴进行区分。如图 5-12，在构件的截面上穿过分肢的主轴称为实轴，一般记作 y 轴；横穿缀材平面的主轴称为虚轴，记作 x 轴；此外，定义分肢的自身回转轴为 1-1 轴，a 为两个分肢回转轴的间距；b 为截面外轮廓宽度。

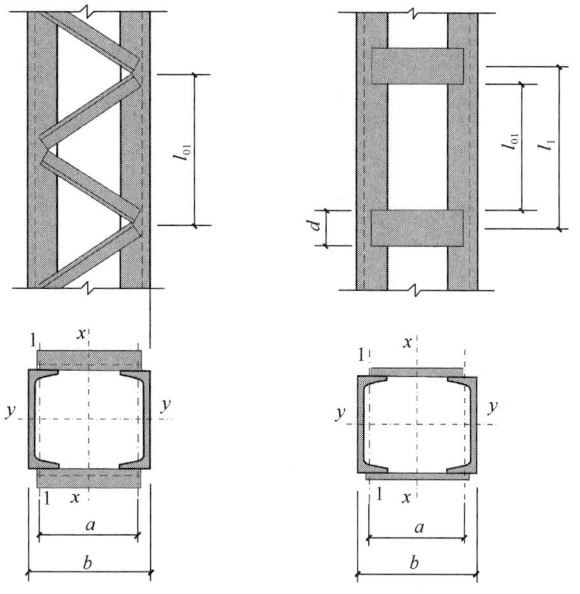

图 5-12　格构式构件的主轴和尺寸

5.6.2　整体稳定性

当格构式轴压构件绕实轴（图 5-12 的 y 轴）发生整体弯曲失稳时，每个分肢的失稳变形模式和前述实腹式压杆一样，因此其整体稳定承载力计算与第 5.4.1 节相同，按照实腹式压杆验算即可。

不同于实腹式轴心受压构件，当格构式轴压构件绕虚轴（图 5-12 的 x 轴）发生失稳时，需要考虑构件剪切变形对临界荷载的不利影响。首先，推导考虑剪切变形的压杆屈曲临界荷载。假设压杆两端铰接，任一点的总挠度 v 由两部分组成：弯曲变形 v_1 和剪切变形 v_2，即：

$$v = v_1 + v_2 \tag{5-19}$$

由弯曲变形与弯矩的关系：

$$\frac{\mathrm{d}^2 v_1}{\mathrm{d}z^2} = -\frac{M}{EI_x} = -\frac{Nv}{EI_x} \tag{5-20}$$

由剪切变形与剪力的关系：

$$\frac{\mathrm{d}v_2}{\mathrm{d}z} = \gamma_1 V = \gamma_1 \frac{\mathrm{d}M}{\mathrm{d}z} = \gamma_1 N \frac{\mathrm{d}v}{\mathrm{d}z} = \frac{1}{K_v} N \frac{\mathrm{d}v}{\mathrm{d}z} \tag{5-21}$$

式中　γ_1——单位剪力作用下的剪切角，$\gamma_1 = 1/K_v$；

K_v——截面剪切刚度，显然格构式截面的剪切刚度与缀材类型、尺寸、布置方式等因素有关。

由以上三式可得：

$$\frac{\mathrm{d}^2 v}{\mathrm{d}z^2} + \frac{N}{EI_x(1 - N\gamma_1)} v = 0 \tag{5-22}$$

可写作：

$$\frac{\mathrm{d}^2 v}{\mathrm{d}z^2} + k^2 v = 0 \tag{5-23}$$

$$k^2 = \frac{N}{EI_x(1 - N\gamma_1)}$$

符合边界条件的通解为：

$$v = A\sin\frac{\pi z}{l} \tag{5-24}$$

代入式（5-23）可得：

$$k^2 = \frac{\pi^2}{l^2} \tag{5-25}$$

求得屈曲临界荷载：

$$N_{cr} = \frac{\pi^2 EA}{\lambda_x^2 + \pi^2 EA/K_v} \tag{5-26}$$

由于实腹式压杆的截面剪切刚度 K_v 较大，因此式(5-26)分母第二项的影响较小可以忽略其退化为式（4-2）的欧拉荷载公式。

相比之下，格构式轴压构件仅仅依靠缀材将分肢连系起来共同工作，因此其协同工作程度和整体性显然低于实腹式截面，相应地绕虚轴变形时截面剪切刚度 K_v 较小，剪力引起的附加变形不可忽略，反映在式（5-26）中便是分母第二项的影响不可忽略，从而降低了屈曲临界荷载。试想，若缀条很弱，那么很难起到让各分肢整体工作的作用，承载力必然大为降低。这也正是著名的钢结构事故——加拿大魁北克大桥坍塌的主要原因。

因此，为方便考虑剪切变形的不利影响，引入绕虚轴的换算长细比：

$$\lambda_{0x}^2 = \lambda_x^2 + \pi^2 EA/K_v \tag{5-27}$$

则：

$$N_{cr} = \frac{\pi^2 EA}{\lambda_{0x}^2} \tag{5-28}$$

式（5-28）与欧拉荷载公式（式 4-2）形式相同，也就是说采用换算长细比 λ_{0x} 后，格构式压杆绕虚轴的整体稳定可以类比第 4 章的实腹式压杆进行计算。

1. 缀条式格构构件

经过理论推导，可得到缀条式格构压杆绕虚轴的换算长细比为：

$$\lambda_{0x} = \sqrt{\lambda_x^2 + \frac{\pi^2 A}{A_{1x}\sin^2\alpha\cos\alpha}} \tag{5-29}$$

式中 λ_x——整个构件对虚轴的长细比，根据分肢形成的组合截面计算；

A——整个构件的横截面积，即所有分肢的毛截面面积之和；

A_{1x}——构件截面上垂直虚轴的所有斜缀条的毛截面面积之和，如图 5-12 所示的双肢构件中 $A_{1x}=2A_d$；

A_d——一个斜缀条的毛截面积；

α——斜缀条与分肢的竖向夹角。

分析式（5-29）可以发现，随着缀条的加强，即 A_{1x} 增大，换算长细比 λ_{0x} 与 λ_x 的差别减小，表明分肢共同工作程度增强，剪切变形影响减小。同时，当 $\alpha\approx55^\circ$ 时式中 $\sin^2\alpha\cos\alpha$ 的值最大，稳定性最好。

对于实际工程中的构件，α 一般在 $40^\circ\sim70^\circ$ 之间，此时为了便于设计使用，《钢标》将式（5-29）简化为：

$$\lambda_{0x} = \sqrt{\lambda_x^2 + 27\frac{A}{A_{1x}}} \tag{5-30}$$

需要注意的是，当 α 超出以上范围时，应按式（5-29）进行计算。

2. 缀板式格构构件

缀板式格构压杆绕虚轴的换算长细比为：

$$\lambda_{0x}=\sqrt{\lambda_x^2+\lambda_1^2} \tag{5-31}$$

式中　λ_1——单肢对平行于虚轴的自身形心轴的长细比。

$$\lambda_1=l_{01}/i_1 \tag{5-32}$$

式中　l_{01}——缀板之间的净距离（焊接时）或相邻两缀板内侧边缘螺栓形心距离（栓接时），如图 5-12 的 l_{01}；

i_1——分肢截面绕自身回转主轴的回转半径，如图 5-12 中槽形截面绕 1-1 轴的回转半径。

式（5-31）是《钢标》给出的实用计算公式，使用时需要满足下列条件：

$$k_b/k_1 \geqslant 6 \tag{5-33}$$

$$k_b=\sum I_b/a$$

$$k_1=I_1/l_1$$

式中　k_b——两侧缀板线刚度之和；

k_1——单个分肢的线刚度；

I_b——单侧缀板绕虚轴的抗弯惯性矩；

a——分肢轴线之间的距离（图 5-12）；

I_1——较大分肢绕自身主轴（图 5-12 中的 1-1 轴）的惯性矩；

l_1——上下相邻缀板的中心距（图 5-12）。

表 5-12 给出了常见格构式构件的换算长细比计算公式。

格构式构件的换算长细比计算公式　　**表 5-12**

项次	构件截面	缀材类别	计算公式	符号意义
1	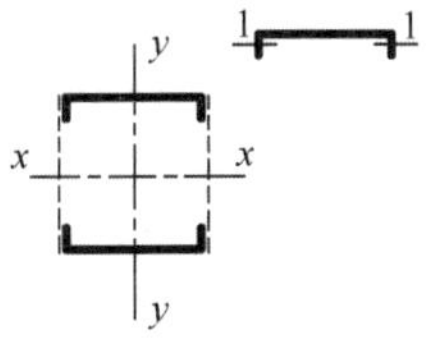	缀板	$\lambda_{0x}=\sqrt{\lambda_x^2+\lambda_1^2}$	λ_x、λ_y——整个构件对 x 和 y 轴的长细比； λ_1——单肢对最小刚度轴 1-1 的长细比，其计算长度取：焊接时，为相邻两缀板间的净距离；螺栓连接时，为相邻两缀板边缘螺栓的最近距离； A_{1x}、A_{1y}——构件横截面中垂直于 x 和 y 轴的各斜缀条毛截面面积之和； A_1——构件横截面中各斜缀条毛截面面积之和； θ——构件截面内缀条所在平面与 x 轴的夹角
2		缀条	$\lambda_{0x}=\sqrt{\lambda_x^2+27\dfrac{A}{A_{1x}}}$	
3	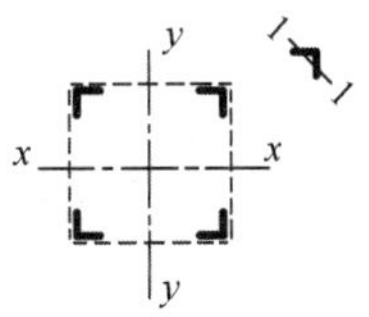	缀板	$\lambda_{0x}=\sqrt{\lambda_x^2+\lambda_1^2}$ $\lambda_{0y}=\sqrt{\lambda_y^2+\lambda_1^2}$	
4		缀条	$\lambda_{0x}=\sqrt{\lambda_x^2+40\dfrac{A}{A_{1x}}}$ $\lambda_{0y}=\sqrt{\lambda_y^2+40\dfrac{A}{A_{1y}}}$	
5	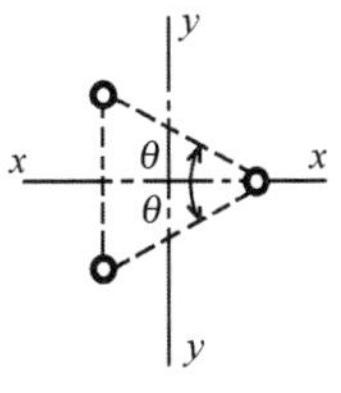	缀条	$\lambda_{0x}=\sqrt{\lambda_x^2+\dfrac{42A}{A_1(1.5-\cos^2\theta)}}$ $\lambda_{0y}=\sqrt{\lambda_y^2+\dfrac{42A}{A_1\cos^2\theta}}$	

5.6.3 分肢稳定性

对于格构式轴压构件，除了整体稳定外，还可能发生单个分肢构件的失稳。为了防止分肢过于细长而先于整个构件失稳，可以通过让分肢稳定承载力高于整体稳定承载力的原则实现。由于稳定承载力与长细比直接相关，因此《钢标》中对分肢的长细比进行了以下规定：对于缀条式格构构件，分肢的长细比不应超过整体构件最大长细比的 0.7 倍，这样分肢不会过早失稳；对于缀板式格构构件，分肢的长细比不应大于 $40\varepsilon_k$，且不大于整体构件最大长细比的 0.5 倍。即满足下列条件：

缀条式格构构件：$\lambda_1 \leqslant 0.7\lambda_{max}$

缀板式格构构件：$\lambda_1 \leqslant 40\varepsilon_k$，且 $\lambda_1 \leqslant 0.5\lambda_{max}$　　(5-34)

（当 $\lambda_{max} < 50$ 时，取 $\lambda_{max} = 50$）

式中　λ_{max}——构件长细比最大值，$\lambda_{max} = \max(\lambda_{0x}, \lambda_y)$；

λ_{0x}、λ_y——构件整体绕虚轴的换算长细比，及绕实轴的长细比。

当然，如果分肢是焊接组合截面，还应该保证其板件的局部稳定性，即宽厚比限值的要求（第 5.4.2 节）。

5.6.4 缀材的设计

1. 缀材承受的内力

与实腹式构件类似，实际的格构式轴心压杆都存在初始几何缺陷，一旦受压就会产生挠度，进而存在弯矩和剪力，且随着变形的增大而增加。当格构式压杆绕虚轴弯曲变形后，产生的剪力被缀材所承担，引起缀材中的内力。

与第 4.3.1 节的推导类似，假设构件的挠曲变形为半个正弦波 $v_{max}\sin\dfrac{\pi z}{l}$，则在轴压力 N 的作用下构件任意截面的弯矩为（z 轴沿构件轴线方向）：

$$M = Ny = Nv_{max}\sin\frac{\pi z}{l}$$

任意截面的剪力为：

$$V = \frac{\mathrm{d}M}{\mathrm{d}z} = Nv_{max}\frac{\pi}{l}\cos\frac{\pi z}{l}$$

显然，在杆件两端剪力最大：

$$V_{max} = \frac{\pi N v_{max}}{l} \tag{5-35}$$

对于格构式压杆，按照边缘屈服准则推导跨中最大挠度值 v_{max}。对于跨中截面，在轴压力和附加弯矩作用下，其边缘纤维的压应力达到屈服强度，即：

$$\frac{N}{A} + \frac{Nv_{max}}{I_x}\cdot\frac{b}{2} = f_y \tag{5-36}$$

式中　I_x——分肢的组合截面绕虚轴（x 轴）的惯性矩；

b——整个截面沿实轴（y 轴）的外轮廓宽度。

由于，$I_x = Ai_x^2$，以及达到极限承载状态时 $N = \varphi f_y A$，则由式（5-36）求得最大挠度为：

$$v_{max} = \frac{2(1-\varphi)\ i_x^2}{b\varphi}$$

代入式（5-35）可得杆件两端的最大剪力为：

$$V_{max} = \frac{\pi\varphi f_y A}{l} \cdot \frac{2(1-\varphi)\ i_x^2}{b\varphi} = \frac{Af_y}{K}$$

$$K = \frac{\lambda_x}{2\pi(1-\varphi)} \cdot \frac{b}{i_x}$$

式中　i_x ——分肢的组合截面绕虚轴（x 轴）的回转半径；

λ_x ——整个构件对虚轴的长细比。

大量分析计算表明，当 $\lambda_x = 40 \sim 160$ 时，对于 Q235 钢，缀板式格构柱的系数 K 平均值为 81，双肢及四肢缀条式格构柱为 79～98，方便起见《钢标》统一取 $K=85$。考虑不同钢材等级后，最大剪力的计算公式为：

$$V = \frac{Af}{85\varepsilon_k} \tag{5-37}$$

《钢标》规定，在设计时取上述最大剪力，假定剪力沿长度方向保持不变，且由两侧缀材面平均分担。

2. 缀材的计算

（1）缀条

对于缀条式格构构件，将缀条看作平面桁架的腹杆进行计算，如图 5-13 所示。

斜缀条所受的轴力为：

$$N_1 = \frac{V_1}{n\cos\theta} \tag{5-38}$$

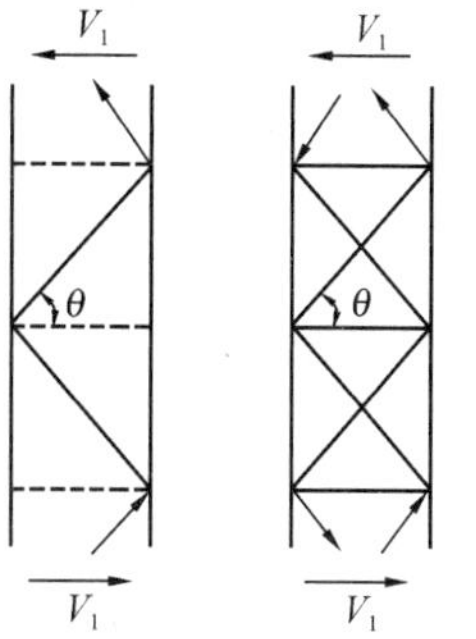

图 5-13　缀条的计算简图

式中　V_1 ——一个缀材面的剪力，对双肢格构柱，$V_1 = V/2$；

n ——承受剪力 V_1 的斜缀条数，对单缀条体系，取 $n=1$；对双缀条体系，取 $n=2$；

θ ——斜缀条的倾角，在 30°～60°之间采用。

对交叉双缀条体系，横缀条的内力可取为 $N_1 = V_1$。

由于剪力的方向不定，缀条可能受拉，也可能受压，故应按轴心压杆计算。

缀条常采用单角钢。由于角钢只有一个边和构件的肢件连接，考虑到受力时的偏心作用，计算时可将材料强度设计值乘以折减系数 η：

① 按压杆计算稳定性时

等边角钢：

$$\eta = 0.6 + 0.0015\lambda，且\ \eta \leqslant 1.0 \tag{5-39}$$

短边相连的不等边角钢：

$$\eta = 0.5 + 0.0025\lambda，且\ \eta \leqslant 1.0 \tag{5-40}$$

长边相连的不等边角钢：

$$\eta = 0.7 \tag{5-41}$$

② 按压杆计算强度和连接时

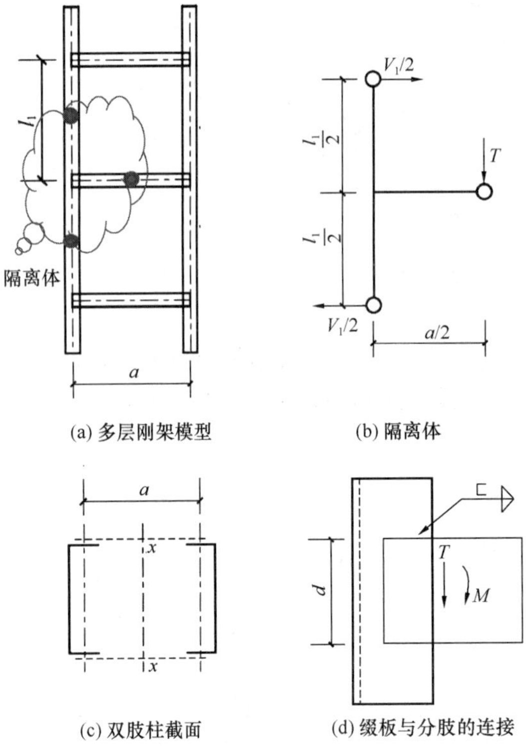

图 5-14　缀板的计算简图

$$\eta = 0.85 \tag{5-42}$$

计算缀条长细比 λ 时，取由角钢截面的最小回转半径 $i_{\min}$ 确定的长细比，当 $\lambda < 20$ 时取 $\lambda = 20$。

对单缀条体系，可增设横缀条用于减小肢件的计算长度，其截面尺寸与斜缀条相同，也可按容许长细比 $[\lambda] = 150$ 确定。

（2）缀板

缀板和肢件组成单跨多层空间刚架体系，缀板的内力可根据单跨多层平面刚架的计算简图确定，如图 5-14 所示，假定反弯点位于分肢和缀板的中间，取隔离体如图 5-14（b）所示。

图 5-14（b）中反弯点处弯矩为零，只承受剪力。如果一个缀板面分担的剪力为 V_1，缀板所受的内力为：

剪力：
$$T = \frac{V_1 l_1}{a} \tag{5-43}$$

弯矩（与肢件连接处）：

$$M = T \times \frac{a}{2} = \frac{V_1 l_1}{2}$$

式中　l_1 ——缀板中心间距；

　　a ——分肢轴线间距（图 5-12）。

缀板用角焊缝与肢件相连接，搭接长度一般为 20～30mm。角焊缝承受剪力 T 和弯矩 M 的共同作用，一般仅考虑竖直焊缝。通常缀板宽度 $d \geqslant 2a/3$，厚度 $t \geqslant a/40$ 且不小于 6mm；端缀板宜适当加宽，一般取 $d = a$ 。

5.6.5　格构式轴心受压构件的设计

格构式轴心受压构件设计时应满足强度、刚度、整体稳定和局部稳定的要求。一般来说，可按以下三个步骤进行：（1）初选截面，包括选择截面形式、钢材种类和截面尺寸（包括分肢截面的尺寸、分肢的间距、缀材的尺寸等）；（2）截面验算，包括验算格构式压杆的强度、刚度、整体稳定和局部稳定，以及分肢的稳定、缀材的计算等内容；（3）截面调整，根据计算结果调整截面，使设计更合理。

具体如下：

（1）选择截面形式：根据受力大小、使用要求、供料情况决定采用缀条柱或缀板柱。对于大型柱宜用缀条柱，中、小型柱两种缀材均可。

（2）确定分肢截面的尺寸：根据格构柱对实轴的稳定计算分肢截面的尺寸，方法与实腹式压杆相同。

（3）确定肢件之间的距离：根据对实轴和虚轴的等稳定条件，计算肢件之间的距离。

即令 $\lambda_{0x}=\lambda_y$，代入式（5-30）或式（5-31），可以得到对虚轴的长细比 λ_x 为：

$$\lambda_x=\sqrt{\lambda_{0x}^2-27A/A_{1x}}=\sqrt{\lambda_y^2-27A/A_{1x}} \tag{5-44}$$

$$\lambda_x=\sqrt{\lambda_{0x}^2-\lambda_1^2}=\sqrt{\lambda_y^2-\lambda_1^2} \tag{5-45}$$

由于 $i_x=l_{0x}/\lambda_x$，可以利用附表 F-1 中截面回转半径与轮廓尺寸的近似关系确定单肢之间的距离。一般轮廓尺寸取 10mm 的倍数，且两肢净距离不小于 100mm，以便内部油漆。

上述计算过程中，需要知道 A_{1x} 和 λ_1。对于缀条式格构柱，可按一个斜缀条截面积 $A_{1x}/2\approx0.05A$，并考虑不小于最低要求的角钢型号来初定缀条截面。对于缀板柱，根据式（5-34），即 $\lambda_1\leqslant40\varepsilon_k$，且 $\lambda_1\leqslant0.5\lambda_{max}$ 进行计算。

（4）确定好构件的尺寸后，进行全面验算，包括强度、刚度、整体稳定的验算，以及局部稳定、分肢、缀材和连接的计算等。计算公式分别如下：

整体计算：

①强度 $\sigma=\dfrac{N}{A_n}\leqslant0.7f_u$ 或 $\sigma=\dfrac{N}{A}\leqslant f$

②刚度 $\lambda_{max}=\max(\lambda_{0x},\lambda_y)\leqslant[\lambda]$

③整体稳定 $\sigma=\dfrac{N}{\varphi A}\leqslant f$（根据 λ_{0x}、λ_y 查 φ_x、φ_y，取较小的稳定系数值）

局部计算：

①分肢板件的局部稳定（热轧型钢截面除外）：$\dfrac{b}{t}\leqslant\left[\dfrac{b}{t}\right]$

②分肢的长细比：缀条柱 $\lambda_1=l_{01}/i_1\leqslant0.7\lambda_{max}$

缀板柱 $\lambda_1=l_{01}/i_1\leqslant40\varepsilon_k$ 且 $\lambda_1\leqslant0.5\lambda_{max}$

当 $\lambda_{max}\leqslant50$ 时，取 $\lambda_{max}=50$

③缀条的强度和稳定：$\sigma=\dfrac{N}{A}\leqslant\eta f$、$\sigma=\dfrac{N}{\varphi A}\leqslant\eta f$

④缀板的线刚度：$\dfrac{I_1/l_1}{I_b/a}\leqslant\dfrac{1}{6}$

⑤缀材与分肢的连接计算（一般为角焊缝）：$\sqrt{\left(\dfrac{\sigma_f}{\beta_f}\right)^2+\tau_f^2}\leqslant f_f^w$

（5）根据计算情况，对截面进行调整后，重新进行相关内容的验算，直至满足要求。

【例题 5-4】将例题 5-3 中的 GZ2 按缀板柱和缀条柱分别进行设计（分肢采用槽钢，如图 5-15，虚轴为 y 轴）。已知条件：轴心压力设计值：962.28kN；柱的计算长度：$l_{0x}=3.5$m、$l_{0y}=7$m；钢材 Q355B，$f=305\text{N/mm}^2$。

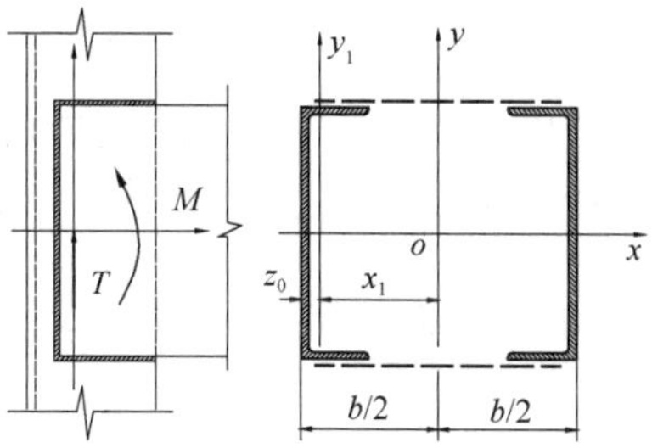

图 5-15 缀板受力

解：

（1）缀板柱

① 截面选择

绕实轴（x 轴）失稳与实腹式压杆相同。假设 $\lambda_x=60$，查表 5-5 属 b 类截面。

根据 $\lambda_x\sqrt{f_y/235}=60\sqrt{355/235}=74$，由附表 B-2 查出 $\varphi_x=0.726$。

所需截面面积：$A \geqslant \dfrac{N}{\varphi_x f} = \dfrac{962 \times 10^3}{0.726 \times 305} = 4344\text{mm}^2$

回转半径：$i_x = l_{0x}/\lambda_x = 3500/60 = 58.3\text{mm}$

查型钢表，选用 [16a，$A = 2196 \times 2 = 4392\text{mm}^2$，$i_x = 62.8\text{mm}$，$i_1 = 18.3\text{mm}$，$z_0 = 18.0\text{mm}$，$I_1 = 73.3\text{cm}^4$

验算绕 x 轴整体稳定：$\lambda_x = l_{0x}/i_x = 55.7$，根据 $\lambda_x\sqrt{f_y/235}$，查附表 B-2 得：$\varphi_x = 0.760$。

$\dfrac{N}{\varphi_x A} = \dfrac{962 \times 10^3}{0.760 \times 4392} = 288\text{N/mm}^2 < 305\ \text{N/mm}^2$，满足整体稳定性。

同时，$\lambda_x = 55.7 < [\lambda] = 150$，刚度满足。

② 确定分肢间距

取 $\lambda_1 = 0.5\lambda_x = 27.85$，由等稳定原则：

$\lambda_y = \sqrt{\lambda_{0y}^2 - \lambda_1^2} = \sqrt{\lambda_x^2 - \lambda_1^2} = \sqrt{55.7^2 - 27.85^2} = 48.2$

$i_y = l_{0y}/\lambda_y = 7000/48.2 = 145\text{mm}$

分肢形心至 y 轴：$x_1 = \sqrt{i_y^2 - i_1^2} = \sqrt{145^2 - 18.3^2} = 144\text{mm}$

分肢间距：$b = 2(x_1 + z_0) = 2(144 + 18.0) = 324\text{mm}$，取 $b = 350\text{mm}$ 。

③ 绕虚轴（y 轴）整体稳定验算

分肢形心至 y 轴：$x_1 = 350/2 - 18.0 = 157\text{mm}$

分肢形心间距：$a = 2x_1 = 314\text{mm}$（图 5-12）

绕 y 轴惯性矩：$I_y = 2(I_1 + x_1^2 A_1) = 2(73.3 + 15.7^2 \times 21.96) = 10{,}972\text{cm}^4$

绕 y 轴回转半径：$i_y = \sqrt{I_y/A} = \sqrt{10{,}972/43.92} = 15.8\text{cm}$

绕 y 轴长细比：$\lambda_y = l_{0y}/i_y = 7000/158 = 44.3$

绕 y 轴换算长细比：$\lambda_{0y} = \sqrt{\lambda_y^2 + \lambda_1^2} = \sqrt{44.3^2 + 27.85^2} = 52 < [\lambda] = 150$，刚度满足。

查表得：$\varphi_y = 0.785$。

$\dfrac{N}{\varphi_y A} = \dfrac{962 \times 10^3}{0.785 \times 4392} = 279\text{N/mm}^2 < f = 305\ \text{N/mm}^2$

因此，绕（虚轴）y 轴整体稳定满足。

④ 缀板设计

因取 $\lambda_1 = 27.85$，故要求缀板净距 $l_{01} = i_1\lambda_1 = 1.83 \times 27.85 = 51\text{cm}$ 。

取缀板宽 20cm，厚 6mm，中心距 70cm，则缀板净距 50cm。因此 $\lambda_1 = 27.3 < 0.5\lambda_x = 27.85$，且 $\lambda_1 < 40\varepsilon_k = 40\sqrt{\dfrac{235}{355}} = 32.5$，分肢长细比满足要求。

$\dfrac{I_1/l_1}{I_b/a} = \dfrac{73.3/70}{(2 \times 0.6 \times 20^3/12)/31.4} = \dfrac{1}{24} \leqslant \dfrac{1}{6}$，满足要求。

缀板柱所受最大剪力：

$V = \dfrac{Af}{85}\sqrt{\dfrac{f_y}{235}} = \dfrac{4392 \times 305}{85}\sqrt{\dfrac{355}{235}} = 19{,}370\text{N}$

作用于缀板一侧的剪力：

$T=\frac{V_1l_1}{a}=\frac{19,370/2\times700}{157\times2}=21,591\text{N}$

$M=T\cdot\frac{a}{2}=21,591\times157\times10^{-6}=3.39\text{kN}\cdot\text{m}$

可近似仅考虑竖向焊缝，承受上述 T、M。

取 $h_f=4\text{mm}$，满足 $3\text{mm}\leqslant h_f\leqslant t-1\sim2=4\sim5\text{mm}$

$\tau_f=\frac{T}{0.7h_fl_w}=\frac{21,591}{0.7\times4\times(200-12)}=41\ \text{N/mm}^2$

$\sigma_f=\frac{6M}{0.7h_fl_w^2}=\frac{6\times3,390,000}{0.7\times4\times(200-12)^2}=206\text{N/mm}^2$

$\sqrt{\left(\frac{\sigma_f}{\beta_f}\right)^2+\tau_f^2}=\sqrt{\left(\frac{206}{1.22}\right)^2+41^2}=174\text{N/mm}^2<f_f^w=200\text{N/mm}^2$，满足焊缝强度要求。

（2）缀条柱

① 截面选择

按照前面的计算结果，分肢截面仍然选用［16a，$A=2196\times2=4392\text{mm}^2$，$i_x=62.8\text{mm}$，$i_1=18.3\text{mm}$，$z_0=18.0\text{mm}$，$I_1=73.3\text{cm}^4$ 。

② 确定分肢间距

采用等边角钢作为缀条。一个斜缀条毛截面积 $A_{1x}/2\approx0.05\times4392=219.6\text{mm}^2$，缀条最小尺寸不小于 L45×4，初选 L45×4，则两个斜缀条毛截面之和 $A_{1x}=2\times348.6=697.2\ \text{mm}^2$ 。

按照等稳定条件 $\lambda_x=\lambda_{0y}$：

$\lambda_y=\sqrt{\lambda_{0y}^2-27A/A_{1x}}=\sqrt{\lambda_x^2-27A/A_{1x}}=\sqrt{55.7^2-27\times4392/697.2}=54$

$i_y=\frac{l_{0y}}{\lambda_y}=\frac{7000}{54}=130\text{mm}$

查附表 F-1 得截面轮廓尺寸：$b=\frac{130}{0.44}=295\text{mm}$，取 $b=300\text{mm}$（图 5-12）。

分肢形心轴之间的间距：$a=300-2\times18.0=264\text{mm}$

③ 绕虚轴（y 轴）整体稳定验算

分肢形心轴与 y 轴的间距：$x_1=a/2=264/2=132\text{mm}$

绕 y 轴惯性矩：$I_y=2(I_1+x_1^2A_1)=2(73.3+13.2^2\times21.96)=7799\text{cm}^4$

绕 y 轴回转半径：$i_y=\sqrt{I_y/A}=\sqrt{7799/43.92}=13.3\text{cm}$

绕 y 轴长细比：$\lambda_y=l_{0y}/i_y=7000/133=52.6$

绕 y 轴换算长细比：

$\lambda_{0y}=\sqrt{\lambda_y^2+27A/A_{1x}}=\sqrt{52.6^2+27\times4392/697.2}=54.2<[\lambda]=150$

刚度满足。

查表得：$\varphi_y=0.770$。

$\frac{N}{\varphi_yA}=\frac{962\times10^3}{0.770\times4392}=284\text{N/mm}^2<f=305\ \text{N/mm}^2$

绕虚轴（ y 轴）整体稳定满足。

④ 分肢验算

缀条采用 L45×4，钢材选用 Q235B，45°布置，如图 5-16 所示。

分肢长细比 $\lambda_1=\dfrac{l_{01}}{i_1}=\dfrac{528}{18.3}=29<0.7\lambda_{max}=0.7\times55.7=39$，满足要求。

由于型钢板厚较大，局部稳定不必验算。

⑤ 缀条设计

斜缀条长度：$l_d=264/\sin45^\circ=373.4mm$

柱的剪力：$V=\dfrac{A_f}{85}\sqrt{\dfrac{f_y}{235}}=\dfrac{4392\times305}{85}\sqrt{\dfrac{355}{235}}=19,370N$

斜缀条内力：$N_1=\dfrac{V_1}{n\cos\theta}=\dfrac{19,370/2}{\cos45^\circ}=13,697N$

长细比：$\lambda_1=\dfrac{l_d}{i_{min}}=\dfrac{373.4}{8.9}=42<[\lambda]=150$

强度折减系数：$\eta=0.6+0.0015\lambda=0.6+0.0015\times42=0.663$

b 类截面，稳定系数：$\varphi=0.891$。

斜缀条的稳定：

$\dfrac{N_1}{\varphi A}=\dfrac{13,697}{0.891\times348.6}=44.1N/mm^2<\eta f=0.663\times215=142N/mm^2$，满足。

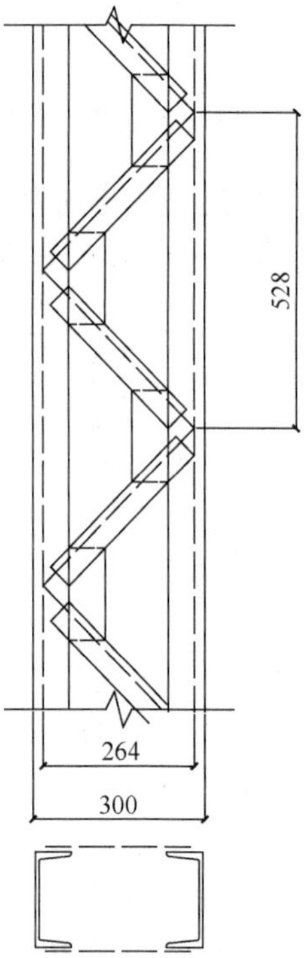

图 5-16 缀条的连接（mm）

⑥ 缀条的连接

缀条与分肢采用两面侧焊缝连接，考虑构造尺寸的限制，可以适当调整缀条的角度和位置，此处采取增设节点板的方法，如图 5-16 所示。焊条选用 E43，焊脚尺寸取 $h_f=4mm$，单面连接的单角钢按轴心受力计算连接时，强度折减系数取 0.85。

肢背焊缝所需长度：

$$l_{w1}=\frac{k_1N_1}{0.7h_f\times0.85f_f^w}+8=\frac{0.7\times13,697}{0.7\times4\times0.85\times160}+8=33.2mm$$

根据角焊缝的构造要求：$l_{w1}\geqslant 8h_f$和 40mm，取 40mm。

肢尖焊缝所需长度：$l_{w1}=\dfrac{k_2N_1}{0.7h_f\times0.85f_f^w}+8=\dfrac{0.3\times13,697}{0.7\times4\times0.85\times160}+8=18.8mm$，取 40mm。

5.6.6 铁路钢桥中的格构式构件

铁路钢桥中一般多采用缀板式格构构件，因此《桥规》中主要对以缀板组合的构件进行了规定。除强度和稳定验算采用容许应力法进行外，其他大部分与《钢标》类似，例如整体绕虚轴的换算长细比亦采用式（5-31）。也有与《钢标》不同的一些规定，包括：

（1）杆件分肢容许最大长细比，压杆应为 40，其他杆件应为 50。

可以看到，《钢标》的规定更为严格一些（$\lambda_1\leqslant40$，且 $\lambda_1\leqslant0.5\lambda_{max}$）。

（2）中心受压组合杆件缀板的剪力可按式（5-46）计算：

$$V = \alpha A[\sigma]\frac{\varphi_{min}}{\varphi} \tag{5-46}$$

式中　α——系数，Q235q 的杆件为 0.015，Q345q、Q370q 的杆件为 0.017，Q420q 的杆件为 0.018，Q500q 的杆件为 0.020；

A——分肢总面积；

$[\sigma]$——基本容许应力（N/mm^2）；

φ_{min}——绕虚轴、实轴稳定的容许应力折减系数的较小值；

φ——绕虚轴总体稳定的容许应力折减系数。

对式（5-46）进行分析，假如构件最终绕虚轴失稳，即 $\varphi_{min}=\varphi$，那么 $V=\alpha A[\sigma]>0.015A[\sigma]$，比《钢标》中式（5-37）的取值 $V=Af/85=0.012Af$ 要大些，更偏于安全。

习　题

一、简答题

1. 格构式轴心受力构件，缀材承受的最大剪力计算公式是什么？

2. 考虑各种缺陷影响的实际压杆屈服准则有哪些？

3. 图 5-17 为一通廊结构立面示意图，假设其中 GZ1 和 XXG1 均为轴心受力构件，请给出这两根构件可以选择的截面形式，并解释其截面设计原则。

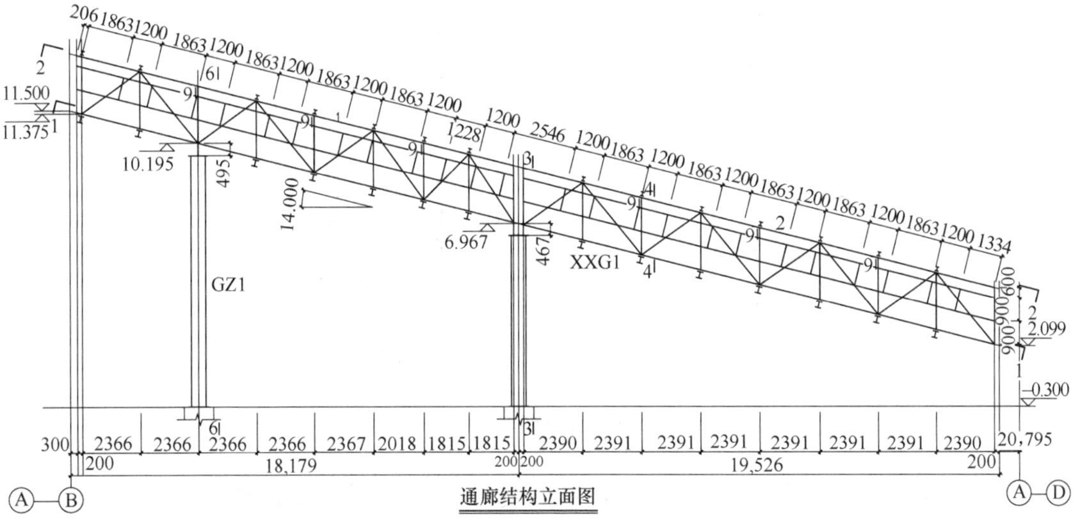

图 5-17　简答题 3 图（mm）

4. 轴心受力构件是通过限制什么指标来满足刚度要求的？

5. 对于单轴对称截面的轴心压杆，当其绕非对称轴与对称轴屈曲时，分别发生何种破坏形式？

6. 简述残余应力对强轴和弱轴的稳定承载力的影响。

7. 试述格构式压杆的适用范围和结构特点。

8. 简述实腹式柱设计时的截面形式有哪些。

9. 简述提高轴心压杆局部稳定性的做法。

10. 格构式轴心受力构件为什么采用换算长细比验算绕虚轴的稳定性？

11. 格构式轴心受力构件中，绕虚轴稳定性验算需考虑何种影响？

12. 简述对于构件局部稳定，轴心受压构件的板件宽厚比限值的确定根据。

13. 轴心受压构件采用 Q235 钢材，当长细比大于 120 时，如果计算的稳定承载力不够，可以采取何种措施提高其承载力？

14. 简述现行《钢标》中的柱子曲线的特点。

15. 轴心受拉构件强度计算时的极限状态计算准则有哪些？

16. 目前我国在土木工程领域大力推广应用高强度钢材，如 Q460、Q550 甚至 Q690 钢材，例如在《钢标》和《高强钢结构设计标准》JGJ/T 483—2020 中都有所体现。那么，请分别从轴心受拉、受压构件的强度、稳定性设计角度，来谈一谈采用高强度钢材的影响。

二、计算题

1. 图 5-18 中为一格构式轴心受压缀板柱，由两个热轧普通工字钢 I20a 组成，缀板净距为 850mm，钢材为 Q355B，柱高 7m，两端铰接。计算该格构柱的整体稳定承载力。

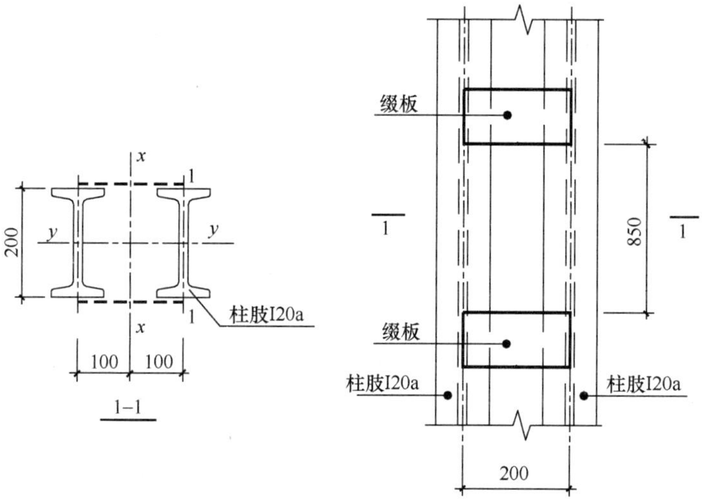

图 5-18 计算题 1 图（mm）

2. 某车间工作平台柱高 5.0m，钢材采用 Q235，按两端铰接的轴心受压柱考虑，如果柱采用 HW150×150×7×10（b 类截面），截面几何特性：$A=40.55\text{cm}^2$，$i_x=6.39\text{cm}$，$i_y=3.73\text{cm}$，$[\lambda]=150$，试经计算解答：

（1）设计承载力为多少？

（2）不改变柱的材料和截面尺寸的情况下，如何有效提高柱的设计承载力，给出设计方案，并计算此时设计承载力。

3. 如图 5-19 所示支柱，承受轴心压力设计值 $N=1500\text{kN}$。截面采用焊接工字钢，翼缘为火焰切割边，采用 Q235B 钢，$f=215\text{N/mm}^2$，容许长细比 $[\lambda]=150$。已知 $A=90\text{cm}^2$，$I_x=13,250\text{cm}^4$，$I_y=3647\text{cm}^4$。验算此柱是否合格。

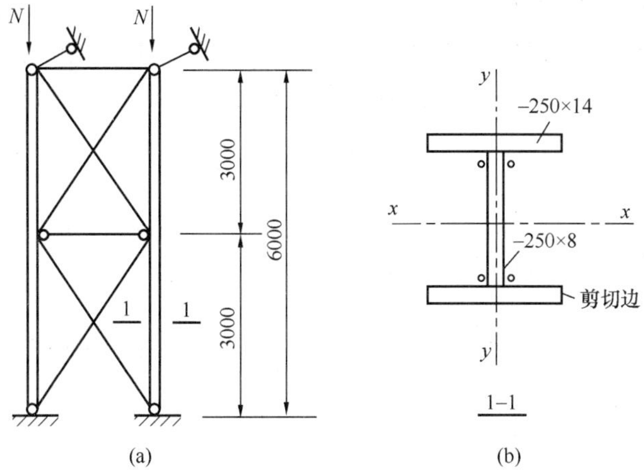

图 5-19　计算题 3 图（mm）

4. 如图 5-20 所示，一两端铰接的轴心受压构件，轴压力设计值 $N=1500\text{kN}$，钢材为 Q235，截面为工字形截面，$A=135\text{cm}^2$，$i_x=12.0\text{cm}$，$i_y=3.18\text{cm}$，$f=215\text{N/mm}^2$，验算此轴心受压柱的整体稳定承载力是否满足要求。

5. 如图 5-21 所示的轴心受压缀条柱，截面由两个 [30b 槽钢组成，缀条截面为热轧等边角钢 [45×4。采用 Q355B 钢，柱子高度 6.0m，两端铰接，承受轴压力 2300kN。试验算此柱的整体稳定承载力是否满足要求。

6. 如图 5-22 所示的重型厂房的轴心受压柱，截面为双轴对称焊接工字钢，翼缘为轧制，钢材为 Q390。该柱子对两个主轴的计算长度分别为 $l_{0x}=15\text{m}$，$l_{0y}=5\text{m}$。试求其最大稳定承载力。

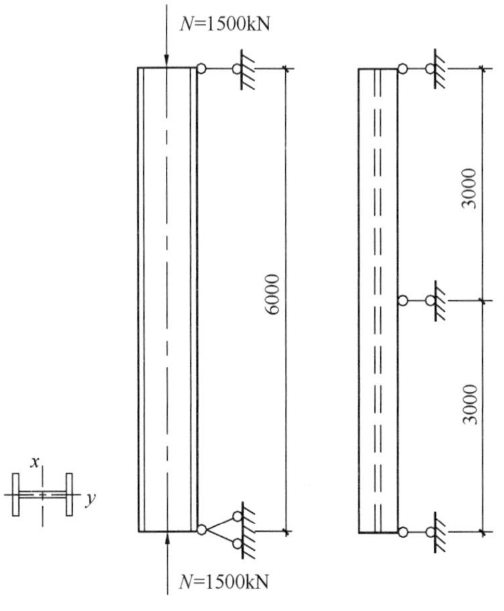

图 5-20　计算题 4 图（mm）

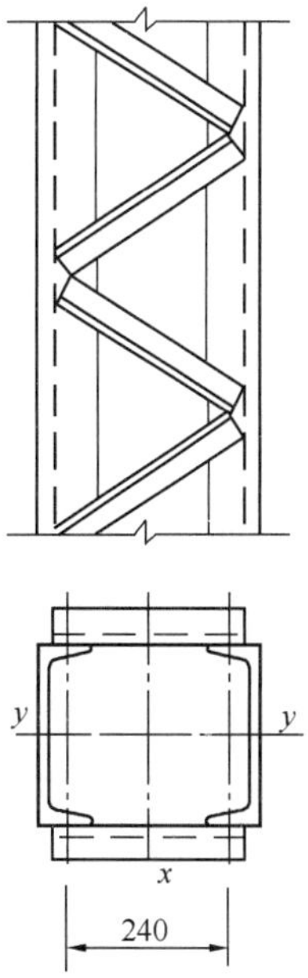

图 5-21　计算题 5 图（mm）

7. 如图 5-23 所示的缀板式轴心受压柱，高度 7.0m，两端铰接，承受轴压力 1800kN，采用 Q355B 钢。格构柱截面由 2 个［28b 槽钢组成，分肢间距 $b=28\text{cm}$。假设分肢长细比 $\lambda_1=0.5\lambda_y$，λ_y 为格构柱绕实轴的长细比。验算格构柱绕虚轴的整体稳定性。

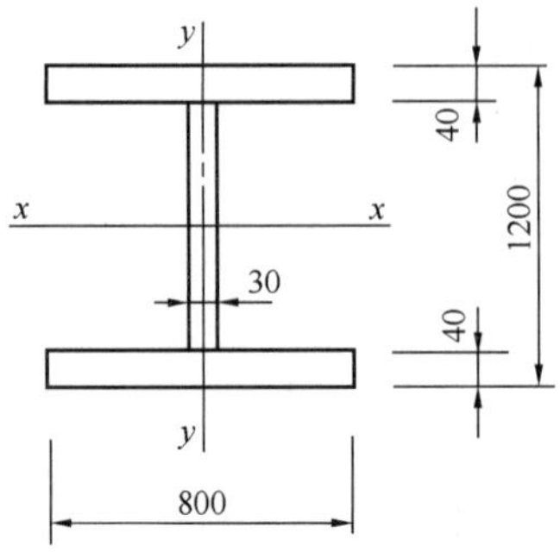

图 5-22　计算题 6 图（mm）

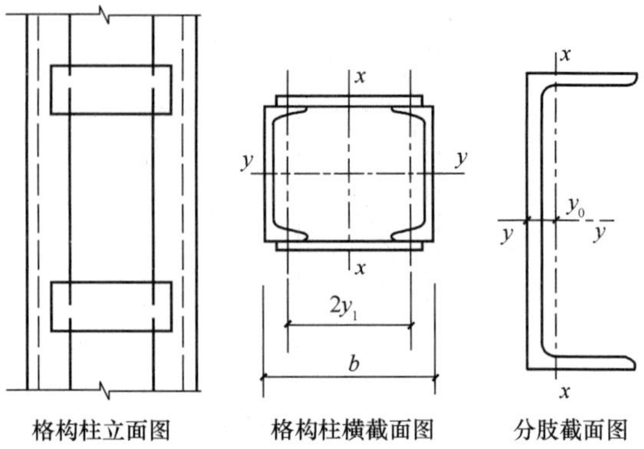

图 5-23　计算题 7 图

8. 如图 5-24 所示有两个互相垂直连接的轴压构件，柱子下端固接，长度均为 8m，截面均为热轧圆管截面（截面类别为 a 类），$A=7220\text{ mm}^2$，$I=4.78\times10^7\text{ mm}^4$。承受竖向集中力设计值 $N=1600\text{kN}$。采用 Q235B 钢，$f=215\text{MPa}$。假设柱子只受轴力作用，试验算单根柱子在 x-y 平面内的整体稳定（提示：失稳时，柱子上端视为铰接）。

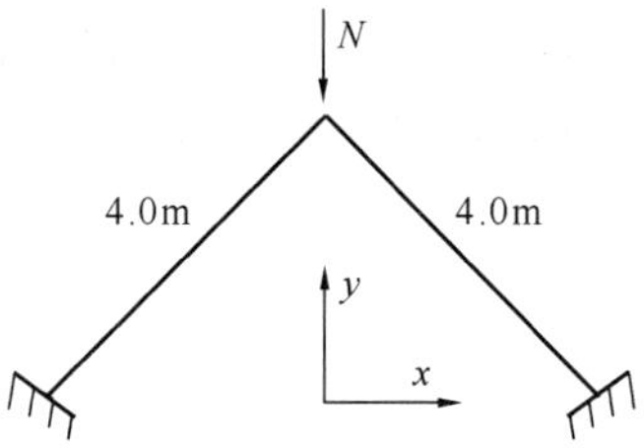

图 5-24　计算题 8 图

第6章 受 弯 构 件

【本章知识点】

本章主要介绍受弯构件（梁）的抗弯强度、抗剪强度、局部承压强度、折算应力以及刚度的计算方法，简支梁整体稳定的计算方法及增强梁整体稳定的措施，梁局部稳定的概念、板件失稳形式和临界应力，腹板加劲肋的设置原则和设计方法，型钢梁和焊接截面梁的设计计算方法。

【重点】

型钢梁和焊接组合梁的设计计算方法。

【难点】

钢梁整体稳定和局部稳定的计算方法。

受弯构件是钢结构中的常见构件，在房屋建筑和桥梁工程中已得到广泛应用，如吊车梁、楼盖梁、悬索桥中的桥面梁等，如图 6-1（a）～（c）所示。承受横向荷载或弯矩作用的构件称为受弯构件。受弯构件有实腹式和格构式之分，其中实腹式受弯构件常称为梁（图 6-1a、b），格构式受弯构件称为桁架（图 6-1d）。

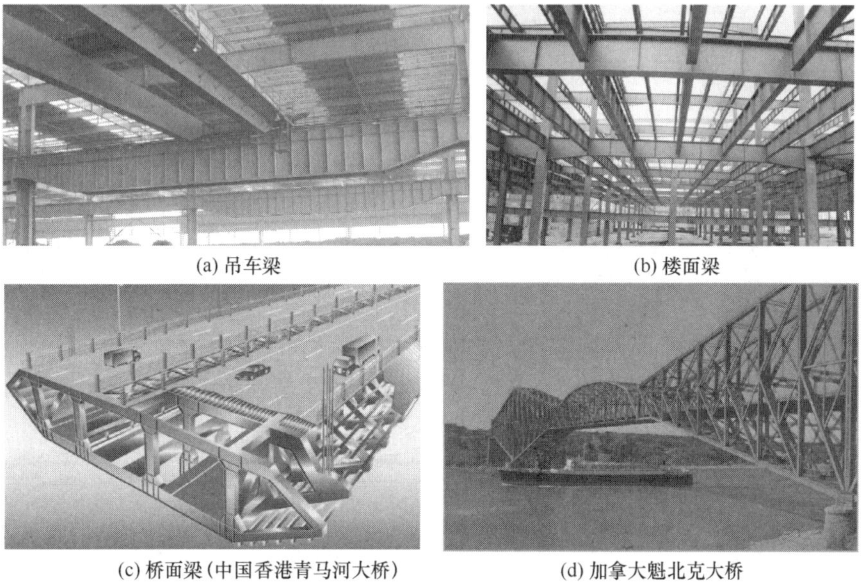

(a) 吊车梁　(b) 楼面梁

(c) 桥面梁（中国香港青马河大桥）　(d) 加拿大魁北克大桥

图 6-1 受弯构件的部分应用

梁的主要内力为弯矩。当弯矩在梁内不均匀分布时，梁内还存在剪力。为与梁的受力特征相适应，梁一般被设计成由上、下翼缘和腹部组成的工字形截面，弯矩内力主要由翼缘承受，腹板则主要抵抗剪力。梁的变形以弯曲变形为主，剪切变形很小，常忽略不计。

弯曲变形会产生截面的转动和梁段的刚体位移，故梁的变形较轴向受力构件显著，在很多情况下会成为设计的控制因素。与梁相比，桁架以弦杆代替翼缘，以腹杆代替腹板，腹杆与弦杆相交于节点，横向荷载作用在节点上，这样桁架整体受弯，弯矩内力由上、下弦杆的轴力相平衡，剪力则由腹杆的轴力平衡。桁架内的所有构件都为轴向受力构件，在对桁架进行整体分析，得到杆件的轴力后，可按本教材第 5 章的方法进行构件验算和设计。

本章主要介绍实腹式受弯构件——梁的工作性能和设计方法。

6.1 受弯构件的类型及常用截面

根据支承条件，受弯构件可分为简支梁（图 6-2a）、悬臂梁（图 6-2b）、多跨连续梁（图 6-2c）、伸臂梁（图 6-2d）和框架梁（图 6-2e）等。比较而言悬臂梁自身受力性能差，且对支座刚度要求高，应尽量避免采用。简支梁内力沿梁长分布也很不均匀，因此用钢量较多，但其构造简单，制造和安装方便，温度变化和支座沉陷不产生附加内力，故应用最多。连续梁和伸臂梁都是靠相邻跨上的荷载平衡掉一部分峰值弯矩，使弯矩内力沿梁长分布较简支梁均匀。而框架梁则是靠框架柱对梁端的转动约束减小梁跨内的最大弯矩值。

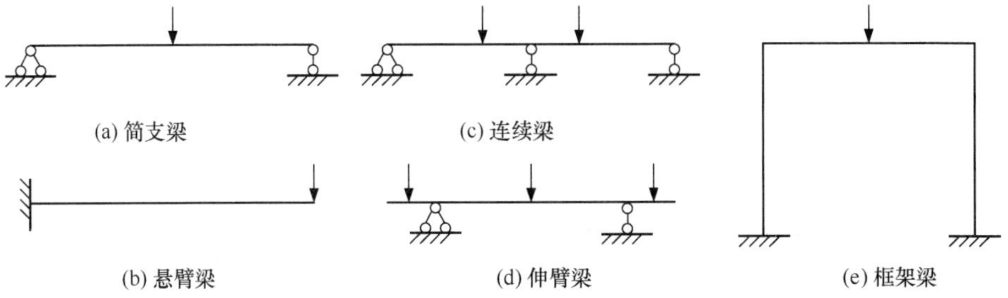

图 6-2 各种不同类型的梁

根据受力情况，受弯构件可分为单向受弯梁（图 6-3a）和双向受弯梁（图 6-3b～d）。楼盖梁和平台梁均属于单向受弯梁，而吊车梁（图 6-3c、d）、屋面檩条（图 6-3b）、墙梁等都是双向受弯梁。

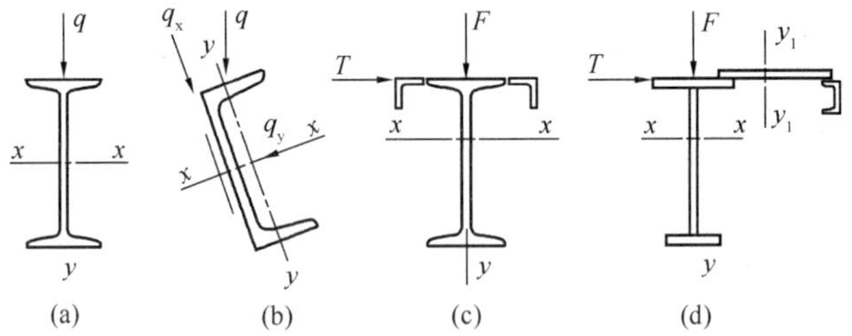

图 6-3 单弯梁与双弯梁

根据截面形式，钢梁可分为热轧型钢梁（图 6-4a～c）、冷弯薄壁型钢梁（图 6-4d、e）和组合梁（图 6-4f～h）。热轧型钢梁主要采用工字钢、槽钢和热轧 H 型钢。热轧 H 型钢比工字钢的翼缘宽，截面更开展，有宽翼缘（HW）、中翼缘（HM）和窄翼缘（HN）之分。对于单向受弯梁，采用截面高而窄的工字钢和热轧窄翼缘 H 型钢比较经济；对于双

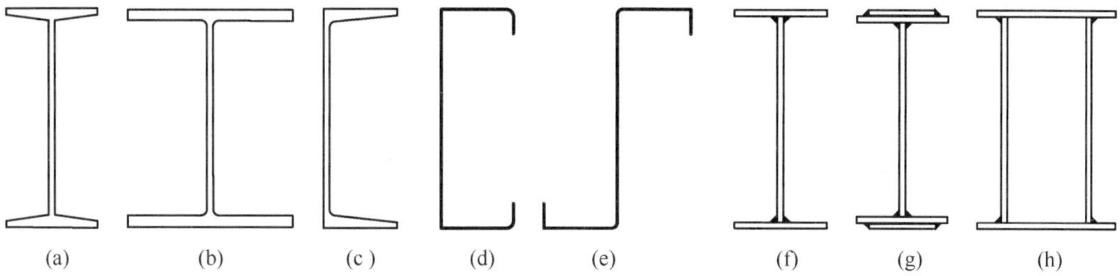

图 6-4　钢梁的不同截面形式

向受弯梁采用中翼缘热轧 H 型钢更为合理。冷弯薄壁型钢的截面种类较多，但目前我国建筑结构中常用的只有 C 型钢和 Z 型钢。受冷轧加工成型工艺的限制，冷弯薄壁型钢的板壁很薄，截面尺寸较小，因此更适用于跨度较小、承受荷载不大的钢梁，如檩条、墙梁等。型钢梁加工简单，造价较低，在结构设计中应优先选用。但受轧制设备的限制，在某些情况下选不到合适的型钢截面时，需要采用组合截面梁（图 6-4f、g）。由三块钢板焊成的 H 形截面梁（图 6-4f）构造简单，制造方便，应用最广。图 6-4（g）所示焊接 H 型钢梁的上下翼缘加焊了钢板，主要用于钢结构的补强加固。双腹板的箱形截面梁（图 6-4h）以及若干箱室组成的多室箱形截面，具有较大的抗扭和侧向抗弯刚度，在桥梁结构中有广泛的应用，适用于荷载和跨度较大而梁高受到限制或受双向较大弯矩的情况。

钢与混凝土组合梁是指钢梁与所支承的钢筋混凝土板可靠连接共同受力的梁。它将钢筋混凝土板作为承重梁的一部分参与抵抗弯矩，可充分发挥钢材的抗拉性能和混凝土的抗压性能，大大减少钢材用量。这种梁已广泛用于楼屋盖、平台的主次梁和桥梁结构中。为了保证两种材料共同受力，钢梁表面需焊接抗剪连接件从而与现浇混凝土板相连。

横向受力的钢梁内力分布不均匀，为节约钢材，可根据内力的变化规律将钢梁设计成变截面梁。变截面通常有两种方式：一种是改变梁高（改变腹板高度，图 6-5a）；另一种是改变翼缘宽度或厚度（图 6-5a），改变翼缘厚度可采用变厚度（LP）钢板。腹板高度连续变化的楔形梁（图 6-5b）目前在轻型门式刚架结构中得到了广泛应用，不仅能减少用钢量，而且造型美观。

钢梁的腹板主要抵抗剪力，但梁的剪力一般较小，在设计中较少起控制作用，因此有条件将腹板做得很薄，使钢材主要集中在翼缘处。蜂窝梁也是利用了钢梁的这一受力特点，将 H 型钢沿腹板的折线切割成两部分，齿尖对齿尖焊合后，形成的一种腹板有孔洞的工字形梁，因腹板上有形似蜂窝的六边形孔，故称为蜂窝梁（图 6-6）。蜂窝梁梁高大于原 H 型钢梁（增加六角形孔高的一半），从而提高了梁的承载能力和抗弯刚度。设计蜂窝梁不仅可带来显著的经济效益，而且还方便管线穿越。在民用建筑结构中，也可将钢梁腹板开设圆孔，方便设备管道的通过，也能有效地降低楼层高度，节省工程造价。

二维码6-1
变截面梁的构造

受弯构件的设计应满足两种极限状态的要求，即承载能力极限状态和正常使用极限状态。前者要求受弯构件不发生静力强度破坏、疲劳及失稳等破坏，后者需要保证构件在正常服役期间其变形不能过大。本章将详细介绍受弯构件的强度、刚度及稳定性设计方法。

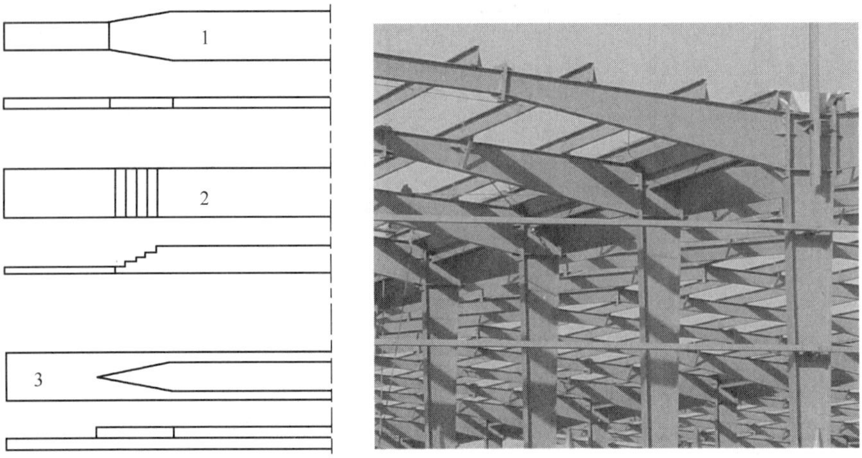

1-变翼缘宽度；2-变翼缘厚度；3-变翼缘层数

(a) 翼缘变化梁图　　(b) 楔形梁

图 6-5　变截面钢梁

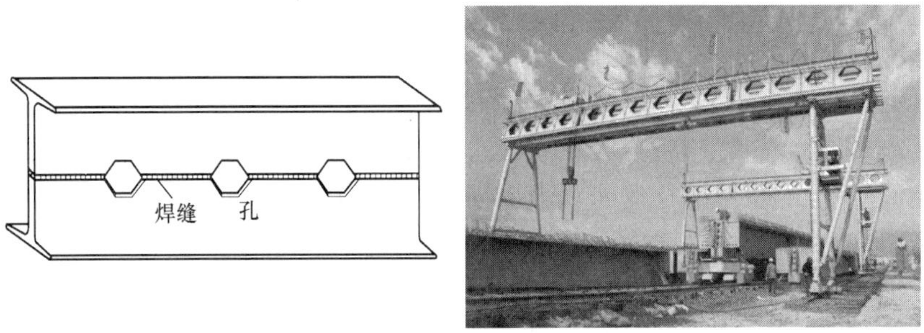

图 6-6　蜂窝梁

6.2　受弯构件的强度

受弯构件（钢梁）的强度应计算抗弯强度和抗剪强度，使其满足要求。对某些钢梁还应计算腹板在垂直于梁轴线方向的局部压应力，以及上述几种应力引起的折算应力。对于受直接动力荷载作用的钢梁，在有些情况下尚需进行疲劳强度验算。

6.2.1　抗弯强度

1. 工作性能

钢梁受弯时弯曲应力 σ 与应变 ε 的关系曲线和受拉时相似，一般假定钢材为理想弹塑性材料。以工字形截面梁为例（图 6-7a），当梁的弯矩逐渐增加时，梁截面弯曲应力的发展可分为以下三个阶段。

（1）弹性工作阶段。梁截面弯曲应力为三角形直线分布（图 6-7b），边缘纤维最大应力为 $\sigma=M/W_n$（W_n为净截面弹性抵抗矩）。当 σ 达到屈服强度 f_y时，是梁弹性工作阶段

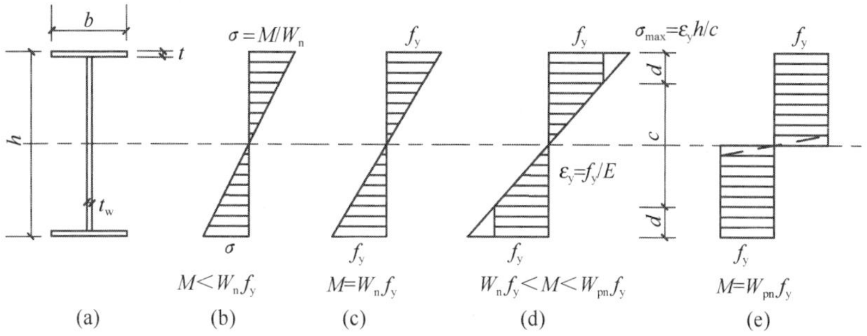

图 6-7 梁的弯曲应力

的极限状态（图 6-7c），其弹性极限弯矩为：$M_e=W_nf_y$。对需要计算疲劳的梁，常以边缘纤维应力达到 f_y 作为承载能力的极限状态。冷弯型钢梁，也以截面边缘纤维屈服作为极限状态。

（2）弹塑性工作阶段。荷载继续增加，截面边缘部分深度 d 范围应力达到屈服强度 f_y，截面的中间部分仍保持弹性（图 6-7d），此时梁处于弹塑性工作状态。在《钢标》中，对一般受弯构件的计算，就适当考虑了截面的塑性发展，以部分截面进入塑性作为承载能力的极限。

（3）塑性工作阶段。当荷载继续增加，截面的塑性区不断向内扩展，弹性核心部分 c 逐渐减小。当弹性核心部分完全消失（图 6-7e）时，截面全部进入塑性状态，弯曲应力为两个矩形分布，塑性极限弯矩 $M_p=W_{pn}f_y$（W_{pn} 为净截面塑性抵抗矩），这时荷载不能再增大，而变形却继续增加，称为形成塑性铰。超静定梁的塑性设计允许出现若干个塑性铰，直至形成机构。

净截面塑性抵抗矩 W_{pn} 可由截面应力图的内力平衡求得：

$$W_{pn}=S_{n1}+S_{n2} \text{ 或 } W_{pn}=2S_n$$

式中 S_{n1}、S_{n2}——上、下半净截面对塑性中和轴（面积平分轴）的面积矩；

S_n——上或下半净截面对形心轴的面积矩。

对矩形截面，$W_n=bh^2/6$，$W_{pn}=2S=2(bh/2)h/4=bh^2/4=1.5W_n$，说明在边缘纤维屈服后，截面内部发展塑性变形还能使弯矩增大 50%。对格构式截面或腹板很小的工字形截面，边缘纤维屈服时，全部截面的应力基本上已接近 f_y，$W_{pn}\approx(1.1\sim1.2)W_n$，腹板越大时取偏高值。为反映这一性质，定义 $\gamma_p=W_{pn}/W_n$ 为截面形状系数，其值只取决于截面几何形状，而与材料的性质无关，其值越大表明截面在边缘纤维屈服后继续承载的能力越大。

但是，钢梁一般不能利用完全塑性的极限弯矩，而只能考虑截面内部分发展塑性变形。这是由于：(a) 塑性变形过分发展可能使梁的挠度过大；(b) 钢梁的腹板较薄，会有一定的剪应力，有时还有局部压应力，故应限制塑性弯曲应力的范围，以免综合考虑的折算应力太大；(c) 过分发展塑性对钢梁的整体稳定和板件的局部稳定很不利。

2. 设计要求

基于以上分析，实际设计中为了避免梁产生过大的塑性变形，在设计时不采用塑性 W_{pn} 而代以降低值 γW_n，γ 为截面塑性发展系数。《钢标》中规定的 γ 值对应于截面部分发展塑性的深度$d=(0.1\sim0.2)h$，其值在$\gamma=1\sim W_{pn}/W_n$之间，对塑性发展潜力较大的截面（W_{pn}/W_n较大者），γ值将稍大。具体规定如表 6-1 所示，大致为：受压边缘纤维处为加宽的翼缘时（如工字形截面的强轴方向、箱形截面等）$\gamma=1.05$；无翼缘时（如工字形截面的弱轴方向、圆形截面等）$\gamma=1.2$；圆管截面$\gamma=1.15$；对格构式截面的虚轴方向，受压翼缘宽厚比不满足考虑塑性发展的限值要求者，以及需要计算疲劳的梁，则一律取$\gamma=1.0$，即按弹性极限状态计算。

与此相应，《钢标》规定单向受弯时，钢梁抗弯强度的计算公式如下：

$$\sigma = M/\gamma_x W_{nx} \leqslant f \tag{6-1}$$

对双向弯曲的梁近似按两方向叠加公式：

$$\sigma = M_x/\gamma_x W_{nx} + M_y/\gamma_y W_{ny} \leqslant f \tag{6-2}$$

式中 M_x、M_y——梁在最大刚度平面内（绕x轴）和最小刚度平面内（绕y轴）的弯矩设计值；

W_{nx}、W_{ny}——对x轴和y轴的净截面模量；

f——钢材的抗弯强度设计值。

截面塑性发展系数γ_x、γ_y按表 6-1 取值，但当：（1）受压翼缘自由外伸宽度与其厚度之比仅满足小于或等于$15\sqrt{235/f_y}$且大于$13\sqrt{235/f_y}$时，取相应的$\gamma=1.0$（表 4-3 中的 S4 级）；（2）对需要计算疲劳的梁，宜取$\gamma_x=\gamma_y=1.0$。

当固端梁和连续梁采用塑性设计时，塑性铰截面的弯矩应满足下式：

$$M_x \leqslant W_{pnx} f \tag{6-3}$$

式中 W_{pnx}——对x轴的塑性净截面模量；

f——钢材的抗弯强度设计值。

按照塑性设计的钢梁对板件的宽厚比有更严格的要求。我国《钢标》要求此类钢梁的板件宽厚比等级不应低于 S2 级（表 4-3）。

截面塑性发展系数 r_x、r_y　　表 6-1

项次	截面形式	r_x	r_y
1	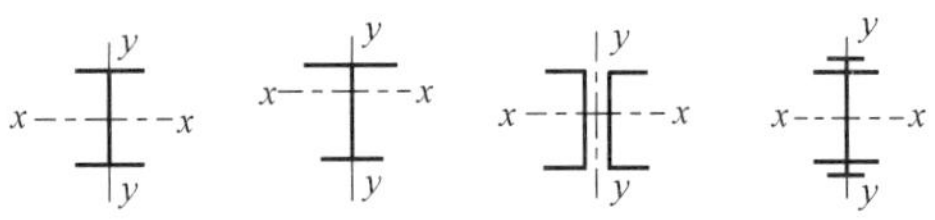	1.05	1.2
2	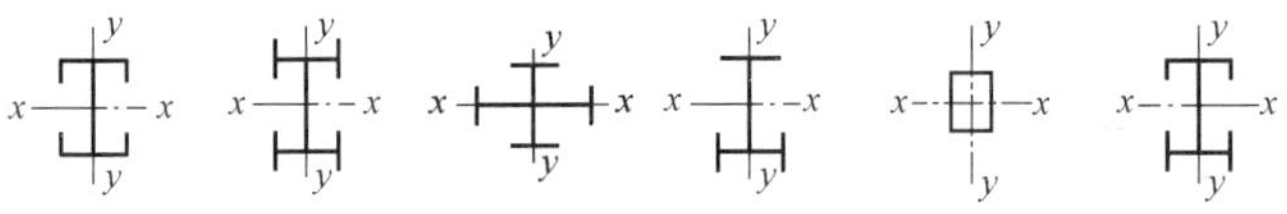	1.05	1.05
3	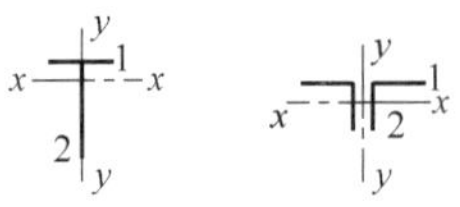	$r_{x1}=1.05$ $r_{x2}=1.2$	1.2
4	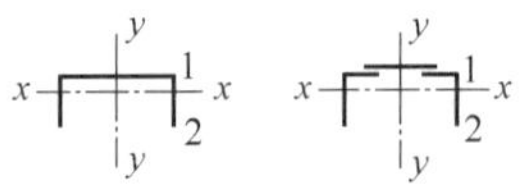	$r_{x1}=1.05$ $r_{x2}=1.2$	1.05

续表

项次	截面形式	r_x	r_y
5	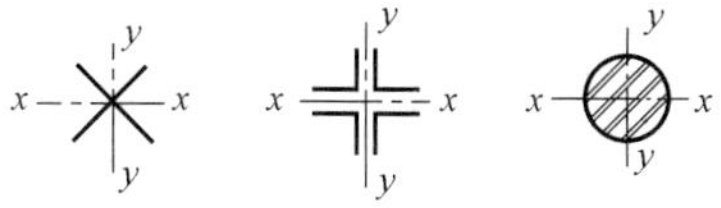	1.2	1.2
6	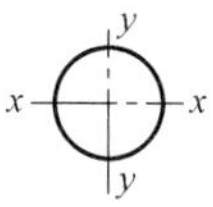	1.15	1.15
7	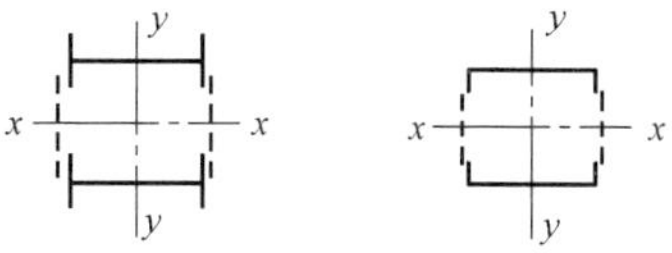	1.0	1.05
8	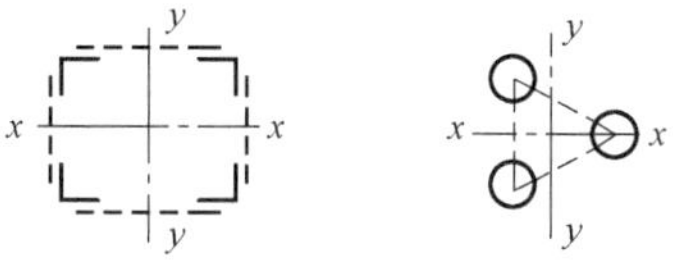		1.0

6.2.2　抗剪强度

横向荷载作用的梁，一般都有剪应力。对工字形和槽形截面的梁，在剪力作用下，剪应力分布如图 6-8 所示。根据材料力学，梁截面上任一点的剪应力按式（6-4）计算：

$$\tau = VS/It_w \leqslant f_v \qquad (6\text{-}4)$$

式中　V——计算截面的剪力设计值；

I——梁的毛截面惯性矩；

S——计算剪应力处以上（或以左/右）毛截面对中和轴的面积矩；

t_w——计算点截面的宽度或板件的厚度；

f_v——钢材抗剪强度设计值。

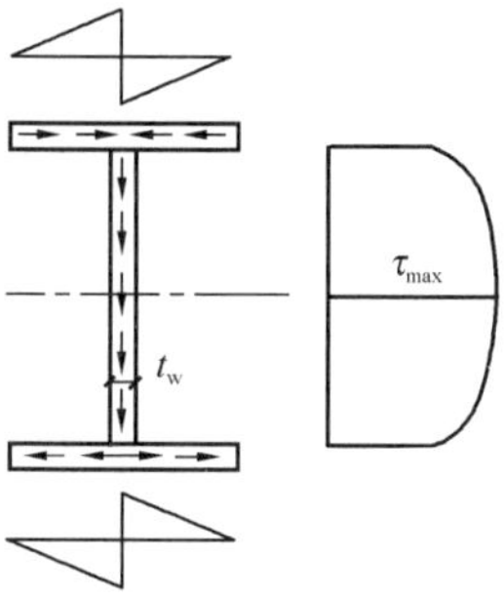

(a)

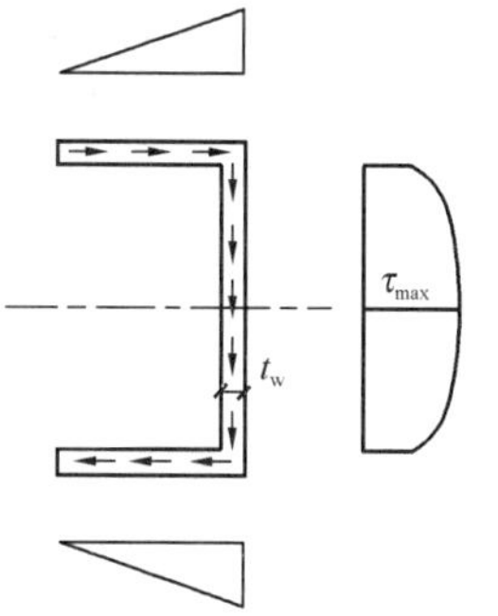

(b)

图 6-8　梁的剪应力

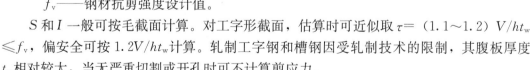

S 和 I 一般可按毛截面计算。对工字形截面，估算时可近似取 $\tau=$（1.1～1.2）$V/ht_w \leqslant f_v$，偏安全可按 $1.2V/ht_w$ 计算。轧制工字钢和槽钢因受轧制技术的限制，其腹板厚度 t_w 相对较大，当无严重切割或开孔时可不计算剪应力。

6.2.3　局部压应力

梁上承受固定集中荷载（包括支座反力）处未设支承加劲肋（图 6-9a）或梁上有移动集中荷载（如吊车轮压，图 6-9b、c）时，荷载通过翼缘传给腹板，腹板边缘在集中荷载点处产生的压应力最大，向两侧逐渐减小，压应力部分并不均匀（图 6-9c）。在计算中，

假定集中荷载 F 产生的压应力均匀分布在一段较短的范围 l_z 内。腹板边缘处的局部压应力按式（6-5）计算：

$$\sigma_c = \psi F / t_w l_z \leqslant f \tag{6-5}$$

式中 F——集中荷载（对动力荷载应考虑动力系数）；

ψ——集中荷载增大系数，对重级工作制吊车的轮压取 1.35（考虑局部范围的超额冲击作用），对其他情况取 1.0；

l_z——集中荷载在腹板计算高度边缘的假定分布长度，分以下两种情况计算。

（1）对于梁端支座反力（图 6-9a）

$$l_z = a + a_1 + 2.5h_y$$

（2）对于跨中集中荷载（图 6-9b）

$$l_z = a + 5h_y + 2h_R$$

式中 a——集中荷载沿梁跨度方向的支承长度，对吊车轮轨接触长度可取为 50mm；

h_y——自梁承载边缘至腹板计算高度边缘的距离；

h_R——轨道的高度，当梁顶无轨道时 $h_R = 0$；

a_1——梁端到支座板外边缘的距离，按实际取，但不得大于 $2.5h_y$。

计算 σ_c 时的腹板计算高度边缘按下列规定采用：

（1）轧制型钢梁取腹板与翼缘相接处的内圆弧起点（图 6-9a）；

（2）焊接组合梁取腹板端部（图 6-9b）；

（3）铆接或螺栓连接组合梁取内排铆钉或螺栓位置。

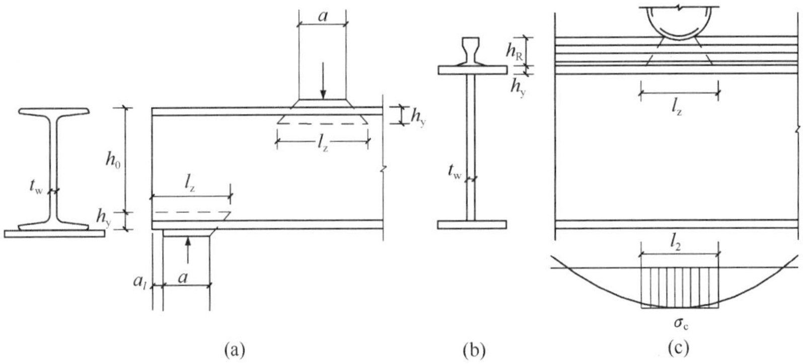

图 6-9 梁的局部压应力

当计算 σ_c 不满足要求时，在梁上承受位置固定的较大集中荷载（包括支座反力）处，一般应设支承加劲肋，刨平顶紧于受荷载的翼缘并与腹板牢固连接，这时认为全部集中荷载通过支承加劲肋传递，因而腹板的局部压应力 $\sigma_c \approx 0$，可不必计算；而对梁上承受移动荷载时应加厚腹板，或考虑增加集中荷载支承长度 a，或增加吊车梁轨道的高度以加大 h_y 和 l_z。

6.2.4 折算应力

受弯构件通常同时承受弯矩和剪力。在梁截面上某些部位会同时产生较大的弯曲正应力和较大的剪应力，有时还有局部压应力，如连续梁、悬臂梁、固端梁的支座处，梁上集中荷载作用点的一侧，梁变截面位置的一侧。在这些情况下，应按第 2 章提到的第四强度理论（式 2-5）验算该处的折算应力 σ_{eq}，验算公式如下：

$$\sigma_{eq}=\sqrt{\sigma_1^2+\sigma_c^2-\sigma_1\sigma_c+3\tau_1^2}\leqslant\beta_1 f \tag{6-6}$$

式中　σ_1、σ_c、τ_1——分别为腹板计算高度边缘同一点上的弯曲正应力、局部压应力、剪应力（拉应力为正、压应力为负）；σ_c 按式（6-5）、τ_1 按式（6-4）计算，σ_1 按下式计算：

$$\sigma_1=My_1/I_n \tag{6-7}$$

M——验算截面的弯矩设计值；

I_n——验算截面的净截面惯性矩；

y_1——验算点至中和轴的距离；

β_1——验算折算应力的强度设计值增大系数，当 σ_1 和 σ_c 异号时，取 $\beta_1=1.2$；当 σ_1 和 σ_c 同号或 $\sigma_c=0$ 时，取 $\beta_1=1.1$；验算折算应力的强度设计值增大系数是考虑折算应力的最大值只发生在范围很小的局部；当 σ_1 和 σ_c 异号时，其塑性变形能力比 σ_1 和 σ_c 同号时大，因此前者的 β_1 值大于后者。

6.3　受弯构件的刚度

梁的挠度过大，会影响正常使用。梁的刚度用荷载作用下的挠度大小来度量，属于正常使用极限状态验算。工程设计中，应保证梁的挠度不超过规范所规定的容许挠度。

梁挠度（或相对挠度）的验算公式为：

$$v\leqslant[v_T]\text{ 及 }[v_Q] \tag{6-8}$$

$$\text{或 } v/l\leqslant[v_T/l]\text{ 及 }[v_Q/l] \tag{6-9}$$

式中　v——梁的最大挠度，用荷载标准值组合计算，不考虑荷载分项系数和动力系数；

$[v_T]$——永久和可变荷载标准值产生的挠度（如有起拱应减去拱度）的容许值；

$[v_Q]$——可变荷载标准值产生的挠度的容许值；

l——梁的跨度，对悬臂梁取悬伸长度的 2 倍。

挠度容许值按使用需要确定，具体可查附录 C。

梁的挠度可按结构力学的方法计算，也可利用软件采用有限元法计算。对于常用的简单受弯构件可采用如表 6-2 中的公式直接计算。

几个常用的挠度计算公式　　**表 6-2**

荷载类型	简支梁	固端梁	悬臂梁
均布荷载	$v=\dfrac{5ql^4}{384EI}$	$v=\dfrac{ql^4}{384EI}$	$v=\dfrac{ql^4}{8EI}$
跨中或梁端集中荷载	$v=\dfrac{Pl^3}{48EI}$	$v=\dfrac{Pl^3}{192EI}$	$v=\dfrac{Pl^3}{3EI}$

【例题 6-1】有一楼盖的梁格布置如图 6-10 所示，恒荷载标准值 4.5kN/m²，活荷载标准值 2.5kN/m²（静力荷载）。主、次梁分别采用 Q355B 钢材的焊接和轧制工字形截面，试选择次梁截面。

解：

次梁分别按热轧普通工字钢和热轧 H 型钢设计，因梁上有混凝土面板可靠连接，不必计算整体稳定；对型钢梁也不必计算局部稳定，故只需考虑强度和刚度。

分析该结构，荷载的传递路径为：楼板荷载→次梁→主梁→柱。次梁承受 2.5m 宽度范围内的楼板荷载，设次梁自重 0.7kN/m，则次梁荷载为：

	标准值	设计值
次梁自重（假定值）	0.7kN/m	×1.3= 0.91kN/m
楼板恒荷载	$4.5\text{kN/m}^2 \times 2.5\text{m} = 11.25\text{kN/m}$	×1.3= 14.625kN/m
楼板活荷载	$2.5\text{kN/m}^2 \times 2.5\text{m} = 6.25\text{kN/m}$	×1.5= 9.375kN/m
	$q_k = 18.20\text{kN/m}$	$q = 24.91\text{kN/m}$

次梁内力：

$M_{max} = ql^2/8 = 24.91 \times 7.2^2/8 = 161.42\text{kN}\cdot\text{m}$

$V_{max} = ql/2 = 24.91 \times 7.2/2 = 89.68\text{kN}$

所需截面抵抗矩：

$W_n = M_{max}/\gamma f = 161.42 \times 10^6/(1.05 \times 305) = 504.04 \times 10^3\text{mm}^3$

（1）截面形式选择热轧普通工字钢，初选 I28b，$W = 534 \times 10^3\text{mm}^3 > 504.04 \times 10^3\text{mm}^3$。其他特性参数为：$I = 7480 \times 10^4\text{mm}^4$，$A = 6100\text{mm}^2$，$b = 124\text{mm}$，$t = 13.7\text{mm}$，$t_w = 10.5\text{mm}$，腹板翼缘交接圆角 $\gamma = 10.5\text{mm}$；质量 47.89kg/m，重量 $47.89 \times 9.8 = 469.3\text{N/mm} < 0.7\text{kN/m}$（假定值）。

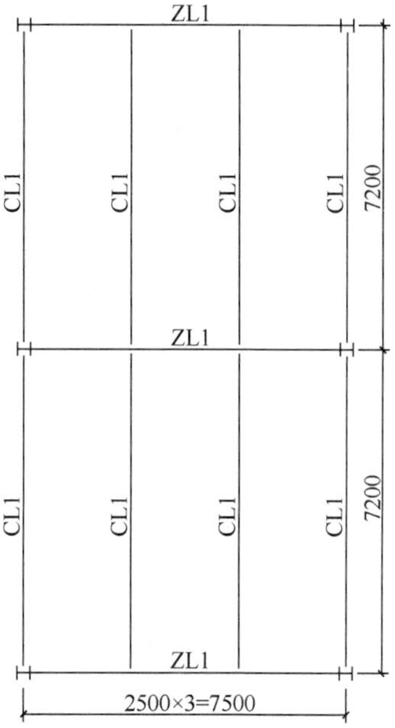

图 6-10　楼盖梁格布置图

次梁挠度：

$$\frac{v}{l} = \frac{5}{384}\frac{q_k l^3}{EI} = \frac{5}{384}\frac{18.20 \times 7200^3}{206 \times 10^3 \times 7480 \times 10^4} = \frac{1}{174} > \left[\frac{v}{l}\right] = \frac{1}{250}$$

不满足！

改选截面形式为 I32a 的热轧普通工字钢，$W = 692 \times 10^3\text{mm}^3 > 504.04 \times 10^3\text{mm}^3$。其他特性参数为：$I = 11,100 \times 10^4\text{mm}^4$，$A = 6716\text{mm}^2$，$b = 130\text{mm}$，$t = 15.0\text{m}$，$t_w = 9.5\text{mm}$，$S_x = 400.5\text{cm}^3$，腹板翼缘交接圆角 $\gamma = 11.5\text{mm}$；质量 52.72kg/m，重量 $52.72 \times 9.8 = 516.7\text{N/m} < 0.7\text{kN/m}$（假定值）。

次梁挠度：

$$\frac{v_F}{l} = \frac{5}{384}\frac{q_k l^3}{EI} = \frac{5}{384}\frac{18.20 \times 7200^3}{206 \times 10^3 \times 11,100 \times 10^4} < \frac{1}{258} < \left[\frac{v}{l}\right] = \frac{1}{250}$$

$$\frac{v_Q}{l} = \frac{5}{384}\frac{q_Q l^3}{EI} = \frac{5}{384}\frac{6.25 \times 7200^3}{206 \times 10^3 \times 11,100 \times 10^4} < \frac{1}{752} < \left[\frac{v}{l}\right] = \frac{1}{300}\text{，满足！}$$

剪应力计算：

$$\tau = \frac{V_{\max} S_x}{It} = \frac{89.68 \times 10^3 \times 400.5 \times 10^3}{11,100 \times 10^4 \times 9.5} = 34.06\text{N/mm}^2 < 170\text{N/mm}^2$$

此次梁选取的为热轧普通工字钢，设次梁与主梁用叠接，次梁为型钢且端部截面无切割。可见，直接选用设计好的热轧普通工字钢满足剪应力设计要求，剪应力一般不起控制作用。因此，只有在截面有较大削弱时，才需要验算剪应力。按照有限塑性发展准则计算所得正应力为：

$$\sigma = \frac{M_{\max}}{\gamma W_x} = \frac{161.42 \times 10^6}{1.05 \times 692,000} = 222.16\text{N/mm}^2 < 305\text{N/mm}^2\text{，满足！}$$

（2）截面形式选择 H 型钢，初选 HN346×174×6×9，$W=638\times10^3\text{mm}^3>504.04\times10^3\text{mm}^3$。其他特性：$I=11,000\times10^4\text{mm}^4$，$A=5245\text{mm}^2$，$b=174$ mm，$t=9$mm，$t_w=6$mm，质量 41.2kg/m，重量 0.4038kN/m<0.7kN/m（假定值）。

$$\frac{v}{l} = \frac{5}{384}\frac{q_k l^3}{EI} = \frac{5}{384}\frac{18.20 \times 7200^3}{206 \times 10^3 \times 11,000 \times 10^4} < \frac{1}{258} < \left[\frac{v}{l}\right] = \frac{1}{250}\text{，满足！}$$

不考虑端部连接方式的削弱，型钢梁都较厚，剪应力一般不起控制作用，无需验算。按照有限塑性发展准则计算所得正应力为：

$$\sigma = \frac{M_{\max}}{\gamma W_x} = \frac{161.42 \times 10^6}{1.05 \times 638,000} = 240.96\text{N/mm}^2 < 305\text{N/mm}^2\text{，满足！}$$

比较：(1)、(2) 采用了不同的热轧型钢，后者比前者的截面积小，但算得的截面应力和构件的挠度仍符合设计要求，原因是 H 型钢较工字钢的截面更加开展，截面抵抗矩更大，因此截面形式更加合理，从经济的角度来看，选择（2）更加合适。

6.4　受弯构件的整体稳定

第 4.3.2 节详细介绍了受弯构件的失稳概念，指出其失稳形式为侧向弯扭失稳。推导了受弯构件整体失稳时临界弯矩的通用计算公式（式 4-27），讨论了弯矩非均匀分布、横向荷载作用位置、截面形式以及支承条件对临界弯矩的影响。本节主要讲解《钢标》中关于受弯构件整体稳定承载力的计算。

对纯弯曲的双轴对称工字形截面简支梁，其整体失稳时的临界弯矩见式（4-24），可改写为：

$$M_{cr} = \frac{\pi^2 EI_y}{l^2}\sqrt{\left(\frac{GI_t l^2}{\pi^2 EI_y} + \frac{I_\omega}{I_y}\right)} \tag{6-10}$$

二维码6-2
简支梁支承条件对梁整体稳定的影响

对焊接工字形截面，截面的扭转常数 I_t 按式（4-14）计算，并取 $\eta=1.0$：

$$I_t = \eta \frac{1}{3}\sum_{i=1}^{n} b_i t_i^3 = \frac{1}{3}\sum_{i=1}^{n} b_i t_i^3 \approx \frac{1}{3}At_1^2 \tag{6-11}$$

对工字形截面，截面翘曲扭转系数计算如下：

$$I_\omega = \frac{I_y h^2}{4} \tag{6-12}$$

式中　A——梁的毛截面面积；

t_1——梁受压翼缘板的厚度；

h——梁截面高度。

将式（6-11）、式（6-12）以及 $E=2.06\times10^5\mathrm{N/mm^2}$ 和 $G=7.9\times10^4\mathrm{N/mm^2}$ 代入式（6-10），可得到临界应力（式中弯矩单位为 N·mm，截面尺寸单位为 mm）：

$$\sigma_{cr}=\frac{M_{cr}}{W_x}=\frac{10.17\times10^5}{\lambda_y^2W_x}Ah\sqrt{1+\left(\frac{\lambda_yt_1}{4.4h}\right)^2} \tag{6-13}$$

式中　W_x——按受压纤维确定的毛截面模量。

若保证梁不丧失整体稳定，应使梁受压翼缘的最大应力小于临界应力 σ_{cr}，考虑抗力分项系数 γ_R 后，得：

$$\frac{M_x}{W_x}\leqslant\frac{\sigma_{cr}}{\gamma_R} \tag{6-14}$$

取梁的整体稳定系数 φ_b 为：

$$\varphi_b=\frac{\sigma_{cr}}{f_y} \tag{6-15}$$

将 φ_b 代入式（6-14），得到：

$$\frac{M_x}{W_x}\leqslant\frac{\varphi_bf_y}{\gamma_R}=\varphi_bf \tag{6-16}$$

将式（6-16）改写为：

$$\frac{M_x}{\varphi_bW_xf}\leqslant1.0 \tag{6-17}$$

式（6-17）即为《钢标》中梁的整体稳定计算公式。

将式（6-13）代入式（6-15），取 $f_y=235\mathrm{N/mm^2}$，可得到稳定系数 φ_b 的近似值为：

$$\varphi_b=\frac{4320}{\lambda_y^2}\frac{Ah}{W_x}\sqrt{1+\left(\frac{\lambda_yt_1}{4.4h}\right)^2} \tag{6-18}$$

对于屈服强度 f_y 不同于 Q235 的其他钢材，可引入钢号修正系数 $\varepsilon_k=\sqrt{\frac{235}{f_y}}$，式（6-18）可写为：

$$\varphi_b=\frac{4320}{\lambda_y^2}\frac{Ah}{W_x}\sqrt{1+\left(\frac{\lambda_yt_1}{4.4h}\right)^2}\frac{235}{f_y} \tag{6-19}$$

式（6-19）是纯弯曲作用下简支梁的稳定系数计算公式，当梁上承受横向荷载时，通过选取一些常用截面尺寸，进行数据分析，得出了不同荷载类型下的稳定系数与纯弯曲作用下稳定系数的比值为 β_b。同时再考虑钢梁采用单轴对称截面形式的情况，梁整体稳定系数 φ_b 可写成更一般的形式，如式（6-20），该式可适用于等截面焊接工字钢简支梁和热轧 H 型钢简支梁：

$$\varphi_b=\beta_b\frac{4320}{\lambda_y^2}\frac{Ah}{W_x}\left[\sqrt{1+\left(\frac{\lambda_yt_1}{4.4h}\right)^2}+\eta_b\right]\frac{235}{f_y} \tag{6-20}$$

式中　β_b——梁整体稳定的等效弯矩系数，其值可根据荷载、侧向支承情况和 $\xi=l_1t_1/b_1h$ 查表 6-3，表 6-3 以受有均匀弯矩且跨中无侧向支承的简支梁式为标准情况，取 $\beta_b=1$；对其他荷载或跨中有侧向支承点情况，视其对稳定有利或不利而取 $\beta_b>1$ 或 $\beta_b<1$；

η_b——截面不对称影响系数，对双轴对称工字形截面（图 6-11a）取 $\eta_b=0$ 为标准情况；加强受压翼缘的单轴对称工字形截面（图 6-11b）取 $\eta_b=0.8(2a_b-1)$；加强受拉翼缘的单轴对称工字形截面（图 6-11c）取 $\eta_b=2a_b-1$，此处 $a_b=I_1/(I_1+I_2)$，I_1 和 I_2 分别为受压和受拉翼缘对 y 轴的惯性矩；加强受压翼缘时 η_b 为正值，是 φ_b 的增加项，对梁的稳定有利，加强受拉翼缘时则相反。

工字形截面简支梁等效弯矩系数 β_b　　**表 6-3**

项次	侧向支承	荷载		$\xi=\frac{l_1t_1}{b_1h}$ $\xi\leqslant2.0$	$\xi=\frac{l_1t_1}{b_1h}$ $\xi>2.0$	适用范围
1	跨中无侧向支承	均布荷载作用在	上翼缘	$0.69+0.13\xi$	0.95	图 6-11（a）、（b）截面
2			下翼缘	$1.73-0.20\xi$	1.33	
3		集中荷载作用在	上翼缘	$0.73+0.18\xi$	1.09	
4			下翼缘	$2.23-0.28\xi$	1.67	
5	一个侧向支承点	均布荷载作用在	上翼缘	1.15		图 6-11 中的所有截面
6			下翼缘	1.40		
7		集中荷载作用在截面高度上任意位置		1.75		
8	跨中点有不少于两个等距离侧向支承点	任意荷载作用在	上翼缘	1.20		
9			下翼缘	1.40		
10	梁端有弯矩，但跨中无荷载作用			$1.75-1.05\left(\frac{M_2}{M_1}\right)+0.3\left(\frac{M_2}{M_1}\right)^2$，但小于或等于 2.3		

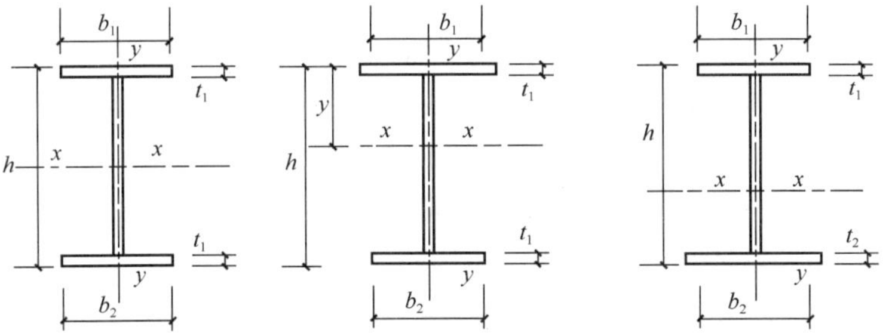

(a) 双轴对称　　(b) 加强受压翼缘　　(c) 加强受拉翼缘

图 6-11　焊接工字钢和轧制 H 型钢

式（6-20）是按照弹性工作阶段推导出来的。对于钢梁非弹性稳定的计算，由于存在残余应力的不利作用，几何缺陷的影响也比较大，要比弹性稳定复杂得多。通过对钢梁进行考虑残余应力和材料弹塑性性能影响的极限承载力分析，可得到钢梁的弹塑性临界弯矩 M'_{cr} 和弹塑性整体稳定系数 $\varphi'_b=\frac{M'_{cr}}{W_xf_y}$，同时可算得钢梁的弹性临界弯矩 M_{cr} 和相应的 φ_b。变化钢梁的跨度、截面尺寸和荷载情况可得到不同的 φ_b 和 φ'_b，将这些关系点用一条曲线来拟合，便可得到 φ_b-φ'_b 的关系曲线，并可确定出应该用 φ'_b 代替 φ_b 的分界点。研究表明，$\varphi_b \leqslant 0.6$ 时，φ'_b 和 φ_b 相差不大，可以认为属弹性失稳而仍用 φ_b 值。只有当 $\varphi_b > 0.6$ 时，φ'_b 才比 φ_b 有逐渐明显的降低，此时应按下式求得的 φ'_b 代替 φ_b 进行整体稳定计算：

$$\varphi'_b = 1.07 - \frac{0.282}{\varphi_b} \leqslant 1 \tag{6-21}$$

轧制普通工字钢简支梁应用较广，其截面尺寸有一定规格，故《钢标》另编专用 φ_b 表，如附表 G-1（或《钢标》附表 C.0.2）所示，可按工字钢型号直接查得各种情况的 φ_b 值，当 $\varphi_b > 0.6$ 时应换算成 φ'_b。

槽钢梁只用于跨度较小的梁，而其 φ_b 的理论计算较复杂，故《钢标》规定更为近似和偏安全的式（6-22），当 $\varphi_b > 0.6$ 时应换算成 φ'_b：

$$\varphi_b = \frac{570bt}{l_1 h} \cdot \frac{235}{f_y} \tag{6-22}$$

对跨度较大的梁，如果没有防止扭转和侧向弯曲的约束，则承载能力将由稳定条件控制。为了充分发挥钢梁材料的作用，防止丧失整体稳定，可以在梁受压区加设一些支撑来提供对扭转和侧向弯曲的约束，从而提高梁的稳定承载力。而对不方便增加侧向支撑的钢梁，可以对钢梁的受压翼缘进行加强，包括增加受压翼缘的宽度和厚度，这样也可以有效提高梁的稳定承载力，如工业厂房中的吊车梁，通常可以设计成单轴对称、加强受压翼缘的工字形截面。

二维码6-3
次梁连接对主梁稳定的影响

在工程设计中，梁的整体稳定通常由铺板或支撑来保证，需要验算的情况并不很多。《钢标》规定，当符合下列条件之一时，梁的整体稳定可以得到保证，不必计算。

（1）有铺板（各种钢筋混凝土板或钢板）密铺在梁的受压翼缘上与其牢固相连，能阻止梁受压翼缘的侧向位移；

（2）箱形截面简支梁，其截面尺寸满足 $h/b_0 \leqslant 6$ 且 $l_1/b_0 \leqslant 95(235/f_y)$ 时（此条件很容易达到，故《钢标》未再规定 φ_b 的计算公式），这里 l_1 为受压翼缘的自由长度；b_0 为两腹板中距。

二维码6-4
铺板和支撑防止梁失稳的作用

在两个主平面受弯的 H 型钢截面或工字形截面钢梁，绕强轴和弱轴的弯矩为 M_x 和 M_y 时，整体稳定性应按下式计算：

$$M_x/(\varphi_b W_x f) + M_y/(\gamma_y W_y f) \leqslant 1 \tag{6-23}$$

式中 W_x、W_y——按受压纤维确定的对 x 和对 y 轴的毛截面模量；

φ_b——绕 x 轴弯曲所确定的梁整体稳定系数；

γ_y——绕 y 轴弯曲的塑性发展系数。

需指出，式（6-23）为一经验公式。构造公式时引入 γ_y 以适当降低绕弱轴弯曲的影响，并非绕弱轴弯曲出现塑性。梁的整体稳定性属于构件的整体力学性能，M_x 和 M_y 显然不能像强度计算那样在同一截面取值。很难提出一般性的 M_y 取值截面位置，比较简单的方法是取梁跨度中央 $l/3$ 范围内 M_y 的最大值。

【例题 6-2】 等截面焊接主梁如图 6-12 所示，钢材为 Q355B，焊条选用 E50 型，跨度 $l=$

12.0m。距两端支座 4.0m 处分别支承一根次梁，各传递荷载 $P=360\text{kN}$（设计值）。试计算主梁的整体稳定性。

解：

由梁截面算出梁的自重设计值为：

$$q=(1.2\times0.01+2\times0.014\times0.24)\times7.85\times10\times1.3=1.910\text{kN/m}$$

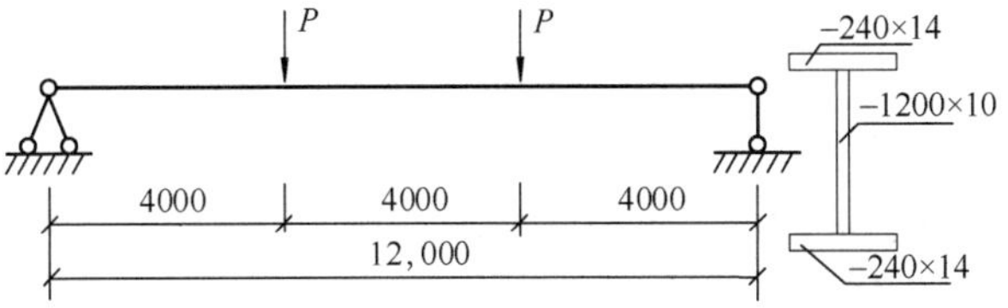

图 6-12　例题 6-2 图（mm）

跨中最大弯矩：

$$M=\frac{1}{8}\times1.910\times12^2+360\times4=1474.38\text{kN}\cdot\text{m}$$

梁的截面特性：$A=2\times14\times240+1200\times10=18,720\text{mm}^2$

$$I_x=\frac{1}{12}\times(240\times1228^3-230\times1200^3)=3,916,087,040\text{mm}^4$$

$$I_y=\frac{1}{12}\times(1200\times10^3+2\times14\times240^3)=32,356,000\text{mm}^4$$

$$W_x=\frac{I_x}{h/2}=\frac{3,916,087,040}{14+1200/2}=6,377,992\text{mm}^3$$

$$i_y=\sqrt{\frac{I_y}{A}}=\sqrt{\frac{32,356,000}{18720}}=41.6\text{mm}$$

$$\lambda_y=l_1/i_y=4000/41.6=96.15$$

双轴对称工字形截面：$\eta_b=0$。

跨中有两个等距离侧向支承点，集中荷载作用在支承点处，查表 6-3 可知：$\beta_b=1.2$。

因此：

$$\varphi_b=\beta_b\frac{4320}{\lambda_y^2}\frac{Ah}{W_x}\sqrt{1+\left(\frac{\lambda_y t_1}{4.4h}\right)^2}\frac{235}{f_y}$$

$$=1.2\times\frac{4320}{96.15^2}\cdot\frac{18,720\times1228}{6,377,992}\sqrt{1+\left(\frac{96.15\times14}{4.4\times1228}\right)^2}\times\frac{235}{355}=1.38>0.6$$

需对 φ_b 值进行折减：$\varphi'_b=1.07-\frac{0.282}{\varphi_b}=1.07-\frac{0.282}{1.38}=0.866$。

梁的整体稳定性验算：

$$\frac{M}{\varphi'_b W_x f}=\frac{1474.38\times10^6}{0.866\times6,377,992\times305}=0.875<1.0$$

梁的整体稳定性满足。

6.5 受弯构件的局部稳定

6.5.1 钢梁局部失稳的概念

设计焊接截面钢梁时，为了获得经济的截面尺寸，常采用宽而薄的翼缘板和高而薄的腹板。在横向荷载作用下，梁的受压翼缘和腹板都可能因弯曲压应力和剪应力的作用而偏离其平面位置，出现波形鼓曲（图 6-13），这种现象称为梁的局部失稳。

构件和板件失稳的根本原因是截面存在压应力，梁中产生压应力的原因有：

（1）截面受弯——上翼缘受压，腹板有受压区；

（2）腹板受剪——腹板存在主压应力；

（3）集中荷载——腹板计算高度边缘存在局部压应力。

要保证梁的局部稳定性，对于翼缘一般通过控制板件的宽厚比来满足，腹板多靠配置加劲肋来满足。板件丧失局部稳定会对梁的承载能力有影响，为此，不同截面等级的梁有不同的板件宽厚比限值。此外，《钢标》对于允许腹板局部失稳和利用腹板屈曲后强度的设计方法亦有规定。关于腹板屈曲后强度的概念见本教材第 4.3.4 节有关内容。

二维码6-5
钢梁腹板屈曲后强度

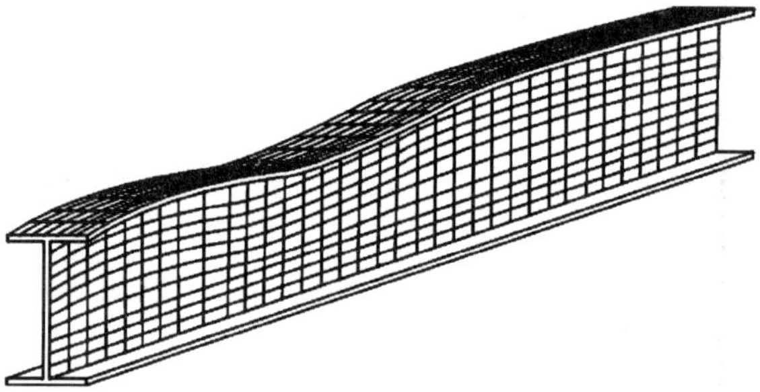

图 6-13　钢梁的局部失稳

6.5.2 受压翼缘的局部稳定

梁的受压翼缘主要受弯曲压应力作用，当按截面部分发展塑性设计时，在强度极限状态下弯曲正应力均匀分布，可视为一单向均匀受压薄板，其临界应力见第 4 章式（4-39），引入弹性模量折减系数 η 来考虑屈曲时可能的塑性发展，式（4-39）可改写为：

$$\sigma_{cr}=\frac{\chi\sqrt{\eta}K\pi^2E}{12(1-\nu^2)}\left(\frac{t}{b}\right)^2 \tag{6-24}$$

将弹性模量 E 和泊松比 ν 代入式（6-24），得：

$$\sigma_{cr}=18.6\beta\chi\sqrt{\eta}\left(\frac{100t}{b}\right)^2 \tag{6-25}$$

式中　b、t——受压翼缘自由外伸宽度和厚度；

β——屈曲系数，工字形截面受压翼缘板的悬伸部分，为三边简支板且板长趋于无穷大，故 $\beta=0.425$；

χ——边界嵌固系数，由于支承翼缘的腹板一般较薄，对翼缘板的嵌固作用很小，故 $\chi=1.0$；

η——弹性模量折减系数，取 $\eta=0.25$。

为了充分发挥材料强度，翼缘的合理设计是采用一定厚度的钢板，让其临界应力不低于钢材的屈服强度，从而使翼缘不丧失稳定，即要求 $\sigma_{cr}\geqslant f_y$。根据此条件得：

$$\sigma_{cr}=18.6\times0.425\times1.0\times\sqrt{0.25}\times\left(\frac{100t}{b}\right)^2=3.953\left(\frac{100t}{b}\right)^2\geqslant f_y \tag{6-26}$$

则工字形截面受压翼缘板件宽厚比：

$$\frac{b}{t}\leqslant13\varepsilon_k \tag{6-27}$$

此限值符合表4-3中S3等级的部分塑性设计要求。

当梁按弹性设计时，弯曲应力为三角形分布，当边缘应力达到 f 时，翼缘平均应力只有（0.95～0.98）f，故对梁受压翼缘自由外伸宽厚比的限值可略放宽为：

$$\frac{b}{t}\leqslant15\varepsilon_k \tag{6-28}$$

此限值符合表4-3中S4等级的弹性设计要求。

超静定梁采用塑性设计方法时，即允许截面上出现塑性铰并要求有一定转动能力时，且在转动过程中承载力不降低，翼缘的应变发展较大，甚至达到应变硬化的程度，对其翼缘的宽厚比要求就十分严格，应满足：

$$\frac{b}{t}\leqslant9\varepsilon_k \tag{6-29}$$

此限值符合表4-3中S1等级的要求，即全截面进入塑性并要求有一定转动能力。

箱形截面受压翼缘在两腹板（或腹板与纵向加劲肋）间的无支承宽度 b_0 与其厚度的比值，按S3等级的弹塑性设计时应满足：

$$\frac{b_0}{t}\leqslant37\varepsilon_k \tag{6-30}$$

6.5.3　腹板的局部稳定

腹板受到横向加劲肋和上、下翼缘的支承，为四边支承板，其上分布着非均匀分布的弯曲压应力和剪应力，有时还存在局部压应力，因此应力状态复杂。增加腹板厚度可有效提高腹板的稳定承载力，但由于腹板厚度对截面的刚度贡献不大，增加其厚度会导致用钢量的显著增大，故一般通过设置加劲肋将大的板块分隔成若干小板块，从而提高腹板的稳定承载力，使其满足设计要求。腹板在布置加劲肋后，被划分成不同的区格，加劲肋布置的示意图如图6-14所示。对于简支梁的腹板，根据弯矩和剪力的分布规律，靠近梁端部的区格主要受到剪应力的作用，而在跨中附近的区格主要受到弯曲正应力的作用，其他区格则受到弯曲正应力和剪应力的共同作用。对于有集中荷载作用的区格，则还承受局部压应力的作用。

下面先讨论分别在弯曲正应力、剪应力、局部压应力，以及3种应力同时作用时腹板的稳定性能。

1. 腹板在不同应力状态下的临界应力

（1）纯弯曲应力

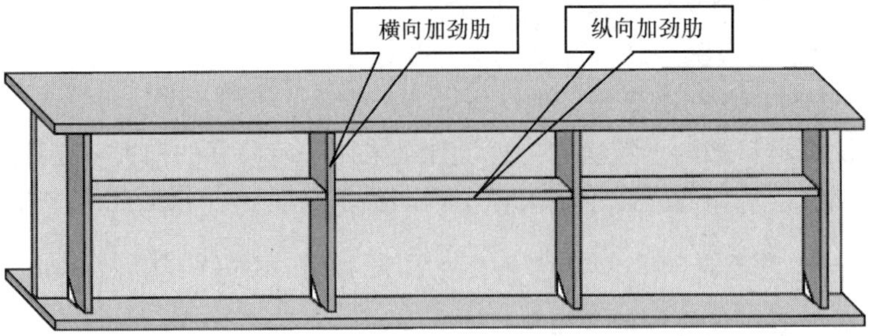

图 6-14　梁加劲肋布置示意图

图 6-15 为腹板在纯弯曲应力作用下的失稳模态。由非均匀受压薄板的屈曲理论，其临界应力见第 4 章式（4-39），可写成：

$$\sigma_{cr}=\frac{\chi K\pi^2 E}{12(1-\nu^2)}\left(\frac{t_w}{h_0}\right)^2 \tag{6-31}$$

即：

$$\sigma_{cr}=18.6K\chi\left(\frac{100t_w}{h_0}\right)^2=C_2\left(\frac{100t_w}{h_0}\right)^2 \tag{6-32}$$

式中　t_w——腹板的厚度；

h_0——腹板的计算高度。

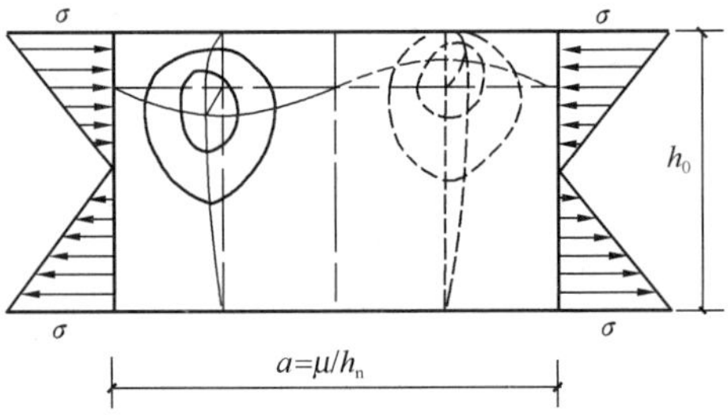

图 6-15　腹板纯弯失稳

四边简支、纯弯曲板的屈曲系数 $K=23.9$。当梁受压翼缘扭转受到约束时嵌固系数 $\chi=1.66$，受压翼缘扭转未受到约束时嵌固系数 $\chi=1.23$。

保证腹板弯曲应力下的局部稳定承载力要求 $\sigma_{cr}\geqslant f_y$，可得满足此要求的腹板高厚比限值：$\frac{h_0}{t_w}\leqslant 177\sqrt{\frac{235}{f_y}}$和$\frac{h_0}{t_w}\leqslant 153\sqrt{\frac{235}{f_y}}$（分别对应梁受压翼缘扭转受到约束和未受到约束）。《钢标》取：

$$\frac{h_0}{t_w}\leqslant 170\sqrt{\frac{235}{f_y}} \tag{6-33}$$

$$\frac{h_0}{t_w}\leqslant 150\sqrt{\frac{235}{f_y}} \tag{6-34}$$

满足此条件腹板就不会因为弯曲应力而失稳。否则应在受压区设置纵向加劲肋，以减小计算区格的计算高度，提高腹板弯曲应力下的局部稳定承载力。

《钢标》取国际上通用的正则化高厚比 $\lambda_b=\sqrt{\frac{f_y}{\sigma_{cr}}}$作为参数，即：$\sigma_{cr}=\frac{f_y}{\lambda_b^2}$，在弹性范围可取 $\sigma_{cr}=1.1f/\lambda_b^2$。

由式（6-32），当受压翼缘扭转受到约束时，$\sigma_{cr}=7.4\times10^6\left(\frac{t_w}{h_0}\right)^2$，则：

$$\lambda_b=\frac{2h_c/t_w}{177}\sqrt{\frac{f_y}{235}} \tag{6-35}$$

其他情况时，由于腹板应力最大处翼缘应力也很大，后者对前者并不提供约束，则：

$$\lambda_b = \frac{2h_c/t_w}{138}\sqrt{\frac{f_y}{235}} \tag{6-36}$$

式中 h_c——梁腹板受压区高度，双轴对称截面 $2h_c = h_0$。

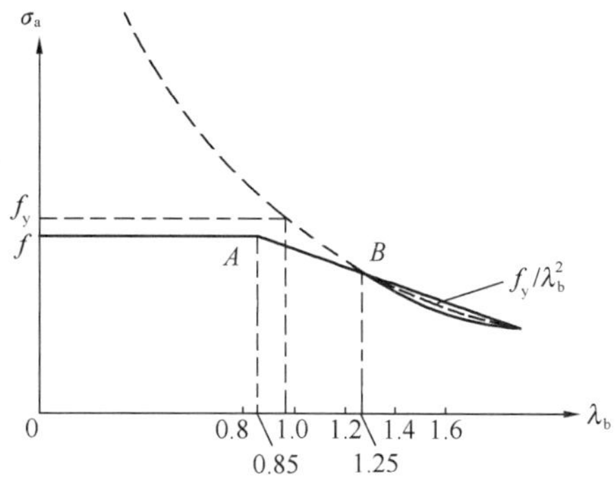

图 6-16 临界应力与通用高厚比关系曲线

对没有缺陷的板，当 $\lambda_b=1$ 时，$\sigma_{cr}=f_y$。考虑残余应力和几何缺陷的影响，如图 6-16 所示取 $\lambda_b=0.85$ 为弹塑性修正的上起始点 A，弹塑性修正的下起始点 B 为弹性与弹塑性的交点，参照梁整体稳定弹性界限取为 $0.6f_y$，相应地 $\lambda_b=\sqrt{f_y/0.6f_y}=1.29$，考虑到腹板局部屈曲受残余应力的影响不如整体屈曲大，取 $\lambda=1.25$。上、下起始点间的过渡段采用直线式，由此得 σ_{cr} 的取值如下：

当 $\lambda_b \leqslant 0.85$ 时，$\sigma_{cr}=f$ (6-37a)

当 $0.85<\lambda_b\leqslant 1.25$ 时，$\sigma_{cr}=[1-0.75(\lambda_b-0.85)]f$ (6-37b)

当 $\lambda_b>1.25$ 时，$\sigma_{cr}=1.1f/\lambda_b^2$ (6-37c)

(2) 纯剪应力

腹板在纯剪应力作用下的屈曲模态如图 6-17 所示，由薄板屈曲理论得该状态下的弹性阶段临界应力：

$$\tau_{cr} = \frac{\chi K \pi^2 E}{12(1-\nu^2)}\left(\frac{t_w}{h_0}\right)^2 \tag{6-38}$$

即：

$$\tau_{cr} = 1.86K\chi\left(\frac{100t_w}{d}\right)^2 = C_3\left(\frac{100t_w}{d}\right)^2 \tag{6-39}$$

式中 $d=\min\{h_0, a\}$。

引入通用高厚比 $\lambda_s=\sqrt{\frac{f_{vy}}{\tau_{cr}}}$ 作为参数。

当 $a/h_0\leqslant 1$ 时，$\tau_{cr}=233\times10^3[4+5.34(h_0/a)^2](t_w/h_0)^2$，则：

$$\lambda_s = \frac{h_0/t_w}{37\eta\sqrt{4+5.34(h_0/a)^2}}\sqrt{\frac{f_y}{235}} \tag{6-40a}$$

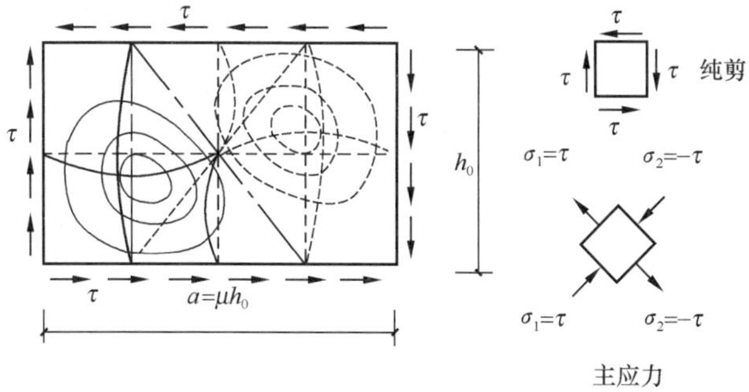

图 6-17 腹板纯剪失稳

当 $a/h_0>1$ 时，$\tau_{cr}=233\times10^3$ $[5.34+4$ $(h_0/a)^2]$ $(t_w/h_0)^2$，则：

$$\lambda_s=\frac{h_0/t_w}{37\eta\sqrt{5.34+4(h_0/a)^2}}\sqrt{\frac{f_y}{235}} \tag{6-40b}$$

式中　η——简支梁取 1.11，框架梁梁端最大应力区取 1。

与图 6-16 类似，取 $\lambda_s=0.8$ 为 $\tau_{cr}=f_{vy}$ 的上起始点，$\lambda_s=1.2$ 为弹塑性与弹性相交的下起始点，过渡段仍用直线，则 τ_{cr} 的取值如下：

当 $\lambda_b\leqslant0.8$ 时，$\tau_{cr}=f_v$　　(6-41a)

当 $0.8<\lambda_s\leqslant1.2$ 时，$\tau_{cr}=[1-0.59\ (\lambda_s-0.8)]\ f_v$　　(6-41b)

当 $\lambda_s>1.2$ 时，$\tau_{cr}=f_{vy}/\lambda_s^2=1.1f_v/\lambda_s^2$　　(6-41c)

当腹板不设加劲肋时，$K=5.34$。若要求 $\tau_{cr}=f_v$，则 λ_s 不应超过 0.8。由式（6-40b）可得腹板高厚比限值：

$$\frac{h_0}{t_w}=0.8\times41\times\sqrt{5.34}\times\sqrt{\frac{235}{f_y}}=75.8\sqrt{\frac{235}{f_y}} \tag{6-42}$$

考虑到区格平均剪应力一般低于《钢标》规定的限值，取 $\frac{h_0}{t_w}\leqslant80\sqrt{\frac{235}{f_y}}$ 为不设横向加劲肋限值。在此条件下，不设横向加劲肋的腹板不会因剪切应力作用而失稳。

（3）局部压应力

图 6-18 为腹板在局部压应力作用下的失稳模态，由薄板屈曲理论得此应力状态下腹板的临界应力：

$$\sigma_{c,cr}=18.6K\chi\left(\frac{100t_w}{h_0}\right)^2=C_1\left(\frac{100t_w}{h_0}\right)^2 \tag{6-43}$$

式中　K——屈曲系数，与 a/h_0 有关，当 $a/h_0=2$ 时 $K=5.275$；

χ——嵌固系数取值为 1.683。

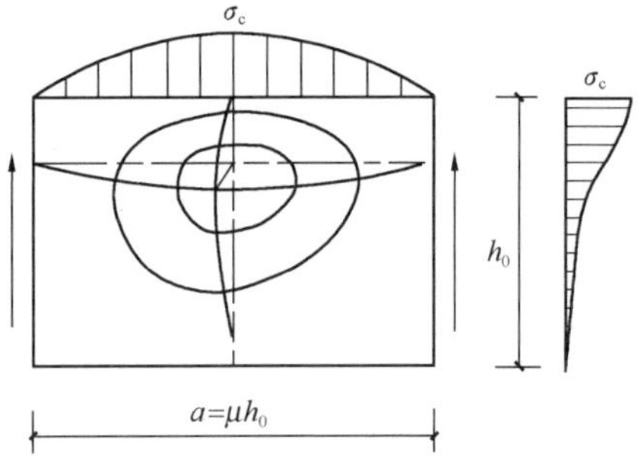

图 6-18　腹板局部承压失稳

引入通用高厚比 $\lambda_c=\sqrt{\frac{f_y}{\sigma_{c,cr}}}$ 作为参数。由式（6-43），则 $\lambda_c=\frac{h_0/t_w}{28\sqrt{K\chi}}\sqrt{\frac{235}{f_y}}$，进而得：

$$\text{当 } 0.5\leqslant\frac{a}{h_0}\leqslant1.5 \text{ 时，}\lambda_c=\frac{h_0/t_w}{28\sqrt{10.9+13.4(1.83-a/h_0)^3}}\cdot\sqrt{\frac{f_y}{235}} \tag{6-44a}$$

$$\text{当 } 1.5<a/h_0\leqslant2 \text{ 时，}\lambda_c=\frac{h_0/t_w}{28\sqrt{18.9-5a/h_0}}\cdot\sqrt{\frac{f_y}{235}} \tag{6-44b}$$

与图 6-16 类似，取 $\lambda_c=0.9$ 为 $\sigma_{c,cr}=f_y$ 的上起始点，$\lambda_c=1.2$ 为弹塑性与弹性相交的下起始点，过渡段仍用直线，则 $\sigma_{c,cr}$ 的取值如下：

当 $\lambda_c\leqslant0.9$ 时，$\sigma_{c,cr}=f$　　(6-45a)

当 $0.9<\lambda_c\leqslant1.2$ 时，$\sigma_{c,cr}=[1-0.79\ (\lambda_c-0.9)]\ f$　　(6-45b)

当 $\lambda_c>1.2$ 时，$\sigma_{c,cr}=1.1f/\lambda_c^2$　　(6-45c)

保证腹板在局部压应力下的局部稳定承载力要求 $\sigma_{c,cr} \geqslant f_y$，可得满足此要求的腹板高厚比限值：$\frac{h_0}{t_w} \leqslant 84\sqrt{\frac{235}{f_y}}$。

《钢标》取：

$$\frac{h_0}{t_w} \leqslant 80\sqrt{\frac{235}{f_y}} \tag{6-46}$$

在此条件下，当横向加劲肋间距不大于两倍梁高时，腹板不会因局部压应力作用而失稳。

图 6-19 是腹板在局部压应力、纯弯、纯剪三种受力状态下的局部稳定承载力系数 C_1、C_2、C_3 与横向加劲肋间距和腹板高度的比值 $\mu = a/h_0$ 之间的关系曲线，图中 m 是腹板屈曲模态的半波数。可以看出增设横向加劲肋、减小加劲肋间距 a 可显著提高腹板在纯剪和局部承压应力状态下的临界应力，但对提高纯弯应力下的临界应力意义不大。

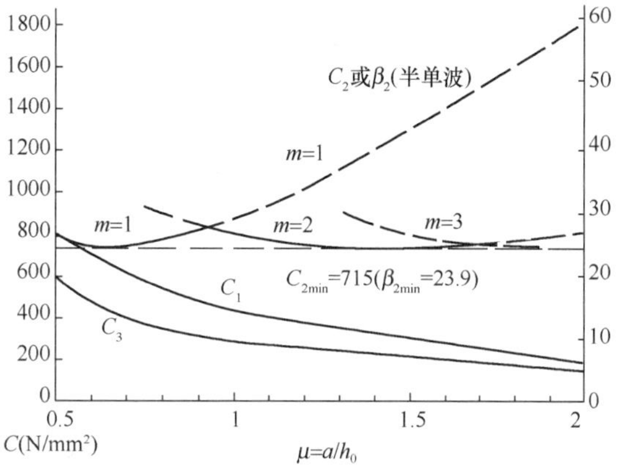

图 6-19 腹板局部稳定承载力参数 C_1、C_2、C_3 与 $\mu = a/h_0$ 之间的关系曲线

2. 腹板加劲肋配置的计算

1）仅用横向加劲肋加强的腹板

图 6-20（a）所示用横向加劲肋加强的腹板，在图 6-20（b）所示复杂应力作用下，按式（6-47）计算其区格局部稳定：

$$\left(\frac{\sigma}{\sigma_{cr}}\right)^2 + \frac{\sigma_c}{\sigma_{c,cr}} + \left(\frac{\tau}{\tau_{cr}}\right)^2 \leqslant 1.0 \tag{6-47}$$

式中 σ——所计算腹板区格内，由平均弯矩产生的腹板计算高度边缘的弯曲压应力；

τ——所计算腹板区格内，由平均剪力产生的腹板平均剪应力，$\tau = V/(h_0 t_w)$；

σ_c——腹板计算高度边缘的局部压应力；

σ_{cr}、$\sigma_{c,cr}$、τ_{cr}——各种应力单独作用下的临界应力，分别按式（6-37a～c）、式（6-45a～c）和式（6-41a～c）计算。

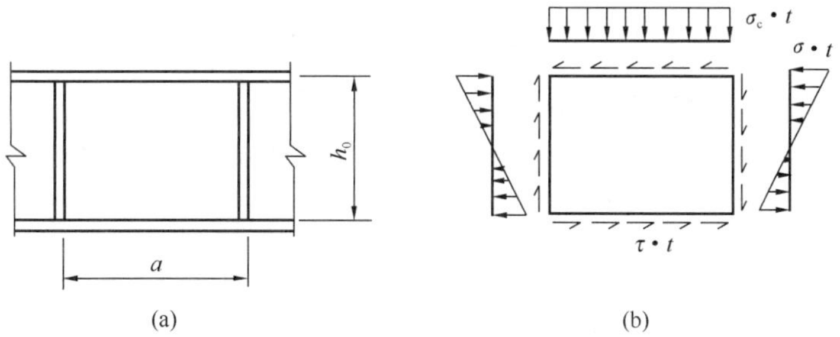

图 6-20 用横向加劲肋加强的腹板

2）同时用横向加劲肋和纵向加劲肋加强的腹板

如图 6-21 所示，横向加劲肋和纵向加劲肋将腹板分隔成区格Ⅰ和区格Ⅱ，应分别计算这两个区格的局部稳定性。

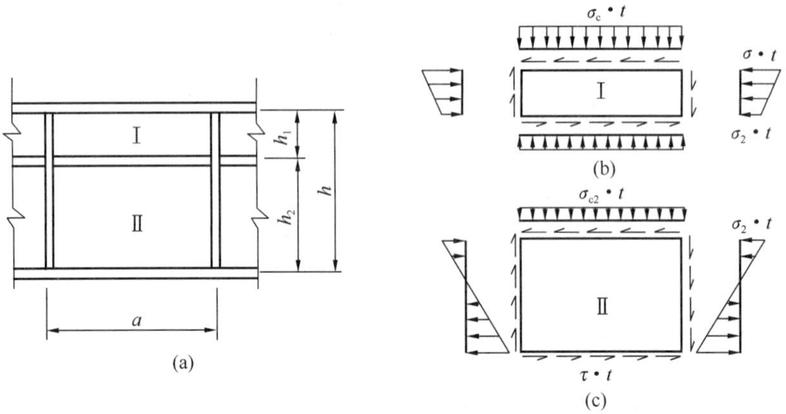

图 6-21　同时用横向加劲肋和纵向加劲肋加强的腹板

(1) 受压翼缘与纵向加劲肋之间高度为 h_1 的区格

此区格的受力情况如图 6-21 (b) 所示，按式 (6-48) 计算其局部稳定性：

$$\frac{\sigma}{\sigma_{cr1}}+\left(\frac{\sigma_c}{\sigma_{c,cr1}}\right)^2+\left(\frac{\tau}{\tau_{cr1}}\right)^2\leqslant 1.0 \tag{6-48}$$

式中 σ_{cr1}、τ_{cr1}、$\sigma_{c,cr1}$ 按下列方法计算：

① σ_{cr1} 按 σ_{cr} 的式 (6-37a～c) 计算，应将式中的 λ_b 改用下列 λ_{b1} 代替：

受压翼缘扭转受到约束时，$\lambda_{b1}=\dfrac{h_1/t_w}{75}\sqrt{\dfrac{f_y}{235}}$　(6-49)

受压翼缘扭转未受到约束时，$\lambda_{b1}=\dfrac{h_1/t_w}{64}\sqrt{\dfrac{f_y}{235}}$　(6-50)

② τ_{cr1} 按 τ_{cr} 的式 (6-41a～c) 计算，应将式中的 h_0 改为 h_1。

③ $\sigma_{c,cr1}$ 借用 σ_{cr} 的式 (6-37a～c) 计算，应将式中的 λ_b 改用下列 λ_{c1} 代替：

受压翼缘扭转受到约束时，$\lambda_{c1}=\dfrac{h_1/t_w}{56}\sqrt{\dfrac{f_y}{235}}$　(6-51)

受压翼缘扭转未受到约束时，$\lambda_{c1}=\dfrac{h_1/t_w}{40}\sqrt{\dfrac{f_y}{235}}$　(6-52)

(2) 受拉翼缘与纵向加劲肋之间高度为 h_2 的区格

此区格的受力情况如图 6-21 (c) 所示，按式 (6-53) 计算其局部稳定性：

$$\left(\frac{\sigma_2}{\sigma_{cr2}}\right)^2+\frac{\sigma_{c2}}{\sigma_{c,cr2}}+\left(\frac{\tau}{\tau_{cr2}}\right)^2\leqslant 1.0 \tag{6-53}$$

式中　σ_2——所计算区格内，由平均弯矩产生的腹板在纵向加劲肋边缘处的弯曲压应力；

σ_{c2}——腹板在纵向加劲肋处的横向压应力，取 $\sigma_{c2}=0.3\sigma_c$；

τ——计算同前。

① σ_{cr2}按σ_{cr}的式（6-37a～c）计算，式中的λ_b改用下面的λ_{b2}：

$$\lambda_{b2}=\frac{h_2/t_w}{194}\sqrt{\frac{f_y}{235}} \tag{6-54}$$

② $\tau_{c,cr2}$按τ_{cr}的式（6-41a～c）计算，式中的h_0改为h_2。

③ $\sigma_{c,cr2}$按$\sigma_{c,cr}$的式（6-45a～c）计算，应将式中的h_0改为h_2，当$a/h_2>2$时，取$a/h_2=2$。

（3）在受压翼缘与纵向加劲肋之间设有短加劲肋的区格

对于承受较大移动集中荷载的钢梁，在受压翼缘与纵向加劲肋间常需设置短加劲肋以提高腹板局部承压临界应力，对于图6-22所示的区格Ⅰ，仍按式（6-48）计算其局部稳定性：

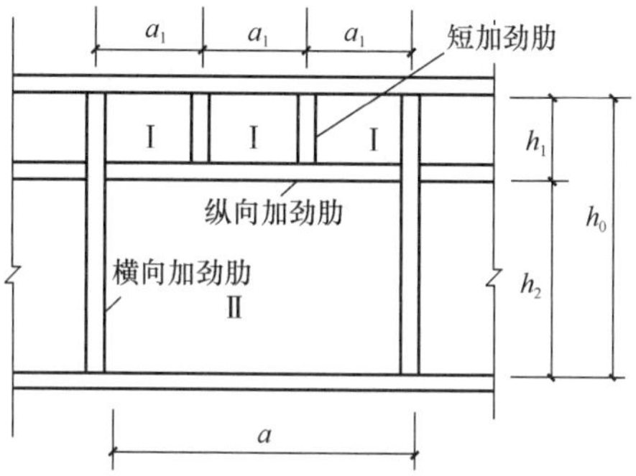

图6-22　设短加劲肋腹板

$$\frac{\sigma}{\sigma_{cr1}}+\left(\frac{\sigma_c}{\sigma_{c,cr1}}\right)^2+\left(\frac{\tau}{\tau_{cr1}}\right)^2\leqslant 1$$

① σ_{cr1}同无短加劲肋取值。

② τ_{cr1}按τ_{cr}的式（6-41a～c）计算，应将式中的h_0和a分别改为h_1和a_1（a_1为短加劲肋间距）。

$\sigma_{c,cr1}$按σ_{cr}的式（6-37a～c）计算，应将式中的λ_b改用下列λ_{c1}代替：

对$a_1/h_1\leqslant 1.2$的区格：

受压翼缘扭转受到约束时，$\lambda_{c1}=\dfrac{a_1/t_w}{87}\sqrt{\dfrac{f_y}{235}}$　（6-55）

受压翼缘扭转未受到约束时，$\lambda_{c1}=\dfrac{a_1/t_w}{73}\sqrt{\dfrac{f_y}{235}}$　（6-56）

对$a_1/h_1>1.2$的区格，上式右侧乘以$1/\sqrt{0.4+0.5a_1/h_1}$。

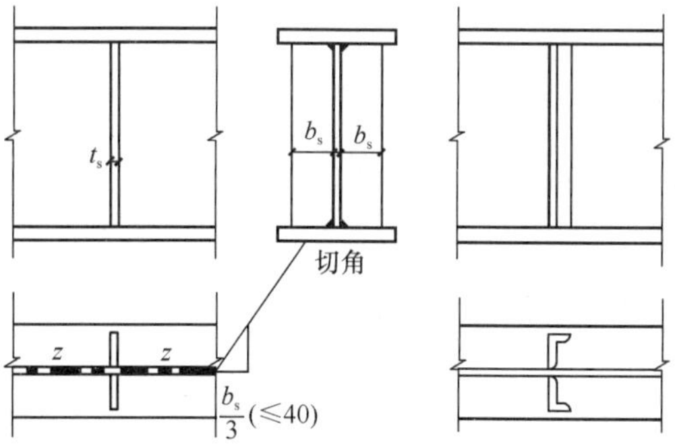

图6-23　横向加劲肋

6.5.4　腹板加劲肋设计

1. 腹板加劲肋的类型

腹板加劲肋分为纵向加劲肋和横向加劲肋两大类（图6-14）。横向加劲肋（图6-23）根据功能又分为中间加劲肋和支承加劲肋。纵向加劲肋和中间横向加劲肋（包括短加劲肋）用于限制加劲肋处腹板的侧向位移，约束腹板自由翘曲，提高其临界应力。设置于腹板受压区的纵向加劲肋可提高腹板临界弯曲应力，增设横向加劲肋对于提高腹板的临界剪应力效果显著，在受压区设置横向短加劲肋则可显著提高腹板在集中荷载作用下的局部承压临界力。支承加劲肋布置在支座和固定的集中荷载处，用于承受并传递支座反力等集中荷载，避免腹板局部承压破坏。

2. 腹板加劲肋的布置

为了保证梁腹板的局部稳定性，应按图 6-24 规定在腹板上配置加劲肋。

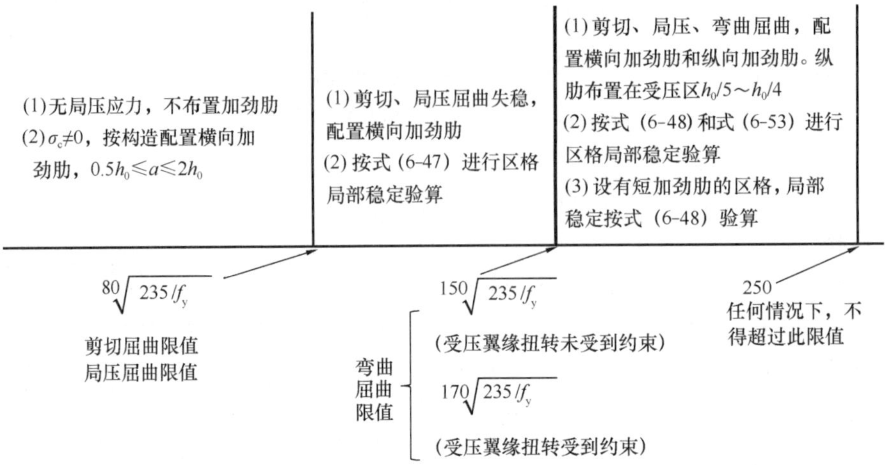

图 6-24　梁腹板加劲肋的配置构造

3. 腹板加劲肋的构造和截面要求

（1）加劲肋宜在腹板两侧成对配置，也可单侧配置，但支承加劲肋、重级工作制吊车梁的加劲肋不应单侧配置。

（2）横向加劲肋的最小间距应为 $0.5h_0$，最大间距应为 $2h_0$。对于无局部压应力的梁，当 $h_0/t_w \leqslant 100$ 时，最大间距可采用 $2.5h_0$。

纵向加劲肋至腹板计算高度受压边缘的距离应在 $h_0/5 \sim h_0/4$ 范围内。

当直接承受动荷载时，横向加劲肋端部与受拉翼缘不得焊连。

（3）在腹板两侧成对配置的钢板横向加劲肋，其截面尺寸应符合下列要求：

外伸宽度：$b_s \geqslant \dfrac{h_0}{30} + 40\text{mm}$　(6-57)

厚度：承压加劲肋 $t_s \geqslant \dfrac{b_s}{15}$，不受力加劲肋 $t_s \geqslant \dfrac{b_s}{19}$　(6-58)

在腹板一侧配置的钢板横向加劲肋，其外伸宽度大于按式（6-57）算得的 1.2 倍，厚度不小于其外伸宽度的 1/15。

（4）同时设置横向加劲肋和纵向加劲肋加强的腹板中，横向加劲肋的截面尺寸尚应满足式（6-59）要求：

$$I_z = \frac{1}{12} t_s (2b_s + t_w)^3 \geqslant 3h_0 t_w^3 \tag{6-59}$$

纵向加劲肋的截面惯性矩，应符合式（6-60a、b）要求：

当 $a/h_0 \leqslant 0.85$ 时，$I_y \geqslant h_0 t_w^3$　(6-60a)

当 $a/h_0 > 0.85$ 时，

$$I_y \geqslant \left(2.5 - 0.45\frac{a}{h_0}\right)\left(\frac{a}{h_0}\right)^2 h_0 t_w^3 \tag{6-60b}$$

（5）短加劲肋的最小间距为 $0.75h_1$，其外伸宽度取横向加劲肋外伸宽度的 0.7～1.0

倍，厚度不小于短加劲肋外伸宽度的 1/15。

4. 支承加劲肋设计

承受局部压力的部位（例如支座、集中力作用点等处），如不采取构造措施，腹板可能会因过大的局部压应力而屈曲，应设置支承加劲肋（图 6-25）。

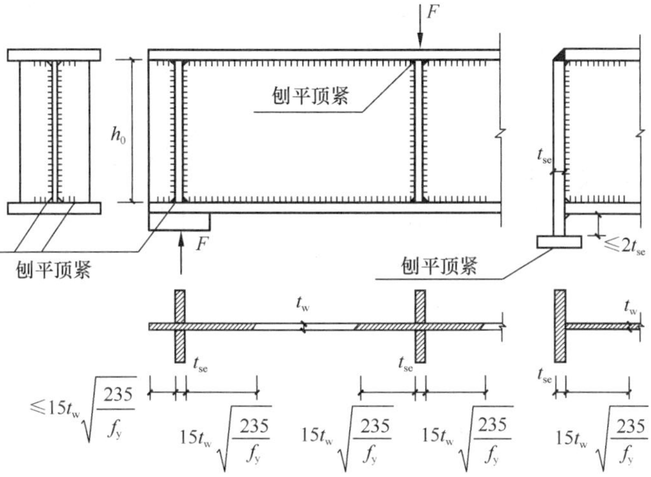

图 6-25　支承加劲肋

1）支承加劲肋的构造

截面尺寸除需满足中间加劲肋的相关要求外，尚需计算确定，为可靠传力，要求与翼缘板刨平顶紧后焊连。

突缘支座加劲肋的伸出长度不应大于其厚度的 2 倍。

2）支承加劲肋的计算

（1）按轴心压杆计算支承加劲肋在腹板平面外的稳定性。此压杆的截面包括加劲肋以及每侧各 $15t_w\sqrt{235/f_y}$ 范围内的腹板面积（图 6-25），其计算长度近似取 h_0。

（2）端面承压验算。支承加劲肋一般刨平顶紧于梁的翼缘或柱顶，其端面承压强度按式（6-61）计算：

$$\sigma_{ce}=\frac{F}{A_{ce}}\leqslant f_{ce} \tag{6-61}$$

式中　A_{ce}——加劲肋端面实际承压面积；

f_{ce}——钢材承压强度设计值。

（3）支承加劲肋与腹板的连接焊缝。应按承受全部集中力或支反力进行计算，并假定应力沿焊缝长度均匀分布。

6.6　型钢梁的设计

6.6.1　型钢梁的类型

型钢包括热轧型钢和冷弯型钢两大类。常用的热轧型钢有工字钢、槽钢、T 型钢、H

型钢等形式，受成型工艺影响，热轧型钢截面较厚实，多用作框架梁、楼层梁、屋面梁，一般为单向受弯梁。常用的冷弯型钢有 C 型钢和 Z 型钢，截面板件较薄，又称为冷弯薄壁型钢，多用作檩条、墙梁，处于双向受弯状态。

冷弯薄壁型钢梁的设计，多利用板件的屈曲后强度，按照《冷弯薄壁型钢结构技术规范》GB 50018—2002 进行计算，本书不作介绍。本节仅叙述单向受弯热轧型钢梁的设计过程。

6.6.2 型钢梁的设计过程

总体来看任何构件的设计计算过程都可分成三步，首先是初选构件的截面，然后对截面进行验算，第三对截面进行调整以满足受力要求和经济要求。型钢梁验算的标准是使其截面满足强度、刚度、整体稳定和局部稳定的要求，其中强度包括抗弯、抗剪、局部压应力和折算应力。由于热轧型钢的翼缘和腹板较厚，一般不必验算局部稳定，无很大孔洞削弱时，一般也不必验算剪应力。局部压应力和折算应力只在有较大集中荷载和支座反力且不设支承加劲肋时验算。

型钢梁设计通常是先按抗弯强度（当梁的整体稳定有保证或最大弯矩处截面有较多孔洞削弱时）或整体稳定（当需验算整体稳定时）选择截面，然后验算其他项目是否足够，不够时再进行调整。

型钢梁具体设计过程如下：

（1）统计荷载，确定构件内力（最大弯矩 M、剪力 V）；

（2）选择截面形式（工字钢、槽钢、H 型钢等）；

（3）按照抗弯强度或整体稳定计算所需截面抵抗矩：

$$W_{nx} \geqslant \frac{M_{max}}{\gamma_x f} \text{ 或 } W_x \geqslant \frac{M_{max}}{\varphi_b f} \tag{6-62}$$

（4）查型钢表选择型钢截面；

（5）按式（6-1）、式（6-8）、式（6-17）验算构件的强度、挠度和整体稳定性；

（6）根据需要调整截面尺寸。

【例题 6-3】 次梁的尺寸和荷载同例题 6-1（图 6-10），但部分次梁上无密铺的刚性面板，跨中也无其他措施保证其整体稳定。试选择次梁截面。

解：

由于次梁上无密铺的刚性面板，跨中也无其他措施保证其整体稳定，因此次梁截面由整体稳定控制。次梁跨中无侧向支撑，均布荷载作用于上翼缘，$l_1=7.2\text{m}$，假设工字钢型号为 I45～I63，由附表 G-1 查得：$\varphi_b=0.488\times\frac{235}{355}=0.323$，又 $M_{max}=161.42\text{kN}\cdot\text{m}$。故所需截面抵抗矩为：$W=M_{max}/\varphi_b f=161.42\times10^6/(0.323\times305)=1638.5\times10^3\text{mm}^3$。

（1）选 I50a，$W=1860\times10^3\text{mm}^3$，$I=46,500\times10^4\text{mm}^4$，$A=11,930\text{mm}^2$，$b=158\text{mm}$，$t=20.0\text{mm}$，$t_w=12.0\text{mm}$；质量 93.65kg/m，重量 $93.65\times9.8=917.8\text{N/m}>0.7\text{kN/m}$（假定值），略大于例题 6-1 假定的自重值。可判断其他验算项目均足够，从略。例题 6-1 按强度设计，选定截面 I32a，本例题按稳定设计截面较前者增大 77.6%。

（2）若截面选择轧制 H 型钢，假设 $\varphi_b=0.7$，又 $M_{max}=161.42\text{kN}\cdot\text{m}$，则所需截面抵抗拒为：$W=M_{max}/\varphi_b f=161.42\times10^6/(0.7\times305)=756.07\times10^3\text{ mm}^3$。

选 HN450×200×9×14，$W_x=1460\times10^3\text{mm}^3>756.07\text{mm}^3$。其他特性：$I_x=32,900\times10^4\text{mm}^4$，$I_y=1870\times10^4\text{mm}^4$，$b=200\text{mm}$，$t=14\text{mm}$，$t_w=9\text{mm}$，$A_2=9543\text{mm}^2$，质量 74.9kg/m，重量 74.9×9.8=734.02N/m>0.7kN/m。荷载略大于例题 6-1，可取 $q=24.95\text{kN/m}$，$M_{max}=161.68\text{kN}\cdot\text{m}$。

$i_y=\sqrt{I_y/A}=\sqrt{1870/95.43}=4.43\text{cm}$，$\lambda_y=l_1/i_y=720/4.43=162.53$

双轴对称工字形截面，$\eta_b=0$。

跨中无侧向支承点，均布荷载作用在上翼缘处，由 $\xi=\dfrac{l_1t_1}{b_1h}=\dfrac{720\times1.4}{20.0\times45.0}=1.12$，查表 6-3，得 $\beta_b=0.69+0.13\xi=0.8356$。因此：$\varphi_b=\beta_b\dfrac{4320}{\lambda_y^2}\dfrac{Ah}{W_x}\sqrt{1+\left(\dfrac{\lambda_y t_1}{4.4h}\right)^2}\dfrac{235}{f_y}=0.8356\times\dfrac{4320}{162.53^2}\times\dfrac{95.43\times45.0}{1460}\times\sqrt{1+\left(\dfrac{162.53\times1.4}{4.4\times45.0}\right)^2}\times\dfrac{235}{355}=0.405<0.6$

梁的整体稳定性检算：

$$\frac{M_{max}}{\varphi_b W_x f}=\frac{161.68\times10^6}{0.405\times1460\times10^3\times305}=0.896<1.0$$

梁的整体稳定性可认为满足。

与例题 6-1 相比：例题 6-1 按强度设计，选定热轧 H 型钢截面 HN346×174×6×9，本例题按稳定设计，取热轧 H 型钢截面较前者增大 81.9%。比较（1）、（2）结果可再次验证同等条件下热轧 H 型钢截面比热轧普通工字钢截面更为经济合理。

6.7 焊接截面梁的设计

6.7.1 截面选择

焊接组合梁截面应满足强度、刚度、整体稳定和局部稳定要求。选择截面时一般首先考虑抗弯强度要求，并在计算过程中随时兼顾其他各项要求。现以双轴对称焊接工字形梁为例，截面共有四个基本尺寸 h（或 h_0）、t_w、b、t（图 6-26），计算顺序为先确定 h，然后 t_w，最后确定 b 和 t。

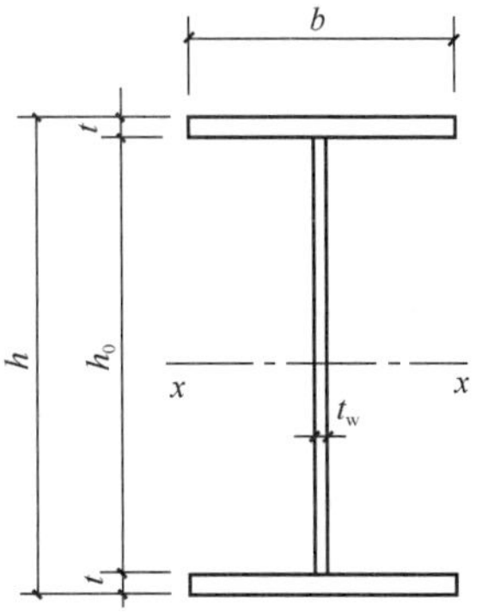

图 6-26 焊接工字形截面梁

1. 截面高度 h（或腹板高度 h_0）

梁截面高度 h 应根据下面三个参考高度确定：

（1）建筑容许最大梁高 h_{max}

（2）刚度要求最小梁高 h_{min}

以受均布荷载的双轴对称工字形截面简支梁为例来说明：

$$\nu=\frac{5}{384}\frac{q_kl^4}{EI_x}=\frac{5l^2}{48}\cdot\frac{M_k}{EI_x}=\frac{10M_kl^2}{48EW_xh}=\frac{10\sigma_kl^2}{48Eh}$$

挠度计算采用荷载的标准值，强度计算采用荷载的设计值，考虑荷载的平均分项系数为 1.3，则梁内最大弯矩为 $M=1.4M_k$。钢梁设计时一般应使 $\sigma_{max}=M/W_x$ 达到或接近 f，以充分利用钢材强度。在这种情况下，挠度如果符合设计要求，应满足式（6-8），即：

$$v=\frac{10\sigma_{k}l^{2}}{48Eh}=\frac{10fl^{2}}{48\times1.4Eh}\leqslant[v_{T}]$$

则要求：$h\geqslant\frac{10f}{48\times1.4E}\cdot\frac{l^{2}}{[v_{T}]}$

所以最小梁高为 $h_{min}\geqslant\frac{10f}{48\times1.4E}\cdot\frac{l^{2}}{[v_{T}]}$ （6-63）

（3）经济高度 h_e

按抗弯强度或稳定的要求，梁截面应有一定的抵抗矩 W_x。为了满足这个 W_x，可以把梁高 h 做得较大，这样腹板用量增大而翼缘用量减小；也可以把梁高 h 做得较小，这样腹板用量减小而翼缘用量增大。梁的经济高度应使腹板和翼缘的总用钢量最小。

梁经济高度 h 可用下面的经验公式求得：

$$h_e\approx7\cdot\sqrt[3]{W_x}-300\text{mm 或 }h_e\approx2W_x^{0.4} \tag{6-64}$$

$$W_x=M_x/\alpha f \tag{6-65}$$

式中 α——当截面无削弱时，$\alpha=\gamma_x$，否则 $\alpha=0.85\sim0.9$，对于无制动结构的吊车梁 $\alpha=0.70\sim0.90$。

梁高 $h_{max}\geqslant h\geqslant h_{min}$，$h\approx h_e$。因翼缘厚度较小，腹板高度 h_0 可取比 h 稍小，最好为 50 的模数。

2. 腹板厚度 t_w

腹板厚度 t_w 应根据下面两个参考厚度确定：

（1）抗剪要求的最小厚度，近似为：

$$t_w\geqslant1.5V_{max}(h_0/f_v) \tag{6-66}$$

（2）考虑腹板局部稳定要求的经验厚度为：

$$\sqrt{h_0}/3.5(h_0\text{ 单位为 mm}) \tag{6-67}$$

构造要求腹板厚度 $t_w\geqslant$6mm 且 $h_0/t_w\leqslant250$，且腹板厚度应符合钢板规格，通常用 6～22mm，取 2mm 的倍数。

3. 翼缘宽度 b 和厚度 t

腹板 h_0 和 t_w 确定后，由 W_x 即可求出所需翼缘面积：

$$I_x=\frac{1}{12}t_wh_0^3+2bt\left(\frac{h_1}{2}\right)^2 \tag{6-68}$$

$$W_x=\frac{2I_x}{h}=\frac{1}{6}t_w\frac{h_0^3}{h}+bt\frac{h_1^2}{h} \tag{6-69}$$

式中 h_1——上、下翼缘形心轴间距，取 $h\approx h_1\approx h_0$，则由式（6-69）得：

$$bt=\frac{W_x}{h_0}-\frac{t_wh_0}{6} \tag{6-70}$$

可假定梁宽$\frac{h}{6}\leqslant b\leqslant\frac{h}{2.5}$，$b$ 太大将使翼缘内应力分布很不均匀；b 太小则对梁的整体稳定不利。将 b 代入式（6-70）可求得 t。

确定 b、t 时应考虑局部稳定要求，则：

$$b/t\leqslant26\sqrt{235/f_y} \tag{6-71}$$

不考虑截面塑性发展时：

$$b/t \leqslant 30\sqrt{235/f_y} \tag{6-72}$$

此外还应考虑以下因素：t 取为 2mm 倍数，其所属钢材组别应与计算式 W_x 采用设计强度 f 时所假定的组别一致，不一致时进行必要修改。b 取为 10mm 倍数，尚应满足制造方便及梁上搭置构件的需要，一般 $b \geqslant 180$mm。为使翼缘宽度超出腹板加劲肋的外侧，一般要求：

$$b \geqslant 90 + 0.07h_0 (\text{单位为 mm}) \tag{6-73}$$

6.7.2 截面验算

上述试选的截面基本上已满足要求，但作为最后确定，还应按选定的截面准确算出各项截面特性（I、W、S 等），然后进行精确的截面验算。验算项目包括弯曲应力、剪应力、局部压应力、折算应力、整体稳定、挠度、局部稳定等。腹板一般要求按计算设置加劲肋，需要通过加劲肋设计保证局部稳定。

6.8 《桥规》中梁的设计方法及规定

《铁路桥梁钢结构设计规范》TB 10091—2017 中钢梁的设计采用容许应力法，结构构件的内力采用荷载的标准值，按弹性受力阶段计算。变形按杆件的毛截面计算，不考虑栓（钉）孔削弱的影响。凡承受动荷载的结构构件或连接，需进行疲劳检算。

6.8.1 钢梁的强度

1. 抗弯强度

在一个主平面内受弯曲（单向受弯）：$\dfrac{M}{W} \leqslant [\sigma_w]$ (6-74)

斜弯曲（双向受弯）：$\dfrac{M_x}{W_x} + \dfrac{M_y}{W_y} \leqslant C\ [\sigma_w]$ (6-75)

式中 W、W_x、W_y——检算截面处对主轴的计算截面抵抗矩（m^3），检算受拉翼缘为净截面抵抗矩；检算受压翼缘为毛截面抵抗矩，为简化计算，均可按毛截面的重心轴计算；

C——斜弯曲作用下容许应力增大系数：

$$C = 1 + 0.3\frac{\sigma_{m_2}}{\sigma_{m_1}} \leqslant 1.15 \tag{6-76}$$

σ_{m_1}、σ_{m_2}——截面检算处由于弯矩 M_x、M_y 所产生的较大和较小的组合应力；

$[\sigma_w]$——弯曲应力的容许值，其值可查附表 I-1。

2. 抗剪强度

$$\tau = VS/I_m t_w \leqslant C_\tau[\tau] \tag{6-77}$$

式中 S——中和轴以上的毛截面对中和轴的面积矩（m^3）；

I_m——毛截面惯性矩（m^4）；

t_w——腹板厚度（m）；

C_τ——剪应力分布不均匀容许应力增大系数：

当$\frac{\tau_{max}}{\tau_0} \leqslant 1.25$时，$C_\tau = 1.0$ (6-78a)

当$\frac{\tau_{max}}{\tau_0} \geqslant 1.25$时，$C_\tau = 1.25$ (6-78b)

当$\frac{\tau_{max}}{\tau_0}$为中间值时，$C_\tau$ 按直线比例计算：

$$\tau_0 = \frac{V}{h_0 t_w}$$

h_0——腹板全高（m）；

$[\tau]$——剪应力的容许值，其值可查附表 I-1。

3. 换算应力

$$\sqrt{\sigma^2 + 3\tau^2} \leqslant 1.1[\sigma] \tag{6-79}$$

4. 局部压应力

可忽略计算，因桥枕使 h_R 较大，局部压应力 σ_c 较小，h_R 及 σ_c 符号含义见第 6.2.3 节。

6.8.2 钢梁的刚度

列车静活荷载下梁体的竖向挠度不应大于表 6-4 的限值要求。

梁体竖向挠度容许值 **表 6-4**

铁路设计标准	跨度范围 / 设计速度	$L \leqslant 40$m	40m$<L\leqslant$80m	$L>$80m
高速铁路	350km/h	$L/1600$	$L/1900$	$L/1500$
	300km/h	$L/1500$	$L/1600$	$L/1100$
	250km/h	$L/1400$	$L/1400$	$L/1000$
城际铁路	200km/h	$L/1750$	$L/1600$	$L/1200$
	160km/h	$L/1600$	$L/1350$	$L/1100$
	120km/h	$L/1350$	$L/1100$	$L/1100$
客货共线铁路	200km/h	$L/1200$	$L/1000$	$L/900$
	160km/h	$L/1000$	$L/900$	$L/800$
重载铁路	120km/h 及以下	$L/900$	$L/800$	$L/700$

注：1. 表中限值适用于三跨及以上的双线简支梁；三跨及以上一联的连续梁，梁体竖向挠度限值按表中数值的 1.1 倍取用；两跨一联的连续梁、两跨及以下的双线简支梁，梁体竖向挠度限值按表中数值的 1.4 倍取用。
2. 单线简支或连续梁，梁体竖向挠度限值按相应双线桥限值的 0.6 倍取用。
3. 表中的 L 为简支梁或连续梁检算跨的跨度。

拱桥、刚架及连续梁桥等超静定结构的竖向挠度应考虑温度的影响。竖向挠度按下列最不利情况取值，并应满足上表所列限值要求。

（1）列车竖向静活荷载作用下产生的挠度值与 0.5 倍温度引起的挠度值之和。

（2）0.63 倍列车竖向静活荷载作用下产生的挠度值与全部温度引起的挠度值之和。

6.8.3 钢梁的总体（整体）稳定

《桥规》中处理钢梁总体稳定基本方法是：先按材料弹性工作时临界应力相等的条件，

确定与钢梁在稳定度方面等价的轴心钢压杆的长细比，然后按轴心钢压杆确定材料弹塑性工作时的临界应力（通常根据长细比查表定其折减系数）。这种做法在理论上不够严格，但比较简便，一般说误差也不算大。由于材料弹塑性工作时钢梁总体稳定的精密计算过于复杂，采用比较简便的近似算法有其可取之处。

钢梁总体稳定的计算公式：

$$\frac{M}{W_{\mathrm{m}}} \leqslant \varphi_2[\sigma] \tag{6-80}$$

式中 M——构件中部1/3长度范围内最大计算弯矩（MN·m）；

W_{m}——毛截面抵抗矩（m^3）；

φ_2——构件只在一个主平面内受弯时的容许应力折减系数。

梁所用的容许应力折减系数 φ_2 是按照弹性稳定理论，取其为沿梁弯矩图呈矩形的构件所推得的 M_{cr}，折合为压杆长细比 λ_{e}，再从附表 J-1 查得。按弹性稳定理论，将式(4-24)进行变换，M_{cr}可写为：

$$M_{\mathrm{cr}} = \frac{\pi}{l}\sqrt{EI_{\mathrm{y}}GJ}\sqrt{1+\frac{\pi^2 EI_{\mathrm{y}}(h/2)^2}{l^2 GJ}} = \frac{\pi^2 EI_{\mathrm{y}}h}{2l^2}\sqrt{\frac{4GJl^2}{\pi^2 EI_{\mathrm{y}}h^2}+1} \tag{6-81}$$

式中 E、G——弹性模量及剪切弹性模量；

I_{y}——梁截面对弱轴（在弯矩作用面内的形心轴）的惯性矩；

J——截面抵抗自由扭转的常数；

l——构件按其受压翼缘支撑点间的距离计算的自由长度，在正常情况下，这一长度较短，而位于这一长度范围内的杆件弯矩图和矩形接近；

h——上下翼缘形心间的距离。

在用 I_{x}表示截面对强轴的惯性矩的情况下，受压翼缘形心处的法向应力：

$$\sigma_{\mathrm{cr}} = \frac{M_{\mathrm{cr}}(h/2)}{I_{\mathrm{x}}}$$

再让 σ_{cr}和一压杆的 $\sigma_{\mathrm{cr}}=\pi^2 E/\lambda_{\mathrm{e}}^2$ 相等，就可将 λ_{e} 求出：

$$\sigma_{\mathrm{cr}} = \frac{M_{\mathrm{cr}}h}{2I_{\mathrm{x}}} = \frac{\pi^2 EI_{\mathrm{y}}h^2}{4l^2 I_{\mathrm{x}}\beta^2} = \frac{\pi^2 E}{\lambda_{\mathrm{e}}^2} \tag{6-82}$$

$$\lambda_{\mathrm{e}} = \frac{2\beta l}{h}\sqrt{\frac{I_{\mathrm{x}}}{I_{\mathrm{y}}}} = \frac{2\beta l r_{\mathrm{x}}}{h r_{\mathrm{y}}} \approx \alpha\,\frac{l}{h}\cdot\frac{r_{\mathrm{x}}}{r_{\mathrm{y}}} \tag{6-83}$$

式中 β^2——式（6-81）中最右侧根式的倒数；

α——系数，等于 2β，若为焊接杆件，其每个翼缘往往是一块厚度较大的整板，这使 J 较大，上述根式将大于1，当 β 较小，按 $\beta=0.9$ 来推算 α，得 $\alpha=1.8$；若为铆接杆，其每一翼缘往往由几块薄板组成，假使其各薄板间会发生少量的滑动，J 就会大幅度减小，为了安全，将 β 按1.0计，得 $\alpha=2.0$。

采用这一换算方法的假定是：存在于梁的 σ_{cr}和 $\varphi_2[\sigma]$间的比值，与存在于压杆的 σ_{cr}和 $\varphi_1[\sigma]$间的比值相等。由于压杆是全截面受压，而梁只是部分截面受压，且梁的压应力最大值只在局部发生，这一假定在本质上就有偏于安全的一面。若梁（或压弯杆）在受压翼缘不设支撑，或支撑点较稀疏，则 l 较大，在 l 范围内的弯矩图就不会是矩形（其最大弯矩所占长度小于 l），这里所引用的 M_{cr}算式就低估了梁在总体失稳时所提供的抵抗力矩。对于中间不设支撑点的受弯杆，其两端往往不是简支，这也使 l 不应按其支点间全长计算。对于所说的这两种情况，式（6-83）是保守的。在确有理论根据阐明的条件下，可以放宽。

若是压弯杆，可按 $N=0$ 的情况来确定 φ_2，在不进一步分析时可按式（6-84）计算构件的换算长细比 λ_e，并按 $\lambda_e=\lambda$ 从附表 J-1 查得相应的 φ_1，用作 φ_2；

$$\lambda_e = \alpha \frac{l_0 r_x}{h r_y} \tag{6-84}$$

式中 α——系数，焊接杆件取 1.8，铆接杆件取 2.0；

l_0——钢梁受压翼缘（指因弯矩而受压）对弱轴的计算长度；

r_x、r_y——钢梁截面对 x 轴（强轴）及 y 轴（弱轴）的回转半径；

h——钢梁截面高度。

对于下列情况，取 $\varphi_2=1$：

（1）箱形截面杆件；

（2）任何截面杆件，当所验算的失稳平面和弯矩作用平面一致时。

6.8.4 钢梁腹板加劲肋的设置

板梁应在端支承和其他传递集中外力处设置成对的支承加劲肋。加劲肋的伸出肢应与梁的支承翼缘磨光顶紧。支承加劲肋还应符合下列规定：

（1）支承加劲肋的伸出肢宽厚比不应大于 12；

（2）支承加劲肋按压杆设计，其截面为加劲肋加每侧不大于 15 倍腹板厚的腹板，计算长度为支承处横向联结系上、下两节点间距的 0.7 倍；

（3）支承加劲肋应检算其伸出肢与翼板顶紧部分的支承压力。

简支板梁腹板中间竖加劲肋和水平加劲肋的设置，应符合下列规定：

（1）当 $h_0/t_w \leqslant 50$ 时，可不设置中间竖加劲肋；

（2）当 $50 < h_0/t_w \leqslant 140$ 时，应设置中间竖加劲肋，其间距 $\alpha \leqslant 950 t_w/\sqrt{\tau}$，且不应大于 2m；

（3）当 $140 < h_0/t_w \leqslant 250$ 时，除设置竖加劲肋外，还应在距受压翼缘（1/5～1/4）h 处设置水平加劲肋；

（4）当仅用竖加劲肋加强腹板时，则成对设置的中间竖加劲肋的每侧宽度不得小于 $\frac{h_0}{30}+0.04$（以“m”计）；

（5）当用竖加劲肋和水平加劲肋加强腹板时，则加劲肋的截面惯性矩不得小于：

竖加劲肋：$3h_0 t_w^3$ (6-85a)

水平加劲肋：$h_0 t_w^3\left[2.4\left(\frac{a}{h_0}\right)^2-0.13\right]$，但不得小于 $1.5h_0 t_w^3$ (6-85b)

（6）加劲肋伸出肢的宽厚比不得大于 15；

（7）当采用单侧加劲肋时，其截面按腹板边线为轴线的惯性矩不得小于成对加劲肋对腹板中心的截面惯性矩。

以上各式中 h_0——板梁腹板计算高度（m），焊接板梁为腹板全高，铆接板梁为两翼缘角钢最近铆钉线的距离；

t_w——腹板厚（m）；

τ——检算板段处的腹板平均剪应力（MPa），$\tau = V/h_0 t_w$；

V——板段中间截面处的剪力（MN）。

【例题 6-4】 32m 铁路全焊上承式板梁桥，由双片主梁组成，主梁受压翼缘的侧向支撑间距（即上平纵联的节间长度）为 3m。单片主梁承受的最大弯矩（恒＋活）M_{max}＝9300kN·m，最大剪力 V_{max}＝1490kN，主梁截面如图 6-27 所示，采用 Q235qD，验算该单片主梁的强度和总体稳定性。

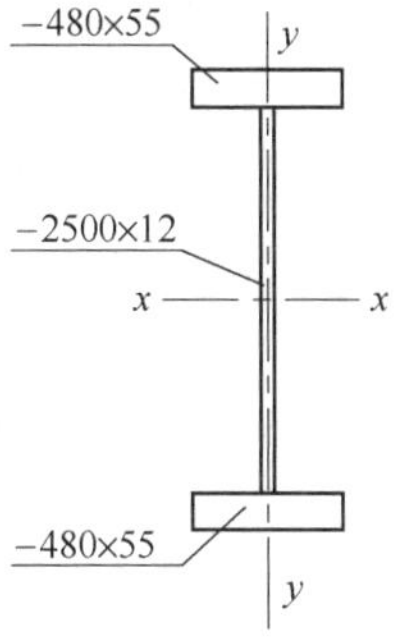

图 6-27　例题 6-4 图

解：

（1）计算主梁截面的几何特性

$$A = 2\times55\times480 + 2500\times12 = 82{,}800\text{mm}^2$$

$$I_x = \frac{1}{12}\times(480\times2610^3 - 468\times2500^3) = 1.018\times10^{11}\text{mm}^4$$

$$I_y = \frac{1}{12}\times(2500\times12^3 + 2\times55\times480^3) = 1.014\times10^9\text{mm}^4$$

$$W_x = \frac{I_x}{h/2} = \frac{1.018\times10^{11}}{55+2500/2} = 7.8\times10^7\text{mm}^3$$

$$S = 1250\times12\times\frac{1250}{2} + 480\times55\times\left(1250+\frac{55}{2}\right) = 4.31\times10^7\text{mm}^3$$

$$i_x = \sqrt{\frac{I_x}{A}} = \sqrt{\frac{1.018\times10^{11}}{82{,}800}} = 1108.8\text{mm},\ i_y = \sqrt{\frac{I_y}{A}} = \sqrt{\frac{1.014\times10^9}{82{,}800}} = 110.7\text{mm}$$

$$\lambda_y = l_1/i_y = 3000/110.7 = 27.1$$

（2）强度验算

弯曲应力：$\sigma = \dfrac{M}{W_x} = \dfrac{9300\times10^6}{7.8\times10^7} = 119.2\text{MPa} < [\sigma_w] = 140\text{MPa}$

剪应力：$\tau_{max} = \dfrac{VS}{I_x t_w} = \dfrac{1490\times10^3\times4.31\times10^7}{1.018\times10^{11}\times12} = 52.6\text{MPa}$

$\tau_0 = \dfrac{V}{h_0 t_w} = \dfrac{1490\times10^3}{2500\times12} = 49.7\text{MPa}$，$\dfrac{\tau_{max}}{\tau_0} = \dfrac{52.6}{49.7} = 1.06 < 1.25$，取 $C_\tau = 1.0$。

$\tau_{max} = 52.6\text{MPa} < C_\tau\,[\tau] = 80\text{MPa}$

强度验算合格。

（3）总体稳定性验算

梁的换算长细比计算：$\lambda_e = \alpha\dfrac{l_0 i_x}{h i_y}$（$x$ 轴为强轴）

式中 $\alpha \approx 1.8$，h＝2610mm。

$$\lambda_e = \alpha\frac{l_0 i_x}{h i_y} = 1.8\times\frac{3000\times1108.8}{2610\times110.7} = 20.7$$

由 λ_e＝20.7 查附表 J-1，得 φ_2＝0.900，则：

$$\sigma = \frac{M}{W_m} = \frac{9300\times10^6}{7.8\times10^7} = 119.2\text{MPa} < \varphi_2[\sigma_w] = 0.9\times140 = 126\text{MPa}$$

总体稳定满足。

习　题

一、简答题

1. 梁的抗弯强度分析中，截面形状系数是如何规定的？

2. 梁的扭转类型包括哪两类？

3. 梁在弯矩作用下的失稳模式属于什么失稳形式？

4. 工业厂房中吊车梁的设计需要验算哪些内容？

5. 钢梁设计有哪些强度计算准则？

6. 影响工字形截面钢梁整体稳定的因素有哪些？

7. 一般情况下，钢梁设计时不会最大限度地利用其截面的塑性，请说明这样做的原因有哪些？实际设计中是采取何种方法或措施来考虑这一点的？

8. 提高钢梁整体稳定承载力的主要措施有哪些？

9. 请简述可能使钢梁腹板发生局部失稳的应力因素。如何配置相应的加劲肋？

二、计算题

1. 一工作平台的梁格布置如图 6-28 所示。平台所受荷载标准值为：恒荷载 3.5kN/m²（平台铺板和面层），活荷载 7kN/m²。次梁简支于主梁侧面，钢材为 Q235。假设次梁采用热轧工字钢 I32a，平台铺板与次梁可靠焊接，试验算次梁的强度和刚度。

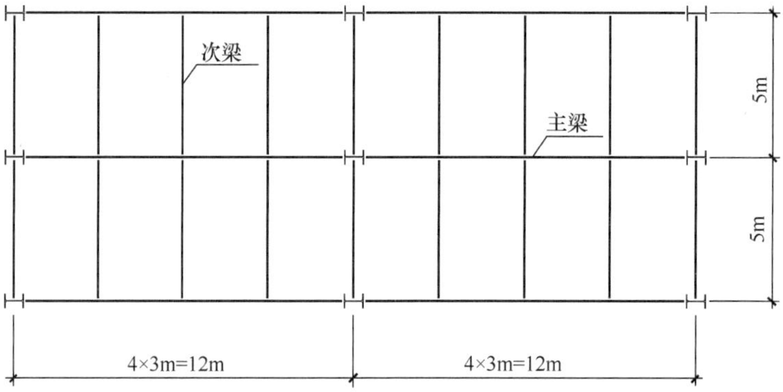

图 6-28　计算题 1 图

2. 若将计算题 1 中的次梁截面改为热轧 H 型钢 HN346×174×6×9，其余条件不变，试验算次梁的强度和刚度，并与计算题 1 的结果进行比较，了解热轧工字钢和热轧窄翼缘 H 型钢的截面特点。

3. 若计算题 1 中的次梁没与平台铺板连牢，试重新选择次梁的截面以满足设计要求。

4. 如图 6-29 所示一焊接形工字形简支梁，材料为 Q355B 钢，梁两端有侧向支撑，跨中作用集中静荷载由两部分组成，其中恒荷载标准值为 150kN，活荷载标准值为 300kN，试验算该梁的强度、刚度和整体稳定承载力。

5. 等截面焊接主梁如图 6-30 所示，钢材采用 Q235B，跨度 $L=9.0$m。距端支座 4.5m 处支承一根次梁，传递荷载设计值 $F=250$kN（已经计入了次梁的自重，荷载作用

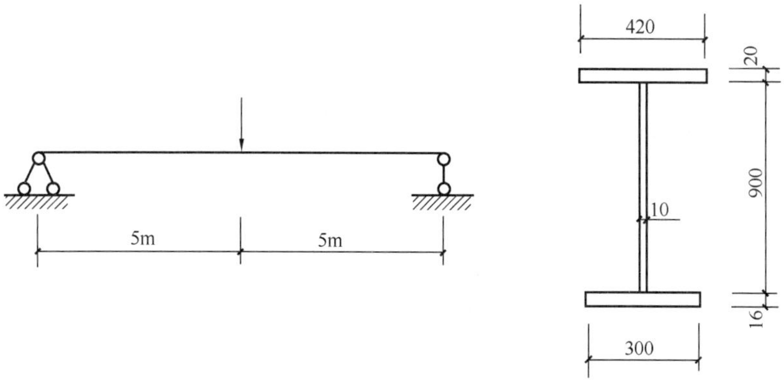

图 6-29 计算题 4 图（mm）

在主梁下翼缘）。试验算该主梁的整体稳定性。

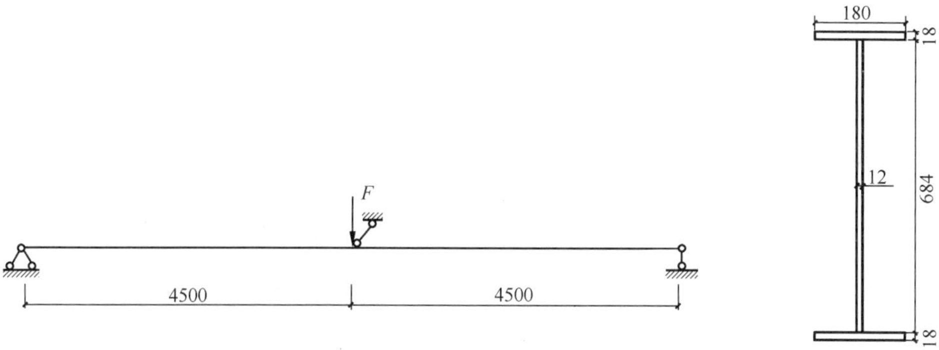

图 6-30 计算题 5 图（mm）

6. 试设计一施工临时便梁（图 6-31），跨梁 $l=6\text{m}$，该梁承受的最大荷载弯矩（恒+活）$M_{max}=850\text{kN}\cdot\text{m}$，最大剪力 $V_{max}=400\text{kN}$ 。钢材用 Q235q，$[\sigma_w]=140\text{MPa}$，$[f]=\dfrac{l}{900}$ 。

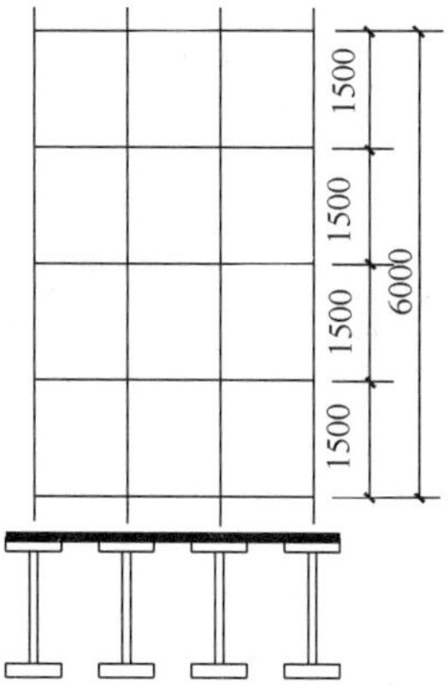

图 6-31 计算题 6 图（mm）

第 7 章　拉弯和压弯构件

【本章知识点】

本章主要介绍拉弯构件与压弯构件的概念，拉弯构件与压弯构件的强度、刚度计算，实腹式压弯构件在弯矩作用平面内及弯矩作用平面外的整体稳定计算方法，实腹式压弯构件的截面设计和计算，格构式压弯构件的计算特点。

【重点】

实腹式压弯构件的整体稳定和局部稳定计算。

【难点】

压弯构件在弯矩作用平面内和平面外的整体稳定性概念、分析原理与计算方法。

拉弯和压弯构件在房屋建筑工程中应用广泛，如轻型工业厂房刚架柱、重型工业厂房刚架柱、单层网壳结构杆件、多层房屋框架柱、高铁桥梁和高铁站房结构（图 7-1a～f）。

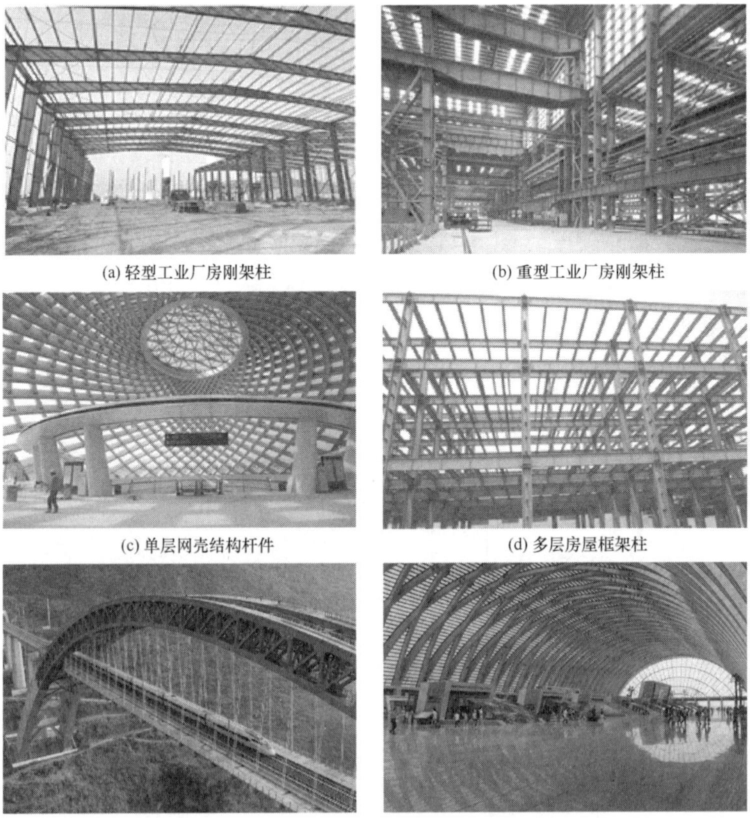

(a) 轻型工业厂房刚架柱　(b) 重型工业厂房刚架柱

(c) 单层网壳结构杆件　(d) 多层房屋框架柱

(e) 高铁桥梁　(f) 天津西站站房结构

图 7-1　偏心受力构件在实际工程中的应用

其中，建筑框架结构中，钢柱大多为压弯构件；对高层结构，由于水平荷载的作用，结构的倾覆力矩会在柱中产生拉力，使得钢柱成为拉弯构件。

本章重点介绍实腹式拉弯构件和压弯构件的工作性能和设计方法，也对格构式压弯构件进行了一定的介绍。

7.1　拉弯和压弯构件的类型及截面形式

拉弯构件和压弯构件的截面同时承受轴力和弯矩，属于偏心受力状态。如图 7-2（a）～（c）所示，其中图 7-2（a）、（c）为压弯构件，图 7-2（b）为拉弯构件。如果绕截面一个形心主轴方向作用有弯矩，称为单向拉弯或压弯构件；绕截面两个形心主轴方向作用有弯矩，称为双向拉弯或压弯构件。

拉弯和压弯构件可采用多种截面形式，如图 7-3 所示，其分类如下：

（1）按截面组成方式分为型钢（图 7-3a、b）、钢板焊接组合截面（图 7-3c、g）、组合截面（图 7-3d、e、h）；

（2）按截面几何特征分为开口截面（图 7-3a～e）、闭口截面图 7-3（f～h）；

（3）按截面对称性分为单轴对称截面（图 7-3b、d、e、j、k）、双轴对称截面（图 7-3a、c、f～i）；

（4）按截面分布连续性分为实腹式截面（图 7-3a～h）、格构式截面（图 7-3i～k）。

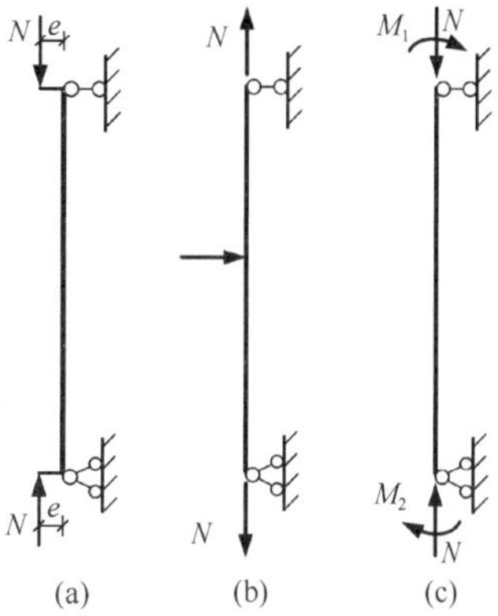

图 7-2　偏心受力构件

偏心受力构件应根据其受力特点选取适当的截面形式。如果构件承受的弯矩不大，即主要承受轴力时，它的截面形式和一般轴心受力构件一样；当偏心受力构件要承受较大的弯矩时，应该采用在弯矩作

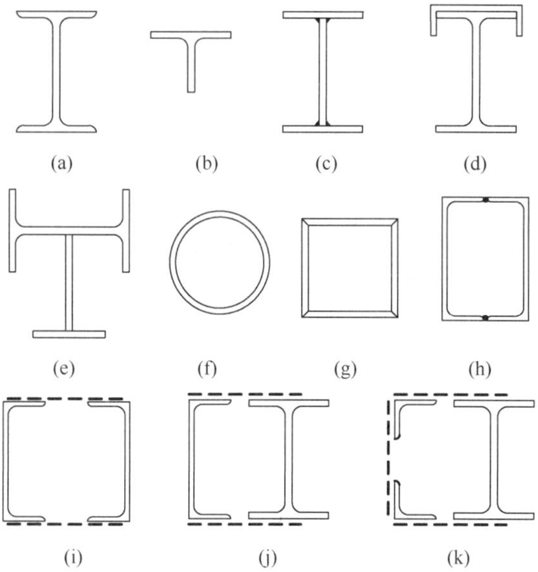

图 7-3　偏心受力构件截面形式

用平面内有较大抗弯刚度的截面。如果截面沿两个主轴方向作用弯矩较接近，宜选用双轴对称截面（图 7-3a、c、f～h）；如果沿一个主轴方向作用的弯矩较大，应选用单轴对称截面（图 7-3b、d、e），在受压侧分布更多的材料。如果构件所受弯矩值过大，可选用格构式截面（图 7-3i～k），以获得较好的经济效果。为更有效地利用材料，构件截面沿杆轴线方向可以变化，如厂房中的楔形柱（图 7-1a）、阶形柱（图 7-1b）等。

7.2 拉弯和压弯构件的强度和刚度

7.2.1 强度

以偏心受压构件为例，构件在轴力 N 和弯矩 M 的共同作用下，截面的最大和最小正应力值分别为：

$$\sigma_{max}=\frac{N}{A_n}+\frac{M_x}{W_{nx}}+\frac{M_y}{W_{ny}}\quad \sigma_{min}=\frac{N}{A_n}-\frac{M_x}{W_{nx}}-\frac{M_y}{W_{ny}} \tag{7-1}$$

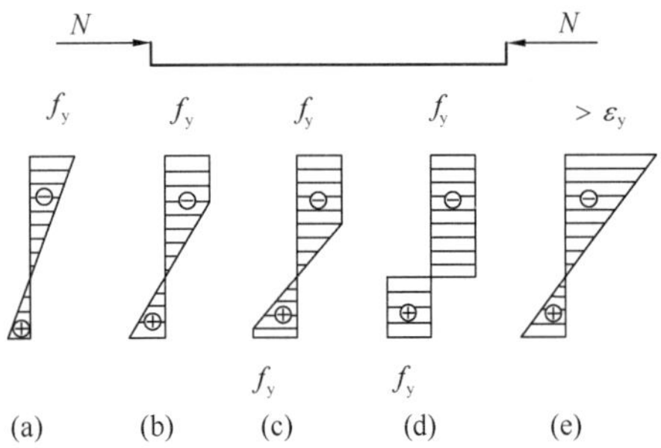

图 7-4 截面的塑性发展过程

截面的塑性发展过程如图 7-4 所示。当截面边缘纤维压应力还小于钢材屈服强度时，整个截面处于弹性状态，随着荷载的进一步增大，受拉区和受压区先后进入塑性，最后整个截面出现塑性铰（图 7-4d），压弯构件达到承载力极限状态，不过此时构件的应变较大（图 7-4e），构件将产生较大的变形，从而影响其正常使用。

以矩形截面为例，将图 7-5（a）的截面应力分解为图 7-5（b）、（c）两部分，由力平衡条件得到：轴心压力和弯矩的相关关系。

$$N=f_y\eta hb=f_ybh\eta=N_p\eta \tag{7-2}$$

$$M=f_y\frac{h-\eta h}{2}b\frac{h+\eta h}{2}=f_y\frac{bh^2}{4}(1-\eta^2)=M_p(1-\eta^2) \tag{7-3}$$

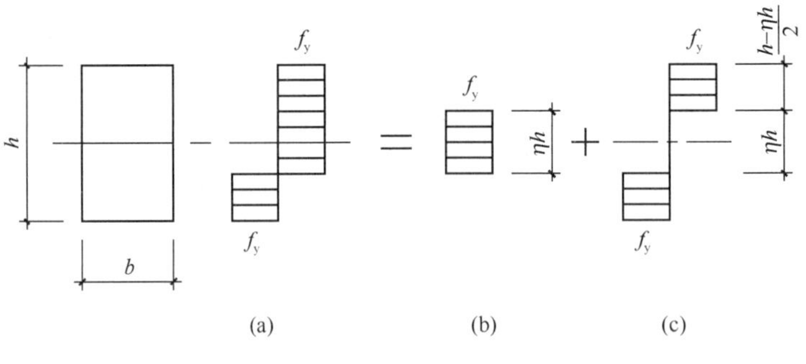

图 7-5 截面形成塑性铰时的应力分布

两式中消去 η 值，即得矩形截面形成塑性铰时 N、M 相关公式：

$$\left(\frac{N}{N_P}\right)^2+\frac{M}{M_P}=1 \tag{7-4}$$

式中　N——轴心力；

M——弯矩；

N_P——无弯矩作用时，全部净截面屈服的承载力，$N_P=f_y bh$；

M_P——无轴力作用时，净截面的塑性弯矩，$M_P=f_y bh^2/4$。

根据式（7-4）可画出矩形截面 N/N_P 和 M/M_P 的无量纲化的相关曲线，如图 7-6 中曲线 1。同样方法可画出其他形式截面的相关曲线，截面形式不同、规格尺寸不同，所示曲线也就不同，即使同一工字钢截面绕强轴和弱轴弯曲的相关曲线亦有差别，而且各自的数值还因翼缘和腹板的面积比不同而在一定范围内变动。图 7-6 中阴影区 2、3 表示工字形截面对强轴和弱轴的相关曲线区。各类拉弯、压弯构件的相关曲线均为凸曲线。

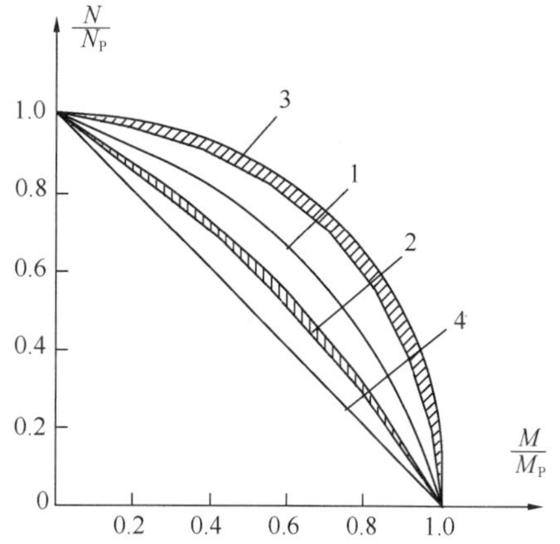

图 7-6　拉弯和压弯构件强度计算相关曲线

计算拉弯和压弯构件强度时，根据不同情况，可以采用三种不同的强度计算准则：

（1）边缘纤维屈服准则：采用这个准则，当构件受力最大截面边缘处的最大应力达到屈服时，即认为构件达到了强度极限。按此准则，构件始终在弹性阶段工作。《钢标》对需要计算疲劳的构件和部分格构式构件的强度计算采用这一准则，《冷弯薄壁型钢结构技术规范》GB 50018—2002 对冷弯薄壁型钢构件也采用这一准则。

（2）全截面屈服准则：这一准则以构件最大受力处全截面进入塑性，截面形成塑性铰为强度极限。

（3）部分发展塑性准则：这一准则以构件最大受力处截面的部分受压区和受拉区进入塑性为强度极限。为了避免构件截面形成塑性铰时，变形很大以至不能正常使用，《钢标》规定一般构件以这一准则作为强度极限。该准则考虑但限定了截面的塑性发展程度，对不同截面，限制塑性区发展范围 a 在 $\left(\frac{1}{8}\sim\frac{1}{4}\right)h$ 的范围内，h 是截面高度。为计算简便且偏于安全，采用图 7-6 中的直线 4 作为计算依据：

$$\frac{N}{N_P}+\frac{M}{M_P}=1 \tag{7-5}$$

考虑截面削弱，N_P 用 $A_n f_y$ 代替，M_P 用 $\gamma_x W_n f_y$ 代替，再引入抗力分项系数后，得出考虑部分发展塑性的拉弯和压弯构件强度计算公式：

$$\frac{N}{A_n}\pm\frac{M_x}{\gamma_x W_{nx}}\leqslant f \tag{7-6}$$

双向拉弯、压弯构件：

$$\frac{N}{A_n}\pm\frac{M_x}{\gamma_x W_{nx}}\pm\frac{M_y}{\gamma_y W_{ny}}\leqslant f \tag{7-7}$$

式中　A_n——净截面面积；

W_{nx}、W_{ny}——x 轴和 y 轴净截面抵抗矩，值应与正负弯曲应力相适应；

γ_x、γ_y——截面塑性发展系数，按表 6-1 采用，直接承受动力荷载时取 1.0。

7.2.2 刚度

二维码7-1
压弯构件的
计算长度

为满足结构的正常使用要求，偏心受力构件和轴心受力构件一样，不应做得过于柔细，而应具有一定的刚度，以保证构件不会产生过度的变形。因此，偏心受力构件的刚度也以其规定的容许长细比进行控制，容许长细比取值如表 5-1和表 5-2 所示，其中拉弯构件对应轴心拉杆的容许长细比，压弯构件对应轴心压杆的容许长细比。计算时计算长度系数可参考第 5 章的相关规定，对于框架结构中钢柱的计算长度系数可参考二维码 7-1。

$$\lambda_{max} \leqslant [\lambda] \tag{7-8}$$

当弯矩为主，轴力较小，或有其他需要时，也需计算拉弯或压弯构件的挠度或变形，使其不超过容许值。

【例题 7-1】 验算如图 7-7 所示工字形截面拉弯构件的强度和刚度。轴心拉力设计值 $N=5000\text{kN}$，横向集中荷载设计值 $P=50\text{kN}$，均为静力荷载。钢材为 Q235B，$[\lambda]=350$。

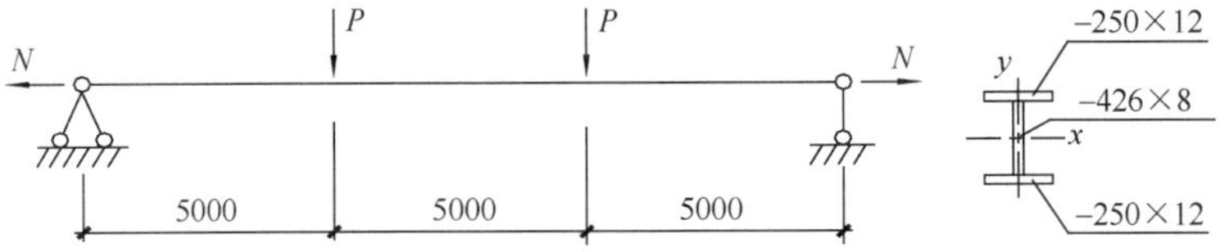

图 7-7 例题 7-1 图（mm）

解：

（1）构件的最大弯矩

$$M_x=50\times5=250\text{kN}\cdot\text{m}$$

（2）截面几何特性

$A_n=25\times1.2\times2+42.6\times0.8=94.08\text{cm}^2$，$I_x=\dfrac{1}{12}\times(25\times45^3-24.2\times42.6^3)=33,937.7\text{cm}^4$，$I_y=\dfrac{1}{12}\times(25^3\times1.2\times2+42.6\times0.8^3)=3127\text{cm}^4$，$W_x=I_x/(h/2)=33,937.7/22.5=1508.3\text{cm}^3$，$i_x=\sqrt{I_x/A}=\sqrt{33,937.7/94.08}=18.99\text{cm}$，$i_y=\sqrt{I_y/A}=\sqrt{3127/94.08}=5.77\text{cm}$

（3）验算

① 强度

$$\frac{N}{A_n}+\frac{M_x}{\gamma_{x1}\cdot W_{1x}}=\frac{5000\times10^3}{9408\times10^2}+\frac{250\times10^6}{1.05\times1508.3\times10^3}$$
$$=5.3+157.9=163.2\text{N/mm}^2<f=215\text{N/mm}^2$$

满足要求。

② 刚度

$$\lambda_{0x}=\frac{l_{0x}}{i_x}=\frac{15,000}{18.99\times10}=79.0$$
$$\lambda_{0x}=\frac{l_{0y}}{i_y}=\frac{15,000}{5.77\times10}=260$$
$$\lambda_{max}=260<[\lambda]=350$$

满足要求。

7.3　实腹式压弯构件的整体稳定

压弯构件在轴向压力和弯矩共同作用下，当其抵抗弯扭变形能力很强，或者构件的侧面有足够多的支撑以阻止其发生弯扭变形时，则构件可能在弯矩作用平面内发生弯曲失稳，属于极值点失稳。若构件的侧向没有足够的支撑，还可能发生在弯矩作用平面外的弯扭失稳。因此压弯构件的整体失稳包括弯矩作用平面内的弯曲失稳和弯矩作用平面外的弯扭失稳，如图 7-8所示，计算时需要考虑这两种稳定性。

(a) 平面内的弯曲失稳　　(b) 平面外的弯扭失稳

图 7-8　压弯构件的整体失稳

7.3.1　弯矩作用平面内的整体稳定

由弹性工作阶段的边缘屈服准则推导得到的平面内整体稳定计算公式见式(4-32)。冷弯薄壁型钢由于板件厚度小，失稳时塑性发展有限，因而式（7-9）可以用于冷弯薄壁型钢压弯构件：

$$\frac{N}{\varphi_x A}+\frac{M_x}{W_{1x}(1-\varphi_x N/N_{Ex})}=f_y \tag{7-9}$$

对于其他型钢截面或大多数组合截面的压弯构件，则可以利用截面上的塑性发展。实腹式压弯构件和轴压构件一样存在残余应力和初弯曲。确定它们的极限承载力时要考虑残余应力和初弯曲的影响，再加上不同的截面形式和尺寸等因素，采用解析式近似法或数值积分法，计算过程比较复杂，不能直接用于构件设计。《钢标》借用弹性压弯构件边缘屈服准则的相关公式，对 11 种常见截面形式的构件，适当考虑了残余应力的影响，按偏心受压考虑塑性发展的理论公式进行了计算，将结果与试验数据进行了比较，对上式进行若干修正，并形成《钢标》中实用计算公式：

$$\frac{N}{\varphi_x A f}+\frac{\beta_{mx}M_x}{\gamma_x W_{1x}\left(1-0.8\dfrac{N}{N'_{Ex}}\right)f}\leqslant 1.0 \tag{7-10}$$

式中　N——压弯构件的轴向压力设计值；

φ_x——在弯矩作用平面内，不计弯矩作用时轴心受压构件的稳定系数；

M_x——所计算构件段范围内的最大弯矩设计值；

N'_{Ex}——参数，$N'_{Ex}=\pi^2EA/(1.1\lambda_x^2)$，大体相当于欧拉力除以分项系数；

W_{1x}——弯矩作用平面内受压最大纤维的毛截面抵抗矩；

γ_x——截面塑性发展系数，按表 6-1 采用；

β_{mx}——等效弯矩系数。

二维码7-2
等效弯矩系数

式（7-10）是按照构件两端等弯矩的情况导出的结果。当偏心构件两端偏心距不等时，以及其他压弯构件，如用最大弯矩按照两端等弯矩偏心受压构件计算显然偏于保守。因此，应根据等效弯矩的原理来计算弯矩值。式（7-10）中，β_{mx}为等效弯矩系数，其意义为：将非均匀分布的弯矩当量化为均匀分布的弯矩。

《钢标》中规定的β_{mx}取值如下：

1）无侧移框架柱和两端支承的构件

（1）无横向荷载作用时，$\beta_{mx}=0.6+0.4\dfrac{M_2}{M_1}$，$M_1$和$M_2$为端弯矩，使构件产生同向曲率（无反弯点）时取同号，使构件产生反向曲率（有反弯点）时取异号，$|M_1|\geqslant|M_2|$。

（2）无端弯矩有横向荷载作用时，β_{mx}应按下式计算：

跨中单个集中荷载：$\beta_{mx}=1-0.36N/N_{cr}$

全跨均布荷载：$\beta_{mx}=1-0.18N/N_{cr}$

式中　N_{cr}——弹性临界力；$N_{cr}=\dfrac{\pi^2 EI}{(\mu l)^2}$。

（3）端弯矩和横向荷载同时作用时，$\beta_{mx}M_x$应按下式计算：

$$\beta_{mx}M_x=\beta_{mqx}M_{qx}+\beta_{m1x}M_1$$

式中　M_{qx}——横向荷载产生的最大弯矩设计值；

β_{mqx}——取（2）中计算的等效弯矩系数；

β_{m1x}——取（1）中计算的等效弯矩系数。

2）有侧移框架柱和悬臂构件

（1）有横向荷载的柱脚铰接的单层框架柱和多层框架的底层柱，$\beta_{mx}=1.0$。

（2）自由端作用有弯矩的悬臂柱，β_{mx}应按下式计算：

$$\beta_{mx}=1-0.36(1-m)N/N_{cr}$$

式中　m——自由端弯矩与固定端弯矩之比，当弯矩图无反弯点时取正号，有反弯点时取负号。

（3）除以上规定之外的框架柱，$\beta_{mx}=1-0.36N/N_{cr}$。

对单轴对称截面（即T形和槽形截面等）的压弯构件，当弯矩作用在对称平面内且使较大翼缘受压时，构件达临界状态时的截面应力分布，有可能使受拉侧首先出现塑性，而塑性区的发展也能导致构件失稳。对此种情况，除了按式（7-10）进行平面内稳定计算外，还应按式（7-11）对较小翼缘侧进行补充计算：

$$\left|\frac{N}{Af}-\frac{\beta_{mx}M_x}{\gamma_x W_{2x}\left(1-1.25\dfrac{N}{N'_{Ex}}\right)f}\right|\leqslant 1.0 \tag{7-11}$$

式中　W_{2x}——较小翼缘最外纤维的毛截面抵抗矩；

其他符号的意义和规定同前。

7.3.2 弯矩作用平面外的整体稳定

压弯构件在弯矩作用平面外弯扭失稳的轴力-弯矩相关公式见式（4-36），对应N_ω/N_{Ey}的不同比值，可以画出弹性阶段N/N_{Ey}和M_x/M_{cr}的相关曲线。对于常用截面，N_ω/N_y均大于1.0，相关曲线是上凸的（图7-9）。而在弹塑性范围内，难以写出N/N_{Ey}和M_x/M_{cr}的相关公式，但可通过对典型截面的数值计算求出N/N_{Ey}和M_x/M_{cr}的相关关系。分析表明，无论在弹性阶段和弹塑性阶段，均可偏安全地采用直线相关公式，即：

$$\frac{N}{N_{\mathrm{Ey}}}+\frac{M_{\mathrm{x}}}{M_{\mathrm{cr}}}=1 \tag{7-12}$$

对于单轴对称截面的压弯构件，无论弹性或弹塑性的弯扭计算均较为复杂。经分析，若近似地按式（7-12）的直线式来表达其相关关系也是可行的。

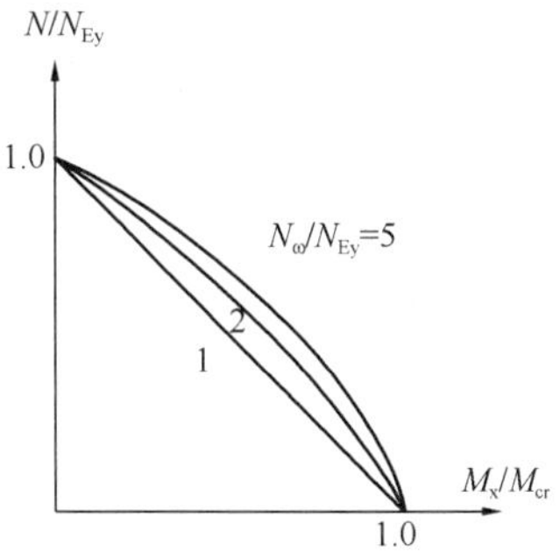

图 7-9　N/N_{Ey} 和 $M_{\mathrm{x}}/M_{\mathrm{cr}}$ 的相关曲线

考虑抗力分项系数，并引入等效弯矩系数 β_{tx} 之后，即得到《钢标》关于压弯构件弯矩作用平面外整体稳定的设计公式：

$$\frac{N}{\varphi_{\mathrm{y}}Af}+\eta\frac{\beta_{\mathrm{tx}}M_{\mathrm{x}}}{\varphi_{\mathrm{b}}W_{1\mathrm{x}}f}\leqslant 1.0 \tag{7-13}$$

式中　η——截面影响系数，闭口截面 $\eta=0.7$，其他截面 $\eta=1.0$；

φ_{y}——弯矩作用平面外的轴心受压构件稳定系数，对于单轴对称截面，应考虑扭转效应，采用换算长细比 λ_{yz} 确定；对于双轴对称截面或极对称截面可直接采用 λ_{y} 确定；

φ_{b}——均匀弯曲的受弯构件整体稳定系数；

β_{tx}——等效弯矩系数，应按如下规定采用。

弯矩作用平面外有支撑的构件，应根据两相邻支撑点间构件段内的荷载和内力情况确定：

1）构件段无横向荷载作用时，$\beta_{\mathrm{tx}}=0.65+0.35\frac{M_2}{M_1}$，$M_1$ 和 M_2 为构件段在弯矩作用平面内的端弯矩，使构件产生同向曲率（无反弯点）时取同号；使构件产生反向曲率（有反弯点）时取异号，$|M_1|\geqslant|M_2|$。

2）构件段内有端弯矩和横向荷载同时作用，使构件产生同向曲率时，$\beta_{\mathrm{tx}}=1.0$；使构件产生反向曲率时，$\beta_{\mathrm{tx}}=0.85$。

3）构件段内无端弯矩但有横向荷载作用时，$\beta_{\mathrm{tx}}=1.0$。

弯矩作用平面外为悬臂的构件，$\beta_{\mathrm{tx}}=1.0$。

当 $\lambda_{\mathrm{y}}\leqslant 120\sqrt{235/f_{\mathrm{y}}}$ 时，φ_{b} 可按下列近似公式计算：

1）工字形截面

双轴对称：

$$\varphi_{\mathrm{b}}=1.07-\frac{\lambda_{\mathrm{y}}^2}{44,000}\cdot\frac{f_{\mathrm{y}}}{235}\leqslant 1 \tag{7-14}$$

单轴对称：

$$\varphi_{\mathrm{b}}=1.07-\frac{W_{1\mathrm{x}}}{(2a_{\mathrm{b}}+0.1)Ah}\cdot\frac{\lambda_{\mathrm{y}}^2}{44,000}\cdot\frac{f_{\mathrm{y}}}{235}\leqslant 1 \tag{7-15}$$

式中　$a_{\mathrm{b}}=\frac{I_1}{I_1+I_2}$；

I_1、I_2——受压翼缘和受拉翼缘对 y 轴的惯性矩。

2）T 形截面（弯矩作用在对称轴平面，绕 x 轴）

(1) 弯矩使翼缘受压时

双角钢 T 形截面：

$$\varphi_b = 1 - 0.0017\lambda_y\sqrt{\frac{f_y}{235}} \tag{7-16}$$

剖分 T 型钢和两板组合 T 形截面：

$$\varphi_b = 1 - 0.0022\lambda_y\sqrt{\frac{f_y}{235}} \tag{7-17}$$

(2) 弯矩使翼缘受拉且腹板宽厚比不大于 $18\sqrt{235/f_y}$ 时

$$\varphi_b = 1 - 0.0005\lambda_y\sqrt{\frac{f_y}{235}} \tag{7-18}$$

3) 对闭口截面，$\varphi_b=1.0$。

按式（7-14）～式（7-18）算得的 φ_b 值大于 0.6 时，不需要按式（6-20）换算成 φ'_b 值；当算得的 φ_b 值大于 1.0 时，取 $\varphi_b=1.0$。

【例题 7-2】 验算焊接工字形截面压弯构件的整体稳定，如图 7-10 所示。构件的材质为 Q235B 钢材，翼缘为火焰切割边。

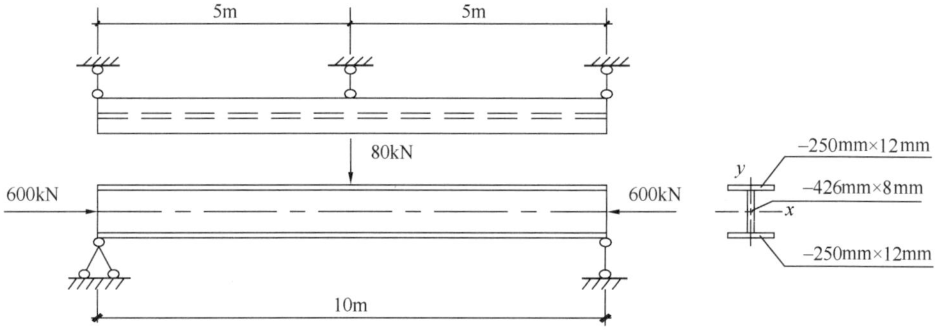

图 7-10　例题 7-2 图

解：

(1) 构件截面特性的计算

$A_n = 25\times1.2\times2+42.6\times0.8 = 94.08\text{cm}^2$，$I_x = \frac{1}{12}\times(25\times45^3-24.2\times42.6^3) = 33,937.7\text{cm}^4$，$I_y = \frac{1}{12}\times(25^3\times1.2\times2+42.6\times0.8^3) = 3127\text{cm}^4$，$W_x = I_x/(h/2) = 33,937.8/22.5 = 1508.3\text{cm}^3$，$i_x = \sqrt{I_x/A} = \sqrt{33,937.7/94.08} = 18.99\text{cm}$，$i_y = \sqrt{I_y/A} = \sqrt{3127/94.08} = 5.77\text{cm}$

$\lambda_x = l_x/i_x = 1000/18.99 = 52.7$，$\lambda_y = l_y/i_y = 500/5.77 = 86.7$

(2) 核算构件在弯矩作用平面内的稳定

$$M_x = \frac{80\times10}{4} = 200\text{kN}\cdot\text{m}$$

按 b 类截面查附表 B-2 得：$\varphi_x=0.8435$。

$$N'_{Ex} = \frac{\pi^2 EA}{1.1\lambda_x^2} = \frac{\pi^2\times206\times10^3}{1.1\times52.7^2}\times94.08\times10^2 = 6,254,749\text{N} = 6254.7\text{kN}$$

$$N_{cr}=\frac{\pi^2 EI_x}{(\mu l)^2}=\frac{\pi^2\times 206\times 10^3\times 33,937.7\times 10^4}{(1.0\times 10,000)^2}=6,893,010\text{N}=6893.0\text{kN}$$

$$\beta_{mx}=1-\frac{0.36N}{N_{cr}}=1-\frac{0.36\times 600}{6893.0}=0.97$$

$$\frac{N}{\varphi_x Af}+\frac{\beta_{mx}M_x}{\gamma_x W_{1x}(1-0.8N/N'_{Ex})f}$$

$$=\frac{600\times 10^3}{0.8435\times 94.08\times 10^2\times 215}+\frac{0.97\times 200\times 10^6}{1.05\times 1508.3\times 10^3\times(1-0.8\times 600/6254.7)\times 215}$$

$$=0.352+0.617=0.969<1.0$$

（3）核算构件在弯矩作用平面外的稳定

按 b 类截面查附表 B-2 得：$\varphi_y=0.6431$。

$$\beta_{tx}=0.65+0.35\frac{M_2}{M_1}=0.65$$

$$\varphi_b=1.07-\lambda_y^2/44,000=1.07-86.7^2/44,000=0.899$$

$$\frac{N}{\varphi_y Af}+\eta\frac{\beta_{tx}M_x}{\varphi_b W_{1x}f}=\frac{600\times 10^3}{0.6431\times 94.08\times 10^2\times 215}+1.0\times\frac{0.65\times 200\times 10^6}{0.899\times 1508.3\times 10^3\times 215}$$

$$=0.461+0.446=0.907<1.0$$

从计算结果可知，构件在弯矩作用平面内、外的整体稳定都满足要求。

7.4　压弯构件的局部稳定

实腹式压弯构件板件局部稳定表现为受压翼缘和受有压应力作用的腹板稳定。受压翼缘的屈曲应力可按两对边近似均匀受压的板件考虑，腹板的屈曲应力按两对边不均匀受压与剪应力联合作用的板件考虑。

1. 工字形截面

如图 7-11 所示，偏心受压柱腹板两对边受偏心压力，边界条件为四边简支，同时四边受均匀剪力的作用，可直接引用第 4 章弹性临界应力计算公式（式 4-37）。

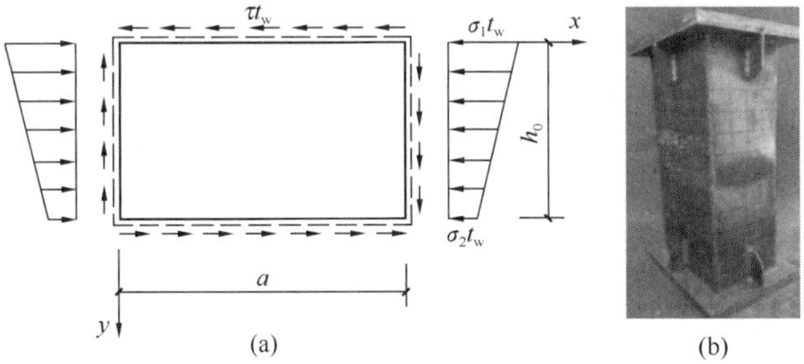

图 7-11　偏压板的局部屈曲

考虑到压弯构件工作时，腹板都不同程度地发展了塑性，按塑性屈曲理论用塑性屈曲系数 k_p 代替弹性屈曲系数 k，则：

$$\sigma_{cr}=k_p\frac{\pi^2E}{12(1-\nu^2)}\left(\frac{t_w}{h_0}\right)^2 \tag{7-19}$$

式中 k_p——塑性屈曲系数与腹板的剪应力与正应力比值 τ/σ_1、正应力梯度 $\alpha_0=\frac{\sigma_1-\sigma_2}{\sigma_1}$ 以及截面上塑性发展深度有关。

《钢标》按 $\tau/\sigma_1=0.2\sim0.3$ 的剪应力范围，计算出临界应力与 h_w/t_w 的关系。此外，还需考虑截面塑性发展深度的影响，算出不同 α_0 值时的 σ_{cr}，经简化处理后，按 $\sigma_{cr}\geqslant f_y$ 的条件导出保证压弯构件腹板局部稳定的高厚比限制条件。

《钢标》要求采用边缘屈服准则时腹板的宽厚比应满足式（7-20）要求，与第 4 章表 4-3中 S4 级对应。

$$\frac{h_0}{t_w}\leqslant(45+25\alpha_0^{1.66})\sqrt{\frac{235}{f_y}} \tag{7-20}$$

如考虑截面部分塑性发展，腹板的宽厚比应满足式（7-21）要求，与 S3 级对应。

$$\frac{h_0}{t_w}\leqslant(40+18\alpha_0^{1.5})\sqrt{\frac{235}{f_y}} \tag{7-21}$$

式中 $\alpha_0=\frac{\sigma_1-\sigma_2}{\sigma_1}$；

σ_1——腹板计算高度边缘的最大压应力，计算时不考虑构件的稳定系数和截面塑性发展系数；

σ_2——腹板计算高度另一边缘相应的应力，压应力取正值，拉应力取负值。

偏心受压构件的翼缘板，按照 S3 级（部分发展塑性），自由悬伸部分的宽厚比限值为：

$$\frac{b}{t}\leqslant 13\sqrt{\frac{235}{f_y}} \tag{7-22}$$

当强度和稳定计算，按照 S4 级（弹性设计不考虑截面塑性发展），取 $\gamma_x=1.0$ 时，$\frac{b}{t}$ 应满足下列要求：

$$\frac{b}{t}\leqslant 15\sqrt{\frac{235}{f_y}} \tag{7-23}$$

2. 箱形截面

对于箱形截面，按 $\sigma_{cr}\geqslant f_y$ 的条件导出保证压弯构件腹板局部稳定的高厚比限制条件。当采用边缘屈服准则时，翼缘宽厚比的限值应满足式（7-24）要求，与 S4 级对应。

$$\frac{b_0}{t}\leqslant 45\sqrt{\frac{235}{f_y}} \tag{7-24}$$

当考虑部分发展塑性时，翼缘宽厚比的限值应满足式（7-25）要求，与 S3 级对应。

$$\frac{b_0}{t}\leqslant 40\sqrt{\frac{235}{f_y}} \tag{7-25}$$

对单向受弯的箱形截面柱，其腹板的高厚比 h_0/t_w，当采用边缘屈服准则时，h_0/t_w 不应大于第 4 章表 4-3中 H 形截面腹板 S4 级的要求；当考虑截面部分发展塑性时，不应大于表中 H 形截面 S3 级的要求。

【**例题 7-3**】图 7-12 中 Q235B 钢火焰切割边工字形截柱，两端铰接，中间 1/3 长度处有侧向支撑，截面无削弱，承受轴心压力的设计值为 900kN，跨中集中力设计值为 80kN。试验算此构件的承载力是否满足要求。

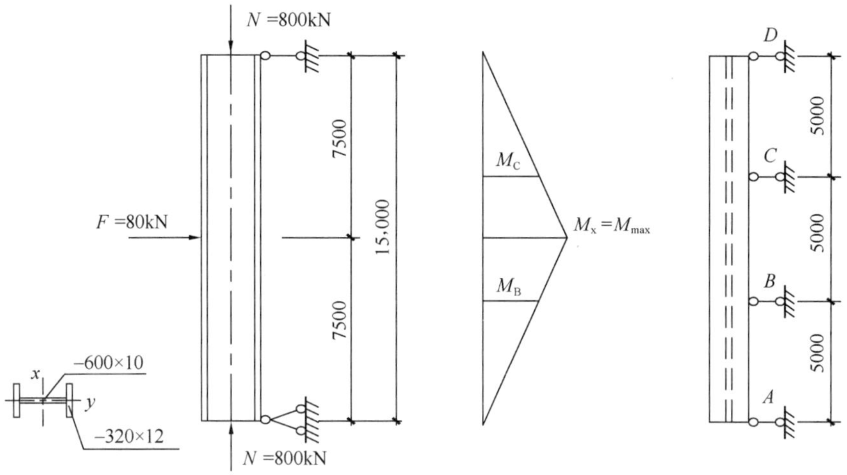

图 7-12　例题 7-3 图（mm）

解：

（1）构件截面特性的计算

$$A_n = 2\times32\times1.2+60\times1.0=136.8\text{cm}^2,\ I_x=\frac{1}{12}\times(32\times62.4^3-31\times60^3)=89{,}922\text{cm}^4,$$

$$I_y=\frac{1}{12}\times(2\times1.2\times32^3+60\times1^3)=6559\text{cm}^4,W_{1x}=89{,}922/31.2=2882.1\text{cm}^3$$

$$i_x=\sqrt{I_x/A}=\sqrt{89{,}922/136.8}=25.64\text{cm},i_y=\sqrt{I_y/A}=\sqrt{6559/136.8}=6.92\text{cm}$$

（2）强度验算

$$M_x=\frac{1}{4}\times80\times15=300\text{kN}\cdot\text{m}$$

$$\frac{N}{A_n}+\frac{M_x}{\gamma_x W_{nx}}=\frac{800\times10^3}{136.8\times10^2}+\frac{300\times10^6}{1.05\times2882.1\times10^3}=157.6\text{N/mm}^2<215\text{N/mm}^2$$

（3）验算弯矩作用平面内的稳定

$$\lambda_x=\frac{1500}{25.64}=58.5<[\lambda]=150,\text{查附表 B-2(b 类截面)，得}:\varphi_x=0.815。$$

$$N'_{Ex}=\frac{\pi^2EA}{1.1\lambda_x^2}=\frac{\pi^2\times206\times10^3}{1.1\times58.5^2}\times136.8\times10^2=7381\times10^3\text{N}=7381\text{kN}$$

$$N_{cr}=\frac{\pi^2EI}{(\mu l)^2}=\frac{\pi^2\times206\times10^3\times89{,}922\times10^4}{(1.0\times15{,}000)^2}=8{,}117{,}269\text{N}$$

$$\beta_{mx}=1-\frac{0.36N}{N_{cr}}=1-\frac{0.36\times800\times10^3}{8{,}117{,}269}=0.9645$$

$$\frac{N}{\varphi_x Af}+\frac{\beta_{mx}M_x}{\gamma_x W_{1x}(1-0.8N/N'_{Ex})f}$$
$$=\frac{800\times10^3}{0.815\times136.8\times10^2\times215}+\frac{0.9645\times300\times10^6}{1.05\times2882.1\times10^3\times(1-0.8\times800/7381)\times215}$$
$$=0.82<1.0$$

（4）验算弯矩作用平面外的稳定

$$\lambda_y=\frac{500}{6.92}=72.3<[\lambda]=150\text{，查附表 B-2(b 类截面)，得：}\varphi_y=0.7362\text{。}$$

$$\varphi_b=1.07-\lambda_y^2/44,000=1.07-72.3^2/44,000=0.951$$

所计算段为 BC 段，构件段内有端弯矩和横向荷载同时作用时，使构件产生同向曲率时，$\beta_{tx}=1.0$，开口截面取 $\eta=1.0$。

$$\frac{N}{\varphi_y Af}+\eta\frac{\beta_{tx}M_x}{\varphi_b W_{1x}f}=\frac{800\times10^3}{0.7362\times136.8\times10^2\times215}+1.0\times\frac{1.0\times300\times10^6}{0.951\times2882.1\times10^3\times215}$$
$$=0.879<1.0$$

从计算结果可知，此压弯构件是由弯矩作用平面外的稳定控制设计的。

（5）局部稳定验算

$$\sigma_{max}=\frac{N}{A}+\frac{M_x}{I_x}\cdot\frac{h_0}{2}=\frac{800\times10^3}{136.8\times10^2}+\frac{300\times10^6}{89,922\times10^4}\times300=158.6\text{N/mm}^2$$

$$\sigma_{min}=\frac{N}{A}-\frac{M_x}{I_x}\cdot\frac{h_0}{2}=\frac{800\times10^3}{136.8\times10^2}-\frac{300\times10^6}{89,922\times10^4}\times300=-41.6\text{N/mm}^2\text{(拉应力)}$$

$$a_0=\frac{\sigma_{max}-\sigma_{min}}{\sigma_{max}}=\frac{158.6+41.6}{158.6}=1.26$$

腹板：$\frac{h_0}{t_w}=\frac{600}{10}=60<(40+18\alpha_0^{1.5})\sqrt{\frac{235}{f_y}}=40+18\times1.16^{1.5}=62.5$

翼缘：$\frac{b}{t}=\frac{160-5}{12}=12.9<13\sqrt{\frac{235}{f_y}}=13$，构件强度计算时可取 $\gamma_x=1.05$。

构件满足局部稳定性要求。

7.5 格构式压弯构件的整体稳定

格构式压弯构件广泛应用于重型厂房的框架柱和巨大的独立柱。根据受力以及使用要求，压弯构件可以设计成具有双轴对称或单轴对称的截面。格构式压弯构件的缀材设计要求和构造方法与格构式轴心受压构件在原则上是相同的。

7.5.1 弯矩绕虚轴作用时的格构式压弯构件

当弯矩作用在与缀材面平行的主平面内（图 7-13a～c），构件绕虚轴产生弯曲失稳，应进行弯矩作用平面内的整体稳定性计算和分肢的稳定计算。

1. 弯矩作用平面内的整体稳定

弯矩绕虚轴作用的格构式压弯构件，由于截面中部空心，不能考虑塑性的深入发展，故格构式压弯构件对虚轴的弯曲失稳参照边缘纤维屈服准则的计算公式（式 7-9）。但当

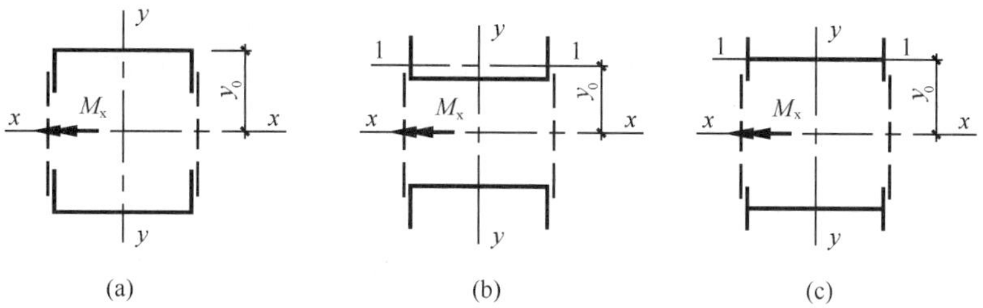

图 7-13　弯矩绕虚轴作用的格构式压弯构件截面

$\varphi_x>0.8$ 时，式（7-9）可能高估构件承载力，因此，《钢标》采用式（7-26）进行实际构件计算：

$$\frac{N}{\varphi_x A f}+\frac{\beta_{mx}M_x}{W_{1x}\left(1-\frac{N}{N'_{Ex}}\right)f}\leqslant 1.0 \tag{7-26}$$

式中　$W_{1x}=I_x/y_0$，当距 x 轴最远的纤维属于肢件的腹板时（图 7-13a），y_0 为由 x 轴到压力较大分肢腹板边缘的距离；当距 x 轴最远的纤维属于肢件翼缘的外伸部分时（图 7-13b、c），y_0 为由 x 轴到压力较大分肢轴线的距离；

φ_x——由构件绕虚轴的换算长细比 λ_{0x} 确定的 b 类截面轴心压杆稳定系数。

2. 弯矩作用平面外的整体稳定

对于弯矩绕虚轴作用的压弯构件，由于组成压弯构件的两个肢件在弯矩作用平面外的稳定已经在计算单肢时得到保证，不必再计算整个构件在平面外的稳定性。

3. 分肢的稳定

当弯矩绕虚轴作用时，除用式（7-26）计算弯矩作用平面内的整体稳定外，还要把整个构件看作一个平行弦桁架，将构件的两个分肢看作桁架体系的弦杆。分肢的轴线压力按图 7-14 所示计算简图确定，两个分肢的轴心力应按式（7-27a、b）计算：

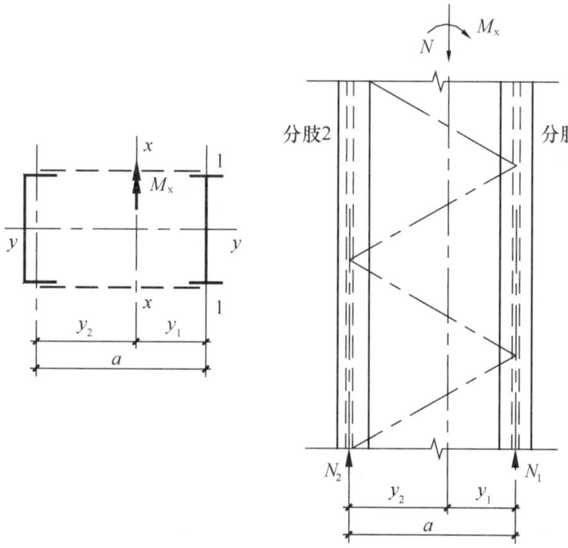

图 7-14　分肢的内力计算

分肢 1：

$$N_1=M_x/a+Ny_2/a \tag{7-27a}$$

分肢 2：

$$N_2=N-N_1 \tag{7-27b}$$

缀条式压弯构件的分肢按轴心受压构件计算，分肢的计算长度在缀材平面内（分肢绕 1-1 轴）取缀条体系的节间长度，而平面外（分肢绕 y 轴）的则取整个构件的侧向支撑点间的距离。

4. 缀材的计算

计算压弯构件的缀材时，应取构件实际剪力和按式（5-37）计算所得剪力两者中的较大值，计算方法与格构式轴心受压构件缀材相同。

7.5.2 弯矩绕实轴作用时的格构式压弯构件

当弯矩作用在和构件的缀材面相垂直的主平面内时，如图 7-15 所示，弯矩绕实轴 y，它的受力性能和实腹式压弯构件完全相同。因此，和实腹式压弯构件一样用式（7-10）验算在弯矩作用平面内的稳定，用式（7-13）验算在弯矩作用平面外的稳定，但计算弯矩作用平面外的稳定时，系数 φ_y 应按换算长细比 λ_{0x} 确定，而系数 φ_b 应取 1.0。

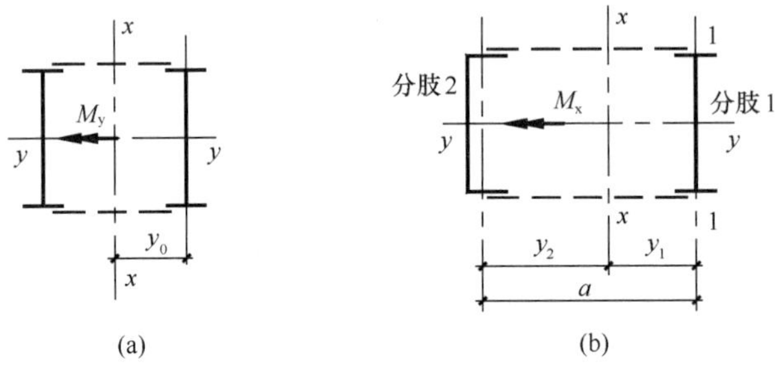

图 7-15 弯矩绕实轴作用的格构式压弯构件截面

分肢稳定按实腹式压弯构件进行计算，内力按如下原则分配（图 7-15b）：轴心压力 N 在两分肢间的分配与分肢轴线至虚轴 x 轴的距离呈反比；弯矩 M_y 在两分肢间的分配与分肢对实轴 y 轴的惯性矩呈正比，与分肢轴线至虚轴 x 轴的距离呈反比。即：

分肢 1 的轴心力：

$$N_1 = Ny_2/a \tag{7-28a}$$

分肢 1 的弯矩：

$$M_{y1} = \frac{I_1/y_1}{I_1/y_1 + I_2/y_2} \cdot M_y \tag{7-28b}$$

分肢 2 的轴心力：

$$N_2 = N - N_1 \tag{7-28c}$$

分肢 2 的弯矩：

$$M_{y2} = M_y - N_{y1} \tag{7-28d}$$

式中 I_1、I_2——分肢 1、分肢 2 对 y 轴的惯性矩。

式（7-28a～d）适用于当 M_y 作用在构件的主平面时的情形；当 M_y 不是作用在构件的主轴平面而是作用在一个分肢的轴线平面时（如图 7-15b 中分肢 1 的 1-1 轴线平面），M_y 视为全部由该分肢承受。

7.6 《桥规》有关设计规定

7.6.1 拉弯和压弯构件的强度

桥梁结构中一般不允许考虑材料的塑性工作，故拉弯和压弯构件的强度问题按弹性假定和叠加原理进行计算，以纤维应力最大值不超过钢材屈服点为依据，考虑安全系数后，设计公式可写成容许应力法的形式。

受压或受拉并在一个主平面内受弯曲或与此相当的偏心受压及偏心受拉：

$$\frac{N}{A} \pm \frac{M}{W} \leqslant [\sigma] \tag{7-29}$$

受压或受拉并受到斜弯曲或与此相当的偏心受压及偏心受拉：

$$\frac{N}{A} \pm \left(\frac{M_x}{W_x} + \frac{M_y}{W_y}\right)\frac{1}{C} \leqslant [\sigma] \tag{7-30}$$

式中 C——斜弯曲作用下容许应力增大系数：

$$C = 1 + 0.3 \times \frac{\sigma_{m2}}{\sigma_{m1}} \leqslant 1.15 \tag{7-31}$$

σ_{m1}、σ_{m2}——截面检算处由于弯矩 M_x、M_y 所产生的较大和较小的组合应力；

$[\sigma]$——轴向应力的容许值，其值可查附表 I-1。

7.6.2 压弯构件的总体稳定

《桥规》中用一个公式兼顾构件在弯矩作用平面内的稳定和平面外的稳定，这是偏于安全且较简便的做法。

《桥规》中采用一个轴力和弯矩交叉影响的相关公式，在用极限状态形式表达时，采用式（7-32）：

$$\frac{P}{P_A} + \frac{M}{(1 - P/P_e)M_u} \leqslant 1.0 \tag{7-32}$$

式中 P、M——同时作用于压弯杆件的轴力和弯矩；

P_A——杆件只受压（不受弯）时的压溃荷载；

M_u——杆件只受弯（不受压）时所能承受的极限弯矩，若受稳定控制，其值是 $n_2\varphi_2[\sigma]W_m$；若不受稳定控制，将是 n_2 $[\sigma]$ W_m（也可以列入 φ_2，但写明 $\varphi_2=1$）；

n_2——验算受弯失稳所用的安全系数；

P_e——杆件在弯矩作用面内失稳时的欧拉荷载。

并不是欧拉荷载和这里的稳定问题发生联系，而是因为欧拉荷载内有 EI/l^2 这一乘数能代表杆件的弹性特性，引用 P_e 将可使弯矩扩大数写成（$1-P/P_e$）形式。

为了将上式改写成容许应力的算式，P 当用 n_1N 代替，M 用 n_3M 代替，P_A 写作 $n_1\varphi_1$ $[\sigma]$ $\times A_m$，M_u 写作 $n_2\varphi_2$ $[\sigma]$ $\times W_m$，P_e 写作 π^2EA/λ^2。这里的 N 和 M 是指由设计荷载产生的轴向力及弯矩，而 n_1 和 n_3 分别代表对 N 及 M 所应取的安全系数，由此可得受压并在一个主平面内受弯曲或与此相当的偏心受压构件总体稳定计算公式：

$$\frac{N}{A_m} + \frac{\varphi_1 M_x}{\mu_1 \varphi_2 W_m} \leqslant \varphi_1[\sigma] \tag{7-33}$$

式中 N——计算轴向力（MN）；

M_x——构件中部 1/3 长度范围内最大计算弯矩（MN·m）；

A_m——毛截面面积（m^2）；

φ_1——中心受压杆件的容许应力折减系数，根据钢种、截面形状及验算所对的轴等按附表 J-1 采用；

φ_2——构件只在一个主平面内受弯时的容许应力折减系数，具体计算规定见第 6 章相关内容；

μ_1——考虑弯矩因构件受压而增大（即二阶效应）所引用的值：

$$\text{当}\frac{N}{A_m}\leqslant 0.15\varphi_1\ [\sigma]\ \text{时，取}\ \mu_1=1.0 \tag{7-34a}$$

$$\text{当}\frac{N}{A_m}>0.15\varphi_1\ [\sigma]\ \text{时，取}\ \mu_1=1-\frac{n_1 N\lambda^2}{\pi^2 EA_m} \tag{7-34b}$$

λ——构件在弯矩作用平面内的长细比；

E——弹性模量（MPa）；

n_1——压杆容许应力安全系数，主力组合时取 1.7，主力加附加力组合时取 1.4；

$[\sigma]$——压杆容许应力，主力组合时按主力组合采用，主力加附加力组合时按主力加附加力组合采用。

【例题 7-4】 此例题为一钢桁梁桥，结构布置如图 7-16 所示，其中端斜杆 E_0A_1 截面为 H 形截面，每侧有 4 排栓孔，螺栓直径 $d=22$mm，孔径 $d_0=24$mm，截面选用腹板 412mm×18mm，翼缘 600mm×24mm，材质为 Q345qD。在主力＋横向风力作用下，E_0A_1 承受面外弯矩 $M=120$kN·m，$N=-3130$kN。试按《铁路桥梁钢结构设计规范》TB 10091—2017 验算 E_0A_1 杆的稳定承载力。

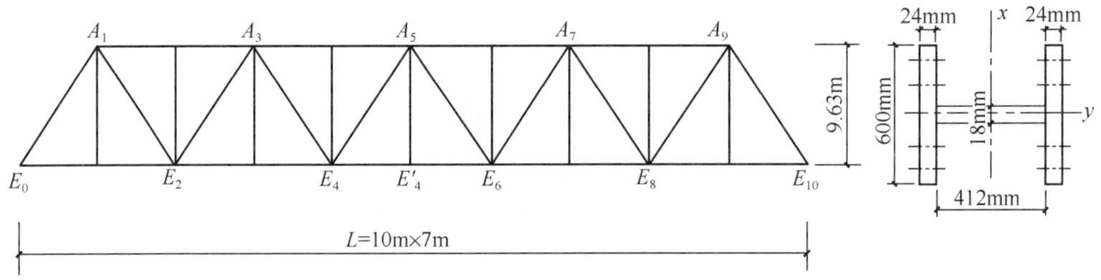

图 7-16　钢桁梁桥结构尺寸

解：

（1）构件截面特性的计算

$A_m=36,216\text{mm}^2$，$I_x=1.475\times10^9\text{mm}^4$，$I_y=8.642\times10^8\text{mm}^4$，$W_x=6.413\times10^6\text{mm}^4$，$i_x=20.18$cm，$i_y=15.45$cm

端斜杆的计算长度：$l_{0x}=l_{0y}=1071$cm

端斜杆的长细比：$\lambda_x=I_{0x}/i_x=1071/20.18=53.1$，$\lambda_y=l_{0y}/i_y=1071/15.45=69.3$

（2）杆件总体稳定性验算

端斜杆 E_0A_1 在主力作用下为受压杆件，在主力与横向力作用下为压弯杆。附加力为横向力时，弯矩作用于主平面外。

由于 $\lambda_y>\lambda_x$，在轴压力下此端斜杆会绕 y 轴即在主桁架面内失稳。但在主力及附加力作用下，轴压力外还有风力引起的弯矩在垂直主桁架平面方向作用，因此应考虑在轴压力和弯矩作用下，端斜杆在主桁架面内的整体失稳，按《桥规》用下面公式进行验算：

$$\sigma=\frac{N}{A_m}+\frac{\varphi_1 M_x}{\mu_1\varphi_2 W_m}\leqslant\varphi_1[\sigma]$$

系数 φ_1 应根据 $\lambda_y=69.3$（即验算翼缘板平面内H形截面杆件的总稳定性）查表5-7，可得：$\varphi_1=0.614$。

系数 φ_2 应根据换算长细比 λ_e 查表求得。对于焊接杆件，$\alpha=1.8$，$h=460$mm，换算长细比 $\lambda_e=\alpha\cdot\dfrac{l_0r_x}{hr_y}=1.8\times\dfrac{1071\times20.18}{46\times15.45}=54.74$（验算翼缘板平面内H形杆件的总体稳定性），查附表J-1可得：$\varphi_2=0.714$。

$$\frac{N}{A_m}=\frac{3130\times10}{362.16}=86.4\text{N/mm}^2\geqslant0.15\varphi_1[\sigma]=23.1\text{N/mm}^2$$

应考虑弯矩因构件受压而增大所引用的值 μ_1，对主力加附加力组合时取用 $n_1=1.4$。

$$\mu_1=1-\frac{n_1N\lambda_x^2}{\pi^2EA_m}=1-\frac{1.4\times3130\times53.0^2\times10}{\pi^2\times206,000\times362.16}=0.833$$

$[\sigma]$ 应按主力加附加力组合采用，容许应力提高系数查表3-3取1.3。

$$\sigma_{\text{II}m}=\frac{N}{A_m}+\frac{\varphi_1M_x}{\mu_1\varphi_2W_m}=\frac{3130\times10^3}{36,216}+\frac{0.577}{0.833\times0.714}\times\frac{120\times10^6}{6.413\times10^6}=104.58\text{N/mm}^2$$

$<0.577\times1.3\times200=150.02\text{N/mm}^2$

满足要求。

习　题

一、简答题

1. 对于以弯矩为主、轴力较小的压弯构件，如何满足刚度要求？

2. 现行《钢结构设计标准》GB 50017—2017中，偏心受力构件的强度计算采用的是何种计算准则？

3. 压弯构件平面内失稳发生的条件是什么？

4. 压弯构件平面内和平面外失稳的失稳模式分别是什么？

二、计算题

1. 一悬臂柱的受力及支承情况如图7-17所示。钢材为Q235B，截面采用HN450×200×9×14，且无削弱，验算其截面强度和弯矩作用平面内的稳定性。

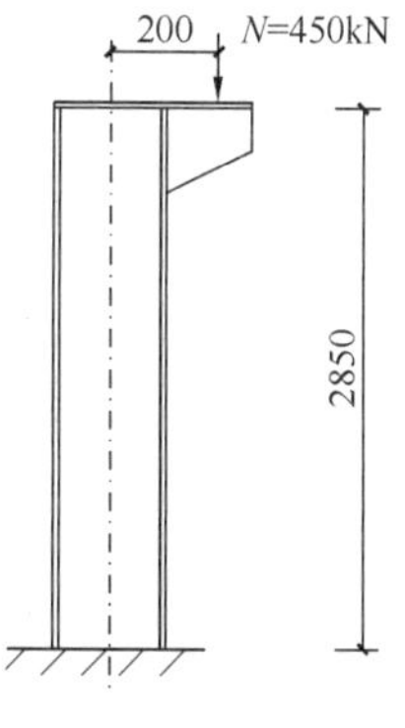

图7-17　计算题1图（mm）

2. 一工字钢I16制作的压弯构件，两端铰接，长度4.5m，在构件的中点有一个侧向支撑，钢材为Q235B，验算如图7-18（a）、（b）所示两种受力情况构件在弯矩作用平面内的整体稳定。构件除承受轴心压力 $N=20$kN外，作用的其他外力为：

（a）在构件两端同时作用着大小相等、方向相反的弯矩 $M_x=30$kN·m；

（b）在跨中作用一横向荷载 $F=20$kN。

3. 试计算图7-19所示焊接工字形截面压弯构件的面内稳定承载力。已知构件采用Q235钢。

4. 已知荷载设计值 $N=1000$kN，$P=160$kN，钢材采用Q235钢。验算图7-20所示双轴对称工字形截面压弯构件的平面外整体稳定性。P 是由跨中次梁传来的集中荷载，此处可作为平面外的侧向支撑点。

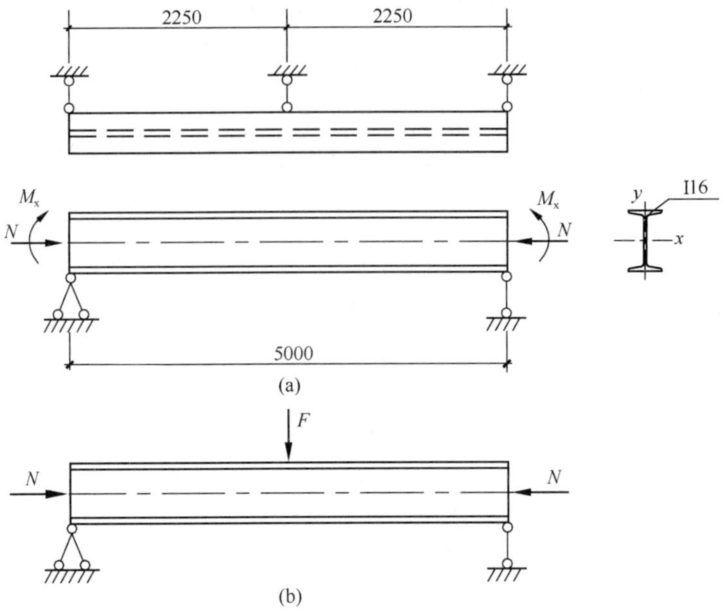

图 7-18　计算题 2 图（mm）

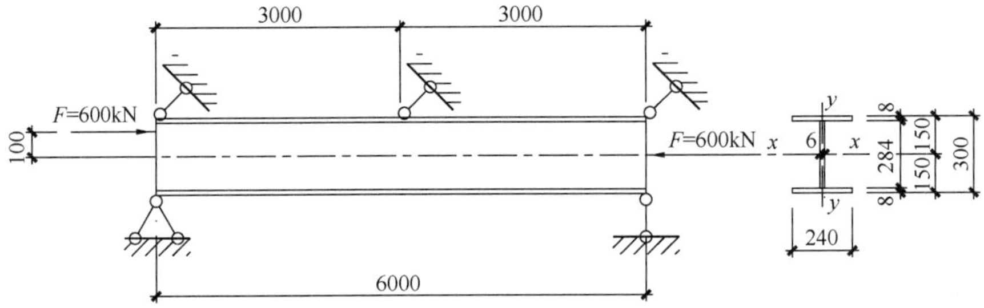

图 7-19　计算题 3 图（mm）

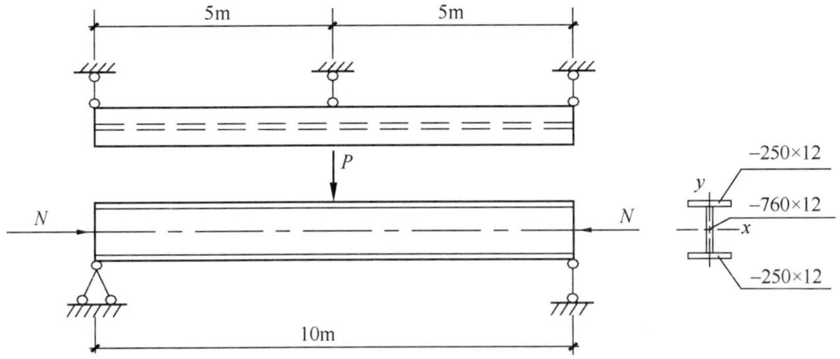

图 7-20　计算题 4 图（mm）

第 8 章　钢结构的焊缝连接

【本章知识点】

本章主要介绍钢结构的连接种类和各种连接的优缺点、适用范围，焊缝连接的方法、工艺、形式、接头类型、缺陷和检验以及焊缝符号等基本概念，主要讲述对接焊缝连接的构造和计算、角焊缝连接的形式、构造要求和计算，焊接残余应力和焊接变形的产生原因及对构件工作性能的影响。

【重点】

焊缝连接的构造和计算。

【难点】

复杂受力状态下各类焊缝连接的设计计算。

钢结构的连接是指通过一定的方式将钢板或型钢组合成构件，或者将若干个构件组合成整体结构，以保证其共同工作。钢结构的设计主要包括构件和连接两大项内容，连接的设计在钢结构设计中至关重要，主要是因为连接的受力通常比构件复杂，而连接的破坏可能会直接导致钢结构的破坏，且一旦破坏，连接的补强也比构件要困难。

本章首先介绍钢结构连接的分类及适用范围，随后重点介绍钢结构焊缝连接的工作性能和设计方法。

8.1　钢结构连接的分类及适用范围

8.1.1　按照连接方法分类

按照连接方法分类，钢结构的连接主要有两大类：焊缝连接和紧固件连接。焊缝连接是通过热熔并加填料的方法完成构件之间的连接。常用的焊接方法可分为电弧焊和电阻焊两大类；紧固件是用作紧固连接且应用极为广泛的一类机械零件。在桥梁和房屋钢结构中使用的紧固件连接主要有普通螺栓、高强度螺栓、铆钉、射钉和自攻螺钉连接等。

现代焊缝连接技术起源于 19 世纪 70 年代的第二次工业革命，因两次世界大战对军用设备的极大需求得以急速发展，战后既已出现手工电弧焊、熔化极气体保护电弧焊、埋弧焊、药芯焊丝电弧焊和电渣焊这样的自动或半自动焊接技术。至 20 世纪中叶，能源、微电子技术、航天技术等领域取得重大突破，又进一步推动了焊接技术的发展，等离子、电子束和激光等新型焊接方法不断涌现，使得许多难以用其他方法焊接的材料和结构得以焊接。焊缝连接具有构造简单、适应性强、自动化程度高、连接刚度大等优点；缺点是焊接会降低被焊钢材的塑性和韧性，焊缝热熔区易出现微裂纹、焊渣等缺陷，焊接过程产生较大的焊接残余应力，从而导致焊缝区和热熔区容易发生脆断或疲劳破坏。如图 8-1 所示，焊缝连接可以分别在工厂和现场施焊，其中工厂焊接易于控制质量，而现场焊接受施工条件、季节影响大，质量不易保证，因此在运输和安装条件许可下宜尽可能多地采用工厂焊接组件，现场再进行组件的拼装。

(a) 港珠澳大桥板单元工厂内自动化焊接　　(b) 沉管隧道最终接头合龙的现场焊接

图 8-1　焊缝连接——港珠澳大桥钢结构焊接施工

最早出现的紧固件连接是螺栓连接。早在 15 世纪工匠们已在银或铜螺杆表面刻制螺纹，用以连接工具或用品，至 18 世纪中叶，欧洲工业革命加速了螺栓的应用和发展，让螺栓逐渐成为机械和建筑中最重要的零部件。如图 8-2 所示，螺栓是由头部和螺杆（带有外螺纹的圆柱体）两部分组成的一类紧固件，需与螺母、垫片配合使用，用于紧固连接两个及以上带有通孔的零件。螺栓连接可以分为普通螺栓连接和高强度螺栓连接。建筑业采用的普通螺栓多为粗制螺栓，由于材料强度低，且表面加工精度低，栓杆与螺栓孔之间存在较大的空隙，当传递剪力时，会产生较大的剪切滑移，连接变形较大，故工作性能较差，但安装方便。高强度螺栓连接承载力大，按照传力机理分为摩擦型高强度螺栓连接和承压型高强度螺栓连接两种类型。当传递剪力时，摩擦型高强度螺栓依靠被夹紧钢板接触面间的摩擦力传力，以板层间出现滑动作为其承载能力的极限状态，由于螺栓本身无疲劳问题，摩擦型高强度螺栓连接耐疲劳性能好，连接变形小；承压型高强度螺栓连接则利用板层间滑动后栓杆与孔壁的接触传力，以孔壁挤压破坏或螺栓受剪破坏作为承载能力的极限状态。因此，承压型高强度螺栓抗剪连接的承载力和变形均略大于摩擦型高强度螺栓连接，但耐疲劳性能差。

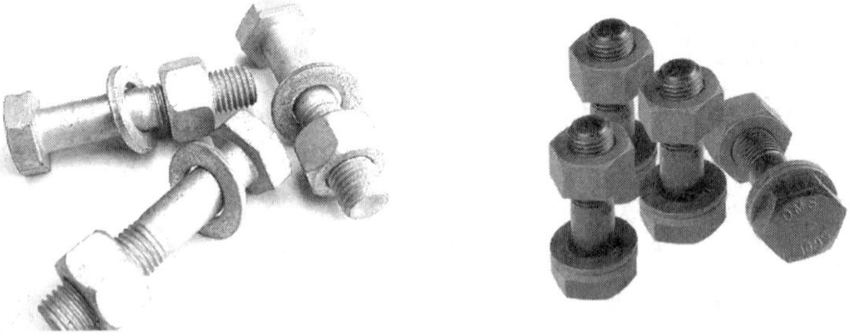

(a) 粗制热镀锌普通螺栓副　　(b) 大六角头高强度螺栓副

图 8-2　螺栓连接

19 世纪 20 年代铆钉连接开始大量应用。铆钉连接的制造有两种方法：热铆和冷铆。如图 8-3 所示，热铆是由烧红的钉坯插入构件的钉孔中，用铆钉枪或压铆机铆合而成，冷铆则是在常温下铆合而成。工程结构中一般采用热铆，由于铆合过程中钉身被压粗，钉身和钉孔之间的空隙被大部分填实，因此，铆钉抗剪连接的变形较小，塑性极好，稳妥可靠。但是铆钉连接的工艺复杂，造价高，施工噪声大，逐渐被高强度螺栓连接和焊缝连接取代。

(a) 铆钉坯　　(b) 热铆钉安装

图 8-3　铆钉连接

冷弯薄壁型钢结构中通常采用抽芯铆钉（拉铆钉）、自攻螺钉和射钉等机械式紧固件连接方式。如图 8-4 所示，抽芯铆钉是一类单面铆接用的铆钉。铆接时，铆钉钉芯由专用拉铆枪拉动，使铆体膨胀，起到铆接作用，不产生冲击作用，安装速度快、效率高，但易出现拉铆不到位、钉头脱落、铆体开裂、抽芯铆钉拉穿或铆后松动等问题；自攻螺钉为钢制经表面镀锌钝化的快装紧固件，可不预先给连接部件钻孔就直接安装拧紧，表面硬度高，芯部韧性好，不易断裂，自身耐腐蚀能力强，其橡胶密封圈能保证螺纹处不渗水，主要用于一些较薄板件的连接与固定，穿透能力一般不超过 6mm；射钉是利用发射空包弹产生的火药燃气作为动力，打入建筑体的钉子，通常由带有锥杆和固定帽的杆身与下部活动帽组成，连接部件不需预先处理，施工方便、快捷。射钉与自攻螺钉紧固件不能受较大集中力，钉入深度不足时在振动过程中可能脱落，且连接压型钢板与支承构件时，钉头面积小，连接的屋面板易因风振波动而疲劳破坏，引发屋面渗漏。

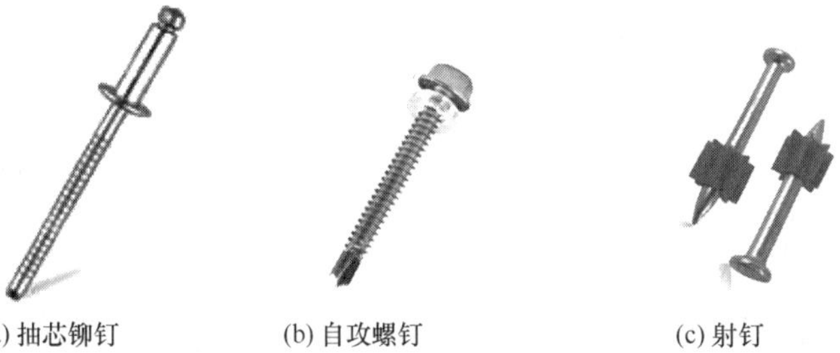

(a) 抽芯铆钉　　(b) 自攻螺钉　　(c) 射钉

图 8-4　抽芯铆钉、自攻螺钉和射钉

8.1.2　按照功能分类

按照功能分类，钢结构的连接又可以分为受力性连接、缀连性连接和支撑性连接（图 8-5）。受力性连接主要指构件之间的连接，该类连接需要将一个构件所受的内力传递给其他构件，因此设计要求传力明确，且应尽量构造简单、安装方便；缀连性连接主要用于形成构件的连接，其传力大小不明确，如双角钢组合构件采用填板进行的连接；支撑性连接是指为了减小构件的计算长度而设置的连接，其传力大小亦不明确，如平面格构式檩条与侧向支撑间的连接、门式刚架中斜梁与隅撑间的连接等。

(a) 受力性连接（梁柱连接节点）　(b) 缀连性连接（填板）　(c) 支撑性连接（隅撑）

图 8-5　按照功能分类的各类连接

8.1.3　各种连接方法的适用范围

根据不同连接方法的特点，其适用范围简列如下：

（1）焊缝连接

几何形体适应性强，构造简单，省材省工，易于自动化，工效高；缺点是对材质要求高，焊接程序严格，质量检验工作量大。角焊缝适于静力结构的连接，对接焊缝适用于承受各种荷载的永久性结构（关于角焊缝和对接焊缝，见第 8.2.3 节）。

（2）普通螺栓连接

普通螺栓连接装卸方便，设备简单，螺栓精度低时不宜受剪，螺栓精度高时加工和安装难度较大，适用于内力较小的次要位置、临时结构的连接、安装连接等，如受力较小的檩条与檩托的连接、输电线塔、通信塔、辅助现场安装的措施等。

（3）摩擦型高强度螺栓连接

加工方便，对结构削弱少，可拆换，耐疲劳，塑性、韧性好，能承受动力荷载；缺点是摩擦面处理、安装工艺略为复杂，造价略高。适用于内力较大的永久性结构，以及直接承受动荷载的结构。

（4）承压型高强度螺栓连接

承载力高，适用于承受静力荷载的永久性结构，不得用于直接承受动荷载的结构。建筑结构主要承受静力荷载，承压型高强度螺栓连接应用广泛。桥梁结构中不得使用此种螺栓类型。

（5）铆钉连接

传力可靠，韧性和塑性好，质量易于检查，抗动力荷载好，适用于承受各种荷载的永久性结构，缺点是费钢、费工，目前新建工程上已很少采用。

（6）抽芯铆钉、自攻螺钉和射钉连接

采用射钉、自攻螺钉连接灵活，安装方便，构件无需预先处理，但是不能承受较大集中力，适用于轻钢、薄板结构，主要用于压型钢板之间和压型钢板与冷弯薄壁型钢等支承构件之间的连接。

目前普通钢结构最常用的连接方法是焊缝连接和高强度螺栓连接，冷弯薄壁型钢结构常采用射钉和自攻螺钉等连接，而铆钉连接已经很少采用。连接形式的选择会直接影响到现场安装的可行性和安装的难易程度，以及工厂加工、运输、现场安装的费用等。考虑到现场安装费用的不断增高，以及为了更好地进行安装质量的控制，设计中宜尽量采用工厂焊接和现场螺栓连接，即应尽量减少现场焊接，这一点应该在设计中受到足够重视。

8.2　焊接的基础知识

焊接是指通过加热、加压或者两者并用，使用或不使用填充材料，使两个或多个金属部件达到结合的一种加工方法。与铆钉、螺栓等紧固件连接方式相比较，焊缝连接构造方便，可以不打孔直接连接，省工省时，且气密性、水密性好，连接刚度大，整体性较好。但焊缝附近有热影响区，导致钢材材质变脆，出现脆断倾向，且焊接后产生残余应力和残余变形，使钢结构形状、尺寸发生变化。

8.2.1　焊接方法

钢结构常用的焊接方法可分为两大类，电弧焊和电阻焊。

1. 电弧焊

电弧焊是应用最为广泛的焊接方法。其原理是电极和母材之间出现放电，形成火花，使得周围的气体电离，让电流通过电极和母材间隙，形成电弧，瞬间产生热，熔化焊件钢材（母材）和焊材。焊接接头的热输入能取决于电弧电压、焊接电流和焊接速度。有四种主要的电弧焊方法，即手工焊条电弧焊、钨极气体保护焊、熔化极惰性/活性气体保护焊和埋弧焊。

（1）手工焊条电弧焊

手工焊条电弧焊是用手工操作焊条进行焊接的一种电弧焊，是钢结构焊接中最常用的方法之一。手工焊条电弧焊时，在焊条末端和工件之间燃烧的电弧所产生的高温使焊条药皮与焊芯及焊件熔化，熔化的焊芯端部迅速形成细小的金属熔滴，通过弧柱过渡到局部熔化的焊件表面，熔合在一起形成熔池，其原理如图 8-6 所示。焊条电弧焊操作灵活，适应性强，适用范围广；但亦存在缺点，焊后需清渣，熔化深度小，此外手工焊的工作环境相对较差，质量不易保证，离散性大。

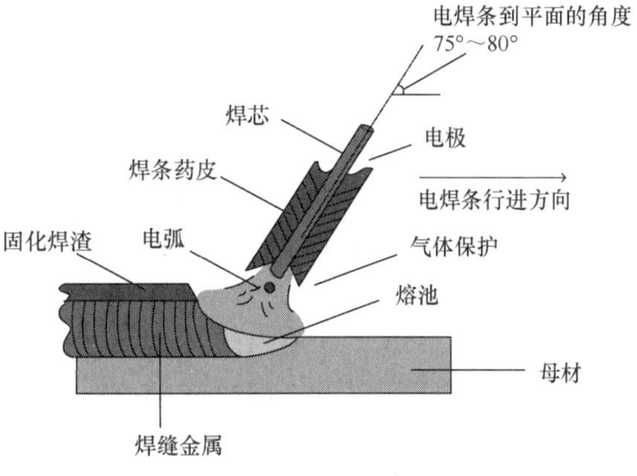

图 8-6　手工焊条电弧焊原理图

手工焊条电弧焊应注意焊条的选择，焊条应与焊件钢材相适应。如 Q235 钢选择 E43 型焊条（E4303～E4340）；Q355、Q390 钢选择 E50 型焊条（E5003～E5048）和 E55 型焊条（E5500～E5518）；Q420、Q460 钢选择 E55 型焊条（E5503～E5540）和 E60 型焊条（E6213～E6240）。“E” 表示焊条（Electrode），第 1、2 位数字为熔融金属的最小抗拉强度（kgf/mm^2），第 3、4 位数字表示使用的焊接位置、电流及药皮的类型。例如

“E43xx” 表示最小抗拉强度 $f_u = 43\text{kgf/mm}^2$，“xx” 代表了不同的焊接位置、焊接电流种类、药皮类型和熔敷金属化学成分代号等。选择焊条时，宜使焊条金属与焊件钢材强度相匹配，不同钢种的钢材焊接，宜采用与低强度钢材相适应的焊条。如 Q235 钢与 Q355 钢焊接时宜选择 E43 型焊条。

（2）钨极气体保护焊

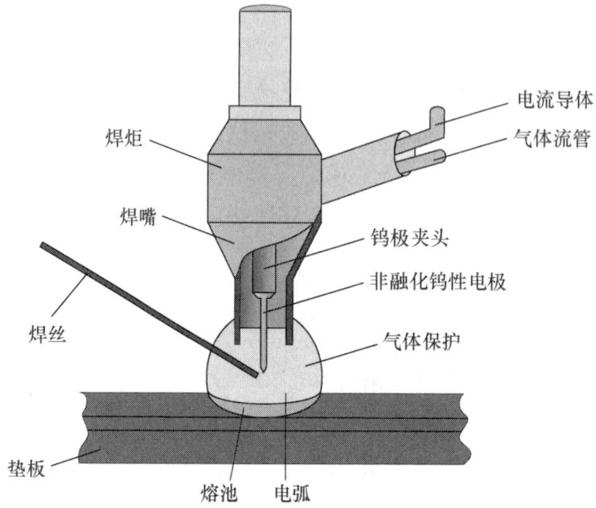

图 8-7　钨极气体保护焊原理图

钨极气体保护焊（TIG 焊）是通过电弧在非熔化电极和焊件间产生的热量进行熔焊的一种工艺，焊接时采用惰性气体或 CO_2 在电弧周围形成保护层，其原理如图 8-7 所示。钨极熔点为 3370℃，远高于其他普通金属，气体保护层可以有效防止钨电极氧化及空气对焊接处熔敷金属的污染。这种焊接方法优点是有无焊丝均可，焊接质量高，焊缝含氢量较低，冷裂危险小，无飞溅和熔渣，焊接变形小，易全位置焊接，可独立控制热源和焊丝填充，有利于焊接薄壁金属。但该方法与其他电弧焊工艺相比熔敷率低，焊接厚壁材料经济效益低，钨极接触熔池，会产生夹钨，对母材与填充金属清洁度要求较高，且对空气气流敏感，不适于室外工作。

（3）熔化极惰性/活性气体保护焊

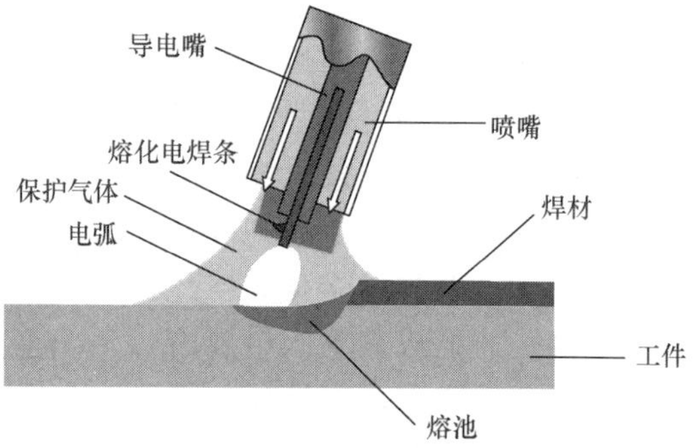

图 8-8　熔化极气体保护焊原理图

熔化极惰性/活性气体保护焊（MIG/MAG 焊）工艺中，电极端部和焊接母材之间产生电弧，两者熔化并形成熔池，其原理如图 8-8 所示。焊接电流通过导丝管（也称为触点）进入焊丝。焊丝旁的喷嘴喷出的保护气体将熔池与周围气体隔离开来。保护气体的选择取决于焊接金属和焊接工艺。电机通过导丝系统将焊丝送出，焊工或焊机装置沿着焊接路线移动焊枪或焊炬。熔化焊丝不断送入，生产效率高，经济性好。该方法可使用半自动化、机械化或自动化装置。半自动焊接中，送丝速度和弧长是自动控制的，但运行速度和焊丝位置是手动控制的；而自动化焊接中，所有参数都是自动控制的。该方法优势是可持续送丝，自动调节弧长，熔敷率高，启动及停止速度快，含氢量低，焊接可见度好，适用于所有焊接位置，工艺控制能力好，适用范围广；缺点是不可独立控制填丝，很难通过调整焊接参数减少飞溅，较厚焊件有未熔合风险，对母材表面清洁度要求高，且设备维修和保养成本高，焊接场地亦需要特殊防风措施。

（4）埋弧焊

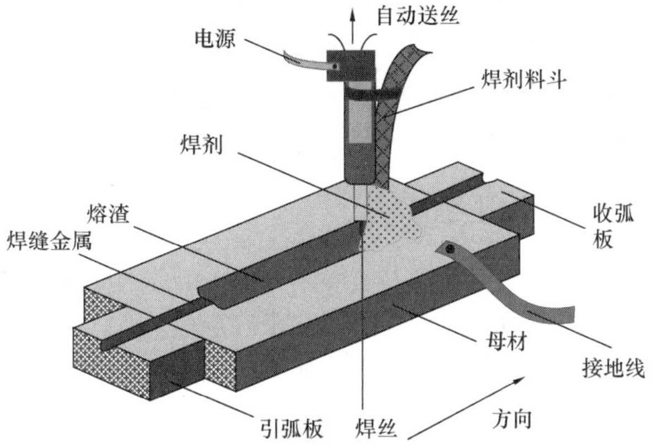

图 8-9　埋弧焊原理图

埋弧焊（SAW 焊）是在持续送进的焊丝与母材之间形成电弧，但电弧、焊丝端部、熔池均埋在焊剂中，焊接时，焊剂熔化形成焊渣和气体，保护焊接电弧和熔池，如图 8-9所示。与熔化极惰性/活性气体保护焊操作方式类似，埋弧焊亦可分为自动埋弧焊和半自动埋弧焊。自动埋弧焊的焊丝送进和焊接方向的移动有专门机构控制；半自动埋弧焊是焊丝送进有专门机构控制，而焊接方向的移动靠手动操作。进行焊接时，焊接设备或焊件自行移动，焊剂不断由料斗漏下覆盖在被焊金属上，焊丝完全被埋在焊剂之内，通电后由于电弧作用熔化焊丝和焊剂，熔化后的焊剂浮在熔化金属表面保护熔化金属，其焊缝面常呈均匀鱼鳞状。埋弧焊的优点是与大气隔离，保护效果好，且由于焊剂完全覆盖电弧，无金属飞溅，弧光也不外露；有时焊剂还可提供焊缝必要的合金元素，以此改善焊缝质量。自动焊的焊缝质量稳定可靠，塑性和冲击韧性也较好，抗腐蚀性强。焊接时可采用较大电流使熔深加大，相应可减小对接焊件的间隙和坡口角度，节省材料和电能，劳动条件好，生产效率高。

对于 Q235 的焊件，可采用 H08、H08A、H08MnA 等焊丝；Q355 钢焊件可采用 H08A、H08MnA 和 H10Mn2 焊丝；Q390 焊件可采用 H08MnA、H10Mn2 和 H08MnMoA 焊丝。

采用电弧焊方法，每熔敷一次熔化或沉积的金属所形成的焊缝叫焊道。多层焊时的每一个分层，由一条焊道或几条并排搭接的焊道所组成，叫焊层。以图 8-10 所示焊缝为例，其中有 6 个焊道、3 个焊层。

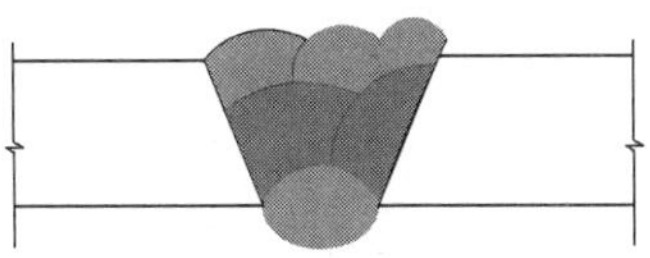
图 8-10　焊道和焊层

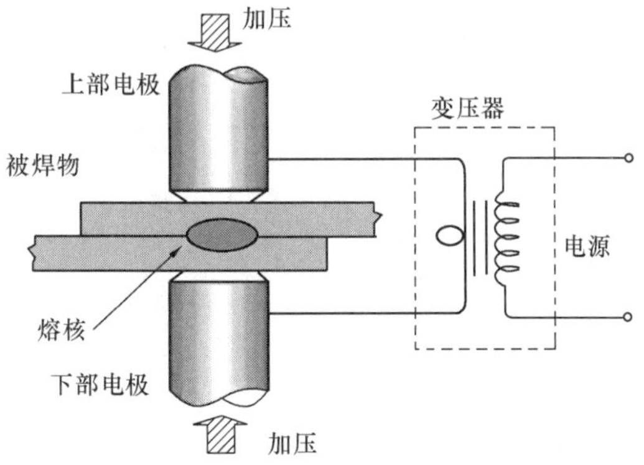

图 8-11　电阻焊原理图

2. 电阻焊

利用电阻加热的方法进行焊接。最常用的有点焊、缝焊及电阻对焊三种。前两者是将焊件加热到局部熔化状态并同时加压，电阻对焊是将焊件局部加热到高塑性状态或表面熔化状态，然后施加压力，如图 8-11 所示。

电阻焊的特点是机械化及自动化程度高，故生产效率高，成本低，节省材料，但需强大的电流，适用于模压及冷弯薄壁型钢的焊接，且板叠总厚度在 6～12mm。

8.2.2 焊接工艺

焊接工艺与焊接方法等因素有关，操作时需根据被焊工件的材质、牌号、化学成分、焊件结构类型、焊接性能要求来确定。

首先要确定焊接方法，如手工电弧焊、埋弧焊、钨极氩弧焊、熔化极气体保护焊等，需根据具体情况选择。确定焊接方法后，再制定焊接工艺参数，焊接工艺参数的种类各不相同，如手工焊条电弧焊主要包括焊条型号（或牌号）、直径、电流、电压、焊接电源种类、极性接法、焊接层数、道数、检验方法等。

施焊前，可以对工件进行预热。预热能降低焊后冷却速度，防止产生冷裂纹，还能改善接头塑性，减小焊后残余应力。若焊件太大，整体预热有困难时，可进行局部预热，局部预热的加热范围为焊口两侧各 150～200mm。

施焊时，条件许可则宜优先选用酸性焊条，将焊件尽量开成 U 形坡口进行焊接，以减少母材熔入焊缝金属中的比例，以降低焊缝中的含碳量，防止裂纹产生。由于母材熔化到第一层焊缝金属中的比例最高达 30%左右，所以第一层焊缝焊接时，应尽量采用小电流、慢焊接速度，以减小母材的熔深，避免母材被烧伤。

施焊焊接位置由焊缝所在的空间位置及工作方向确定。常见的焊接位置有平焊（俯焊）、横焊、立焊和仰焊等，如图 8-12 所示。其中，平焊是最好的焊接位置，因为这种焊接更快、更容易，焊接质量易保证，因此也更经济。应尽量少用立焊和横焊，质量不易保证；仰焊难于操作，应尽量避免。

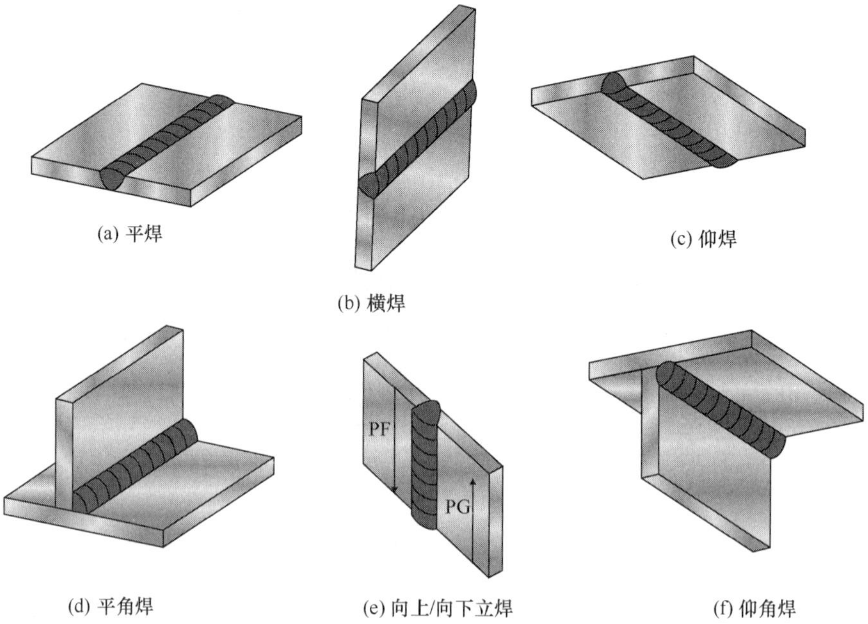

图 8-12　常见焊接位置

施焊后，可对接头进行热处理。在 200～350 ℃下保温 2～6h，进一步减缓冷却速度，增加焊接接头的塑性、韧性，并减小淬硬倾向，消除接头内的扩散氢。所以，焊接时不能在过冷的环境或雨中进行。焊后最好对焊件立即进行消除应力热处理，特别是对于大厚度焊件、高刚性结构件以及严厉条件下（动荷载或冲击荷载）工作的焊件更应如此。焊后消除应力的回火温度为 600～650 ℃，保温 1～2h，然后随炉冷却。若焊后不能进行消除应力热处理，应立即进行后热处理。

8.2.3　焊缝形式

焊缝的形式可以按照不同的分类方法进行分类，如按焊缝的结合形式、熔透状况等。

1. 按照焊缝结合形式分类

可分为对接焊缝、角焊缝、对接和角接组合焊缝、槽焊缝和塞焊缝（点焊）等焊缝形式，如图 8-13 所示。

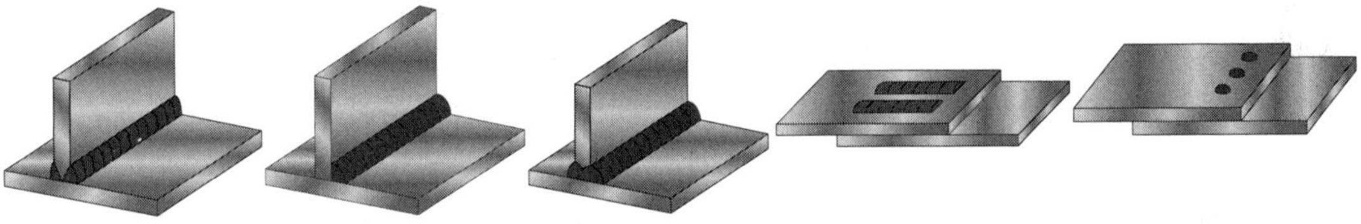

(a) 对接焊缝　(b) 角焊缝　(c) 对接和角接组合焊缝　(d) 槽焊缝　(e) 塞焊缝

图 8-13　焊缝的形式

对接和角接组合焊缝剖面如图 8-14 所示，通常用于全熔透的 T 形接头和不等厚板的对接。在坡口添加焊缝金属，可改善焊缝表面到母材的过渡，降低在焊趾处的应力集中。

2. 按熔透状况分类

可分为全熔透、部分熔透焊缝两类。如图 8-15 所示，全熔透焊缝中焊缝金属完全熔透接头，焊根完全焊透；部分熔透焊缝则为未完全熔透的焊缝。重要连接或有等强要求的对接焊缝应为熔透焊缝，较厚板件或无需焊透时可采用部分熔透焊缝。但承受动荷载需经疲劳验算的连接，当拉应力与焊缝轴线垂直时，严禁采用部分熔透对接焊缝。

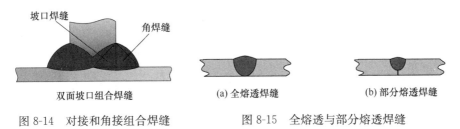

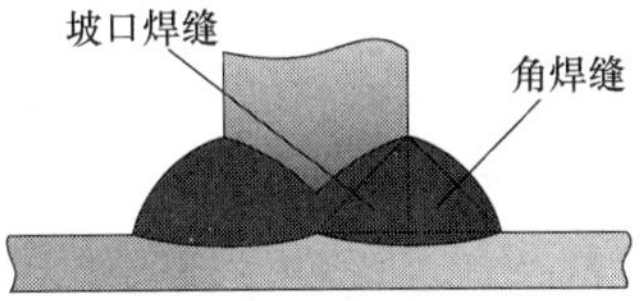

双面坡口组合焊缝

图 8-14　对接和角接组合焊缝

(a) 全熔透焊缝　(b) 部分熔透焊缝

图 8-15　全熔透与部分熔透焊缝

8.2.4　焊接接头类型

焊接中，由于焊件的厚度、结构及使用条件的不同，其接头类型也不同，如图 8-16 所示，焊接接头可分为对接接头、T 形接头、角接接头、端接接头、十字形接头和搭接接头。

完整接头包括母材、热影响区和焊缝熔敷金属三部分，其特征如图 8-17 所示。热影响

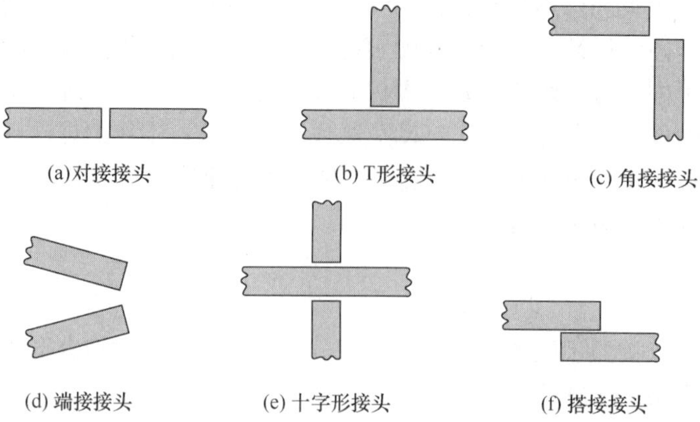

图 8-16　焊接接头类型

区是指焊接过程中受到加热影响，但没有熔化的母材。热影响区和焊缝金属之间的界线称作熔合线。焊缝内部第一道焊接根部为焊根。朝向实施焊接工作面的焊缝表面为焊面。焊面和母材之间的边界称作焊趾，焊趾通常是高应力集中区域，也是不同类型裂纹的萌生处，为降低应力集中，焊趾和母材之间过渡宜平滑。高出焊趾连接平面的焊缝金属高度为余高。

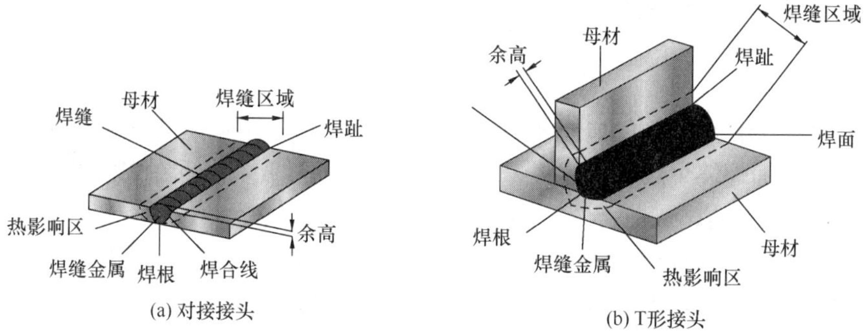

图 8-17　对接接头与 T 形接头的基本特征

8.2.5　焊接缺陷及焊缝质量检验

焊接缺陷是指在焊接过程中产生于焊缝金属或附近热影响区钢材表面或内部的缺陷。产生焊接缺陷的原因有多种，例如焊接的工艺条件选择不合适（包括电流、电压、焊速、施焊次序等）、焊件表面的油污未清除干净以及钢材化学成分的影响等。缺陷的存在直接影响焊缝质量和连接强度，使焊缝受力面积削弱，且在缺陷处引起应力集中，易形成裂纹。最常见的缺陷有裂纹、夹渣、气孔、咬边、未焊透、未熔合等，如图 8-18 所示，其中裂纹是焊缝连接中最危险的缺陷，容易扩展而引起断裂。

焊缝的质量控制和质量检验非常重要，由于焊缝缺陷的存在将削弱焊缝的受力面积，在缺陷处引起应力集中，会使得连接的强度、冲击韧性及冷弯性能等均受不利的影响。

焊缝的质量控制，包括焊工应有资质、需持证上岗以及合格焊位等。焊接过程中应注意焊接材料的烘干、防潮，清理焊面，焊件定位，焊前焊后热处理，焊接环境温湿度控

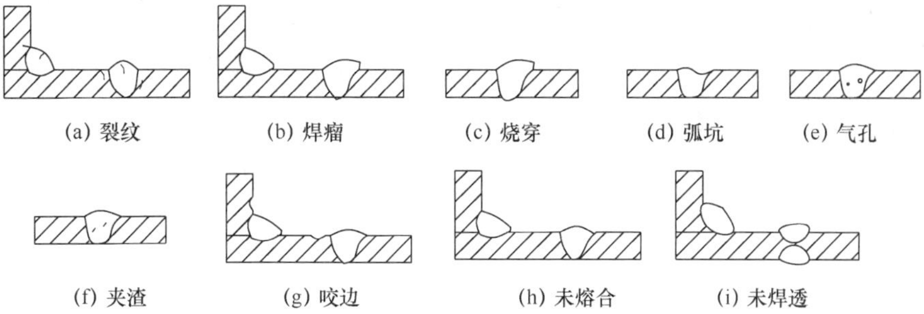

图 8-18　部分焊接缺陷示意

制、防风避雨，施焊过程的温度控制等。

焊缝质量检查分为外观检查和内部无损检验。外观检查是非破坏性试验中最常用的方法，主要检查外观缺陷和几何尺寸。设计中需要对焊缝的等级和质量检验提出明确要求，如果设计图或加工图中没有说明需要进行无损检验，根据焊缝等级，除按照《钢结构工程施工质量验收标准》GB 50205—2020 对一、二级进行相应的检验外，通常只需要外观检查。外观检查是在焊前、焊中、焊后进行观测检查，缺陷可以在焊缝完成前检验出来并修补好，以减少修补成本和损耗。内部无损检验主要采用超声波，有时还用磁粉检验、荧光检验等辅助检验方法。还可以采用 X 射线或 γ 射线透照或拍片。图 8-19 为工厂进行焊缝缺陷的超声波检验。

图 8-19　超声波检验焊缝的缺陷

《钢结构工程施工质量验收标准》GB 50205—2020 规定，焊缝依其质量检验标准分为三级：

（1）三级焊缝：只要求外观检查，即检查焊缝实际尺寸是否符合设计要求，有无看得见的裂纹、咬边等缺陷。

（2）二级焊缝：除进行外观检查外，还要求用超声波检验每条焊缝的 20％长度，且不小于 200mm。

（3）一级焊缝：除进行外观检查外，还要求用超声波检验每条焊缝的全部长度，以便揭示焊缝内部的缺陷。对于重要结构或要求焊缝金属强度等于被焊金属强度的对接焊缝，必须按一级或二级质量标准进行检验，即在外观检查的基础上再做无损检验。

8.2.6　焊缝符号

焊接接头在工程图中需要用符号标注，并表达焊缝的形式、尺寸、位置及焊接方法等信息。焊缝符号由引出线、图形符号和辅助符号三部分组成。引出线由横线和带箭头的斜线组成。箭头指到图形当中的相应焊缝处，横线的上、下用来标注图形符号和焊缝尺寸。当引出线的箭头指向焊缝所在位置一侧时，将图形符号和焊缝尺寸标注在横线的上面；反之，则将图形符号和焊缝尺寸标注在水平横线的下面。必要时，可以在水平横线的末端加一尾部作为标注其他说明的地方。图形符号表示焊缝的基本形式，如用⊿表示角焊缝，‖ 表示I形坡口对接焊缝，V 表示 V 形坡口对接焊缝，K 表示 K 型对接焊缝，▭表示焊缝背面底部有垫板。辅助符号表示焊缝的辅助要求，如▶表示现场安装焊缝等。常见的焊缝符号如表 8-1 所示，其他焊缝符号见《焊缝符号表示法》GB/T 324—2008 和《建筑结构制图标准》GB/T 50105—2010。

常用焊缝符号表达　　　　表 8-1

	角焊缝					塞焊缝
	单面焊缝	双面焊缝	搭接接头	安装焊缝	十字形接头	
焊缝形式			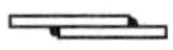	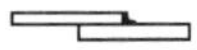		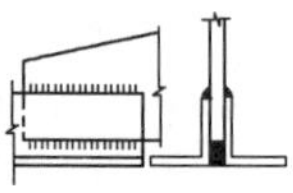
标注方法		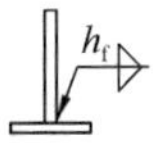		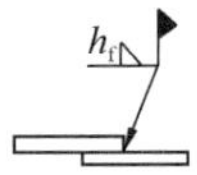		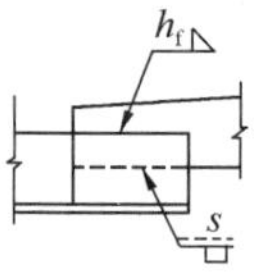

	对接焊缝			三面围焊	周围焊缝
	I形坡口	V形坡口	组合焊缝		
焊缝形式	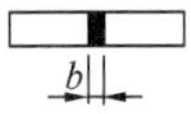	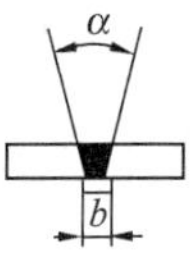	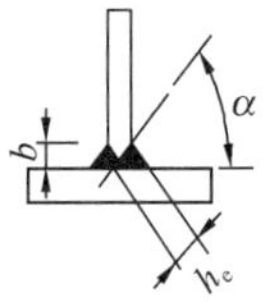	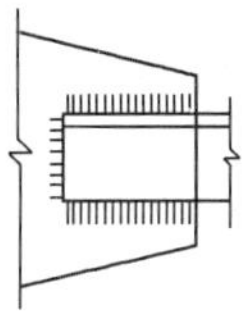	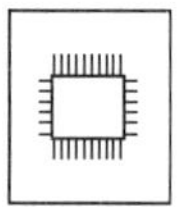
标注方法	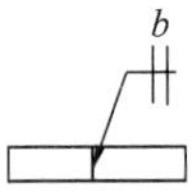	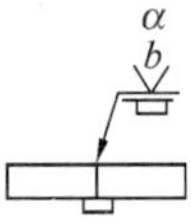	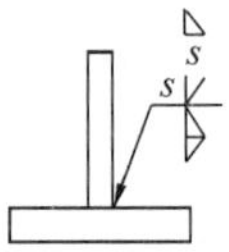	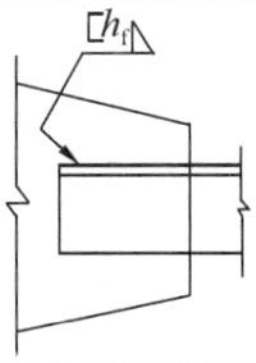	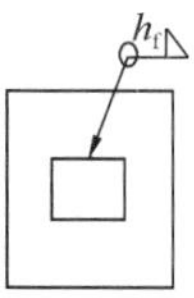

8.3 对接焊缝的构造与计算

8.3.1 对接焊缝的构造

1. 坡口

当焊件厚度较大时（$t>6$mm，t 为钢板厚度），为保证焊缝焊透，焊件需要开坡口，因此又叫坡口对接焊。坡口形式与焊件的厚度有关。如图 8-20 所示，坡口形式有 I 形、V 形、U 形、K 形等。

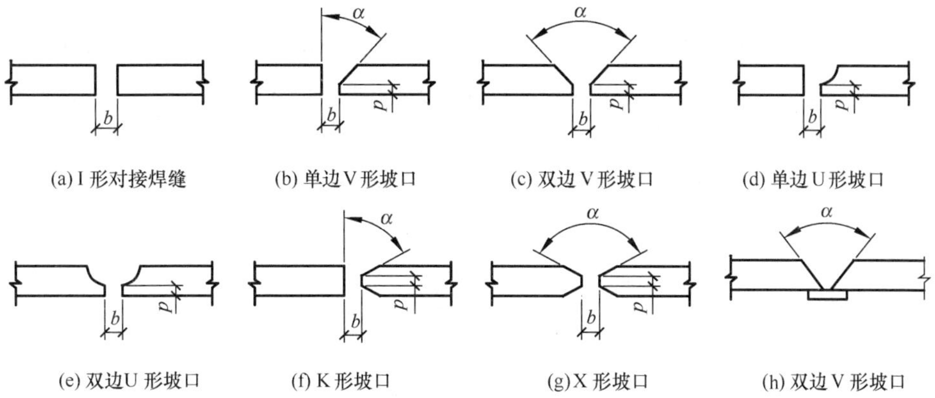

图 8-20　对接焊缝的坡口形式

钢板厚度小于 6mm 时可以不开坡口，叫 I 形对接焊缝。当焊件厚度为 6～20mm 时，可采用有斜坡口的单边 V 形焊缝或双边 V 形焊缝，以使斜坡口和焊缝根部共同形成一个焊条能够运转的施焊空间，使焊缝易于焊透。对于较厚的焊件（t>20mm）则应采用 V 形焊缝、U 形缝、K 形缝或 X 形缝。当 V 形缝和 U 形缝为单面施焊时，焊缝根部还需要清除焊根并进行补焊。当没有条件补焊者，要事先在根部加垫板，以保证焊透，如图8-21 所示，为现场加垫板焊接的对接焊缝。当焊件可随意翻转施焊时，使用 K 形缝和 X 形缝较好。

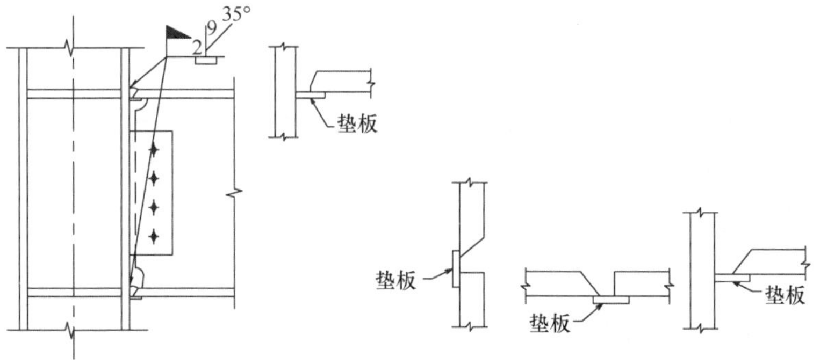

图 8-21　加垫板的坡口形式

2. 引弧板

焊缝的起弧、灭弧处，常因不能熔透而出现凹形的焊口（即弧坑）等缺陷，这些缺陷对承载力影响很大，受力后容易产生应力集中而出现裂缝。为消除起灭弧产生的不利影响，施焊时常在焊缝两端设置引（收）弧板，焊完后再将多余部分割掉，并用砂轮将表面磨平，如图 8-22 所示。在工地焊接时，对受静力荷载的结构如果设置引（收）弧板有困难，允许不设置引（收）弧板，计算焊缝长度时在有起灭弧影响的位置扣除大小为 t（连接件较小厚度）的长度。直接承受动力荷载的结构必须设置引（收）弧板。

3. 过渡坡

为了使构件传力均匀，减少应力集中，不同厚度和宽度的焊件对接时，应做平缓过渡，如图 8-23 所示，板的一侧或两侧做成一定的坡度形成平缓过渡，即为过渡坡。《钢标》中规定，过渡坡的坡度值不宜大于 1∶2.5。

承受静荷载时，当较薄板件厚度大于 12mm 且板件厚度差不大于 4mm 时，焊缝表面的斜度已足以满足和缓传递的要求，则可以不做过渡坡。当较薄板件厚度不大于 9mm 且不采用斜角时，板件厚度差容许值为 2mm；其他情况下，板件厚度差容许值均为 3mm。承受动荷载时，不同板厚的对接连接必须做成平缓过渡。

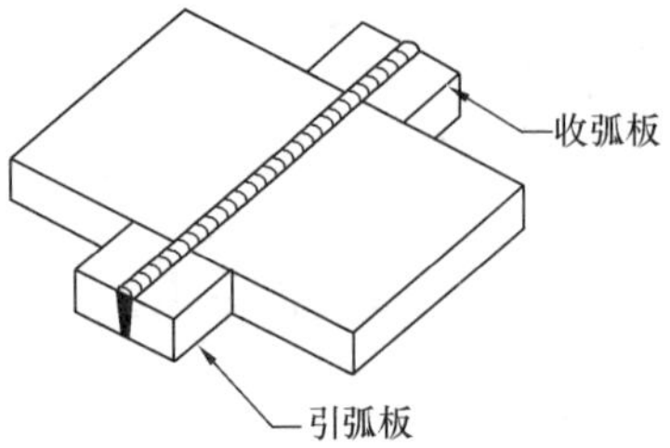

图 8-22　对接焊缝的引弧板

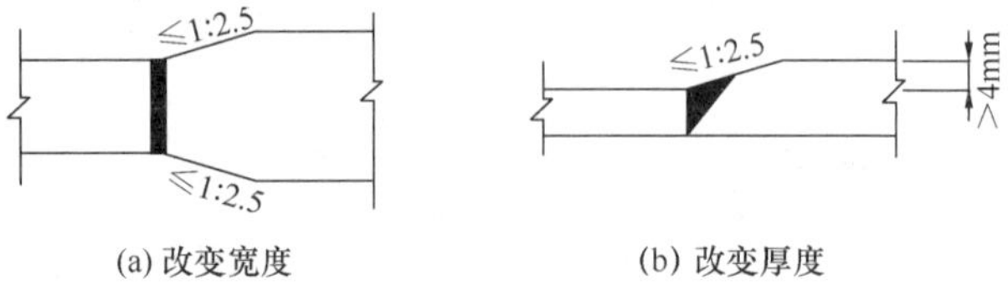

图 8-23　过渡坡的构造要求

8.3.2　对接焊缝的计算方法

对接焊缝本身是焊件截面的一部分，其截面上的应力分布情况与焊件基本相同，计算方法也与焊件相同。对接焊缝的强度与钢材的材质、焊条型号以及焊缝质量的检验标准等因素有关。试验证明，焊接缺陷对于承压、承剪的对接焊缝强度影响不大，可以认为受压、受剪的对接焊缝跟母材强度相等，但是承受拉力的对接焊缝对缺陷比较敏感，当缺陷面积与焊件截面积之比超过 5% 时，对接焊缝的抗拉强度将明显下降。因此，在一般加引弧板施焊的情况下，所有受压、受剪的对接焊缝以及受拉的一、二级焊缝，均与母材等强，如果焊缝截面没有削弱，可不用进行焊缝强度的计算。但是受拉的三级焊缝，因为允许存在的缺陷较多，抗拉强度为母材强度的 0.85 倍，设计中需要进行计算。当计算不满足时，可以把直焊缝移到拉应力较小的部位；不便移动时，可将焊缝改为二级直焊缝或三级斜焊缝。

8.3.3　对接焊缝的计算工况

1. 承受轴心力 N 的对接焊缝计算

在对接连接和 T 形连接中，垂直于轴心拉力或轴心压力 N 的对接焊缝（图 8-24），其强度应按式（8-1）计算：

$$\sigma = \frac{N}{l_w h_e} \leqslant f_t^w \text{ 或 } f_c^w \tag{8-1}$$

式中　N——轴心拉力或轴心压力设计值（N）；

l_w——焊缝的计算长度（mm），使用引弧板时为焊缝实际长度；未使用引弧板时 $l_w = l - 2t$；

h_e——对接焊缝的计算厚度（mm），对接接头中取连接件的较小厚度 t；T 形接头中取腹板厚度；

f_t^w、f_c^w——对接焊缝的抗拉、抗压强度设计值。

（1）对接焊缝的抗压、抗剪强度设计值与钢材的强度设计值相同，即 $f_c^w = f_c$，$f_v^w = f_v$。

（2）对接焊缝的抗拉强度设计值 f_t^w 按焊缝质量检验等级不同来取值，查附表 A-3。

当采用三级直焊缝不能满足强度要求时，可采用斜对接焊缝。图 8-25 所示的轴心受拉斜焊缝，可按式（8-2）和式（8-3）分别近似计算：

$$\sigma = \frac{N\sin\theta}{l_w t} \leqslant f_t^w \tag{8-2}$$

$$\tau = \frac{N\cos\theta}{l_w t} \leqslant f_v^w \tag{8-3}$$

式中　l_w ——焊缝的计算长度，加引弧板时，$l_w = b/\sin\theta$；不加引弧板时，$l_w = \frac{b}{\sin\theta} - 2t$；

t ——连接件的较小厚度；

f_v^w ——对接焊缝抗剪强度设计值，查附表 A-3。

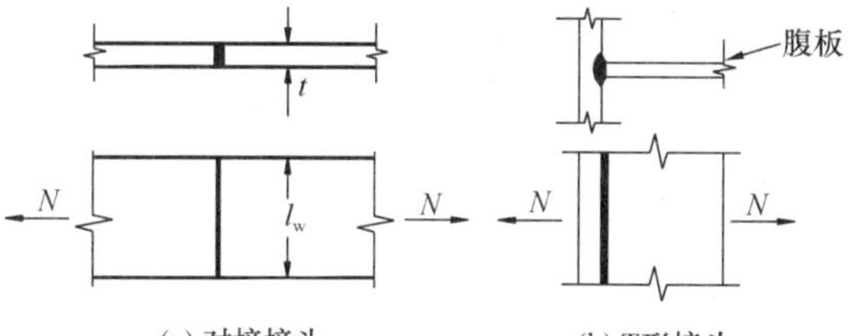

图 8-24　轴心受力的对接焊缝

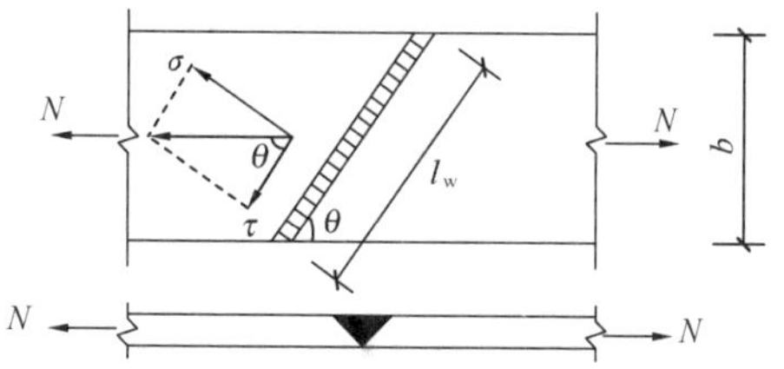

图 8-25　斜对接焊缝

当斜焊缝角度小于 56.3°，即 $\tan\theta \leqslant 1.5$ 时，可认为焊缝强度与母材等强，不用计算。斜对接焊缝因为消耗焊接材料多，而且施工不方便，目前已经比较少用。通常可以采用加引弧板施焊，或者提高焊缝质量等级，或将焊接位置移到内力较小处来避免采用斜焊缝。

2. 承受剪力 V 的对接焊缝计算

图 8-26 所示为承受剪力的对接焊缝，剪应力图形为抛物线形，其最大值应满足强度条件：

$$\tau_{max} = \frac{VS_w}{I_w t_w} \leqslant f_v^w \tag{8-4}$$

式中　V ——剪力设计值；

S_w ——焊缝截面在计算剪应力处以上部分对中和轴的面积矩；

I_w ——焊缝截面惯性矩；

t_w ——焊缝截面宽度；

f_v^w ——对接焊缝抗剪强度设计值。

抗剪连接截面为 T 形或 I 形时，如图 8-27 所示，可按简化公式计算对接焊缝的剪应力：

$$\tau = \frac{V}{A_w^t} \leqslant f_v^w \tag{8-5}$$

式中　A_w^t ——腹板处的焊缝截面积。

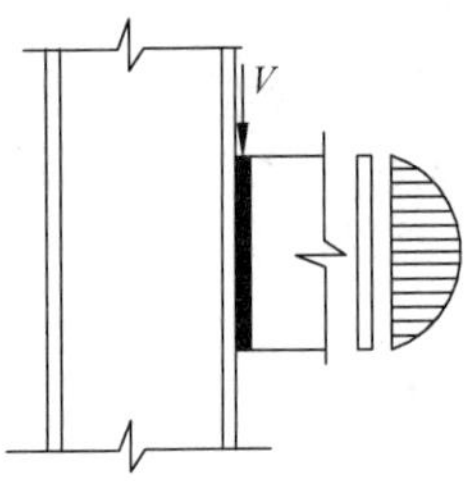

图 8-26　承受剪力的对接焊缝

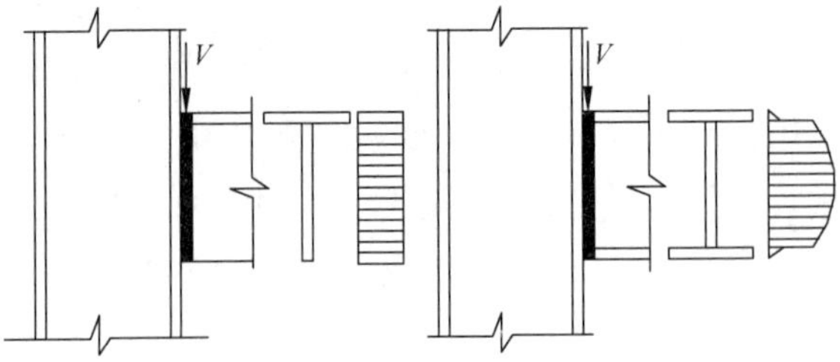

图 8-27　承受剪力的 T 形和 I 形对接焊缝

3. 承受弯矩 *M* 作用的对接焊缝计算

只有弯矩作用的对接焊缝（图 8-28），焊缝截面应满足的强度条件为：

$$\sigma_{\max} = \frac{M}{W_{\mathrm{w}}} \leqslant f_{\mathrm{t}}^{\mathrm{w}} \tag{8-6}$$

式中　W_{w}——焊缝截面抵抗矩。

4. 弯矩 *M* 和剪力 *V* 共同作用时对接焊缝的计算

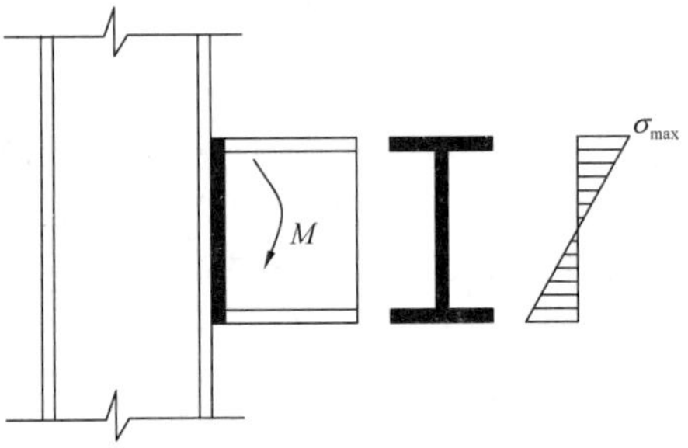

图 8-28　弯矩作用的对接焊缝及弯曲应力分布

由图 8-29 中的焊缝截面应力分布图看出：正应力达到最大值时，剪应力为零；剪应力达到最大值时，正应力为零。此时应分别验算最大的正应力（式 8-6）和最大的剪应力（式 8-4）。

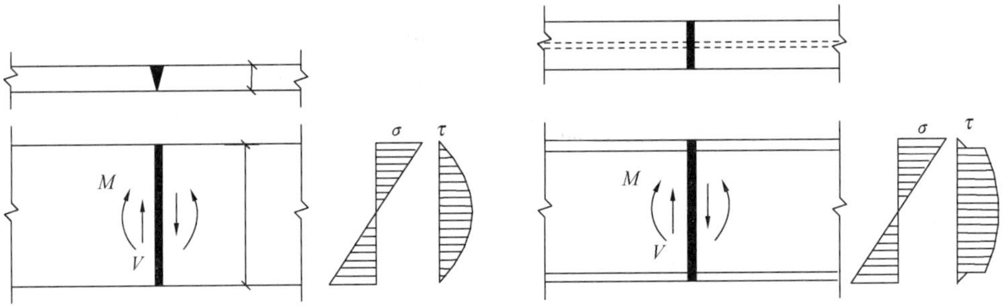

图 8-29　承受弯矩和剪力的对接焊缝

工字形截面对接焊缝，腹板与翼缘板相交处同时受到较大剪应力和正应力作用，按材料力学第四强度理论，某一点同时受到较大剪应力和正应力作用时，应验算该点的折算应力：

$$\sqrt{\sigma_1^2 + 3\tau_1^2} \leqslant 1.1 f_{\mathrm{t}}^{\mathrm{w}} \tag{8-7}$$

式中　σ_1、τ_1——翼缘和腹板交接处的正应力和剪应力，$\sigma_1 = \dfrac{Mh_0}{W_{\mathrm{w}}h}$，$\tau_1 = \dfrac{VS_1}{I_{\mathrm{w}}t_{\mathrm{w}}}$；

1.1——局部应力提高系数；

h、h_0——分别为工字形截面高度和腹板高度。

5. 轴心拉力 *N*、弯矩 *M*、剪力 *V* 共同作用的对接焊缝计算

对接焊缝承受拉力、弯矩和剪力共同作用时（图 8-30），要正确分析受力，判断最危险点，然后分别验算最大正应力、最大剪应力与腹板和翼缘相交处的危险点折算应力：

$$\sigma_{max}=\sigma_N+\sigma_M=\frac{N}{A_w}+\frac{M}{W_w}\leqslant f_t^w \tag{8-8}$$

$$\tau_{max}=\frac{VS_w}{I_w t}\leqslant f_v^w \tag{8-9}$$

折算应力验算公式同式（8-7），即$\sqrt{\sigma_1+3\tau_1^2}\leqslant 1.1f_t^w$，式中$\sigma_1=\sigma_N+\sigma_{M1}=\frac{N}{A_w}+\frac{M}{W_w}\cdot\frac{h_0}{h}$，$\tau_1=\frac{VS_1}{I_w t_w}$。

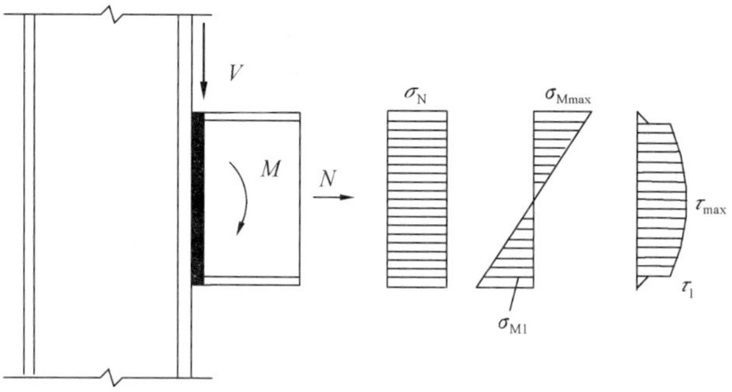

图 8-30　拉、弯、剪连接

综上，对接焊缝的设计计算主要注意以下问题：

（1）对不同厚度钢板开不同坡口（有时需过渡坡），以保证焊透，确保焊缝质量；

（2）正确进行内力分解，将各单向分力简化至焊缝形心；

（3）正确计算各分项内力作用下的应力，分别进行最大正应力、剪应力和折算应力的验算。

6. 部分熔透的对接焊缝计算

部分焊透的对接焊缝适用于板件较厚而板件间连接受力较小或主要起联系作用时，以及外表需要平整的重型箱形截面柱、厚钢板工字型、T 形构件翼缘和腹板等情况，如图 8-31所示。在承受动力荷载的结构中，垂直于受力方向的焊缝不宜采用部分焊透的对接焊缝。

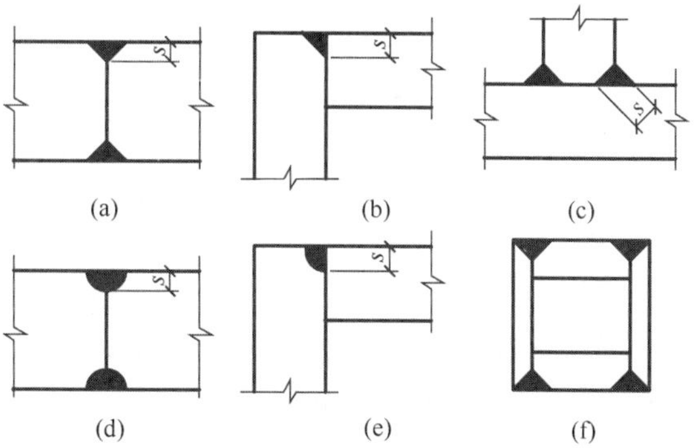

图 8-31　部分焊透的对接焊缝

计算部分焊透的对接焊缝时按照角焊缝的计算公式（见第 8.4 节内容），当熔合线处焊缝截面边长等于或接近于最短距离 s 时，抗剪强度设计值应按角焊缝的强度设计值乘以 0.9。计算时应注意两点：

（1）在垂直于焊缝长度方向的压力作用下，取 $\beta_f=1.22$，其他情况下取 $\beta_f=1.0$。

（2）有效厚度应取为：

对于 V 形坡口，当 $\alpha\geqslant 60°$时，$h_e=s$；当 $\alpha<60°$时，$h_e=0.75s$；

对于单边 V 形和 K 形坡口，$\alpha=45°\pm5°$，$h_e=s-3$；

对于 U 形、J 形坡口，取 $h_e = s$。

其中，s 为坡口根部至焊缝表面（不考虑余高）的最短距离；α 为 V 形坡口的夹角。

【例题 8-1】 如图 8-32 所示，有一工业平台结构，因设备需要采用悬臂梁与结构柱连接，该梁与柱侧面采用对接焊缝连接，钢材为 Q355B，手工焊，焊缝质量三级，焊条 E50，施焊时采用引弧板，挑梁挑出长度为 2m。悬挑梁上作用的静力均布线荷载标准值为：永久荷载 20kN/m，可变荷载 30kN/m。已知悬臂梁的截面为 H300×180×6×10，试验算焊缝是否满足设计要求。

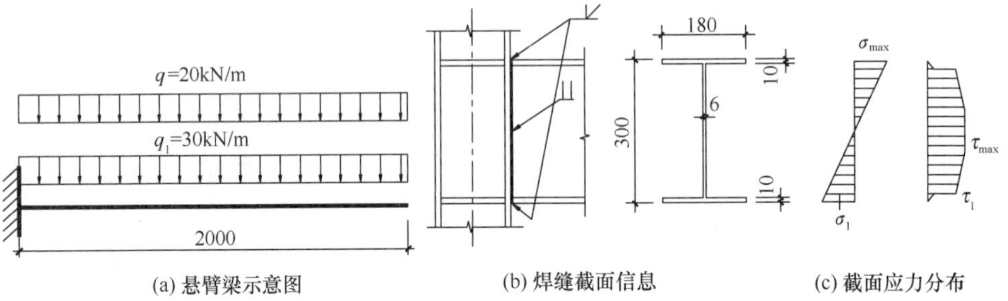

图 8-32　例题 8-1 图（mm）

解：

（1）分析焊缝受力

根据《建筑结构可靠性设计统一标准》GB 50068—2018 中第 8.2.9 条规定，永久荷载分项系数 $\gamma_G = 1.3$，可变荷载分项系数 $\gamma_Q = 1.5$ 。

剪力设计值：$V = 1.3 \times 20 \times 2 + 1.5 \times 30 \times 2 = 142\text{kN}$

弯矩设计值：$M = 1.3 \times 0.5 \times 20 \times 2^2 + 1.5 \times 0.5 \times 30 \times 2^2 = 142\text{kN} \cdot \text{m}$

（2）计算焊缝截面几何特征值

截面面积：$A_w = 2 \times 10 \times 180 + 280 \times 6 = 5280\text{mm}^2$

截面惯性矩：$I_w = \dfrac{6 \times 280^3}{12} + 2 \times \dfrac{180 \times 10^3}{12} + 2 \times 180 \times 10 \times 145^2 = 86.696 \times 10^6\text{mm}^4$

截面抵抗矩：$W_w = I_w / 150 = 577,973.3\text{mm}^3$

上翼缘板对中和轴面积矩：$S_{w1} = 180 \times 10 \times 145 = 261,000\text{mm}^3$

中和轴以上截面对中和轴面积矩：

$$S_w = S_{w1} + 140 \times 6 \times 70 = 319,800\text{mm}^3$$

（3）各分项内力在焊缝截面产生的应力

$$\sigma_{max} = \frac{M}{W_w} = \frac{142 \times 10^6}{577,973.3} = 245.7\text{N/mm}^2 < f_t^w = 260\text{N/mm}^2$$

$$\tau_{max} = \frac{VS_w}{I_w t} = \frac{142 \times 10^3 \times 319,800}{86.696 \times 10^6 \times 6} = 87.3\text{N/mm}^2 < f_v^w = 175\text{N/mm}^2$$

在腹板与翼缘连接点处：

$$\sigma_1 = \frac{My_1}{I_w} = \frac{142 \times 10^6 \times 140}{86.696 \times 10^6} = 229.31\text{N/mm}^2 < f_t^w = 260\text{N/mm}^2$$

$$\tau_1=\frac{VS_{w1}}{I_w t}=\frac{142\times10^3\times261,000}{86.696\times10^6\times6}=71.25\text{N/mm}^2<f_v^w=175\text{N/mm}^2$$

$$\sigma=\sqrt{\sigma_1^2+3\tau_1^2}=\sqrt{229.31^2+3\times71.25^2}=260.41\text{N/mm}^2<1.1f_t^w=286\text{N/mm}^2$$

【例题 8-2】 如图 8-33 所示，某平台中的主梁，跨度 l=12m，梁上作用的静荷载设计值为 60kN/m，同时承受支撑传来的水平轴心压力 50kN，加工时由于钢板长度不够，整个梁截面在跨度方向离支座 3.5m 处采用对接焊缝进行拼接，且为了便于翼缘对接焊缝施焊，腹板上、下端各开 30mm 的孔。钢材采用 Q355B，焊缝质量不低于二级，手工焊，焊条 E50，施焊时采用引弧板，验算拼接处的对接焊缝是否满足强度设计要求。

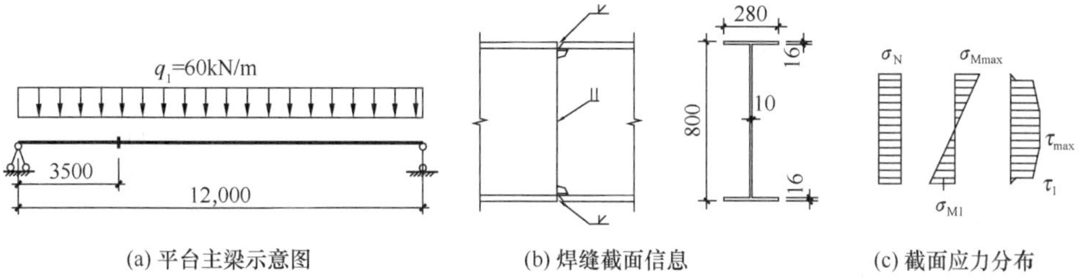

图 8-33　例题 8-2 图（mm）

解：

（1）离支座 3.5m 处的内力

轴力设计值：$N=50\text{kN}$

剪力设计值：$V=q\left(\frac{l}{2}-a\right)=60\times\left(\frac{12}{2}-3.5\right)=150\text{kN}$

弯矩设计值：$M=\frac{1}{2}qla-\frac{1}{2}qa^2=\frac{60\times3.5}{2}(12-3.5)=892.5\text{kN}\cdot\text{m}$

（2）计算焊缝截面几何特征值

腹板上、下端各开孔 30mm。

截面惯性矩：$I_w=\frac{10\times708^3}{12}+2\times\frac{280\times16^3}{12}+2\times280\times16\times392^2=1672.8\times10^6\text{mm}^4$

截面抵抗矩：$W_w=I_w/\frac{h}{2}=\frac{1672.8\times10^6}{400}=4.18\times10^6\text{mm}^3$

截面面积：$A_w=2\times280\times16+708\times10=16,040\text{mm}^2$

上翼缘板对中和轴面积矩：$S_{w1}=16\times280\times392=1.756\times10^6\text{mm}^3$

中和轴以上截面对中和轴面积矩：$S_w=S_{w1}+354\times10\times177=2.38\times10^6\text{mm}^3$

（3）各分项内力在焊缝截面产生的应力

水平轴心压力产生的应力：$\sigma_N=\frac{N}{A_w}=\frac{50,000}{16,040}=3.12\text{N/mm}^2$

弯矩产生的应力：$\sigma_M=\frac{M}{W_w}=\frac{892.5\times10^6}{4.18\times10^6}=213.52\text{N/mm}^2$（最外缘）

腹板上端边缘处：$\sigma_{M1}=\frac{354}{400}\sigma_M=188.97\text{N/mm}^2$

剪力产生的应力：$\tau_{max}=\frac{VS_w}{I_w t}=\frac{150,000\times2.38\times10^6}{1672.8\times10^6\times10}=21.34\text{N/mm}^2$（中和轴处）

腹板上边缘处：$\tau_1 = \dfrac{VS_{w1}}{I_w t} = \dfrac{150,000 \times 1.756 \times 10^6}{1672.8 \times 10^6 \times 10} = 15.75\text{N/mm}^2$

（4）强度检算

正应力：$\sigma_c = \sigma_N + \sigma_M = 3.12 + 213.52 = 216.64\text{N/mm}^2 < f_c^w = 305\text{N/mm}^2$（最外缘）

$\sigma_t = \sigma_M - \sigma_N = 213.52 - 3.12 = 210.4\text{N/mm}^2 < f_t^w = 305\text{N/mm}^2$（最外缘）

剪应力：$\tau_{max} = 21.34\text{N/mm}^2 < f_v^w = 175\text{N/mm}^2$（中和轴处）

折算应力：

$$\sigma = \sqrt{(\sigma_N + \sigma_{M1})^2 + 3\tau_1^2} = \sqrt{(3.12 + 188.97)^2 + 3 \times 15.75^2}$$

$$= 194.02\text{N/mm}^2 < 1.1 f_t^w = 335.5\text{N/mm}^2$$

【例题 8-3】已知两块等厚不等宽的钢板用焊透的对接焊缝连接，一块是 400mm×20mm，另一块是 360mm×20mm，焊接中采用引弧板，且进行磨平加工，如图 8-34 所示。钢板材料为 Q355B 钢。焊缝承受等幅变化的轴力作用（标准值），$N_{max} = +1200\text{kN}$，$N_{min} = +50\text{kN}$，试对该对接焊缝进行强度验算。预期的循环次数按 2×10^6 次，焊缝等级为一级。

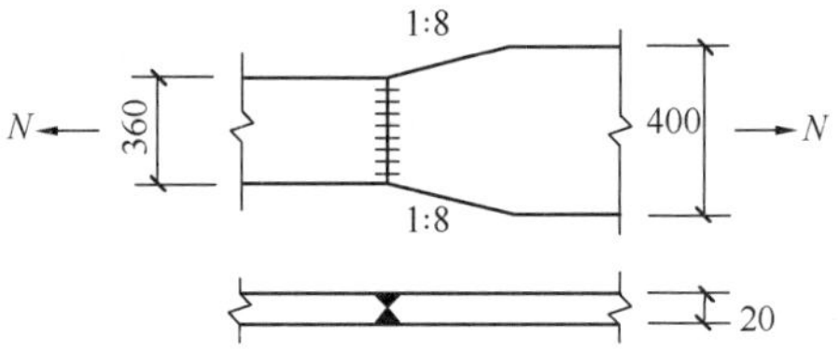

图 8-34　例题 8-3 图（mm）

解：

由于对接焊缝承受变化的轴力作用，需先确定其疲劳容许应力，然后进行静力强度验算。

（1）疲劳验算

根据附录 D，该连接类别为 Z2 类，根据附表 D-7，当循环次数为 2×10^6 次时：$C_z = 861 \times 10^{12}$，$\beta_z = 4$，容许应力幅为：$[\Delta\sigma] = \left(\dfrac{C_z}{n}\right)^{\frac{1}{\beta_z}} = 144\text{MPa}$。

板厚 20mm，$\gamma_t = 1.0$。

$A_w = l_w t = 360 \times 20 = 7200\text{mm}^2$

$\Delta\sigma = \dfrac{\Delta N}{A_w} = \dfrac{(1200 - 50) \times 10^3}{7200} = 159.72\text{MPa} > \gamma_t[\Delta\sigma] = 144\text{MPa}$，不满足疲劳强度要求。

（2）静力强度验算

对永久荷载与可变荷载分项系数取平均值，假设荷载分项系数为 1.4。

$\sigma_{max} = \dfrac{N_{max}}{A_w} = \dfrac{1200 \times 1.4 \times 10^3}{7200} = 233.3\text{MPa} < f_t^w = 295\text{MPa}$，焊缝强度满足要求。

8.4　角焊缝的构造与计算

连接板件的板边不必精加工，板间无缝隙，焊缝金属直接填充在两焊件形成的直角或斜角的区域内，称为角焊缝。角焊缝是最常用的焊缝，根据角焊缝的断面形式分为直角角焊缝和斜角角焊缝。按焊缝与作用力的关系可分为正面角焊缝（端焊缝）与侧面角焊缝（侧焊缝）。

8.4.1　角焊缝的构造

角焊缝按焊缝焊脚边之间的夹角 α 不同可分为直角角焊缝（$\alpha=90°$）和斜角角焊缝（$\alpha\neq90°$）两类。在钢结构中，最常用的是直角角焊缝，斜角角焊缝（图 8-35）主要用于钢管结构或杆件倾斜相交，其间不用节点板而直接焊接的情况。

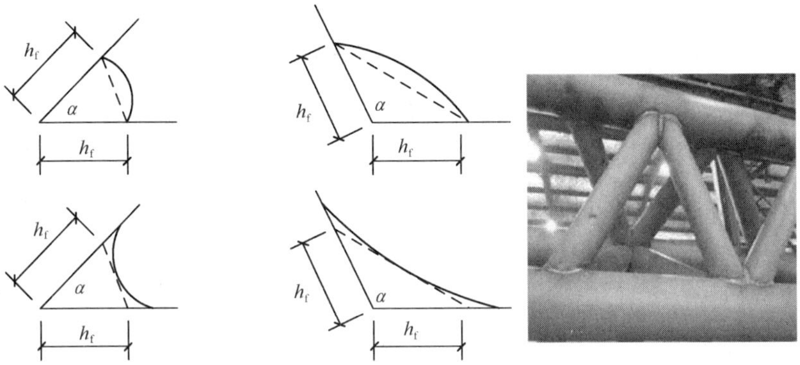

图 8-35　斜角角焊缝

角焊缝的设计需要满足下列构造要求：

1. 角焊缝的截面形式

直角角焊缝的截面形式有表面微凸的等腰直角三角形截面（即普通焊缝）、等边凹型、平坡凸型等（图 8-36）。一般情况下采用普通焊缝，由于这种焊缝传力线曲折，有一定的应力集中现象。因此在直接承受动力荷载的连接中，为改善受力性能，可采用直线型或凹型焊缝。焊脚尺寸的比例：对正面角焊缝宜为 1∶1.5（长边顺内力方向）；侧面角焊缝可为 1∶1。

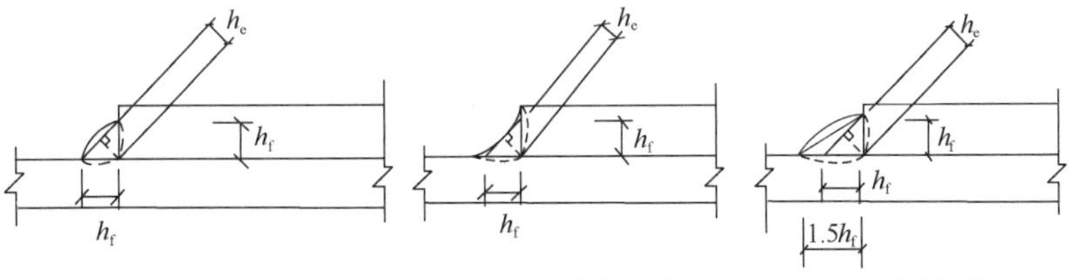

(a) 普通焊缝　(b) 等边凹型　(c) 平坡凸型

图 8-36　直角角焊缝的截面形式

2. 焊脚尺寸 h_f 值不宜过小，也不宜过大

角焊缝的焊脚尺寸 h_f 是指焊根至焊趾的尺寸（图 8-36）。h_f 不宜过小，是因为过小的角焊缝导致焊缝冷却过快，易产生收缩裂纹等缺陷。角焊缝最小焊脚尺寸宜按照表 8-2 取值，承受动荷载作用时角焊缝的焊脚尺寸不宜小于 5mm。

角焊缝的常用最小焊脚尺寸 **表 8-2**

母材厚度 t（mm）	最小焊脚尺寸（mm）
$t \leqslant 6$	3
$6 < t \leqslant 12$	5
$12 < t \leqslant 20$	6
$t > 20$	8

注：1. 采用不预热的非低氢焊接方法进行焊接时，t 取焊缝连接部位中较厚件厚度，宜采用单道焊缝；采用预热的非低氢焊接方法或低氢焊接方法进行焊接时，t 取焊缝连接部位中较薄件厚度。

2. 焊缝尺寸 h_f 不要求超过焊缝连接部位中较薄件厚度的情况除外。

角焊缝的焊脚尺寸不宜太大，是因为太大会导致焊缝烧穿较薄的焊件，增加主体金属的翘曲和焊接残余应力，钢管结构的焊脚尺寸可酌量增加。当焊件厚度均不小于 25mm 时，宜采用开局部坡口的角焊缝。

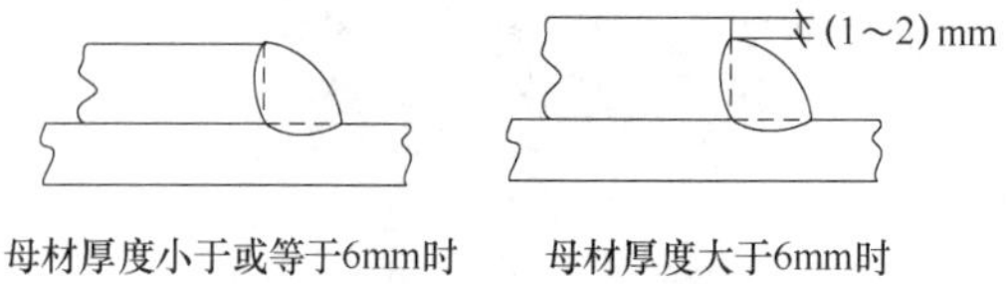

图 8-37　棱边角焊缝最大焊脚尺寸

为防止焊接时材料棱边熔塌，对于边缘连接的角焊缝（图 8-37），一般应满足：

（1）当 $t \leqslant 6$mm，$h_f \leqslant t$；

（2）当 $t > 6$mm，$h_f \leqslant t-(1\sim2)$mm。

3. 焊缝计算长度 l_w 不应过小，也不宜过大

角焊缝的计算长度 l_w（扣除引弧、收弧长度后的焊缝长度）不应小于 $8h_f$ 和 40mm。l_w 过小会使杆件局部加热严重，且起弧、灭弧坑相距太近，加上一些可能产生的缺陷，使焊缝不够可靠。

侧面角焊缝的计算长度 l_w 也不宜过大。侧面角焊缝应力沿长度方向分布不均匀，两端大，中间小，焊缝越长其差别也越大。侧面角焊缝太长时，两端应力可先达到极限而破坏，此时焊缝中部还未充分发挥其承载力。因此，承受静荷载的侧面角焊缝 $l_w > 60h_f$ 时，在计算焊缝强度时可以不考虑超过 $60h_f$ 部分的长度，也可以对全长焊缝的承载力进行折减，但 l_w 不应超过 $180h_f$。若内力沿侧面角焊缝全长均匀分布时，其计算长度不受此限，如焊接钢板组合梁翼缘和腹板的连接焊缝、钢屋架弦杆与节点板的连接焊缝等。

4. 搭接连接角焊缝的尺寸和布置

（1）传递轴向力的部件，为防止搭接部位受力时发生偏转，其搭接连接最小搭接长度应为较薄件厚度的 5 倍，且不应小于 25mm（图 8-38），同时，为防止搭接部位角焊缝在荷载作用下张开，应施焊侧面或正面双角焊缝。

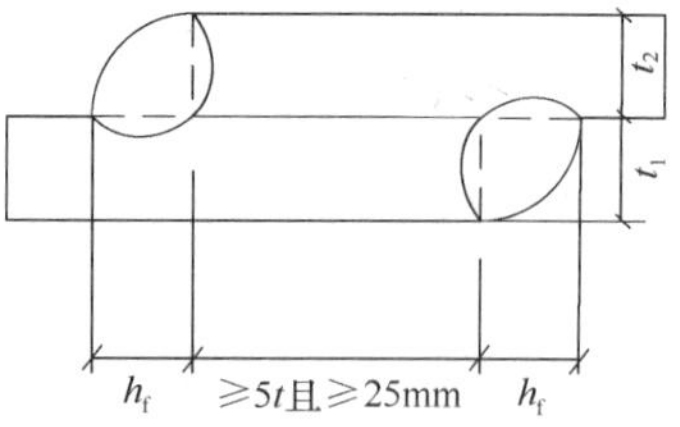

图 8-38　搭接连接双角焊缝的构造要求

图中 t——t_1、t_2 中较小者；
h_f——焊脚尺寸，按设计要求

（2）只采用侧面角焊缝连接型钢杆件端部时（图 8-39a），为了避免焊缝横向收缩时引起板件的拱曲太大，型钢杆件的宽度不应大于 200mm；当宽度大于 200mm 时，应加正面角焊缝或中间塞焊。为了避免应力传递的过分弯折而使构件中应力不均，型钢杆件每一侧面角焊缝的长度不应小于型钢杆件的宽度，即

$l_w \geqslant b$ 。

承受动荷载不需要进行疲劳验算的构件，仅采用侧面角焊缝连接时，$l_w \geqslant b$，且 $b \leqslant 16t_1$，t_1 为较薄焊件的厚度。

（3）在构件的转角处存在应力集中现象，因此，应避免角焊缝端部的起灭弧缺陷发生在该处。型钢杆件搭接连接采用围焊时，在转角处应连续施焊。杆件端部搭接角焊缝宜连续绕转角加焊一段长度，该绕焊长度不应小于 $2h_f$，且应连续施焊（图 8-39b）。

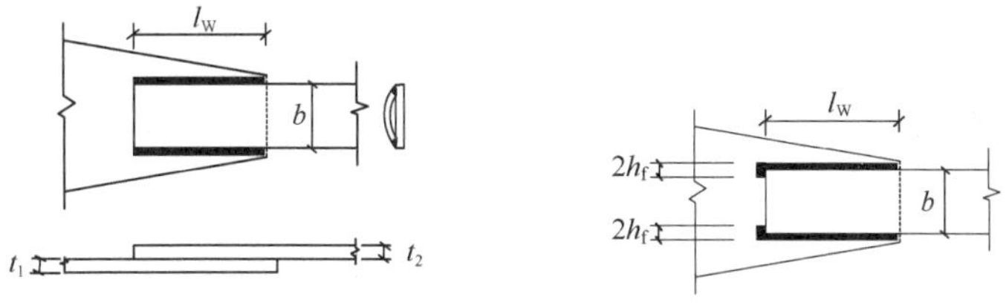

图 8-39　采用两条侧面角焊缝连接时的构造要求

8.4.2　角焊缝的计算方法

1. 角焊缝的应力分布特点

角焊缝的应力分布比较复杂，正面角焊缝与侧面角焊缝差别较大。

大量试验结果表明，侧面角焊缝主要承受剪应力，塑性较好，弹性模量低（$E=7\times10^4\text{N/mm}^2$），强度也较低。应力沿焊缝长度方向的分布不均匀，如图 8-40 所示，传力线通过侧面角焊缝时产生弯折，呈两端大而中间小的状态，焊缝越长，应力分布越不均匀，但在进入塑性工作阶段时产生应力重分布，可使应力分布的不均匀现象渐趋缓和。侧焊缝破坏起点常在焊缝两端，破坏截面以 45°喉部截面居多。

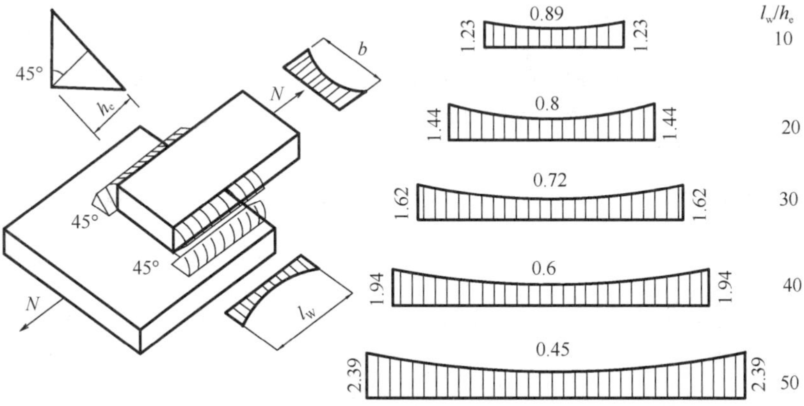

图 8-40　侧面角焊缝应力分布

正面角焊缝在外力作用下应力分布如图 8-41 所示，从图中看出，应力状态比侧面角焊缝复杂，各个方向均存在拉应力、压应力和剪应力作用，焊缝的根部产生应力集中，通常总是在根部首先出现裂缝，然后扩及整个焊缝截面以致断裂。正面角焊缝的破坏强度比侧面角焊缝的破坏强度要高一些，二者之比约为 1.35～1.55，但塑性较差。

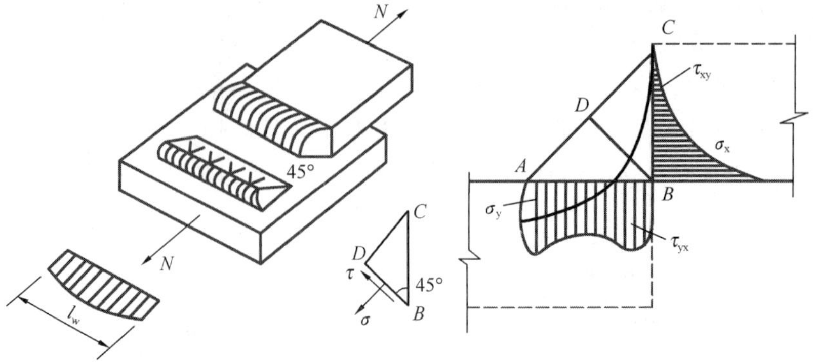

图 8-41　正面角焊缝应力分布

2. 角焊缝的有效截面

直角角焊缝实际破坏面很不规则，计算中假定沿 45°喉部截面破坏，如图 8-42 所示，该截面称为焊缝的有效截面，对应的焊缝宽度称焊缝有效厚度 h_e 。

计算直角角焊缝的有效截面面积需要确定焊缝计算长度 l_w 和焊缝有效厚度 h_e 取值。

当不采用引弧板时，考虑施焊时起弧和灭弧的影响，每条焊缝的计算长度 l_w 取其实际长度减去 $2h_f$ 。

确定焊缝有效厚度 h_e 取值时，不计焊缝余高和熔深（图 8-42）。当两焊件间隙 $b \leqslant 1.5$mm 时，取 $h_e = 0.7h_f$ ；当 $1.5\text{mm} < b \leqslant 5\text{mm}$ 时，$h_e = 0.7(h_f - b)$ 。角焊缝假定在轴心力作用时有效截面上应力均匀分布，且抗拉、抗压、抗剪强度设计值均采用 f_f^w 。对于平坡凸型或凹型焊缝，为了计算统一，其焊脚尺寸 h_f 和有效厚度 h_e 按图 8-36（b）、（c）采用。

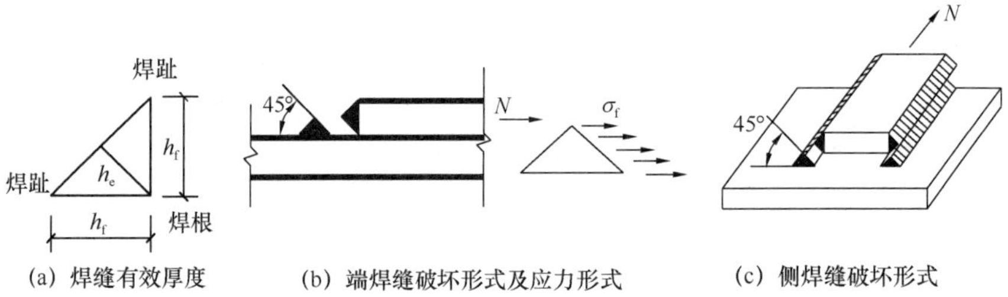

图 8-42　角焊缝破坏形式

对 T 形连接的斜角角焊缝，当两焊脚边夹角 $60° \leqslant \alpha \leqslant 135°$（图 8-43）时，其有效厚度 h_e 应符合下列规定：

（1）当根部间隙 b、b_1 和 $b_2 \leqslant 1.5$mm 时，$h_e = h_f \cdot \cos\dfrac{\alpha}{2}$ ；

（2）当根部间隙 $1.5\text{mm} < b$、b_1 和 $b_2 \leqslant 5$mm 时，$h_e = \left[h_f - \dfrac{b(\text{或}b_1、b_2)}{\sin\alpha}\right] \cdot \cos\dfrac{\alpha}{2}$。

当 $30° \leqslant \alpha \leqslant 60°$ 和 $\alpha < 30°$ 时，斜角角焊缝计算厚度 h_e 应按照现行国家标准《钢结构焊接规范》GB 50661—2011 的有关规定计算取值。

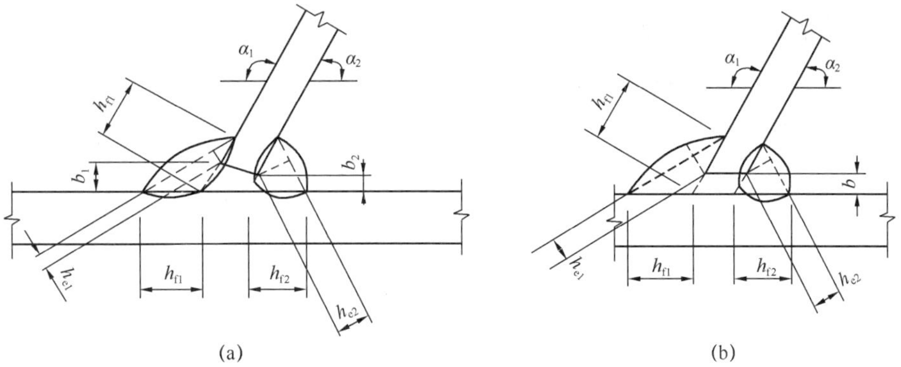

图 8-43　T 形连接的根部缝隙和焊缝截面

3. 角焊缝强度计算公式

试验表明，直角角焊缝的破坏常发生在喉部，故通常将 45°截面作为计算截面。正面角焊缝对应的截面应力记为 σ_f，侧面角焊缝对应的截面应力记为 τ_f 。经过推导可得到直角角焊缝的强度计算公式：

$$\sqrt{\left(\frac{\sigma_f}{\beta_f}\right)^2+\tau_f^2}\leqslant f_f^w \tag{8-10}$$

式中　β_f ——正面角焊缝的强度设计值增大系数，对于承受静力荷载和间接承受动力荷载的结构，β_f =1.22；对直接承受动力荷载的结构，正面角焊缝的刚度大，韧性差，应力集中现象较严重，应取 β_f =1.0；计算斜角角焊缝强度时，亦取 β_f =1.0；

σ_f ——按焊缝有效截面计算，垂直于焊缝长度方向的应力；

τ_f ——按焊缝有效截面计算，沿焊缝长度方向的剪应力；

f_f^w ——角焊缝的强度设计值，查附表 A-3。

4. 角焊缝的计算类型

角焊缝的计算主要包括三类问题：

(1) 连接的强度验算（强度验算问题）：这类计算已知连接需要传递的内力及焊缝尺寸，包括焊脚 h_f 、焊缝形状、计算长度 l_w，验算连接的强度是否满足设计要求。

(2) 确定连接的最大承载力（承载力计算问题）：已知焊缝尺寸，确定焊缝连接的承载力。

(3) 焊缝连接的设计（设计问题）：已知内力，完成焊缝连接的相关设计内容，包括焊缝形式、焊脚尺寸和焊缝长度等。

从传力角度看角焊缝的计算分为轴力、弯矩、扭矩、组合力的受力连接。计算方法主要有等强度法和内力法。

等强度法是按被连接构件的承载能力进行连接的设计（即连接的承载力不低于被连接构件的承载力）。桥梁中的连接设计通常采用等强度法，设计时首先根据被连接构件的受力特点计算出构件的最大承载力，再据此进行连接的设计计算。内力法是按连接处所受的最大内力进行连接的设计。

8.4.3 角焊缝的计算工况

1. 承受轴力作用时的角焊缝计算

当焊缝承受轴力作用，轴力 N 通过焊缝群形心，焊缝计算截面的应力可假定均匀分布。

对于垂直于焊缝长度方向，且通过焊缝形心的轴心外力 N_x，焊缝截面上产生平均应力 σ_f，其值为：

$$\sigma_f = \frac{N_x}{h_e \sum l_w} \tag{8-11}$$

平行于焊缝长度方向，且通过焊缝形心的轴心外力 N_y，沿焊缝长度方向产生平均剪应力 τ_f，其值为：

$$\tau_f = \frac{N_y}{h_e \sum l_w} \tag{8-12}$$

式中 h_e——角焊缝的有效厚度，当两焊件间隙 $b \leqslant 1.5$mm 时，取 $h_e = 0.7h_f$；当 $1.5\text{mm} < b \leqslant 5$mm 时，$h_e = 0.7(h_f - b)$；

$\sum l_w$——角焊缝的计算长度，无引弧板时对每条连续焊缝为实际长度减去 $2h_f$。

对正面角焊缝，$N_y = 0$，只有垂直于焊缝长度方向的轴心力 N_x 作用，计算公式为：

$$\sigma_f = \frac{N_x}{h_e \sum l_w} \leqslant \beta_f f_f^w \tag{8-13}$$

对侧面角焊缝，$N_x = 0$，只有平行于焊缝长度方向的轴心力 N_y 作用，计算公式为：

$$\tau_f = \frac{N_y}{h_e \sum l_w} \leqslant f_f^w \tag{8-14}$$

对于侧面焊缝兼正面角焊缝，分别计算 σ_f、τ_f，按基本计算式计算，即：

$$\sqrt{\left(\frac{\sigma_f}{\beta_f}\right)^2 + \tau_f^2} \leqslant f_f^w$$

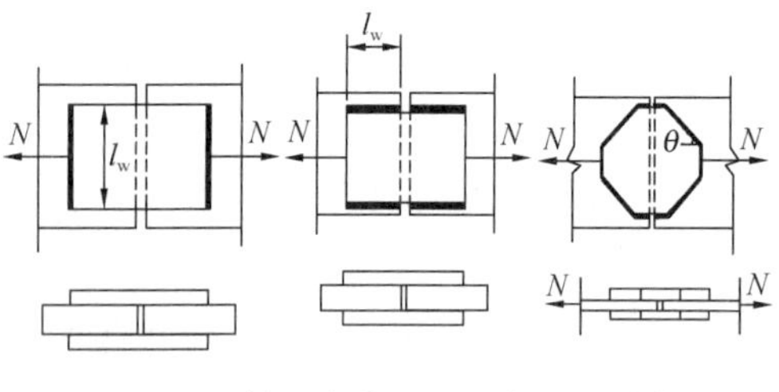

图 8-44 轴心力作用下的角焊缝计算

图 8-44 为用拼接盖板的对接接头，分别采用正面角焊缝和侧面角焊缝进行连接。当采用正面角焊缝连接时，按式（8-13）计算焊缝强度；对于侧面角焊缝，按式（8-14）计算强度；当采用三面围焊时，对矩形拼接板可先按式（8-11）计算正面角焊缝所能承担的内力 N_1，然后再由力 $N - N_1$ 按式（8-14）计算侧面角焊缝。为了使传力比较平顺并减小拼接盖板四角处的应力集中，可将拼接盖板做成菱形，并近似按整条焊缝均匀承受轴力 N 计算。

2. 角钢角焊缝的计算

角钢与板件通常采用两面侧焊、三面围焊、L 形焊等形式连接，如图 8-45 所示。

（1）两面侧焊

角钢用侧面角焊缝连接时，由于角钢截面形心到肢背和肢尖的距离不相等，靠近形心的肢背焊缝承受较大的内力。设 N_1 和 N_2 分别为角钢肢背与肢尖焊缝承担的内力，由平

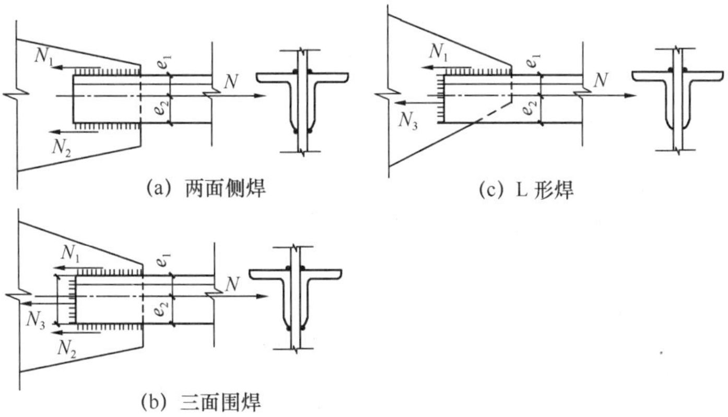

图 8-45　角钢角焊缝上的受力分配

衡条件可知：

$$N = N_1 + N_2, N_1 e_1 = N_2 e_2 \tag{8-15}$$

解式（8-15）得肢背和肢尖受力分别为：

$$N_1 = e_2 N/(e_1 + e_2) = K_1 N \tag{8-16}$$

$$N_2 = e_1 N/(e_1 + e_2) = K_2 N \tag{8-17}$$

式中　K_1 ——肢背焊缝内力分配系数，$K_1 = \dfrac{e_2}{e_1 + e_2}$；

K_2 ——肢尖焊缝内力分配系数，$K_2 = \dfrac{e_1}{e_1 + e_2}$。

内力分配系数 K_1、K_2 按表 8-3 取值。

（2）三面围焊

$$N_3 = h_e \sum l_{w3} \beta_f f_f^w \tag{8-18}$$

$$N_1 = K_1 N - N_3/2 \tag{8-19}$$

$$N_2 = K_2 N - N_3/2 \tag{8-20}$$

（3）L 形焊

$$N_1 = N - N_3 \tag{8-21}$$

计算肢背、肢尖所分配内力后，按式（8-22）和式（8-23）计算所需焊缝长度：

$$l_{w1} = \frac{N_1}{h_e f_f^w} \tag{8-22}$$

$$l_{w2} = \frac{N_2}{h_e f_f^w} \tag{8-23}$$

角钢角焊缝的内力分配系数　　**表 8-3**

角钢连接类型	角钢连接示意图	K_1	K_2
等肢角钢连接		0.70	0.30
不等肢角钢短肢连接		0.75	0.25
不等肢角钢长肢连接		0.65	0.35

3. 承受弯矩 *M* 作用时的角焊缝计算

弯矩作用下焊缝截面分布的正应力垂直于焊缝长度方向，所以焊缝为正面角焊缝，计算公式为：

$$\sigma_f^M = M/W_{wmin} \leqslant \beta_f f_f^w \tag{8-24}$$

式中　W_w——角焊缝有效截面抵抗矩，$W_{wmin}=\min(W_{w1}, W_{w2})$。

4. 承受弯矩 *M*、剪力 *V*、轴力 *N* 共同作用时的角焊缝计算

弯矩很少单独作用，当弯矩 M、剪力 V、轴力 N 共同作用时，如梁或柱的牛腿通常通过其端部的角焊缝连接于支承构件上，同时承受弯矩 M、剪力 V、轴力 N 共同作用，如图 8-46 所示。计算角焊缝时，可先分别计算角焊缝在 M、V、N 作用下所产生的应力，并判断该应力是 σ_f（垂直于焊缝长度方向）还是 τ_f（平行于焊缝长度方向）。

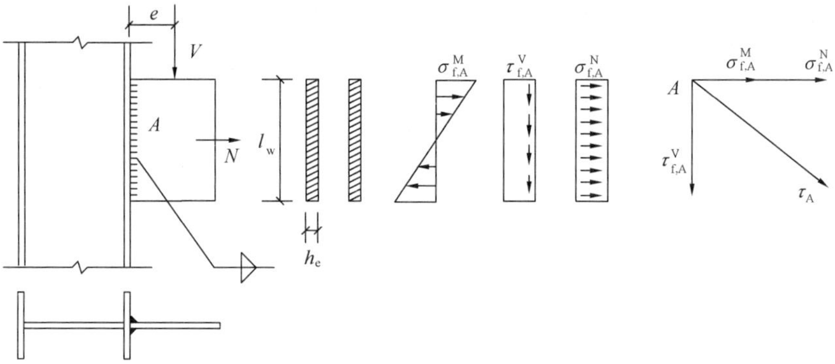

图 8-46　弯矩 M、剪力 V、轴力 N 共同作用时角焊缝的受力情况

在轴力 N 作用下，在焊缝有效截面上产生垂直于焊缝长度方向的均匀应力，属于正面角焊缝受力性质，则焊缝上端 A 处的应力为：

$$\sigma_{f,A}^N = \frac{N}{A_w} = \frac{N}{h_e \sum l_w} \tag{8-25}$$

在剪力 V 作用下，产生平行于焊缝长度方向的应力，属于侧面角焊缝受力性质，在受剪截面上应力分布是均匀的，得 A 处的应力为：

$$\tau_{f,A}^V = \frac{V}{A_w} = \frac{V}{h_e \sum l_w} \tag{8-26}$$

在弯矩 M 的作用下，角焊缝有效截面上产生垂直于焊缝长度方向的应力，应力呈三角形分布，角焊缝受力为正面角焊缝性质，A 处的应力最大，其值为：

$$\sigma_{f,A}^M = \frac{M}{W_w} \tag{8-27}$$

从图 8-46 可见，焊缝上端 A 处最危险，分别求得该点轴力 N 作用下的应力 $\sigma_{f,A}^N$、剪力 V 作用下的应力 $\tau_{f,A}^V$、弯矩 M 作用下的应力 $\sigma_{f,A}^M$ 后，对应力进行组合，代入式（8-10）进行验算，即应满足：

$$\sqrt{\left(\frac{\sigma_{f,A}^N + \sigma_{f,A}^M}{\beta_f}\right)^2 + (\tau_{f,A}^V)^2} \leqslant f_f^w \tag{8-28}$$

当只有轴力 N 和剪力 V 作用时，则：

$$\sqrt{\left(\frac{\sigma_{f,A}^{N}}{\beta_f}\right)^2+(\tau_{f,A}^{V})^2}\leqslant f_f^w \tag{8-29}$$

当只有轴力 N 和弯矩 M 作用时，则：

$$\sigma_{f,A}^{N}+\sigma_{f,A}^{M}\leqslant\beta_f f_f^w \tag{8-30}$$

当只有剪力 V 和弯矩 M 作用时，则：

$$\sqrt{\left(\frac{\sigma_{f,A}^{M}}{\beta_f}\right)^2+(\tau_{f,A}^{V})^2}\leqslant f_f^w \tag{8-31}$$

当只有弯矩 M 作用时，则：

$$\sigma_{f,A}^{M}\leqslant\beta_f f_f^w \tag{8-32}$$

设计时，如已知角焊缝的实际长度，可按构造要求先假定焊脚尺寸 h_f，算出各应力分量后，再验算焊缝危险点的强度；如不满足，则可调整 h_f，直到使计算结果符合要求为止。有时焊缝长度和焊脚尺寸均为未知量，此时可根据构造要求先假定焊脚尺寸 h_f，再求出焊缝长度。

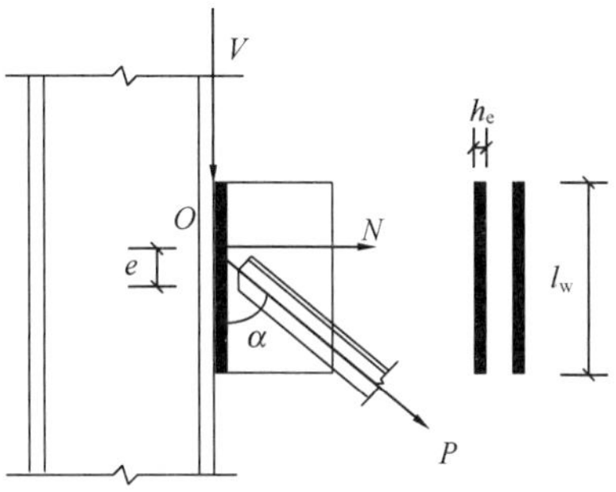

图 8-47　焊缝受斜向力作用

焊缝受斜向力作用时，计算步骤如下：

（1）分解内力至焊缝形心，如图 8-47 所示：

$$N=P\sin\alpha,\quad V=P\cos\alpha,\quad M=N\cdot e \tag{8-33}$$

（2）分项内力作用下的应力计算：

轴力作用下：
$$\sigma_{f,A}^{N}=N/A_w \tag{8-34}$$

剪力作用下：
$$\tau_{f,A}^{V}=V/A_w \tag{8-35}$$

弯矩作用下：
$$\sigma_{f,A}^{M}=M/W_w \tag{8-36}$$

同方向应力叠加：
$$\sigma_{f,A}=\sigma_{f,A}^{N}+\sigma_{f,A}^{M}\ ;\ \tau_{f,A}=\tau_{f,A}^{V}$$

合应力检算：
$$\sqrt{[(\sigma_{f,A}^{M}+\sigma_{f,A}^{N})/\beta_f]^2+(\tau_{f,A}^{V})^2}\leqslant f_f^w \tag{8-37}$$

焊缝面积模量计算：

计算长度：无引弧板时 $l_w=l-2h_f$

有效面积：$A_w=2h_e l_w$

抵抗矩：$W_w=I_w/(0.5l_w)=(2h_e)l_w^2/6$

5. 承受扭矩 *T* 作用时的角焊缝计算

图 8-48 所示的搭接连接中，力 N 通过围焊缝的形心 O 点，而力 V 距形心 O 点的距离为 $e+d$。将力 V 向围焊缝的形心 O 点处简化，可得到剪力 V 和扭矩 $T=V(e+d)$。计算角焊缝在扭矩 T 作用下产生的应力时，采用如下假定：（1）被连接构件是绝对刚性的，而角焊缝则是弹性的；（2）被连接构件绕角焊缝有效截面形心 O 旋转，角焊缝上任意一点的应力方向垂直于该点与形心的连线，且应力大小与其距离 r 的大小呈正比。

在扭矩作用下，图 8-48 中 A 点的剪应力最大。扭矩 T 在 A 点引起的应力为：

$$\tau_A=\frac{Tr}{J} \tag{8-38}$$

式中　J ——角焊缝有效截面的极惯性矩，$J=I_x+I_y$。

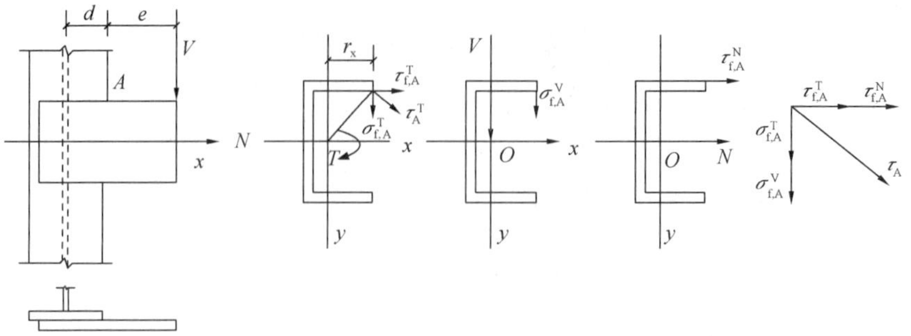

图 8-48　受扭、受剪、受轴心力作用的角焊缝应力

式（8-38）所得出的应力与焊缝的长度方向有夹角，将其沿 x 轴和 y 轴分解得：

$$\tau_{f,A}^{T} = Tr_y/J \qquad (侧面角焊缝受力性质) \tag{8-39}$$

$$\sigma_{f,A}^{T} = Tr_x/J \qquad (正面角焊缝受力性质) \tag{8-40}$$

假定轴力和剪力作用下围焊缝内的应力均匀分布，由剪力 V 引起的应力在 A 点处垂直于焊缝长度方向，属于正面角焊缝受力性质，为 $\sigma_{f,A}^{V}$；由轴力 N 引起的应力在 A 点处平行于焊缝长度方向，属侧面角焊缝受力性质，为 $\tau_{f,A}^{N}$ 。然后按式（8-41）组合各应力分量，对危险点 A 进行验算：

$$\sqrt{\left(\frac{\sigma_{f,A}^{T}+\sigma_{f,A}^{V}}{\beta_f}\right)^2+(\tau_{f,A}^{T}+\tau_{f,A}^{N})^2} \leqslant f_f^w \tag{8-41}$$

【例题 8-4】 图 8-49 所示为 A、B 板的搭接接头，已知：A、B 板均采用 Q235 钢材，$f=215\text{N/mm}^2$，采用 E43 型焊条手工焊，$f_f^w=160\text{MPa}$，A、B 板厚均为 16mm，焊脚尺寸 $h_f = 12\text{mm}$，两焊件间隙 $b \leqslant 1.5\text{mm}$，无引弧板。接头传递轴力为静荷载，试按等强度法确定其必需的搭接长度 l_1。

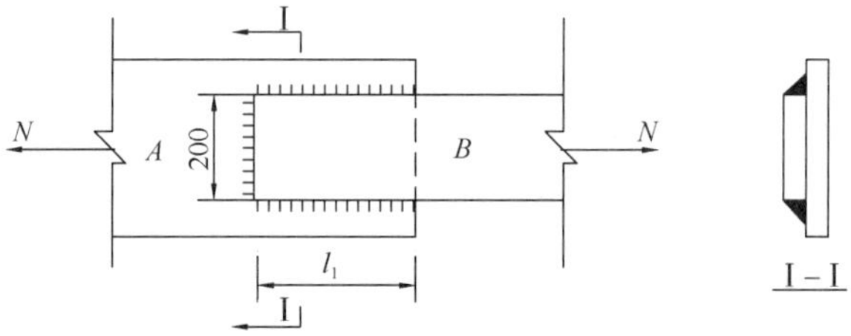

图 8-49　例题 8-4 图（mm）

解：

B 板所能承受的最大内力：$N = Af = 200 \times 16 \times 215 \times 10^{-3} = 688\text{kN}$

端焊缝传递内力：$N_2 = 1.22 h_e\, l_{w2}\, f_f^w = 1.22 \times 0.7 \times 12 \times 200 \times 160 = 327.94\text{kN}$

侧焊缝传递内力：$N_1 = N - N_2 = 688 - 327.94 = 360.06\text{kN}$

侧焊缝所需最小计算长度：$l_{w1} = \dfrac{N_1}{2h_e f_f^w} = \dfrac{360{,}060}{2 \times 0.7 \times 12 \times 160} = 133.95\text{mm}$

$l_{w1} = 133.95\text{mm} > 8h_f = 96\text{mm}$，且 $l_{w1} > 40\text{mm}$，满足构造要求。

$l_{w1} = 133.95\text{mm} < 60h_f = 720\text{mm}$，焊缝强度不需折减。

因未采用引弧板，每条侧焊缝计算长度需考虑一侧起、灭弧坑处的长度损失。所以侧焊缝实际长度：$l_1 = l_{w1} + h_f = 133.95 + 12 = 145.95$mm，可取为 150mm。

【例题 8-5】 如图 8-50 所示，某冷轧车间单层钢结构主厂房的柱间支撑采用 Q355B 角钢，截面为 2L90×6。已知柱间支撑受到的最大轴力设计值为 460kN，采用 E50 型焊条手工焊，$f_f^w = 200$MPa，以双面侧焊缝方式连接支撑与节点板，端部绕焊，焊件之间间隙 $b \leqslant 1.5$mm。试设计该柱间支撑与节点板的最小连接焊缝长度。

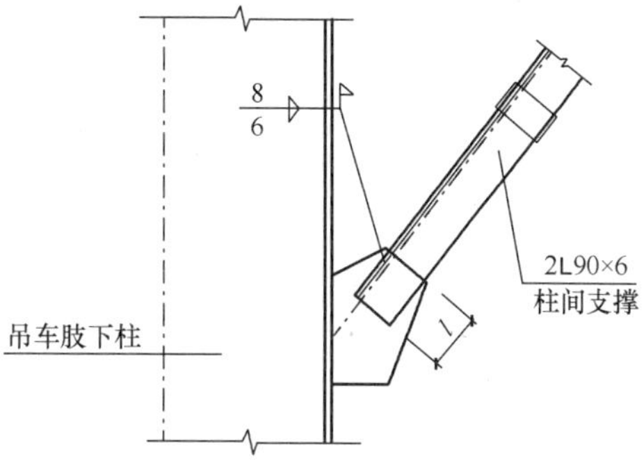

图 8-50　例题 8-5 图（mm）

解：

支撑杆件受拉力 460kN，根据表 8-3，等边角钢的肢尖内力分配系数为 0.3，肢背内力分配系数为 0.7，因角钢端部绕角焊，每条焊缝计算长度仅需考虑一端起、灭弧坑处的长度损失。

肢背所需最小焊缝长度：$l_{w1} = \dfrac{0.7 \times 460 \times 10^3}{2 \times 0.7 \times 8 \times 200} = 143.75$mm

肢尖所需最小焊缝长度：$l_{w2} = \dfrac{0.3 \times 460 \times 10^3}{2 \times 0.7 \times 6 \times 200} = 82.14$mm

$l_{w1} = 143.75\text{mm} > 8h_f = 64$mm，且 $l_{w1} > 40$mm，满足构造要求。

$l_{w2} = 82.14\text{mm} > 8h_f = 48$mm，且 $l_{w1} > 40$mm，满足构造要求。

因此，肢背所需焊缝实际长度 $l_1 = l_{w1} + h_f = 143.75 + 8 = 151.75$mm，可取为 $l_1 = 160$mm；肢尖所需焊缝实际长度 $l_2 = l_{w2} + h_f = 82.14 + 6 = 88.14$mm，可取为 $l_2 = 100$mm，满足 l_w 不小于型钢杆件宽度的布置要求。

【例题 8-6】 如图 8-51 所示，一梁与柱采用连接板通过螺栓铰接连接，钢材采用 Q235B；焊条采用 E43 型，已知连接板厚 10mm，与钢柱翼缘的连接焊缝长 l=400mm，柱翼缘板厚 12mm，焊件之间间隙 b≤1.5mm，作用在螺栓群形心的静荷载 P 的偏距 e=60mm。

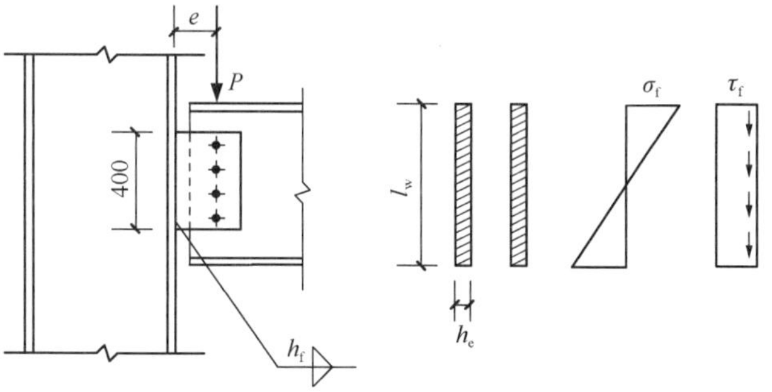

图 8-51　例题 8-6 图（mm）

试计算以下内容：(1) 如果 P=280kN，焊脚尺寸 h_f=8mm，试验算焊缝强度。

(2) 已知焊脚尺寸 h_f=8mm，试确定最大承载力 P。

(3) 如果已知 P=150kN，试设计焊脚尺寸。

解：

（1）强度验算问题

焊缝计算长度：$l_w = l - 2h_f = 400 - 2 \times 8 = 384\text{mm}$

$A_w = 2 \times 0.7 \times 8 \times 384 = 4300.8\text{mm}^2$

$W_w = 2 \times 0.7 \times 8 \times 384^2/6 = 275,251\text{mm}^3$

$V = P = 280\text{kN}$，$M = P \cdot e = 16,800 \times 10^3\text{N} \cdot \text{mm}$

$$\tau_y^V = \frac{V}{A_w} = \frac{280 \times 10^3}{4300.8} = 65.1\text{N/mm}^2$$

$$\sigma_{f,x}^M = \frac{M}{W_w} = \frac{16,800 \times 10^3}{275,251} = 61.0\text{N/mm}^2$$

$\sqrt{\left(\frac{\sigma_{f,x}^M}{1.22}\right)^2 + (\tau_y^V)^2} = \sqrt{\left(\frac{61.0}{1.22}\right)^2 + 65.1^2} = 82.1\text{N/mm}^2 < f_f^w = 160\text{N/mm}^2$，满足要求！

（2）最大承载力问题

$A_w = 4300.8\text{mm}^2$，$W_w = 275,251\text{m m}^3$，$V = P, M = P \cdot e$

$$\tau_y^V = \frac{V}{A_W} = \frac{P}{4300.8}, \sigma_{f,x}^M = \frac{M}{w_w} = \frac{60P}{275,251} = \frac{P}{4588}$$

$\sqrt{\left(\frac{\sigma_{f,x}^M}{1.22}\right)^2 + (\tau_{f,y}^V)^2} = \sqrt{\left(\frac{P}{1.22 \times 4588}\right)^2 + \left(\frac{P}{4300.8}\right)^2} = 2.93 \times 10^{-4} \cdot P \leqslant f_f^w = 160\text{N/mm}^2$

所以：$P \leqslant \frac{160 \times 10^4 \times 10^{-3}}{2.93} = 546.1\text{kN}$

该连接可承受的最大设计荷载 P=546.1kN。

（3）设计问题（P=150kN，设计焊脚尺寸）

方法1：

$A_w = 2h_e \times 384 = 768h_e$

$W_w = 2h_e \times 384^2/6 = 49,152h_e$

$V = P = 150,000\text{N}, M = P \cdot e = 9,000,000\text{N} \cdot \text{mm}$

$$\tau_y^V = \frac{V}{A_w} = \frac{150 \times 10^3}{768h_e} = \frac{195.3}{h_e}$$

$$\sigma_{f,x}^M = \frac{M}{W_w} = \frac{9 \times 10^6}{49,152h_e} = \frac{183.1}{h_e}$$

$$\sqrt{\left(\frac{\sigma_{f,x}^M}{1.22}\right)^2 + (\tau_y^V)^2} = \frac{1}{h_e}\sqrt{\left(\frac{183.1}{1.22}\right)^2 + 195.3^2} = \frac{246.3}{h_e} < f_f^w = 160\text{N/mm}^2$$

所以：$h_e \geqslant 1.54\text{mm}$，焊脚尺寸：$h_f = h_e/0.7 = 2.2\text{mm}$，根据表8-2，翼缘板为12mm厚时，最小焊脚尺寸可取5mm，因此，取 $h_f = 5\text{mm}$。

方法2：

因为8mm焊脚尺寸可承受的最大设计荷载为546.1kN，而接头的承载力与焊脚尺寸呈线性关系，所以欲安全承受150kN设计荷载，焊脚尺寸应为 $h_f = \frac{150}{546.1} \times 8 = 2.2\text{mm}$，按构造要求取 $h_f = 5\text{mm}$。

【例题 8-7】有一工业平台结构，楼梯与结构柱采用悬臂梁悬挑连接，该梁与柱侧面采用围焊角焊缝连接，如图 8-52 所示，钢材为 Q355B，手工焊，翼缘焊脚尺寸 $h_{f1}=8$mm，腹板焊脚尺寸 $h_{f2}=6$mm。焊缝质量三级，焊条 E50，施焊时采用引弧板，挑梁挑出长度为 2.0m。悬挑梁上作用的均布线荷载标准值为：恒荷载 20kN/m，活荷载 30kN/m。已知悬臂梁截面为 H300×180×6×10，试验算焊缝是否满足设计要求。

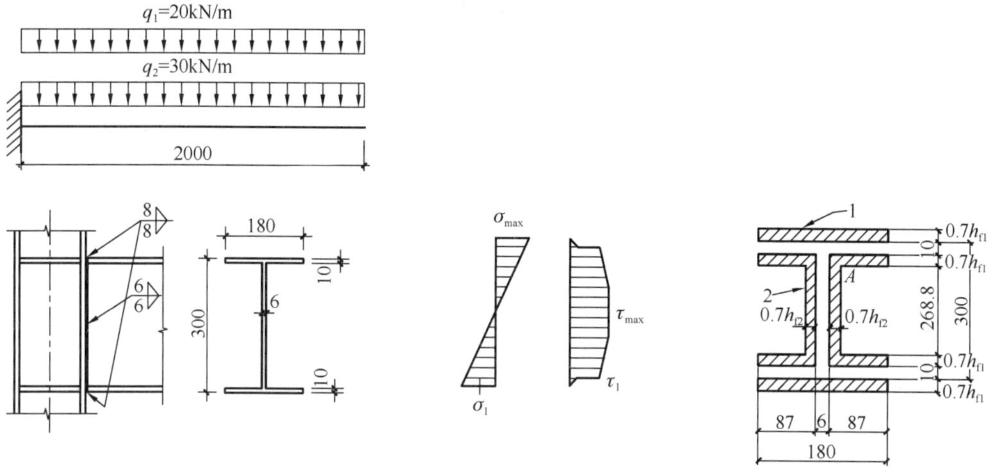

图 8-52　例题 8-7 图（mm）

解：

$$q = 1.3q_1 + 1.5q_2 = 1.3 \times 20 + 1.5 \times 30 = 71\text{kN/m}$$

均布线荷载在焊缝形心处的剪力：$V = ql = 71 \times 2 = 142\text{kN} = 142{,}000\text{N}$

弯矩：$M = \frac{1}{2}ql^2 = \frac{1}{2} \times 71 \times 2^2 = 142\text{kN}\cdot\text{m} = 1.42 \times 10^8\text{N}\cdot\text{mm}$

（1）考虑腹板焊缝参加传递弯矩的计算方法

$$I_w = 2 \times \left(\frac{18 \times 0.56^3}{12} + 18 \times 0.56 \times 15.28^2\right) + 4 \times \left(\frac{8.7 \times 0.56^3}{12} + 8.7 \times 0.56 \times 13.72^2\right) + 2 \times \frac{0.42 \times 26.88^3}{12} = 9735.87\text{cm}^4$$

翼缘焊缝的最大应力：

$$\sigma_{f1} = \frac{M}{I_w} \cdot \frac{h}{2} = \frac{1.42 \times 10^8}{9735.87 \times 10^4} \times 155.6 = 226.95\text{N/mm}^2 < \beta_f f_f^w = 1.22 \times 200 = 244\text{N/mm}^2$$

腹板焊缝中由弯矩 M 引起的最大应力：

$$\sigma_{f2} = 226.95 \times \frac{134.4}{155.6} = 196.03\text{N/mm}^2$$

剪力 V 在腹板焊缝中产生的平均剪应力：

$$\tau_f = \frac{V}{\Sigma(h_{e2}l_{w2})} = \frac{142 \times 10^3}{2 \times 0.7 \times 6 \times 268.8} = 62.89\text{N/mm}^2$$

腹板 A 点焊缝的强度为：

$$\sqrt{\left(\frac{\sigma_{f2}}{\beta_f}\right)^2+\tau_f^2}=\sqrt{\left(\frac{196.03}{1.22}\right)^2+62.89^2}=172.55\text{N/mm}^2\leqslant f_f^w=200\text{N/mm}^2$$

(2) 按不考虑腹板焊缝传递弯矩的计算方法

翼缘焊缝所承受的水平力：

$$H=\frac{M}{h}=\frac{1.42\times10^8}{290}=489,655.2\text{N}$$

翼缘焊缝的强度：

$$\sigma_f=\frac{H}{h_{e1}l_{w1}}=\frac{489,655.2}{0.7\times8\times(180+2\times87)}=247\text{N/mm}^2\approx\beta_f f_f^w$$
$$=1.22\times200=244\text{N/mm}^2$$

虽然 σ_f 超过限值，但未超过 5%，可认为近似满足强度要求。

腹板焊缝的强度：

$$\tau_f=\frac{V}{h_{e2}l_{w2}}=\frac{142\times10^3}{2\times0.7\times6\times268.8}=62.89\text{N/mm}^2<200\text{N/mm}^2$$

【例题 8-8】如图 8-53 所示，牛腿支托采用两侧钢板与钢柱连接，钢板与钢柱采用角焊缝三面围焊，验算支托板与柱的焊缝连接，板厚 $t=12$mm，Q235B 钢材，作用在牛腿上的竖向力设计值 $F=100$kN，手工焊，焊条用 E43 型，焊脚尺寸 $h_f=10$mm，$e_2=200$mm（已知设计焊缝端部无缺陷影响）。

解：

焊缝有效截面计算图示如图 8-53 所示。

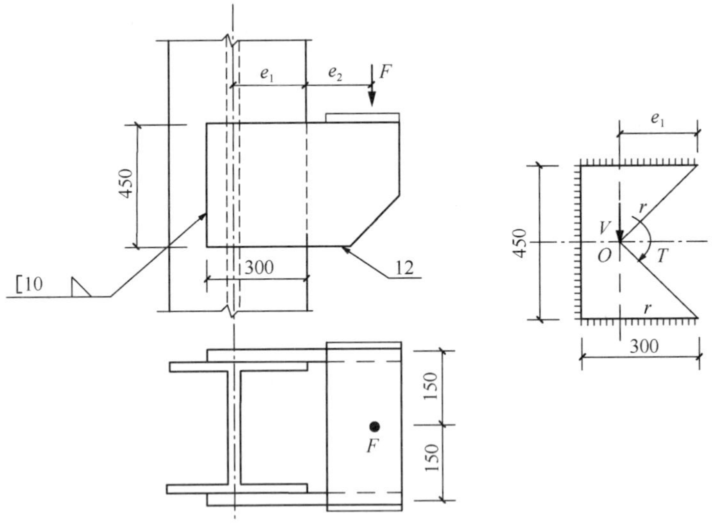

图 8-53 例题 8-8 图（mm）

(1) 计算有效截面几何特性

$$h_e=0.7h_f=0.7\times10=7\text{mm}$$

有效截面面积：$A_w=2\times7\times(300+7)+7\times450=7448\text{mm}^2$

形心位置：$x_0=\frac{1}{7448}\times\left[2\times7\times307\times\left(\frac{307}{2}-3.5\right)\right]=86.56\text{mm}$

惯性矩：

$$I_x=\frac{1}{12}\times7\times(450+2\times7)^3+2\times\left(\frac{1}{12}\times300\times7^3+300\times7\times228.5^2\right)$$
$$=277.6\times10^6\text{mm}^4$$

$$I_y=\frac{1}{12}\times(450+2\times7)\times7^3+(450+2\times7)\times7\times86.56^2$$
$$+2\times\left[\frac{1}{12}\times300^3\times7+7\times300\times(150-86.56+3.5)^2\right]=74.7\times10^6\text{mm}^4$$

$$I_p=I_x+I_y=(277.6+74.7)\times10^6=352.3\times10^6\text{mm}^4$$

(2) 验算危险点 A 的应力

焊缝截面危险点位置如图 8-54 所示。

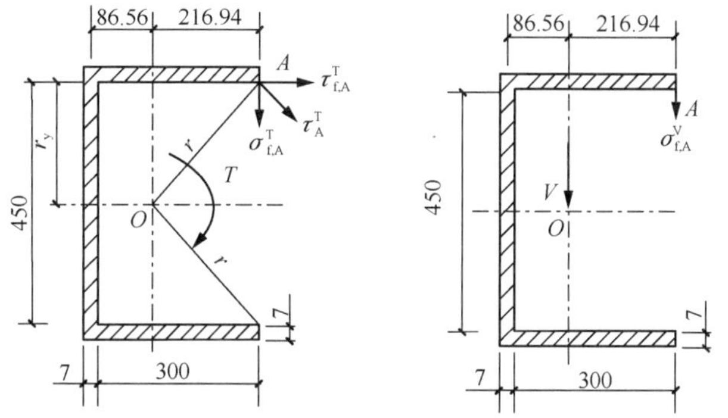

图 8-54　例题 8-8 焊缝截面危险点应力（mm）

剪力作用：

$$\sigma^V_{f,A}=V/A_w=\frac{100\times10^3}{7448}=13.4\text{N/mm}^2$$

扭矩作用：

$$\sigma^T_{f,A}=\frac{T\cdot r_{xmax}}{I_p}=\frac{100\times10^3\times(200+300+3.5-86.56)\times(300+3.5-86.56)}{352.3\times10^6}$$
$$=25.7\text{N/mm}^2$$

$$\tau^T_{f,A}=\frac{T\cdot r_{ymax}}{I_p}=\frac{100\times10^3\times(200+300+3.5-86.56)\times225}{352.3\times10^6}=26.6\text{N/mm}^2$$

验算 A 点应力：

$$\sqrt{\left(\frac{\sigma^T_{f,A}+\sigma^V_{f,A}}{\beta_f}\right)^2+(\tau^T_{f,A})^2}=\sqrt{\left(\frac{25.7+13.4}{1.22}\right)^2+26.6^2}=41.65\text{N/mm}^2\leqslant f^w_f=160\text{N/mm}^2$$

连接焊缝的强度满足要求！

6. 梁翼缘焊缝的计算

当梁弯曲时，由于相邻截面中作用在翼缘上的弯曲正应力有差值，翼缘与腹板间将产生水平剪力（图 8-55）。这个剪力由其连接焊缝（称为翼缘焊缝）承受。沿梁单位长度的剪力为：

$$q_h = \tau_1 t_w = \frac{VS_1}{I_x t_w} t_w = \frac{VS_1}{I_x} \tag{8-42}$$

式中　S_1——翼缘对中和轴（形心轴）的面积矩。

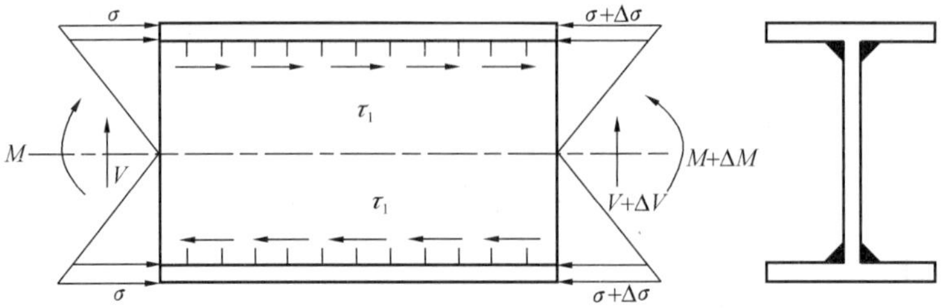

图 8-55　翼缘焊缝的水平剪力

翼缘焊缝一般采用双面连续角焊缝，其应力应不超过焊缝的设计强度 f_t^w，即：

$$\tau_f = q_h/(2 \times 0.7h_f) \leqslant f_f^w \tag{8-43}$$

因而需要的角焊缝焊脚尺寸 h_f 可由式（8-42）、式（8-43）得：

$$h_f = \frac{q_h}{1.4f_f^w} = \frac{1}{1.4f_t^w} \frac{VS_1}{I_x} \tag{8-44}$$

求得的 h_f 一般很小，最小值应满足表 8-2 中构造要求。

当梁的翼缘上有固定集中荷载而未设加劲肋，或者移动集中荷载（如吊车轮压）时，翼缘焊缝不仅承受水平剪力 q_h，还承受竖向荷载产生的局部压应力。焊缝竖向局部压应力为：

$$\sigma_f = \frac{\psi F}{2h_e l_z} = \frac{\psi F}{1.4h_f l_z} \tag{8-45}$$

合成焊缝应力应满足强度要求：$\sqrt{\left(\frac{\sigma_f}{\beta_f}\right)^2 + \tau_f^2} \leqslant f_f^w$ (8-46)

即：

$$\sqrt{\left(\frac{\psi F}{1.4h_f l_z \beta_f}\right)^2 + \left(\frac{VS_1}{1.4h_f I_x}\right)^2} \leqslant f_f^w$$

因而需要的角焊缝尺寸为：$h_f \geqslant \frac{1}{1.4f_f^w}\sqrt{\left(\frac{\psi F}{\beta_f l_z}\right)^2 + \left(\frac{VS_1}{I_x}\right)^2}$ (8-47)

8.5　焊接残余应力与焊接变形

焊接残余应力的根本原因是施焊时，焊缝及热影响区的热膨胀因周边材料约束而被塑性压缩。焊接残余变形与焊接残余应力相伴而生，两者是焊接结构的主要问题之一，影响结构的实际工作性能。

8.5.1　焊接残余应力的产生及分布规律

1. 焊接残余应力的产生

钢结构在焊接过程中，局部区域受到高温作用，引起不均匀的加热，焊缝及热影响区的热膨胀因周边材料约束而被塑性压缩，在冷却时，焊缝和焊缝附近的钢材不能自由收缩，受到约束而产生焊接残余应力。

图 8-56 中三钢杆模型的加热-冷却过程可以直观揭示焊接残余应力的产生原因。A、B 和 C 三个钢杆初始长度一致，嵌固于两端始的刚性体 D 和 E 之间。加热位于中部的 B 杆，B 杆会因钢材受热膨胀，但 B 杆受 D、E 约束，并不能自由膨胀，因此，B 杆受压，A 和 C 杆则因内力平衡而受拉。假设 B 杆达到热塑状态时其自由膨胀可以产生 Δl 伸长量，却因钢材软化而消除内应力，整个三钢杆机构未产生纵向变形，因此，相当于 B 杆被压缩了 Δl。随后，如果 B 杆逐渐冷却，B 杆将会收缩，假设其自由收缩至初始温度时收缩量为 $\Delta l_1+\Delta l_2$，但因受 D、E 约束，整个三联杆机构只能回弹 Δl_1 的压缩量。此时，B 杆尚未回弹 Δl_2，A 和 C 杆则被强制压缩了 Δl_1，因此，B 杆受拉，A 和 C 杆受压，模型中产生了残余应力。在实际焊接接头中，B 杆即为焊接过程中出现局部高温热塑的焊缝和热影响区钢材，A 和 C 杆则代表其周围的低温钢材，D 和 E 刚性体则为远离焊接区域始终处于弹性状态可提供约束作用的钢材。

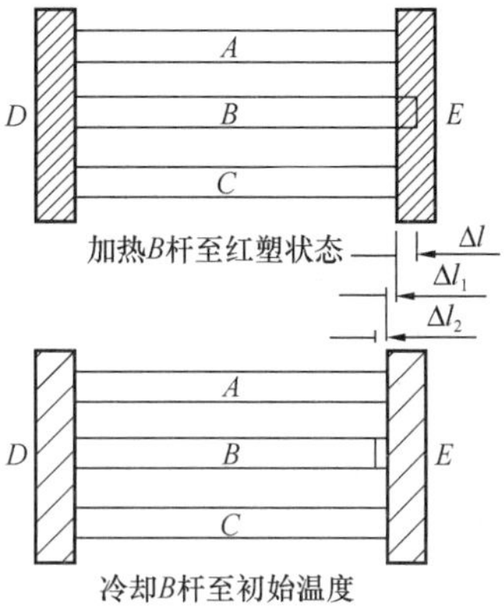

图 8-56　三钢杆模型加热-冷却过程示意图

综上所述，焊接残余应力的产生主要有三个因素，即：钢材本身有热胀冷缩的性质，且随温度升高屈服强度降低；焊接过程有不均匀加热过程；钢材伸缩受到外界或内部的约束。

2. 焊接残余应力的分布规律

焊接残余应力有纵向焊接残余应力、横向焊接残余应力和沿厚度方向的焊接残余应力。纵向残余应力指沿焊缝长度方向的应力，横向残余应力是垂直于焊缝长度方向且平行于构件表面的应力，沿厚度方向的残余应力则是垂直于焊缝长度方向且垂直于构件表面的应力。这三种焊接残余应力都是由收缩变形引起的，与外力无关，其分布一般服从以下规律：

① 任意方向的残余应力在任意截面上的积分为零；

② 在垂直焊缝截面上，焊缝及热影响区存在纵向残余拉应力，约束区存在纵向压应力；

③ 在平行焊缝截面上，横向焊接残余应力与施焊顺序相关，分布复杂。

（1）纵向焊接残余应力

在两块钢板上施焊时，钢板上产生不均匀的温度场，焊缝附近温度最高达 1600℃以上，其邻近区域温度较低，而且下降很快。由于不均匀的温度场，产生了不均匀的膨胀。焊缝附近高温处的钢材膨胀最大，受到周围膨胀小的区域的限制，产生了热状态塑性压缩。焊缝冷却时钢材收缩，焊缝区收缩变形受到两侧钢材的限制而产生纵向拉应力，两侧因中间焊缝收缩而产生纵向压应力，这就是纵向收缩引起的纵向应力，如图 8-57 所示。

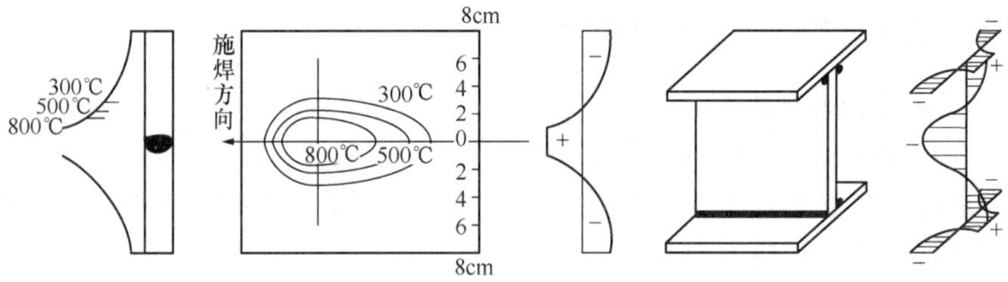

图 8-57　施焊时焊缝及附近的温度场和纵向焊接残余应力

（2）横向焊接残余应力

横向焊接残余应力由两部分组成：一部分是焊缝纵向收缩，使两块钢板趋向于形成反方向的弯曲变形，但实际上焊缝将两块钢板连成整体，在焊缝中部产生横向拉应力，而两端则产生横向压应力（图 8-58a、b）。另一部分是由于焊缝在施焊过程中冷却时间的不同，先焊的焊缝已经凝固，且具有一定强度，会阻止后焊焊缝的横向自由膨胀，使它发生横向塑性压缩变形。当先焊部分凝固后，中间焊缝部分逐渐冷却，后焊部分开始冷却，这三部分产生杠杆作用，结果后焊部分收缩而受拉，先焊部分因杠杆作用也受拉，中间部分受压（图 8-58c）。这两种横向应力叠加成最后的横向应力（图 8-58d）。

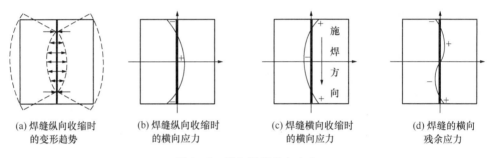

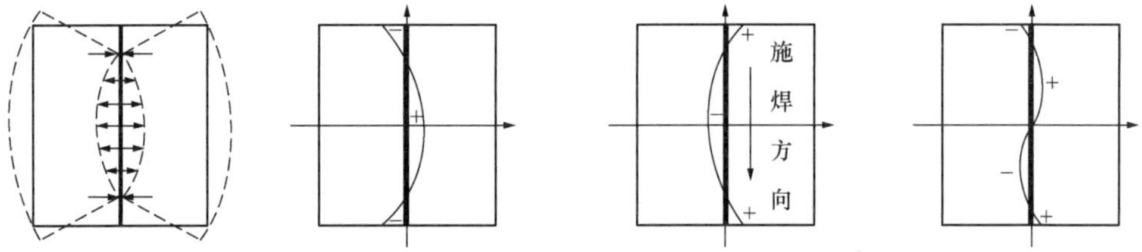

(a) 焊缝纵向收缩时的变形趋势　(b) 焊缝纵向收缩时的横向应力　(c) 焊缝横向收缩时的横向应力　(d) 焊缝的横向残余应力

图 8-58　横向焊接残余应力

横向收缩引起的横向应力与施焊方向和先后次序有关。焊缝冷却时间不同产生的应力分布也不同。

（3）沿厚度方向的焊接残余应力

在厚钢板的焊缝连接中，焊缝需要多层施焊，焊接时沿厚度方向已凝固的先焊焊缝阻止后焊焊缝的膨胀，产生塑性压缩变形。焊缝冷却时，后焊焊缝的收缩受先焊焊缝的限制而产生拉应力，而先焊焊缝产生压应力，因应力自相平衡，更远处焊缝则产生压应力。因此，除了横向和纵向焊接残余应力 σ_x、σ_y 外，还存在沿厚度方向的焊接残余应力 σ_z，这三种应力形成同号（受拉）三向应力，如图 8-59 所示，大大降低连接的塑性。

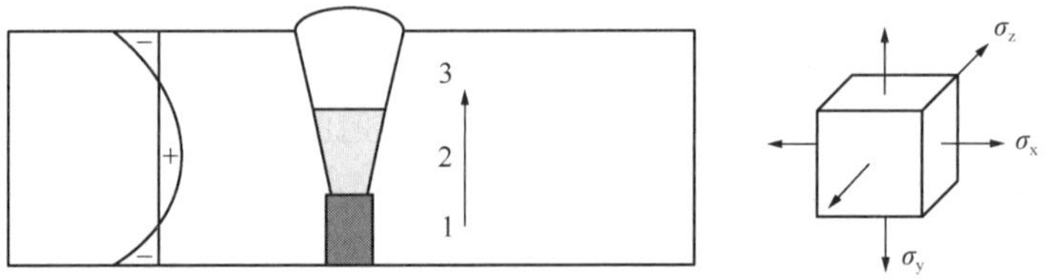

图 8-59　厚板中的残余应力

8.5.2　焊接残余应力的影响

1. 对结构静力强度的影响

在常温下承受静力荷载的焊接结构，当没有严重的应力集中，且所用钢材具有较好的塑性时，焊接残余应力不影响结构的静力强度，对承载能力没有影响，因为自相平衡的焊接应力加上外力引起的应力达到屈服强度后应力不再增大，外力由两侧弹性区承担，直到全截面达到屈服强度为止，因此对具有一定塑性的材料，静荷载作用下不会影响强度。

2. 对结构刚度的影响

残余应力会降低结构的刚度。如有残余应力的轴心受拉构件，加载时图中中部塑性区 a 逐渐加宽，而两侧弹性区 m 逐渐减小。由于 $m < h$，所以有残余应力时对应于拉力增量 ΔN 的拉应变 $\Delta\varepsilon = \Delta N/(mtE)$ 一定大于无残余应力时的拉应变 $\Delta\varepsilon' = \Delta N/(htE)$，必然导致构件变形增大，刚度降低。图 8-60 为有、无焊接残余应力时的应力和应变关系。

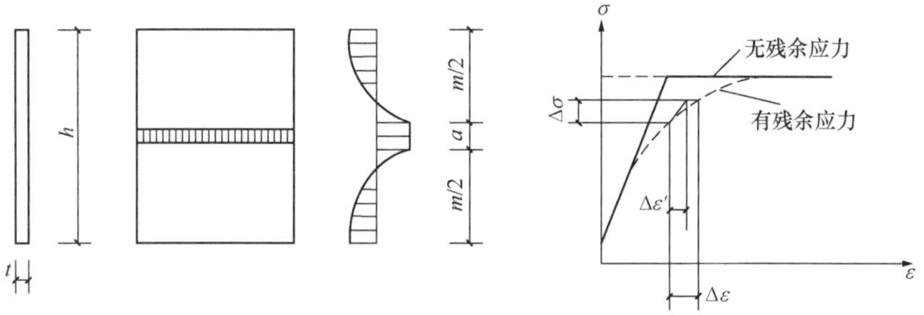

图 8-60　有焊接残余应力时的应力和应变

3. 对受压构件稳定承载力的影响

纵向焊接残余应力会使受压钢构件的挠曲刚度减小，从而降低其稳定性。

以两端铰接的轴心受压构件为例，轴压构件的承载能力不仅与杆件的截面大小有关，还与杆件的刚度有关。根据欧拉理论，理想弹性杆的稳定临界力为：

$$N_e = \frac{\pi^2 EI}{l^2} \tag{8-48}$$

式中　I——截面惯性矩；

l——杆件自由长度。

若杆件截面存在焊接残余应力，则当截面平均名义应力尚未达到屈服强度时，局部区域已提前进入塑性，如图 8-61 所示，截面分为弹性区和塑性区。此时主要由弹性区提供抗弯刚度，则式（8-48）确定的压杆承载力变成：

$$N'_e = \frac{\pi^2 EI_e}{l^2} \tag{8-49}$$

式中　I_e——弹性区的截面惯性矩。

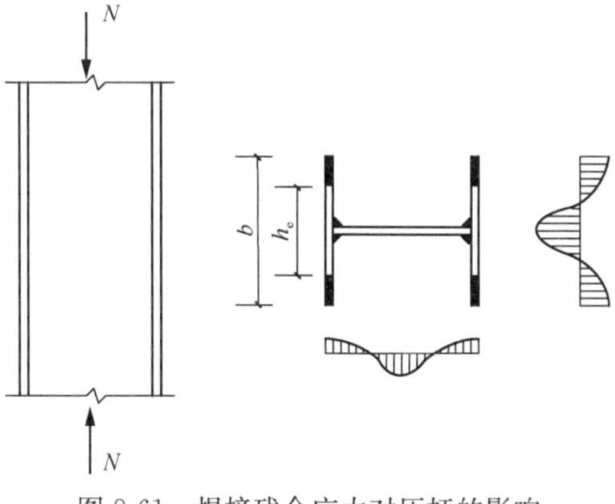

图 8-61　焊接残余应力对压杆的影响

因 $I_e < I$，故有 $N'_e < N_e$，即焊接残余应力使压杆的稳定性降低。

4. 对钢材断裂性能的影响

除了横向和纵向焊接残余应力外，焊缝内还存在沿厚度方向的焊接残余应力，这三种应力形成同号受拉的三向应力。如图 8-62 所示，焊接残余应力阻碍了塑性变形，在低温下使裂缝易发生和发展，加速钢材的脆性破坏。

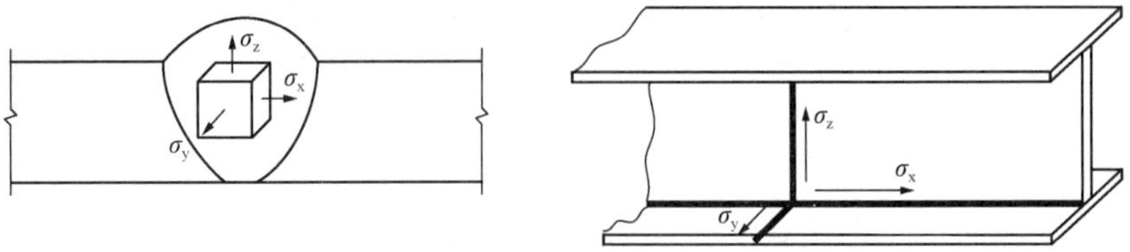

(a) 焊缝熔敷金属中的三向残余应力　(b) 多焊缝交汇处焊缝内的残余应力

图 8-62　有焊接残余应力时焊缝附近区域的应力

5. 对钢材疲劳强度的影响

焊缝及热影响区的较高焊接残余应力对疲劳强度有不利影响，将使疲劳强度降低。

8.5.3　焊接残余变形及矫正

在焊接过程中，由于焊区的收缩变形，构件总要产生一些局部鼓起、弯曲或扭曲等，这是焊接结构的缺点。如图 8-63，焊接变形包括纵向收缩、横向收缩、弯曲变形、角变形、波浪变形、扭曲变形等。

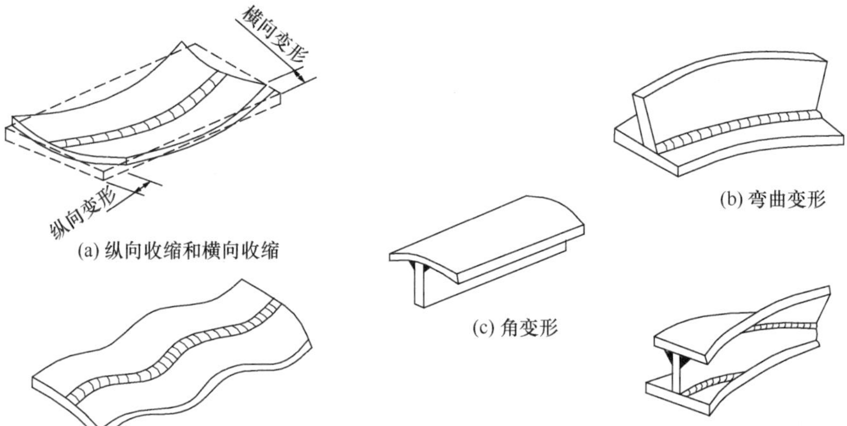

(a) 纵向收缩和横向收缩　(b) 弯曲变形　(c) 角变形　(d) 波浪变形　(e) 扭曲变形

图 8-63　焊接变形

减少焊接残余应力和焊接残余变形的方法有：

(1) 采取合理的焊接次序，例如钢板对接时，可采用分段施焊，厚焊缝采用分层施焊，工字形顶接采用对角跳焊，钢板分块拼焊，如图 8-64 所示。

(2) 尽可能采用对称焊缝，使其变形相反而相互抵消，并在保证安全可靠的前提下，

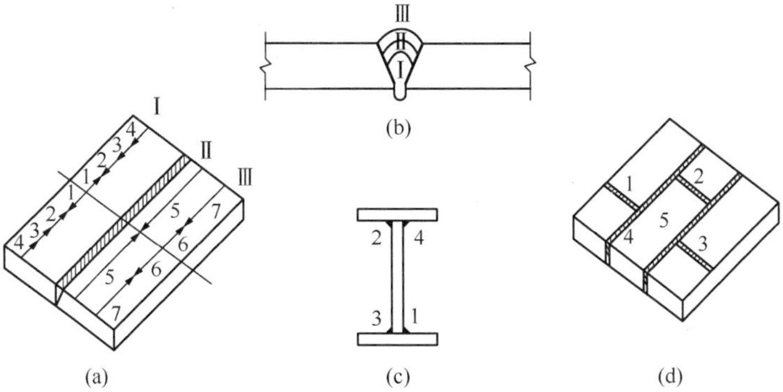

图 8-64　合理的焊接次序

避免焊缝厚度过大。

(3) 施焊前给构件施加约束，或施加一个和焊接残余变形相反的预变形，使构件在焊接后产生的变形正好与之抵消。这种方法可以减少焊接后的变形量，但不会根除焊接应力。

(4) 对于小尺寸的杆件，可在焊前预热，或焊后回火（加热到 600℃左右，然后缓慢冷却），可以消除焊接残余应力。焊接后对焊件进行锤击，也可减少焊接应力与焊接变形。此外也可采用机械方法校正或氧-乙炔局部加热来消除焊接变形。

如图 8-65 所示，其他减少焊接残余应力和焊接残余变形的具体方法主要有：

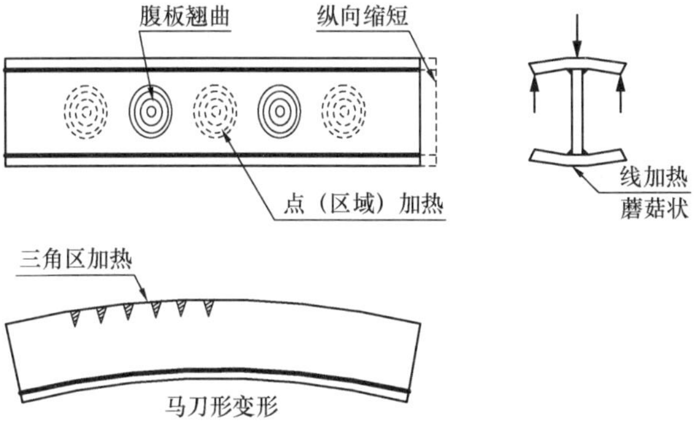

图 8-65　焊接残余变形及其矫正

(1) 焊缝纵向收缩引起的构件纵向缩短，可以预留收缩量；

(2) 焊缝纵向收缩引起的马刀形变形，在三角区局部加热；

(3) 焊缝纵向收缩引起的薄板翘曲，点（区域）加热；

(4) 焊缝横向收缩引起的蘑菇状变形，机械矫正或线加热；

(5) 焊缝不均匀收缩引起的扭曲变形，矫正非常困难，可优化构造设计，改善焊接工艺。

一些典型截面的焊接残余应力分布如图 8-66 所示。

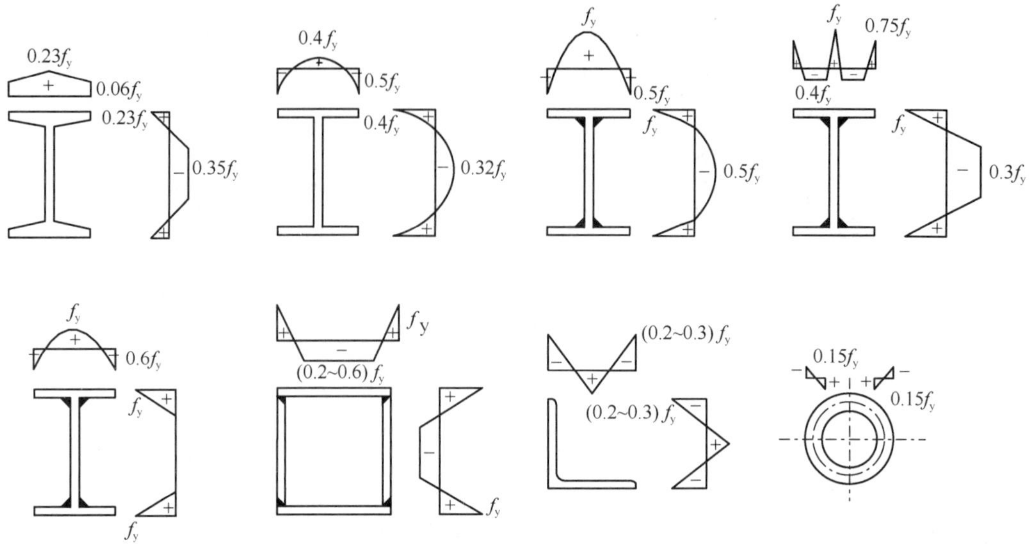

图 8-66 典型焊接残余应力分布

8.6 焊缝连接的构造设计和选用原则

8.6.1 焊缝连接的构造设计

钢结构焊缝连接构造设计应符合下列规定：

(1) 尽量减少焊缝的数量和尺寸

设计时应尽量减少不必要的焊缝，减少备料和焊接工作量，避免造成过大的焊接残余变形或焊接缺陷，影响构件或节点的力学性能。在保证结构承载能力的前提下，应尽量采用较小的焊缝尺寸，减小焊接残余应力和残余变形。如图 8-67 所示，合理选材可减少焊缝数量，因此，宜多选用轧制型材，即图 8-67 (b) 所示方式。

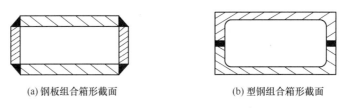

(a) 钢板组合箱形截面　　(b) 型钢组合箱形截面

图 8-67 减少焊缝数量示意图

(2) 焊缝的布置宜对称于构件截面的形心轴

如图 8-68 (a) 所示，支座中加劲肋和焊缝宜尽可能对称布置，以减小因加工而造成的构件受力的偏心。焊接组合截面梁、柱构件，宜使焊缝接近中和轴，以减小构件的焊接残余变形，与图 8-68 (c) 相比，图 8-68 (b) 中所示焊缝布置方式更合理。

(3) 节点区留有足够空间，便于焊接操作和焊后检测

施焊时应有足够的焊钳或电极进出操作空间，施焊后应有足够的检测空间。图 8-69

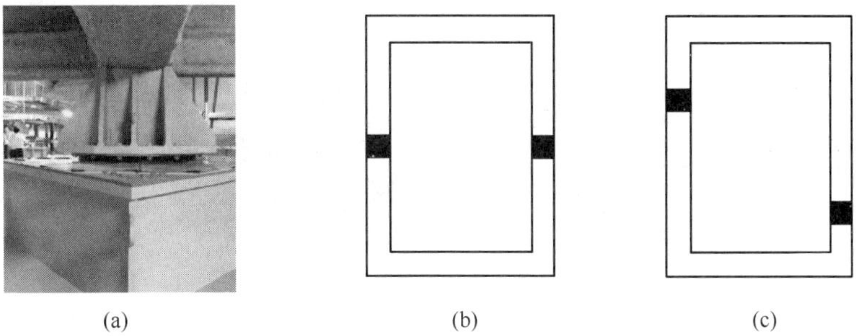

图 8-68　焊缝对称布置示意图

(a)、(b) 和 (c) 三种焊接方式不合理，难以保证焊接质量，而图 8-69 (d)、(e) 和 (f) 所采用焊接方式则相对合理可行。

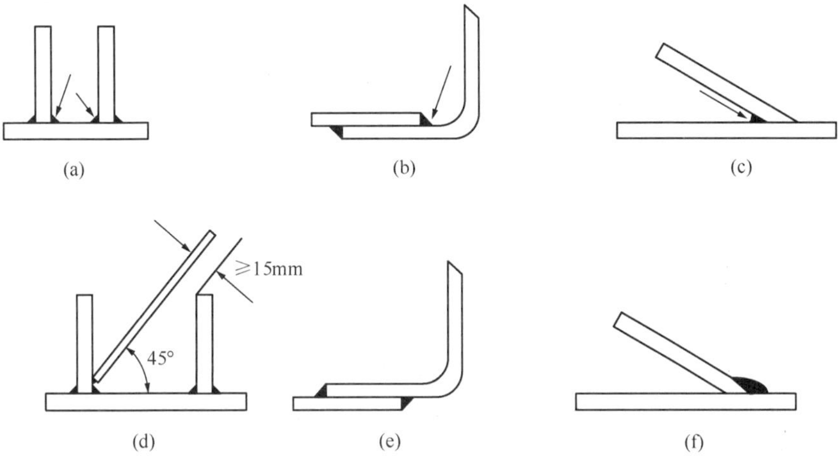

图 8-69　施焊操作示意图

(4) 应避免焊缝密集和双向、三向相交

焊缝过于密集时，焊接热量集中，易造成过大的焊接残余应力和残余变形，导致接头出现脆断倾向。因此，如图 8-70 (a) 所示，直接将几块钢板交汇于一处焊接的方式不合理，应设置环向连接板，将各钢板与环向连接板焊接，焊缝间保持足够的距离，避免过于密集，如图 8-70 (b) 所示。同理，在大型复杂钢结构体系中，如果节点构造繁复，联结杆件数量庞大，为避免焊缝过于密集，可采用铸钢节点。如图 8-70 (c)、(d) 所示，铸钢节点直接浇筑成型，当杆件交汇且角度较小时，常采用圆形倒角或过渡圆滑的截面，既外形美观，又可有效降低应力集中程度，将杆件分别与铸钢节点对接焊接，可减少节点域焊接量，分散焊缝，降低焊接残余应力。

此外，为防止出现三向受拉焊接残余应力，钢结构中应避免焊缝的交叉，通常采取构造措施，保证重要焊缝连续通过，中断其他方向的次要焊缝。如图 8-71 (a) 所示，为了让梁腹板与翼缘纵向连接焊缝连续通过，通常在加劲肋上进行切角处理，终止其与翼缘的连接焊缝；如图 8-71 (b) 所示，在梁-柱节点处，为保证梁、柱翼缘对接焊缝安全可靠，通常在梁端腹板上预留过焊孔，中断腹板与翼缘纵向连接焊缝。需要注意的是，钢结构中不应出现三向相交的焊缝。

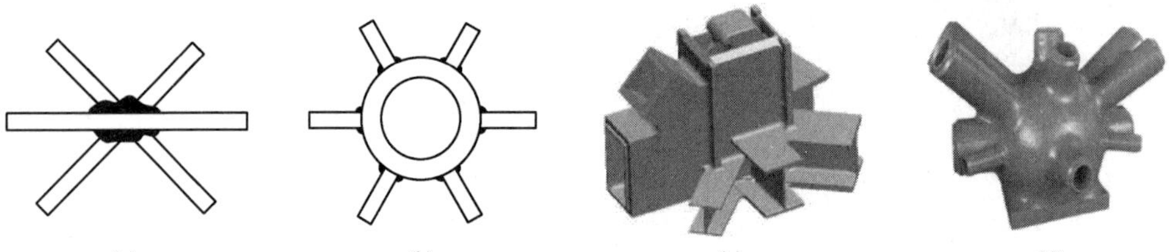

图 8-70　避免焊缝过于密集

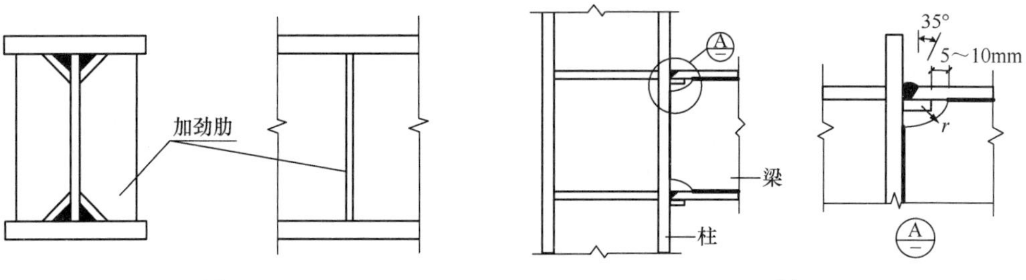

图 8-71　避免焊缝交叉

（5）焊缝位置宜避开最大应力区

焊缝应尽量避开最大应力断面和应力集中严重的位置。梁、柱等构件宜在应力比较小的区域拼接。如我国《高层民用建筑钢结构技术规程》JGJ 99—2015 规定，柱拼接节点工地接头应距框架梁上方 1.0～1.3m 或柱净高一半的较小值，即通常邻近柱中反弯点处。图 8-72 对焊缝位置合理与否进行了对比，其中图 8-72（d）、（e）和（f）更合理。

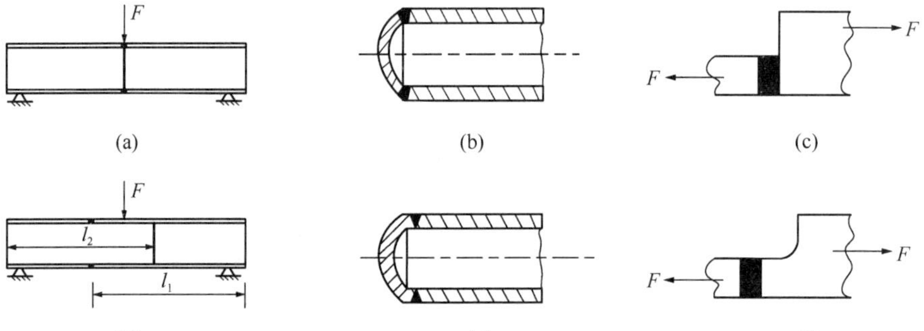

图 8-72　焊缝位置

（6）焊缝连接宜选择等强配比，当不同强度的钢材连接时，可采用与低强度钢材相匹配的焊接材料

在焊接结构中，焊缝与母材在强度上的配合关系可有三种：焊缝强度等于母材（等强匹配）、焊缝强度超出母材（高强匹配）及焊缝强度低于母材（低强匹配）。从结构的安全可靠性考虑，一般都要求焊缝强度至少与母材强度相等，即等强设计原则。当不同强度的

钢材连接时，可采用与低强度钢材相匹配的焊接材料。

但研究显示，母材对焊缝有一定的拘束强化，只要焊缝金属的强度不低于母材强度的80％，低强匹配焊接接头可以与母材等强。与等强或高强匹配接头相比，低强匹配接头焊接残余应力峰值相对较低，焊缝金属因强度降低要求减少了合金成分含量，从而降低了组织淬硬倾向，在一定程度上有利于接头抗断裂性能的提高，因此，高强钢材的焊缝连接宜选择低强配比。

8.6.2 焊缝连接的选用原则

焊缝的质量等级应根据结构的重要性、荷载特性、焊缝形式、工作环境以及应力状态等情况，按下列原则选用：

1）在承受动荷载且需要进行疲劳验算的构件中，凡要求与母材等强连接的焊缝应焊透，其质量等级应符合下列规定：

（1）作用力垂直于焊缝长度方向的横向对接焊缝或 T 形对接与角接组合焊缝，受拉时应为一级，受压时不应低于二级；

（2）作用力平行于焊缝长度方向的纵向对接焊缝不应低于二级；

（3）重级工作制（A6～A8）和起重量 $Q \geqslant 50t$ 的中级工作制（A4、A5）吊车梁的腹板与上翼缘之间以及吊车桁架上弦杆与节点板之间的 T 形连接部位焊缝应焊透，焊缝形式宜为对接与角接的组合焊缝，其质量等级不应低于二级。

2）在工作温度等于或低于－20℃的地区，构件对接焊缝的质量不得低于二级。

3）不需要疲劳验算的构件中，凡要求与母材等强的对接焊缝宜焊透，其质量等级受拉时不应低于二级，受压时不宜低于二级。

4）部分焊透的对接焊缝、采用角焊缝或部分焊透的对接与角接组合焊缝的 T 形连接部位，以及搭接连接角焊缝，其质量等级应符合下列规定：

（1）直接承受动荷载且需要疲劳验算的结构和吊车起重量等于或大于 50t 的中级工作制吊车梁以及梁柱、牛腿等重要节点不应低于二级；

（2）其他结构可为三级。

8.7 《桥规》中焊缝连接的构造与计算规定

由于铁路桥梁设计中构件直接承受较大的动荷载，受拉构件疲劳问题严重。对于主要杆件，间断焊接、塞焊和槽焊后，会造成残余应力大，应力集中，抗疲劳性能差，故不得使用。因此，桥梁主要构件的焊接形式为连续施焊的对接焊缝和角焊缝，且均采用埋弧自动焊，焊接时两端设有引弧板。其他构件可采用手工焊，如起熄弧在构件上，起熄弧处不允许存在弧坑等缺陷，其焊缝截面均应尽可能堆填丰满。

8.7.1 《桥规》中关于对接焊缝的设计规定

为避免桥梁上重要构件内力的偏心传递，以及考虑疲劳的影响，对于桁梁杆件、板梁翼缘和腹板在接宽或接长时应采用对接焊缝，而不应采用角焊缝。

1. 构造规定

《桥规》中规定：对接焊缝应保证焊缝根部完全熔透。在受拉和拉压接头中，尚应对焊缝表面顺应力方向进行机械加工。不等厚或不等宽的板采用对接焊缝时，应将厚（宽）板的一侧或双侧做成坡度，该坡度对于受拉或拉压接头不陡于 1∶8，对于受压接头不陡于 1∶4，并对焊缝表面顺应力方向进行机械加工，使之均匀过渡。不应使用具有上述厚度和宽度两种过渡并存的对接接头。

2. 对接焊缝的计算

《桥规》一般无需对对接焊缝进行静力强度检算。因为铁路桥梁构件承受较大的动荷载，对于对接焊缝的质量要求相当严格，采用焊丝的材料强度不低于焊件的材料强度，容许应力按焊件材料采用。桥梁构件进行对接焊缝施工时，如采用引弧板，焊缝长度等同焊接板件的宽度，然后对焊接部位表面进行机械加工，对接焊缝的计算厚度为焊接板件的最小厚度，因此焊缝截面不小于焊件截面。

如需进行对接焊缝静力强度检算，《桥规》与《钢标》的计算公式在形式上完全相同，仅需将各公式右端的设计强度改为焊件的容许应力。以轴心受力的钢板对接焊缝及拉、弯、剪复合受力的工字形梁截面对接焊缝危险点处的验算为例，计算公式分别如下：

$$\sigma=\frac{N}{l_{\mathrm{w}}t}\leqslant[\sigma] \tag{8-50}$$

$$\sqrt{(\sigma_{\mathrm{N}}+\sigma_{\mathrm{M1}})^2+3\tau_1^2}\leqslant 1.1[\sigma] \tag{8-51}$$

式中 $[\sigma]$——焊件的抗拉容许应力，与基材相同，如 Q345q 的$[\sigma]=200$MPa，如附表 I-1 所示；

l_{w}——具有设计焊缝厚度的焊缝长度；

t——焊接板件的最小厚度；

σ_{N}、σ_{M1}和 τ_1——含义同第 8.3.3 节中符号含义。

8.7.2 《桥规》中关于角焊缝的设计规定

1. 构造规定

（1）焊脚尺寸

不开坡口的角焊缝的最小焊脚尺寸不应小于表 8-4 的规定。

《桥规》不开坡口的角焊缝最小焊脚尺寸（mm） **表 8-4**

两焊接板的较大厚度 t	最小焊脚尺寸	
	凸形角焊缝	凹形角焊缝
$t\leqslant10$	6	5
$12\leqslant t\leqslant16$	8	6.5
$17\leqslant t\leqslant25$	10	8
$26\leqslant t\leqslant40$	12	10

（2）焊缝长度

不开坡口的角焊缝的最小长度，自动焊及半自动焊时不宜小于 $15h_{\mathrm{f}}$，手工焊时不宜小于 80mm。

在承受轴向力的连接中，侧面角焊缝的最大计算长度不应大于 $50h_f$，并不宜小于 $15h_f$，且不应大于于构件连接范围的长度。

2. 计算公式

对于角焊缝的计算厚度 h_e，熔透的角接焊（对接和角接组合焊缝）为焊接杆件的最小厚度；部分熔深的坡口角焊缝为焊缝根部到焊缝表面最小距离；不开坡口的角焊缝为 $0.7h_f$。

采用起熄弧引板施焊的自动埋弧角焊缝，按实际长度计；无引弧板时，起熄弧处焊缝金属断面不完全，这两部分不应计入焊缝的计算长度，角焊缝按实际长度减去 10mm 取计算长度。

角焊缝的作用力应按被连接构件的内力计算，并假定在焊缝计算长度上的剪应力是平均分布的。焊缝基本容许应力宜与基材相同，且不应大于基材的容许应力。以传递轴力的搭接接头为例，角焊缝的验算公式如下：

$$\tau = \frac{N}{\sum l_w h_e} \leqslant [\tau] \tag{8-52}$$

【例题 8-9】假设例题 8-3 中的对接焊缝接头位于双线高速铁路桥主桁构件上，如果该接头传递最小轴拉力 $N_{min} = 50$kN，试依据《桥规》确定该焊缝接头能承担的最大轴拉力值。

解：

直接对该连接进行疲劳强度验算，不需进行静力强度验算。

根据附表 K-2，该连接类别为 5.2 类，疲劳容许应力幅类别Ⅲ，其疲劳容许应力幅 $[\sigma_0] = 121.7$MPa。

该接头的循环应力为拉-拉状态，其疲劳强度验算公式为：

$$\gamma_d \gamma_n (\sigma_{max} - \sigma_{min}) \leqslant \gamma_t [\sigma_0]$$

双线高速铁路桥主桁构件检算疲劳时，假设 $\delta_1/\delta_2 = 2/5$，多线系数 $\gamma_d = 1.12$。

设影响线加载长度为 20m，则 $\gamma_n = 1.1$，板厚 $t < 25$mm，$\gamma_t = 1.0$。

$$\sigma_{max} - \sigma_{min} = \frac{\Delta N}{l_w t} \leqslant \frac{\gamma_t [\sigma_0]}{\gamma_d \gamma_n} = 98.78\text{MPa}$$

$$\Delta N \leqslant 360 \times 20 \times 98.78 \times 10^{-3} = 711.2\text{kN}$$

则 $N_{max} = N_{min} + \Delta N = 761.2$kN

【例题 8-10】依据《桥规》设计如图 8-73 所示水平弦杆连接的角焊缝。角钢为 Q345q，手工焊，采用 E50 型焊条，容许剪应力为 $[\tau] = 120$MPa。

解：

采用不开坡口的凸焊缝对角钢端部进行三面围焊。

根据表 8-4，最小焊脚尺寸 $h_{fmin} = 6$mm，假定 $h_f = 8$mm。

考虑铁路桥梁存在动力作用，不考虑正面角焊缝的强度设计值增大系数。

端焊缝：$N_3 = 0.7h_f l_{w3} [\tau] = 0.7 \times 8 \times 100 \times 120 \times 10^{-3} = 67.2$kN

肢背分担内力：$N_1 = 0.7N - 0.5N_3 = 0.7 \times 200 - 0.5 \times 67.2 = 106.4$kN

肢尖分担内力：$N_2 = 0.3N - 0.5N_3 = 0.3 \times 200 - 0.5 \times 67.2 = 26.4$kN

肢背所需最小焊缝长度：$l_{w1} = \dfrac{106.4 \times 10^3}{0.7 \times 8 \times 120} = 158.33\text{mm} < 50h_f$

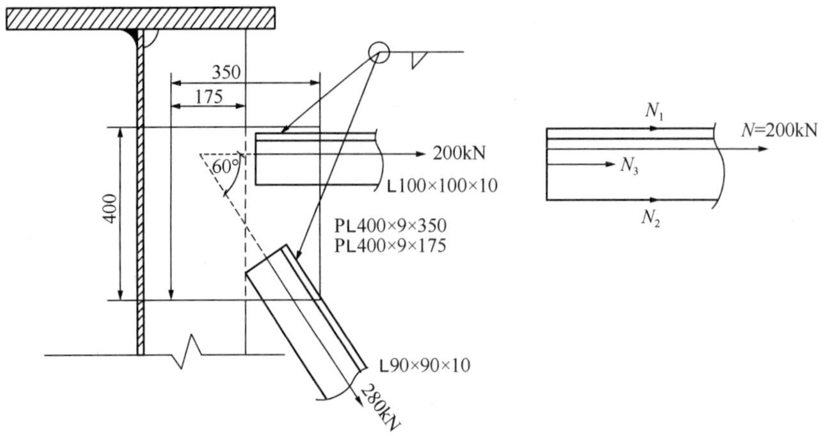

图 8-73　例题 8-10 图（mm）

肢尖所需最小焊缝长度：$l_{w2}=\dfrac{26.4\times10^{3}}{0.7\times8\times120}=39.3\text{mm}<50h_{f}$

采用手工焊时，不开坡口的角焊缝的最小长度不宜小于 80mm，因此可取 $l_{w1}=160\text{mm}$，$l_{w2}=80\text{mm}$。

习　　题

一、简答题

1. 从功能上分类，连接有哪几种基本类型？

2. 焊缝有两种基本类型：对接焊缝和贴角焊缝，二者在施工、受力、适用范围上各有哪些特点？

3. 对接接头需使用对接焊缝，角接接头需采用角焊缝，这么说对吗？解释原因。

4. h_f 和 l_w 等尺寸都相同时，对吊车梁上的焊缝分别采用正面角焊缝和采用侧面角焊缝情况下的承载力进行比较。

5. 角焊缝的焊脚尺寸为何不宜过大也不宜过小？

6. 简述焊接残余应力产生的实质，其最大分布特点是什么？

7. 画出焊接 H 形截面和焊接箱形截面的焊接残余应力分布示意图。

8. 何为正面角焊缝？何为侧面角焊缝？二者破坏截面上的应力性质有何区别？

9. 为什么侧面角焊缝的计算长度不得大于焊脚尺寸的某个倍数？

10. 为什么禁止 3 条相互垂直的焊缝相交？

11. 举 3～5 例说明焊接设计中减小应力集中的构造措施。

12. 简述连接设计中等强度法和内力法的含义。

13. 对接焊接时为什么采用引弧板？不用引弧板计算时如何考虑？在哪些情况下不需计算对接焊缝？

14. 焊缝质量检验是如何分级的？

15. 试判断如图 8-74 所示牛腿与柱连接的对接焊缝的最危险点。

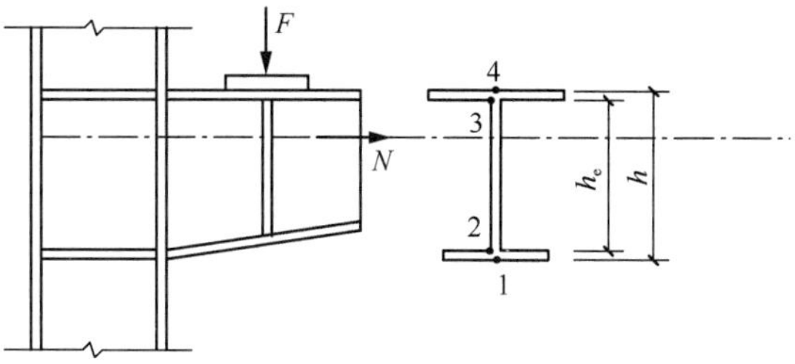

图 8-74　简答题 15 图

二、计算题

1. 试设计如图 8-75 所示的对接焊缝（直缝或斜缝）。轴心拉力设计值 N=1200kN，钢材 Q355B，焊条 E50 型，手工焊，焊缝质量三级。

2. 验算如图 8-76 所示三块钢板焊成的工字形截面梁的对接焊缝强度。截面上作用的轴心拉力设计值 N=200kN，弯矩设计值 M=45kN·m，剪力设计值 V=100kN，钢材为 Q355B，手工焊，焊条为 E50 型，施焊时采用引弧板，焊缝质量级别为三级。

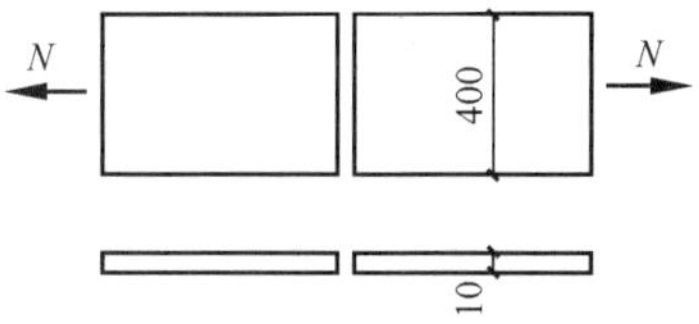

图 8-75　计算题 1 图（mm）

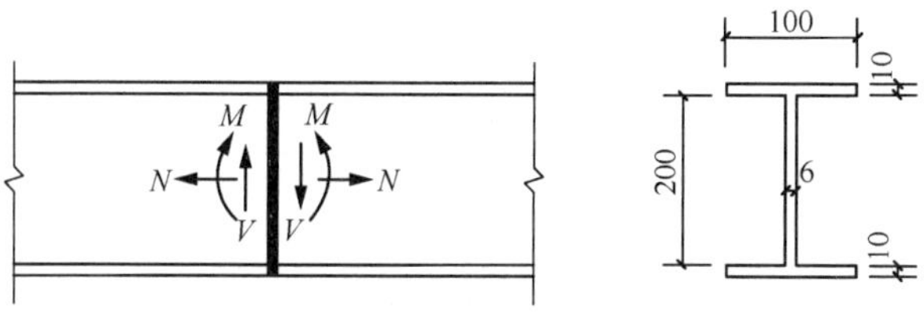

图 8-76　计算题 2 图（mm）

3. 试设计如图 8-77 所示的采用拼接盖板的对接连接。已知钢板宽 B=300mm，厚度 t_1=25mm，拼接盖板厚度 t_2=16mm。该连接承受的静态轴心力设计值 N=1000kN，钢材为 Q235B，手工焊，焊条 E43 型，焊件间隙 $b \leqslant 1.5$mm，无引弧板。

4. 如图 8-78 所示钢板牛腿用四条贴角焊缝连接在钢柱上，无引弧板。钢材为 Q355B，手工焊，焊条为 E50 型。焊角尺寸 h_f =10mm，焊件之间间隙 $b \leqslant 1.5$mm，角焊缝强度设计值 f_f^w = 200N/mm²，试确定最大承载力 P。

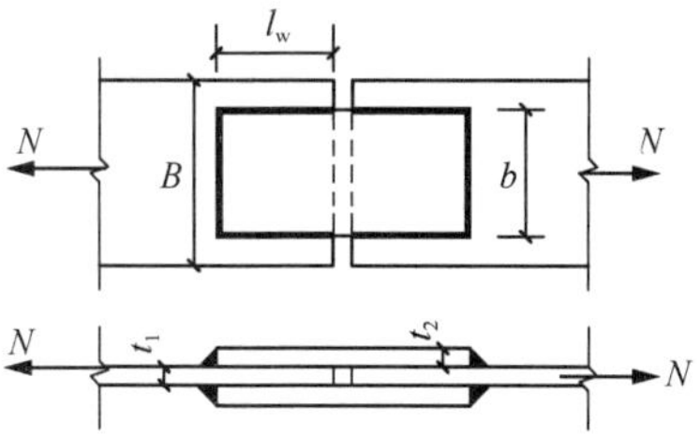

图 8-77　计算题 3 图

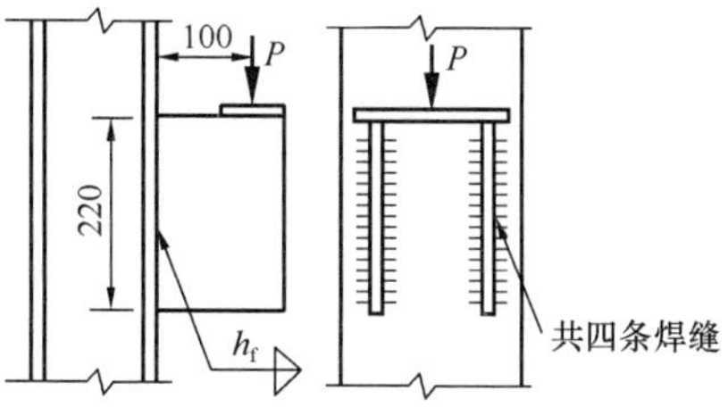

图 8-78　计算题 4 图（mm）

5. 一雨篷拉杆受力如图 8-79 所示，通过钢板和预埋件用角焊缝连接。已知焊缝承受的静态斜向力为 N=260kN（设计值），角度 α=60°，角焊缝的焊脚尺寸 h_f=10mm，焊缝计算长度 l_w=300mm，钢材为 Q355B，手工焊，焊条为 E50 型。试验算该连接角焊缝是否满足设计要求。

6. 如图 8-80 所示双角钢与节点板的角焊缝连接，角钢承受静态轴心力 N=1000kN（设计值）。钢材为 Q235B，焊条为 E43 型，手工焊，使用引弧板施焊，焊件之间间隙 $b \leqslant$ 1.5mm。假设角焊缝的焊脚尺寸均为 h_f=8mm，试分别采用两面侧焊和三面围焊方式进行设计。

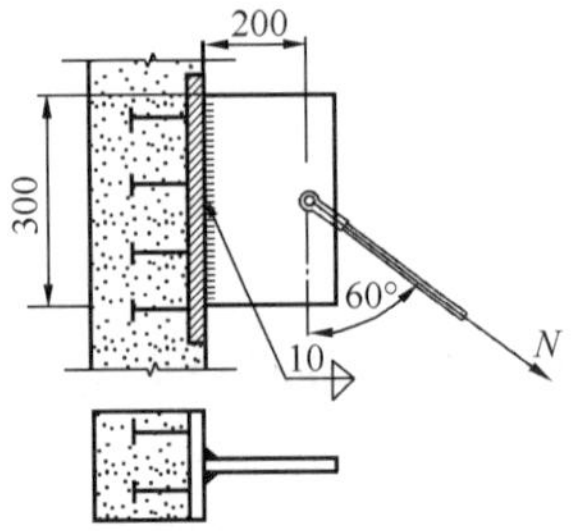

图 8-79　计算题 5 图（mm）

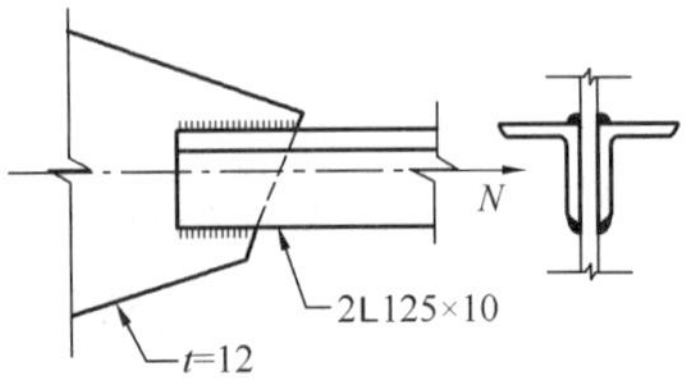

图 8-80　计算题 6 图（mm）

7. 如图 8-81 所示牛腿与柱的角焊缝连接，F=150kN。钢材为 Q355B，焊条为 E50 型，手工焊，未使用引弧板，焊件间隙 $b \leqslant$ 1.5mm。假设角焊缝的焊脚尺寸均为 h_f=6mm，试验算该连接是否满足设计要求。

8. 如图 8-82 所示牛腿，材料为 Q235B，焊条 E43 型，手工焊，采用引弧板，三面围焊，焊脚尺寸 h_f=10mm，焊件间隙 $b \leqslant$ 1.5mm，承受静力荷载标准值 F=100kN（设计值为 140kN），偏心距 e=300mm。试分别按照《钢标》和《桥规》（焊缝为一级）验算焊缝强度。

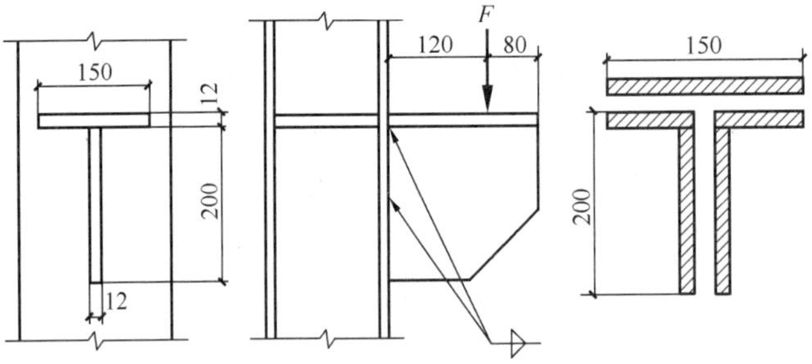

图 8-81　计算题 7 图（mm）

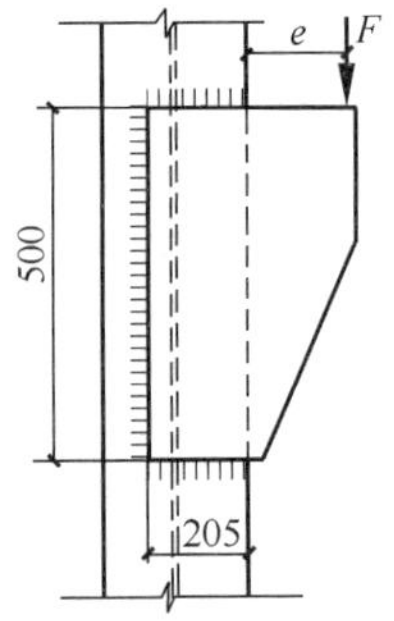

图 8-82　计算题 8 图（mm）

第 9 章　钢结构的紧固件连接

【本章知识点】

本章主要介绍钢结构紧固件连接的方法和各种连接的特点，主要讲述普通螺栓连接的构造和计算方法、高强度螺栓连接的构造和计算方法、销轴连接和铆钉连接的构造和计算方法。

【重点】

普通螺栓连接和高强度螺栓连接的构造和计算。

【难点】

复杂受力状态下各类紧固件连接的设计计算。

紧固件连接是钢结构连接中非常重要的一种形式，尤其随着装配式结构的发展，其工程应用越来越广。

本章主要介绍紧固件的连接方法、工作性能及其设计方法。

9.1　钢结构的紧固件连接方法

钢结构的紧固件连接主要分为两大类：螺栓连接（普通螺栓、高强度螺栓、射钉、自攻螺钉等）和铆钉连接，根据具体工程需求，还有锚栓连接、销轴连接等，如图 9-1 所

(a) 螺栓连接　(b) 铆钉连接

(c) 锚栓连接和销轴连接　(d) 销轴连接

图 9-1　紧固件连接工程实例

示。最早出现的连接方法是螺栓连接（约从 18 世纪中叶开始），19 世纪 20 年代开始采用铆钉连接，而后自 20 世纪中叶高强度螺栓连接得到了很大的发展。目前最主要的紧固件连接方法是螺栓连接，而铆钉连接已经很少采用。连接形式的选择会直接影响到现场安装的可行性和安装的难易程度，以及工厂加工、运输、现场安装的费用等。考虑到现场安装费用的不断增高，以及为了更好地进行安装质量的控制，设计中宜尽量采用现场螺栓连接。

9.1.1 螺栓连接

螺栓连接分为普通螺栓连接、高强度螺栓连接以及射钉、自攻螺钉连接。

1. 普通螺栓连接

普通螺栓一般安装时用普通扳手拧紧。常用的螺栓直径有 12mm、14mm、16mm、18mm 和 20mm。普通螺栓按加工精度分 A 级、B 级和 C 级，按材料性能等级分为 4.6 级、4.8 级、5.6 级和 8.8 级，其中小数点前的数字表示螺栓成品的抗拉强度，小数点及小数点以后的数字表示其屈强比，即屈服点与抗拉强度之比。如 4.6 级的螺栓表示螺栓成品的抗拉强度不小于 400N/mm^2，屈服点与抗拉强度之比为 0.6，屈服强度不小于 0.6×400＝240N/mm^2。

（1）螺栓等级划分

A、B 级螺栓采用优质碳素钢或 45 号钢，材料性能等级为 5.6 级、8.8 级。A 级、B 级螺栓螺杆直径较孔径小 0.2～0.5mm，对成孔质量要求较高。A 级、B 级螺栓是由毛坯在车床上经过切削加工精制而成，又叫精制螺栓，其表面光滑，尺寸准确，因此连接的受剪性能和抗疲劳性能好，连接变形小，但制造和安装较费工，价格较贵，目前已很少在钢结构中采用，主要用于机械设备。

C 级螺栓的材料性能等级为 4.6 级、4.8 级，采用 Q235 钢，用未经加工的圆钢锻压而成。由于表面未经过特别加工，精度较低，也叫粗制普通螺栓。螺栓杆与螺栓孔之间存在较大的空隙，当传递剪力时，会产生较大的剪切滑移，连接变形较大，故工作性能较差，但安装方便，宜用于不直接承受动力荷载的次要连接，或安装时的临时固定以及可拆卸结构的连接等，不宜作永久性的结构连接。本教材中普通螺栓连接主要是指 C 级普通螺栓连接。

（2）螺栓开孔要求

为了便于施工安装，C 级普通螺栓的孔径 d_0 较螺栓公称直径 d 大 1.0～1.5mm。长圆孔可用于结构中有偏移或者需要连接可有一定调节的地方，例如钢梁与混凝土结构的连接、抗风柱与屋面梁的连接、钢结构伸缩缝处的连接等，图 9-2 为不同开孔的工程实例。

2. 高强度螺栓连接

（1）螺栓等级划分

高强度螺栓一般采用 45 号钢、40B 钢和 20MnTiB 钢等材料经热处理而制成，性能等级分为 8.8 级和 10.9 级，对应的螺栓的抗拉强度分别为 f_u＝800N/mm^2 和 f_u＝1000N/mm^2。针对高强钢结构连接特点，《高强钢结构设计标准》JGJ/T 483—2020 推荐采用 10.9 级和 12.9 级（螺栓的抗拉强度为 f_u＝1200N/mm^2）高强度螺栓。高强度螺栓安装时需要采用特殊扳手拧紧，对其施加规定的预拉力，高强度螺栓连接的两个实例如图 9-3 所示。

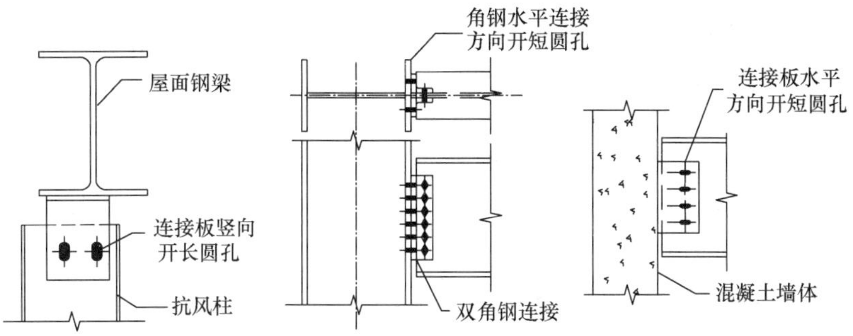

图 9-2　不同类型开孔在工程上的运用

(a) 框架梁连接节点　　(b) 钢桥中的高强度螺栓连接及螺栓安装

图 9-3　高强度螺栓连接节点

（2）螺栓开孔要求

对于高强度螺栓的开孔，《钢标》主要对其有以下几点要求：对于承压型连接，可采用标准圆孔；对于摩擦型连接，可采用标准孔、大圆孔和槽孔，其孔径 d_0 要求如表 9-1 所示。若采用扩大孔连接时，同一连接面只能在盖板和芯板其中之一的板上采用大圆孔或槽孔，其余仍采用标准孔。

高强度螺栓连接的孔型尺寸匹配（mm）　　**表 9-1**

螺栓公称直径			M12	M16	M20	M22	M24	M27	M30
孔型	标准孔	直径	13.5	17.5	22	24	26	30	33
	大圆孔	直径	16	20	24	28	30	35	38
	槽孔	短向	13.5	17.5	22	24	26	30	33
		长向	22	30	37	40	45	50	55

（3）螺栓的类型

高强度螺栓连接按照传力机理分为摩擦型高强度螺栓连接和承压型高强度螺栓连接两种类型，按施工方式分为大六角头和扭剪型，高强度螺栓可以传递剪力和拉力，螺栓的传力是通过施加预拉力使连接板之间产生夹紧压力，接触面上有摩擦力，依靠摩擦力传递剪力。

摩擦型高强度螺栓连接在抗剪连接中，依靠被夹紧钢板接触面间的摩擦力传力，以板层间出现滑动作为其承载能力的极限状态。其承载力取决于高强度螺栓的预拉力和板件接触面间的摩擦系数（也称抗滑移系数）的大小，除采用强度较高的钢材制造高强度螺栓并经热处理以提高预拉力外，常对板件接触面进行处理（如喷砂）以提高摩擦系数。摩擦型连接的优点是改善被连接件的受力条件，由于螺栓本身无疲劳问题，被连接件的疲劳强度大幅提高，因此摩擦型高强度螺栓连接耐疲劳性能好，连接变形小，适用于重要的结构和承受动力荷载的结构，以及可能出现反向内力构件的连接。

承压型高强度螺栓连接则是在抗剪连接中，夹紧钢板接触面间的摩擦力被克服时，板层间出现滑动，栓杆与孔壁接触，通过螺栓抗剪和孔壁承压来传力，以孔壁挤压破坏或螺栓受剪破坏作为承载能力的极限状态，适用于允许产生少量滑移的承受静荷载结构或间接承受动力荷载的构件。

在对螺栓开孔的要求上，两种高强度螺栓连接，除了在设计计算方法和孔径方面有所不同外，在材料、预拉力、接触面的处理以及施工要求等方面没有差异。对于承压型高强度螺栓，当允许在某一方向产生较大滑移时，可采用长圆孔；当采用圆孔时，其孔径比螺栓的公称直径大 1.0～1.5mm。而对于摩擦型高强度螺栓，其孔径比螺栓的公称直径大 1.5～2.0mm。

3. 射钉、自攻螺钉连接

冷弯薄壁型钢结构中通常采用自攻螺钉、钢拉铆钉、射钉等机械式紧固件连接方式，这类连接方式主要用于压型钢板之间和压型钢板与冷弯薄壁型钢等支承构件之间的连接，如图 9-4 所示。自攻螺钉有两种类型，一类为一般的自攻螺钉，需先在被连板件和构件上钻一定大小的孔，再用电动扳手或扭力扳手将其拧入连接板的孔中；另一类为自钻自攻螺钉，无需预先钻孔，可直接用电动扳手自行钻孔并攻入被连板件。

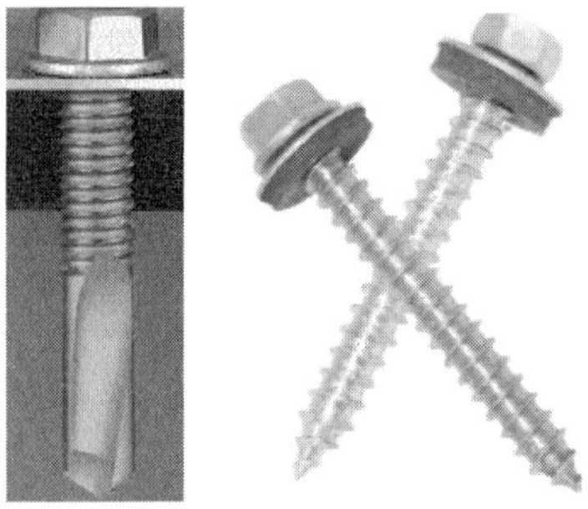

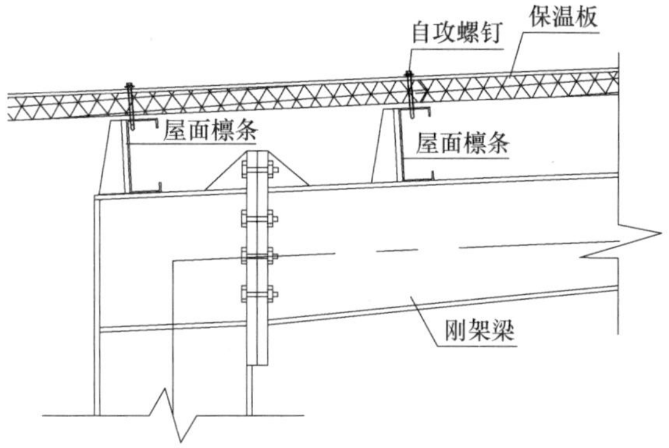

图 9-4　自攻螺钉及其连接

拉铆钉由铝材或钢材制作，为防止电化学反应，轻钢结构均采用钢制拉铆钉。射钉由带有锥杆和固定帽的杆身与下部活动帽组成，靠射钉枪的动力将射钉穿过被连板件打入母材基体中，如图 9-5 所示。射钉只用于薄板与支承构件（如檩条、墙梁等）的连接。

射钉、自攻螺钉等连接具有安装方便、构件无需预先处理等特点，适用于轻钢、薄板结构，缺点是不能受较大集中力。

4. 其他连接方式

除了上述三种主要类型的连接外还有很多新型或特殊形式的连接。

(1) 钢结构与混凝土或砌体结构的连接：可以采用预埋件、膨胀螺栓（图 9-6）和化

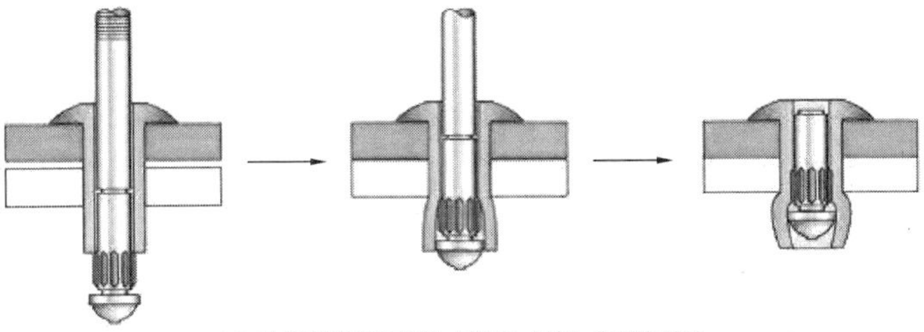

(a) 拉铆钉安装示意（穿钉-拉铆-拉断钉杆）

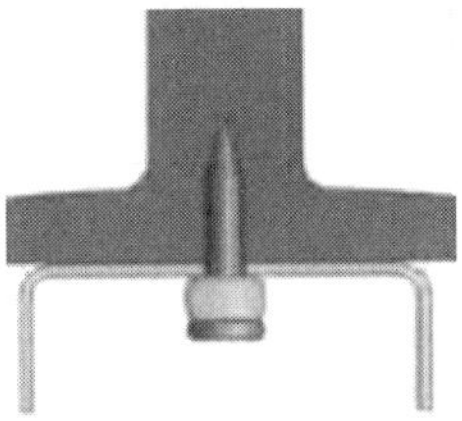

(b) 射钉连接

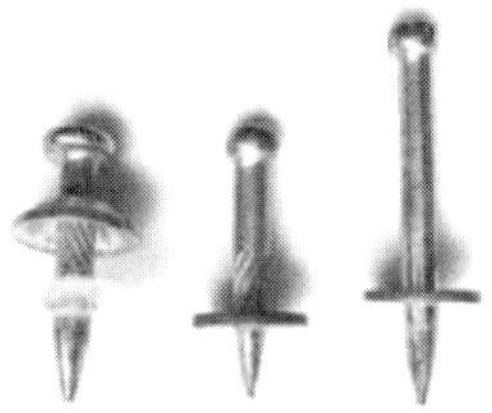

(c) 射钉

图 9-5　拉铆钉、射钉连接

学锚栓等进行连接，主要用于改扩建或其他设计条件。

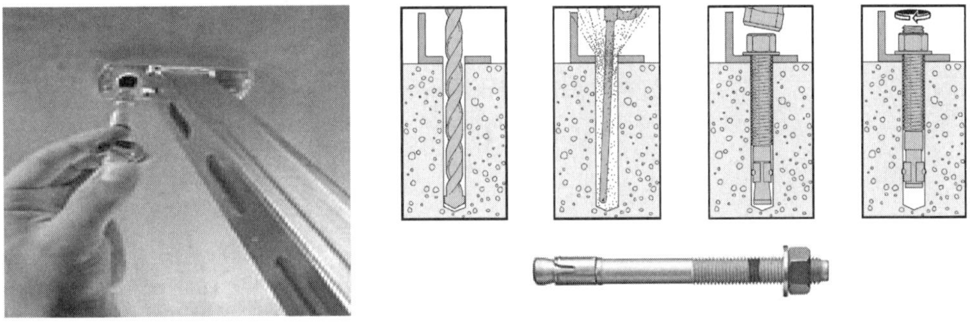

图 9-6　膨胀螺栓及安装步骤

（2）销轴连接

销轴是一类标准化的紧固件，既可静态固定连接，亦可与被连接件做相对运动，主要用于构件间的连接，构成单向转动的铰链连接，如图 9-1（c）、（d）所示，图 9-7 为北京南站站台雨篷钢结构 A 形柱销轴连接。当销轴的长度大于直径的两倍时，对承受挠曲的销轴可按照简支梁进行近似计算，并假定各个集中力作用在和销轴相接触的各板条的轴线上。

图 9-7　北京南站站台雨篷钢结构 A 形柱销轴连接

（3）螺杆连接

当需要采用螺栓连接而又难以实现时可以采用带丝扣的螺杆连接，如立柱与方管梁的连接。

（4）特殊连接

当需要采用螺栓连接而操作又不方便时，如用于从外面拧紧连接构件时或用于单方向安装钢构件的连接时，可采用特殊连接。特殊连接有 HB Hollo-Bolt，图 9-8 和图 9-9 示意了这种螺栓的安装方法和应用实例。

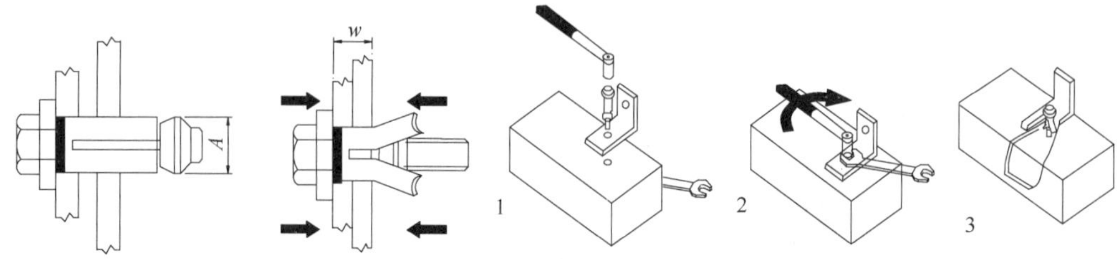

图 9-8　HB Hollo-Bolt 的安装方法

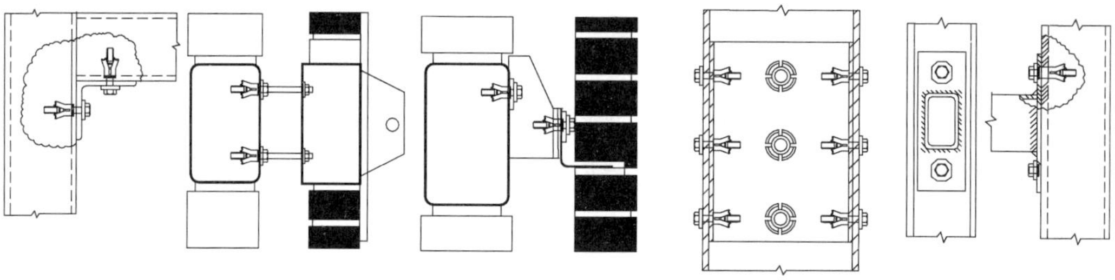

图 9-9　HB Hollo-Bolt 的应用实例

9.1.2　铆钉连接

1. 铆钉的制造工艺

铆钉连接的制造有两种方法：热铆和冷铆。热铆是由烧红的钉坯插入构件的钉孔中，用铆钉枪或压铆机铆合而成；冷铆是在常温下铆合而成，工程结构中一般采用热铆。

铆钉的材料应有良好的塑性，通常采用专用钢材 BL2 和 BL3 号钢制成。铆钉连接的施工程序是先在被连接的构件上，制成比铆钉直径大 1.0～1.5mm 的钉孔，将半成品铆钉烧成红热状后填入钉孔，再用压铆机或铆钉枪实施铆合。由于铆合过程中钉身被压粗，钉身和钉孔之间的空隙被大部分填实，因此铆钉连接的变形较小。

2. 铆钉的受力性能

铆钉连接属于承压型连接，在剪力作用下被连接件之间发生滑动后，钉身与孔壁通过挤压承压传力。铆钉连接的优点是塑性好，稳妥可靠，从结构发生明显变形到结构破坏，需继续增加 40%左右的荷载。但是铆钉连接的工艺复杂，连接过程需要定位、预紧、烧钉、铆合等步骤，造价高，施工噪声大，美国自 20 世纪 40 年代初期开始淘汰铆钉，中国 20 世纪 70 年代在铁路桥梁上采用过铆钉，而后九江长江大桥首次在大型桥梁上采用高强度螺栓，铆钉连接逐渐被高强度螺栓连接和焊缝连接取代。

对于铆钉连接的强度设计值，《钢标》中有明确的计算方法和相关规定。

一般地，铆钉分为Ⅰ类孔和Ⅱ类孔，其中Ⅱ类孔为建筑领域常用形式。

Ⅰ类孔是在装配好的构件上钻成或扩钻成，或在单个零件或构件上分别用钻模钻成的，孔径 $d_0=d+(0.3\sim0.5)\mathrm{mm}$，其中 d 为铆钉直径。

Ⅱ类孔是在单个零件上一次冲成或不用钻模钻成的，Ⅱ类孔通常又分为标准孔、特大孔、短圆孔及长圆孔，其中标准孔 $d_0=d+(1.0\sim1.5)\mathrm{mm}$。许多工厂经常在角钢的伸出肢和加劲板连接处用短圆孔，便于安装。这种做法允许在不同构件的尺寸上用同一种角钢或加劲板，而且短圆孔可用于不同厚度的腹板(连接)，通过非受力方向开孔的增大来减少加工的费用。

3. 拉铆技术的应用

拉铆连接技术是利用胡克定律，采用专用铆接工具，轴向拉伸铆钉，径向挤压套环，使套环内径金属流动到铆钉的环槽中，形成永久的金属塑性变形连接，如图 9-10 所示。

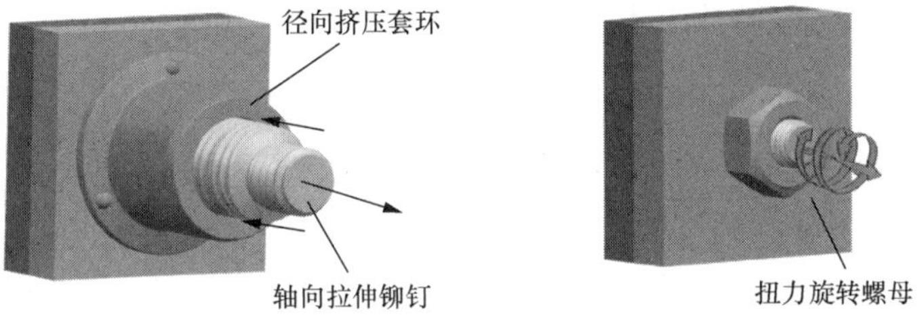

图 9-10　拉铆连接原理示意图

拉铆技术最早来源于第二次世界大战，轰炸机在航母上频繁降落产生巨大振动，导致螺栓松动、连接失效。美国人 Huck 发明了拉铆钉连接技术，解决了这一棘手难题。经过几十年的发展，拉铆钉凭借其连接强度高、防松性能优异、抗疲劳强度高等优点，已经成功应用在航空航天、铁路车辆、铁路轨道、重型汽车、新能源装备和钢结构等领域，解决了紧固件在恶劣工况下的连接失效问题。轨道交通装备用各类拉铆钉超过 2 亿套，装车数量超过 60 万辆。

9.1.3　不同连接的刚度

按照承载力极限状态设计方法，不同连接的刚度由大到小的排列顺序依次为：焊接、摩擦型高强度螺栓连接、铆钉连接、承压型高强度螺栓连接、普通螺栓连接。螺栓连接受剪时的力与变形关系曲线，即 N-Δl 曲线，如图 9-11 所示，从中可以看出刚度的差异。由于连接刚度的不同，连接设计中不同连接类型不得混合使用，共同承受并分担同一内力，非混合连接与混合连接的区别如图 9-12 所示。

《钢标》规定：在同一接头同一受力部位上不得采用高强度螺栓摩擦型连接与承压型连接混用的连接，亦不得采用高强度螺栓与普通螺栓混用的连接。在改建、扩建或加固工程中以静荷载为主的结构，其同一接头同一受力部位上允许采用高强度螺栓摩擦型连接与侧角焊缝或铆钉的混用连接，并考虑其共同工作。

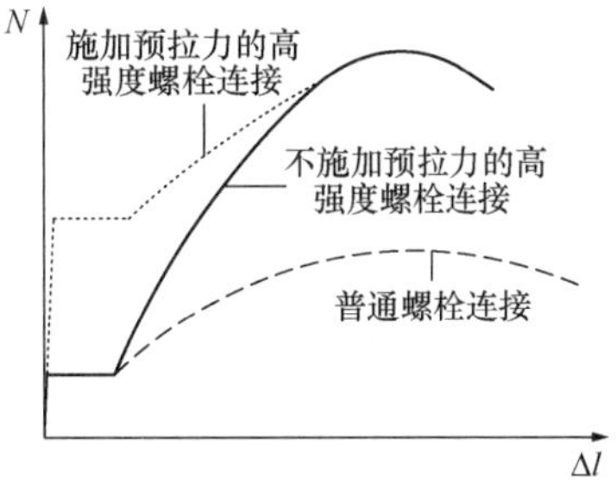

图 9-11　螺栓连接的 N-Δl 曲线

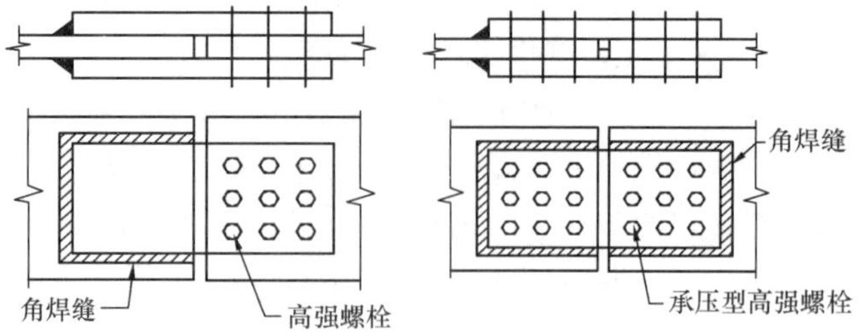

(a) 非混合连接　　(b) 混合连接

图 9-12　非混合及混合连接区别示意图

9.2　普通螺栓连接的构造和计算

普通螺栓连接的连接件包括螺栓杆、螺母和垫圈。如图 9-13 所示，螺栓长度参数有：夹件厚度、螺纹长度和螺栓长度。夹件厚度指从螺栓头底面到螺母或垫圈背面的距离，它是指除了垫圈外所有被连接件的总厚度；螺纹长度是螺栓上螺纹的总长度；螺栓长度指从螺栓头底面到螺杆末端的距离。螺栓按照螺母形状主要分有六角头螺栓和方头螺栓，如图 9-14 所示。

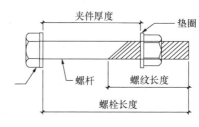

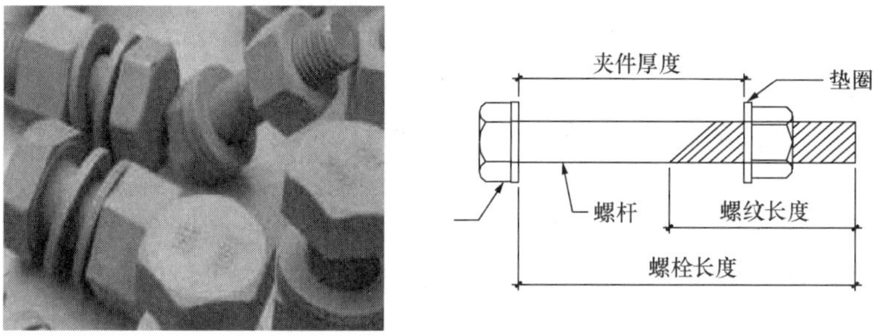

图 9-13　螺栓及螺栓长度

(a) 六角头螺栓　　(b) 方头螺栓

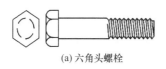

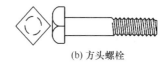

图 9-14　六角头螺栓和方头螺栓

9.2.1　普通螺栓连接的构造和受力类型

1. 螺栓的排列方式

螺栓的排列方式分并列和错列两种，如图 9-15 所示。其中并列连接排列紧凑，布孔简单，传力大，但是截面削弱较大，是目前常用的排列形式；错列排列的截面削弱小，连接不紧凑，传力小，型钢连接中由于型钢截面尺寸的限制，常采用此种形式，如 H 型钢、角钢等拼接连接。无论采用哪种连接方式，其连接中心宜与被连接构件截面的重心相一致。

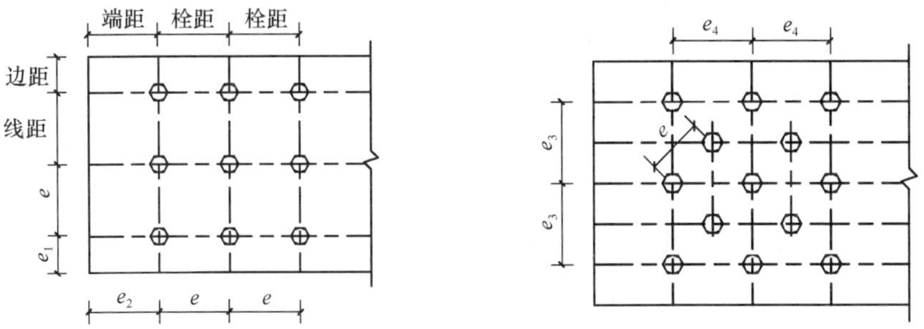

(a) 并列连接　　(b) 错列连接

图 9-15　螺栓的并列和错列布置

2. 螺栓的容许间距

螺栓在构件上的布置和排列应满足受力要求、构造要求和施工要求。

1）受力要求

在受力方向，螺栓的端距过小时，钢板有被剪断的可能。当各排螺栓距和线距过小时，构件有沿直线或折线破坏的可能。对受压构件，当沿作用力方向的螺栓距过大时，在被连接的板件间易发生张口或鼓曲现象。因此，从受力的角度规定了最大和最小的容许间距。

2）构造要求

当螺栓栓距及线距过大时，被连接构件接触面不够紧密，潮气易侵入缝隙而产生腐蚀，所以规定了螺栓的最大容许间距。

3）施工要求

要保证一定的施工空间，便于转动螺栓扳手，因此规定了螺栓最小容许间距。根据上述要求，《钢标》规定了螺栓（或铆钉）的最大、最小容许距离的排列规定，如表 9-2 所示。

螺栓或铆钉的孔距、边距和端距容许值　　表 9-2

<table>
<tr><th>名称</th><th colspan="3">位置和方向</th><th>最大容许间距
（取两者的较小值）</th><th>最小容许间距</th></tr>
<tr><td rowspan="5">中心间距</td><td colspan="3">外排（垂直内力方向或顺内力方向）</td><td>$8d_0$或 $12t$</td><td rowspan="5">$3d_0$</td></tr>
<tr><td rowspan="3">中间排</td><td colspan="2">垂直内力方向</td><td>$16d_0$或 $24t$</td></tr>
<tr><td rowspan="2">顺内力方向</td><td>构件受压力</td><td>$12d_0$或 $18t$</td></tr>
<tr><td>构件受拉力</td><td>$16d_0$或 $24t$</td></tr>
<tr><td colspan="3">沿对角线方向</td><td>—</td></tr>
<tr><td rowspan="4">中心至构件
边缘距离</td><td colspan="3">顺内力方向</td><td rowspan="4">$4d_0$或 $8t$</td><td>$2d_0$</td></tr>
<tr><td rowspan="3">垂直内
力方向</td><td colspan="2">剪切边或手工切割边</td><td>$1.5d_0$</td></tr>
<tr><td rowspan="2">轧制边、自动
气割或锯割边</td><td>高强度螺栓</td><td rowspan="2">$1.2d_0$</td></tr>
<tr><td>其他螺栓或铆钉</td></tr>
</table>

注：1. d_0为螺栓或铆钉的孔径，对槽孔为短向尺寸；t 为外层较薄板件的厚度。

2. 钢板边缘与刚性构件（如角钢、槽钢等）相连的高强度螺栓的最大间距，可按中间排的数值采用。

3. 计算螺栓孔引起的截面削弱时可取 $d+4$mm 和 d_0的较大者。

螺栓连接除满足螺栓排列的容许距离外，还应满足下列构造要求：

（1）螺栓连接或拼接节点中，每一杆件一端的永久性螺栓数不宜少于 2 个；对组合构件的缀条，其端部连接可采用 1 个螺栓。

（2）因为与孔壁有较大间隙，C 级普通螺栓宜用于沿其杆轴方向受拉连接，在下列情况下可用于受剪连接：

① 承受静力荷载或间接承受动力荷载结构中的次要连接；

② 承受静力荷载的可拆卸结构的连接；

③ 临时固定构件用的安装连接。

（3）对直接承受动力荷载的构件，普通螺栓受拉连接应采用双螺母或其他能防止螺母松动的有效措施。

（4）沿杆轴方向受拉的螺栓连接中的端板（法兰板），应适当增强其刚度（如设置加劲肋），以减少撬力对螺栓抗拉承载力的不利影响。

H 型钢、槽钢、角钢等型钢构件，螺栓排列按照《钢标》规定的线距进一步确定，如图 9-16 所示。角钢的线距，根据角钢肢的尺寸、单排还是双排以及并列还是错列、开孔的位置尺寸和最大开孔直径均有相应的规定。

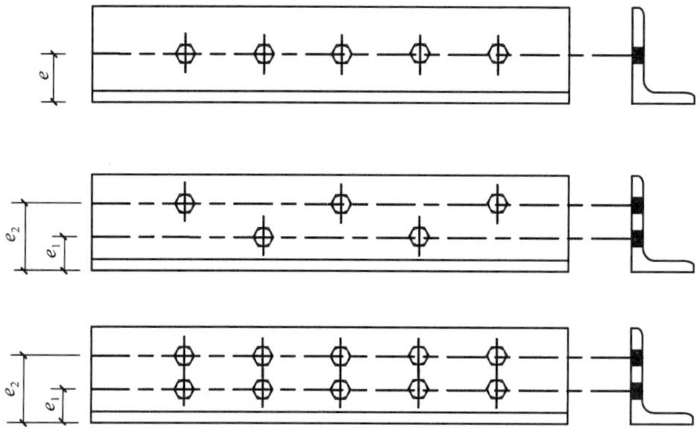

图 9-16　型钢的螺栓的排列

3. 普通螺栓连接的受力类型

普通螺栓群可以承受轴力、剪力、弯矩、扭矩等，但单个螺栓只能受拉、受剪，如图 9-17所示，当螺栓所受作用力与螺杆垂直时，螺栓受剪；当螺栓所受作用力与螺杆平行

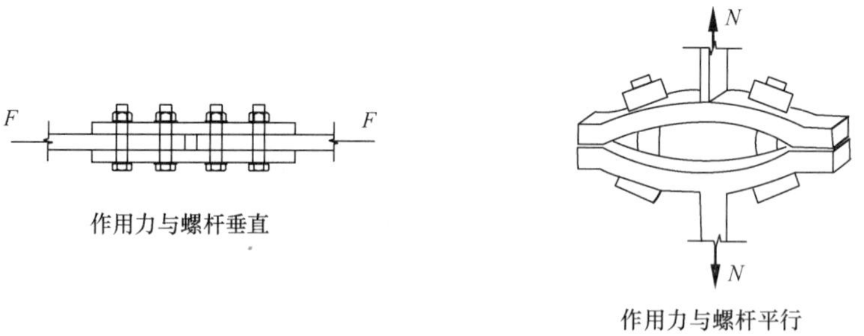

(a) 单个螺栓受剪　　(b) 单个螺栓受拉

图 9-17　单个普通螺栓受力

时，螺栓受拉。因此，根据单个螺栓的受力情况可分为受剪连接、受拉连接和拉剪连接，如图 9-18 所示。

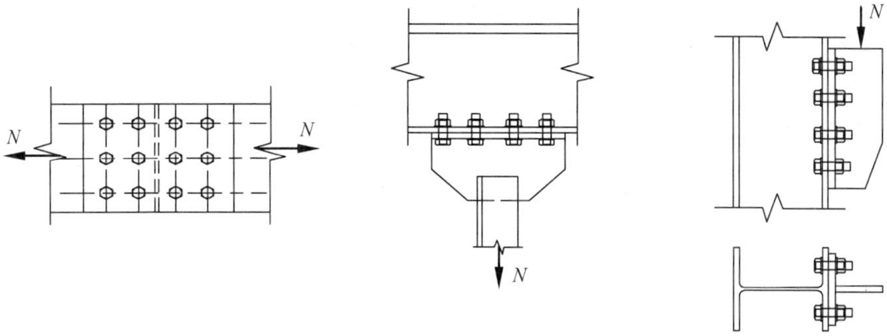

(a) 受剪螺栓连接　(b) 受拉螺栓连接　(c) 拉剪螺栓连接

图 9-18　普通螺栓连接的受力类型

9.2.2　普通螺栓连接的抗剪受力性能与承载力

1. 普通螺栓连接的抗剪受力性能及破坏形式

通过如图 9-19 所示的试验可以得到板件上 a、b 两点相对位移 δ 和作用力 N 的关系曲线，该曲线揭示了抗剪螺栓连接受力的四个阶段：

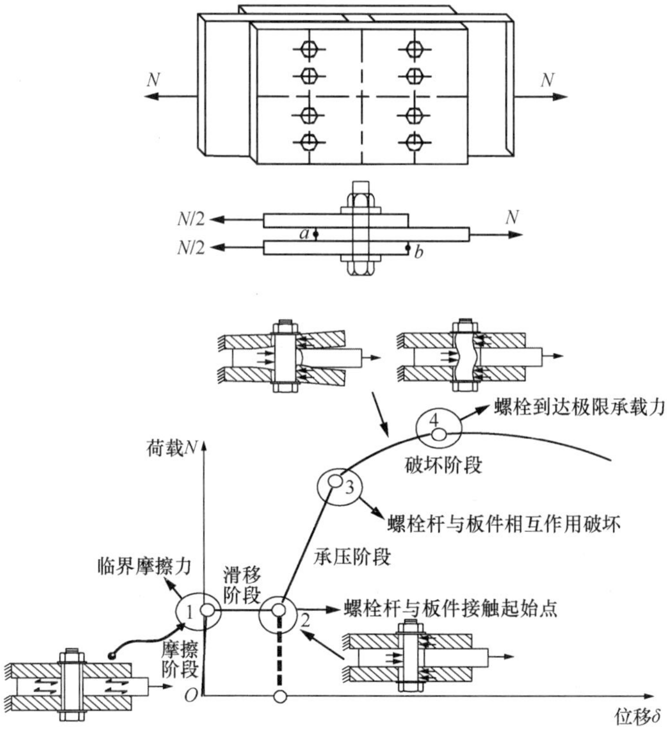

图 9-19　普通螺栓的受剪连接受力性能

(1) 摩擦传力的弹性阶段（O～1 段）

该阶段在 N-δ 图上显示为直线段，连接处于弹性状态。初始加载时，由于荷载较小，荷载是通过构件之间的摩擦力传递，此时螺栓杆与孔壁之间的间隙保持不变，连接工作处于弹性阶段。但由于板件间摩擦力的大小取决于拧紧螺母时在螺杆中的初始拉力，通常普通螺栓的初拉力比较小，因此这个阶段很短。

（2）滑移阶段（1～2 段）

随着荷载的增大，连接中的剪力达到板件间摩擦力的最大值，克服摩擦力后，板件间突然产生相对滑移，由于螺栓孔直径大于螺栓直径，故其最大滑移量为螺栓杆与孔壁之间的间隙，直至螺栓杆与孔壁接触，为 N-δ 曲线上的 1～2 水平段。

（3）栓杆传力的弹性阶段（2～3 段）

荷载继续增加，连接所承受的外力主要靠栓杆与孔壁接触传递。栓杆受剪力、拉力、弯矩作用，孔壁受挤压。达到 3 点时，曲线开始明显弯曲。

（4）弹塑性阶段（3～4 段）

达到 3 点后，给荷载以很小的增量，连接变形迅速增大，直到连接破坏。4 点，即曲线的最高点，为普通螺栓抗剪连接的极限承载力 N_u。

抗剪型螺栓连接达到极限承载力时，可能出现如图 9-20 所示的五种典型的破坏形式：

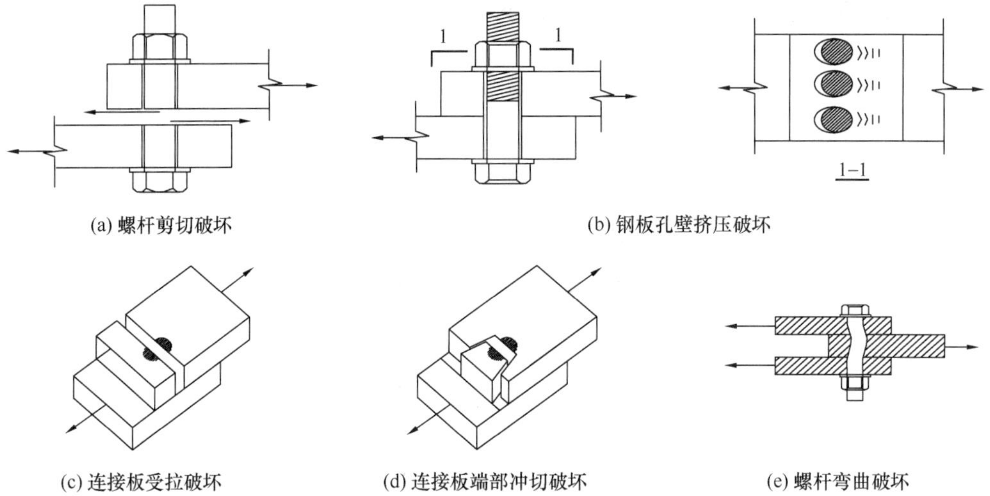

(a) 螺杆剪切破坏　(b) 钢板孔壁挤压破坏

(c) 连接板受拉破坏　(d) 连接板端部冲切破坏　(e) 螺杆弯曲破坏

图 9-20　抗剪螺栓连接的破坏形式

（1）螺杆剪切破坏：发生在栓杆直径较小、板件较厚时，栓杆可能先被剪断，这种破坏形式是单栓承载力的控制条件之一。

（2）钢板孔壁挤压破坏：发生在栓杆直径较大、板件较薄时，板件可能先被挤坏，栓杆和板件的挤压是相互的，因此也把这种破坏叫螺栓承压破坏，这种破坏形式是单栓承载力的控制条件之一。

（3）连接板受拉破坏：构件本身由于截面开孔削弱过多而被拉断，需要进行钢板净截面的强度验算。

（4）连接板冲切破坏：由于钢板端部螺栓孔端距太小而被剪坏，通过限制端距 $l_1 \geq 2d_0$（d_0 为孔径）来避免。

（5）螺杆弯曲破坏：由于钢板太厚，螺栓杆直径太小，发生螺栓杆弯曲破坏，通过限

制板叠厚度不超过 $5d$（d 为螺栓直径）等构造措施来避免。

2. 普通螺栓单栓抗剪承载力设计值

由抗剪普通螺栓连接的破坏形式可知，连接的承载力取决于螺栓杆受剪能力和孔壁承压能力，故单栓抗剪承载力如式（9-3）：

栓杆抗剪承载力设计值：
$$N_v^b = n_v \frac{\pi \cdot d^2}{4} f_v^b \tag{9-1}$$

孔壁承压承载力设计值：
$$N_c^b = d \sum t \cdot f_c^b \tag{9-2}$$

单栓抗剪承载力设计值：
$$N_{min}^b = \min(N_v^b, N_c^b) \tag{9-3}$$

式中　n_v——每个螺栓的剪切面数，如图 9-21 所示，单剪 $n_v=1$，双剪 $n_v=2$，四剪 $n_v=4$；

d——螺栓杆直径；

$\sum t$——在同一受力方向的承压构件的较小厚度之和；

f_v^b、f_c^b——螺栓的抗剪、承压设计强度值，按附表 A-4 采用。

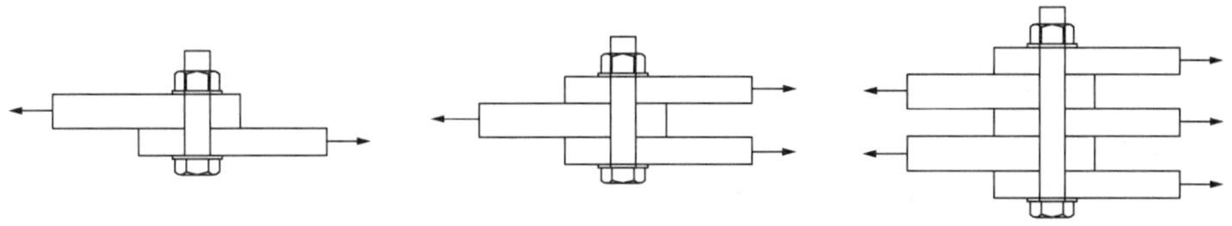

(a) 单剪　(b) 双剪　(c) 四剪

图 9-21　抗剪型螺栓连接的剪切面数

9.2.3　普通螺栓群连接的抗剪计算

1. 螺栓群在轴力作用下的抗剪计算

试验证明，螺栓群在轴力作用下的受剪连接，各个螺栓的内力沿螺栓群长度方向不均匀，类似于侧焊缝，分布特点为两端大，中间小。当 $l_1 \leqslant 15d_0$（d_0 为孔径）时，连接进入弹塑性工作状态后，内力重新分布，各个螺栓内力趋于相同，故设计时假定 N 由各螺栓均匀承担；当 $l_1 > 15d_0$ 时，连接进入弹塑性工作状态后，即使内力重新分布，各个螺栓内力也难以均匀，端部螺栓首先破坏，然后依次破坏，此时可对单栓承载力进行折减，然后再按各螺栓均匀受力计算。由试验可得连接的抗剪承载力折减系数 η 与 l_1/d_0 的关系如式（9-4）和式（9-5）及图 9-22 所示。

螺栓承载力折减系数：

$$\eta = (1.1 - l_1/150d_0) \quad 当\ l_1 > 15d_0\ 时 \tag{9-4}$$

$$\eta = 0.7 \quad 当\ l_1 > 60d_0\ 时 \tag{9-5}$$

计算时可假定所有螺栓受力相等，并用式（9-6）算出所需要的螺栓数目。

（1）选定螺栓直径 d，确定螺栓数目

$$n \geqslant \frac{N}{\eta N_{min}^b} \tag{9-6}$$

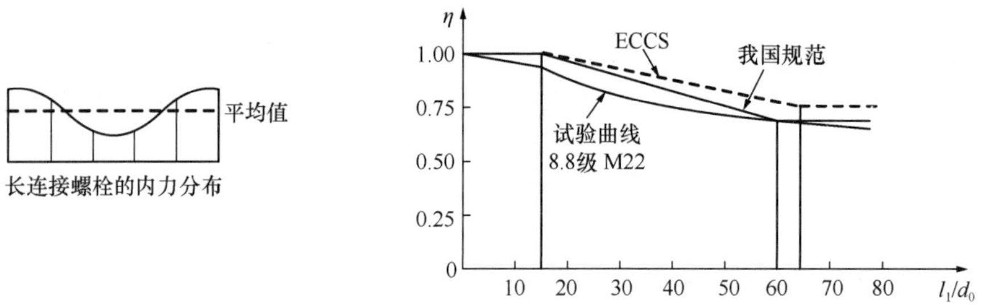

图 9-22　长连接抗剪承载力折减系数 η 与 l_1/d_0 的关系曲线

式中　N——连接件中的轴力设计值；

η——连接的抗剪承载力折减系数，由式（9-4）和式（9-5）计算。

（2）钢板净截面验算

$$\sigma=\frac{N}{A_n}\leqslant 0.7f_u \tag{9-7}$$

式中　A_n——钢板的净截面积；

f_u——钢材的抗拉强度，如附表 A-1 所示。

在螺栓连接中，如图 9-23 所示，左边板件所承担的内力 N 通过左边的螺栓传给两块拼接板，再由两块拼接板通过右边螺栓传至右边板件，这样左右板件内力平衡。由于螺栓孔削弱构件的截面，因此在排列好所需的螺栓后，还需按式（9-7）验算构件或连接盖板的净截面强度。

当螺栓采用错列排列时，如果线距较大、栓距较小，钢板可能沿之字形截面破坏。如图 9-23 所示，主板的危险截面为 1-1 和 1′-1′截面：

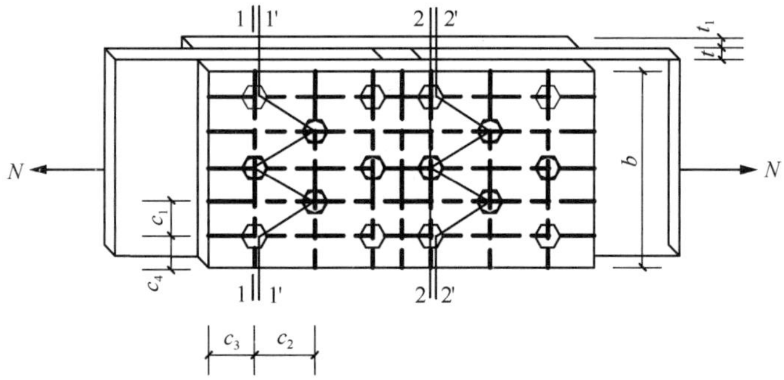

图 9-23　板件的净截面面积计算

$$\sigma=\frac{N}{A_n}\leqslant 0.7f_u \tag{9-8}$$

对 1-1 截面：　$A_n=(b-m\cdot d_0)\cdot t$

对 1′-1′截面：　$A_n=\left[2c_4+(m-1)\sqrt{c_1^2+c_2^2}-m\cdot d_0\right]\cdot t$

式中　m——危险截面上的螺栓数；

d_0——螺栓孔直径。

拼接板的危险截面为 2-2 和 2′-2′截面：

$$\sigma=\frac{0.5N}{A_{\mathrm{n}}}\leqslant 0.7f_{\mathrm{u}} \tag{9-9}$$

对 2-2 截面：　$A_{\mathrm{n}}=(b_1-m\cdot d_0)\cdot t_1$

对 2′-2′截面：　$A_{\mathrm{n}}=[2c_4+(m-1)\sqrt{c_1^2+c_2^2}-m\cdot d_0]\cdot t_1$

(3) 钢板毛截面验算

根据《钢标》要求，钢板的破坏状态分为毛截面屈服或净截面断裂，在进行截面验算时均应满足。对于普通螺栓连接，虽然净截面验算和毛截面验算中的轴力设计值 N 是一致的，但钢材的抗拉强度设计值 f 小于钢材的抗拉强度 f_{u}，故仍然需要进行毛截面验算，确保毛截面不屈服，验算公式如式 (9-10)：

$$\sigma=\frac{N}{A}\leqslant f \tag{9-10}$$

式中　A——构件的毛截面面积 ($\mathrm{mm^2}$)；

N——所计算截面处的拉力设计值 (N)；

f——钢材的抗拉强度设计值 ($\mathrm{N/mm^2}$)。

2. 螺栓群在偏心力作用下的抗剪计算

图 9-24 为普通螺栓群承受偏心剪力的情形，剪力 F 的作用线至螺栓群中心线的距离为 e，故螺栓群同时受到轴力 F 和扭矩 $T=F\cdot e$ 的联合作用。

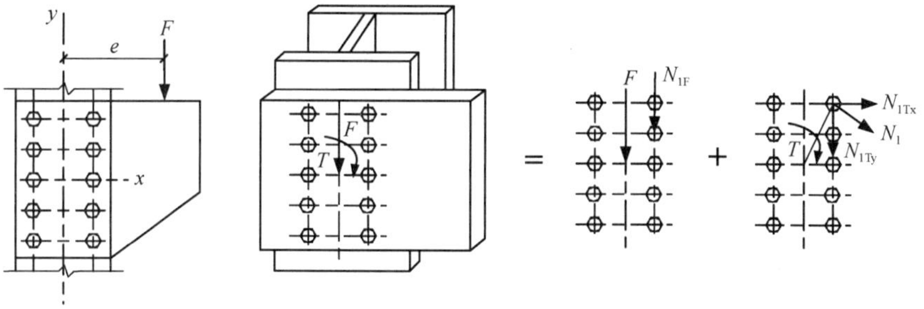

图 9-24　普通螺栓群偏心力作用下抗剪计算简图

F 作用下每个螺栓受力：　$N_{1\mathrm{F}}=\dfrac{F}{n}$　(9-11)

螺栓群在扭矩 T 作用下，每个螺栓实际受剪。连接按弹性设计，并假定：

(1) 被连接构件绝对刚性，螺栓为弹性；

(2) 各螺栓都绕螺栓群的形心 O 旋转，各螺栓剪力与其至形心距离呈线性关系，方向与螺栓到形心的连线相垂直。

设螺栓 1、2、…、n 到螺栓群形心 O 点的距离为 r_1、r_2、…、r_n，各螺栓承受的力分别为 $N_{1\mathrm{T}}$、$N_{2\mathrm{T}}$…$N_{n\mathrm{T}}$。根据力矩平衡条件得，各螺栓的剪力对螺栓群形心 O 的力矩总和为 T，则：

$$T=N_{1\mathrm{T}}r_1+N_{2\mathrm{T}}r_2+N_{3\mathrm{T}}r_3+\cdots+N_{n\mathrm{T}}r_n \tag{9-12}$$

由螺栓受力与其距 O 点距离成正比得：

$$N_{1\mathrm{T}}/r_1=N_{2\mathrm{T}}/r_2=N_{3\mathrm{T}}/r_3=\cdots=N_{n\mathrm{T}}/r_n \tag{9-13}$$

所以：　$N_{2\mathrm{T}}=N_{1\mathrm{T}}r_2/r_1, N_{3\mathrm{T}}=N_{1\mathrm{T}}r_3/r_1, N_{n\mathrm{T}}=N_{1\mathrm{T}}r_n/r_1$

得：

$$T=\frac{N_{1T}}{r_1}(r_1^2+r_2^2+r_3^2+\cdots+r_n^2)=\frac{N_{1T}}{r_1}\sum r_i^2$$

最大剪力：$$N_{1T}=\frac{T\cdot r_1}{\sum x^2+\sum y^2}$$

x 方向的分力：$$N_{1Tx}=\frac{T\cdot y_1}{\sum x^2+\sum y^2}$$

y 方向的分力：$$N_{1Ty}=\frac{T\cdot x_1}{\sum x^2+\sum y^2}$$

螺栓群狭长布置时，可忽略短方向的坐标值：

当 $y_1>3x_1$ 时：$\sum x^2+\sum y^2\approx\sum y^2$

当 $x_1>3y_1$ 时：$\sum x^2+\sum y^2\approx\sum x^2$

3. 螺栓群在扭矩、剪力和轴力共同作用下的计算

如图 9-25 所示，该螺栓连接承受一水平轴力 N 和竖向偏心力 F。将 F 向螺栓群形心等效简化为一轴心竖向力 F 和扭矩 $T=Fe$。

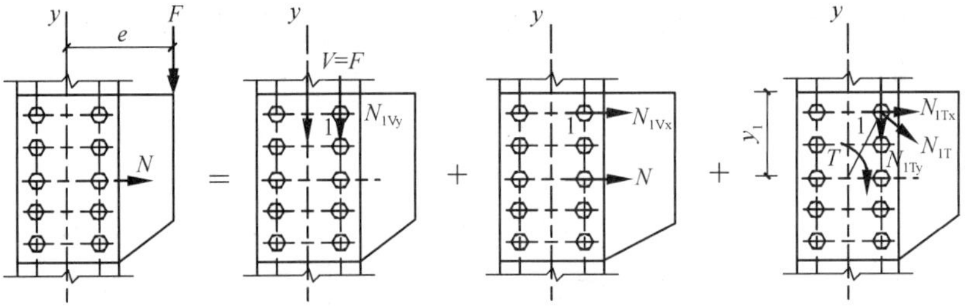

图 9-25 螺栓群在扭矩、剪力和轴力共同作用下的计算简图

螺栓群在通过其形心的剪力 V 和轴力 N 作用下，每个螺栓受力相同，每个螺栓受力为：

剪力 V：$$N_{1Vy}=V/n$$

轴力 N：$$N_{1Nx}=N/n$$

在扭矩 T 作用下，螺栓 1 受力最大，将 N_{1T}分解为水平和竖直方向的分力：

$$N_{1Tx}=\frac{T\cdot y_1}{\sum x^2+\sum y^2}\tag{9-14}$$

$$N_{1Ty}=\frac{T\cdot x_1}{\sum x^2+\sum y^2}\tag{9-15}$$

因此在扭矩、剪力和轴力共同作用下，螺栓群中受力最大的一个螺栓所承受的合力 N_1应满足满足承载力要求，即：

$$N_1=\sqrt{(N_{1Tx}+N_{1Nx})^2+(N_{1Ty}+N_{1Vy})^2}\leqslant N_{\min}^{b}\tag{9-16}$$

9.2.4 普通螺栓连接的抗拉受力性能与承载力

在钢结构的连接节点设计中，由于传递弯矩而在螺栓中产生拉力的连接，如框架结构的梁柱连接节点采用 T 形连接件或端板进行连接；以及直接承受拉力的连接，如吊挂连接等，所以需要研究节点部分螺栓群受拉的受力与计算，主要包括轴力、弯矩以及偏心拉力的作用，如图 9-26 所示。

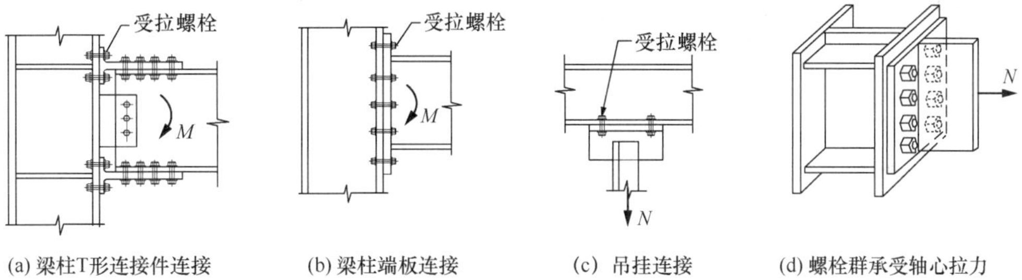

图 9-26　受拉螺栓群的连接

1. 普通螺栓连接的抗拉受力性能及破坏形式

在普通螺栓抗拉连接中，外力趋向于将被连接构件拉开，而使螺栓受拉。如图 9-27 所示，在对角钢连接中单个螺栓进行的受拉破坏试验可以看到，最终破坏形式呈现螺杆受拉，连接板脱开，螺纹处拉断或连接板屈服。通常来说，受拉螺栓大多存在于角钢 T 形连接中，此时螺栓受拉，通常角钢的刚度不大，受拉后垂直于拉力作用方向的角钢肢会发生较大的变形，并起杠杆作用，在该肢外侧端部就产生了撬力 Q，因此螺杆实际所受拉力为 $N_t=N+Q$。研究表明影响撬力 Q 大小的主要因素有：（1）连接件的刚度：连接件的刚度越小，撬力越大；（2）螺栓直径和螺栓的布置；（3）连接件翼缘的强度和尺寸，如厚度、宽度等。国外规范根据理论分析和试验给出了撬力的计算公式，但计算比较复杂。为简化计算，近似取 $Q \approx N/4$，故螺杆实际所受拉力 $N_t \approx 1.25N$，计算螺纹处有效截面应力为：

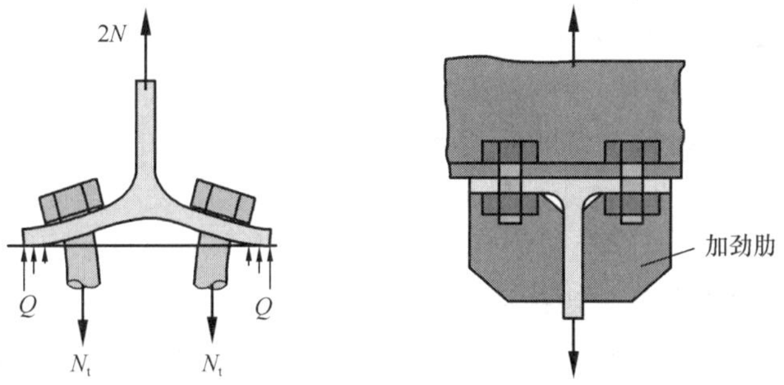

图 9-27　T 形连接中的撬力作用

$$\sigma = N_t/A_e \approx 1.25N/A_e \leqslant f \tag{9-17}$$

我国《钢标》为简化计算，此处采用将螺栓的抗拉强度设计值降低 20%的方法来考虑撬力的不利影响，如式（9-18）：

$$N/A_e \leqslant 0.8f = f_t^b \tag{9-18}$$

式中　f_t^b——螺栓抗拉强度。

螺栓抗拉承载力为：

$$N_t^b = A_e f_t^b \tag{9-19}$$

同时在构造上，应优先采取一些措施来减小或消除撬力，如在角钢中设加劲肋或增加角钢厚度等。

2. 普通螺栓单栓抗拉承载力设计值

根据上述分析，一个普通螺栓抗拉承载力设计值为：

$$N_t^b = A_e f_t^b = \frac{\pi \cdot d_e^2}{4} f_t^b \tag{9-20}$$

式中 A_e——螺栓有效截面积；

d_e——螺栓有效直径；

f_t^b——螺栓抗拉强度设计值，如附表 A-4 所示。

《钢标》给出了普通螺栓按有效直径 d_e 算得的螺栓净截面面积 A_n（即有效截面面积 A_e），可直接查用。因为螺纹有倾斜方向，式（9-20）中的有效直径 d_e，不是扣去螺纹后的净直径 d_n，也不是全直径与净直径的平均直径 d_m，有效直径由式（9-21）计算得到：

$$d_e = \frac{d_n + d_m}{2} = d - \frac{13}{24}\sqrt{3}P \tag{9-21}$$

式中 P——螺纹的螺距。

9.2.5 普通螺栓群连接的抗拉计算

1. 螺栓群在轴力作用下的抗拉计算

当外力通过螺栓群形心时，假定所有受拉螺栓受力相等，所需的螺栓数目为：

$$n \geqslant \frac{N}{N_t^b} \tag{9-22}$$

式中 N_t^b——单个螺栓的抗拉承载力设计值。

2. 螺栓群在弯矩作用下的抗拉计算

螺栓群在弯矩作用下的受拉连接，如图 9-28 所示，按弹性设计法，在弯矩作用下，离中和轴越远的螺栓所受拉力越大，而压力则由部分受压的端板承受，设中和轴至端板受压边缘的距离为 c。普通螺栓连接的受力特点为：受拉螺栓截面为孤立的几个螺栓点，而端板受压区则是宽度较大的实体矩形区域。上部螺栓受拉，使得连接的上部板件有分离的趋势，螺栓群的旋转中和轴下移。当将其形心位置作为中和轴时，所求得的端板受压区高度 c 总是很小，中和轴通常在弯矩指向一侧最外排螺栓附近的某个位置。因此，实际计算时可近似地取中和轴位于弯矩指向一侧最外排螺栓 O 处，即认为连接变形为绕 O 处水平轴转动，螺栓拉力与距 O 点的纵向距离 y 呈正比。在对 O 点水平轴列弯矩平衡方程时，偏安全地忽略了力臂很小的端板受压区部分的力矩，近似地假定螺栓群绕最下边的一排螺

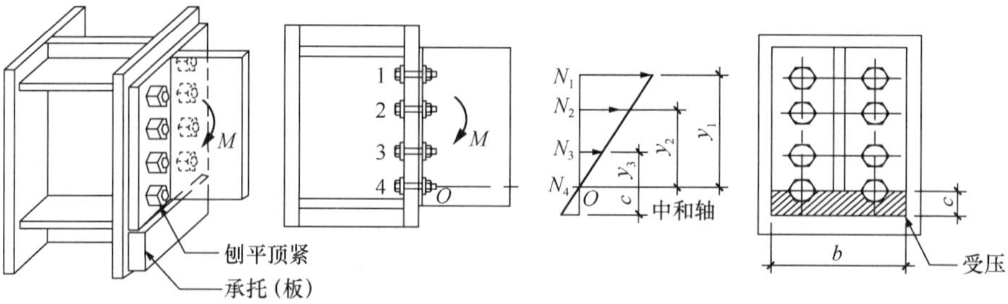

图 9-28 普通螺栓群在弯矩作用下的计算简图

栓旋转，各排螺栓所受拉力的大小与距最下一排螺栓的距离呈正比。

弯矩 M 作用下螺栓连接按弹性设计，假定为：

（1）连接板件绝对刚性，螺栓为弹性；

（2）螺栓群的中和轴位于受压侧最外排螺栓的形心处，各螺栓所受拉力与其至中和轴的距离呈正比。

可得 1 号螺栓在 M 作用下所受拉力最大。

由力学及假定可得：

$$\frac{N_1}{y_1}=\frac{N_2}{y_2}=\frac{N_3}{y_3}\cdots=\frac{N_n}{y_n} \tag{9-23}$$

$$M=N_1y_1+N_2y_2+\cdots+N_ny_n \tag{9-24}$$

可得 1 号螺栓内力：

$$N_{1\mathrm{M}}=My_1/(m\sum y_i^2)\leqslant N_\mathrm{t}^\mathrm{b}$$

式中　m——螺栓排列的列数，在图 9-28 中 $m=2$。

3. 螺栓群在偏心拉力作用下（轴力和弯矩共同作用下）

螺栓群在偏心拉力 F 作用下，相当于连接承受轴心拉力 $N=F$ 和弯矩 $M=N\cdot e$ 的联合作用，有两种设计方法。

（1）叠加法：计算简图如图 9-29 所示，直接将轴心拉力 N 和弯矩 $M=N\cdot e$ 作用下的最大拉力叠加进行验算，属偏于安全的设计方法。

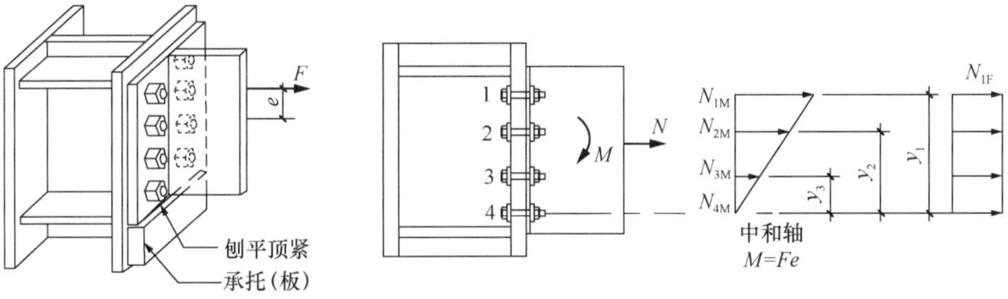

图 9-29　普通螺栓群偏心拉力下的计算简图

$$N_1=N_{1\mathrm{F}}+N_{1\mathrm{M}}=\frac{F}{n}+\frac{M\cdot y_1}{\sum_{i=1}^{n}y_i^2}\leqslant N_\mathrm{t}^\mathrm{b} \tag{9-25}$$

y_i 值从最下面一排螺栓群算起。

（2）考虑大、小偏心情况的弹性设计法，计算简图如图 9-30 所示。

先假定构件在弯矩 M 作用下绕螺栓群形心转动，此时上、下两排螺栓受力最大：

$$N_{1\mathrm{Mt}}=\pm\frac{M\cdot y_1}{\sum y_i^2} \tag{9-26}$$

式中　y_1——最外排螺栓至栓群形心轴的距离；

y_i——第 i 个螺栓至栓群形心轴的距离。

轴力 $N=F$ 作用下：

$$N_{1\mathrm{Nt}}=\frac{N}{n}$$

据 $N_{1\mathrm{Mt}}$ 与 $N_{1\mathrm{Nt}}$ 之间的大小关系，螺栓群受力分大偏心和小偏心。

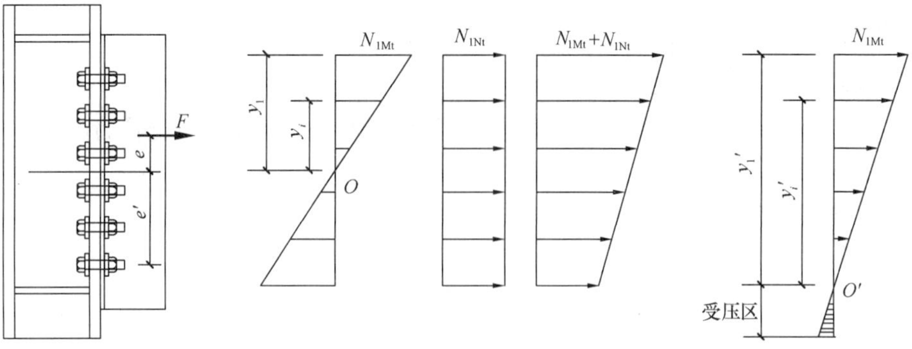

(a) 小偏心情况　　(b) 大偏心情况

图 9-30　螺栓群在偏心拉力下的计算简图

当偏心较小时，即 $|N_{1Mt}| \leqslant N_{1Nt}$，叠加后全部螺栓均承受拉力作用，与初始假定相同。螺栓全部受拉，端板与柱翼缘有分离趋势，计算时轴心拉力 N 由各螺栓均匀承受，弯矩 M 则使螺栓群内力以形心 O 为中和轴呈三角形分布，使上部螺栓受拉、下部螺栓受压，则最上排螺栓内力为：

$$N_{1t} = \frac{N}{n} + \frac{M \cdot y_1}{\sum y_i^2} \leqslant N_t^b \tag{9-27}$$

y_i值从螺栓群形心算起。

当偏心较大时，即 $|N_{1Mt}| > N_{1Nt}$，最下端螺栓受压。螺栓群在弯矩 $M=F \cdot e$ 与轴力 $N=F$ 的共同作用下近似并偏安全地取中和轴位于最下排螺栓 O' 处（受压侧最外排螺栓处），即需将轴力 N 移至最下排螺栓 O' 处，则最上排螺栓内力为：

$$N_{1t} = \frac{(M + N \cdot e')y_1'}{\sum y_i'^2} \leqslant N_t^b \tag{9-28}$$

式中　e'——轴力至螺栓转动中心的距离；

y_i'——各螺栓至转动中心的距离；

y_1'——最上排螺栓至转动中心的距离。

9.2.6　普通螺栓群连接在拉力、剪力共同作用下的计算

普通螺栓在拉力和剪力的共同作用下，可能出现两种破坏形式：螺杆受剪兼受拉破坏、孔壁的承压破坏。由试验可知，兼受剪力和拉力的螺杆，其承载力无量纲相关曲线近似为“四分之一圆”，如图 9-31 所示。

根据抗剪型连接和抗拉型连接的方法计算螺栓所受的剪力和拉力 N_{1v}、N_{1t}，并按相关公式验算螺栓强度：

$$\sqrt{\left(\frac{N_{1v}}{N_v^b}\right)^2 + \left(\frac{N_{1t}}{N_t^b}\right)^2} \leqslant 1 \tag{9-29}$$

为防止螺栓孔壁压坏，还需验算：

$$N_{1v} = \frac{V}{n} \leqslant N_c^b \tag{9-30}$$

此外为了不让粗制螺栓受剪，通常设置支托来承受剪力V，螺栓群只承受弯矩M，如图9-32所示。此时螺栓群按受拉连接计算，支托根据承受剪力的大小设置焊缝。

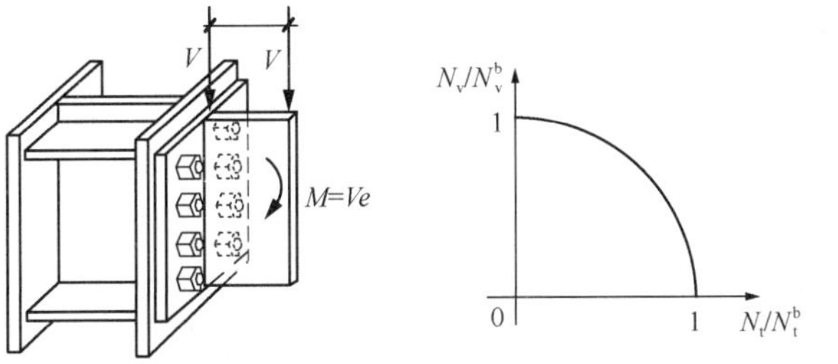

图 9-31　普通螺栓拉、剪联合作用计算简图

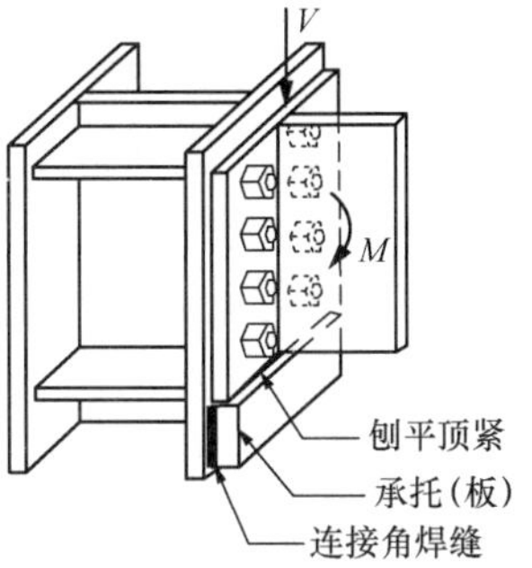

图 9-32　承托（板）传递剪力

承托与柱翼缘的连接角焊缝按式（9-31）计算：

$$\tau_f = \frac{\alpha \cdot N}{\sum l_w h_e} \leqslant f_f^w \tag{9-31}$$

式中　α——考虑剪力对角焊缝偏心影响的增大系数，一般取α=1.25～1.35；

其余符号同前。

9.3　高强度螺栓连接的构造和计算

高强度螺栓连接有摩擦型和承压型两种，螺栓用高强度钢制成。高强度螺栓连接与普通螺栓连接的主要区别在于：普通螺栓连接在抗剪时依靠螺杆杆身抗剪来传递剪力，在拧紧螺母时虽有预加拉力，但是很小，其影响可以忽略不计。高强度螺栓除材料强度高之外，还给螺栓施加很大的预拉力，使被连接构件的接触之间产生挤压力。因而，垂直于螺栓杆的方向有很大摩擦力。这种挤压力和摩擦力对外力的传递有很大影响。预拉力、抗滑移系数和钢材种类都直接影响到高强度螺栓连接的承载力。

螺栓的排布要求和螺栓的容许间距要求与普通螺栓一致，具体要求见第 9.2.1 节，其开孔要求见第 9.1.1 节。

9.3.1　高强度螺栓连接的构造与受力类型

1. 高强度螺栓的强度等级

高强度螺栓连接件由螺栓杆、螺母和垫圈组成。螺栓采用强度较高的钢材，如 20 锰钛硼、40 硼、45 号钢经过热处理制成，分为 8.8 级和 10.9 级，10.9 级的强度和造价比 8.8 级高。一般而言，应避免在一个工程中混合用直径相同的 8.8 级和 10.9 级螺栓，以避免安装时用错位置。

2. 高强度螺栓连接的分类

与普通螺栓连接类似，高强度螺栓群可以承受轴力、剪力、弯矩、扭矩等，但单个高强度螺栓只能受拉、受剪。因此，高强度螺栓连接按单个螺栓的受力情况分为抗剪连接、抗拉连接和拉剪连接三类。

其中，抗剪连接按其传力机理又分为摩擦型和承压型两类，并对应不同的极限状态。摩擦型高强度螺栓抗剪连接，依靠被夹紧板束接触面的摩擦力传力，以摩擦力被克服，被连接的板件发生相对滑移，作为破坏的极限状态。承压型高强度螺栓抗剪连接，则假设板束接触面间的摩擦力被克服后，栓杆与孔壁接触，以螺栓杆受剪破坏或孔壁挤压破坏作为承载力极限状态，与普通螺栓连接的受剪破坏模式类似。

摩擦型高强度螺栓连接抗剪承载力取决于螺栓的预拉力和板束接触面间的摩擦系数（亦称抗滑移系数）的大小。除采用强度较高的钢材制造高强度螺栓并经热处理以提高预拉力外，常对板件接触面进行处理（如喷砂）以提高摩擦系数。高强度螺栓的预拉力并不降低其抗拉性能，其抗拉连接与普通螺栓抗拉连接相似，当被连接构件的刚度较小时，应计撬力的影响。每个螺杆所受外力不应超过预拉力的 80%，以保证板束间保持一定的压力。

摩擦型连接依靠摩擦力传递剪力，因此剪切变形小，弹性性能好，耐疲劳以及动荷载作用下不松动，适用于承受动荷载的结构。承压型连接允许板件发生相对滑动后继续承担荷载，因此承载力高于摩擦型连接，但剪切变形大，不得用于直接承受动力荷载的结构中。

高强度螺栓连接按施工方式分为大六角头型（图 9-33）和扭剪型（图 9-34）两种。

图 9-33　大六角高强度螺栓

图 9-34　扭剪型高强度螺栓

3. 高强度螺栓的预拉力

螺栓预拉力的设计值主要根据螺栓杆的有效抗拉强度确定，以最大限度地发挥材料的性能，但还需考虑下列影响因素：

（1）材料的不均匀性折减系数 0.9；

（2）为防止施工时超张拉导致螺杆破坏的折减系数 0.9；

（3）考虑拧紧螺母时，扭矩在螺栓杆上产生的剪力对抗拉强度的不利影响系数，除以系数 1.2；

（4）考虑用 f_u 而不是用 f_y 作为标准值的系数 0.9。

综合以上系数，得到高强度螺栓的预拉力值：

$$P=\frac{0.9\times0.9\times0.9}{1.2}A_{e}f_{u} \tag{9-32}$$

式中　A_e——螺纹处有效截面积；

f_u——螺栓热处理后的最低抗拉强度，8.8级，取 $f_u=830\text{N/mm}^2$；10.9级，取 $f_u=1040\text{N/mm}^2$。

各种规格高强度螺栓预拉力的取值如表9-3所示。

一个高强度螺栓的设计预拉力值 P（kN）　　**表9-3**

螺栓的性能等级	螺栓公称直径					
	M16	M20	M22	M24	M27	M30
8.8级	80	125	155	175	230	280
10.9级	100	155	190	225	290	355

4. 摩擦面抗滑移系数

高强度螺栓连接摩擦面抗滑移系数的大小与连接处构件接触面的处理方法和构件的钢材牌号有关。

《钢标》规定了我国常用处理方法的摩擦面抗滑移系数（摩擦系数）μ 值，如表9-4所示。推荐采用的接触面处理方法主要有：喷砂（抛丸）、喷砂后涂无机富锌漆、喷砂后生赤锈和钢丝刷清除浮锈或未经处理的干净轧制面等。对于承压型高强度螺栓连接的板件，接触面只要求清除油污及浮锈即可。

摩擦面的抗滑移系数（摩擦系数）μ　　**表9-4**

连接处构件接触面的处理方法	构件的钢材牌号		
	Q235钢	Q355钢或Q390钢	Q420钢或Q460钢
喷硬质石英砂或铸钢棱角砂	0.45	0.45	0.45
喷砂（抛丸）	0.40	0.40	0.40
钢丝刷清除浮锈或未经处理的干净轧制面	0.30	0.35	—

注：1. 钢丝刷除锈方向应与受力方向垂直。
2. 当连接构件采用不同钢材牌号时，μ 按相应较低强度者取值。
3. 采用其他方法处理时，其处理工艺及抗滑移系数值均需经试验确定。

从表9-4中可以看出钢材材质不同，μ 值不同。这是因为钢材表面经喷砂除锈后，表面看比较光滑，实际上存在着微观的凹凸不平，在很高的压紧力作用下，被连接构件表面相互啮合，产生摩擦力，钢材的强度和硬度越高，接触面产生的摩擦力就越大。

在摩擦面涂刷了防锈漆或者潮湿、淋雨条件下拼装后，抗滑移系数都有所下降。试验证明，摩擦面涂红丹后 $\mu<0.15$。所以严禁在摩擦面上涂刷红丹，在工厂喷涂防锈漆时，需要采取措施保证接触面不会喷上油漆，同时，安装时应采取有效措施保证连接处表面的干燥。在高强度螺栓连接范围内，构件接触面的处理方法应在施工图中说明，摩擦型高强度螺栓连接需要注明摩擦面范围内不得涂刷油漆。

5. 高强度螺栓的施工方法

高强度螺栓的预拉力是通过扭紧螺母实现的。一般采用扭矩法、转角法和扭剪法。

（1）扭矩法：采用可直接显示扭矩的特制扳手，根据事先测定的扭矩和螺栓拉力之间的关系施加扭矩，使之达到预拉力。先用普通扳手使连接件紧贴，然后用扭矩电动扳手初拧（不小于终拧扭矩值的 50%），再用扭矩电动扳手终拧。终拧扭矩值根据预先测定的扭矩和预拉力之间的关系确定，施拧时偏差不得超过±10%。

（2）转角法：先用人工扳手初拧螺母至拧不动为止，再终拧，即以初拧时拧紧的位置为起点，根据螺栓直径和板叠厚度所确定的终拧角度，自动或人工控制旋拧螺母至预定角度，即为达到预定的预拉力值。终拧角度与螺栓直径和连接件厚度等有关，此法实际上是通过螺栓的应变来控制预拉力，不需专用扳手，工具简单但不够精确。

（3）扭剪法：适用于扭剪型高强度螺栓，该螺栓端部设有梅花头，拧紧螺母时，依靠拧断螺栓梅花头切口处截面来控制预拉力值，如图 9-35 所示。安装时，利用特制电动扳手的内外套，分别套住螺杆尾部的卡头和螺母，通过内外套的相对旋转对螺母施加扭矩，最后，螺杆尾部的梅花卡头被剪断扭掉，如图 9-36 所示。由于螺栓尾部连接一个截面较小的带槽沟的梅花卡头，而槽沟的深度是按终拧扭矩和预拉力之间的关系确定的，故当这带槽沟的梅花卡头被扭掉时，即达到规定的预拉力值，扭剪型高强度螺栓只有 10.9 级。

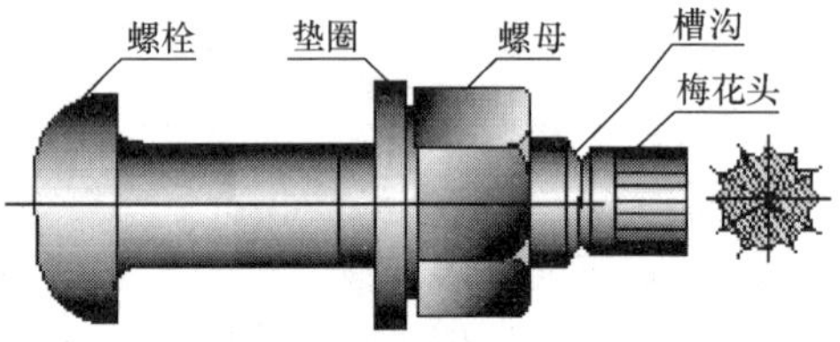

图 9-35　扭剪型高强度螺栓

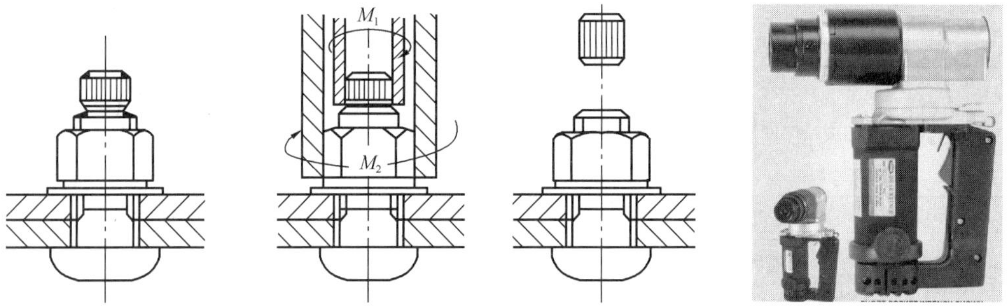

图 9-36　扭剪型高强度螺栓安装过程及安装机具

6. 高强度螺栓的构造要求

对于高强度螺栓的构造要求，《钢标》中做了以下的规定：

（1）高强度螺栓承压型连接采用标准圆孔时，其孔径 d_0 可按表 9-1 采用。

（2）高强度螺栓摩擦型连接可采用标准孔、大圆孔和槽孔，孔型尺寸可按表 9-1 采用；若采用扩大孔连接时，同一连接面只能在盖板和芯板其中之一的板上采用大圆孔或槽孔，其余仍采用标准孔。按大圆孔、槽孔制孔时，应增大垫圈厚度或采用连续型垫板，其孔径与标准垫圈相同，对 M24 及以下的螺栓，厚度不宜小于 8mm；对 M24 以上的螺栓，厚度不宜小于 10mm。

（3）高强度螺栓连接均应按表 9-3 施加预拉力。

（4）采用承压型连接时，不得应用于直接承受动力荷载的结构，连接处构件接触面应清除油污及浮锈；仅承受拉力的高强度螺栓连接，不要求对接触面进行抗滑移处理。

（5）当高强度螺栓连接所处的环境温度为 100～150℃时，其承载力应降低 10%。

（6）当型钢构件拼接采用高强度螺栓连接时，其拼接件宜采用钢板，以使摩擦面易于贴紧。

9.3.2　高强度螺栓连接的抗剪受力性能与承载力

1. 高强度螺栓连接的抗剪受力性能及破坏形式

高强度螺栓的抗剪受力过程与普通螺栓相似，两者受力曲线对比如图 9-37 所示，分为四个阶段：摩擦传力的弹性阶段、滑移阶段、栓杆传力的弹性阶段、弹塑性阶段。但高强度螺栓连接因连接件间存在很大的摩擦力，故其第一个阶段（摩擦阶段）远远大于普通螺栓连接。

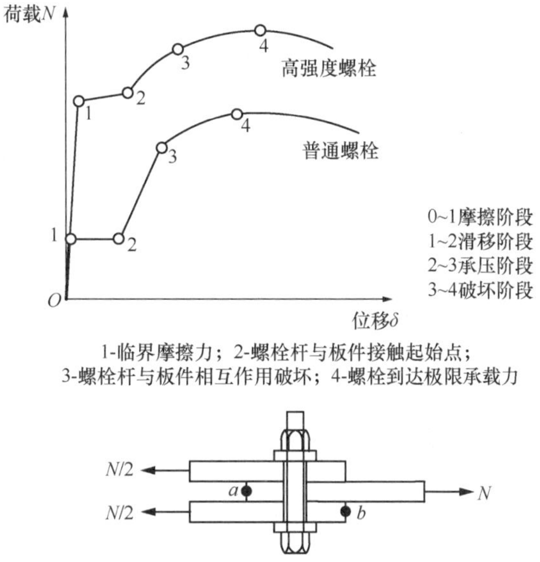

图 9-37　高强度螺栓及普通螺栓受剪性能对比

从图 9-37 的曲线可以看出，摩擦型连接和承压型连接的主要区别在于对应不同的承载力极限状态。摩擦型高强度螺栓抗剪连接以摩擦力被克服，被连接的构件发生相对滑移，作为承载力的极限状态，对应曲线上的 1 点。承压型高强度螺栓抗剪连接以螺栓杆受剪破坏或孔壁挤压破坏作为承载力极限状态，对应曲线上的 4 点。

2. 高强度螺栓单栓抗剪承载力设计值

1）摩擦型

对于摩擦型高强度螺栓连接，其破坏准则为板件发生相对滑移，因此其承载力极限状态为 1 点，所以 1 点所代表的临界摩擦力即为一个摩擦型高强度螺栓连接的抗剪承载力：

$$N_v^b = 0.9k \cdot n_f \cdot \mu \cdot P \tag{9-33}$$

式中　0.9——抗力分项系数 γ_R 的倒数（$\gamma_R=1.111$）；

n_f——传力摩擦面数目；

k——孔型系数，标准孔取 1.0，大圆孔取 0.85，内力与槽孔长向垂直时取 0.7，内力与槽孔长向平行时取 0.6；

μ——摩擦面抗滑移系数；

P——预拉力设计值。

高强度螺栓连接的孔型尺寸匹配可按表 9-1 采用。

2）承压型

对于承压型高强度螺栓连接，允许接触面发生相对滑移，其破坏准则为螺栓杆受剪破坏或孔壁挤压破坏，因此其承载力极限状态为 4 点。承压型高强度螺栓连接的单栓抗剪承载力计算方法与普通螺栓相同，承载力设计值仍按普通螺栓公式计算，只是式（9-33）中的 f_v^b、f_c^b 采用承压型高强度螺栓的强度设计值。根据剪切面位置的不同（图 9-38），承压型高强度螺栓分为两种：

（1）剪切面位于螺纹处。此时计算需要采用螺栓的有效直径 d_e 进行计算，即栓杆抗剪承载力设计值：

$$N_v^b = n_v \frac{\pi d_e^2}{4} f_v^b \tag{9-34}$$

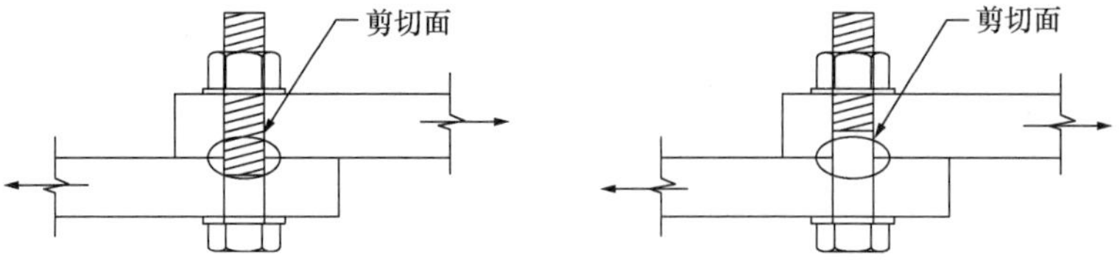

图 9-38　高强度螺栓连接剪切面在螺纹处及螺杆处的情况

（2）剪切面位于螺杆处。此时栓杆抗剪承载力设计值应按螺杆直径 d 进行计算，为确保施工时螺杆位于受剪面，选择螺栓时需要注意将螺栓长度额外加长 6mm。

栓杆抗剪承载力设计值：

$$N_v^b = n_v \frac{\pi d^2}{4} f_v^b \tag{9-35}$$

孔壁承压承载力设计值：

$$N_c^b = d \sum t \cdot f_c^b \tag{9-36}$$

单栓抗剪承载力设计值取二者较小值，即：

$$N_{min}^b = \min\{N_v^b, N_c^b\} \tag{9-37}$$

9.3.3　高强度螺栓群连接的抗剪计算

1. 螺栓群在轴力作用下的抗剪计算

高强度螺栓群在轴力 N 作用下，当连接长度过大时（$l_1 > 15d_0$），各个螺栓的内力沿螺栓群长度方向不均匀，分布规律与普通螺栓类似，采用相同的折减系数 η，如式（9-4）和式（9-5），计算时可假定所有螺栓受力相等，并用式（9-6）算出所需要的螺栓数目。

（1）选定螺栓直径 d，确定螺栓数目

摩擦型连接：

$$n \geqslant \frac{N}{\eta N_v^b}$$

承压型连接：

$$n \geqslant \frac{N}{\eta N_{min}^b}$$

（2）钢板净截面验算

高强度螺栓群轴心力作用下，为了防止板件被拉断尚应进行板件的净截面强度验算。高强度螺栓承压型连接的净截面验算与普通螺栓的净截面验算完全相同。而摩擦型连接中构件净截面强度计算与普通螺栓连接不同，由于摩擦阻力作用，一部分剪力已由孔前摩擦面传递，所以图 9-39 所示净截面上的拉力 $N_1 < N$。

根据试验结果，孔前传力系数可取 0.5，即第一排高强度螺栓所分担的内力，已有

50%在孔前摩擦面中传递给拼接板，如图 9-39 所示。故考虑了孔前传力的有利作用，图 9-40 中构件 1-1 净截面所传内力为：

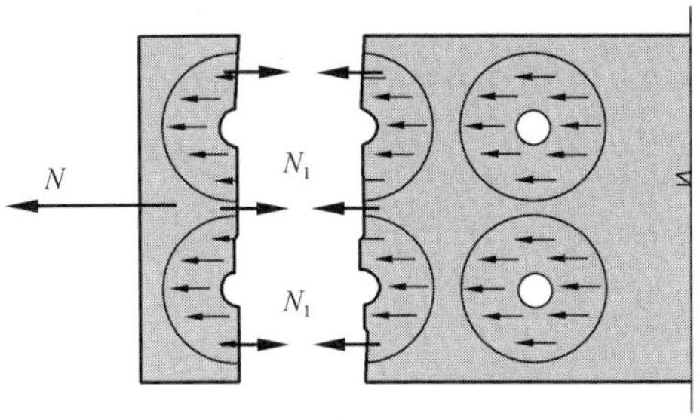

图 9-39 栓孔前传力示意图

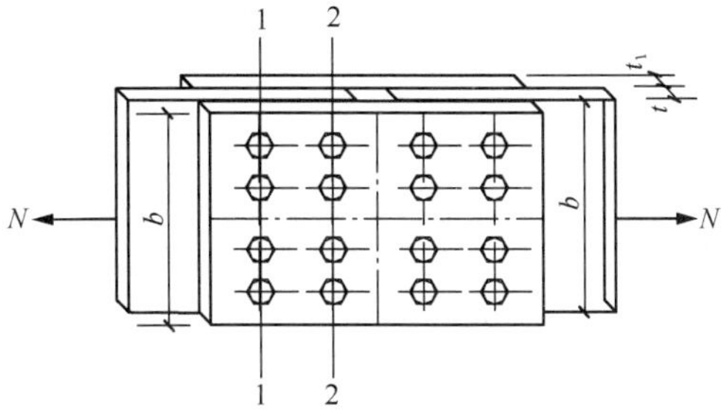

图 9-40 摩擦型螺栓抗剪连接验算净截面强度

$$N_1 = N\left(1 - \frac{0.5n_1}{n}\right) \tag{9-38}$$

式中 n_1——计算截面上的螺栓数；

n——连接一侧的螺栓总数。

构件 1-1 净截面强度按式（9-39）验算：

$$\sigma = \frac{N_1}{A_{n,1}} \leqslant 0.7 f_u \tag{9-39}$$

$$A_{n,1} = (b - n_1 \cdot d_0) \cdot t$$

类似地，拼接板的危险截面为 2-2 截面，如图 9-40 所示。考虑孔前传力 50%，一块拼接板 2-2 截面的内力为：

$$N_2 = 0.5N\left(1 - \frac{0.5n_2}{n}\right) \tag{9-40}$$

式中 n_2——拼接板计算截面 2-2 上的螺栓数。

拼接板 2-2 净截面强度按式（9-41）验算：

$$\sigma = \frac{N_2}{A_{n,2}} \leqslant 0.7 f_u \tag{9-41}$$

$$A_{n,2} = (b_1 - n_2 \cdot d_0) \cdot t_1$$

（3）钢板毛截面验算

根据《钢标》要求，钢板的破坏状态分为毛截面屈服或净截面断裂，在进行截面验算时均应满足。故仍然需要进行毛截面验算，确保毛截面不屈服。

$$\sigma = \frac{N}{A} \leqslant f \tag{9-42}$$

式中 A——构件的毛截面面积（mm^2）；

N——所计算截面处的轴心力设计值（N）；

f——钢材的抗拉强度设计值（N/mm^2）。

2. 扭矩或扭矩、剪力共同作用下高强度螺栓群的抗剪计算

高强度螺栓群在扭矩作用下及扭矩、剪力共同作用下抗剪计算方法与普通螺栓一致，单个螺栓所受的剪力值应不大于高强度螺栓的抗剪承载力设计值。如图 9-41 所示剪力 F 作用下每个螺栓受力：

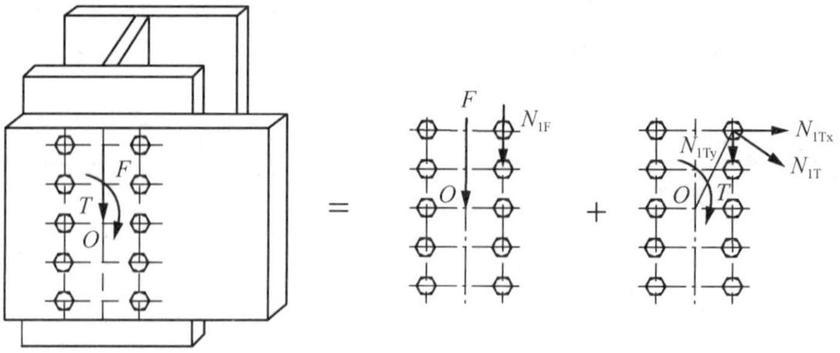

图 9-41 扭矩或扭矩、剪力共同作用下高强度螺栓群的计算简图

$$N_{1\mathrm{F}}=\frac{F}{n} \tag{9-43}$$

扭矩 T 作用下角部螺栓 1 所受剪力：

$$N_{1\mathrm{Tx}}=\frac{T\cdot r_1}{\sum\limits_{i=1}^{n}x_i^2+\sum\limits_{i=1}^{n}y_i^2}\cdot\frac{y_1}{r_1}=\frac{T\cdot y_1}{\sum\limits_{i=1}^{n}x_i^2+\sum\limits_{i=1}^{n}y_i^2}$$

$$N_{1\mathrm{Ty}}=\frac{T\cdot r_1}{\sum\limits_{i=1}^{n}x_i^2+\sum\limits_{i=1}^{n}y_i^2}\cdot\frac{x_1}{r_1}=\frac{T\cdot x_1}{\sum\limits_{i=1}^{n}x_i^2+\sum\limits_{i=1}^{n}y_i^2} \tag{9-44}$$

由此可得螺栓 1 的强度验算公式为：

摩擦型连接： $\sqrt{N_{1\mathrm{Tx}}^2+(N_{1\mathrm{Ty}}+N_{1\mathrm{F}})^2}\leqslant N_\mathrm{v}^\mathrm{b}$

承压型连接： $\sqrt{N_{1\mathrm{Tx}}^2+(N_{1\mathrm{Ty}}+N_{1\mathrm{F}})^2}\leqslant N_\mathrm{min}^\mathrm{b}$

9.3.4 高强度螺栓连接的抗拉受力性能与承载力

1. 高强度螺栓连接的抗拉受力性能及破坏形式

高强度螺栓拧紧后，螺栓杆内产生预拉力 P，同时板件间产生预压力 C，在研究高强度螺栓受拉的过程中，每个螺栓均匀分担拉力，此时外力的平衡主要靠钢板间的预压力 C，而螺栓拉力 P 增加不多。

预应力 P 在螺栓杆截面 A_1（实线圆）内大约为均匀分布；钢板件与压力 C 分布于螺栓头与螺母附近局部范围内，可大致认为在螺栓附近局部面积 A_c（虚线圆）内均匀分布，且其面积大小随螺栓直径与板件厚度的比值变动，如图 9-42 所示。

$$A_1=\pi d^2/4 \tag{9-45}$$

$$A_\mathrm{c}=\alpha A_1\approx(10\sim 20)A_1 \tag{9-46}$$

高强度螺栓连接在承受外荷载之前，螺杆中的预拉力值 P 与板叠之间的预压力值 C 是平衡的，即 $P=C$，当施加外力 N_t 后，螺杆中的拉力增量为 ΔP，板叠间的压力减少量为 ΔC，此时板件趋于分开，螺栓杆被拉长 δ，板件也从原始压缩总厚度 h 变厚 δ，即外拉力 N_t 使接触面压力减为 $C-\Delta C$，螺栓拉力增加至 $P+\Delta P$，如图 9-42 所示。

外拉力使螺栓杆伸长：

$$\delta=\frac{\Delta P}{EA_1}h$$

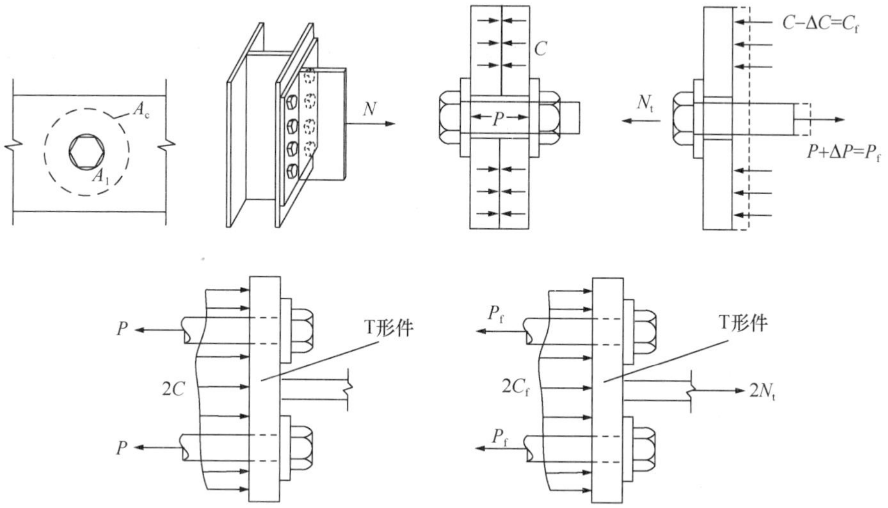

图 9-42　高强度螺栓连接承受拉力

外拉力使板叠厚度回弹：

$$\delta=\frac{\Delta C}{EA_c}h$$

由于变形协调：

$$\frac{\Delta P}{A_1}=\frac{\Delta C}{A_c}$$

根据内外力平衡条件：

$$N_t=(P+\Delta P)-(C-\Delta C)=\Delta P+\Delta C$$

计算 ΔP 和 ΔC，如式（9-47）和式（9-48）：

$$\Delta P=\frac{N_1}{1+\dfrac{A_c}{A_1}} \tag{9-47}$$

$$\Delta C=\frac{A_c}{A_1}\times\frac{N_t}{1+\dfrac{A_c}{A_1}} \tag{9-48}$$

此时近似取 $A_c\approx 10A_1$，有 $\Delta P\approx 0.09N_t$、$\Delta C\approx 0.91N_t$，可见，外拉力只有很小一部分直接传给螺栓。

实际在工程上既要要求螺栓处 P 不要增加太多，以免螺栓杆达到屈服或引起较大松弛，也要保证接触面压力不减为零，处于压紧密贴的状态，使连接具有整体性，一般控制剩余接触面压力不低于初始值的 1/4，即 $P-0.91N_t\geqslant 0.25P$，计算有 $N_t\leqslant 0.82P$。所以现行《钢标》一般规定摩擦型单栓抗拉承载力设计限值近似取 $0.8P$。

2. 高强度螺栓单栓抗拉承载力设计值

（1）摩擦型高强度螺栓的单栓抗拉承载力

试验证明，当栓杆的外加拉力 N_t 大于预拉力 P 时，卸载后螺栓杆的预拉力将减小，即发生松弛现象。但当 N_t 不大于 $0.8P$ 时，则无松弛现象，可认为螺杆的预拉力不变，且连接板件间有一定的挤压力保持紧密接触，所以现行《钢标》规定单栓抗拉承载力为：

$$N_t^b = 0.8P \tag{9-49}$$

应当注意，设计时要保证连接的刚度以消除撬力的不利影响，否则应按 $N_t^b = 0.5P$ 计算。

（2）承压型高强度螺栓单栓抗拉承载力

承压型高强度螺栓的预拉力值与摩擦型一样，但其设计准则与普通螺栓连接相似，因此单栓抗拉承载力设计值的计算方法与普通螺栓连接相似：

$$N_t^b = \frac{\pi \cdot d_e^2}{4} f_t^b \tag{9-50}$$

式中 d_e——螺栓杆的有效直径；

f_t^b——高强度螺栓的抗拉强度设计值，如附表 A-4 所示。

通过计算可得，式（9-50）的计算结果与 $0.8P$ 相差不多。

9.3.5 高强度螺栓群连接的抗拉计算

对于高强度螺栓群受拉主要考虑轴心力以及弯矩的作用，计算方法如下：

1. 螺栓群在轴力作用下的抗拉计算

在外力 N 作用下，N 通过螺栓群形心，假定每个螺栓所受外力相同，单栓受力应满足：

$$N_1 = \frac{N}{n} \leqslant N_t^b \tag{9-51}$$

式中 N_t^b——对于摩擦型高强度螺栓取 $0.8P$，对于承压型取 $\frac{\pi \cdot d_e^2}{4} f_t^b$。

2. 螺栓群在弯矩作用下的抗拉计算

由于高强度螺栓的抗拉承载力设计值 N_t^b 一般总小于其预拉力 P，故在弯矩作用下，连接板件接触面始终处于紧密接触状态，弹性性能较好，可认为是一个整体，所以假定连接的中和轴与螺栓群形心轴重合，这与普通螺栓群在弯矩作用下的抗拉计算有明显区别，如图 9-43 所示，最外侧螺栓受力最大为：

$$N_1 = \frac{M \cdot y_1}{\sum_{i=1}^{n} y_i^2} \tag{9-52}$$

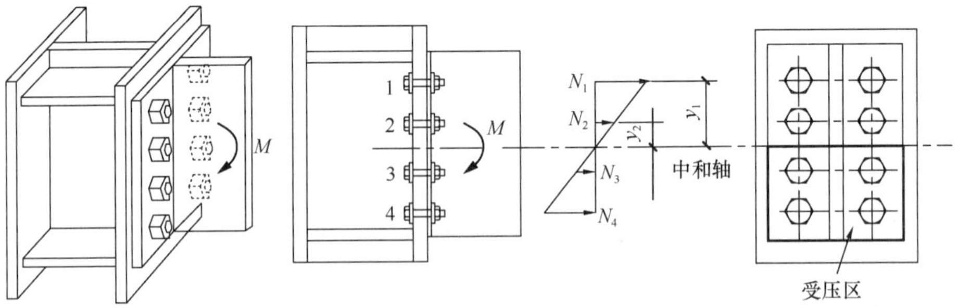

图 9-43 弯矩作用下螺栓群计算简图

设计时只要满足式（9-53）即可：

$$N_1 \leqslant N_t^b \tag{9-53}$$

式中　N_t^b——对于摩擦型高强度螺栓取 0.8P，对于承压型取$\frac{\pi \cdot d_e^2}{4} f_t^b$。

3. 螺栓群在偏心拉力作用下（轴力和弯矩共同作用下）

如图 9-44 所示，偏心力作用下的高强度螺栓连接，螺栓最大拉力不应大于 0.8P，以保证板件紧密贴合，端板不会被拉开，所以假定连接的中和轴与螺栓群形心轴重合，摩擦型和承压型均可采用以下方法（叠加法）计算：

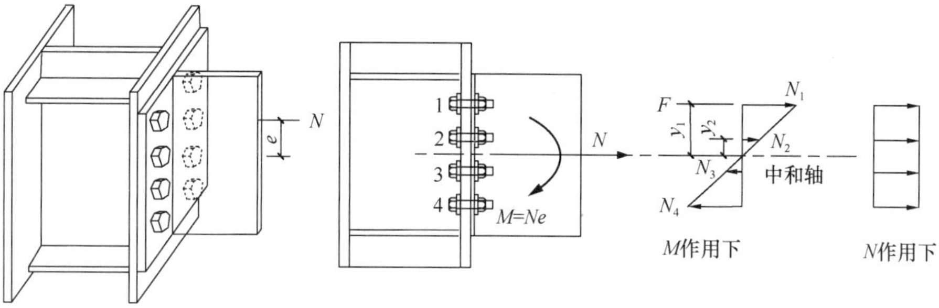

图 9-44　偏心拉力作用下螺栓群计算简图

$$N_1 = \frac{N}{n} + N_{1M} = \frac{N}{n} + \frac{M \cdot y_1}{\sum_{i=1}^{n} y_i^2} \leqslant N_t^b \tag{9-54}$$

式中　N_t^b——对于摩擦型高强度螺栓取 0.8P，对于承压型取$\frac{\pi \cdot d_e^2}{4} f_t^b$。

9.3.6　高强度螺栓群连接在拉力、剪力共同作用下的计算

如前文所述，当高强度螺栓连接承受拉力时，板叠间的预压力会减小，此时板间的抗滑移系数也有所降低，导致板间摩擦力即抗剪承载力降低。工程上常遇到的许多梁柱连接处，存在既受拉又受剪的螺栓连接，此种连接的极限承载力由试验研究确定，即根据试验资料整理出螺栓破坏时剪力和拉力的相关曲线。我国《钢标》采用无量纲化的相关公式对拉剪连接进行计算。

1. 摩擦型高强度螺栓连接

在螺栓受剪的截面上，对于高强度螺栓摩擦型连接在拉力和剪力共同作用下的计算采用线性相关方程近似表示破坏模式，如图 9-45 所示，为：

$$\frac{N_t}{N_t^b} + \frac{N_v}{N_v^b} \leqslant 1 \tag{9-55}$$

2. 高强度螺栓承压型连接

高强度螺栓承压型连接在拉力和剪力共同作用下的计算方法与普通螺栓相同，承载力无量纲相关曲线近似为“四分之一圆”，即式（9-56）：

$$\sqrt{\left(\frac{N_v}{N_v^b}\right)^2 + \left(\frac{N_t}{N_t^b}\right)^2} \leqslant 1 \tag{9-56}$$

为了防止孔壁的承压破坏，还应满足：

$$N_v \leqslant \frac{N_c^b}{1.2} \tag{9-57}$$

式（9-57）中系数1.2为承压强度折减系数。由于对螺栓施加预拉力后，构件在孔前存在较高的三向应力，使板局部承压强度提高，但当螺栓连接同时承受外拉力时，连接件之间的压紧力减小，则导致孔壁承压强度降低。

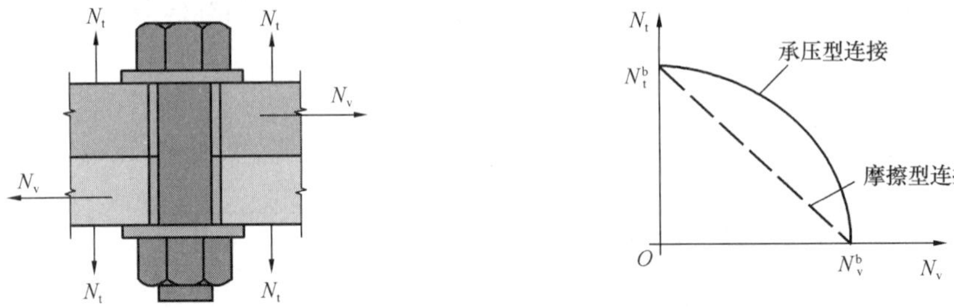

图9-45　高强度螺栓拉剪共同作用下的承载力计算

9.3.7　高强度螺栓群连接在拉力、弯矩和剪力共同作用下的计算

同样地，对于在拉力、弯矩和剪力共同作用下的高强度螺栓群，如图9-46所示，计算方法如下：

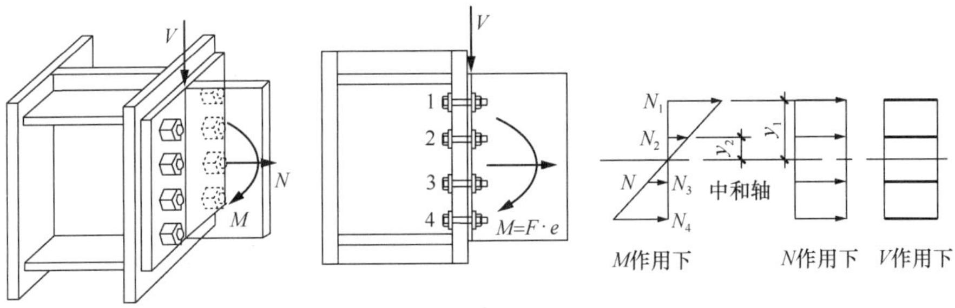

图9-46　高强度螺栓群在拉力、弯矩和剪力共同作用下的连接计算

1. 摩擦型高强度螺栓连接

如图9-46所示，1号螺栓在N、M作用下所受拉力为：

$$N_{1t} = \frac{N}{n} + \frac{M \cdot y_1}{\sum_{i=1}^{n} y_i^2} \tag{9-58}$$

单个螺栓所受的剪力：

$$N_{1v} = N_v = \frac{V}{n} \tag{9-59}$$

在N、M和V共同作用下，如前所述应满足：

$$\frac{N_{1t}}{N_t^b} + \frac{N_{1v}}{N_v^b} \leqslant 1 \tag{9-60}$$

式中　$N_v^b = 0.9k \cdot n_f \cdot \mu \cdot P$；

$N_t^b = 0.8P$。

2. 承压型高强度螺栓连接

单个螺栓所受的剪力：

$$N_{1v}=\frac{V}{n} \tag{9-61}$$

单个螺栓在 N、M 作用下所受的最大拉力：

$$N_{1t}=\frac{N}{n}+\frac{M\cdot y_1}{\sum_{i=1}^{n}y_i^2} \tag{9-62}$$

在 N、M 和 V 共同作用下，如前所述应满足：

$$\sqrt{\left(\frac{N_{1v}}{N_v^b}\right)^2+\left(\frac{N_{1t}}{N_t^b}\right)^2}\leqslant 1 \tag{9-63}$$

且：

$$N_{1v}\leqslant\frac{N_c^b}{1.2} \tag{9-64}$$

9.4　铁路桥梁高强度螺栓（铆钉）连接的构造和计算

铁路桥梁承受列车荷载，绝对量值大，动荷载比重远高于民用钢结构，铁路钢桥高强度螺栓连接有下列计算特点：

(1) 只采用 10.9 级高强度螺栓，螺栓材料采用 20 锰钛硼（20MnTiB）或 35 钒硼（35VB）；

(2) 只能采用摩擦型高强度螺栓连接；

(3) 只允许螺栓连接受剪，不得承受拉力。

9.4.1　铁路桥梁高强度螺栓（铆钉）连接的构造要求

1. 抗滑移系数

接触面间的抗滑系数可根据接触面的处理方法通过试验确定：当采用板面除锈、抛丸、酸洗、热喷铝工艺时，可采用 0.45。

2. 栓（钉）直径及预拉力

对于高强度螺栓（铆钉）的直径，规范有如下要求：位于主要杆件上的栓（钉）直径不宜超过角钢肢宽度的 1/4。困难条件下，肢宽 80mm 的角钢肢上可用孔径 24mm 的高强度螺栓（铆钉），肢宽 100mm 的角钢肢上可用孔径 26mm 的高强度螺栓（铆钉）；对于铆钉最大铆合厚度的要求为：不应大于钉孔直径的 4.5 倍；此外，高强度螺栓预拉力的设计值按表 9-5 的规定确定。

高强度螺栓预拉力设计值　　表 9-5

螺纹直径	M22	M24	M27	M30
性能等级	10.9 级			
预拉力设计值（kN）	200	230	300	370

3. 高强度螺栓和铆钉的布置

在对高强度螺栓或铆钉进行布置时，应使其中心与构件的轴线对称，避免偏心；此外，根据铆钉的特性，容许间距仍沿用1975年版规范的规定，如表9-6所示。为使钉群能承受意外的局部弯矩，并考虑到现场施铆时需采用冲钉定位，在布置时《桥规》对最低栓（钉）数目有如下规定：每排栓（钉）数目不应少于一排螺栓时2个，一排铆钉时3个，二排及二排以上螺栓或铆钉时每排2个。

高强度螺栓或铆钉的容许间距　　　　表9-6

<table>
<tr><th rowspan="2">尺寸名称</th><th rowspan="2" colspan="3">方向</th><th rowspan="2">构件应力种类</th><th colspan="2">容许间距</th></tr>
<tr><th>最大</th><th>最小</th></tr>
<tr><td rowspan="5">栓（钉）中心间距</td><td colspan="3">沿对角线方向</td><td rowspan="3">拉力或压力</td><td>—</td><td>$3.5d$</td></tr>
<tr><td colspan="3">靠边的行列</td><td>$7d_0$和16δ中较小者</td><td rowspan="4">$3d$</td></tr>
<tr><td rowspan="3">中间行列</td><td colspan="2">垂直应力方向</td><td>24δ</td></tr>
<tr><td colspan="2" rowspan="2">顺应力方向</td><td>拉力</td><td>24δ</td></tr>
<tr><td>压力</td><td>16δ</td></tr>
<tr><td rowspan="3">栓（钉）中心至构件边缘距离</td><td>裁切或滚压边缘</td><td colspan="2">剪切边或手工切割边</td><td rowspan="3">拉力或压力</td><td rowspan="3">8δ或120mm中较小者</td><td>$1.5d$</td></tr>
<tr><td>裁切边缘</td><td rowspan="2">轧制边、自动气割或锯割边</td><td>高强度螺栓</td><td rowspan="2">$1.3d$</td></tr>
<tr><td>滚压边缘</td><td>其他螺栓（铆钉）</td></tr>
</table>

注：d_0为栓（钉）直径（mm）；d为栓（钉）孔直径（mm）；δ为栓（钉）各部分中外侧钢板或型钢厚度（mm）。

4. 螺栓排数较多时的折减

特殊地，当连接中螺栓排数较多时，对于摩擦型高强度螺栓连接的接头，力的分布并不均匀，与计算中按照每个螺栓均匀受力的假定有较大不同。试验表明螺栓多于6排时，即使排数再增加，螺栓群第一排（最后一排）螺栓所受的力总会占到外力的30%左右，当该值大于端排螺栓的抗滑移极限时，该排螺栓出现解扣滑移现象。

因此《桥规》中有：抗滑型高强度螺栓连接接头，顺接头轴力方向的双滑移面连接的螺栓排数超过6排时或单抗滑面连接的螺栓排数超过4排时，第一排螺栓的抗滑承载力应按式（9-65）检算，当不能满足时应调整或将该排螺栓不计入连接螺栓的有效数量中。

$$0.30S_L < nm\mu_0 N \tag{9-65}$$

式中　S_L——螺栓接头在活荷载（包括冲击）作用下的轴向力；

n——第一排螺栓总数。

9.4.2 铁路桥梁高强度螺栓（铆钉）连接的计算

1. 高强度螺栓单栓承载力计算

在抗滑型高强度螺栓连接中，每个高强度螺栓的容许抗滑承载力应按式（9-66）计算：

$$P = m\mu_0 N/K \tag{9-66}$$

式中　P——高强度螺栓的容许抗滑承载力；

m——高强度螺栓连接处的抗滑面数；

μ_0——高强度螺栓连接的钢材表面抗滑移系数；

N——高强度螺栓的设计预拉力；

K——安全系数，取1.7。

其中高强度螺栓预拉力的设计值应根据高强度螺栓的螺纹直径、性能等级按表9-5的规定确定。

2. 高强度螺栓（铆钉）连接计算及要求

《桥规》高强度螺栓连接的计算方法同《钢标》，即强度条件如式（9-67），此外，《桥规》还对偏心连接、部分拼接区域等特殊情况下的计算有以下要求：

$$N_{1T,V,N} \leqslant P \tag{9-67}$$

（1）杆件的肢与节点板偏心连接，且这些肢在连接范围内无缀板时，或杆件的肢仅一面有拼接板时，则栓（钉）除受剪外，还承受附加弯矩，其栓（钉）总数应增加10%，并应计算各栓（钉）的受力。

（2）主桁杆件及板梁翼缘的拼接板与被拼接部分间的连接高强度螺栓（铆钉）的强度，在按净截面拼接时应不低于按净截面积计算的拼接板强度；在按毛截面或有效截面拼接时，应不低于按毛截面积或有效截面积计算的拼接板强度。

（3）对于铆接杆件截面的个别部分不直接连接而是经过截面的其他部分连接者，铆钉需承受附加弯矩，其连接铆钉数目应增加，具体地，若隔一层板增加10%，隔两层或两层板以上时增加20%，此时铆钉总数可不增加；而对于栓接杆件，其依靠板层间摩擦力传递力，不存在高强度螺栓杆受弯的问题，故其数量不必增加。

（4）当隔着填板连接，而填板在接头范围以外有相当其面积1/4以上的铆钉时，连接铆钉数量可不增加。

（5）采用螺纹连接时，应对螺纹的抗剪强度、抗弯强度进行检算，对螺杆按最小截面进行抗拉强度检算。

3. 栓（钉）数量的计算

主桁杆件及板梁翼缘用高强度螺栓或铆钉连接时，为适应荷载发展的需要，避免造成结构的薄弱环节，保证其安全耐久，要求主桁杆件的连接强度不应低于被连接杆件的承载能力，因此，其栓（钉）数量应按连接杆件的承载能力计算，并应符合下列规定：

（1）有些桁梁的腹杆，不是受其内力控制而是由长细比控制的简化杆件类别，以致这种杆件的实际承载力比计算值高出较多，而其截面在同一桁架的同类型腹杆中往往最小，故习惯把它称为最小截面控制杆件，这种杆件在确定其连接栓（钉）数量时，按承载能力计算得到的栓（钉）数量通常过多，可适当缩减；因此在《桥规》中，当腹杆为最小截面控制时，其连接栓（钉）数量可按1.1倍的杆件内力与75%的杆件净面积强度的较大值进行计算。

（2）对于桥面系、联结系、缀板以及所有考虑安装影响的杆件可按内力计算并假定纵向力在栓（钉）群上是平均分布的。

（3）板梁腹板拼接采用栓（钉）连接时，腹板厚度较薄，而拼接板由于受最小板厚的限制，拼接板强度往往比板梁腹板大，因此规定应按弯矩和剪力的合力检算栓（钉）群最远处栓（钉）的强度，即栓（钉）群的强度不应小于拼接处腹板净截面抗弯强度与该处最大剪力的组合强度。

4. 构件净截面强度检算

《桥规》高强度螺栓连接构件净截面强度的检算方法，与《钢标》普通螺栓连接构件强度检算方法相同，如式（9-68）所示。《桥规》不考虑高强度螺栓连接的孔前传力，主要考虑：

（1）铁路桥梁荷载的特殊性（涉及列车、线路及桥梁的动力特性）；

（2）对构件疲劳破坏的机理尚未完全清楚。

$$\sigma = \frac{N}{A_n} \leqslant [\sigma] \tag{9-68}$$

9.5 普通螺栓连接和高强度螺栓连接例题

【例题 9-1】 两块钢板需要现场拼接，设计采用双拼接板的盖板连接。两块钢板的截面尺寸为 16mm×450mm，拼接板厚 10mm，钢材为 Q345B。作用在螺栓群形心处的轴心拉力设计值 N=1000kN（静荷载），试设计此连接，如图 9-47 所示（注：本题相关计算引用《钢结构设计标准》GB 50017－2017）。

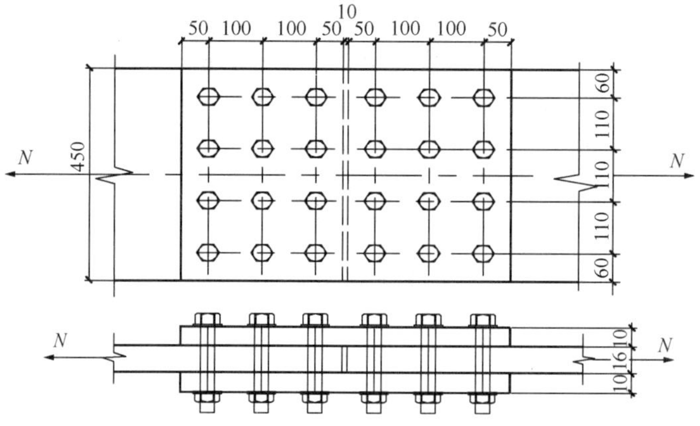

图 9-47 例题 9-1（1）图（mm）

（1）用普通螺栓 C 级拼接，d=20mm；

（2）摩擦型高强度螺栓，10.9 级 M20，构件接触面用喷硬质石英砂处理；

（3）承压型高强度螺栓，10.9 级 M20。

解：

（1）用普通螺栓 C 级拼接，d=20mm（标准孔，孔径 22mm）

单个螺栓的承载力设计值：

$$N_v^b = n_v \frac{\pi d^2}{4} f_v^b = 2 \times \frac{\pi \times 20^2}{4} \times 140 \times 10^{-3} = 88\text{kN}$$

$$N_c^b = d \sum t f_c^b = 20 \times 16 \times 385 \times 10^{-3} = 123.2\text{kN}$$

所需螺栓数：$n = \dfrac{N}{N_v^b} = \dfrac{1000}{88} = 11.4$，取 12。

按构造要求排列，并进行连接长度校核以及净截面强度验算。

连接长度 200mm，$15d_0=15\times22=330$mm，无需进行承载力折减。

净截面强度验算：

$$\sigma=\frac{N}{A_n}=\frac{1000\times10^3}{16\times(450-4\times22)}=172.7\text{N/mm}^2<0.7f_u=329\text{N/mm}^2$$

（2）采用摩擦型连接

10.9 级 M20 高强度螺栓的预拉力 $P=155$kN，喷硬质石英砂处理 $\mu=0.45$。

单栓抗剪承载力设计值：

$$N_v^b=0.9kn_f\mu P=0.9\times1.0\times2\times0.45\times155=125.6\text{kN}$$

所需螺栓数：$n=\frac{N}{N_v^b}=\frac{1000}{125.6}=7.96$，取 8 个，如图 9-48 所示。

按构造要求排列，并进行净截面验算：

$$N'=N\left(1-0.5\frac{n_1}{n}\right)=1000\times\left(1-0.5\times\frac{4}{8}\right)=750\text{kN}$$

净截面验算：

$$\sigma=N'/A_n=\frac{750\times10^3}{16\times(450-4\times22)}=129.5\text{N/mm}^2<0.7f_u=329\text{N/mm}^2$$

（3）用承压型高强度螺栓

单个螺栓的承载力设计值：

$$N_{1v}^b=n_v\frac{\pi d^2}{4}f_v^b=2\times\frac{\pi\times20^2}{4}\times310\times10^{-3}=194.7\text{kN}$$

$$N_c^b=d\sum tf_c^b=20\times16\times590\times10^{-3}=188.8\text{kN}$$

$$N_v^b=\min(N_{1v}^b,N_c^b)=188.8\text{kN}$$

所需螺栓数：　$n=\frac{N}{N_v^b}=\frac{1000}{188.8}=5.3$，取 6 个，如图 9-49 所示。

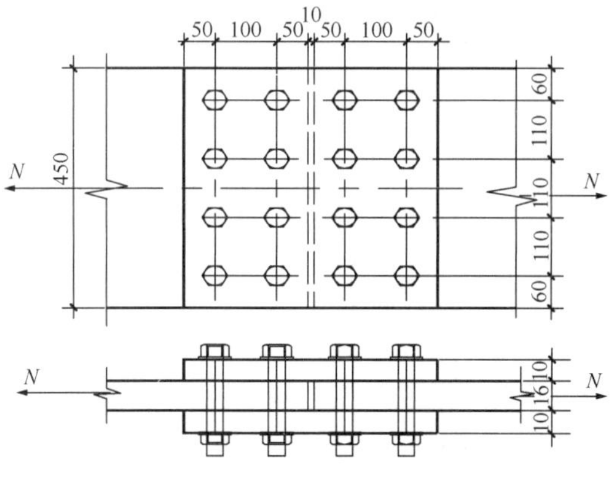

图 9-48　例题 9-1（2）图（mm）

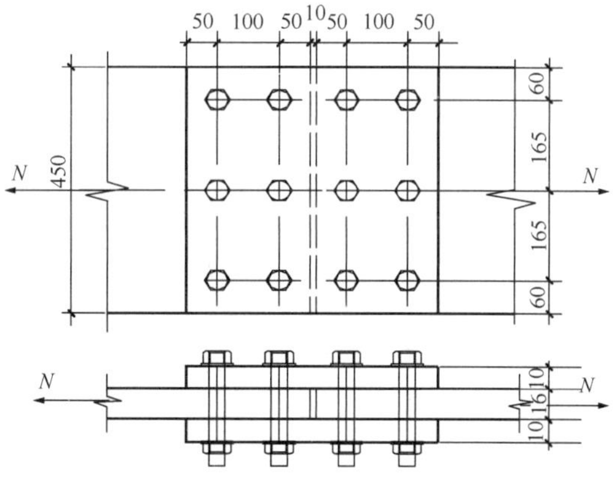

图 9-49　例题 9-1（3）图（mm）

按构造要求排列，并进行净截面验算：

$$\sigma=N/A_n=\frac{1000\times10^3}{16\times(450-3\times22)}=162.8\text{N/mm}^2\leqslant0.7f_u=329\text{N/mm}^2$$

【例题 9-2】 一端板连接受偏心拉力作用，采用普通螺栓 C 级，螺杆 $d=20$mm，孔径 21.5mm，钢材为 Q235B。承受偏心拉力 $N=200$kN（设计值）和剪力 $V=240$kN，作用位置如图 9-50 所示。试验算螺栓群是否满足设计要求。翼缘和端板厚度均为 10mm（注：本题相关计算引用《钢结构设计标准》GB 50017—2017）。

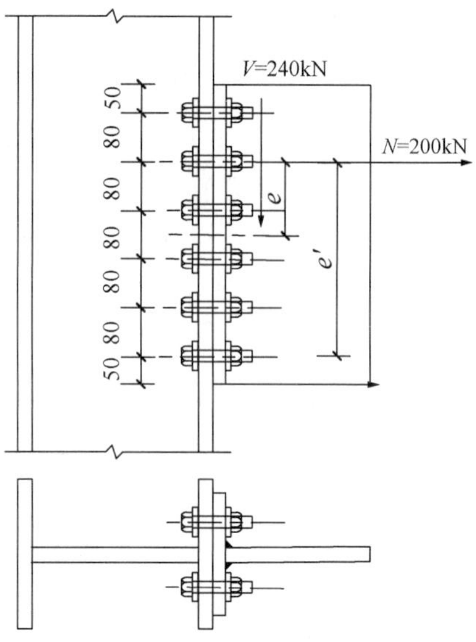

图 9-50　例题 9-2 图（mm）

解：

螺栓群受力：

$$V=240\text{kN},\ N=200\text{kN}$$

$$M=Ne=200\times 120=24,000\text{kN}\cdot\text{mm}$$

（1）判断大小偏心

$$\frac{N}{n}-\frac{My_1}{\sum_{i=1}^{n}y_i^2}=\frac{200}{12}-\frac{24,000\times 200}{224,000}=-4.8\text{kN}<0$$

其中：$\sum y_i^2=4\times(40^2+120^2+200^2)=224,000\text{mm}^2$

按大偏心计算。

（2）计算危险螺栓受力（将 N 简化至底排螺栓中心）

$$N_v=240/12=20\text{kN}$$

$$N_v^b=n_v\frac{\pi d^2}{4}f_v^b=1\times\frac{\pi\times 20^2}{4}\times 140=43.96\text{kN}$$

弯矩：$M=Ne'=200\times 320=64,000\text{kN}\cdot\text{mm}$

$$\sum y_i^2=2\times(80^2+160^2+240^2+320^2+400^2)=704,000\text{mm}^2$$

$$N_t=\frac{My'_1}{\sum_{i=1}^{n}y'^2_i}=\frac{64,000\times 400}{704,000}=36.4\text{kN}$$

$$N_t^b=A_e f_t^b=245\times 170\times 10^{-3}=41.65\text{kN}$$

$$\sqrt{\left(\frac{N_v}{N_v^b}\right)^2+\left(\frac{N_t}{N_t^b}\right)^2}=\sqrt{\left(\frac{20}{43.98}\right)^2+\left(\frac{36.4}{41.65}\right)^2}=0.99<1$$

$$N_c^b=d\sum tf_c^b=20\times 10\times 305=61\text{kN}>N_v\text{，满足设计要求！}$$

【例题 9-3】 若例题 9-2 分别改用 8.8 级摩擦型和承压型高强度螺栓连接，螺杆 $d=20$mm，试验算连接强度。接触面喷硬质石英砂处理。翼缘和端板厚度均为 10mm（注：本题相关计算引用《钢结构设计标准》GB 50017—2017）。

解：

（1）按摩擦型验算

$$N_v=240/12=20\text{kN}$$

$$N_v^b=0.8kn_f\mu P=0.9\times 1.0\times 0.45\times 125=50.63\text{kN}$$

$$N_{Mt}=\frac{My_1}{\sum_{i=1}^{n}y_i^2}=\frac{24,000\times 200}{224,000}=21.43\text{kN}, N_{Nt}=200/12=16.67\text{kN}$$

$$N_t=21.43+16.67=38.1\text{kN}$$

$$N_t^b=0.8P=0.8\times 125=100\text{kN}>38.1\text{kN}$$

$$\frac{N_v}{N_v^b}+\frac{N_t}{N_t^b}=\frac{20}{50.63}+\frac{38.1}{100}=0.78\leqslant 1$$

满足设计要求。

（2）按承压型验算

$$N_v=240/12=20\text{kN}$$

$$N_v^b=n_v\frac{\pi d^2}{4}f_v^b=1.0\times\frac{\pi\times 20^2}{4}\times 250\times 10^{-3}=78.54\text{kN}$$

$$N_{Mt}=\frac{My_1}{\sum_{i=1}^{n}y_i^2}=\frac{24,0000\times 200}{224,000}=21.43\text{kN}, N_{Nt}=200/12=16.67\text{kN}$$

$$N_t=21.43+16.67=38.1\text{kN}$$

$$N_t^b=A_e f_t^b=245\times 400\times 10^{-3}=98\text{kN}$$

$$N_c^b=d\sum t f_c^b=20\times 10\times 470\times 10^{-3}=94\text{kN}$$

$$\sqrt{\left(\frac{N_v}{N_v^b}\right)^2+\left(\frac{N_t}{N_t^b}\right)^2}=\sqrt{\left(\frac{20}{78.54}\right)^2+\left(\frac{38.1}{98}\right)^2}=0.46<1$$

$$N_v=20\text{kN}<N_c^b/1.2=94/1.2=78.3\text{kN}$$

满足设计要求！

【例题 9-4】图 9-51 所示为一牛腿连接，试按承压型高强度螺栓验算此连接。已知柱翼缘厚度为 10mm，连接板厚度为 8mm，钢材为 Q355B，荷载设计值 F=200kN，偏心距 e=350mm，螺栓采用 10.9 级，M20，孔径 22mm（注：本题相关计算引用《钢结构设计标准》GB 50017—2017）。

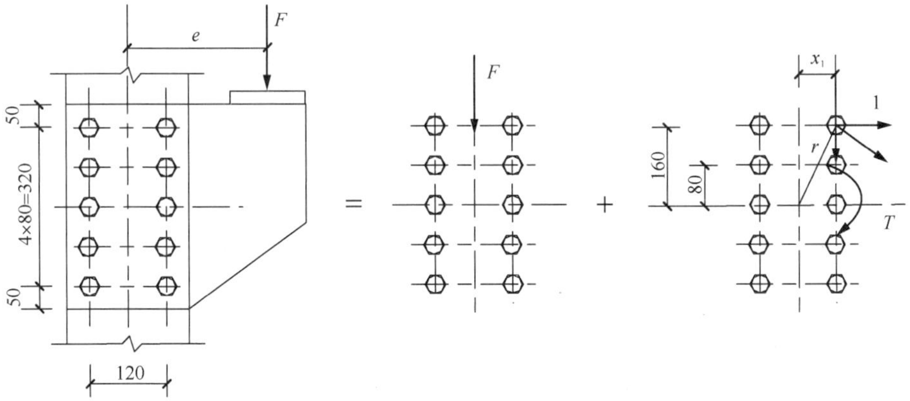

图 9-51　例题 9-4 图（mm）

解：

（1）螺栓群受力

$$V=F=200\text{kN},T=F\times e=200\times 0.35=70\text{kN}\cdot\text{m}$$

（2）单栓抗剪承载力设计值（螺栓直径 d=20mm）

螺栓抗剪承载力设计值：

$$N_v^b=n_v\frac{\pi d^2}{4}f_v^b=1\times\frac{\pi\times 20^2}{4}\times 310\times 10^{-3}=97.3\text{kN}$$

构件承压承载力设计值：

$$N_c^b=d\sum tf_c^b=20\times 8\times 590\times 10^{-3}=94.4\text{kN}$$

$$N_{min}^b=\min(N_v^b,N_c^b)=94.4\text{kN}$$

（3）验算受力最大螺栓

剪力作用下：$N_{1Vy}=\dfrac{200}{10}=20\text{kN}$

扭矩作用下：

$$\sum x_i^2+\sum y_i^2=10\times 60^2+(4\times 80^2+4\times 160^2)=164,000\text{mm}^2$$

$$N_{1Tx}=\frac{T\cdot y_1}{\sum x^2+\sum y^2}=\frac{70\times 10^6\times 160\times 10^{-3}}{164,000}=68.3\text{kN}$$

$$N_{1Ty}=\frac{T\cdot x_1}{\sum x^2+\sum y^2}=\frac{70\times 10^6\times 60\times 10^{-3}}{164,000}=25.6\text{kN}$$

$$N_1=\sqrt{N_{1Tx}^2+(N_{1Ty}+N_{1Vy})^2}=\sqrt{68.3^2+(25.6+20)^2}=82.1\text{kN}<N_{min}^b=94.4\text{kN}$$

满足设计要求！

【例题 9-5】如图 9-52 所示拉杆与柱翼缘板采用高强度螺栓连接，拉杆轴线通过螺栓群形心，按摩擦型连接求所需螺栓的数目。已知钢材为 Q235B，轴心拉力设计值 N=800kN，螺栓为 8.8 级 M20，钢材表面用喷砂后生赤锈处理，抗滑移系数 μ=0.45，单栓预拉力设计值 P=125kN（注：本题相关计算引用《钢结构设计标准》GB 50017—2017）。

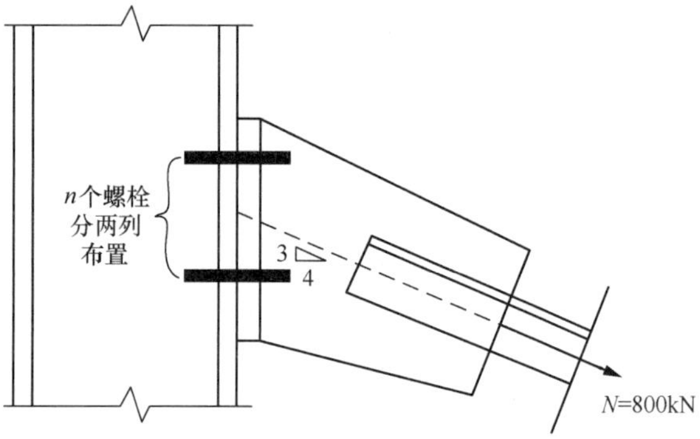

图 9-52 例题 9-5 图

解：

该连接为拉剪型连接。

单栓抗剪承载力设计值：

$$N_v^b=0.9kn_f\mu P=0.9\times 1.0\times 0.45\times 125=50.63\text{kN}$$

单栓抗拉承载力设计值：

$$N_t^b=0.8P=0.8\times 125=100\text{kN}$$

单栓受力：$N_v=\dfrac{V}{n}=\dfrac{800\times\frac{3}{5}}{n}=\dfrac{480}{n},N_t=\dfrac{N}{n}=\dfrac{80\times\frac{4}{5}}{n}=\dfrac{640}{n}$

n 为所需螺栓数目：

$$\frac{N_v}{N_v^b}+\frac{N_t}{N_t^b}=\frac{480/n}{50.63}+\frac{640/n}{100}\leqslant 1$$

解方程 $n \geqslant 15.88$，取 16 个，分两列，每列 8 个。

【例题 9-6】 如图 9-53 所示，钢框架梁柱连接节点采用高强度螺栓端板连接形式，所承受荷载 N 作用点到柱翼缘的距离为 400mm，Q355 钢材，螺栓采用 10.9 级 M22 螺栓（预拉力 $P=190$kN），接触面做喷硬质石英砂处理，请按摩擦型高强度螺栓计算此连接的承载力（所能承受的最大 N）（注：本题相关计算引用《钢结构设计标准》GB 50017—2017）。

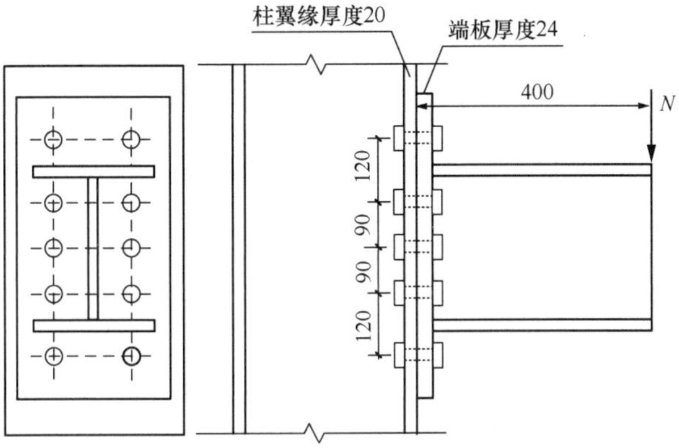

图 9-53　例题 9-6 图（mm）

解：

一个高强度螺栓摩擦型连接的抗剪承载力：

$$N_v^b = 0.9kn_f\mu P = 0.9 \times 1.0 \times 0.45 \times 190 = 76.95\text{kN}$$

一个高强度螺栓摩擦型连接的抗拉承载力：

$$N_t^b = 0.8 \times 190 = 152\text{kN}$$

由题知，螺栓群受剪力和弯矩共同作用。

剪力：$V=N$

弯矩：$M=N\times0.4=0.4N$

由计算简图易知：$\sum_{i=1}^{n} y_i^2 = 4 \times (90^2 + 210^2) = 208,800\ \text{mm}^2$。

单个螺栓受力：$N_{1t} = \dfrac{My_1}{\sum_{i=1}^{n} y_i^2} = \dfrac{0.4N \times 10^3 \times 210}{208,800} = 0.402\text{N}, N_{1v} = \dfrac{V}{n} = \dfrac{N}{10} = 0.1N$

$\dfrac{N_{1t}}{N_t^b} + \dfrac{N_{1v}}{N_v^b} \leqslant 1$，即$\dfrac{0.402N}{152} + \dfrac{0.1N}{76.95} < 1$。

$$N < 253.53\text{kN}$$

【例题 9-7】 如图 9-54 所示为一铁路钢桁架桥中腹杆和弦杆相交处的连接节点，试验算此螺栓连接。已知节点板厚度 $t_1=12$mm，翼缘板厚度 $t_2=12$mm，钢材为 Q345qD，此连接承受轴心拉力 $N=410$kN，螺栓采用 10.9 级摩擦型高强度螺栓，M22，标准孔（本题相关计算引用《铁路桥梁钢结构设计规范》TB 10091—2017）。

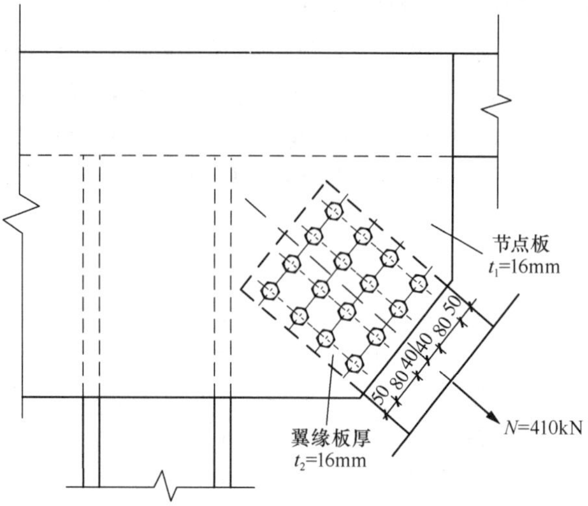

图 9-54 例题 9-7 图（mm）

解：

螺栓群受力：$V = N = 410\text{kN}$

孔径：$d_0 = 24\text{mm}$

摩擦型（抗滑型）高强度螺栓的预拉力：$P = 200\text{kN}$

单栓抗剪承载力设计值：$P = m\mu_0 N/K = 1.0 \times 0.45 \times 200/1.7 = 52.94\text{kN}$

螺栓群受剪承载力：$P_{群} = nP = 16 \times 52.94 = 847.04\text{kN} > N = 410\text{kN}$，满足设计要求。

净截面验算：

$$\sigma = \frac{N}{A_n} = \frac{410 \times 10^3}{12 \times (340 - 24 \times 4)} = 140.03\text{N/mm}^2 \leqslant [\sigma] = 200\text{N/mm}^2$$

满足设计要求。

9.6 销轴连接的构造与计算

9.6.1 销轴连接的形式

销轴连接是一种通过单根钢销轴与三块或五块耳板将相邻两构件连接起来的节点形式，图 9-55 所示为典型的销轴连接。

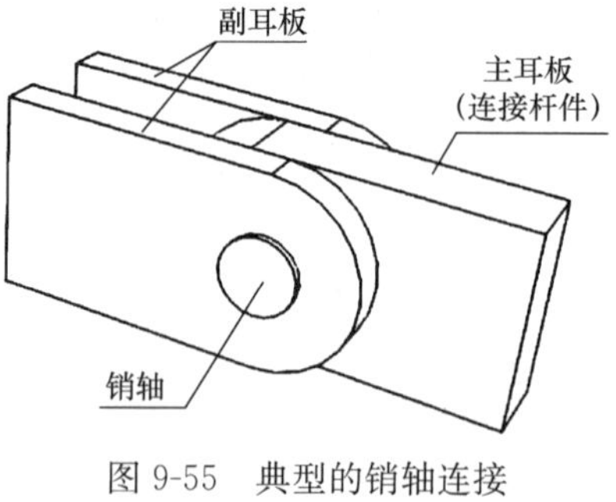

图 9-55 典型的销轴连接

销轴连接中常见的耳板形式（图 9-56）有矩形、带切角矩形、圆形和环形等。销轴与耳板的材料宜采用 Q355、Q390 与 Q420，也可采用 45 号钢、35CrMo 或 40Cr 等钢材。

销轴连接近似为一种理想的铰接连接方式，构造简单、施工方便、传力明确，满足绿色建筑设计与施工的要求。常适用于铰接柱脚或拱脚以及拉索、拉杆端部的连接，也适于以下情况：建筑外观要求简洁美观；单个节点处传递荷载相对较大，要求有一定的转动能力；需定期更换节点处的连接部件。

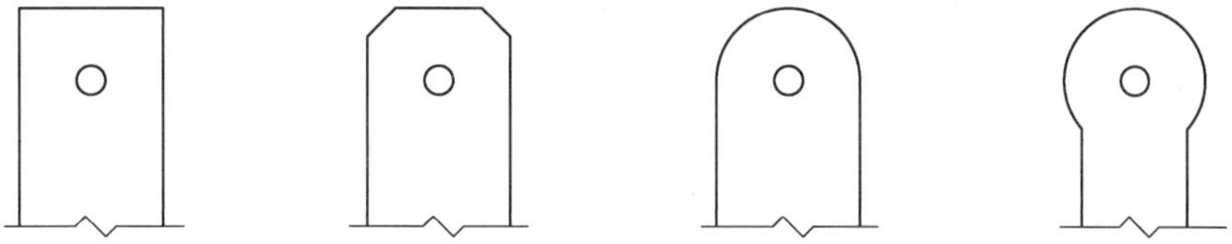

(a) 矩形　　(b) 带切角矩形　　(c) 圆形　　(d) 环形

图 9-56　常见连接耳板形式

销轴在起重机械行业和桥梁工程中有着广泛应用，随着建筑形式的多样化，销轴连接也逐渐应用于现代钢结构工程。传统的销接一般用于大跨度空间结构中钢柱和柱基间的连接（图 9-57）、施工临时连接节点（图 9-58）以及支撑连接，深圳大运会游泳馆屋面幕墙钢结构部分支撑体系连接即采用了销轴连接的方式。为实现更强的承载能力，消除次弯矩的不利影响，近年来销轴连接也开始应用于大型复杂公共建筑，尤其是大跨度重载楼面梁和柱的连接，克服了焊接时高空施焊焊缝质量难以保证的问题，节点内力较大处，若采用高强度螺栓连接，螺栓的排布不易满足设计要求，且数量之多导致施工难度增大，而销轴连接则能很好地解决上述连接方式的弊端。2015 年竣工使用的山东省邹城国际会展中心的桁架与柱的连接（图 9-59）和北京北站站台雨篷结构中钢柱的销接节点（图 9-60）均采用了销轴连接的方式。

图 9-57　钢柱和柱基间的销轴连接

图 9-58　施工临时销接节点

图 9-59　邹城国际会展中心销接节点

图 9-60　北京北站雨篷结构的销接节点

9.6.2 销轴连接的构造

销轴连接应满足下列构造要求，如图 9-61 所示：

（1）销轴孔中心应位于耳板的中心线上，其孔径与直径相差不应大于 1mm。

（2）为避免耳板端部平面外失稳，耳板两侧宽厚比 b/t 不宜大于 4；为保证不发生端部劈开破坏，顺受力方向销轴孔边距板边缘最小距离 a 应满足 $a \geqslant 4/3b_e$。其中，$b_e = 2t + 16 \leqslant b$，$b$ 为连接耳板两侧边缘与销轴孔边缘净距。

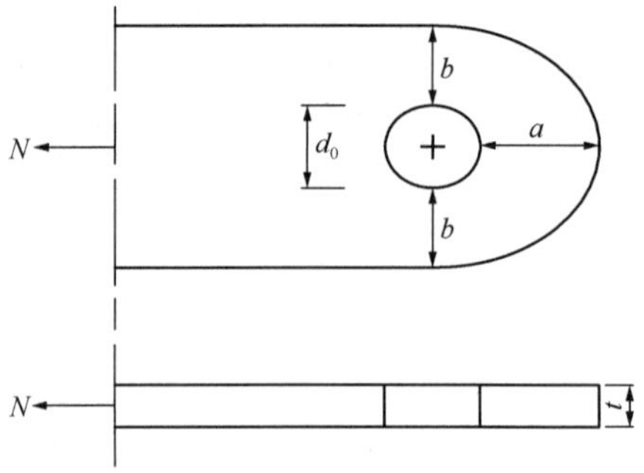

图 9-61　销轴连接耳板

（3）销轴表面与耳板孔周表面宜进行机加工。其质量要求应符合相应的机械零件加工标准的规定。当销轴直径大于 120mm 时，宜采用锻造加工工艺制作。

9.6.3 销轴连接的计算

销轴连接受力后，连接杆件上的荷载最先通过主耳板与销轴间的接触承压传递到销轴上，之后通过销轴的受剪、副耳板与销轴间的接触承压传递到副耳板上。根据连接节点的承载情况，销轴连接节点的破坏分为连接耳板和销轴两部分。连接耳板可能出现的破坏形态（图 9-62）有：净截面受拉破坏、端部劈开、端部剪切破坏和面外失稳；销轴可能出现的破坏形态（图 9-63）有剪切破坏和弯曲破坏。

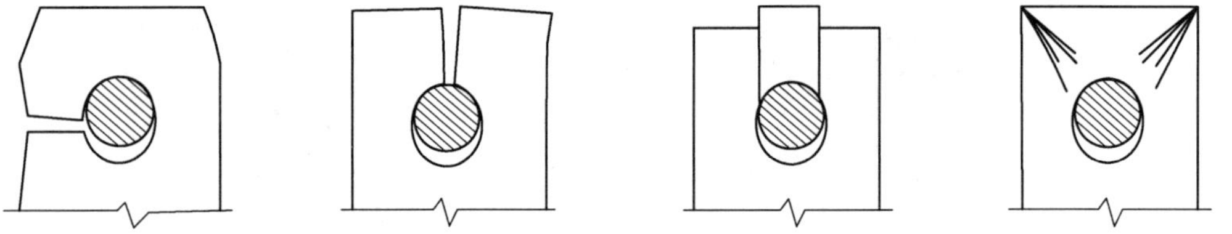

(a) 净截面受拉破坏　(b) 端部劈开　(c) 端部剪切破坏　(d) 面外失稳

图 9-62　连接耳板的破坏形态

1. 连接耳板抗拉、抗剪强度的计算

（1）耳板孔净截面处的抗拉强度

$$\sigma = \frac{N}{2tb_1} \leqslant f \tag{9-69}$$

$$b_1 = \min\left(2t + 16, b - \frac{d_0}{3}\right) \tag{9-70}$$

（2）耳板端部截面抗拉（劈开）强度

$$\sigma = \frac{N}{2t\left(a - \dfrac{2d_0}{3}\right)} \leqslant f \tag{9-71}$$

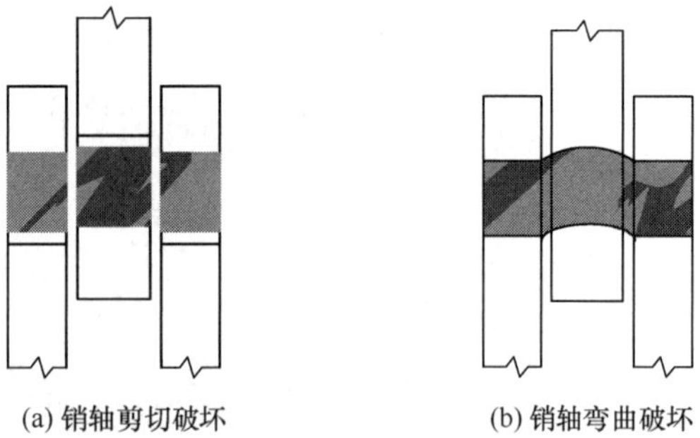

(a) 销轴剪切破坏　(b) 销轴弯曲破坏

图 9-63　销轴的破坏形态

（3）耳板抗剪强度

$$\tau = \frac{N}{2tZ} \leqslant f_v \tag{9-72}$$

$$Z=\sqrt{(a+d_0/2)^2-(d_0-2)^2} \tag{9-73}$$

式中　N——杆件轴向拉力设计值（N）；

b_1——计算宽度（mm）；

d_0——销轴孔径（mm）；

f——耳板钢材的抗拉强度设计值（N/mm^2）；

Z——耳板端部抗剪截面宽度（mm），如图 9-64 所示；

f_v——耳板钢材的抗剪强度设计值（N/mm^2）。

2. 销轴承压、抗剪与抗弯强度的计算

（1）销轴承压强度

$$\sigma_c=\frac{N}{dt}\leqslant f_c^b \tag{9-74}$$

（2）销轴抗剪强度

$$\tau_b=\frac{N}{n_v\pi\frac{d^2}{4}}\leqslant f_v^b \tag{9-75}$$

（3）销轴的抗弯强度

销轴抗弯强度的计算一般将销轴简化为简支梁，连接耳板则简化为简支梁的支座。计算时按均布荷载考虑，假设作用力沿销轴与连接耳板的接触长度方向均匀分布，其弯矩计算简图如图 9-65 所示。计算公式如下：

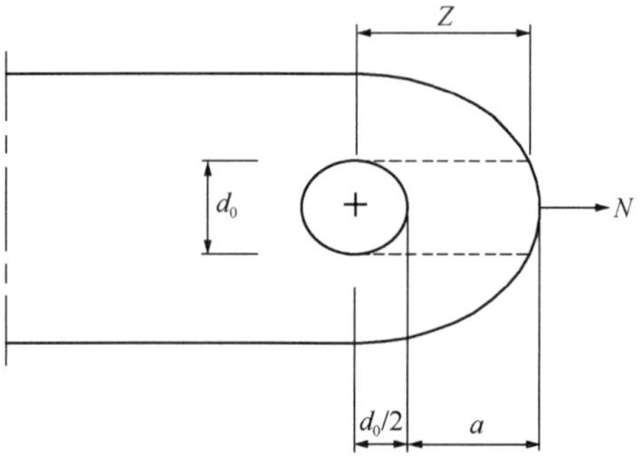

图 9-64　销轴连接耳板受剪面示意图

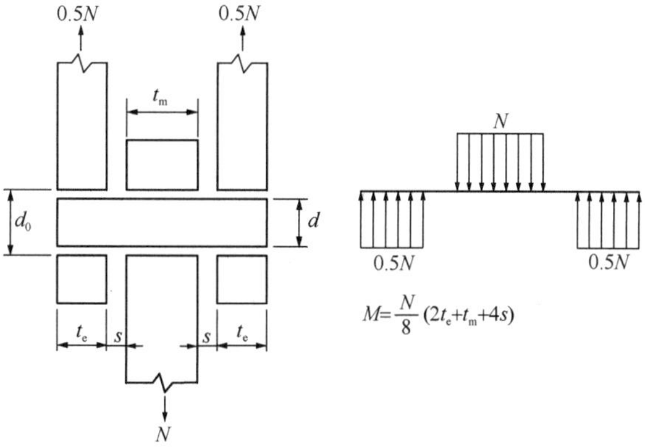

图 9-65　销轴弯矩计算简图

$$\sigma_b=\frac{M}{1.5\frac{\pi d^3}{32}}\leqslant f^b \tag{9-76}$$

$$M=\frac{N}{8}(2t_e+t_m+4s) \tag{9-77}$$

（4）计算截面同时受弯受剪时组合强度应按式（9-78）验算

$$\sqrt{\left(\frac{\sigma_b}{f^b}\right)^2+\left(\frac{\tau_b}{f_v^b}\right)^2}\leqslant 1.0 \tag{9-78}$$

式（9-74）～式（9-78）中 d——销轴直径（mm）；
f_c^b——销轴连接中耳板的承压强度设计值（N/mm²）；
n_v——受剪面数目；
f_v^b——销轴的抗剪强度设计值（N/mm²）；
M——销轴计算截面弯矩设计值（N·mm）；
f^b——销轴的抗弯强度设计值（N/mm²）；
t_e——两端耳板厚度（mm）；
t_m——中间耳板厚度（mm）；
s——端耳板和中间耳板的间距（mm）。

9.7 铆钉连接的构造与计算

9.7.1 铆钉连接的形式

铆钉连接通过对紧固件（铆钉）进行加压，将两个或两个以上的构件连接在一起，从而实现被连接件的永久性连接（图 9-66）。

铆钉通常由铆钉头、圆柱形铆钉杆组成，常用的种类有：半圆头、平锥头、沉头和半沉头等，如图 9-67 所示。铆钉的材料应有良好的塑性，通常采用专用钢材 BL2 和 BL3 号钢制成，其质量应符合现行行业标准《标准件用碳素钢热轧圆钢及盘条》YB/T 4155—2006 的规定。

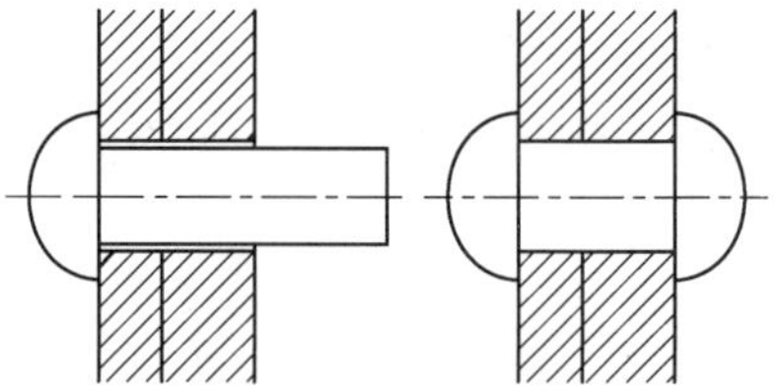

图 9-66　铆钉连接

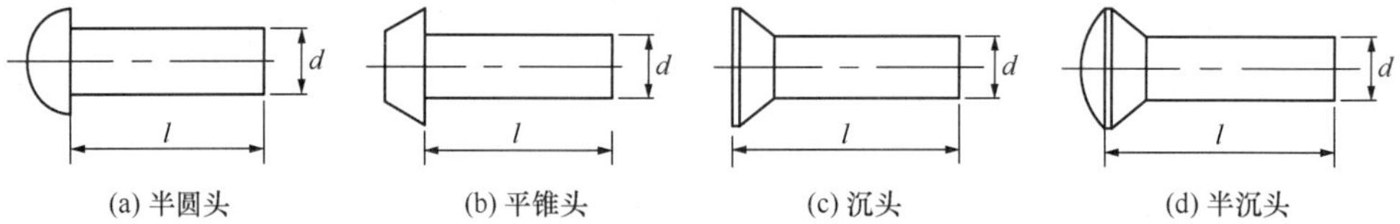

图 9-67　常用铆钉种类

铆钉连接的制作有两种方法：热铆和冷铆。热铆的施工程序是先在被连接的构件上，制成比铆钉直径大 1.0～1.5mm 的钉孔，将半成品铆钉烧成红热状后填入钉孔，再用压铆机或铆钉枪实施铆合，且需将伸出端打成封闭钉头的形式。由于铆合过程中钉身被压粗，钉身和钉孔之间的空隙大部分被填实，因此铆钉连接的变形较小，其过程如图 9-68 所示。冷铆是在常温下铆合而成的。建筑结构中一般采用热铆。

铆钉连接属于承压型连接，连接在剪力作用下，被连接件之间发生滑动后，钉身与孔壁通过挤压承压传力。铆钉连接的优点是塑性和韧性好，传力稳妥可靠，从结构发生明显变形到结构破坏，需继续增加 40%左右的荷载。其优点是保证了结构传力时不受连接构造之间活动的影响，因此，铆钉连接常适用于荷载、跨度较大，以及经常受动力荷载作用的结构。

图 9-68　热铆施工过程

19、20 世纪，一些重要的钢结构均采用了铆钉连接，如法国巴黎的埃菲尔铁塔（图 9-69），其塔身通过 250 万个左右的铆钉和 1.3 万个左右的钢构件连接为一体；澳大利亚的悉尼大桥（图 9-70）由 600 万个左右的铆钉固定；中国的南京长江大桥（图 9-71）通过 150 多万个铆钉将钢桁梁连接在一起。但由于铆钉连接的工艺复杂性，连接过程中需要定位、预紧、烧钉、铆合等步骤，且造价高，施工噪声大，美国从 20 世纪 40 年代初期就开始淘汰了铆钉连接。中国江西的九江长江大桥首次在大型桥梁上采用高强度螺栓连接，随着高强度螺栓连接和焊缝连接的发展，铆接的工程应用已逐渐减少，但在焊接受到限制的情况下或常受动力荷载作用的结构中仍有一定的应用。

图 9-69　埃菲尔铁塔

图 9-70　悉尼大桥

图 9-71　南京长江大桥

9.7.2　铆钉连接的构造

铆钉连接应满足下列构造要求：

（1）沉头和半沉头铆钉不得用于其杆轴方向受拉的连接；

（2）铆钉连接宜采用紧凑布置，其连接中心宜与被连接构件截面的重心相一致。铆钉的间距、边距和端距容许值的规定同螺栓。

9.7.3 铆钉连接的计算

1. 单个铆钉设计承载力

铆钉连接中铆钉的工作性能与普通螺栓连接类似，因此铆钉连接计算公式的形式与普通螺栓连接的计算公式相同。

（1）铆钉连接抗剪设计承载力

$$N_{v}^{r} = n_{v} \frac{\pi d_{0}^{2}}{4} f_{v}^{r} \tag{9-79}$$

（2）铆钉连接承压设计承载力

$$N_{c}^{r} = d_{0} \sum t f_{c}^{r} \tag{9-80}$$

（3）铆钉连接抗拉设计承载力

$$N_{t}^{r} = \frac{\pi d_{0}^{2}}{4} f_{t}^{r} \tag{9-81}$$

（4）同时有拉力和剪力共同作用时，其强度条件按式（9-82）计算

$$\sqrt{\left(\frac{N_{v}}{N_{v}^{r}}\right)^{2} + \left(\frac{N_{t}}{N_{t}^{r}}\right)^{2}} \leqslant 1.0 \tag{9-82}$$

式中　d_0——铆钉孔径；

f_v^r、f_c^r、f_t^r——铆钉的抗剪、承压和抗拉设计强度，查附表 A-5，并应按规定乘以相应的折减系数，当两种情况同时存在时，其折减系数应连乘：施工条件较差的铆钉连接乘以系数 0.9，沉头和半沉头铆钉连接乘以系数 0.8。

2. 铆钉群的计算规定

在下列情况的连接中，铆钉的数目应增加：

（1）一个构件借助填板或其他中间板与另一构件连接的铆钉数目，应按计算增加 10%。

（2）在构件的端部连接中，当利用短角钢连接型钢（角钢或槽钢）的外伸肢以缩短连接长度时，在短角钢两肢中的一肢上，所用的铆钉数目应按计算增加 50%。

（3）当铆钉连接的铆合总厚度超过铆钉孔径的 5 倍时，总厚度每超过 2mm，铆钉数目应按计算增加 1%（至少应增加 1 个铆钉），但铆合总厚度不得超过铆钉孔径的 7 倍。

（4）计算结构或构件的变形时，可不考虑铆钉孔引起的截面削弱。

习　题

一、简答题

1. 与普通螺栓相比，摩擦型高强度螺栓的连接板强度验算中考虑了何种力效应使得净截面验算处的拉力值小于节点所传递的拉力？

2. 以图示法说明承受轴心剪力 N 作用的并列和错列承压型高强度螺栓群以及摩擦型高强度螺栓群的板件拉断迹线，并请指出板件断裂处的内力大小。

3. 画出 C 级普通螺栓、摩擦型和承压型高强度螺栓连接抗剪连接的 N-δ 曲线，标出三类连接所对应的极限状态点，并说明达到极限状态的准则。

4. 简述普通螺栓抗剪的破坏形式。

5. 比较两类（摩擦型和承压型）高强度螺栓连接在构造、设计计算及适用范围上的异同。

6. 简述普通螺栓与高强度螺栓受剪时的传力情况。

7. 对于直接承受动荷载的结构，宜采用何种高强度螺栓连接？

8. 高强度螺栓连接（按传力机理）有哪两种类型？各自的受力机理是什么？

9. 简述承压型高强度螺栓与摩擦型高强度螺栓相比，承载力和变形的关系。

10. 受剪螺栓连接设计中，在进行钢板净截面验算时，需要考虑孔前传力的螺栓连接类型是什么？

11. 简述摩擦型高强度螺栓连接的特点。

12. 简述在螺栓连接中，进行板件的净截面验算的目的。

二、计算题

1. 一钢牛腿由两片角钢和一块钢板组成，分别用高强度螺栓连接于 H 型钢柱的两翼缘上，螺栓布置如图 9-72 所示。该牛腿承受荷载设计值 $V=180\text{kN}$，偏心距 $e=300\text{mm}$，已知板件及型钢为 Q355 钢材，螺栓为 10.9 级 M20，板件接触面采用喷砂后生赤锈处理，抗滑移系数 $\mu=0.5$，单栓预拉力设计值 $P=155\text{kN}$。试按摩擦型高强度螺栓连接验算该螺栓布置是否满足受力要求。

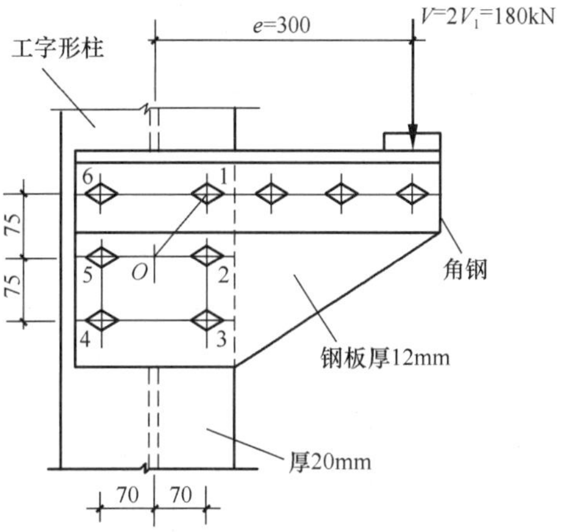

图 9-72　计算题 1 图（mm）

2. 如图 9-73 所示，钢材为 Q235，按 10.9 级摩擦型高强度螺栓连接计算，M20，接触面喷砂处理，已知 $P=155\text{kN}$，$\mu=0.45$，该连接所受的偏向力 $F=200\text{kN}$，试验算该连接是否满足受力要求。

3. 如图 9-74 所示，两块截面为 14mm×400mm 的钢板，采用双拼接板进行拼接，拼接板厚 8mm，钢材 Q235B。作用在螺栓群形心处的轴心拉力设计值 $N=850\text{kN}$，已知：高强度螺栓为 8.8 级，M20，孔径 22mm，接触面采用喷砂处理，抗滑移系数 $\mu=0.45$，预拉力 $P=125\text{kN}$，$f_v^b=250\text{N/mm}^2$，$f_c^b=470\text{N/mm}^2$，试分别按摩擦型连接和承压型连接来确定所需最少螺栓数量。

4. 如图 9-75 所示，柱间支撑与柱采用高强度螺栓连接，设计轴力 N 作用点到螺栓群形心竖向距离为 40mm，钢材为 Q355 钢材，螺栓采用 8.8 级 M20 螺栓，接触面做喷硬质石英砂处理。设计轴力大小 $N=300\text{kN}$，试按摩擦型高强度螺栓连接验算其是否安全。

5. 同图 9-75 所示结构，柱间支撑与柱采用摩擦型高强度螺栓连接，轴力 N 作用点到螺栓群形心竖向距离为 40mm，钢材为 Q355 钢材，螺栓采用 8.8 级 M20 螺栓，接触面做喷硬质石英砂处理。计算其承载力 N。

6. 如图 9-76 所示结构，钢框架梁柱连接节点采用摩擦型高强度螺栓端板连接形式，所承受荷载 $N=240\text{kN}$，作用点到柱翼缘的距离为 400mm，钢材为 Q355 钢材，螺栓采用 10.9 级 M22 螺栓（预拉力 $P=190\text{kN}$），接触面做喷硬质石英砂处理，$\mu=0.45$，试按摩擦型高强度螺栓连接验算其是否满足设计要求。

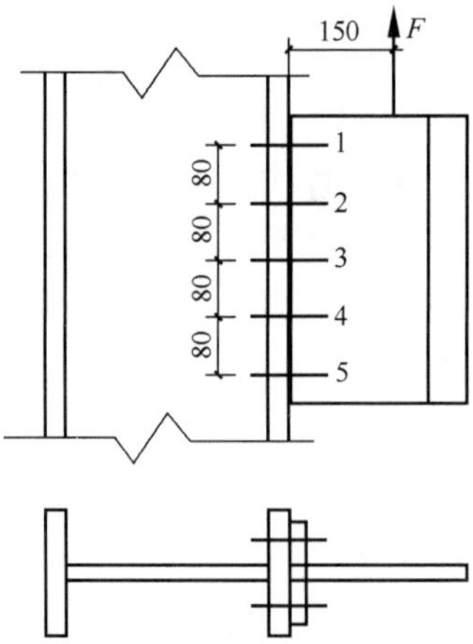

图 9-73　计算题 2 图（mm）

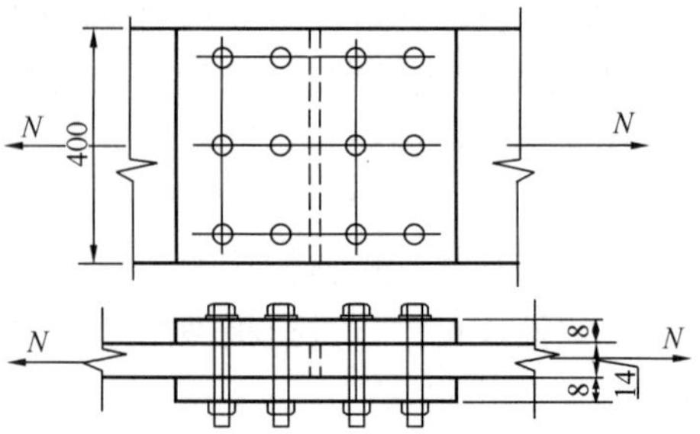

图 9-74　计算题 3 图（mm）

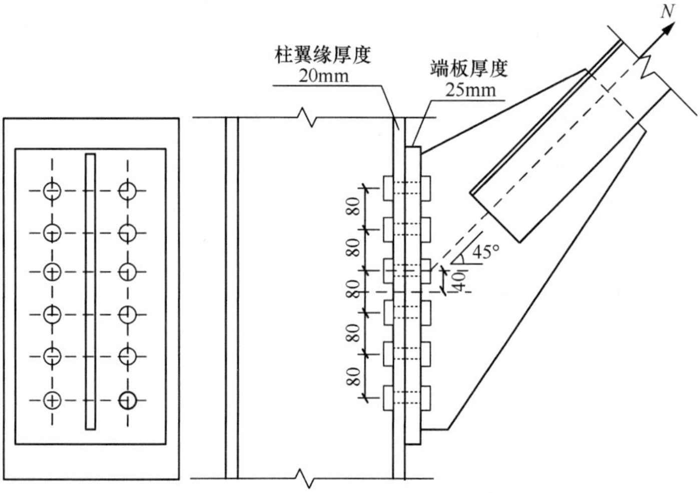

图 9-75　计算题 4 图（mm）

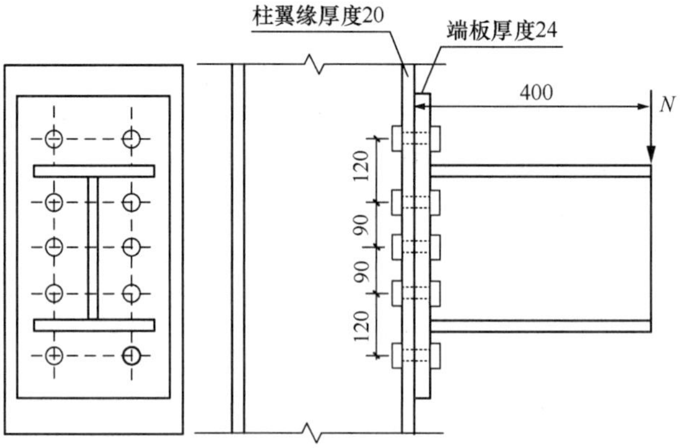

图 9-76　计算题 6 图（mm）

附录 A　钢材和连接的强度设计值

钢材的设计用强度指标（N/mm^2）　　附表 A-1

钢材牌号		钢材厚度或直径（mm）	强度设计值			屈服强度 f_y	抗拉强度 f_u
			抗拉、抗压、抗弯 f	抗剪 f_v	端面承压（刨平顶紧）f_{ce}		
碳素结构钢	Q235	≤16	215	125	320	235	370
		>16，≤40	205	120		225	
		>40，≤100	200	115		215	
低合金高强度结构钢	Q345	≤16	305	175	400	345	470
		>16，≤40	295	170		335	
		>40，≤63	290	165		325	
		>63，≤80	280	160		315	
		>80，≤100	270	155		306	
	Q390	≤16	345	200	415	390	490
		>16，≤40	330	190		370	
		>40，≤63	310	180		350	
		>63，≤100	295	170		330	
	Q420	≤16	375	215	440	420	520
		>16，≤40	355	205		400	
		>40，≤63	320	185		380	
		>63，≤100	305	175		360	
	Q460	≤16	410	235	470	460	550
		>16，≤40	390	225		440	
		>40，≤63	355	205		420	
		>63，≤100	340	195		400	

注：1. 表中直径指实芯棒材直径，厚度指计算点的钢材或钢管壁厚度，对轴心受拉和轴心受压构件指截面中较厚板件的厚度；

2. 冷弯型材和冷弯钢管，其强度设计值应按现行有关国家标准的规定采用。

铸钢件的强度设计值（N/mm^2）　　附表 A-2

类别	钢号	铸件厚度（mm）	抗拉、抗压和抗弯 f	抗剪 f_v	端面承压（刨平顶紧）f_{ce}
非焊接结构用铸钢件	ZG230-450	≤100	180	105	290
	ZG270-500		210	120	325
	ZG310-570		240	140	370

续表

类别	钢号	铸件厚度（mm）	抗拉、抗压和抗弯 f	抗剪 f_v	端面承压（刨平顶紧）f_{ce}
焊接结构用铸钢件	ZG230-450H	≤100	180	105	290
	ZG270-480H		210	120	310
	ZG300-500H		235	135	325
	ZG340-550H		265	150	355

注：表中强度设计值仅适用于本表规定的厚度。

焊缝的强度指标（N/mm²）　　**附表 A-3**

焊接方法和焊条型号	构件钢材		对接焊缝强度设计值				角焊缝强度设计值	对接焊缝抗拉强度 f_u^w	角焊缝抗拉、抗压和抗剪强度 f_u^f
	牌号	厚度或直径（mm）	抗压 f_c^w	焊缝质量为下列等级时，抗拉 f_t^w		抗剪 f_v^w	抗拉、抗压和抗剪 f_t^w		
				一级、二级	三级				
自动焊、半自动焊和 E43 型焊条手工焊	Q235	≤16	215	215	185	125	160	415	240
		>16，≤40	205	205	175	120			
		>40，≤100	200	200	170	115			
自动焊、半自动焊和 E50、E55 型焊条手工焊	Q345	≤16	305	305	260	175	200	480(E50) 540(E55)	280(E50) 315(E55)
		>16，≤40	295	295	250	170			
		>40，≤63	290	290	245	165			
		>63，≤80	280	280	240	160			
		>80，≤100	270	270	230	155			
	Q390	≤16	345	345	295	200	200(E50) 220(E55)		
		>16，≤40	330	330	280	190			
		>40，≤63	310	310	265	180			
		>63，≤100	295	295	250	170			
自动焊、半自动焊和 E55、E60 型焊条手工焊	Q420	≤16	375	375	320	215	220(E55) 240(E60)	540(E55) 590(E60)	315(E55) 340(E60)
		>16，≤40	355	355	300	205			
		>40，≤63	320	320	270	185			
		>63，≤100	305	305	260	175			
自动焊、半自动焊和 E55、E60 型焊条手工焊	Q460	≤16	410	410	350	235	220(E55) 240(E60)	540(E55) 590(E60)	315(E55) 340(E60)
		>16，≤40	390	390	330	225			
		>40，≤63	355	355	300	205			
		>63，≤100	340	340	290	195			
自动焊、半自动焊和 E55、E55 型焊条手工焊	Q345GJ	>16，≤35	310	310	265	180	200	480(E50) 540(E55)	280(E50) 315(E55)
		>35，≤50	290	290	245	170			
		>50，≤100	285	285	240	165			

注：表中厚度指计算点的钢材厚度，对轴心受拉和轴心受压构件指截面中较厚板件的厚度。

螺栓连接的强度指标（N/mm²） **附表 A-4**

螺栓的性能等级、锚栓和构件钢材的牌号		强度设计值										高强度螺栓的抗拉强度 f_u^b
		普通螺栓						锚栓	承压型连接或网架用高强度螺栓			
		C级螺栓			A级、B级螺栓							
		抗拉 f_t^b	抗剪 f_v^b	承压 f_c^b	抗拉 f_t^b	抗剪 f_v^b	承压 f_c^b	抗拉 f_t^b	抗拉 f_t^b	抗剪 f_v^b	承压 f_c^b	
普通螺栓	4.6级、4.8级	170	140	—	—	—	—	—	—	—	—	—
	5.6级	—	—	—	210	190	—	—	—	—	—	—
	8.8级	—	—	—	400	320	—	—	—	—	—	—
锚栓	Q235	—	—	—	—	—	—	140	—	—	—	—
	Q345	—	—	—	—	—	—	180	—	—	—	—
	Q390	—	—	—	—	—	—	185	—	—	—	—
承压型连接高强度螺栓	8.8级	—	—	—	—	—	—	—	400	250	—	830
	10.9级	—	—	—	—	—	—	—	500	310	—	1040
螺栓球节点用高强度螺栓	9.8级	—	—	—	—	—	—	—	385	—	—	—
	10.9级	—	—	—	—	—	—	—	430	—	—	—
构件钢材牌号	Q235	—	—	305	—	—	405	—	—	—	470	—
	Q345	—	—	385	—	—	510	—	—	—	590	—
	Q390	—	—	400	—	—	530	—	—	—	615	—
	Q420	—	—	425	—	—	560	—	—	—	655	—
	Q460	—	—	450	—	—	595	—	—	—	695	—
	Q345GJ	—	—	400	—	—	530	—	—	—	615	—

注：1. A级螺栓用于 $d \leqslant 24$mm 和 $l \leqslant 10d$ 或 $l \leqslant 150$mm（按较小值）的螺栓；B级螺栓用于 $d > 24$mm 和 $l > 10d$ 或 $l > 150$mm（按较小值）的螺栓；d 为公称直径；l 为螺栓杆的公称长度；

2. A级、B级螺栓孔的精度和孔壁表面粗糙度、C级螺栓孔的允许偏差和孔壁表面粗糙度，均应符合现行国家标准《钢结构工程施工质量验收标准》GB 50205—2020 的要求；

3. 用于螺栓球节点网架的高强度螺栓，M12～M36 为 10.9 级，M39～M64 为 9.8 级。

铆钉连接的强度设计值（N/mm²） **附表 A-5**

铆钉钢号和构件钢材牌号		抗拉（钉头拉脱）f_t^r	抗剪 f_v^r		承压 f_c^r	
			Ⅰ类孔	Ⅱ类孔	Ⅰ类孔	Ⅱ类孔
铆钉	BL2 或 BL3	120	185	155	—	—
构件钢材牌号	Q235	—	—	—	450	365
	Q345	—	—	—	565	460
	Q390	—	—	—	590	480

注：1. 属于下列情况者为Ⅰ类孔：

（1）在装配好的构件上按设计孔径钻成的孔；

（2）在单个零件和构件上按设计孔径分别用钻模钻成的孔；

（3）在单个零件上先钻成或冲成较小的孔径，然后在装配好的构件上再扩钻至设计孔径的孔。

2. 在单个零件上一次冲成或不用钻模钻成设计孔径的孔属于Ⅱ类孔。

附录B 轴心受压构件的稳定系数

a类截面轴心受压构件的稳定系数 φ 附表 B-1

$\lambda\sqrt{\frac{f_y}{235}}$	0	1	2	3	4	5	6	7	8	9
0	1.000	1.000	1.000	1.000	0.999	0.999	0.998	0.998	0.997	0.996
10	0.995	0.994	0.993	0.992	0.991	0.989	0.988	0.986	0.985	0.983
20	0.981	0.979	0.977	0.976	0.974	0.972	0.970	0.968	0.966	0.964
30	0.963	0.961	0.959	0.957	0.954	0.952	0.950	0.948	0.946	0.944
40	0.941	0.939	0.937	0.934	0.932	0.929	0.927	0.924	0.921	0.918
50	0.916	0.913	0.910	0.907	0.903	0.900	0.897	0.893	0.890	0.886
60	0.883	0.879	0.875	0.871	0.867	0.862	0.858	0.854	0.849	0.844
70	0.839	0.834	0.829	0.824	0.818	0.813	0.807	0.801	0.795	0.789
80	0.783	0.776	0.770	0.763	0.756	0.749	0.742	0.735	0.728	0.721
90	0.713	0.706	0.698	0.691	0.683	0.676	0.668	0.660	0.653	0.645
100	0.637	0.630	0.622	0.614	0.607	0.599	0.592	0.584	0.577	0.569
110	0.562	0.555	0.548	0.541	0.534	0.527	0.520	0.513	0.507	0.500
120	0.494	0.487	0.481	0.475	0.469	0.463	0.457	0.451	0.445	0.439
130	0.434	0.428	0.423	0.417	0.412	0.407	0.402	0.397	0.392	0.387
140	0.382	0.378	0.373	0.368	0.364	0.360	0.355	0.351	0.347	0.343
150	0.339	0.335	0.331	0.327	0.323	0.319	0.316	0.312	0.308	0.305
160	0.302	0.298	0.295	0.292	0.288	0.285	0.282	0.279	0.276	0.273
170	0.270	0.267	0.264	0.261	0.259	0.256	0.253	0.250	0.248	0.245
180	0.243	0.240	0.238	0.235	0.233	0.231	0.228	0.226	0.224	0.222
190	0.219	0.217	0.215	0.213	0.211	0.209	0.207	0.205	0.203	0.201
200	0.199	0.197	0.196	0.194	0.192	0.190	0.188	0.187	0.185	0.183
210	0.182	0.180	0.178	0.177	0.175	0.174	0.172	0.171	0.169	0.168
220	0.166	0.165	0.163	0.162	0.161	0.159	0.158	0.157	0.155	0.154
230	0.153	0.151	0.150	0.149	0.148	0.147	0.145	0.144	0.143	0.142
240	0.141	0.140	0.139	0.137	0.136	0.135	0.134	0.133	0.132	0.131
250	0.130	—	—	—	—	—	—	—	—	—

b 类截面轴心受压构件的稳定系数 φ　　　　附表 B-2

$\lambda\sqrt{\frac{f_y}{235}}$	0	1	2	3	4	5	6	7	8	9
0	1.000	1.000	1.000	0.999	0.999	0.998	0.997	0.996	0.995	0.994
10	0.992	0.991	0.989	0.987	0.985	0.983	0.981	0.978	0.976	0.973
20	0.970	0.967	0.963	0.960	0.957	0.953	0.950	0.946	0.943	0.939
30	0.936	0.932	0.929	0.925	0.921	0.918	0.914	0.910	0.906	0.903
40	0.899	0.895	0.891	0.886	0.882	0.878	0.874	0.870	0.865	0.861
50	0.856	0.852	0.847	0.842	0.837	0.833	0.828	0.823	0.818	0.812
60	0.807	0.802	0.796	0.791	0.785	0.780	0.774	0.768	0.762	0.757
70	0.751	0.745	0.738	0.732	0.726	0.720	0.713	0.707	0.701	0.694
80	0.687	0.681	0.674	0.668	0.661	0.654	0.648	0.641	0.634	0.628
90	0.621	0.614	0.607	0.601	0.594	0.587	0.581	0.574	0.568	0.561
100	0.555	0.548	0.542	0.535	0.529	0.523	0.517	0.511	0.504	0.498
110	0.492	0.487	0.481	0.475	0.469	0.464	0.458	0.453	0.447	0.442
120	0.436	0.431	0.426	0.421	0.416	0.411	0.406	0.401	0.396	0.392
130	0.387	0.383	0.378	0.374	0.369	0.365	0.361	0.357	0.352	0.348
140	0.344	0.340	0.337	0.333	0.329	0.325	0.322	0.318	0.314	0.311
150	0.308	0.304	0.301	0.297	0.294	0.291	0.288	0.285	0.282	0.279
160	0.276	0.273	0.270	0.267	0.264	0.262	0.259	0.256	0.253	0.251
170	0.248	0.246	0.243	0.241	0.238	0.236	0.234	0.231	0.229	0.227
180	0.225	0.222	0.220	0.218	0.216	0.214	0.212	0.210	0.208	0.206
190	0.204	0.202	0.200	0.198	0.196	0.195	0.193	0.191	0.189	0.188
200	0.186	0.184	0.183	0.181	0.179	0.178	0.176	0.175	0.173	0.172
210	0.170	0.169	0.167	0.166	0.164	0.163	0.162	0.160	0.159	0.158
220	0.156	0.155	0.154	0.152	0.151	0.150	0.149	0.147	0.146	0.145
230	0.144	0.143	0.142	0.141	0.139	0.138	0.137	0.136	0.135	0.134
240	0.133	0.132	0.131	0.130	0.129	0.128	0.127	0.126	0.125	0.124
250	0.123	—	—	—	—	—	—	—	—	—

c 类截面轴心受压构件的稳定系数 φ　　　　附表 B-3

$\lambda\sqrt{\frac{f_y}{235}}$	0	1	2	3	4	5	6	7	8	9
0	1.000	1.000	1.000	0.999	0.999	0.998	0.997	0.996	0.995	0.993
10	0.992	0.990	0.988	0.986	0.983	0.981	0.978	0.976	0.973	0.970

续表

$\lambda\sqrt{\frac{f_y}{235}}$	0	1	2	3	4	5	6	7	8	9
20	0.966	0.959	0.953	0.947	0.940	0.934	0.928	0.921	0.915	0.909
30	0.902	0.896	0.890	0.883	0.877	0.871	0.865	0.858	0.852	0.845
40	0.839	0.833	0.826	0.820	0.813	0.807	0.800	0.794	0.787	0.781
50	0.774	0.768	0.761	0.755	0.748	0.742	0.735	0.728	0.722	0.715
60	0.709	0.702	0.695	0.689	0.682	0.675	0.669	0.662	0.656	0.649
70	0.642	0.636	0.629	0.623	0.616	0.610	0.603	0.597	0.591	0.584
80	0.578	0.572	0.565	0.559	0.553	0.547	0.541	0.535	0.529	0.523
90	0.517	0.511	0.505	0.499	0.494	0.488	0.483	0.477	0.471	0.467
100	0.462	0.458	0.453	0.449	0.445	0.440	0.436	0.432	0.427	0.423
110	0.419	0.415	0.411	0.407	0.402	0.398	0.394	0.390	0.386	0.383
120	0.379	0.375	0.371	0.367	0.363	0.360	0.356	0.352	0.349	0.345
130	0.342	0.338	0.335	0.332	0.328	0.325	0.322	0.318	0.315	0.312
140	0.309	0.306	0.303	0.300	0.297	0.294	0.291	0.288	0.285	0.282
150	0.279	0.277	0.274	0.271	0.269	0.266	0.263	0.261	0.258	0.256
160	0.253	0.251	0.248	0.246	0.244	0.241	0.239	0.237	0.235	0.232
170	0.230	0.228	0.226	0.224	0.222	0.220	0.218	0.216	0.214	0.212
180	0.210	0.208	0.206	0.204	0.203	0.201	0.199	0.197	0.195	0.194
190	0.192	0.190	0.189	0.187	0.185	0.184	0.182	0.181	0.179	0.178
200	0.176	0.175	0.173	0.172	0.170	0.169	0.167	0.166	0.165	0.163
210	0.162	0.161	0.159	0.158	0.157	0.155	0.154	0.153	0.152	0.151
220	0.149	0.148	0.147	0.146	0.145	0.144	0.142	0.141	0.140	0.139
230	0.138	0.137	0.136	0.135	0.134	0.133	0.132	0.131	0.130	0.129
240	0.128	0.127	0.126	0.125	0.124	0.123	0.123	0.122	0.121	0.120
250	0.119	—	—	—	—	—	—	—	—	—

d 类截面轴心受压构件的稳定系数 φ **附表 B-4**

$\lambda\sqrt{\frac{f_y}{235}}$	0	1	2	3	4	5	6	7	8	9
0	1.000	1.000	0.999	0.999	0.998	0.996	0.994	0.992	0.990	0.987
10	0.984	0.981	0.978	0.974	0.969	0.965	0.960	0.955	0.949	0.944
20	0.937	0.927	0.918	0.909	0.900	0.891	0.883	0.874	0.865	0.857
30	0.848	0.840	0.831	0.823	0.815	0.807	0.798	0.790	0.782	0.774

续表

$\lambda\sqrt{\frac{f_y}{235}}$	0	1	2	3	4	5	6	7	8	9
40	0.766	0.758	0.751	0.743	0.735	0.727	0.720	0.712	0.705	0.697
50	0.690	0.682	0.675	0.668	0.660	0.653	0.646	0.639	0.632	0.625
60	0.618	0.611	0.605	0.598	0.591	0.585	0.578	0.571	0.565	0.559
70	0.552	0.546	0.540	0.534	0.528	0.521	0.516	0.510	0.504	0.498
80	0.492	0.487	0.481	0.476	0.470	0.465	0.459	0.454	0.449	0.444
90	0.439	0.434	0.429	0.424	0.419	0.414	0.409	0.405	0.401	0.397
100	0.393	0.390	0.386	0.383	0.380	0.376	0.373	0.369	0.366	0.363
110	0.359	0.356	0.353	0.350	0.346	0.343	0.340	0.337	0.334	0.331
120	0.328	0.325	0.322	0.319	0.316	0.313	0.310	0.307	0.304	0.301
130	0.298	0.296	0.293	0.290	0.288	0.285	0.282	0.280	0.277	0.275
140	0.272	0.270	0.267	0.265	0.262	0.260	0.257	0.255	0.253	0.250
150	0.248	0.246	0.244	0.242	0.239	0.237	0.235	0.233	0.231	0.229
160	0.227	0.225	0.223	0.221	0.219	0.217	0.215	0.213	0.211	0.210
170	0.208	0.206	0.204	0.202	0.201	0.199	0.197	0.196	0.194	0.192
180	0.191	0.189	0.187	0.186	0.184	0.183	0.181	0.180	0.178	0.177
190	0.175	0.174	0.173	0.171	0.170	0.168	0.167	0.166	0.164	0.163
200	0.162	—	—	—	—	—	—	—	—	—

附录 C 结构或构件的变形容许值

受弯构件挠度容许值　　附表 C-1

项次	构件类别	挠度容许值	
		$[v_T]$	$[v_Q]$
1	吊车梁和吊车桁架（按自重和起重量最大的一台吊车计算挠度）	—	—
	（1）手动吊车和单梁吊车（含悬挂吊车）	$l/500$	—
	（2）轻级工作制桥式吊车	$l/750$	—
	（3）中级工作制桥式吊车	$l/900$	—
	（4）重级工作制桥式吊车	$l/1000$	—
2	手动或电动葫芦的轨道梁	$l/400$	—
3	有重轨（重量等于或大于 38kg/m）轨道的工作平台梁	$l/600$	—
	有轻轨（重量等于或小于 24kg/m）轨道的工作平台梁	$l/400$	—
4	楼（屋）盖梁或桁架、工作平台梁（第 3 项除外）和平台板	—	—
	（1）主梁或桁架（包括设有悬挂起重设备的梁和桁架）	$l/400$	$l/500$
	（2）仅支承压型金属板屋面和冷弯型钢檩条	$l/180$	—
	（3）除支承压型金属板屋面和冷弯型钢檩条外，尚有吊顶	$l/240$	—
	（4）抹灰顶棚的次梁	$l/250$	$l/350$
	（5）除（1）～（4）款外的其他梁（包括楼梯梁）	$l/250$	$l/300$
	（6）屋盖檩条	—	—
	支承压型金属板屋面者	$l/150$	—
	支承其他屋面材料者	$l/200$	—
	有吊顶	$l/240$	—
	（7）平台板	$l/150$	—
5	墙架构件（风荷载不考虑阵风系数）	—	—
	（1）支柱（水平方向）	—	$l/400$
	（2）抗风桁架（作为连续支柱的支承时，水平位移）	—	$l/1000$
	（3）砌体墙的横梁（水平方向）	—	$l/300$
	（4）支承压型金属板的横梁（水平方向）	—	$l/100$
	（5）支承其他墙面材料的横梁（水平方向）	—	$l/200$
	（6）带有玻璃窗的横梁（竖直和水平方向）	$l/200$	$l/200$

柱水平位移（计算值）的容许值 **附表 C-2**

项次	位移的种类	按平面结构图形计算	按空间结构图形计算
1	厂房柱的横向位移	$H_c/1250$	$H_c/2000$
2	露天栈桥柱的横向位移	$H_c/2500$	—
3	厂房和露天栈桥柱的纵向位移	$H_c/4000$	—

注：1. H_c 为基础顶面至吊车梁或吊车桁架顶面的高度；
2. 计算厂房或露天栈桥柱的纵向位移时，可假定吊车的纵向水平制动力分配在温度区段内所有柱间支撑或纵向框架上；
3. 在设有 A8 级吊车的厂房中，厂房柱的水平位移容许值宜减小 10%；
4. 设有 A6 级吊车的厂房柱的纵向位移宜符合表中的要求。

附录 D 疲劳计算的构件和连接分类

非焊接的构件和连接分类 附表 D-1

项次	构造细节	说明	类别
1	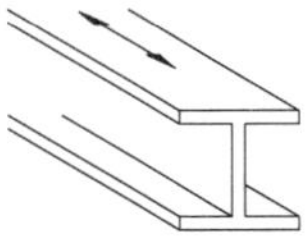	• 无连接处的母材 轧制型钢	Z1
2	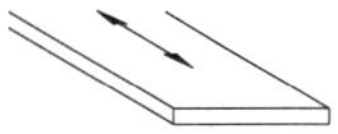	• 无连接处的母材 钢板 (1) 两边为轧制边或刨边 (2) 两侧为自动、半自动切割边(切割质量标准应符合现行国家标准《钢结构工程施工质量验收标准》GB 50205—2020)	 Z1 Z2
3	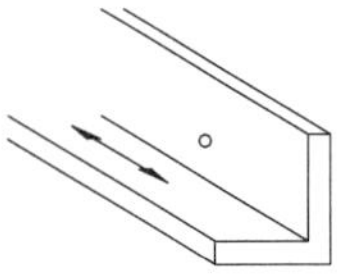	• 连系螺栓和虚孔处的母材 应力以净截面面积计算	Z4
4	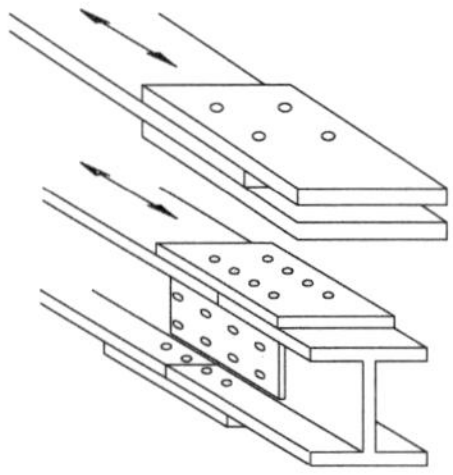	• 螺栓连接处的母材 高强度螺栓摩擦型连接应力以毛截面面积计算;其他螺栓连接应力以净截面面积计算 • 铆钉连接处的母材 连接应力以净截面面积计算	Z2 Z4
5	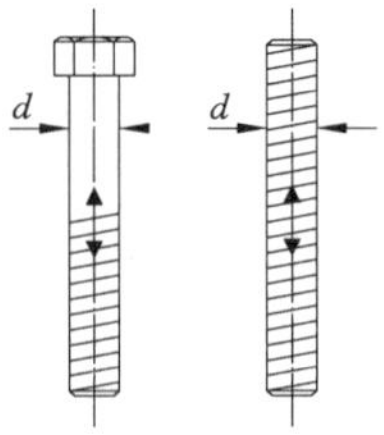	• 受拉螺栓的螺纹处母材 连接板件应有足够的刚度,保证不产生撬力;否则受拉正应力应考虑撬力及其他因素产生的全部附加应力 对于直径大于 30mm 螺栓,需要考虑尺寸效应对容许应力幅进行修正,修正系数 γ_t: $\gamma_t=\left(\frac{30}{d}\right)^{0.25}$ 式中 d——螺栓直径(mm)	Z11

注:箭头表示计算应力幅的位置和方向。

纵向传力焊缝的构件和连接分类 **附表 D-2**

项次	构造细节	说明	类别
6	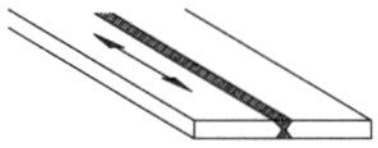	• 无垫板的纵向对接焊缝附近的母材 焊缝符合二级焊缝标准	Z2
7	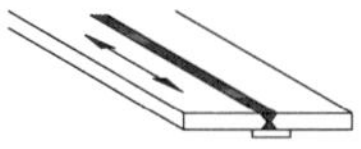	• 有连续垫板的纵向自动对接焊缝附近的母材 （1）无起弧、灭弧 （2）有起弧、灭弧	 Z4 Z5
8	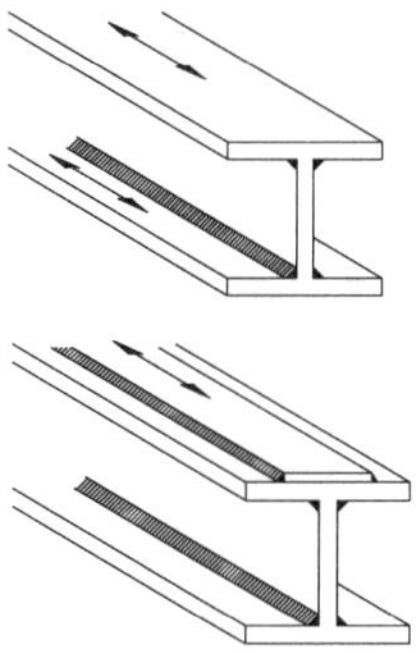	• 翼缘连接焊缝附近的母材 翼缘板与腹板的连接焊缝 自动焊，二级 T 形对接与角接组合焊缝 自动焊，角焊缝，外观质量标准符合二级 手工焊，角焊缝，外观质量标准符合二级 双层翼缘板之间的连接焊缝 自动焊，角焊缝，外观质量标准符合二级 手工焊，角焊缝，外观质量标准符合二级	 Z2 Z4 Z5 Z4 Z5
9	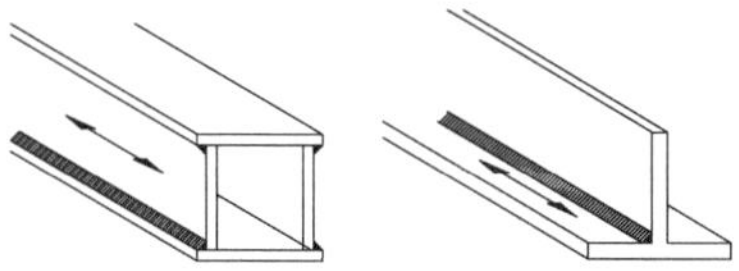	• 仅单侧施焊的手工或自动对接焊缝附近的母材，焊缝符合二级焊缝标准，翼缘与腹板很好贴合	Z5
10	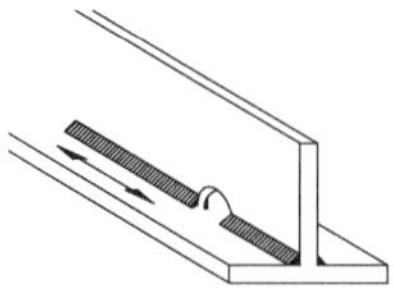	• 开工艺孔处焊缝符合二级焊缝标准的对接焊缝、焊缝外观质量符合二级焊缝标准的角焊缝等附近的母材	Z8
11	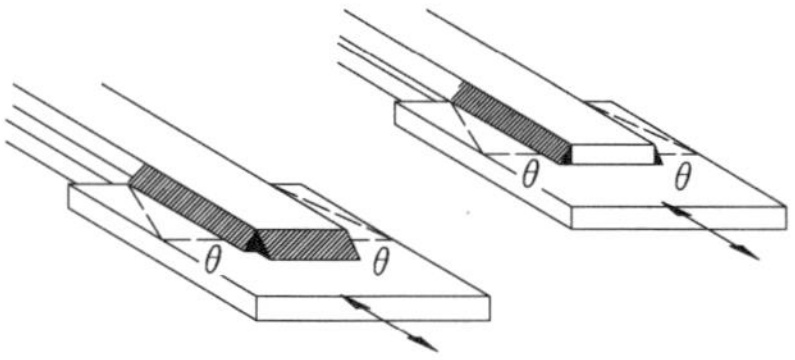	• 节点板搭接的两侧面角焊缝端部的母材 • 节点板搭接的三面围焊时两侧角焊缝端部的母材 • 三面围焊或两侧面角焊缝的节点板母材（节点板计算宽度按应力扩散角 $\theta=30°$ 考虑）	Z10 Z8 Z8

注：箭头表示计算应力幅的位置和方向。

横向传力焊缝的构件和连接分类 **附表 D-3**

项次	构造细节	说明	类别
12	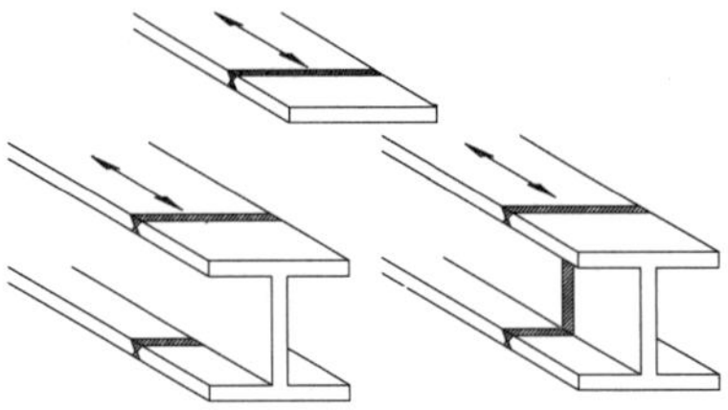	• 横向对接焊缝附近的母材，轧制梁对接焊缝附近的母材 符合现行国家标准《钢结构工程施工质量验收标准》GB 50205—2020 的一级焊缝，且经加工、磨平 符合现行国家标准《钢结构工程施工质量验收标准》GB 50205—2020 的一级焊缝	Z2 Z4
13	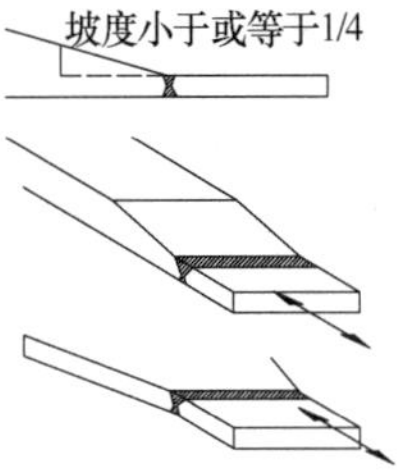	• 不同厚度（或宽度）横向对接焊缝附近的母材 符合现行国家标准《钢结构工程施工质量验收标准》GB 50205—2020 的一级焊缝，且经加工、磨平 符合现行国家标准《钢结构工程施工质量验收标准》GB 50205—2020 的一级焊缝	Z2 Z4
14	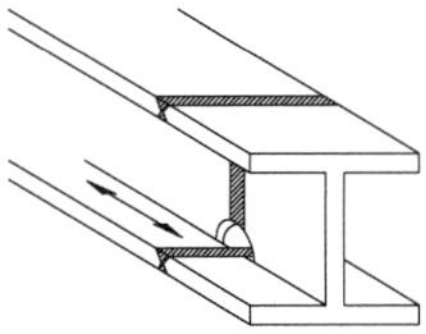	• 有工艺孔的轧制梁对接焊缝附近的母材，焊缝加工成平滑过渡并符合一级焊缝标准	Z6
15	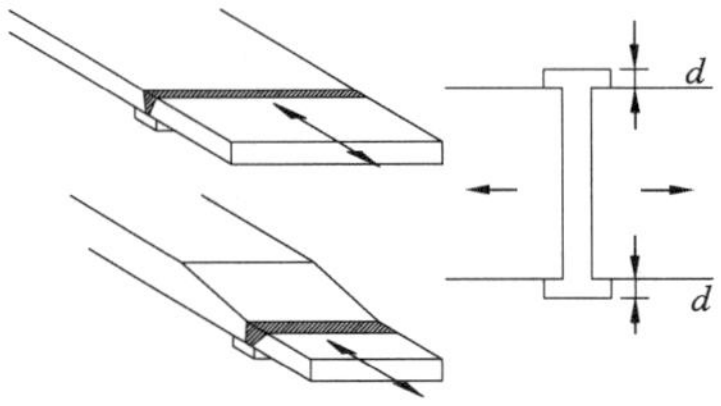	• 带垫板的横向对接焊缝附近的母材 垫板端部超出母板距离 d $d \geqslant 10$mm $d < 10$mm	 Z8 Z11
16	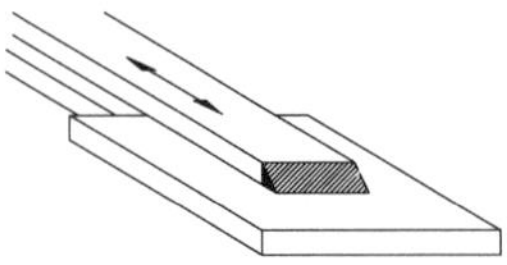	• 节点板搭接的端面角焊缝的母材	Z7

续表

项次	构造细节	说明	类别
17	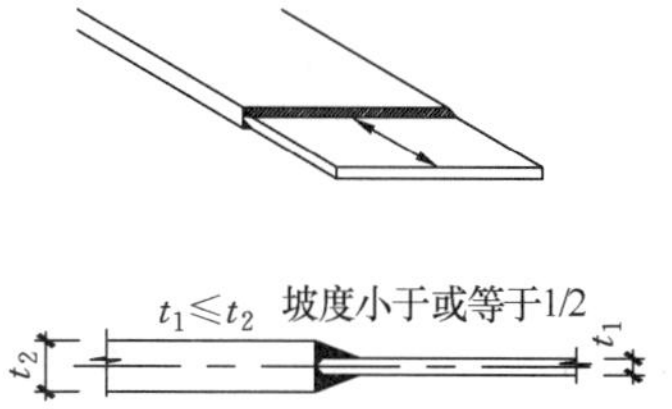	• 不同厚度直接横向对接焊缝附近的母材，焊缝等级为一级，无偏心	Z8
18	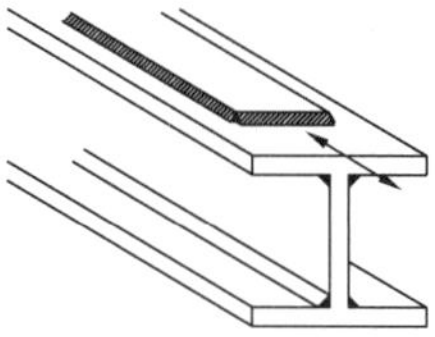	• 翼缘盖板中断处的母材（板端有横向端焊缝）	Z8
19	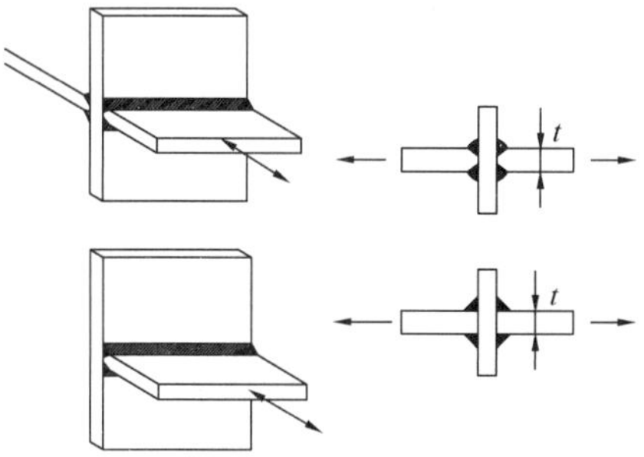	• 十字型连接、T 型连接 （1）K 形坡口、T 形对接与角接组合焊缝处的母材，十字型连接两侧轴线偏离距离小于 0.15t，焊缝为二级，焊趾角 $\alpha \leqslant 45°$ （2）角焊缝处的母材，十字型连接两侧轴线偏离距离小于 0.15t	Z6 Z8
20	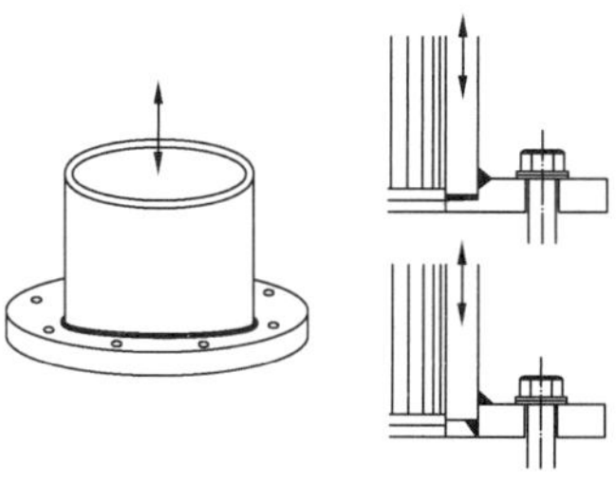	• 法兰焊缝连接附近的母材 （1）采用对接焊缝，焊缝为一级 （2）采用角焊缝	Z8 Z13

注：箭头表示计算应力幅的位置和方向。

非传力焊缝的构件和连接分类 **附表 D-4**

项次	构造细节	说明	类别
21	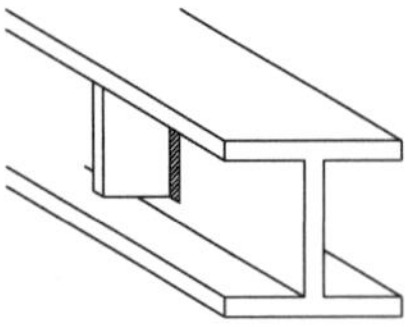	• 横向加劲肋端部附近的母材 肋端焊缝不断弧（采用回焊） 肋端焊缝断弧	 Z5 Z6
22	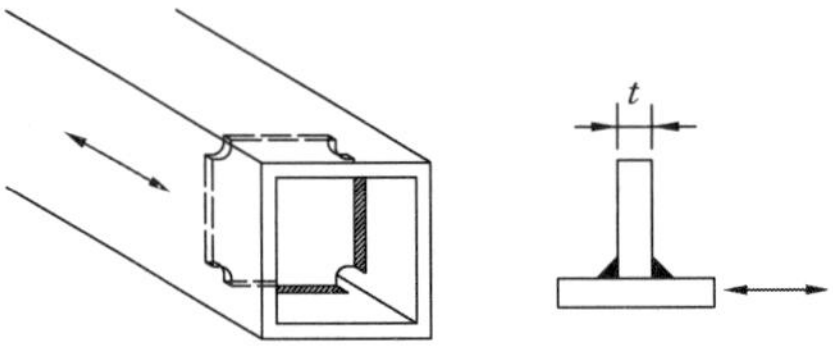	• 横向焊接附件附近的母材 （1）$t \leqslant 50mm$ （2）$50mm < t \leqslant 80mm$ t 为焊接附件的板厚	 Z7 Z8
23	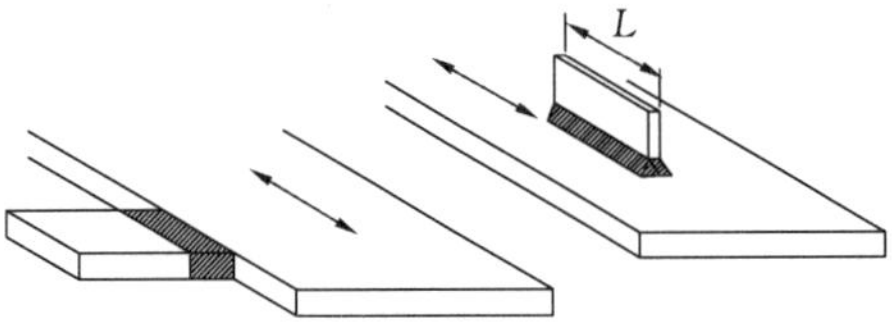	• 矩形节点板焊接于构件翼缘或腹板处的母材 （节点板焊缝方向的长度 $L > 150mm$）	Z8
24	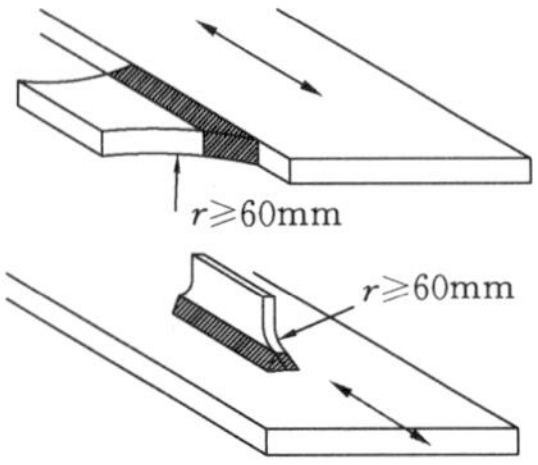	• 带圆弧的梯形节点板用对接焊缝焊于梁翼缘、腹板以及桁架构件处的母材，圆弧过渡处在焊后铲平、磨光、圆滑过渡，不得有焊接起弧、灭弧缺陷	Z6
25	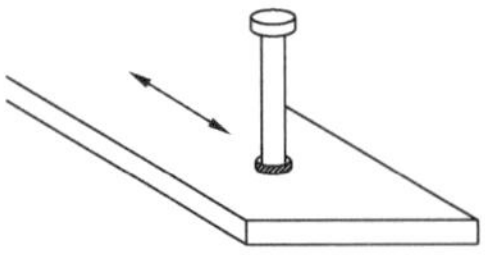	• 焊接剪力栓钉附近的钢板母材	Z7

注：箭头表示计算应力幅的位置和方向。

钢管截面的构件和连接分类　　　　**附表 D-5**

项次	构造细节	说明	类别
26	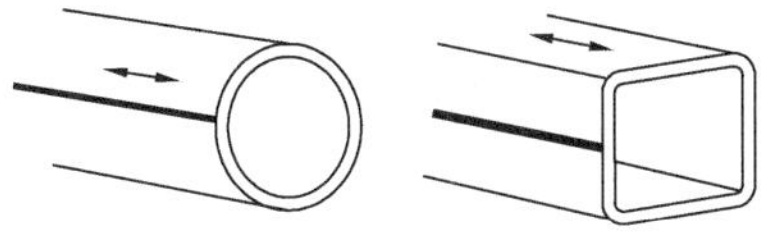	• 钢管纵向自动焊缝的母材 （1）无焊接起弧、灭弧点 （2）有焊接起弧、灭弧点	 Z3 Z6
27	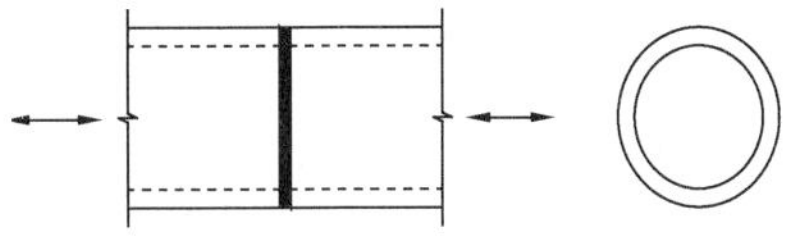	• 圆管端部对接焊缝附近的母材，焊缝平滑过渡并符合现行国家标准《钢结构工程施工质量验收标准》GB 50205—2020 的一级焊缝标准，余高不大于焊缝宽度的 10% （1）圆管壁厚 $8\text{mm}<t\leqslant 12.5\text{mm}$ （2）圆管壁厚 $t\leqslant 8\text{mm}$	 Z6 Z8
28	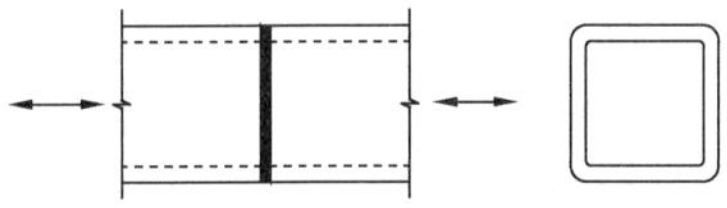	• 矩形管端部对接焊缝附近的母材，焊缝平滑过渡并符合一级焊缝标准，余高不大于焊缝宽度的 10% （1）方管壁厚 $8\text{mm}<t\leqslant 12.5\text{mm}$ （2）方管壁厚 $t<8\text{mm}$	 Z8 Z10
29	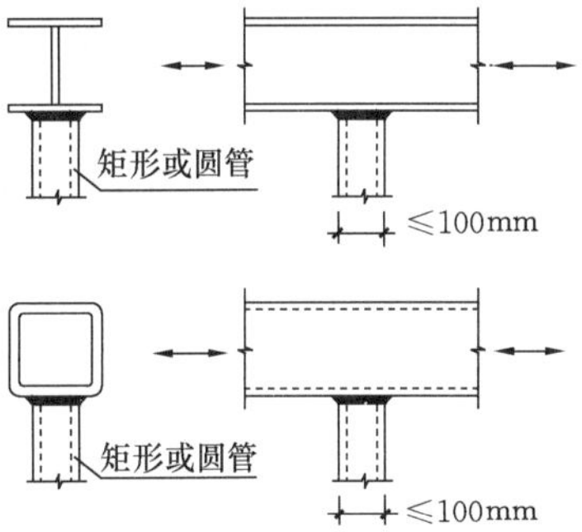	• 焊有矩形管或圆管的构件，连接角焊缝附近的母材，角焊缝为非承载焊缝，其外观质量标准符合二级，矩形管宽度或圆管直径不大于 100mm	Z8
30	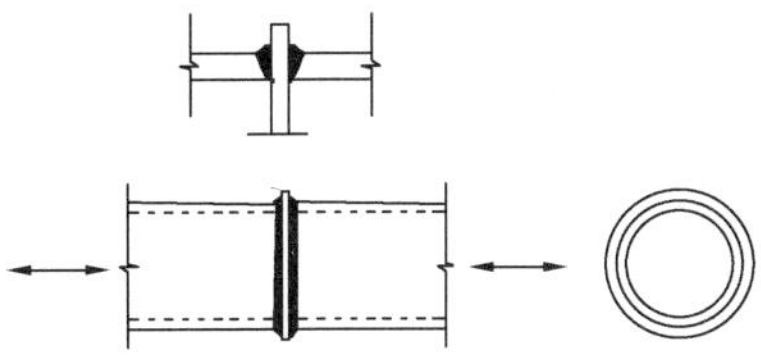	• 通过端板采用对接焊缝拼接的圆管母材，焊缝符合一级质量标准 （1）圆管壁厚 $8\text{mm}<t\leqslant 12.5\text{mm}$ （2）圆管壁厚 $t\leqslant 8\text{mm}$	 Z10 Z11

续表

项次	构造细节	说明	类别
31	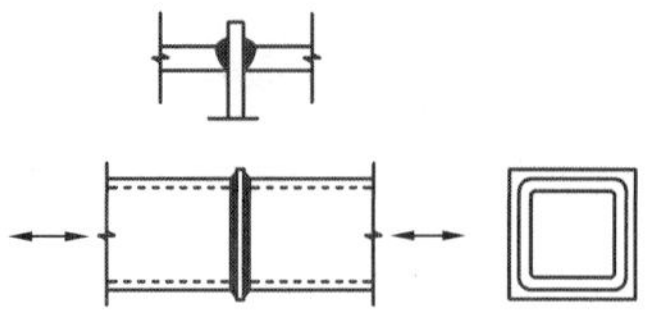	• 通过端板采用对接焊缝拼接的矩形管母材，焊缝符合一级质量标准 （1）方管壁厚 8mm＜t≤12.5mm （2）方管壁厚 t≤8mm	 Z11 Z12
32	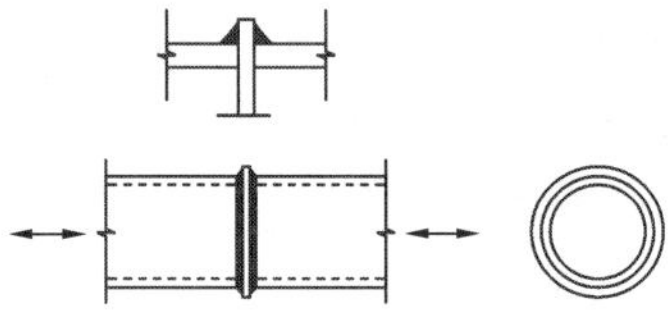	• 通过端板采用对接焊缝拼接的圆管母材，焊缝外观质量标准符合二级，管壁厚度 t≤8mm	Z3
33	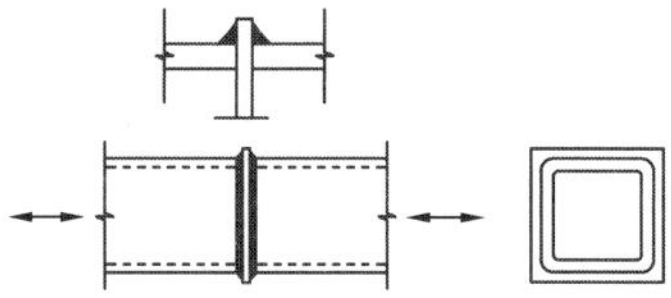	• 通过端板采用角焊缝拼接的矩形管母材，焊缝外观质量标准符合二级，管壁厚度 t≤8mm	Z14
34	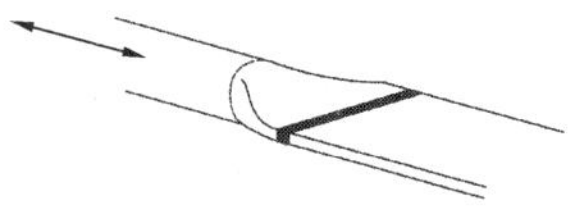	• 钢管端部压扁与钢板对接焊缝连接（仅适用于直径小于 200mm 的钢管），计算时采用钢管的应力幅	Z8
35	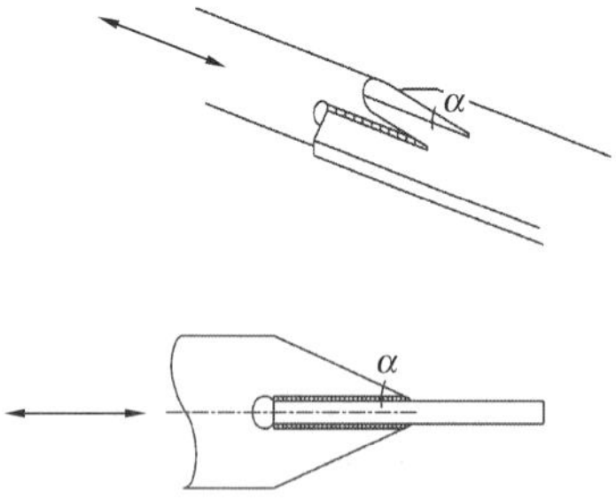	• 钢管端部开设槽口与钢板角焊缝连接，槽口端部为圆弧，计算时采用钢管的应力幅 （1）倾斜角 α≤45° （2）倾斜角 α＞45°	 Z8 Z9

注：箭头表示计算应力幅的位置和方向。

剪应力作用下的构件和连接分类 **附表 D-6**

项次	构造细节	说明	类别
36	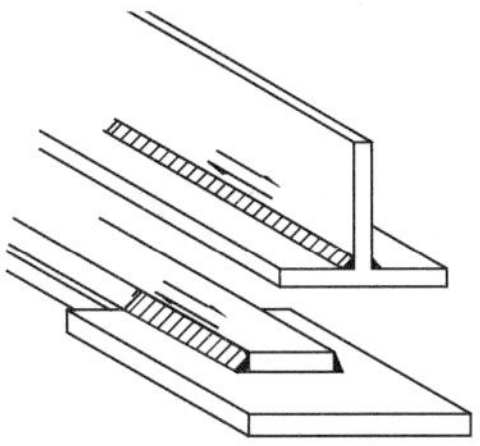	• 各类受剪角焊缝 剪应力按有效截面计算	J1
37	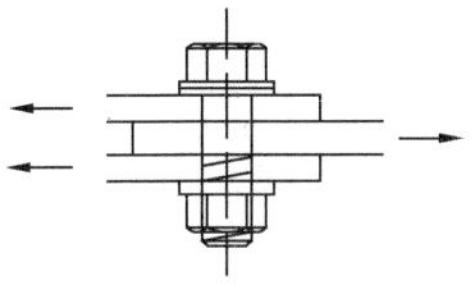	• 受剪力的普通螺栓 采用螺杆截面的剪应力	J2
38	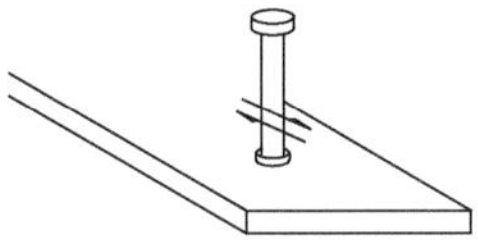	• 焊接剪力栓钉 采用栓钉名义截面的剪应力	J3

注：箭头表示计算应力幅的位置和方向。

正应力幅的疲劳计算参数 **附表 D-7**

构件与连接类别	构件与连接相关系数		循环次数 n 为 2×10^6 次的容许正应力幅 $[\Delta\sigma]_{2\times10^6}$ (N/mm^2)	循环次数 n 为 5×10^6 次的容许正应力幅 $[\Delta\sigma]_{5\times10^6}$ (N/mm^2)	疲劳截止限 $[\Delta\sigma_L]_{1\times10^8}$ (N/mm^2)
	C_Z	β_Z			
Z1	1920×10^{12}	4	176	140	85
Z2	861×10^{12}	4	144	115	70
Z3	3.91×10^{12}	3	125	92	51
Z4	2.81×10^{12}	3	112	83	46
Z5	2.00×10^{12}	3	100	74	41
Z6	1.46×10^{12}	3	90	66	36
Z7	1.02×10^{12}	3	80	59	32
Z8	0.72×10^{12}	3	71	52	29
Z9	0.50×10^{12}	3	63	46	25
Z10	0.35×10^{12}	3	56	41	23
Z11	0.25×10^{12}	3	50	37	20
Z12	0.18×10^{12}	3	45	33	18
Z13	0.13×10^{12}	3	40	29	16
Z14	0.09×10^{12}	3	36	26	14

剪应力幅的疲劳计算参数 **附表 D-8**

构件与连接类别	构件与连接的相关系数		循环次数 n 为 2×10^6 次的容许剪应力幅 $[\Delta\tau]_{2\times10^6}$ (N/mm^2)	疲劳截止限 $[\Delta\tau_L]_{1\times10^8}$ (N/mm^2)
	C_J	β_J		
J1	4.10×10^{11}	3	59	16
J2	2.00×10^{16}	5	100	46
J3	8.61×10^{21}	8	90	55

附录 E　常用型钢规格及截面特性

热轧等边角钢截面特性表（按《热轧型钢》GB/T 706—2016 计算）　　**附表 E-1**

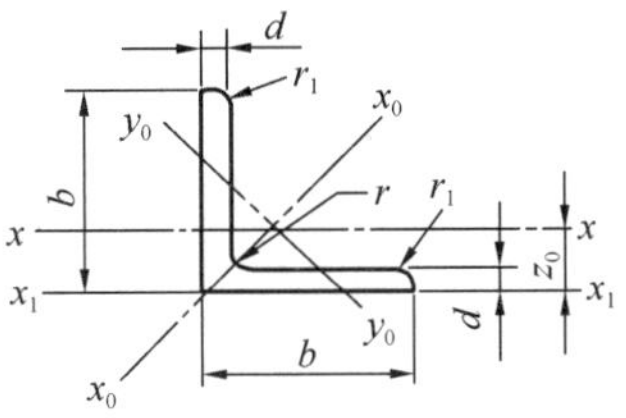

说明：b—边宽度；
d—边厚度；
r—内圆弧半径；
r_1—边端圆弧半径；
z_0—重心距离

型号	截面尺寸（mm）			截面面积（cm^2）	理论重量（kg/m）	外表面积（m^2/m）	惯性矩（cm^4）				惯性半径（cm）			截面模数（cm^3）			重心距离（cm）
	b	t	r				I_x	I_{x1}	I_{x0}	I_{y0}	i_x	i_{x0}	i_{y0}	W_x	W_{x0}	W_{y0}	z_0
2	20	3	3.5	1.132	0.889	0.078	0.40	0.81	0.63	0.17	0.59	0.75	0.39	0.29	0.45	0.20	0.60
		4		1.459	1.145	0.077	0.50	1.09	0.78	0.22	0.58	0.73	0.38	0.36	0.55	0.24	0.64
2.5	25	3		1.432	1.124	0.098	0.82	1.57	1.29	0.34	0.76	0.95	0.49	0.46	0.73	0.33	0.73
		4		1.859	1.459	0.097	1.03	2.11	1.62	0.43	0.74	0.93	0.48	0.59	0.92	0.40	0.76
3.0	30	3	4.5	1.749	1.373	0.117	1.46	2.71	2.31	0.61	0.91	1.15	0.59	0.68	1.09	0.51	0.85
		4		2.276	1.786	0.117	1.84	3.63	2.92	0.77	0.90	1.13	0.58	0.87	1.37	0.62	0.89
3.6	36	3		2.109	1.656	0.141	2.58	4.68	4.09	1.07	1.11	1.39	0.71	0.99	1.61	0.76	1.00
		4		2.756	2.163	0.141	3.29	6.25	5.22	1.37	1.09	1.38	0.70	1.28	2.05	0.93	1.04
		5		3.382	2.654	0.141	3.95	7.84	6.24	1.65	1.08	1.36	0.70	1.56	2.45	1.00	1.07
4	40	3	5	2.359	1.852	0.157	3.59	6.41	5.69	1.49	1.23	1.55	0.79	1.23	2.01	0.96	1.09
		4		3.086	2.422	0.157	4.60	8.56	7.29	1.91	1.22	1.54	0.79	1.60	2.58	1.19	1.13
		5		3.791	2.976	0.156	5.53	10.74	8.76	2.30	1.21	1.52	0.78	1.96	3.10	1.39	1.17
4.5	45	3		2.659	2.088	0.177	5.17	9.12	8.20	2.14	1.40	1.76	0.89	1.58	2.58	1.24	1.22
		4		3.486	2.736	0.177	6.65	12.18	10.56	2.75	1.38	1.74	0.89	2.05	3.32	1.54	1.26
		5		4.292	3.369	0.176	8.04	15.2	12.74	3.33	1.37	1.72	0.88	2.51	4.00	1.81	1.30
		6		5.076	3.985	0.176	9.33	18.36	14.76	3.89	1.36	1.70	0.8	2.95	4.64	2.06	1.33
5	50	3	5.5	2.971	2.332	0.197	7.18	12.5	11.37	2.98	1.55	1.96	1.00	1.96	3.22	1.57	1.34
		4		3.897	3.059	0.197	9.26	16.69	14.70	3.82	1.54	1.94	0.99	2.56	4.16	1.96	1.38
		5		4.803	3.770	0.196	11.21	20.90	17.79	4.64	1.53	1.92	0.98	3.13	5.03	2.31	1.42
		6		5.688	4.465	0.196	13.05	25.14	20.68	5.42	1.52	1.91	0.98	3.68	5.85	2.63	1.46

续表

型号	截面尺寸(mm)			截面面积(cm²)	理论重量(kg/m)	外表面积(m²/m)	惯性矩(cm⁴)				惯性半径(cm)			截面模数(cm³)			重心距离(cm)
	b	t	r				I_x	I_{x1}	I_{x0}	I_{y0}	i_x	i_{x0}	i_{y0}	W_x	W_{x0}	W_{y0}	z_0
5.6	56	3	6	3.343	2.624	0.221	10.19	17.56	16.14	4.24	1.75	2.20	1.13	2.48	4.08	2.02	1.48
		4		4.390	3.446	0.220	13.18	23.43	20.92	5.46	1.73	2.18	1.11	3.24	5.28	2.52	1.53
		5		5.415	4.251	0.220	16.02	29.33	25.42	6.61	1.72	2.17	1.10	3.97	6.42	2.98	1.57
		6		6.420	5.040	0.220	18.69	35.26	29.66	7.73	1.71	2.15	1.10	4.68	7.49	3.40	1.61
		7		7.404	5.812	0.219	21.23	41.23	33.63	8.82	1.69	2.13	1.09	5.36	8.49	3.80	1.64
		8		8.367	6.568	0.219	23.63	47.24	37.37	9.89	1.68	2.11	1.09	6.03	9.44	4.16	1.68
6	60	5	6.5	5.829	4.576	0.236	19.89	36.05	31.57	8.21	1.85	2.33	1.19	4.59	7.44	3.48	1.67
		6		6.914	5.427	0.235	23.25	43.33	36.89	9.60	1.83	2.31	1.18	5.41	8.70	3.98	1.70
		7		7.977	6.262	0.235	26.44	50.65	41.92	10.96	1.82	2.29	1.17	6.21	9.88	4.45	1.74
		8		9.020	7.081	0.235	29.47	58.02	46.66	12.28	1.81	2.27	1.17	6.98	11.00	4.88	1.78
6.3	63	4	7	4.978	3.907	0.248	19.03	33.35	30.17	7.89	1.96	2.46	1.26	4.13	6.78	3.29	1.70
		5		6.143	4.822	0.248	23.17	41.73	36.77	9.57	1.94	2.45	1.25	5.08	8.25	3.90	1.74
		6		7.288	5.721	0.247	27.12	50.14	43.03	11.20	1.93	2.43	1.24	6.00	9.66	4.46	1.78
		7		8.412	6.603	0.247	30.87	58.60	48.96	12.79	1.92	2.41	1.23	6.88	10.99	4.98	1.82
		8		9.515	7.469	0.247	34.46	67.11	54.56	14.33	1.90	2.40	1.23	7.75	12.25	5.47	1.85
		10		11.657	9.151	0.246	41.09	84.31	64.85	17.33	1.88	2.36	1.22	9.39	14.56	6.36	1.93
7	70	4	8	5.570	4.372	0.275	26.39	45.74	41.80	10.99	2.18	2.74	1.40	5.14	8.44	4.17	1.86
		5		6.875	5.397	0.275	32.21	57.21	51.08	13.31	2.16	2.73	1.39	6.32	10.32	4.95	1.91
		6		8.160	6.406	0.275	37.77	68.73	59.93	15.61	2.15	2.71	1.38	7.48	12.11	5.67	1.95
		7		9.424	7.398	0.275	43.09	80.29	68.35	17.82	2.14	2.69	1.38	8.59	13.81	6.34	1.99
		8		10.667	8.373	0.274	48.17	91.92	76.37	19.98	2.12	2.68	1.37	9.68	15.43	6.98	2.03
7.5	75	5	9	7.412	5.818	0.295	39.97	70.56	63.30	16.63	2.33	2.92	1.50	7.32	11.94	5.77	2.04
		6		8.797	6.905	0.294	46.95	84.55	74.38	19.51	2.31	2.90	1.49	8.64	14.02	6.67	2.07
		7		10.160	7.976	0.294	53.57	98.71	84.96	22.18	2.30	2.89	1.48	9.93	16.02	7.44	2.11
		8		11.503	9.030	0.294	59.96	112.97	95.07	24.86	2.28	2.88	1.47	11.20	17.93	8.19	2.15
		9		12.825	10.068	0.294	66.10	127.30	104.71	27.48	2.27	2.86	1.46	12.43	19.75	8.89	2.18
		10		14.126	11.089	0.293	71.98	141.71	113.92	30.05	2.26	2.84	1.46	13.64	21.48	9.56	2.22
8	80	5		7.912	6.211	0.315	48.79	85.36	77.33	20.25	2.48	3.13	1.60	8.34	13.67	6.66	2.15
		6		9.397	7.376	0.314	57.35	102.50	90.98	23.72	2.47	3.11	1.59	9.87	16.08	7.65	2.19
		7		10.860	8.525	0.314	65.58	119.70	104.07	27.09	2.46	3.10	1.58	11.37	18.40	8.58	2.23
		8		12.303	9.658	0.314	73.49	136.97	116.60	30.39	2.44	3.08	1.57	12.83	20.61	9.46	2.27
		9		13.725	10.774	0.314	81.11	154.31	128.60	33.61	2.43	3.06	1.56	14.25	22.73	10.29	2.31
		10		15.126	11.874	0.313	88.43	171.74	140.09	36.77	2.42	3.04	1.56	15.64	24.76	11.08	2.35

续表

型号	截面尺寸（mm）			截面面积（cm²）	理论重量（kg/m）	外表面积（m²/m）	惯性矩（cm⁴）				惯性半径（cm）			截面模数（cm³）			重心距离（cm）
	b	t	r				I_x	I_{x1}	I_{x0}	I_{y0}	i_x	i_{x0}	i_{y0}	W_x	W_{x0}	W_{y0}	z_0
9	90	6	10	10.637	8.350	0.354	82.77	145.87	131.26	34.28	2.79	3.51	1.80	12.61	20.63	9.95	2.44
		7		12.301	9.656	0.354	94.83	170.30	150.47	39.18	2.78	3.50	1.78	14.54	23.64	11.19	2.48
		8		13.944	10.946	0.353	106.47	194.80	168.97	43.97	2.76	3.48	1.78	16.42	26.55	12.35	2.52
		9		15.566	12.219	0.353	117.72	219.39	186.77	48.66	2.75	3.46	1.77	18.27	29.35	13.46	2.56
		10		17.167	13.476	0.353	128.58	244.07	203.90	53.26	2.74	3.45	1.76	20.07	32.04	14.52	2.59
		12		20.306	15.940	0.352	149.22	293.76	236.21	62.22	2.71	3.41	1.75	23.57	37.12	16.49	2.67
10	100	6	12	11.932	9.366	0.393	114.95	200.07	181.98	47.92	3.10	3.90	2.00	15.68	25.74	12.69	2.67
		7		13.796	10.830	0.393	131.86	233.54	208.97	54.74	3.09	3.89	1.99	18.10	29.55	14.26	2.71
		8		15.638	12.276	0.393	148.24	267.09	235.07	61.41	3.08	3.88	1.98	20.47	33.24	15.75	2.76
		9		17.462	13.708	0.392	164.12	300.73	260.30	67.95	3.07	3.86	1.97	22.79	36.81	17.18	2.80
		10		19.261	15.120	0.392	179.51	334.48	284.68	74.35	3.05	3.84	1.96	25.06	40.26	18.54	2.84
		12		22.800	17.898	0.391	208.90	402.34	330.95	86.84	3.03	3.81	1.95	29.48	46.80	21.08	2.91
		14		26.256	20.611	0.391	236.53	470.75	374.06	99.00	3.00	3.77	1.94	33.73	52.90	23.44	2.99
		16		29.627	23.257	0.390	262.53	539.80	414.16	110.89	2.98	3.74	1.94	37.82	58.57	25.63	3.06
11	110	7		15.196	11.928	0.433	177.16	310.64	280.94	73.38	3.41	4.30	2.20	22.05	36.12	17.51	2.96
		8		17.238	13.535	0.433	199.46	355.20	316.49	82.42	3.40	4.28	2.19	24.95	40.69	19.39	3.01
		10		21.261	16.690	0.432	242.19	444.65	384.39	99.98	3.38	4.25	2.17	30.60	49.42	22.91	3.09
		12		25.200	19.782	0.431	282.55	534.60	448.17	116.93	3.35	4.22	2.15	36.05	57.62	26.15	3.16
		14		29.056	22.809	0.431	320.71	625.16	508.01	133.40	3.32	4.18	2.14	41.31	65.31	29.14	3.24
12.5	125	8	14	19.750	15.504	0.492	297.03	521.01	470.89	123.16	3.88	4.88	2.50	32.52	53.28	25.86	3.37
		10		24.373	19.133	0.491	361.67	651.93	573.89	149.46	3.85	4.85	2.48	39.97	64.93	30.62	3.45
		12		28.912	22.696	0.491	423.16	783.42	671.44	174.88	3.83	4.82	2.46	41.17	75.96	35.03	3.53
		14		33.367	26.193	0.490	481.65	915.61	763.73	199.57	3.80	4.78	2.45	54.16	86.41	39.13	3.61
		16		37.739	29.625	0.489	537.31	1048.62	850.98	223.65	3.77	4.75	2.43	60.93	96.28	42.96	3.68
14	140	10		27.373	21.488	0.551	514.65	915.11	817.27	212.04	4.34	5.46	2.78	50.58	82.56	39.20	3.82
		12		32.512	25.522	0.551	603.68	1099.28	958.79	248.57	4.31	5.43	2.76	59.80	96.85	45.02	3.90
		14		37.567	29.490	0.550	688.81	1284.22	1093.56	284.06	4.28	5.40	2.75	68.75	110.47	50.45	3.98
		16		42.539	33.393	0.549	770.24	1470.07	1221.81	318.67	4.26	5.36	2.74	77.46	123.42	55.55	4.06
15	150	8		23.750	18.644	0.592	521.37	899.55	827.49	215.25	4.69	5.90	3.01	47.36	78.02	38.14	3.99
		10		29.373	23.058	0.591	637.50	1125.09	1012.79	262.21	4.66	5.87	2.99	58.35	95.49	45.51	4.08
		12		34.912	27.406	0.591	748.85	1351.26	1189.97	307.73	4.63	5.84	2.97	69.04	112.19	52.38	4.15
		14		40.367	31.688	0.590	855.64	1578.25	1359.30	351.98	4.60	5.80	2.95	79.45	128.16	58.83	4.23
		15		43.063	33.804	0.590	907.39	1692.10	1441.09	373.69	4.59	5.78	2.95	84.56	135.87	61.90	4.27
		16		45.739	35.905	0.589	958.08	1806.21	1521.02	395.14	4.58	5.77	2.94	89.59	143.40	64.89	4.31

续表

型号	截面尺寸(mm)			截面面积(cm²)	理论重量(kg/m)	外表面积(m²/m)	惯性矩(cm^4)				惯性半径(cm)			截面模数(cm^3)			重心距离(cm)
	b	t	r				I_x	I_{x1}	I_{x0}	I_{y0}	i_x	i_{x0}	i_{y0}	W_x	W_{x0}	W_{y0}	z_0
16	160	10	16	31.502	24.729	0.630	779.53	1365.33	1237.30	321.76	4.98	6.27	3.20	66.70	109.36	52.76	4.31
		12		37.441	29.391	0.630	916.58	1639.57	1455.68	377.49	4.95	6.24	3.18	78.98	128.67	60.74	4.39
		14		43.296	33.987	0.629	1048.36	1914.68	1665.02	431.70	4.92	6.20	3.16	90.95	147.17	68.24	4.47
		16		49.067	38.518	0.629	1175.08	2190.82	1865.57	484.59	4.89	6.17	3.14	102.63	164.89	75.31	4.55
18	180	12		42.241	33.159	0.710	1321.35	2332.80	2100.10	542.61	5.59	7.05	3.58	100.82	165.00	78.41	4.89
		14		48.896	38.383	0.709	1514.48	2723.48	2407.42	621.53	5.56	7.02	3.56	116.25	189.14	88.38	4.97
		16		55.467	43.542	0.709	1700.99	3115.29	2703.37	698.60	5.54	6.98	3.55	131.13	212.40	97.83	5.05
		18		61.055	48.634	0.708	1875.12	3502.43	2988.24	762.01	5.50	6.94	3.51	145.64	234.78	105.14	5.13
20	200	14	18	54.642	42.894	0.788	2103.55	3734.10	3343.26	863.83	6.20	7.82	3.98	144.70	236.40	111.82	5.46
		16		62.013	48.680	0.788	2366.15	4270.39	3760.89	971.41	6.18	7.79	3.96	163.65	265.93	123.96	5.54
		18		69.301	54.401	0.787	2620.64	4808.13	4164.54	1076.74	6.15	7.75	3.94	182.22	294.48	135.52	5.62
		20		76.505	60.056	0.787	2867.30	5347.51	4554.55	1180.04	6.12	7.72	3.93	200.42	322.06	146.55	5.69
		24		90.661	71.168	0.785	3338.25	6457.16	5294.97	1381.53	6.07	7.64	3.90	236.17	374.41	166.65	5.87
22	220	16	21	68.664	53.901	0.866	3187.36	5681.62	5063.73	1310.99	6.81	8.59	4.37	199.55	325.51	153.81	6.03
		18		76.752	60.250	0.866	3534.30	6395.93	5615.32	1453.27	6.79	8.55	4.35	222.37	360.97	168.29	6.11
		20		84.756	66.533	0.865	3871.49	7112.04	6150.08	1592.90	6.76	8.52	4.34	244.77	395.34	182.16	6.18
		22		92.676	72.751	0.865	4199.23	7830.19	6668.37	1730.10	6.73	8.48	4.32	266.78	428.66	195.45	6.26
		24		100.512	78.902	0.864	4517.83	8550.57	7170.55	1865.11	6.70	8.45	4.31	288.39	460.94	208.21	6.33
		26		108.264	84.987	0.864	4827.58	9273.39	7656.98	1998.17	6.68	8.41	4.30	309.62	492.21	220.49	6.41
25	250	18	24	87.842	68.956	0.985	5268.22	9379.11	8369.04	2167.41	7.74	9.76	4.97	290.12	473.42	224.03	6.84
		20		97.045	76.180	0.984	5779.34	10,426.97	9181.94	2376.74	7.72	9.73	4.95	319.66	519.41	242.85	6.92
		24		115.201	90.433	0.983	6763.93	12,529.74	10,742.67	2785.19	7.66	9.66	4.92	377.34	607.70	278.38	7.07
		26		124.154	97.461	0.982	7238.08	13,585.18	11,491.33	2984.84	7.63	9.62	4.90	405.50	650.05	295.19	7.15
		28		133.022	104.422	0.982	7700.60	14,643.62	12,219.39	3181.81	7.61	9.58	4.89	433.22	691.23	311.42	7.22
		30		141.807	111.318	0.981	8151.80	15,706.30	12,927.26	3376.34	7.58	9.55	4.88	460.51	731.28	327.12	7.30
		32		150.508	118.149	0.981	8592.01	16,770.41	13,615.32	3568.71	7.56	9.51	4.87	487.39	770.20	342.33	7.37
		35		163.402	128.271	0.980	9232.44	18,374.95	14,611.16	3853.72	7.52	9.46	4.86	526.97	826.53	364.30	7.48

附表 E-2

热轧不等边角钢截面特性表（按《热轧型钢》GB/T 706—2016 计算）

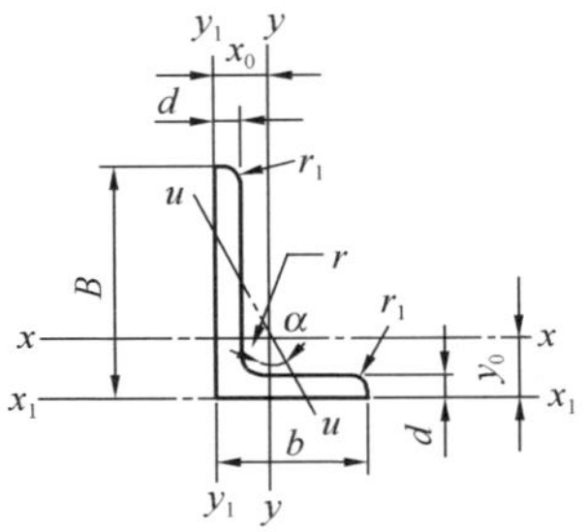

说明：B—长边宽度；
b—短边宽度；
d—边厚度；
r—内圆弧半径；
r_1—边端圆弧半径；
x_0—重心距离；
y_0—重心距离

型号	截面尺寸 (mm)				截面面积	理论重量	外表面积	惯性矩 (cm⁴)					惯性半径 (cm)			截面模数 (cm³)			tanα	重心距离 (cm)	
	B	b	d	r	(cm²)	(kg/m)	(m²/m)	I_x	I_{x1}	I_y	I_{y1}	I_u	i_x	i_y	i_u	W_x	W_y	W_u		x_0	y_0
2.5/1.6	25	16	3	3.5	1.162	0.912	0.080	0.70	1.56	0.22	0.43	0.14	0.78	0.44	0.34	0.43	0.19	0.16	0.392	0.42	0.86
			4		1.499	1.176	0.079	0.88	2.09	0.27	0.59	0.17	0.77	0.43	0.34	0.55	0.24	0.20	0.381	0.46	1.86
3.2/2	32	20	3		1.492	1.171	0.102	1.53	3.27	0.46	0.82	0.28	1.01	0.55	0.43	0.72	0.30	0.25	0.382	0.49	0.90
			4		1.939	1.522	0.101	1.93	4.37	0.57	1.12	0.35	1.00	0.54	0.42	0.93	0.39	0.32	0.374	0.53	1.08
4/2.5	40	25	3	4	1.890	1.484	0.127	3.08	5.39	0.93	1.59	0.56	1.28	0.70	0.54	1.15	0.49	0.40	0.385	0.59	1.12
			4		2.467	1.936	0.127	3.93	8.53	1.18	2.14	0.71	1.36	0.69	0.54	1.49	0.63	0.52	0.381	0.63	1.32
4.5/2.8	45	28	3	5	2.149	1.687	0.143	445	9.10	1.34	2.23	0.80	1.44	0.79	0.61	1.47	0.62	0.51	0.383	0.64	1.37
			4		2.806	2.203	0.143	5.69	12.13	1.70	3.00	1.02	1.42	0.78	0.60	1.91	0.80	0.66	0.380	0.68	1.47
5/3.2	50	32	3	5.5	2.431	1.908	0.161	6.24	12.49	2.02	3.31	1.20	1.60	0.91	0.70	1.84	0.82	0.68	0.404	0.73	1.51
			4		3.177	2.494	0.160	8.02	16.65	2.58	4.45	1.53	1.59	0.90	0.69	2.39	1.06	0.87	0.402	0.77	1.60
5.6/3.6	56	36	3	6	2.743	2.153	0.181	8.88	17.54	2.92	4.70	1.73	1.80	1.03	0.79	2.32	1.05	0.87	0.408	0.80	1.65
			4		3.590	2.818	0.180	11.45	23.39	3.76	6.33	2.23	1.79	1.02	0.79	3.03	1.37	1.13	0.408	0.85	1.78
			5		4.415	3.466	0.180	13.86	29.25	4.49	7.94	2.67	1.77	1.01	0.78	3.71	1.65	1.36	0.404	0.88	1.82

续表

型号	截面尺寸 (mm)				截面面积 (cm^2)	理论重量 (kg/m)	外表面积 (m^2/m)	惯性矩 (cm^4)					惯性半径 (cm)			截面模数 (cm^3)			tanα	重心距离 (cm)	
	B	b	d	r				I_x	I_{x1}	I_y	I_{y1}	I_u	i_x	i_y	i_u	W_x	W_y	W_u		x_0	y_0
6.3/4	63	40	4	7	4.058	3.185	0.202	16.49	33.30	5.23	8.63	3.12	2.02	1.14	0.88	3.87	1.70	1.40	0.398	0.92	1.87
			5		4.993	3.920	0.202	20.02	41.63	6.31	10.86	3.76	2.00	1.12	0.87	4.74	2.07	1.71	0.396	0.95	2.04
			6		5.908	4.638	0.201	23.36	49.98	7.29	13.12	4.34	1.96	1.11	0.86	5.59	2.43	1.99	0.393	0.99	2.08
			7		6.802	5.339	0.201	26.53	58.07	8.24	15.47	4.97	1.98	1.10	0.86	6.40	2.78	2.29	0.389	1.03	2.12
7/4.5	70	45	4	7.5	4.547	3.570	0.226	23.17	45.92	7.55	12.26	4.40	2.26	1.29	0.98	4.86	2.17	1.77	0.410	1.02	2.15
			5		5.609	4.403	0.225	27.95	57.10	9.13	15.39	5.40	2.23	1.28	0.98	5.92	2.65	2.19	0.407	1.06	2.24
			6		6.647	5.218	0.225	32.54	68.35	10.62	18.58	6.35	2.21	1.26	0.98	6.95	3.12	2.59	0.404	1.09	2.28
			7		7.657	6.011	0.225	37.22	79.99	12.01	21.84	7.16	2.20	1.25	0.97	8.03	3.57	2.94	0.402	1.13	2.32
7.5/5	75	50	5	8	6.125	4.808	0.245	34.86	70.00	12.61	21.04	7.41	2.39	1.44	1.10	6.83	3.30	2.74	0.435	1.17	2.36
			6		7.260	5.699	0.245	41.12	84.30	14.70	25.37	8.54	2.38	1.42	1.08	8.12	3.88	3.19	0.435	1.21	2.40
			8		9.467	7.431	0.244	52.39	112.50	18.53	34.23	10.87	2.35	1.40	1.07	10.52	4.99	4.10	0.429	1.29	2.44
			10		11.590	9.098	0.244	62.71	140.80	21.96	43.43	13.10	2.33	1.38	1.06	12.79	6.04	4.99	0.423	1.36	2.52
8/5	80	50	5		6.375	5.005	0.255	41.96	85.21	12.82	21.06	7.66	2.56	1.42	1.10	7.78	3.32	2.74	0.388	1.14	2.60
			6		7.560	5.935	0.255	49.49	102.53	14.95	25.41	8.85	2.56	1.41	1.08	9.25	3.91	3.20	0.387	1.18	2.65
			7		8.724	6.848	0.255	56.16	119.33	46.96	29.82	10.18	2.54	1.39	1.08	10.58	4.48	3.70	0.384	1.21	2.69
			8		9.867	7.745	0.254	62.83	136.41	18.85	34.32	11.38	2.52	1.38	1.07	11.92	5.03	4.16	0.381	1.25	2.73
9/5.6	90	56	5	9	7.212	5.661	0.287	60.45	121.32	18.32	29.53	10.98	2.90	1.59	1.23	9.92	4.21	3.49	0.385	1.25	2.91
			6		8.557	6.717	0.286	71.03	145.59	21.42	35.58	12.90	2.88	1.58	1.23	11.74	4.96	4.13	0.384	1.29	2.95
			7		9.880	7.756	0.286	81.01	169.60	24.36	41.71	14.67	2.86	1.57	1.22	13.49	5.70	4.72	0.382	1.33	3.00
			8		11.183	8.779	0.286	91.03	194.17	27.15	47.93	16.34	2.85	1.56	1.21	15.27	6.41	5.29	0.380	1.36	3.04

续表

型号	截面尺寸（mm）				截面面积（cm²）	理论重量（kg/m）	外表面积（m²/m）	惯性矩（cm⁴）					惯性半径（cm）			截面模数（cm³）			tanα	重心距离（cm）	
	B	b	d	r				I_x	I_{x1}	I_y	I_{y1}	I_u	i_x	i_y	i_u	W_x	W_y	W_u		x_0	y_0
10/6.3	100	63	6	10	9.617	7.550	0.320	99.06	199.71	30.94	50.50	18.42	3.21	1.79	1.38	14.64	6.35	5.25	0.394	1.43	3.24
			7		11.111	8.722	0.320	113.45	233.00	35.26	59.14	21.00	3.20	1.78	1.38	16.88	7.29	6.02	0.394	1.47	3.28
			8		12.534	9.878	0.319	127.37	266.32	39.39	67.88	23.50	3.18	1.77	1.37	19.08	8.21	6.78	0.391	1.50	3.32
			10		15.467	12.142	0.319	153.81	333.06	47.12	85.73	28.33	3.15	1.74	1.35	23.32	9.98	8.24	0.387	1.58	3.40
10/8	100	80	6		10.637	8.350	0.354	107.04	199.83	61.24	102.68	31.65	3.17	2.40	1.72	15.19	10.16	8.37	0.627	1.97	2.95
			7		12.301	9.656	0.354	122.73	233.20	70.08	119.98	36.17	3.16	2.39	1.72	17.52	11.71	9.60	0.626	2.01	3.00
			8		13.944	10.946	0.353	137.92	266.61	78.58	137.37	40.58	3.14	2.37	1.71	19.81	13.21	10.80	0.625	2.05	3.04
			10		17.167	13.476	0.353	166.87	333.63	94.65	172.48	49.10	3.12	2.35	1.69	24.24	16.12	13.12	0.622	2.13	3.12
11/7	110	70	6	10	10.637	8.350	0.354	133.37	265.78	42.92	69.08	25.36	3.54	2.01	1.54	17.85	7.90	6.53	0.403	1.57	3.53
			7		12.301	9.656	0.354	153.00	310.07	49.01	80.82	28.95	3.53	2.00	1.53	20.60	9.09	7.50	0.402	1.61	3.57
			8		13.944	10.946	0.353	172.04	354.39	54.87	92.70	32.45	3.51	1.98	1.53	23.30	10.25	8.45	0.401	1.65	3.62
			10		17.167	13.476	0.353	208.39	443.13	65.88	116.83	39.20	3.48	1.96	1.51	28.54	12.48	10.29	0.397	1.72	3.70
12.5/8	125	80	7	11	14.096	11.066	0.403	227.98	454.99	74.42	120.32	43.81	4.02	2.30	1.76	26.86	12.01	9.92	0.408	1.80	4.01
			8		15.989	12.551	0.403	256.77	519.99	83.49	137.85	49.15	4.01	2.28	1.75	30.41	13.56	11.18	0.407	1.84	4.06
			10		19.712	15.474	0.402	312.04	650.09	100.67	173.40	59.45	3.98	2.26	1.74	37.33	16.56	13.64	0.404	1.92	4.14
			12		23.351	18.330	0.402	364.41	780.39	116.67	209.67	69.35	3.95	2.24	1.72	44.01	19.43	16.01	0.400	2.00	4.22

续表

型号	截面尺寸 (mm)				截面面积 (cm²)	理论重量 (kg/m)	外表面积 (m²/m)	惯性矩 (cm⁴)					惯性半径 (cm)			截面模数 (cm³)			tanα	重心距离 (cm)	
	B	b	d	r				I_x	I_{x1}	I_y	I_{y1}	I_u	i_x	i_y	i_u	W_x	W_y	W_u		x_0	y_0
14/9	140	90	8	12	18.038	14.160	0.453	365.64	730.53	120.69	195.79	70.83	4.50	2.59	1.98	38.48	17.34	14.31	0.411	2.04	4.50
			10		22.261	17.475	0.452	445.50	913.20	140.03	245.92	85.82	4.47	2.56	1.96	47.31	21.22	17.48	0.409	2.12	4.58
			12		26.400	20.724	0.451	521.59	1096.09	169.79	296.89	100.21	4.44	2.54	1.95	55.87	24.95	20.54	0.406	2.19	4.66
			14		30.456	23.908	0.451	594.10	1279.26	192.10	348.82	114.13	4.42	2.51	1.94	64.18	28.54	23.52	0.403	2.27	4.74
15/9	150	90	8		18.839	14.788	0.473	442.05	898.35	122.80	195.96	74.14	4.84	2.55	1.98	43.86	17.47	14.48	0.364	1.97	4.92
			10		23.261	18.260	0.472	539.24	1122.85	148.62	246.26	89.86	4.81	2.53	1.97	53.97	21.38	17.69	0.362	2.05	5.01
			12		27.600	21.666	0.471	632.08	1347.50	172.85	297.46	104.95	4.79	2.50	1.95	63.79	25.14	20.80	0.359	2.12	5.09
			14		31.856	25.007	0.471	720.77	1572.38	195.62	349.74	119.53	4.76	2.48	1.94	73.33	28.77	23.84	0.356	2.20	5.17
			15		33.952	26.652	0.471	763.62	1684.93	206.50	376.33	126.67	4.74	2.47	1.93	77.99	30.53	25.33	0.354	2.24	5.21
			16		36.027	28.281	0.470	805.51	1797.55	217.07	403.24	133.72	4.73	2.45	1.93	82.60	32.27	26.82	0.352	2.27	5.25
16/10	160	100	10	13	25.315	19.872	0.512	668.69	1362.89	205.03	336.59	121.74	5.14	2.85	2.19	62.13	26.56	21.92	0.390	2.28	5.24
			12		30.054	23.592	0.511	784.91	1635.56	239.06	405.94	142.33	5.11	2.82	2.17	73.49	31.28	25.79	0.388	2.36	5.32
			14		34.709	27.247	0.510	896.30	1908.50	271.20	476.42	162.23	5.08	2.80	2.16	84.56	35.83	29.56	0.385	0.43	5.40
			16		29.281	30.835	0.510	1003.04	2181.79	301.60	548.22	182.57	5.05	2.77	2.16	95.33	40.24	33.44	0.382	2.51	5.48
18/11	180	110	10	14	28.373	22.273	0.571	956.25	1940.40	278.11	447.22	166.50	5.80	3.13	2.42	78.96	32.49	26.88	0.376	2.44	5.89
			12		33.712	26.440	0.571	1124.72	2328.38	325.03	538.94	194.87	5.78	3.10	2.40	93.53	38.32	31.66	0.374	2.52	5.98
			14		38.967	30.589	0.570	1286.91	2716.60	369.55	631.95	222.30	5.75	3.08	2.39	107.76	43.97	36.32	0.372	2.59	6.06
			16		44.139	34.649	0.569	1443.06	3105.15	411.85	726.46	248.94	5.72	3.06	2.38	121.64	49.44	40.87	0.369	2.67	6.14
20/12.5	200	125	12		37.912	29.761	0.641	1570.90	3193.85	483.16	787.74	285.79	6.44	3.57	2.74	116.73	49.99	41.23	0.392	2.83	6.54
			14		43.687	34.436	0.640	1800.97	3726.17	550.83	922.47	326.58	6.41	3.54	2.73	134.65	57.44	47.34	0.390	2.91	6.62
			16		49.739	39.045	0.639	2023.35	4258.88	615.44	1058.86	366.21	6.38	3.52	2.71	152.18	64.89	53.32	0.388	2.99	6.70
			18		55.526	43.588	0.639	2238.30	4792.00	677.19	1197.13	404.83	6.35	3.49	2.70	169.33	71.74	59.18	0.385	3.06	6.78

热轧 H 型钢的规格和截面特性（按《热轧 H 型钢和剖分 T 型钢》GB/T 11263—2017 计算）

附表 E-3

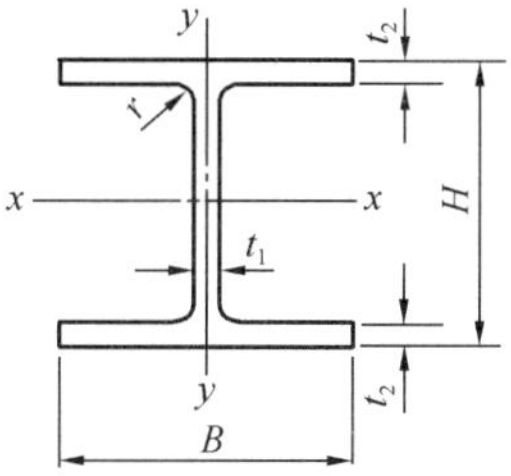

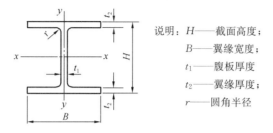

说明：H——截面高度；
B——翼缘宽度；
t_1——腹板厚度
t_2——翼缘厚度；
r——圆角半径

类别	型号（高度×宽度）（mm×mm）	截面尺寸（mm）					截面面积 A（cm^2）	理论重量（kg/m）	惯性矩		抗扭惯性矩	扇性惯性矩	惯性半径		截面模数	
		H	B	t_1	t_2	r			I_x（cm^4）	I_y（cm^4）	I_t（cm^4）	I_w（cm^6）	i_x（cm）	i_y（cm）	W_x（cm^3）	W_y（cm^3）
HW	100×100	100	100	6	8	8	21.58	16.9	378	134	4.018	3330	4.18	2.48	75.6	26.7
	125×125	125	125	6.5	9	8	30.00	23.6	839	293	7.054	11,435	5.28	3.12	134	46.9
	150×150	150	150	7	10	8	39.64	31.1	1620	563	11.49	31,620	6.39	3.76	216	75.1
	175×175	175	175	7.5	11	13	51.42	40.4	2900	984	17.68	75,185	7.50	4.37	331	112
	200×200	200	200	8	12	13	63.53	49.9	4720	1600	26.04	159,925	8.61	5.02	472	160
		*200	204	12	12	13	71.53	56.2	4980	1700	33.64	169,540	8.34	4.87	498	167
	250×250	*244	252	11	11	13	81.31	63.8	8700	2940	32.21	436,313	10.3	6.01	713	233
		250	250	9	14	13	91.43	71.8	10,700	3650	51.13	569,451	10.8	6.31	860	292
		*250	255	14	14	13	103.9	81.6	11,400	3880	66.95	603,737	10.5	6.10	912	304
	300×300	*294	302	12	12	13	106.3	83.5	16,600	5510	50.34	1,189,540	12.5	7.20	1130	365
		300	300	10	15	13	118.5	93.0	20,200	6750	76.50	1,518,244	13.1	7.55	1350	450
		*300	305	15	15	13	133.5	105	21,300	7100	99.00	1,594,253	12.6	7.29	1420	266
	350×350	*338	351	13	13	13	133.3	105	27,700	9380	74.26	2,674,374	14.4	8.38	1640	534
		*344	348	10	16	13	144.0	113	32,800	11,200	105.4	3,324,014	15.1	8.83	1910	646
		*344	354	16	16	13	164.7	129	34,900	11,800	139.3	3,496,589	14.6	8.48	2030	669
		350	350	12	19	13	171.9	135	39,800	13,600	178.0	4,156,606	15.2	8.88	2280	776
		*350	357	19	19	13	196.4	154	42,300	14,400	234.6	4,407,029	14.7	8.57	2420	808
	400×400	*388	402	15	15	22	178.5	140	49,000	16,300	130.7	6,108,752	16.6	9.54	2520	809
		*394	398	11	18	22	186.8	147	56,100	18,900	170.6	7,338,575	17.3	10.1	2850	951
		*394	405	18	18	22	214.4	168	59,700	20,000	227.1	7,727 379	167.7	9.64	3030	985
		400	400	13	21	22	218.7	172	66,600	22,400	273.2	8,957,379	17.5	10.1	3330	1120
		*400	408	21	21	22	250.7	197	70,900	23,800	362.4	9,497,385	16.8	9.74	3540	1170
		*414	405	18	28	22	295.4	232	92,800	31,000	662.3	13,276,050	17.7	10.2	4480	1530
		*428	407	20	35	22	360.7	283	119,000	39,400	1259	17,999,651	18.2	10.4	5570	1930
		*458	417	30	50	22	528.6	415	187,000	60,500	3797	31,646,038	18.8	10.7	8170	2900
		*498	432	45	70	22	770.1	604	298,000	94,400	10,966	58,149,140	19.7	11.1	12,000	4370

续表

类别	型号（高度×宽度）（mm×mm）	截面尺寸（mm）					截面面积 A（cm²）	理论重量（kg/m）	惯性矩		抗扭惯性矩	扇性惯性矩	惯性半径		截面模数	
		H	B	t_1	t_2	r			I_x（cm⁴）	I_y（cm⁴）	I_t（cm⁴）	I_w（cm⁶）	i_x（cm）	i_y（cm）	W_x（cm³）	W_y（cm³）
HW	500×500	* 492	465	15	20	22	258.0	202	117,000	33,500	298.9	20,274,172	21.3	11.4	4770	1440
		* 502	465	15	25	22	304.5	239	146,000	41,900	535.2	26,385,376	21.9	11.7	5810	1800
		* 502	470	20	25	22	329.6	259	151,000	43,300	610.1	27,234,999	21.4	11.5	6020	1840
HM	150×100	148	100	6	9	8	26.34	20.7	1000	150	5.796	8201	6.16	2.38	135	30.1
	200×150	194	150	6	9	8	38.10	29.9	2630	507	8.557	47,603	8.30	3.64	271	67.6
	250×175	244	175	7	11	13	55.49	43.6	6040	984	18.07	146,149	10.4	4.21	495	112
	300×200	294	200	8	12	13	71.05	55.8	11,100	1600	27.65	345,495	12.5	4.74	756	160
		* 298	201	9	14	13	82.03	64.4	13,100	1900	43.33	420,302	12.6	4.80	878	189
	350×250	340	250	9	14	13	99.53	78.1	21,200	3650	53.31	1,053,098	14.6	6.05	1250	292
	400×300	390	300	10	16	13	133.3	105	37,900	7200	93.85	2,736,666	16.9	7.35	1940	480
	450×300	440	300	11	18	13	153.9	121	54,700	8110	134.6	3,918,232	18.9	7.25	2490	540
	500×300	* 482	300	11	15	13	141.2	111	58,300	6760	87.55	3,917,558	20.3	6.91	2420	450
		488	300	11	18	13	159.2	125	68,900	8110	136.7	4,819,433	20.8	7.13	2820	540
	550×300	* 544	300	11	15	13	148.0	116	76,400	6760	90.30	4,989,706	22.7	6.75	2810	450
		* 550	300	11	18	13	166.0	130	89,800	8110	139.4	6,121,317	23.3	6.98	3270	540
	600×300	* 582	300	12	17	13	169.2	133	98,900	7660	129.8	6,471,421	24.2	6.72	3400	511
		588	300	12	20	13	187.2	147	114,000	9010	191.6	7,772,425	24.7	6.93	3890	601
		* 594	302	14	23	13	217.1	170	134,000	10,600	295.1	9,302,404	24.8	6.97	4500	700
HN	* 100×50	100	50	5	7	8	11.84	9.30	187	14.8	1.502	362	3.97	1.11	37.5	5.91
	* 125×60	125	60	6	8	8	16.68	13.1	409	29.1	2.833	1117	4.95	1.32	65.4	9.71
	150×75	150	75	5	7	8	17.84	14.0	666	49.5	2.282	2761	6.10	1.66	88.8	13.2
	175×90	175	90	5	8	8	22.89	18.0	1210	97.5	3.735	7429	7.25	2.06	138	21.7
	200×100	* 198	99	4.5	7	8	22.68	17.8	1540	113	2.823	11,081	8.24	2.23	156	22.9
		200	100	5.5	8	8	26.66	20.9	1810	134	4.434	13,308	8.22	2.23	181	26.7
	250×125	* 248	124	5	8	8	31.98	25.1	3450	255	5.199	39,051	10.4	2.82	278	41.1
		250	125	6	9	8	36.96	29.0	3960	294	7.745	45,711	10.4	2.81	317	47.0
	300×150	* 298	149	5.5	8	13	40.80	32.0	6320	442	6.650	97,833	12.4	3.29	424	59.3
		300	150	6.5	9	13	46.78	36.7	7210	508	9.871	113,761	12.4	3.29	481	67.7
	350×175	* 346	174	6	9	13	52.45	41.2	11,000	791	10.82	236,323	14.5	3.88	638	91.0
		350	175	7	11	13	62.91	49.4	13,500	984	19.28	300,620	14.6	3.95	771	112
	400×150	400	150	8	13	13	70.37	55.2	18,600	734	28.35	291,863	16.3	3.22	929	97.8
	400×200	* 396	199	7	11	13	71.41	56.1	19,800	1450	21.93	565,991	16.6	4.50	999	145
		400	200	8	13	13	83.37	65.4	23,500	1740	35.58	692,696	16.8	4.56	1170	174

续表

类别	型号（高度×宽度）（mm×mm）	截面尺寸（mm）					截面面积 A（cm^2）	理论重量（kg/m）	惯性矩		抗扭惯性矩	扇性惯性矩	惯性半径		截面模数	
		H	B	t_1	t_2	r			I_x（cm^4）	I_y（cm^4）	I_t（cm^4）	I_w（cm^6）	i_x（cm）	i_y（cm）	W_x（cm^3）	W_y（cm^3）
HN	450×150	*446	150	7	12	13	66.99	52.6	22,000	677	22.10	335,072	18.1	3.17	985	90.3
		450	151	8	14	13	77.49	60.8	25,700	806	34.83	405,789	18.2	3.22	1140	107
	450×200	*446	199	8	12	13	82.97	65.1	28,100	1580	30.13	782,894	18.4	4.36	1260	159
		450	200	9	14	13	95.43	74.9	32,900	1870	36.84	943,704	18.6	4.42	1460	187
	475×150	*470	150	7	13	13	71.53	56.2	26,200	733	27.05	403,133	19.1	3.20	1110	97.8
		*475	151.5	8.5	15.5	13	86.15	67.6	31,700	901	46.70	505,415	19.2	3.23	1330	119
		482	153.5	10.5	19	13	106.4	83.5	39,600	1150	87.32	662,736	19.3	3.28	1640	150
	500×150	*492	150	7	12	13	70.21	55.1	27,500	677	22.63	407,575	19.8	3.10	1120	90.3
		*500	152	9	16	13	92.21	72.4	37,000	940	52.88	583,530	20.0	3.19	1480	124
		504	153	10	18	13	103.3	81.1	41,900	1080	75.09	679,866	20.1	3.23	1660	141
	500×200	*496	199	9	14	13	99.29	77.9	40,800	1840	47.78	1,129,194	20.3	4.30	1650	185
		500	200	10	16	13	112.3	88.1	46,800	2140	70.21	1,330,900	20.4	4.36	1870	214
		*506	201	11	19	13	129.3	102	55,500	2580	112.7	1,642,691	20.7	4.46	2190	257
	550×200	*546	199	9	14	13	103.8	81.5	50,800	1840	48.99	1,368,103	22.1	4.21	1860	185
		550	200	10	16	13	117.3	92.0	58,200	2140	71.88	1,610,075	22.3	4.27	2120	214
	600×200	*596	199	10	15	13	117.8	92.4	66,600	1980	63.64	1,745,393	23.8	4.09	2240	199
		600	200	11	17	13	131.7	103	75,600	2270	90.62	2,034,363	24.0	4.15	2520	227
		*606	201	12	20	13	149.8	118	88,300	2720	139.8	2,477,687	24.3	4.25	2910	270
	625×200	*625	198.5	13.5	17.5	13	150.6	118	88,500	2300	119.3	2,216,609	24.2	3.90	2830	230
		630	200	15	20	13	170.0	133	101,000	2690	173.0	2,629,637	24.4	3.97	3220	268
		*638	202	17	24	13	198.7	156	122,000	3320	282.8	3,330,621	24.8	4.09	3820	329
	650×300	*646	299	10	15	13	152.8	120	110,000	6690	87.81	696,688	26.9	6.61	3410	447
		*650	300	11	17	13	171.2	134	125,000	7660	125.6	8073,102	27.0	6.68	3850	511
		*656	301	12	20	13	195.8	154	147,000	9100	196.0	9770,175	27.4	6.81	4470	605
	700×300	*692	300	13	20	18	207.5	163	168,000	9020	207.7	10,760,168	28.5	6.59	4870	601
		700	300	13	24	18	231.5	182	197,000	10,800	324.2	13,215,393	29.2	6.83	5640	721
	750×300	*734	299	12	16	18	182.7	143	161,000	7140	122.1	9587,359	29.7	6.25	4390	478
		*742	300	13	20	18	214.0	168	197,000	9020	211.4	12,370,025	30.4	6.49	5320	601
		*750	300	13	24	18	238.0	187	231,000	10,800	327.9	15,169,448	31.1	6.74	6150	721
		*758	303	16	28	18	248.8	224	276,000	13,000	539.3	18,612,821	31.1	6.75	7270	859
	800×300	*792	300	14	22	18	239.5	188	248,000	9920	281.4	15,498,008	32.2	6.43	6270	661
		800	300	14	26	18	263.5	207	286,000	11,700	419.9	18,692,673	33.0	6.66	7160	781
	850×300	*834	298	14	19	18	227.5	179	251,000	8400	209.1	14,540,555	33.2	6.07	6020	564

续表

类别	型号（高度×宽度）（mm×mm）	截面尺寸（mm）					截面面积 A（cm^2）	理论重量（kg/m）	惯性矩		抗扭惯性矩	扇性惯性矩	惯性半径		截面模数	
		H	B	t_1	t_2	r			I_x（cm^4）	I_y（cm^4）	I_t（cm^4）	I_w（cm^6）	i_x（cm）	i_y（cm）	W_x（cm^3）	W_y（cm^3）
HN	850×300	* 842	299	15	23	18	259.7	204	298,000	10,300	332.1	18,122,017	33.9	6.28	7080	687
		* 850	300	16	27	18	292.1	229	346,000	12,200	502.3	21,896,971	34.4	6.45	8140	812
		* 858	301	17	31	18	324.7	255	395,000	14,100	728.2	25,871,474	34.9	6.59	9210	939
	900×300	* 890	299	15	23	18	266.9	210	339,000	10,300	337.5	20,244,417	35.6	6.20	7610	687
		900	300	16	28	18	305.8	240	404,000	12,600	554.3	25,456,796	36.4	6.42	8990	842
		* 912	302	18	34	18	360.1	283	491,000	15,700	955.4	32,369,675	36.9	6.59	10,800	1040
	1000×300	* 970	297	16	21	18	276.0	217	393,000	9210	310.1	21,494,293	37.8	5.77	8110	620
		* 980	298	17	26	18	315.5	248	472,000	11,500	501.2	27,442,681	38.7	6.04	9630	772
		* 990	298	17	31	18	345.3	271	544,000	13,700	743.8	33,409,079	39.7	6.30	11,000	921
		* 1000	300	19	36	18	395.1	310	634,000	16,300	1145	40,367,825	40.1	6.41	127,000	1080
		* 1008	302	21	40	18	439.3	345	712,000	18,400	1575	46,462,232	40.3	6.47	14,100	1220
HT	100×50	95	48	3.2	4.5	8	7.620	5.98	115	8.39	0.386	187	3.88	1.04	24.2	3.49
		97	49	4	5.5	8	9.370	7.36	143	10.9	0.727	253	3.91	1.07	29.6	4.45
	100×100	96	99	4.5	6	8	16.20	12.7	272	97.2	1.681	2234	4.09	2.44	56.7	19.6
	125×60	118	58	3.2	4.5	8	9.250	7.26	218	14.7	0.471	508	4.85	1.26	37.0	5.08
		120	59	4	5.5	8	11.39	8.94	271	19.0	0.887	676	4.87	1.29	45.2	6.43
	125×125	119	123	4.5	6	8	20.12	15.8	532	186	2.096	6585	5.14	3.04	89.5	30.3
	150×75	145	73	3.2	4.5	8	11.47	9.00	416	29.3	0.592	1532	6.01	1.59	57.3	8.02
		147	74	4	5.5	8	14.12	11.1	516	37.3	1.111	2003	6.04	1.62	70.2	10.1
	150×100	139	97	3.2	4.5	8	13.43	10.6	476	68.6	0.731	3305	5.94	2.25	68.4	14.1
		142	99	4.5	6	8	18.27	14.3	654	97.2	1.820	4886	5.98	2.30	92.1	19.6
	150×150	144	148	5	7	8	27.76	21.8	1090	378	3.926	19,599	6.25	3.69	151	51.1
		147	149	6	8.5	8	33.67	26.4	1350	469	7.036	25,034	6.32	3.73	183	63.0
	175×90	168	88	3.2	4.5	8	13.55	10.6	670	51.2	0.708	3603	7.02	1.94	79.7	11.6
		171	89	4	6	8	17.58	13.8	894	70.7	1.621	5147	7.13	2.00	105	15.9
	175×175	167	173	5	7	13	33.32	26.2	1780	605	4.593	42,106	7.30	4.26	213	69.9
		172	175	6.5	9.5	13	44.64	35.0	2470	850	11.403	62,734	7.43	4.36	287	97.1
	200×100	193	98	3.2	4.5	8	15.25	12.0	994	70.7	0.796	6569	8.07	2.15	103	14.4
		196	99	4	6	8	19.78	15.5	1320	97.2	1.818	9309	8.18	2.21	135	19.6
	200×150	188	149	4.5	6	8	26.34	20.7	1730	331	2.680	29,217	8.09	3.54	184	44.4
	200×200	192	198	6	8	13	43.69	34.3	3060	1040	8.026	95,355	8.37	4.86	319	105
	250×125	244	124	4.5	6	8	25.86	20.3	2650	191	2.490	28,352	10.1	2.71	217	30.8
	250×175	238	173	4.5	8	13	39.12	30.7	4240	691	6.579	97,738	10.4	4.20	356	79.9

续表

类别	型号(高度×宽度)(mm×mm)	截面尺寸(mm)					截面面积 A (cm²)	理论重量(kg/m)	惯性矩		抗扭惯性矩	扇性惯性矩	惯性半径		截面模数	
		H	B	t_1	t_2	r			I_x (cm⁴)	I_y (cm⁴)	I_t (cm⁴)	I_w (cm⁶)	i_x (cm)	i_y (cm)	W_x (cm³)	W_y (cm³)
HT	300×150	294	148	4.5	6	13	31.90	25.0	4800	325	2.988	70,006	12.3	3.19	327	43.9
	300×200	286	198	6	8	13	49.33	38.7	7360	1040	8.702	211,545	12.2	4.58	515	105
	350×175	340	173	4.5	6	13	36.97	29.0	7490	518	3.488	149,564	14.2	3.74	441	59.9
	400×150	390	148	6	8	13	47.57	37.3	11,700	434	7.745	164,103	15.7	3.01	602	58.6
	400×200	390	198	6	8	13	55.57	43.6	14,700	1040	9.451	393,297	16.2	4.31	752	105

注　1. 表中同一型号的产品，其内侧尺寸高度一致；

2. 表中截面面积计算公式为：$t_1(H-2t_2)+2Bt_2+0.858r^2$；

3. 表中“*”表示的规格为市场非常用规格；

4. 规格表示方法：H 高度 H 值×宽度 B 值×腹板厚度 t_1 值×翼缘厚度 t_2 值。如：H450×151×8×14。

热轧普通工字钢的规格及截面特性表（按《热轧型钢》GB/T 706—2016 计算）

附表 E-4

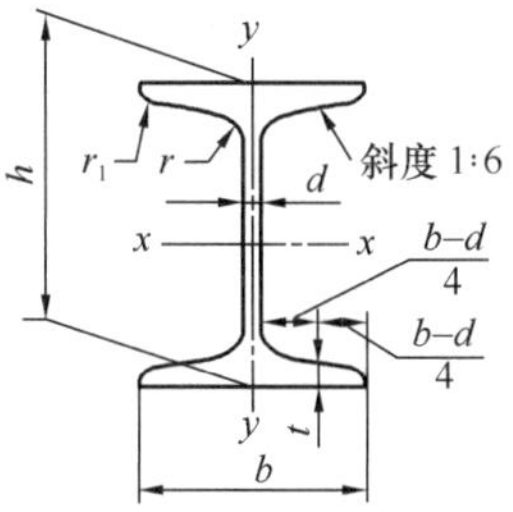

说明：h——高度；
b——腿宽度；
d——腰厚度；
t——腿中间厚度；
r——内圆弧半径；
r_1——腿端圆弧半径

型号	截面尺寸(mm)						截面面积(cm²)	理论重量(kg/m)	惯性矩 (cm⁴)			惯性矩 (cm⁶)	惯性半径 (cm)		截面模量 (cm³)	
	h	b	d	t	r	r_1			I_x	I_y	I_t	I_w	i_x	i_y	W_x	W_y
10	100	68	4.5	7.6	6.5	3.3	14.345	11.261	245	33.0	2.57	660	4.14	1.52	49.0	9.72
12	120	74	5.0	8.4	7.0	3.5	17.818	13.987	436	46.9	3.82	1351	4.95	1.62	72.7	12.7
12.6	126	74	5.0	8.4	7.0	3.5	18.118	14.223	488	46.9	3.84	1489	5.20	1.61	77.5	12.7
14	140	80	5.5	9.1	7.5	3.8	21.516	16.890	712	64.4	5.33	2524	5.76	1.73	102	16.1
16	160	88	6.0	9.9	8.0	4.0	26.131	20.513	1130	93.1	7.63	4767	6.58	1.89	141	21.2
18	180	94	6.5	10.7	8.5	4.3	30.756	24.143	1660	122	10.35	7906	7.36	2.00	185	26.0
20a	200	100	7.0	11.4	9.0	4.5	35.578	27.929	2370	158	13.48	12,640	8.15	2.12	237	31.5
20b		102	9.0				39.578	31.069	2500	169	16.33	13,520	7.96	2.06	250	33.1
22a	220	110	7.5	12.3	9.5	4.8	42.128	33.070	3400	225	18.63	21,780	8.99	2.31	309	40.9
22b		112	9.5				46.528	36.524	3570	239	22.18	23,135	8.78	2.27	325	42.7

续表

型号	截面尺寸(mm)						截面面积 (cm^2)	理论重量 (kg/m)	惯性矩 (cm^4)			惯性矩 (cm^6)	惯性半径 (cm)		截面模量 (cm^3)	
	h	b	d	t	r	r_1			I_x	I_y	I_t	I_w	i_x	i_y	W_x	W_y
24a	240	116	8.0	13.0	10.0	5.0	47.741	37.477	4570	280	23.43	32,256	9.77	2.42	381	48.4
24b		118	10.0				52.541	41.245	4800	297	27.76	34,214	9.57	2.38	400	50.4
25a	250	116	8.0				48.541	38.105	5020	280	23.61	35,000	10.2	2.40	402	48.3
25b		118	10.0				53.541	42.030	5280	309	28.09	38,625	9.94	2.40	423	52.4
27a	270	122	8.5	13.7	10.5	5.3	54.554	42.825	6550	345	29.32	50,301	10.9	2.51	485	56.6
27b		124	10.5				59.954	47.064	6870	366	34.70	53,363	10.7	2.47	509	58.9
28a	280	122	8.5				55.404	43.492	7110	345	29.52	54,096	11.3	2.50	508	56.6
28b		124	10.5				61.004	47.888	7480	379	35.08	59,427	11.1	2.49	534	61.2
30a	300	126	9.0	14.4	11.0	5.5	61.254	48.084	8950	400	35.71	72,000	12.1	2.55	597	63.5
30b		128	11.0				67.254	52.794	9400	422	42.29	75,960	11.8	2.50	627	65.9
30c		130	13.0				73.254	57.504	9850	445	51.51	80,100	11.6	2.46	657	68.5
32a	320	130	9.5	15.0	11.5	5.8	67.156	52.717	11,100	460	42.21	94,208	12.8	2.62	692	70.8
32b		132	11.5				73.556	57.741	11,600	502	49.92	102,810	12.6	2.61	726	76.0
32c		134	13.5				79.956	62.765	12,200	544	60.57	111,411	12.3	2.61	760	81.2
36a	360	136	10.0	15.8	12.0	6.0	76.480	60.037	15,800	552	52.36	143,078	14.4	2.69	875	81.2
36b		138	12.0				83.680	65.689	16,500	582	61.83	150,854	14.1	2.64	919	84.3
36c		140	14.0				90.880	71.341	17,300	612	74.76	158,630	13.8	2.60	962	87.4
40a	400	142	10.5	16.5	12.5	6.3	86.112	67.598	21,700	660	63.43	211,200	15.9	2.77	1090	93.2
40b		144	12.5				94.112	73.878	22,800	692	74.87	221,440	15.6	2.71	1140	96.2
40c		146	14.5				102.112	80.158	23,900	727	90.32	232,640	15.2	2.65	1190	99.6
45a	450	150	11.5	18.0	13.5	6.8	102.446	80.420	32,200	855	88.16	346,275	17.7	2.89	1430	114
45b		152	13.5				111.446	87.485	33,800	894	103.32	362,070	17.4	2.84	1500	118
45c		154	15.5				120.446	94.550	35,300	938	123.34	379,890	17.1	2.79	1570	122
50a	500	158	12.0	20.0	14.0	7.0	119.304	93.654	46,500	1120	122.20	560,000	19.7	3.07	1860	142
50b		160	14.0				129.304	101.504	48,600	1170	140.55	585,000	19.4	3.01	1940	146
50c		162	16.0				139.304	109.354	50,600	1220	164.51	610,000	19.0	2.96	2080	151
55a	550	166	12.5	21.0	14.5	7.3	134.185	105.335	62,900	1370	149.41	828,850	21.6	3.19	2290	164
55b		168	14.5				145.185	113.970	65,600	1420	171.14	859,100	21.2	3.14	2390	170
55c		170	16.5				156.185	122.605	68,400	1480	199.25	895,400	20.9	3.08	2490	175
56a	560	166	12.5				135.435	106.316	65,600	1370	150.06	859,264	22.0	3.18	2340	165
56b		168	14.5				146.635	115.108	68,500	1490	172.16	934,528	21.6	3.16	2450	174
56c		170	16.5				157.835	123.900	71,400	1560	200.75	978,432	21.3	3.16	2550	183
63a	630	176	13.0	22.0	15.0	7.5	154.658	121.407	93,900	1700	184.96	1,349,460	24.5	3.31	2980	193
63b		178	15.0				167.258	131.298	98,100	1810	211.59	1,436,778	24.2	3.29	3160	204
63c		180	17.0				179.858	141.189	102,000	1920	245.80	1,524,096	23.8	3.27	3300	214

注：I_t、I_w 根据《热轧型钢》GB/T 706—2016 的规格参数，按《门式刚架轻型房屋钢结构设计规范》GB 51022—2015 中计算公式补充，以供参考。

热扎普通槽钢的规格及截面特性表（按《热轧型钢》GB/T 706—2016 计算）　　**附表 E-5**

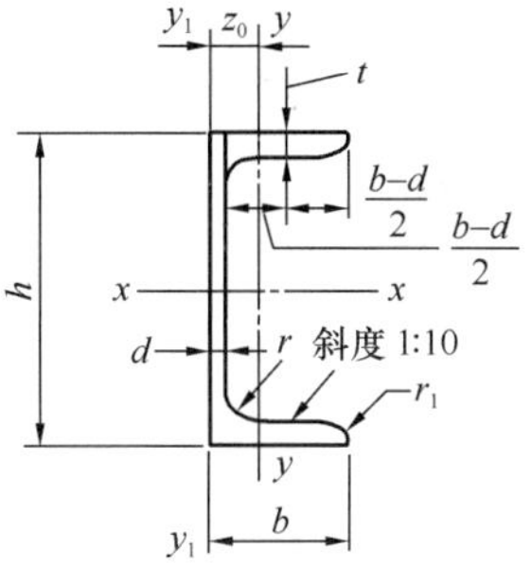

说明：h——高度；
b——腿宽度；
d——腰厚度；
t——腿中间厚度；
r——内圆弧半径；
r_1——腿端圆弧半径；
z_0—重心距离

型号	截面尺寸(mm)						截面面积(cm^2)	每米重量(kg/m)	惯性矩					惯性半径(cm)		截面模数(cm^3)		重心距离(cm)
									(cm^4)				(cm^6)					
	h	b	d	t	r	r_1			I_x	I_y	I_{y1}	I_t	I_w	i_x	i_y	W_x	W_y	z_0
5	50	37	4.5	7.0	7.0	3.5	6.928	4.438	26.0	8.3	20.9	1.01	55	1.94	1.10	10.4	3.55	1.35
6.3	63	40	4.8	7.5	7.5	3.8	8.451	6.634	50.8	11.9	28.4	1.37	113	2.45	1.19	16.1	4.50	1.36
6.5	65	40	4.3	7.5	7.5	3.8	8.547	6.709	55.2	12.0	28.3	1.31	114	2.54	1.19	17.0	4.59	1.38
8	80	43	5.0	8.0	8.0	4.0	10.248	8.045	101	16.6	37.4	1.82	233	3.15	1.27	25.3	5.79	1.43
10	100	48	5.3	8.5	8.5	4.2	12.748	10.007	198	25.6	54.9	2.49	530	3.95	1.41	39.7	7.80	1.52
12	120	53	5.5	9.0	9.0	4.5	15.362	12.059	346	37.4	77.7	3.29	1082	4.75	1.56	57.7	10.2	1.62
12.6	126	53	5.5	9.0	9.0	4.5	15.692	12.318	391	38.0	77.1	3.32	1194	4.95	1.57	62.1	10.2	1.59
14a	140	58	6.0	9.5	9.5	4.8	18.516	14.535	564	53.2	107	4.28	2064	5.52	1.70	80.5	13.0	1.71
14b		60	8.0				21.316	16.733	609	61.1	121	5.89	2476	5.35	1.69	87.1	14.1	1.67
16a	160	63	6.5	10.0	10.0	5.0	21.962	17.24	866	73.3	144	5.75	3691	6.28	1.83	108	16.3	1.80
16b		65	8.5				25.162	19.752	935	83.4	161	7.70	4370	6.10	1.82	117	17.6	1.75
18a	180	68	7.0	10.5	10.5	5.2	25.699	20.174	1270	98.6	190	7.42	6261	7.04	1.96	141	20.0	1.88
18b		70	9.0				29.299	23.000	1370	111	210	9.90	7327	6.84	1.95	152	21.5	1.84
20a	200	73	7.0	11.0	11.0	5.5	28.837	22.637	1780	128	244	8.91	9918	7.86	2.11	178	24.2	2.01
20b		75	9.0				32.837	25.777	1910	144	268	11.67	11,569	7.64	2.09	191	25.9	1.95
22a	220	77	7.0	11.5	11.5	5.8	31.846	24.999	2390	158	298	10.50	14,663	8.67	2.23	218	28.2	2.10
22b		79	9.0				36.246	28.453	2570	176	326	13.54	17,016	8.42	2.21	234	30.1	2.03
24a	240	78	7.0	12.0	12.0	6.0	34.217	26.860	3050	174	325	11.92	19,041	9.45	2.25	254	30.5	2.10
24b		80	9.0				39.017	30.628	3280	194	355	15.25	22,099	9.17	2.23	274	32.5	2.03
24c		82	11.0				43.817	34.396	3510	213	388	20.31	25,226	8.96	2.21	293	34.4	2.00
25a	250	78	7.0				34.917	27.410	3370	176	322	12.03	20,839	9.82	2.24	270	30.6	2.07
25b		80	9.0				39.917	31.335	3530	196	353	15.50	24,500	9.41	2.22	282	32.7	1.98
25c		82	11.0				44.917	35.260	3690	218	384	20.76	28,309	9.07	2.21	295	35.9	1.92
27a	270	82	7.5	12.5	12.5	6.2	39.284	30.838	4360	216	393	14.70	29,924	10.5	2.34	323	35.5	2.13
27b		84	9.5				44.684	35.077	4690	239	428	18.90	34,475	10.3	2.31	347	37.7	2.06
27c		86	11.5				50.084	39.316	5020	261	467	25.15	39,111	10.1	2.28	372	39.8	2.03
28a	280	82	7.5				40.034	31.427	4760	218	388	14.84	32,471	10.9	2.33	340	35.7	2.10
28b		84	9.5				45.634	35.823	5130	242	428	19.19	37,419	10.6	2.30	366	37.9	2.02
28c		86	11.5				51.234	40.219	5500	268	463	25.66	42,453	10.4	2.29	393	40.3	1.95

续表

型号	截面尺寸(mm)						截面面积(cm^2)	每米重量(kg/m)	惯性矩					惯性半径(cm)		截面模数(cm^3)		重心距离(cm)
									(cm^2)				(cm^6)					
	h	b	d	t	r	r_1			I_x	I_y	I_{y1}	I_t	I_w	i_x	i_y	W_x	W_y	z_0
30a	300	85	7.5	13.5	13.5	6.8	43.902	34.463	6050	260	467	18.44	44,237	11.7	2.43	403	41.1	2.17
30b		87	9.5				49.902	39.173	6500	289	515	23.14	50,857	11.4	2.41	433	44.0	2.13
30c		89	11.5				55.902	43.883	6950	316	560	30.12	57,583	11.2	2.38	463	46.4	2.09
32a	320	88	8.0	14.0	14.0	7.0	48.513	38.083	7600	305	552	21.88	58,696	12.5	2.50	475	46.5	2.24
32b		90	10.0				54.913	43.107	8140	336	593	27.47	67,120	12.2	2.47	509	49.2	2.16
32c		92	12.0				61.313	48.131	8690	374	643	35.63	75,646	11.9	2.47	543	52.6	2.09
36a	360	96	9.0	16.0	16.0	8.0	60.910	47.814	11,900	455	818	35.43	111,184	14.0	2.73	660	63.5	2.44
36b		98	11.0				68.110	53.466	12,700	497	880	43.23	125,440	13.6	2.70	703	66.9	2.37
36c		100	13.0				75.310	59.118	13,400	536	948	54.20	140,254	13.4	2.67	746	70.0	2.34
40a	400	100	10.5	18.0	18.0	9.0	75.068	58.928	17,600	592	1070	54.92	180,496	15.3	2.81	879	78.8	2.49
40b		102	12.5				83.068	65.208	18,600	640	1140	66.34	201,900	15.0	2.78	932	82.5	2.44
40c		104	14.5				91.068	71.488	19,700	688	1220	81.76	223,292	14.7	2.75	986	86.2	2.42

常用圆钢管的规格及截面特性 **附表 E-6**

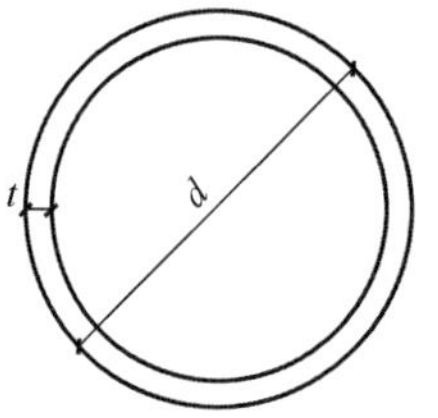

I——截面惯性矩；
W——截面模量；
i——截面回转半径

尺寸（mm）		截面面积(cm^2)	重量(kg/m)	截面特性		
d	t			I（cm^4）	W（cm^3）	i（cm）
25	1.5	1.11	0.87	0.768	0.614	0.833
30	1.5	1.34	1.05	1.367	0.911	1.009
	2.0	1.759	1.38	1.733	1.55	9.92
40	1.5	1.81	1.42	3.37	1.68	1.36
	2.0	2.39	1.88	4.32	2.16	1.35
48	2.5	3.57	2.81	9.28	3.86	1.61
	3.0	4.24	3.33	10.78	4.49	1.59
	3.5	4.89	3.84	12.19	5.08	1.58
	4.0	5.53	4.34	13.49	5.62	1.56
51	2.0	3.08	2.42	9.26	3.63	1.73
	2.5	3.81	2.99	11.23	4.40	1.72
	3.0	4.54	3.55	13.08	5.13	1.70
	3.5	5.22	4.10	14.81	5.81	1.68
	4.0	5.91	4.64	16.43	6.44	1.67

续表

尺寸（mm）		截面面积（cm^2）	重量（kg/m）	截面特性		
d	t			I（cm^4）	W（cm^3）	i（cm）
57	2.0	3.46	2.71	13.08	4.59	1.95
	3.0	5.09	4.00	18.61	6.53	1.91
	3.5	5.88	4.62	21.14	7.42	1.90
	4.0	6.66	5.23	23.52	8.25	1.88
	4.5	7.42	5.83	25.76	9.04	1.86
60	2.0	3.64	2.86	15.34	5.10	2.05
	3.0	5.37	4.22	21.88	7.29	2.02
	3.5	6.21	4.88	24.88	8.29	2.00
	4.0	7.04	5.52	27.73	9.24	1.98
	4.5	7.85	6.16	30.41	10.14	1.97
63	3.0	5.65	4.44	25.51	8.10	2.12
	3.5	6.54	5.14	29.05	9.22	2.11
	4.0	7.41	5.82	32.41	10.29	2.09
	4.5	8.27	6.49	35.59	11.30	2.07
	5.0	9.11	7.15	38.59	12.25	2.06
70	2.0	4.27	3.35	24.72	7.05	2.41
	3.0	6.31	4.96	35.50	10.14	2.37
	3.5	7.31	5.74	40.53	11.58	2.35
	4.0	8.29	6.51	45.33	12.95	2.34
	4.5	9.26	7.27	49.89	14.26	2.32
	5.0	10.21	8.01	54.24	15.50	2.30
76	2.0	4.65	3.65	31.85	8.36	2.62
	3.0	6.88	5.40	45.91	12.08	2.58
	3.5	7.97	6.26	52.50	13.82	2.57
	4.0	9.05	7.10	58.81	15.48	2.55
	4.5	10.11	7.93	64.85	17.07	2.53
	5.0	11.15	8.75	70.62	18.59	2.52
	6.0	13.19	10.36	81.41	21.42	2.48
83	2.0	5.09	4.00	41.76	10.06	2.87
	2.5	6.32	4.96	51.26	12.35	2.85
	3.0	7.54	5.92	60.40	14.56	2.83
	3.5	8.74	6.86	69.19	16.67	2.81
	4.0	9.93	7.79	77.64	18.71	2.80
	4.5	11.10	8.71	85.76	20.67	2.78
	5.0	12.25	9.62	93.56	22.54	2.76
	6.0	14.51	11.39	108.22	26.08	2.73

续表

尺寸 (mm)		截面面积 (cm²)	重量 (kg/m)	截面特性		
d	*t*			*I* (cm⁴)	*W* (cm³)	*i* (cm)
89	2.0	5.47	4.29	51.74	11.63	3.08
	2.5	6.79	5.33	63.59	14.29	3.06
	3.0	8.11	6.36	75.02	16.86	3.04
	3.5	8.11	6.36	75.02	16.86	3.04
	4.0	10.68	8.38	96.68	21.73	3.01
	4.5	11.95	9.38	106.92	24.03	2.99
	5.0	13.19	10.36	116.79	26.24	2.98
	6.0	15.65	12.28	135.43	30.43	2.94
95	2.0	5.84	4.59	63.20	13.31	3.29
	2.5	7.26	5.70	77.76	16.37	3.27
	3.0	8.67	6.81	91.83	19.33	3.25
	3.5	10.06	7.90	105.45	22.20	3.24
	4.0	11.44	8.98	118.60	24.97	3.22
	4.5	12.79	10.04	131.31	27.64	3.20
	5.0	14.14	11.10	143.58	30.23	3.19
	6.0	16.78	13.17	166.86	35.13	3.15
102	2.0	6.28	4.93	78.55	15.40	3.54
	2.5	7.81	6.14	96.76	18.97	3.52
	3.0	9.33	7.32	114.42	22.43	3.50
	3.5	10.83	8.50	131.52	25.79	3.48
	4.0	12.32	9.67	148.09	29.04	3.47
	4.5	13.78	10.82	164.14	32.18	3.45
	5.0	15.24	11.96	179.68	35.23	3.43
	6.0	18.10	14.21	209.28	41.03	3.40
108	2.0	6.66	5.23	93.60	17.33	3.75
	2.5	8.29	6.51	115.40	21.37	3.73
	3.0	9.90	7.77	136.49	25.28	3.71
	3.5	11.49	9.02	157.02	29.08	3.70
	4.0	13.07	10.26	176.95	32.77	3.68
	4.5	14.63	11.49	196.30	36.35	3.66
	5.0	16.18	12.70	215.06	39.83	3.65
	6.0	19.23	15.09	250.91	46.46	3.61
144	2.0	7.04	5.52	110.40	19.37	3.96
	2.5	8.76	6.87	136.20	23.89	3.94
	3.0	10.46	8.21	161.30	28.30	3.93

续表

尺寸（mm）		截面面积（cm²）	重量（kg/m）	截面特性		
d	t			I（cm⁴）	W（cm³）	i（cm）
144	4.0	13.82	10.85	209.35	36.73	3.89
	4.5	15.48	12.15	232.41	40.77	3.87
	5.0	17.12	13.14	254.81	44.70	3.85
	6.0	20.36	15.98	297.73	52.23	3.82
121	2.0	7.48	5.87	132.40	21.88	4.21
	2.5	9.31	7.31	163.50	27.02	4.19
	3.0	11.12	8.73	193.70	32.02	4.17
	3.5	12.92	10.14	223.20	36.89	4.16
	4.0	14.70	11.56	251.88	41.63	41.4
	4.5	16.47	12.93	279.83	46.25	41.22
	5.0	18.22	14.30	307.05	50.75	41.05
	6.0	21.68	17.01	359.32	59.39	40.71
127	2.0	7.85	6.17	153.40	24.16	4.42
	2.5	9.78	7.68	189.50	29.84	4.40
	3.0	11.69	9.18	224.70	35.39	4.39
	4.0	15.46	12.13	292.61	46.08	4.35
	4.5	17.32	13.59	325.29	51.23	4.33
	5.0	19.16	15.04	357.14	56.24	4.32
	6.0	22.81	17.90	418.44	65.90	4.28
133	2.5	10.25	8.05	218.20	32.81	4.82
	3.0	12.25	9.62	259.00	38.95	4.60
	3.5	14.24	11.18	298.70	44.92	4.58
	4.0	16.21	12.73	337.53	50.76	4.56
	4.5	18.17	14.26	375.42	56.45	4.55
	5.0	20.11	15.78	421.40	62.02	4.53
	6.0	23.94	18.79	483.72	72.74	4.50
140	2.5	10.80	8.48	255.30	36.47	4.86
	3.0	12.91	10.13	303.10	43.29	4.85
	3.5	15.01	11.78	349.80	49.97	4.83
	4.5	19.16	15.04	440.12	62.87	4.79
	5.0	21.21	16.65	483.76	69.11	4.78
	6.0	25.26	19.83	568.06	81.15	4.74
152	3.0	14.04	11.02	389.90	51.30	5.27
	3.5	16.33	12.82	450.30	59.25	5.25
	4.0	18.60	14.60	509.60	67.05	5.24

续表

尺寸（mm）		截面面积（cm²）	重量（kg/m）	截面特性		
d	t			I（cm⁴）	W（cm³）	i（cm）
152	4.5	20.85	16.37	567.61	74.69	5.22
	5.0	23.09	18.13	624.43	82.16	5.20
	6.0	27.52	21.60	734.52	96.65	5.17
159	3.0	14.70	11.54	447.40	56.27	5.52
	3.5	17.10	13.42	517.00	65.02	5.50
	4.0	19.48	15.29	585.30	73.62	5.48
	4.5	21.84	17.15	652.27	82.05	5.46
	5.0	24.19	18.99	717.88	90.30	5.45
	6.0	28.84	22.64	845.19	106.31	5.41
168	3.0	15.55	12.21	529.40	63.02	5.84
	3.5	18.09	14.20	612.10	72.87	5.82
	4.0	20.61	16.18	693.30	82.53	5.80
	4.5	23.11	18.14	722.96	92.02	5.78
	5.0	25.60	20.1	851.14	101.33	5.77
	6.0	30.54	24.0	1003.12	119.42	5.73
180	3.0	16.68	13.09	653.50	72.61	6.26
	3.5	19.41	15.24	756.00	84.00	6.24
	4.0	22.12	17.36	856.80	95.20	6.22
	5.0	27.49	21.58	1053.17	117.02	6.19
	6.0	32.80	25.75	1242.72	138.08	6.16
194	3.0	18.00	14.13	821.10	84.64	6.75
	3.5	20.95	16.45	950.50	97.99	6.74
	4.0	23.88	18.75	1078.00	111.10	6.72
	5.0	29.69	23.31	1326.54	136.76	6.68
	6.0	35.44	27.82	1567.21	161.57	6.65
203	3.0	18.85	15.00	943.00	92.87	7.07
	3.5	21.94	17.22	1092.00	107.55	7.06
	4.0	25.01	19.63	1238.00	122.01	7.04
	5.0	31.10	24.41	1525.12	150.26	7.03
	6.0	37.13	29.15	1803.07	177.64	6.97
219	3.0	20.36	15.98	1187.00	108.44	7.64
	3.5	23.70	18.61	1376.00	125.65	7.62
	4.0	27.02	21.81	1562.00	142.62	7.60
	5.0	33.62	26.39	1925.35	175.83	7.57
	6.0	40.15	31.52	2278.74	208.10	7.53
245	3.0	22.81	17.91	1670.00	136.30	8.56
	3.5	26.55	20.84	1936.00	158.10	8.54
	4.0	30.28	23.77	2199.00	179.50	8.52
	5.0	37.70	29.59	2715.52	221.68	8.49
	6.0	45.05	35.36	3218.69	262.75	8.45

等边角钢的组合截面特性（按《热轧型钢》GB/T 706—2016 计算）

附表 E-7

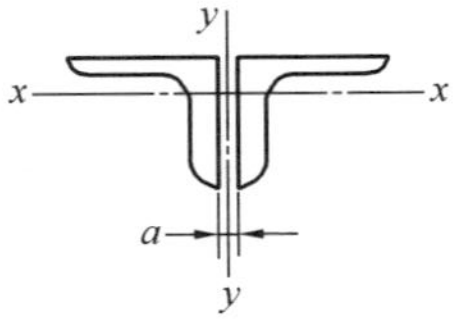

说明：I——截面惯性矩；
W——截面模量；
i——截面回转半径

角钢型号	截面面积 A (cm²)	每米重量 (kg/m)	截面特性 x-x 轴 I_x (cm⁴)	W_{xmax} (cm³)	W_{xmin} (cm³)	i_x (cm)	y-y 轴 当a(mm)为 0 W_y (cm³)	0 i_y (cm)	4 W_y (cm³)	4 i_y (cm)	6 W_y (cm³)	6 i_y (cm)	8 W_y (cm³)	8 i_y (cm)	10 W_y (cm³)	10 i_y (cm)	12 W_y (cm³)	12 i_y (cm)	14 W_y (cm³)	14 i_y (cm)	16 W_y (cm³)	16 i_y (cm)	18 W_y (cm³)	18 i_y (cm)	20 W_y (cm³)	20 i_y (cm)
2L20×3	2.26	1.78	0.80	1.33	0.57	0.59	0.81	0.84	1.02	1.00	1.14	1.08	1.28	1.16	1.41	1.25	1.56	1.34	1.71	1.43	1.87	1.52	2.03	1.61	2.20	1.71
2L20×4	2.92	2.29	1.00	1.56	0.74	0.58	1.10	0.87	1.39	1.02	1.56	1.11	1.73	1.19	1.92	1.28	2.11	1.37	2.31	1.46	2.52	1.55	2.73	1.65	2.95	1.74
2L25×3	2.86	2.25	1.64	2.25	0.93	0.76	1.17	1.06	1.52	1.20	1.67	1.28	1.82	1.36	1.99	1.44	2.16	1.53	2.34	1.62	2.53	1.71	2.72	1.80	2.91	1.89
2L25×4	3.72	2.92	2.06	2.71	1.18	0.74	1.68	1.06	2.03	1.21	2.23	1.30	2.44	1.38	2.66	1.46	2.88	1.55	3.12	1.64	3.37	1.73	3.62	1.82	3.88	1.91
2L30×3	3.50	2.75	2.92	3.44	1.36	0.91	1.82	1.25	2.12	1.39	2.29	1.47	2.47	1.55	2.66	1.63	2.86	1.71	3.06	1.80	3.28	1.89	3.50	1.97	3.72	2.06
2L30×4	4.55	3.57	3.68	4.13	1.74	0.90	2.43	1.27	2.84	1.41	3.07	1.49	3.31	1.57	3.56	1.66	3.83	1.74	4.10	1.83	4.39	1.91	4.68	2.00	4.98	2.09
2L36×3	4.22	3.31	5.16	5.16	1.98	1.11	2.61	1.49	2.96	1.63	3.15	1.71	3.36	1.78	3.57	1.86	3.80	1.94	4.04	2.03	4.28	2.11	4.53	2.20	4.79	2.29
2L36×4	5.51	4.33	6.58	6.33	2.57	1.09	3.48	1.51	3.96	1.65	4.22	1.73	4.50	1.81	4.79	1.89	5.10	1.97	5.41	2.05	5.74	2.14	6.07	2.23	6.42	2.31
2L36×5	6.76	5.31	7.90	7.38	3.12	1.08	4.34	1.52	4.95	1.67	5.28	1.75	5.63	1.82	5.99	1.91	6.37	1.99	6.76	2.07	7.17	2.16	7.59	2.25	8.01	2.34
2L40×3	4.72	3.70	7.18	6.59	2.47	1.23	3.20	1.65	3.58	1.78	3.79	1.86	4.01	1.93	4.25	2.01	4.49	2.09	4.75	2.17	5.01	2.26	5.28	2.34	5.56	2.43
2L40×4	6.17	4.85	9.2	8.14	3.21	1.22	4.27	1.66	4.79	1.81	5.07	1.88	5.37	1.96	5.69	2.04	6.01	2.12	6.35	2.20	6.70	2.28	7.07	2.37	7.44	2.46
2L40×5	7.58	5.95	11.06	9.45	3.91	1.21	5.36	1.68	6.02	1.83	6.38	1.90	6.76	1.98	7.16	2.06	7.57	2.14	7.99	2.23	8.43	2.31	8.89	2.40	9.35	2.48
2L45×3	5.32	4.18	10.34	8.48	3.15	1.39	4.06	1.85	4.48	1.99	4.71	2.06	4.96	2.14	5.22	2.21	5.48	2.29	5.76	2.37	6.06	2.45	6.34	2.54	6.65	2.62
2L45×4	6.97	5.47	13.30	10.56	4.10	1.38	5.41	1.87	5.99	2.01	6.30	2.08	6.63	2.16	6.98	2.24	7.34	2.32	7.71	2.40	8.09	2.48	8.49	2.56	8.89	2.65
2L45×5	8.58	6.74	16.08	12.37	5.03	1.37	6.80	1.89	7.53	2.03	7.93	2.11	8.34	2.18	8.78	2.26	9.23	2.34	9.69	2.42	10.17	2.51	10.67	2.59	11.18	2.68
2L45×6	10.15	7.97	18.66	14.03	5.89	1.36	8.14	1.90	9.03	2.04	9.51	2.12	10.01	2.20	10.53	2.28	11.07	2.36	11.63	2.44	12.21	2.52	12.80	2.61	13.41	2.70
2L50×3	5.94	4.66	14.36	10.72	3.92	1.55	5.01	2.05	5.47	2.19	5.72	2.26	5.99	2.33	6.27	2.41	6.56	2.49	6.86	2.56	7.17	2.65	7.49	2.73	7.81	2.81
2L50×4	7.79	6.12	18.52	13.42	5.12	1.54	6.67	2.07	7.30	2.21	7.64	2.28	8.00	2.35	8.37	2.43	8.76	2.51	9.16	2.59	9.58	2.67	10.00	2.75	10.44	2.84
2L50×5	9.61	7.54	22.42	15.79	6.26	1.53	8.36	2.09	9.16	2.23	9.59	2.30	10.06	2.38	10.52	2.45	11.01	2.53	11.51	2.61	12.03	2.69	12.57	2.78	13.12	2.86
2L50×6	11.38	8.93	26.10	17.88	7.37	1.51	10.07	2.10	11.06	2.25	11.58	2.32	12.12	2.40	12.69	2.48	13.28	2.56	13.89	2.64	14.52	2.80	15.17	2.80	15.83	2.89
2L56×3	6.69	5.25	20.38	13.77	4.95	1.75	6.26	2.29	6.77	2.42	7.05	2.49	7.34	2.57	7.64	2.64	7.96	2.72	8.28	2.79	8.62	2.87	8.97	2.95	9.32	3.03
2L56×4	8.78	6.89	26.36	17.23	6.48	1.73	8.38	2.31	9.08	2.45	9.45	2.52	9.84	2.59	10.25	2.67	10.68	2775	11.11	2.82	11.57	2.90	12.03	2.98	12.51	3.07
2L56×5	10.83	8.50	32.04	20.41	7.95	1.72	10.49	2.33	11.37	2.47	11.85	2.54	12.35	2.62	12.86	2.69	13.39	2.77	13.94	2.85	14.51	2.93	15.09	3.01	15.69	3.09
2L56×8	16.73	13.14	47.26	28.13	12.06	1.68	16.87	2.38	18.34	2.52	19.13	2.60	19.94	2.67	20.78	2.75	21.65	2.83	22.54	2.91	23.46	3.00	24.40	3.08	25.37	3.16

续表

角钢型号	截面面积 A (cm²)	每米重量 (kg/m)	截面特性																							
			x-x 轴				y-y 轴																			
							当 a(mm)为																			
							0		4		6		8		10		12		14		16		18		20	
			I_x (cm⁴)	W_{xmax} (cm³)	W_{xmin} (cm³)	i_x (cm)	W_y (cm³)	i_y (cm)	W_y (cm³)	i_y (cm)	W_y (cm³)	i_y (cm)	W_y (cm³)	i_y (cm)	W_y (cm³)	i_y (cm)	W_y (cm³)	i_y (cm)	W_y (cm³)	i_y (cm)	W_y (cm³)	i_y (cm)	W_y (cm³)	i_y (cm)	W_y (cm³)	i_y (cm)
2L60×5	11.66	9.15	39.78	23.82	9.19	1.85	12.05	2.49	12.99	2.63	13.50	2.70	14.02	2.77	14.57	2.85	15.13	2.93	15.71	3.00	16.31	3.08	16.92	3.16	17.56	3.25
6	13.83	10.85	46.50	27.35	10.81	1.83	14.41	2.50	15.55	2.64	16.16	2.71	16.79	2.79	17.45	2.86	18.13	2.94	18.83	3.92	19.55	3.10	20.29	3.18	21.04	3.26
7	15.95	12.52	52.88	30.39	12.41	1.82	16.86	2.52	18.21	2.66	18.93	2.73	19.68	2.81	20.45	2.89	21.25	2.96	22.07	3.04	22.91	3.13	23.78	3.21	24.67	3.29
8	18.04	14.16	58.94	33.11	13.97	1.81	19.35	2.54	20.91	2.68	21.74	2.76	22.61	2.83	23.50	2.91	24.41	2.99	25.36	3.07	26.83	3.15	27.32	3.23	28.34	3.32
2L63×4	9.96	7.81	38.06	22.39	8.27	1.96	10.61	2.59	11.38	2.73	11.80	2.80	12.23	2.87	12.68	2.94	13.15	3.02	13.63	3.10	14.12	3.17	14.63	3.25	15.16	3.33
5	12.29	9.64	46.34	26.63	10.16	1.94	13.26	2.61	14.24	2.75	14.77	2.82	15.31	2.89	15.88	2.96	16.47	3.04	17.07	3.12	17.69	3.20	18.33	3.28	18.98	3.36
6	14.58	11.44	54.24	30.47	12.00	1.93	15.94	2.62	17.14	2.76	17.77	2.84	18.43	2.91	19.12	2.99	29.83	3.06	20.56	3.14	21.30	3.22	22.07	3.30	22.86	3.38
8	19.03	14.94	68.92	37.25	15.49	1.90	21.28	2.65	22.91	2.80	23.77	2.87	24.67	2.95	25.59	3.02	26.54	3.10	27.52	3.18	28.53	3.26	29.56	3.34	30.62	3.43
10	23.31	18.30	82.18	42.58	18.81	1.88	26.83	2.69	28.92	2.84	30.02	2.92	31.16	2.99	32.33	3.07	33.54	3.15	34.78	3.23	36.05	3.31	37.35	3.40	38.68	3.48
2L70×4	11.14	8.74	52.78	28.38	10.27	2.18	13.05	2.86	13.90	3.00	14.35	3.07	14.82	3.14	15.31	3.21	15.82	3.28	16.34	3.36	16.87	3.44	17.42	3.52	17.99	3.59
5	13.75	10.79	64.42	33.73	12.66	2.16	16.37	2.89	17.45	3.02	18.02	3.09	18.62	3.17	19.24	3.24	19.87	3.31	20.53	3.39	21.21	3.47	21.90	3.55	22.61	3.63
6	16.32	12.81	75.54	38.74	14.96	2.15	19.66	2.90	20.97	3.04	21.67	3.11	22.39	3.19	23.13	3.26	23.90	3.34	24.69	3.41	25.51	3.49	26.34	3.57	27.20	3.65
7	18.85	14.80	86.18	43.31	17.20	2.14	22.97	2.92	24.52	3.06	25.35	3.13	26.19	3.21	27.07	3.28	27.98	3.36	28.90	3.44	29.86	3.52	30.84	3.60	31.84	3.68
9	21.33	16.75	96.34	47.46	19.38	2.13	26.32	2.94	28.12	3.08	29.06	3.15	30.04	3.23	31.05	3.30	32.09	3.38	33.16	3.46	34.26	3.54	35.38	3.62	36.53	3.70
2L75×5	14.82	11.64	79.94	39.19	14.64	2.32	18.88	3.09	20.04	3.23	20.66	3.30	21.29	3.37	21.95	3.44	22.62	3.52	23.32	3.59	24.04	3.67	24.77	3.75	25.52	3.83
6	17.59	13.81	93.90	45.36	17.29	2.31	22.57	3.10	23.97	3.24	24.71	3.31	25.47	3.38	26.26	3.46	27.08	3.53	27.91	3.61	28.77	3.68	29.65	3.76	30.56	3.84
7	20.32	15.95	107.14	50.78	19.88	2.30	26.35	3.12	28.00	3.26	28.87	3.33	29.77	3.40	30.70	3.48	31.65	3.55	32.63	3.63	33.64	3.71	34.67	3.79	35.73	3.87
8	23.01	18.06	119.92	55.78	22.41	2.28	30.17	3.14	32.07	3.28	33.08	3.35	34.12	3.42	35.18	3.50	36.28	3.57	37.41	3.65	38.57	3.73	39.75	3.81	40.96	3.89
10	28.25	22.18	143.96	64.85	27.27	2.26	37.76	3.17	40.18	3.31	41.46	3.38	42.77	3.46	44.12	3.53	45.51	3.61	46.93	3.69	40.30	3.77	49.88	3.85	51.40	3.93
2L80×5	15.82	12.42	97.58	45.39	16.68	2.48	21.34	3.28	22.56	3.42	23.20	3.49	23.87	3.56	24.55	3.63	25.26	3.71	25.99	3.78	26.74	3.86	27.50	3.93	28.29	4.01
6	18.79	14.75	114.70	52.37	19.74	2.47	25.60	3.30	27.08	3.44	27.86	3.51	28.66	3.58	29.49	3.65	30.35	3.73	31.23	3.80	32.13	3.88	33.05	3.96	33.99	4.03
7	12.72	17.05	131.16	58.82	22.73	2.46	29.90	3.32	31.64	3.46	32.55	3.53	33.50	3.60	34.47	3.67	35.48	3.75	36.51	3.82	37.56	3.90	38.65	3.98	39.75	4.06
8	24.61	19.32	146.98	64.75	25.65	2.44	34.22	3.34	36.23	3.47	37.29	3.55	38.38	3.62	39.50	3.69	40.66	3.77	41.84	3.85	43.06	3.92	44.30	4.00	45.57	4.08
10	30.25	23.75	176.86	75.26	31.30	2.42	42.99	3.27	45.56	3.51	46.90	3.59	48.29	3.66	49.72	3.74	51.18	3.81	52.68	3.89	54.21	3.97	55.77	4.05	57.37	4.13
2L90×6	21.27	16.70	165.54	67.84	25.23	2.79	32.47	3.71	34.11	3.84	34.97	3.91	35.86	3.98	36.78	4.05	37.72	4.13	38.69	4.20	39.68	4.28	40.69	4.35	41.73	4.43
7	24.60	19.31	189.66	76.48	29.09	2.78	37.89	3.72	39.82	3.86	40.84	3.93	41.88	4.00	42.96	4.07	44.07	4.15	45.20	4.22	46.36	4.30	47.55	4.37	48.76	4.45
8	27.89	21.89	212.94	84.50	32.86	2.76	43.34	3.74	45.57	3.88	46.74	3.95	47.95	4.02	49.19	4.09	50.46	4.17	51.76	4.24	53.10	4.32	54.46	4.40	55.85	4.48
10	34.33	26.95	257.16	99.29	40.12	2.74	54.16	3.77	57.00	3.91	58.49	3.98	60.01	4.05	61.58	4.13	63.18	4.20	64.82	4.28	66.50	4.36	68.22	4.44	69.97	4.51
12	40.61	31.88	298.44	111.78	47.15	2.71	65.33	3.80	68.80	3.95	70.61	4.02	72.47	4.10	74.37	4.17	76.32	4.25	78.32	4.32	80.35	4.40	82.43	4.48	84.54	4.56

续表

角钢型号	截面面积 A (cm^2)	每米重量 (kg/m)	截面特性																					
			x-x 轴				y-y 轴 当 a(mm)为																	
							0		4		6		8		10		12		14		16		18		20	
			I_x (cm^4)	W_{xmax} (cm^3)	W_{xmin} (cm^3)	i_x (cm)	W_y (cm^3)	i_y (cm)	W_y (cm^3)	i_y (cm)	W_y (cm^3)	i_y (cm)	W_y (cm^3)	i_y (cm)	W_y (cm^3)	i_y (cm)	W_y (cm^3)	i_y (cm)	W_y (cm^3)	i_y (cm)	W_y (cm^3)	i_y (cm)	W_y (cm^3)	i_y (cm)	W_y (cm^3)	i_y (cm)
6	23.86	18.73	229.90	86.10	31.36	3.10	40.00	4.09	41.81	4.23	42.76	4.30	43.73	4.37	44.73	4.44	45.76	4.51	46.82	4.58	47.89	4.66	48.99	4.73	50.12	4.81
7	27.59	21.66	263.72	97.31	36.18	3.09	46.64	4.11	48.76	4.25	49.87	4.31	51.02	4.39	52.19	4.46	53.40	4.53	54.63	4.60	55.89	4.68	47.18	4.75	58.50	4.83
8	31.28	24.55	296.48	107.42	40.95	3.08	53.47	4.13	55.93	4.27	57.22	4.34	58.54	4.41	59.89	4.48	61.28	4.56	62.70	4.63	64.15	4.71	65.64	4.78	67.15	4.86
2L100×10	38.52	30.24	359.02	126.42	50.14	3.055	66.97	4.17	70.10	4.31	71.73	4.38	73.40	4.45	75.12	4.52	76.87	4.60	78.67	4.67	80.50	4.75	82.37	4.83	84.28	4.91
12	45.60	35.80	417.80	143.57	58.93	3.03	80.39	4.20	84.20	4.34	86.18	4.41	88.21	4.49	90.29	4.56	92.41	4.63	94.59	4.71	96.80	4.79	99.06	4.87	101.36	4.94
14	52.51	41.22	473.06	158.21	67.48	3.00	94.25	4.24	98.77	4.38	101.11	4.45	103.51	4.53	105.97	4.60	108.48	4.68	111.03	4.76	113.64	4.83	116.30	4.91	119.01	4.99
16	59.25	46.51	525.06	171.59	75.66	2.98	107.99	4.27	113.21	4.41	115.92	4.49	118.69	4.56	121.53	4.64	124.42	4.72	127.36	4.80	130.36	4.87	133.42	4.95	136.53	5.03
7	30.39	23.86	354.32	119.70	44.07	3.41	56.42	4.52	58.73	4.65	59.94	4.72	61.18	4.79	6245	4.86	63.75	4.93	65.08	5.01	66.44	5.08	67.83	5.15	69.24	5.23
8	34.48	27.06	398.92	132.53	49.93	3.40	64.66	4.54	67.34	4.68	68.73	4.75	70.16	4.82	71.62	4.89	73.12	4.96	74.65	5.03	76.22	5.11	77.81	5.18	79.44	5.26
2L110×10	42.52	33.38	484.38	156.76	61.24	3.38	80.94	4.58	84.34	4.71	86.11	4.78	87.92	4.86	89.77	4.93	91.67	5.00	93.60	5.07	95.58	5.15	97.59	5.23	99.64	5.30
12	50.40	39.56	565.10	178.83	72.08	3.35	97.12	4.60	101.26	4.74	103.40	4.81	105.60	4.89	107.85	4.96	110.14	5.03	112.48	5.11	114.87	5.19	117.30	5.26	119.78	5.34
14	58.11	45.62	641.42	197.97	82.66	3.32	113.77	4.64	118.67	4.78	121.21	4.85	123.81	4.93	126.46	5.00	129.17	5.08	131.93	5.15	134.74	5.23	137.60	5.31	140.51	5.39
2L125× 8	39.50	31.01	594.06	176.28	65.07	3.88	83.41	5.14	86.42	5.27	87.98	5.34	89.57	5.41	91.20	5.48	92.87	5.55	94.57	5.62	96.31	5.69	98.08	5.77	99.88	5.84
10	48.75	38.27	723.34	209.66	79.93	3.85	104.28	5.17	108.09	5.31	110.06	5.38	112.08	5.45	114.15	5.52	116.25	5.59	118.40	5.66	120.59	5.74	122.82	5.81	125.08	5.89
12	57.82	45.39	846.32	239.75	94.35	3.83	125.35	5.21	129.99	5.34	132.39	5.41	134.84	5.48	137.34	5.56	139.89	5.63	142.50	5.70	145.15	5.78	147.84	5.85	150.59	5.93
14	66.73	52.39	963.30	266.84	108.36	3.80	146.64	5.24	152.13	5.38	154.96	5.45	157.86	5.52	160.81	5.60	163.82	5.67	166.89	5.75	170.01	5.82	173.18	5.90	176.41	5.97
2L140× 10	54.75	42.98	1029.30	269.45	101.11	4.34	130.58	5.78	134.79	5.91	136.96	5.98	139.18	6.05	141.45	6.12	143.76	6.19	146.11	6.26	148.50	6.34	150.94	6.41	153.41	6.48
12	65.02	51.04	1207.36	309.58	119.54	4.31	156.88	5.81	162.00	5.95	164.64	6.02	167.34	6.09	170.08	6.16	172.88	6.23	175.73	6.30	178.63	6.38	181.58	6.45	184.57	6.53
14	75.13	58.98	1377.62	346.14	137.49	4.28	183.41	5.85	189.46	5.98	192.58	6.05	195.77	6.13	199.01	6.20	202.31	6.27	205.66	6.34	209.08	6.42	212.54	6.49	216.06	6.57
16	85.08	66.79	1540.48	379.43	154.98	4.26	210.21	5.88	217.21	6.02	220.82	6.09	224.50	6.16	228.25	6.24	232.05	6.31	235.93	6.38	239.86	6.46	243.86	6.54	247.92	6.61
2L150× 8	47.50	37.29	1042.74	261.34	94.71	4.69	119.93	6.15	123.46	6.29	125.29	6.35	127.15	6.42	129.05	6.49	130.99	6.56	132.97	6.63	134.97	6.70	137.02	6.77	139.09	6.84
10	58.75	46.12	1275.00	312.50	116.76	4.66	150.19	6.19	154.68	6.33	156.99	6.39	159.35	6.46	161.76	6.53	164.21	6.60	166.70	6.67	169.24	6.75	171.82	6.82	174.44	6.89
12	69.82	54.81	1497.70	360.89	138.04	4.63	180.02	6.22	185.46	6.35	188.26	6.42	191.12	6.49	194.03	656	196.99	6.63	200.01	6.71	203.07	6.78	206.19	6.85	209.35	6.93
14	80.73	63.38	1711.28	404.56	158.89	4.60	210.39	6.25	216.82	6.39	220.13	6.46	223.50	6.53	226.94	6.60	230.43	6.67	233.98	6.75	237.59	6.82	241.25	6.89	244.97	6.97
15	86.13	67.61	1814.78	425.01	169.13	4.59	225.67	6.27	232.61	6.41	236.14	6.48	239.81	6.55	243.51	6.62	247.27	6.69	251.09	6.77	254.98	6.84	258.92	6.91	262.92	6.99
16	91.48	71.81	1916.16	444.58	179.25	4.58	241.03	6.29	248.48	6.43	252.30	6.50	256.20	6.57	260.17	6.64	264.20	6.71	268.30	6.79	272.46	6.86	276.68	6.93	280.97	7.01

续表

角钢型号		截面面积 A (cm²)	每米重量 (kg/m)	截面特性																							
				x-x 轴				y-y 轴																			
								当 a(mm)为																			
								0		4		6		8		10		12		14		16		18		20	
				I_x (cm⁴)	W_{xmax} (cm³)	W_{xmin} (cm³)	i_x (cm)	W_y (cm³)	i_y (cm)	W_y (cm³)	i_y (cm)	W_y (cm³)	i_y (cm)	W_y (cm³)	i_y (cm)	W_y (cm³)	i_y (cm)	W_y (cm³)	i_y (cm)	W_y (cm³)	i_y (cm)	W_y (cm³)	i_y (cm)	W_y (cm³)	i_y (cm)	W_y (cm³)	i_y (cm)
2L160×	10	63.00	49.46	1559.06	361.73	133.37	4.97	170.59	6.58	175.34	6.71	177.79	6.78	180.29	6.85	182.83	6.92	185.42	6.99	188.06	7.06	190.73	7.13	193.45	7.20	196.21	7.28
	12	74.88	58.78	1833.16	417.58	157.89	4.95	204.77	6.61	210.54	6.75	213.51	6.82	216.54	6.89	219.62	6.96	222.75	7.03	225.94	7.10	229.18	7.17	232.47	7.24	235.80	7.32
	14	86.59	67.97	2096.72	469.06	181.85	4.92	239.18	6.65	246.00	6.78	249.51	6.85	253.07	6.92	256.70	6.99	260.40	7.07	264.15	7.14	267.95	7.21	271.82	7.28	275.74	7.36
	16	98.13	77.04	2350.16	516.52	205.25	4.89	273.86	6.68	281.75	6.82	285.80	6.89	289.92	6.96	294.11	7.03	298.37	7.10	302.69	7.18	307.08	7.25	311.54	7.32	316.05	7.40
2L180×	12	84.48	66.32	2642.70	540.43	201.58	5.59	259.05	7.43	265.47	7.56	268.76	7.63	272.11	7.70	275.52	7.77	278.98	7.84	282.49	7.91	286.06	7.98	289.68	8.05	293.35	8.12
	14	94.79	76.77	3028.96	609.45	232.46	5.57	302.47	7.46	310.05	7.60	313.93	7.66	317.88	7.73	321.89	7.80	325.96	7.87	330.10	7.94	334.29	8.02	338.55	8.09	342.86	8.16
	16	110.93	87.08	3401.98	673.66	262.70	5.54	346.17	7.49	354.92	7.63	359.41	7.70	363.97	7.77	368.60	7.84	373.29	7.91	378.06	7.98	382.89	8.06	387.79	8.13	392.76	8.20
	18	122.11	92.27	3750.24	731.04	291.39	5.54	386.88	7.55	396.66	7.69	401.67	7.76	406.76	7.83	411.93	7.90	417.18	7.97	422.49	8.04	427.88	8.12	433.35	8.19	438.88	8.26
2L200×	14	109.28	85.79	4207.10	770.53	289.35	6.20	373.25	8.26	381.59	8.40	385.86	8.47	390.19	8.53	394.59	8.60	399.05	8.67	403.57	8 74	408.16	8.81	412.80	8.89	417.51	8.96
	16	124.03	97.36	4732.30	854.21	327.27	6.18	426.94	8.30	436.57	8.43	441.49	8.50	446.49	8.57	451.56	8.64	456.70	8.71	461.91	8.78	467.19	8.85	472.54	8.92	477.96	9.00
	18	138.60	108.80	5241.28	932.61	364.48	6.15	480.95	8.33	491.88	8.47	497.48	8.54	503.15	8.61	508.90	8.68	514.74	8.75	520.65	8.82	526.63	8.89	532.69	8.96	538.83	9.04
	20	153.01	120.11	5734.60	1007.84	400.74	6.12	534.42	8.36	546.68	8.50	552.94	8.56	559.29	8.64	565.72	8.71	572.25	8.78	578.86	8.85	585.55	8.92	592.32	8.99	599.18	9.07
	24	181.32	142.34	6676.50	1137.39	472.51	6.07	646.21	8.44	661.25	8.58	668.93	8.65	676.71	8.73	684.58	8.80	692.56	8.87	700.64	8.94	708.81	9.02	717.08	9.09	725.44	9.17
2L220×	16	137.33	107.80	6374.72	1057.17	399.17	6.81	516.73	9.10	527.24	9.23	532.61	9.30	538.06	9.37	543.58	9.44	549.17	9.51	554.83	9.58	560.57	9.65	566.37	9.72	572.24	9.79
	18	153.50	120.50	7068.60	1156.89	444.85	6.79	581.78	9.13	593.72	9.27	599.81	9.33	605.99	9.40	612.24	9.47	618.58	9.54	625.00	9.61	631.50	9.68	638.07	9.76	644.72	9.83
	20	169.51	133.06	7742.98	1252.91	489.44	6.76	646.23	9.16	659.59	9.29	666.41	9.36	673.31	9.43	680.31	9.50	687.40	9.57	694.57	9.64	701.83	9.72	709.17	9.79	716.60	9.86
	22	185.35	145.50	8398.46	1341.61	533.57	6.73	711.91	9.19	726.73	9.33	734.30	9.40	741.96	9.47	749.72	9.54	757.57	9.61	765.52	68	773.56	9.75	781.69	9.83	789.91	9.90
	24	201.02	157.80	9035.66	1443.40	574.06	6.70	768.79	9.17	784.90	9.31	793.11	9.38	801.44	9.45	809.87	9.52	818.40	9.59	827.03	9.66	835.76	9.74	844.60	9.81	853.53	9.88
	26	216.53	169.97	9655.16	1542.36	613.42	6.68	824.55	9.15	841.95	9.29	850.81	9.36	859.79	9.43	868.89	9.50	878.09	9.57	887.41	9.65	896.83	9.72	906.36	9.79	915.99	9.86
2L250×	18	175.68	137.91	10,536.44	1540.42	580.30	7.74	750.24	10.33	763.64	10.47	770.46	10.53	777.38	10.60	784.37	10.67	791.45	10.74	798.61	10.81	805.85	10.88	813.18	10.95	820.58	11.02
	20	194.09	152.36	11,558.68	1670.33	639.31	7.72	834.12	10.37	849.13	10.50	856.77	10.57	864.51	10.64	872.34	10.71	880.26	10.78	888.26	10.85	896.36	10.92	904.55	10.99	912.82	11.06
	24	230.40	180.87	13,527.86	1913.42	754.48	7.66	1001.78	10.43	1020.05	10.56	1029.35	10.63	1038.76	10.70	1048.28	10.77	1057.90	10.84	1067.62	10.91	1077.45	10.98	1087.38	11.06	1097.41	11.13
	26	248.31	194.92	14,476.16	2024.64	810.99	7.64	1086.81	10.46	1106.76	10.60	1116.91	10.67	1127.18	10.74	1137.56	10.81	1148.05	10.88	1158.66	10.95	1169.37	11.02	1180.20	11.10	1191.13	11.17
	28	266.04	208.84	15,401.20	2133.13	866.21	7.61	1170.79	10.49	1192.41	10.63	1203 40	10.70	1214.52	10.77	1225.76	10.84	1237.13	10.91	1248.61	10.98	1260.20	11.05	1271.92	11.13	1283.74	11.20
	30	283.61	222.64	16,303.60	2233.37	921.11	7.58	1256.70	10.52	1280.04	10.66	1291.90	10.74	1303.90	10.81	1316.03	10.88	1328.28	10.95	1340.66	11.02	1353.16	11.09	1365.78	11.17	1378.53	11.24
	32	301.02	236.30	17,184.02	2331.62	974.70	7.56	1341.37	10.55	1366.42	10.70	1379.15	10.77	1392.02	10.84	1405.02	10.91	1418.16	10.98	1431.43	11.05	1444.83	11.13	1458.35	11.20	1472.01	11.28
	35	326.80	256.54	18,464.88	2468.57	1053.93	7.52	1469.99	10.60	1497.64	10.75	1511.69	10.82	1525.89	10.89	1540.23	10.96	1554.72	11.04	1569.34	11.11	1584.11	11.18	1599.02	11.26	1614.06	11.33

不等边角钢短边连（按《热轧型钢》GB/T 706—2016 计算） 附表 E-8

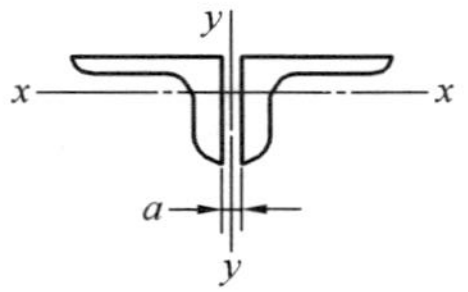

说明：I——截面惯性矩；
W——截面模量；
i——截面回转半径

角钢型号	截面面积 A (cm^2)	每米重量 (kg/m)	截面特性																							
			x-x 轴				y-y 轴																			
							当 a(mm)为																			
							0		4		6		8		10		12		14		16		18		20	
			I_x (cm^4)	W_{xmax} (cm^3)	W_{xmin} (cm^3)	i_x (cm)	W_y (cm^3)	i_y (cm)	W_y (cm^3)	i_y (cm)	W_y (cm^3)	i_y (cm)	W_y (cm^3)	i_y (cm)	W_y (cm^3)	i_y (cm)	W_y (cm^3)	i_y (cm)	W_y (cm^3)	i_y (cm)	W_y (cm^3)	i_y (cm)	W_y (cm^3)	i_y (cm)	W_y (cm^3)	i_y (cm)
2L25×16× 3	2.32	1.82	0.44	1.06	0.38	0.44	1.25	1.16	1.49	1.32	1.62	1.40	1.76	1.48	1.90	1.57	2.05	1.66	2.21	1.74	2.37	1.83	2.53	1.93	2.70	2.02
4	3.00	2.35	0.55	1.20	0.48	0.43	1.67	1.18	1.99	1.34	2.17	1.42	2.35	1.51	2.54	1.60	2.74	1.68	2.95	1.77	3.16	1.86	3.37	1.96	3.59	2.05
2L32×20× 3	2.98	2.34	0.92	1.86	0.61	0.55	2.06	1.48	2.34	1.63	2.50	1.71	2.67	1.79	2.84	1.88	3.03	1.96	3.21	2.05	3.41	2.14	3.60	2.23	3.81	2.32
4	3.88	3.04	1.14	2.16	0.78	0.54	2.73	1.50	3.13	1.66	3.34	1.74	3.57	1.82	3.80	1.90	4.04	1.99	4.29	2.08	4.55	2.17	4.81	2.25	5.08	2.34
2L40×25× 3	3.78	2.97	1.87	3.18	0.98	0.70	3.20	1.84	3.56	1.99	3.75	2.07	3.95	2.14	4.16	2.23	4.38	2.31	4.60	2.39	4.84	2.48	5.07	2.56	5.32	2.65
4	4.93	3.87	2.36	3.77	1.26	0.69	4.26	1.85	4.75	2.01	5.01	2.09	5.28	2.17	5.56	2.25	5.85	2.34	6.15	2.42	6.46	2.51	6.77	2.59	7.09	2.68
2L45×28× 3	4.30	3.37	2.68	4.17	1.24	0.79	4.05	2.06	4.45	2.21	4.66	2.28	4.89	2.36	5.12	2.44	5.36	2.52	5.61	2.60	5.86	2.69	6.12	2.77	6.39	2.86
4	5.61	4.41	3.39	4.98	1.60	0.78	5.40	2.08	5.94	2.23	6.23	2.31	6.53	2.39	6.84	2.47	7.16	2.55	7.49	2.63	7.83	2.72	8.17	2.80	8.53	2.89
2L50×32× 3	4.86	3.82	4.05	5.57	1.64	0.91	4.99	2.27	5.44	2.41	5.68	2.49	5.92	2.56	6.18	2.64	6.44	2.72	6.71	2.81	6.99	2.89	7.28	2.97	7.57	3.06
4	6.35	4.99	5.16	6.72	2.12	0.90	6.66	2.29	7.26	2.44	7.58	2.51	7.91	2.59	8.25	2.67	8.60	2.75	8.96	2.84	9.33	2.92	9.71	3.00	10.10	3.09
2L56×36× 3	5.49	4.31	5.85	7.27	2.09	1.03	6.26	2.53	6.76	2.67	7.02	2.75	7.29	2.82	7.57	2.90	7.86	2.98	8.16	3.06	8.47	3.14	8.78	3.23	9.10	3.31
4	7.18	5.64	7.48	8.85	2.72	1.02	8.35	2.55	9.02	2.70	9.37	2.77	9.73	2.85	10.11	2.93	10.50	3.01	10.89	3.09	11.30	3.17	11.72	3.26	12.14	3.34
5	8.83	6.93	8.99	10.17	3.31	1.01	10.44	2.57	11.28	2.72	11.72	2.80	12.18	2.88	12.65	2.96	13.14	3.04	13.63	3.12	14.14	3.20	14.66	3.29	15.19	3.37
2L63×40× 4	8.12	6.37	10.47	11.44	3.39	1.14	10.57	2.85	11.31	3.01	11.70	3.09	12.11	3.16	12.52	3.24	12.95	3.32	13.39	3.40	13.83	3.48	14.29	3.56	14.76	3.64
5	9.99	7.84	12.62	13.21	4.14	1.12	13.22	2.89	14.15	3.03	14.64	3.11	15.15	3.19	15.67	3.27	16.20	3.35	16.75	3.43	17.31	3.51	17.88	3.59	18.47	3.67
6	11.82	9.28	14.62	14.72	4.86	1.11	15.87	2.91	16.99	3.06	17.59	3.13	18.20	3.21	18.82	3.29	19.46	3.37	20.12	3.45	20.80	3.53	21.48	3.62	22.18	3.70
7	13.60	10.68	16.49	16.00	5.55	1.10	18.52	2.93	19.84	3.08	20.54	3.16	21.25	3.24	21.99	3.32	22.74	3.40	23.50	3.48	24.29	3.56	25.09	3.64	25.91	3.73
2L70×45× 4	9.11	7.15	15.10	14.86	4.34	1.29	13.05	3.17	13.87	3.31	14.30	3.39	14.74	3.46	15.20	3.54	15.66	3.62	16.14	3.69	16.63	3.77	17.13	3.86	17.64	3.94
5	11.22	8.81	18.27	17.29	5.30	1.28	16.31	3.19	17.34	3.34	17.88	3.41	18.41	3.49	19.01	3.57	19.60	3.64	20.19	3.72	20.81	3.80	21.43	3.89	22.07	3.97
6	13.29	10.43	21.23	19.69	6.24	1.26	19.58	3.21	20.83	3.36	21.48	3.44	22.15	3.51	22.83	3.59	23.54	3.67	24.26	3.75	24.99	3.83	25.74	3.91	26.51	4.00
7	15.31	12.02	24.02	21.20	7.13	1.25	22.85	3.23	24.32	3.38	25.08	3.46	25.86	3.54	26.67	3.61	27.49	3.69	28.33	3.77	29.19	3.86	30.07	3.94	30.96	4.02

续表

角钢型号	截面面积 A (cm²)	每米重量 (kg/m)	截面特性 x-x 轴 I_x (cm⁴)	x-x 轴 W_{xmax} (cm³)	x-x 轴 W_{xmin} (cm³)	x-x 轴 i_x (cm)	y-y 轴 当 a(mm)为 0 W_y (cm³)	0 i_y (cm)	4 W_y (cm³)	4 i_y (cm)	6 W_y (cm³)	6 i_y (cm)	8 W_y (cm³)	8 i_y (cm)	10 W_y (cm³)	10 i_y (cm)	12 W_y (cm³)	12 i_y (cm)	14 W_y (cm³)	14 i_y (cm)	16 W_y (cm³)	16 i_y (cm)	18 W_y (cm³)	18 i_y (cm)	20 W_y (cm³)	20 i_y (cm)
2L75×50×5	12.25	9.62	25.23	21.50	6.59	1.43	18.73	3.39	19.83	3.53	20.41	3.60	21.00	3.68	21.61	3.76	22.23	3.83	22.87	3.91	23.52	3.99	24.19	4.07	24.87	4.15
2L75×50×6	14.52	11.40	29.40	24.25	7.76	1.42	22.48	3.41	23.81	3.55	24.51	3.63	25.22	3.70	25.95	3.78	26.71	3.86	27.47	3.94	28.26	4.02	29.06	4.10	29.88	4.18
2L75×50×8	18.93	14.86	37.06	28.78	9.98	1.40	30.00	3.45	31.80	3.60	32.73	3.67	33.70	3.75	34.68	3.83	35.69	3.91	36.72	3.99	37.76	4.07	38.83	4.15	39.92	4.23
2L75×50×10	23.18	18.20	43.93	32.28	12.07	1.38	37.55	3.49	39.82	3.64	41.00	3.71	42.21	3.79	43.45	3.87	44.71	3.95	46.00	4.03	47.32	4.12	48.66	4.20	50.02	4.28
2L80×50×5	12.75	10.01	25.65	22.56	6.64	1.42	21.30	3.66	22.46	3.80	23.07	3.88	23.69	3.95	24.33	4.03	24.98	4.10	25.65	4.18	26.33	4.26	27.03	4.34	27.73	4.42
2L80×50×6	15.12	11.87	29.90	25.42	7.82	1.41	25.56	3.68	26.97	3.82	27.70	3.90	28.45	3.98	29.22	4.05	30.00	4.13	30.80	4.21	31.62	4.29	32.46	4.37	33.30	4.45
2L80×50×7	17.45	13.70	33.91	27.92	8.96	1.39	29.83	3.70	31.48	3.85	32.34	3.92	33.21	4.00	34.11	4.08	35.03	4.16	35.97	4.23	36.92	4.32	37.90	4.40	38.89	4.48
2L80×50×8	19.73	15.49	37.71	30.12	10.06	1.38	34.10	3.72	36.00	3.87	36.98	3.94	37.99	4.02	39.02	4.10	40.07	4.18	41.14	4.26	42.24	4.34	43.35	4.42	44.48	4.50
2L90×56×5	14.42	11.32	36.65	29.41	8.42	1.59	26.96	4.10	28.26	4.25	28.93	4.32	29.63	4.39	30.33	4.47	31.05	4.55	31.79	4.62	32.54	4.70	33.31	4.78	34.09	4.86
2L90×56×6	17.11	13.43	42.84	33.30	9.93	1.58	32.35	4.12	33.92	4.27	34.73	4.34	35.57	4.42	36.42	4.50	37.29	4.57	33.17	4.65	39.08	4.73	40.00	4.81	40.93	4.89
2L90×56×7	19.76	15.51	48.71	36.76	11.39	1.57	37.75	4.15	39.59	4.29	40.54	4.37	41.52	4.44	42.51	4.52	43.53	4.60	44.57	4.68	45.62	4.76	46.69	4.84	47.79	4.92
2L90×56×8	22.37	17.56	54.30	39.83	12.82	1.56	43.15	4.17	45.26	4.31	46.36	4.39	47.47	4.47	48.62	4.54	49.78	4.62	50.97	4.70	52.18	4.78	53.41	4.86	54.66	4.94
2L100×63×6	19.23	15.10	61.87	43.38	12.70	1.79	39.94	4.56	41.67	4.70	42.57	4.77	43.49	4.85	44.42	4.92	45.38	5.00	46.35	5.08	47.34	5.16	48.35	5.23	49.37	5.31
2L100×63×7	22.22	17.44	70.52	48.11	14.59	1.78	46.60	4.58	48.63	4.72	49.68	4.80	50.76	4.87	51.85	4.95	52.97	5.03	54.11	5.10	55.26	5.18	56.44	5.26	57.64	5.34
2L100×63×8	25.17	19.76	78.79	52.37	16.43	1.77	53.26	4.60	55.60	4.75	56.80	4.82	58.04	4.90	59.29	4.97	60.57	5.05	61.87	5.13	63.20	5.21	64.55	5.29	65.92	5.37
2L100×63×10	30.93	24.28	94.25	59.65	19.97	1.75	66.61	4.64	69.56	4.79	71.08	4.86	72.63	4.94	74.21	5.02	75.81	5.10	77.45	5.18	79.11	5.26	80.80	5.34	82.52	5.42
2L100×80×6	21.27	16.70	122.49	62.06	20.33	2.40	39.97	4.33	41.73	4.47	42.65	4.54	54.59	4.62	44.55	4.69	45.54	4.76	46.55	4.84	47.58	4.91	48.62	4.99	49.69	5.07
2L100×80×7	24.60	19.31	140.15	69.58	23.41	2.39	46.64	4.35	48.71	4.49	49.79	4.57	50.90	4.64	52.03	4.71	53.18	4.79	54.36	4.86	55.56	4.94	56.79	5.02	58.04	5.09
2L100×80×8	27.89	21.89	157.15	76.54	26.43	2.37	53.32	4.37	55.71	4.51	56.95	4.59	58.22	4.66	59.52	4.73	60.84	4.81	62.20	4.88	63.58	4.96	64.98	5.04	66.41	5.12
2L100×80×10	34.33	26.95	189.30	88.91	32.24	2.35	66.73	4.41	69.75	4.55	71.32	4.63	72.92	4.70	74.56	4.78	76.23	4.85	77.93	4.93	79.67	5.01	81.44	5.08	83.24	5.16
2L110×70×6	21.27	16.70	85.83	54.72	15.80	2.01	48.32	5.00	50.22	5.14	51.20	5.21	52.19	5.29	53.21	5.36	54.25	5.44	55.31	5.51	56.38	5.59	57.47	5.67	58.58	5.75
2L110×70×7	24.60	19.31	98.04	60.96	18.18	2.00	56.38	5.02	58.60	5.16	59.74	5.24	60.91	5.31	62.10	5.39	63.32	5.46	64.55	5.54	65.81	5.62	67.09	5.70	68.38	5.78
2L110×70×8	27.89	21.89	109.74	66.63	20.50	1.98	64.43	5.04	66.99	5.19	68.30	5.26	69.64	5.34	71.01	5.41	72.40	5.49	73.81	5.56	75.25	5.64	76.71	5.72	78.20	5.80
2L110×70×10	34.33	26.95	131.76	76.48	24.97	1.96	80.57	5.08	83.79	5.23	85.44	5.30	87.13	5.38	88.85	5.46	90.60	5.53	92.38	5.61	94.18	5.69	96.02	5.77	97.88	5.85

续表

角钢型号		截面面积 A (cm²)	每米重量 (kg/m)	截面特性																							
				x-x 轴				y-y 轴 当a(mm)为																			
								0		4		6		8		10		12		14		16		18		20	
				I_x (cm⁴)	W_{xmax} (cm³)	W_{xmin} (cm³)	i_x (cm)	W_y (cm³)	i_y (cm)	W_y (cm³)	i_y (cm)	W_y (cm³)	i_y (cm)	W_y (cm³)	i_y (cm)	W_y (cm³)	i_y (cm)	W_y (cm³)	i_y (cm)	W_y (cm³)	i_y (cm)	W_y (cm³)	i_y (cm)	W_y (cm³)	i_y (cm)	W_y (cm³)	i_y (cm)
2L125×80×	7	28.19	22.13	148.84	82.48	24.02	2.30	72.80	5.68	75.30	5.82	76.59	5.90	77.91	5.97	79.24	6.04	80.60	6.12	81.98	6.20	83.39	6.27	84.81	6.35	86.26	6.43
	8	31.98	25.10	166.98	90.56	27.12	2.29	83.20	5.70	86.07	5.85	87.55	5.92	89.06	5.99	90.59	6.07	92.15	6.14	93.73	6.22	95.34	6.30	96.97	6.37	98.63	6.45
	10	39.42	30.95	201.34	104.82	33.12	2.26	104.01	5.74	107.64	5.89	109.51	5.96	111.40	6.04	113.33	6.11	115.29	6.19	117.28	6.27	119.29	6.34	121.34	6.42	123.42	6.50
	12	46.70	36.66	233.34	116.92	38.16	2.24	124.86	5.78	129.25	5.93	131.50	6.00	133.79	6.08	136.12	6.16	138.48	6.23	140.88	6.31	143.31	6.39	145.78	6.47	148.27	6.55
2L140×90×	8	36.08	28.32	241.38	118.30	34.68	2.59	104.36	6.36	107.56	6.51	109.21	6.58	110.88	6.65	112.57	6.73	114.30	6.80	116.06	6.88	117.82	6.95	119.62	7.03	121.44	7.11
	10	44.52	34.95	292.06	137.87	42.44	2.56	130.46	6.40	134.49	6.55	136.56	6.62	138.67	6.70	140.80	6.77	142.97	6.85	145.16	6.92	147.39	7.00	149.65	7.08	151.94	7.15
	12	52.80	41.45	339.58	154.77	49.90	2.54	156.58	6.44	161.47	6.59	163.97	6.66	166.50	6.74	169.08	6.81	171.70	6.89	174.35	6.97	177.03	7.04	179.75	7.12	182.51	7.20
	14	60.91	47.82	384.20	169.37	57.07	2.51	182.75	6.48	188.49	6.63	191.42	6.70	194.40	6.78	197.42	6.86	200.49	6.93	203.59	7.01	206.74	7.09	209.93	7.17	213.15	7.25
2L150×90×	8	37.68	29.58	245.60	124.67	34.94	2.55	199.57	6.90	195.40	6.91	193.50	6.91	191.72	6.92	42.32	6.92	188.51	6.93	187.07	6.94	185.74	6.95	184.51	6.96	183.38	6.98
	10	46.52	36.52	297.24	145.00	42.77	2.53	249.58	6.95	244.35	6.95	241.98	6.96	239.75	6.96	53.21	6.97	235.72	6.97	233.92	6.98	232.24	6.99	230.69	7.01	229.27	7.02
	12	55.20	43.33	345.70	248.36	127.56	2.50	299.37	6.99	293.10	6.99	290.24	6.99	287.57	7.00	64.11	7.00	282.72	7.01	280.55	7.02	278.53	7.03	276.67	7.04	274.95	7.06
	14	63.71	50.01	391.24	184.55	56.87	2.48	349.39	7.03	342.07	7.03	338.73	7.03	335.60	7.04	75.51	7.04	329.94	7.05	327.99	7.06	325.03	7.07	322.84	7.08	320.82	7.10
2L160×100×	10	50.63	39.74	410.06	179.88	53.11	2.85	170.26	7.34	174.93	7.48	177.26	7.55	179.63	7.63	182.03	7.70	184.47	7.78	186.93	7.85	189.43	7.93	191.95	8.00	194.51	8.08
	12	60.11	47.18	478.13	202.91	62.55	2.82	204.45	7.35	209.97	7.52	212.79	7.60	215.64	7.67	218.54	7.75	221.48	7.82	224.45	7.90	227.46	7.97	230.50	8.05	233.58	8.13
	14	69.42	54.49	542.41	223.07	71.67	2.80	238.56	7.42	245.05	7.56	248.35	7.64	251.71	7.71	255.11	7.79	258.54	7.86	262.03	7.94	265.55	8.02	269.11	8.09	272.72	8.17
	16	78.56	61.67	603.20	240.73	80.49	277	272.72	7.45	280.18	7.60	283.98	7.68	287.83	7.75	291.73	7.83	295.68	7.90	299.67	7.98	303.72	8.06	307.80	8.14	311.93	8.22
2L180×110×	10	56.75	44.55	556.21	227.83	64.99	3.13	215.60	8.27	220.70	8.41	223.30	8.49	225.94	8.56	228.61	8.63	231.31	8.71	234.01	8.78	236.80	8.36	239.59	8.93	242.42	9.01
	12	67.42	52.93	650.06	258.06	76.65	3.11	258.71	8.31	264.87	8.46	268.01	8.53	271.19	8.60	274.40	8.68	277.66	8.75	280.95	8.83	284.28	8.90	287.65	8.98	291.05	9.06
	14	77.93	61.18	739.10	284.82	87.94	3.08	301.84	8.35	309.07	8.50	312.76	8.57	316.48	8.64	320.26	8.72	324.07	8.49	327.93	8.87	331.83	8.95	335.77	9.02	339.75	9.10
	16	88.28	69.30	823.69	308.52	98.88	3.05	345.02	8.39	353.32	8.53	357.56	8.61	361.84	8.68	366.17	8.76	370.54	8.84	374.97	8.91	379.44	8.99	383.96	9.07	388.53	9.14
2L200×125×	12	75.82	59.52	966.32	340.92	99.98	3.57	319.38	9.18	326.20	9.32	329.66	9.39	333.17	9.47	336.72	9.54	340.31	9.62	343.93	9.69	347.60	9.76	351.30	9.84	355.03	9.92
	14	87.73	68.87	1101.65	378.49	114.88	3.54	372.62	9.22	380.61	9.36	384.66	9.43	388.79	9.51	392.95	9.58	397.15	9.66	401.40	9.73	405.69	9.81	410.03	9.88	414.41	9.96
	16	99.48	78.09	1230.88	412.24	129.37	3.52	425.89	9.25	435.07	9.40	439.74	9.47	444.47	9.55	449.24	9.62	454.07	9.70	458.94	9.77	463.87	9.85	468.84	9.92	473.86	10.00
	18	111.05	87.18	1354.37	442.59	143.47	3.49	479.20	9.29	489.59	9.44	494.87	9.51	500.21	9.59	505.60	9.66	511.05	9.74	516.56	9.81	522.12	9.89	527.73	9.97	533.39	10.04

附表 E-9

不等边角钢长边连（按《热轧型钢》GB/T 706—2016 计算）

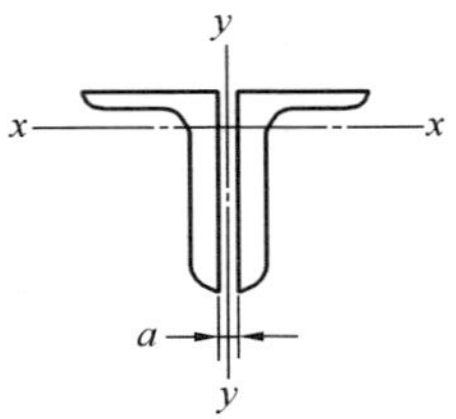

说明：I——截面惯性矩；

W——截面模量；

i——截面回转半径

角钢型号	截面面积 A (cm^2)	每米重量 (kg/m)	截面特性																							
			x-x 轴				y-y 轴																			
							当 a(mm)为																			
							0		4		6		8		10		12		14		16		18		20	
			I_x (cm^4)	W_{xmax} (cm^3)	W_{xmin} (cm^3)	i_x (cm)	W_y (cm^3)	i_y (cm)	W_y (cm^3)	i_y (cm)	W_y (cm^3)	i_y (cm)	W_y (cm^3)	i_y (cm)	W_y (cm^3)	i_y (cm)	W_y (cm^3)	i_y (cm)	W_y (cm^3)	i_y (cm)	W_y (cm^3)	i_y (cm)	W_y (cm^3)	i_y (cm)	W_y (cm^3)	i_y (cm)
2L25×16×3	2.32	1.82	1.41	1.64	0.86	0.78	0.53	0.61	0.74	0.76	0.87	0.84	1.00	0.93	1.15	1.02	1.30	1.11	1.46	1.20	1.63	1.30	1.80	1.39	1.98	1.49
2L25×16×4	3.00	2.35	1.76	1.96	1.10	0.77	0.73	0.63	1.02	0.78	1.19	0.87	1.38	0.96	1.57	1.05	1.77	1.14	1.98	1.23	2.20	1.33	2.43	1.42	2.66	1.52
2L32×20×3	2.98	2.34	3.05	2.82	1.44	1.01	0.82	0.74	1.07	0.89	1.21	0.97	1.37	1.05	1.54	1.14	1.72	1.23	1.91	1.32	2.11	1.41	2.31	L.50	2.52	1.59
2L32×20×4	3.88	3.04	3.86	3.44	1.86	1.00	1.12	0.76	1.46	0.91	1.66	0.99	1.87	1.08	2.10	1.16	2.34	1.25	2.60	1.34	2.86	1.44	3.13	1.53	3.41	1.62
2L40×25×3	3.78	2.97	6.15	4.64	2.30	1.28	1.27	0.92	1.56	1.06	1.73	1.13	1.92	1.21	2.11	1.30	2.32	1.38	2.54	1.47	2.77	1.56	3.01	1.65	3.26	1.74
2L40×25×4	4.93	3.87	7.85	5.75	2.98	1.26	1.72	0.93	2.12	1.08	2.35	1.16	2.60	1.24	2.87	1.32	3.15	1.41	3.45	1.50	3.75	1.58	4.07	1.68	4.40	1.77
2L45×28×3	4.30	3.37	8.90	6.05	2.94	1.44	1.59	1.02	1.91	1.15	2.10	1.23	2.30	1.31	2.51	1.39	2.74	1.47	2.98	1.56	3.23	1.64	3.49	1.73	3.76	1.82
2L45×28×4	5.61	4.41	11.40	7.52	3.82	1.43	2.14	1.03	2.58	1.18	2.84	1.25	3.11	1.33	3.40	1.41	3.7	1.50	4.03	1.59	4.36	1.67	4.71	1.76	5.07	1.85
2L50×32×3	4.86	3.82	12.48	7.78	3.67	1.60	2.07	1.17	2.42	1.30	2.62	1.37	2.84	1.45	3.07	1.53	3.32	1.61	3.58	1.69	3.85	1.78	4.13	1.87	4.42	1.95
2L50×32×4	6.35	4.99	16.03	9.73	4.78	1.59	2.78	1.18	3.26	1.32	3.51	1.40	3.84	1.47	4.15	1.55	4.48	1.64	4.83	1.72	5.19	1.81	5.56	1.89	5.95	1.98
2L56×36×3	5.49	4.31	17.76	10.00	4.65	1.80	2.61	1.31	3.00	1.44	3.22	1.51	3.45	1.59	3.70	1.66	3.97	1.74	4.25	1.83	4.54	1.91	4.84	1.99	5.16	2.08
2L56×36×4	7.18	5.64	22.90	12.55	6.06	1.79	3.50	1.33	4.03	1.46	4.33	1.53	4.65	1.61	4.99	1.69	5.35	1.77	5.74	1.85	6.12	1.94	6.52	2.02	6.94	2.11
2L56×36×5	8.83	6.93	27.73	14.86	7.43	1.77	4.41	1.34	5.10	1.48	5.48	1.56	5.89	1.63	6.32	1.71	6.77	1.79	7.24	1.88	7.73	1.96	8.24	2.05	8.77	2.14
2L63×40×4	8.12	6.37	32.98	16.20	7.73	2.02	4.32	1.46	4.90	1.59	5.22	1.66	5.57	1.74	5.94	1.81	6.33	1.89	6.73	1.97	7.16	2.06	7.59	2.14	8.05	2.23
2L63×40×5	9.99	7.84	40.03	19.24	9.49	2.00	5.43	1.47	6.17	1.61	6.59	1.68	7.03	1.76	7.50	1.84	7.99	1.92	8.50	2.00	9.04	2.08	9.59	2.17	10.16	2.25
2L63×40×6	11.82	9.28	46.72	22.01	11.18	1.99	6.57	1.49	7.48	1.63	7.99	1.71	8.53	1.78	9.10	1.86	9.70	1.94	10.32	2.03	10.96	2.11	11.62	2.20	12.31	2.28
2L63×40×7	13.60	10.68	53.06	24.53	12.82	1.97	7.73	1.51	8.83	1.65	9.43	1.73	10.07	1.81	10.74	1.89	11.45	1.97	12.17	2.05	12.93	2.14	13.71	2.22	14.51	2.31
2L70×45×4	9.11	7.15	45.93	20.57	9.64	2.25	5.45	1.64	6.08	1.77	6.43	1.84	6.81	1.91	7.21	1.99	7.63	2.07	8.06	2.15	8.52	2.23	8.99	2.31	9.48	2.39
2L70×45×5	11.22	8.81	55.90	24.52	11.84	2.23	6.84	1.66	7.66	1.79	8.11	1.86	8.58	1.94	9.09	2.01	9.62	2.09	10.17	2.17	10.74	2.25	11.34	2.34	11.95	2.42
2L70×45×6	13.29	10.43	65.40	28.16	13.98	2.22	8.26	1.67	9.26	1.81	9.81	1.88	10.40	1.96	11.01	2.04	11.65	2.11	12.32	220	13.01	2.28	13.73	2.36	14.47	2.45
2L70×45×7	15.31	12.02	74.45	31.50	16.06	2.20	9.71	1.69	10.90	1.83	11.56	1.90	12.25	1.98	12.97	2.06	13.73	2.14	14.51	2.22	15.33	230	16.17	2.39	17.04	2.47

续表

角钢型号	截面面积 A (cm²)	每米重量 (kg/m)	截面特性 x-x 轴 I_x (cm⁴)	W_{xmax} (cm³)	W_{xmin} (cm³)	i_x (cm)	y-y 轴 当 a(mm) 为 0 W_y (cm³)	i_y (cm)	4 W_y (cm³)	i_y (cm)	6 W_y (cm³)	i_y (cm)	8 W_y (cm³)	i_y (cm)	10 W_y (cm³)	i_y (cm)	12 W_y (cm³)	i_y (cm)	14 W_y (cm³)	i_y (cm)	16 W_y (cm³)	i_y (cm)	18 W_y (cm³)	i_y (cm)	20 W_y (cm³)	i_y (cm)
2L75×50×5	12.25	9.62	70.19	29.31	13.75	2.39	8.42	1.85	9.29	1.99	9.78	2.06	10.29	2.13	10.82	2.20	11.38	2.28	11.97	2.36	12.57	2.44	13.20	2.52	13.82	2.60
6	14.52	11.40	82.24	33.72	16.25	2.38	10.15	1.87	11.22	2.00	11.81	2.08	12.43	2.15	13.09	2.23	13.77	2.30	14.47	2.38	15.21	2.46	15.96	2.55	16.74	2.63
8	18.93	14.86	104.79	41.59	21.04	2.35	13.69	1.90	15.19	2.04	16.00	2.12	16.85	2.19	17.40	2.27	18.67	2.35	19.63	2.43	20.62	2.51	21.64	2.60	22.69	2.68
10	23.18	18.20	125.41	48.31	25.57	2.33	17.37	1.94	19.31	2.08	20.35	2.16	21.44	2.24	22.58	2.31	23.76	2.40	24.98	2.48	26.23	2.56	27.53	2.65	28.85	2.73
2L80×50×5	12.75	10.01	83.91	32.22	15.55	2.57	8.43	1.82	9.31	1.95	9.81	2.02	10.33	2.09	10.88	2.17	11.45	2.24	12.05	2.32	12.67	2.40	13.31	2.48	13.98	2.56
6	15.12	11.87	98.42	37.16	18.39	2.55	10.16	1.83	11.26	1.97	11.86	2.04	12.49	2.11	13.16	2.19	13.86	2.27	14.58	2.34	15.33	2.43	16.11	2.51	16.92	2.59
7	17.45	13.70	112.33	41.75	21.16	2.54	11.93	1.85	13.23	1.99	13.95	2.06	14.70	2.13	15.49	2.21	16.31	2.29	17.17	2.37	18.05	2.45	18.97	2.53	19.91	2.62
8	19.73	15.49	125.65	46.01	23.85	2.52	13.73	1.86	15.25	2.00	16.08	2.08	16.95	2.15	17.87	2.23	18.82	2.31	19.80	2.39	20.83	2.47	21.88	2.56	22.96	2.64
2L90×56×5	14.42	11.32	120.89	41.61	19.84	2.90	10.55	2.02	11.52	2.15	12.06	2.22	12.62	2.29	13.22	2.36	13.84	2.44	14.49	2.52	15.16	2.59	15.86	2.67	16.58	2.75
6	17.11	13.43	142.06	48.13	23.49	2.88	12.71	2.04	13.90	2.17	14.56	2.24	15.25	2.31	15.97	2.39	16.73	2.46	17.52	2.54	18.33	2.62	19.18	2.70	20.04	2.78
7	19.76	15.51	162.44	54.23	27.05	2.87	14.90	2.05	16.32	2.19	17.10	2.26	17.92	2.33	18.78	2.41	19.67	2.48	20.60	2.56	21.56	2.64	22.55	2.72	23.57	2.81
8	22.37	17.56	182.06	59.95	30.53	2.85	17.12	2.07	18.79	2.21	19.69	2.28	20.64	2.35	21.63	2.43	22.66	2.51	23.73	2.59	24.84	2.67	25.98	2.75	27.15	2.83
2L100×63×6	19.23	15.10	198.12	61.24	29.29	3.21	16.03	2.29	17.35	2.42	38.06	2.49	18.81	2.56	19.59	2.63	20.41	2.71	21.25	2.78	22.14	2.86	23.05	2.94	23.99	3.02
7	22.22	17.44	226.91	69.18	33.77	3.20	18.77	2.31	20.34	2.44	21.18	2.51	22.07	2.58	23.00	2.65	23.97	2.73	24.97	2.80	26.00	2.88	27.07	2.96	28.17	3.04
8	25.17	19.76	254.73	76.66	38.15	3.18	21.55	2.32	23.37	2.46	24.35	2.53	25.38	2.60	26.46	2.67	27.57	2.75	28.73	2.83	29.92	2.91	31.15	2.99	32.42	3.07
10	30.93	24.28	307.62	90.36	46.64	3.15	27.22	2.35	29.58	2.49	30.84	2.57	32.17	2.64	33.54	2.72	34.96	2.79	36.44	2.87	37.95	2.95	39.51	3.03	41.12	3.11
2L100×80×6	21.27	16.70	214.07	72.48	30.38	3.17	25.67	3.11	27.20	3.24	28.01	3.31	28.85	3.38	29.73	3.45	30.63	3.52	31.45	3.59	32.52	3.67	33.50	3.74	34.51	3.82
7	24.60	19.31	245.46	81.91	35.05	3.16	29.99	3.12	31.80	3.26	32.76	3.32	33.75	3.39	34.78	3.47	35.85	3.54	36.94	3.61	38.07	3.69	39.22	3.11	40.41	3.84
8	27.89	21.89	275.85	90.80	39.62	3.15	34.34	3.14	36.43	3.27	37.54	3.34	38.69	3.41	39.88	3.49	41.10	3.56	42.36	3.64	43.66	3.71	44.99	3.79	46.35	3.87
10	34.33	26.95	333.74	107.08	48.49	3.12	43.12	3.17	45.80	3.31	47.22	3.38	48.68	3.45	50.19	3.53	51.75	3.60	53.35	3.68	54.99	3.75	56.67	3.83	58.39	3.91
2L110×70×6	21.27	16.70	266.84	75.61	35.70	3.54	19.74	2.55	21.16	2.68	21.93	2.74	22.74	2.81	23.58	2.88	24.46	2.96	25.36	3.03	26.30	3.11	27.27	3.18	28.27	3.26
7	24.60	19.31	306.01	85.64	41.20	3.53	23.10	2.56	24.79	2.69	25.70	2.76	26.66	2.83	27.65	2.80	28.68	2.98	29.75	3.05	30.86	3.13	32.00	3.21	33.17	3.28
8	27.89	21.89	344.08	95.35	46.60	3.51	26.48	2.58	28.46	2.71	29.52	2.78	30.62	2.85	31.77	2.92	32.97	3.00	34.20	3.07	35.48	3.15	36.79	3.23	38.14	3.31
10	34.33	26.95	416.78	112.71	57.08	3.48	33.38	2.61	35.93	2.74	37.29	2.82	38.71	2.89	40.19	2.96	41.71	3.04	43.29	3.12	44.91	3.19	46.58	3.27	48.29	3.35

续表

角钢型号	截面面积 A (cm^2)	每米重量 (kg/m)	截面特性																							
			x-x 轴				y-y 轴																			
							当 a(mm)为																			
							0		4		6		8		10		12		14		16		18		20	
			I_x (cm^4)	W_{xmax} (cm^3)	W_{xmin} (cm^3)	i_x (cm)	W_y (cm^3)	i_y (cm)	W_y (cm^3)	i_y (cm)	W_y (cm^3)	i_y (cm)	W_y (cm^3)	i_y (cm)	W_y (cm^3)	i_y (cm)	W_y (cm^3)	i_y (cm)	W_y (cm^3)	i_y (cm)	W_y (cm^3)	i_y (cm)	W_y (cm^3)	i_y (cm)	W_y (cm^3)	i_y (cm)
2L125×80×7	28.19	22.13	455.96	113.62	53.72	4.02	30.08	2.92	31.96	3.05	32.98	3.13	34.03	3.18	35.12	3.25	36.26	3.33	37.43	3.40	38.64	3.47	39.89	3.55	41.17	3.63
2L125×80×8	31.98	25.10	513.53	126.57	60.83	4.01	34.46	2.94	36.66	3.07	37.83	3.13	39.05	3.20	40.31	3.27	41.63	3.35	42.98	3.42	44.38	3.49	45.81	3.57	47.29	3.65
2L125×80×10	39.42	30.95	624.09	150.70	74.66	3.98	43.35	2.97	46.18	3.10	47.68	3.17	49.25	3.24	50.87	3.31	52.54	3.39	54.27	3.46	56.04	3.54	57.87	3.61	59.74	3.69
2L125×80×12	46.70	36.66	728.82	172.68	88.03	3.95	52.42	3.00	55.91	3.13	57.77	3.20	59.69	3.28	61.67	3.35	63.72	3.43	65.83	3.50	68.00	3.58	70.22	3.66	72.49	3.74
2L140×90×8	36.08	28.32	731.27	162.59	76.96	4.50	43.51	3.29	45.92	3.42	47.20	3.49	48.54	3.56	49.92	3.63	51.34	3.70	52.82	3.77	54.33	3.84	55.89	3.92	57.49	3.99
2L140×90×10	44.52	34.95	891.00	194.39	94.62	4.47	54.65	3.32	57.76	3.45	59.40	3.52	61.11	3.59	62.87	3.66	64.69	3.73	66.57	3.81	68.49	3.88	70.47	3.96	72.50	4.04
2L140×90×12	52.80	41.45	1043.18	223.63	111.75	4.44	65.97	3.35	69.81	3.49	71.83	3.56	73.93	3.63	76.09	3.70	78.31	3.77	80.60	3.85	82.95	3.92	85.36	4.00	87.83	4.08
2L140×90×14	60.91	47.82	1188.20	250.51	128.36	4.42	77.52	3.38	82.10	3.52	84.52	3.59	87.01	3.66	89.58	3.74	92.23	3.81	94.94	3.89	97.73	3.97	100.58	4.04	103.49	4.12
2L150×90×8	37.68	29.58	884.10	179.70	87.71	4.84	42.75	3.22	42.50	3.23	42.50	3.24	42.32	3.25	42.32	3.26	42.23	3.28	42.30	3.30	42.44	3.32	42.66	3.35	42.95	3.38
2L150×90×10	46.52	36.52	1078.45	215.27	107.96	4.81	53.76	3.25	53.43	3.26	53.43	3.27	53.21	3.28	53.21	3.29	53.07	3.31	53.15	3.33	53.32	3.35	53.58	3.38	53.93	3.40
2L150×90×12	55.20	43.33	1264.16	248.36	127.56	4.79	64.78	3.28	64.38	3.29	64.38	3.29	64.11	3.30	64.11	3.32	63.92	3.33	64.00	3.35	64.20	3.38	64.50	3.40	64.90	3.43
2L150×90×14	63.71	50.01	1441.51	278.83	146.65	4.75	76.32	3.31	75.84	3.33	75.84	3.33	75.51	3.34	75.51	3.35	75.26	3.37	75.32	3.39	75.55	3.41	75.88	3.43	76.33	3.46
2L160×100×10	50.63	39.74	1337.37	255.39	124.25	5.14	67.32	3.65	70.72	3.77	72.52	3.84	74.39	3.91	76.31	3.98	78.29	4.06	80.33	4.12	82.43	4.19	84.58	4.31	86.79	4.34
2L160×100×12	60.11	47.18	1569.82	295.07	146.99	5.11	81.19	3.68	85.39	3.81	87.60	3.87	89.88	3.98	92.24	4.01	94.07	4.09	97.16	4.16	99.72	4.23	102.32	4.31	105.02	4.38
2L160×100×14	69.42	54.49	1792.59	331.95	169.12	5.03	95.28	3.70	100.31	3.84	102.95	3.91	105.67	3.98	108.48	4.05	111.36	4.12	114.32	4.20	117.35	4.27	120.45	4.35	123.62	4.43
2L160×100×16	78.56	61.67	2006.11	366.21	190.66	5.05	109.64	3.74	115.52	3.87	118.60	3.94	121.78	4.02	125.04	4.09	128.39	4.16	131.82	4.24	135.34	4.31	138.94	4.39	142.61	4.47
2L180×110×10	56.75	44.55	1912.50	324.73	157.92	5.81	81.31	3.97	85.01	4.10	86.96	4.16	88.98	4.23	91.06	4.30	93.20	4.36	95.40	4.44	97.66	4.51	99.98	4.58	102.36	4.65
2L180×110×12	67.42	52.93	2249.44	376.46	187.07	5.78	97.99	4.00	102.55	4.13	104.94	4.19	107.42	4.26	109.96	4.33	112.58	4.40	115.27	4.47	118.03	4.54	120.83	4.62	123.75	4.69
2L180×110×14	77.93	61.18	2573.82	424.92	215.51	5.75	114.90	4.03	120.35	4.15	123.21	4.23	126.15	4.30	129.18	4.37	132.30	4.44	135.49	4.51	138.76	4.58	142.11	4.66	145.53	4.73
2L180×110×16	88.28	69.30	2886.12	470.32	243.28	5.72	132.08	4.06	138.46	4.19	341.79	4.26	145.23	4.33	148.75	4.40	152.37	4.47	156.08	4.55	159.87	4.62	163.75	4.70	167.71	4.77
2L200×125×12	75.82	59.52	3141.80	480.19	233.47	6.44	126.04	4.56	131.06	4.69	133.69	4.75	136.40	4.82	139.18	4.88	142.04	4.95	144.96	5.02	147.96	5.09	151.03	5.17	154.16	5.24
2L200×125×14	87.73	68.37	3601.94	543.71	269.30	6.41	147.60	4.59	153.59	4.72	156.72	4.78	159.94	4.85	163.25	4.92	166.64	4.99	170.11	5.06	173.66	5.13	177.29	5.20	180.99	2.28
2L200×125×16	99.48	79.09	4046.70	603.62	304.36	6.38	169.42	4.61	176.42	4.75	180.07	4.81	183.82	4.88	187.66	4.95	191.60	5.02	195.63	5.09	199.75	5.17	203.95	5.24	208.24	5.32
2L200×125×18	111.05	87.18	4476.61	660.11	338.67	6.35	191.54	4.64	199.58	4.78	203.76	4.85	208.05	4.92	212.45	4.99	216.95	5.06	221.55	5.13	226.25	5.21	231.04	5.28	235.92	5.36

附录 F　各种截面回转半径的近似值

各种截面回转半径的近似值　　附表 F-1

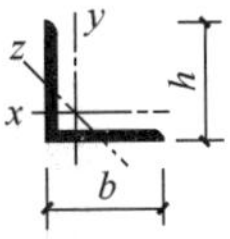 $i_x=0.30h$ $i_y=0.30b$ $i_z=0.195h$	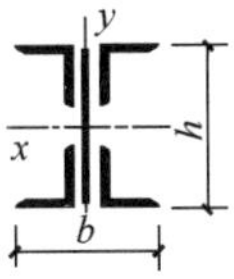 $i_x=0.40h$ $i_y=0.21b$	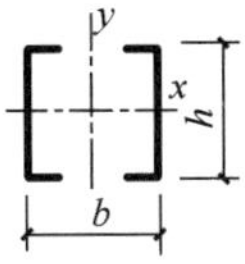 $i_x=0.38h$ $i_y=0.44b$	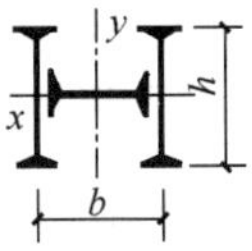 $i_x=0.32h$ $i_y=0.49b$
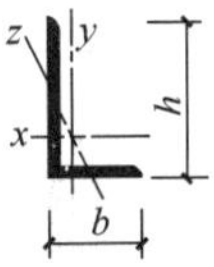 $i_x=0.32h$ $i_y=0.28b$ $i_z=0.09(b+h)$	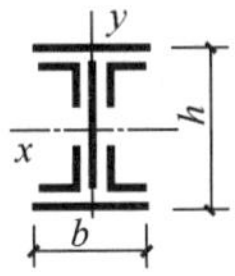 $i_x=0.45h$ $i_y=0.235b$	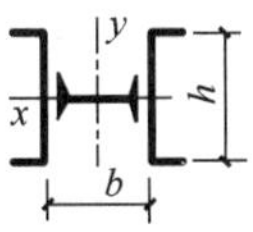 $i_x=0.32h$ $i_y=0.58b$	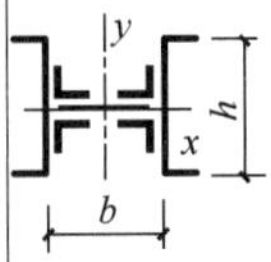 $i_x=0.29h$ $i_y=0.50b$
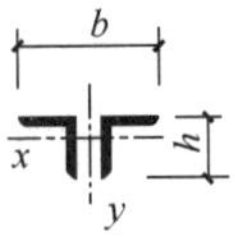 $i_x=0.30h$ $i_y=0.215b$	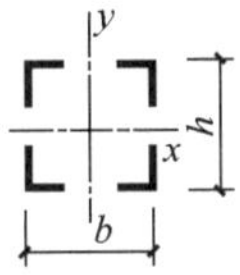 $i_x=0.43h$ $i_y=0.43b$	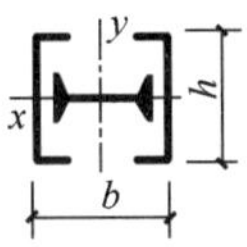 $i_x=0.32h$ $i_y=0.40b$	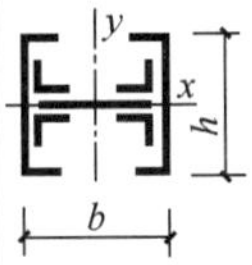 $i_x=0.29h$ $i_y=0.45b$
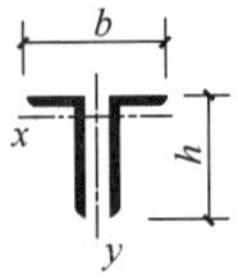 $i_x=0.32h$ $i_y=0.20b$	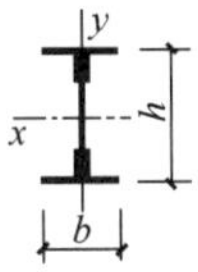 $i_x=0.39h$ $i_y=0.20b$	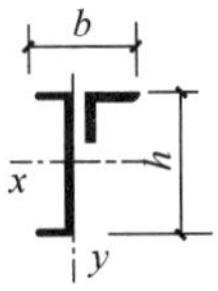 $i_x=0.38h$ $i_y=0.21b$	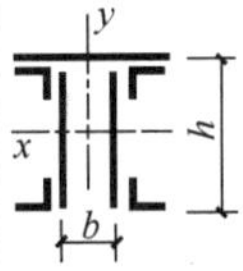 $i_x=0.39h$ $i_y=0.53b$
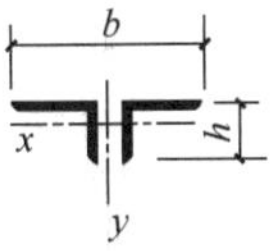 $i_x=0.28h$ $i_y=0.24b$	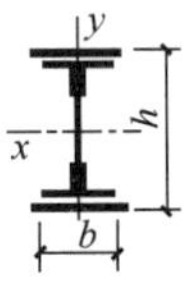 $i_x=0.42h$ $i_y=0.22b$	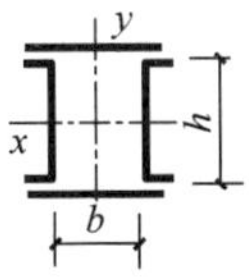 $i_x=0.44h$ $i_y=0.32b$	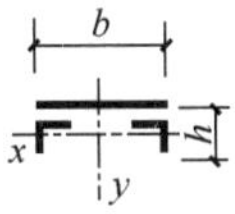 $i_x=0.28h$ $i_y=0.37b$
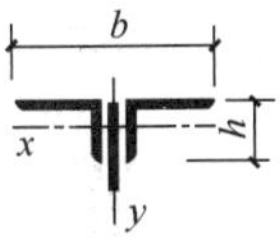 $i_x=0.30h$ $i_y=0.17b$	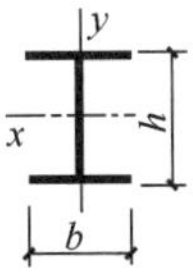 $i_x=0.43h$ $i_y=0.24b$	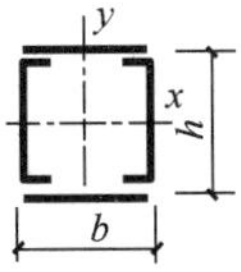 $i_x=0.44h$ $i_y=0.38b$	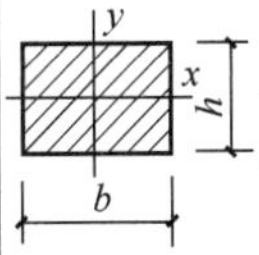 $i_x=0.29h$ $i_y=0.29b$
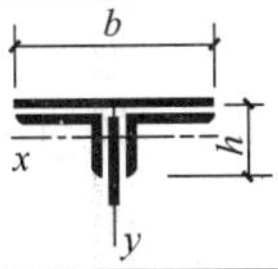 $i_x=0.28h$ $i_y=0.21b$	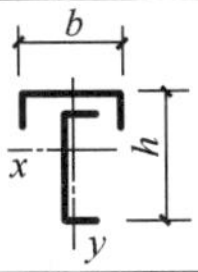 $i_x=0.365h$ $i_y=0.275b$	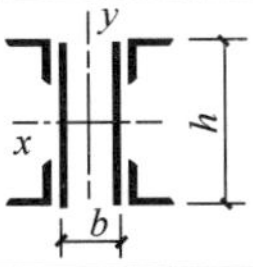 $i_x=0.37h$ $i_y=0.54b$	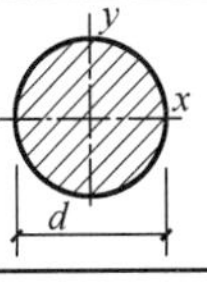 $i_x=0.25d$ $i_y=0.25d$

续表

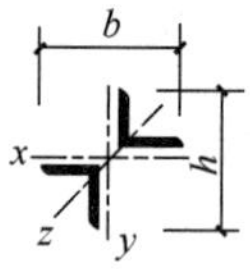 $i_x = 0.21h$ $i_y = 0.21b$ $i_z = 0.185h$	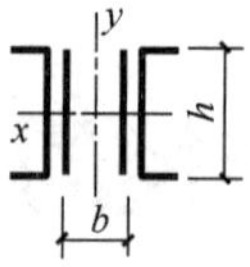 $i_x = 0.35h$ $i_y = 0.56b$	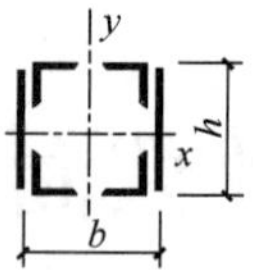 $i_x = 0.37h$ $i_y = 0.45b$	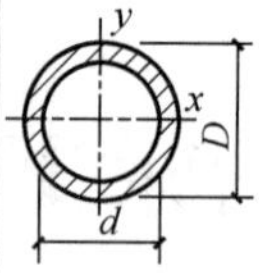 $i_x = i_y = 0.175(D+d)$
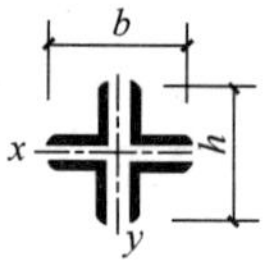 $i_x = 0.21h$ $i_y = 0.21b$	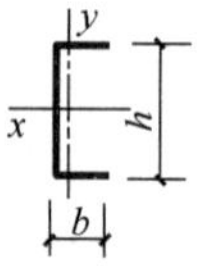 $i_x = 0.39h$ $i_y = 0.29b$	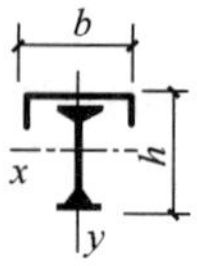 $i_x = 0.40h$ $i_y = 0.24b$	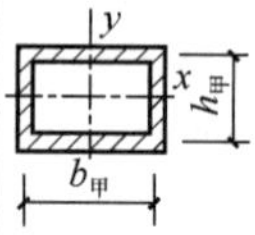 $i_x = 0.40h_{平}$ $i_y = 0.40b_{平}$
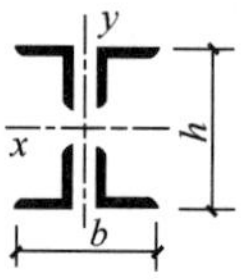 $i_x = 0.45h$ $i_y = 0.24b$	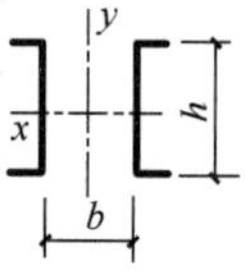 $i_x = 0.38h$ $i_y = 0.60b$	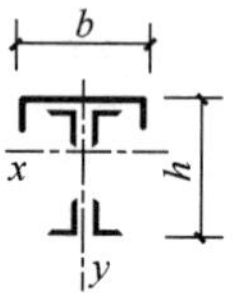 $i_x = 0.41h$ $i_y = 0.29b$	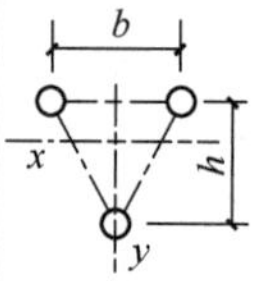 $i_x = 0.47h$ $i_y = 0.40b$

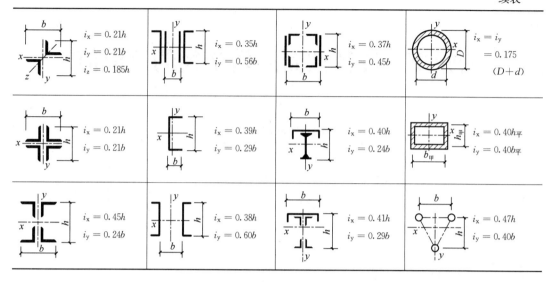

附录G　轧制普通工字钢简支梁稳定系数

轧制普通工字钢简支梁的 φ_b　　附表 G-1

项次	荷载情况			工字钢型号	自由长度 l_1（m）								
					2	3	4	5	6	7	8	9	10
1	跨中无侧向支承点的梁	集中荷载作用于	上翼缘	10～20 22～32 36～63	2.00 2.40 2.80	1.30 1.48 1.60	0.99 1.09 1.07	0.80 0.86 0.83	0.68 0.72 0.68	0.58 0.62 0.56	0.53 0.54 0.50	0.48 0.49 0.45	0.43 0.45 0.40
2			下翼缘	10～20 22～40 45～63	3.10 5.50 7.30	1.95 2.80 3.60	1.34 1.84 2.30	1.01 1.37 1.62	0.82 1.07 1.20	0.69 0.86 0.96	0.63 0.73 0.80	0.57 0.64 0.69	0.52 0.56 0.60
3		均布荷载作用于	上翼缘	10～20 22～40 45～63	1.70 2.10 2.60	1.12 1.30 1.45	0.84 0.93 0.97	0.68 0.73 0.73	0.57 0.60 0.59	0.50 0.51 0.50	0.45 0.45 0.44	0.41 0.40 0.38	0.37 0.36 0.35
4			下翼缘	10～20 22～40 45～63	2.50 4.00 5.60	1.55 2.20 2.80	1.08 1.45 1.80	0.83 1.10 1.25	0.68 0.85 0.95	0.56 0.70 0.78	0.52 0.60 0.65	0.47 0.52 0.55	0.42 0.46 0.49
5	跨中有侧向支承点的梁（不论荷载作用点在截面高度上的位置）			10～20 22～40 45～63	2.20 3.00 4.00	1.39 1.80 2.20	1.01 1.24 1.38	0.79 0.96 1.01	—0.66 0.76 0.80	0.57 0.65 0.66	0.52 0.56 0.56	0.47 0.49 0.49	0.42 0.43 0.43

附录 H　型钢螺栓线距表

普通螺栓规格　　　　**附表 H-1**

公称直径 d（mm）	12	14	16	18	20	22	24	27	30
螺距 p（mm）	1.75	2.0	2.0	2.5	2.5	2.5	3.0	3.0	3.5
中径（mm）	10.863	12.701	14.701	16.376	18.376	20.376	22.052	25.052	27.727
内径（mm）	10.106	11.835	13.835	15.294	17.294	19.294	20.752	23.752	26.211
有效截面积 A_e（cm^2）	0.84	1.15	1.57	1.92	2.45	3.03	3.53	4.59	5.61

注：1. 有效直径：$d_e = d - 0.938p$。

2. 有效截面积：$A_e = \pi d_e^2/4$。

热轧角钢的规线距离　　　　**附表 H-2**

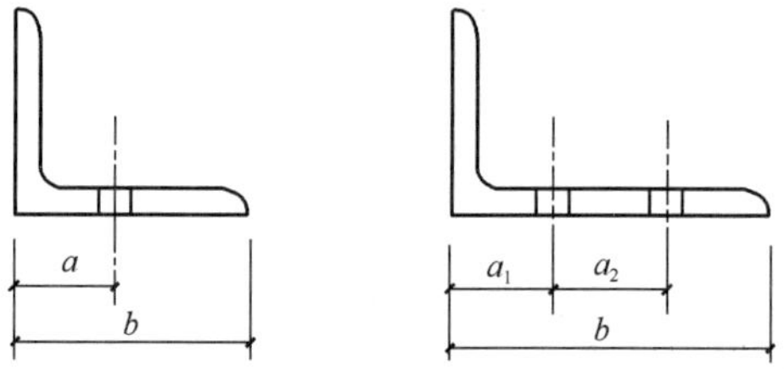

边宽 b（mm）	单行排列		交错排列			双行排列		
	a（mm）	孔的最大直径（mm）	a_1（mm）	a_2（mm）	孔的最大直径（mm）	a_1（mm）	a_2（mm）	孔的最大直径（mm）
45	25	11	—	—	—	—	—	—
50	30	13	—	—	—	—	—	—
56	30	15	—	—	—	—	—	—
63	35	17	—	—	—	—	—	—
70	40	19	—	—	—	—	—	—
75	45	21.5	—	—	—	—	—	—
80	45	21.5	—	—	—	—	—	—
90	50	23.5	—	—	—	—	—	—
100	55	23.5	—	—	—	—	—	—
110	60	25.5	—	—	—	—	—	—
125	70	25.5	55	35	23.5	—	—	—
140	—	—	60	45	23.5	55	60	19
160	—	—	60	65	25.5	60	70	23.5
180	—	—	—	—	—	65	80	25.5
200	—	—	—	—	—	80	80	25.5

热轧工字钢的规线距离

附表 H-3

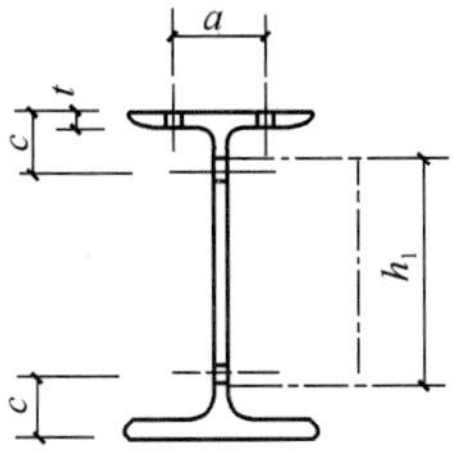

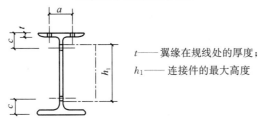

t——翼缘在规线处的厚度；
h_1——连接件的最大高度

普通工字钢

型号	翼缘 a (mm)	翼缘 t (mm)	翼缘 最大孔径 (mm)	腹板 c (mm)	腹板 h_1 (mm)	腹板 最大孔径 (mm)
10	35	7.6	11	35	63	9
12.6	42	8.2	11	35	89	11
14	44	9.2	13	40	103	13
16	44	10.2	15	45	119	15
18	50	10.7	17	50	137	17
20a 20b	54	11.5	17	50	155	17
22a 22b	54	12.8	19	50	171	19
25a 25b	64	13.0	21.5	60	197	21.5
28a 28b 28c	64	13.9	21.5	60	226	21.5
32a 32b 32c	70	15.3	21.5	65	260	21.5
36a 36b 36c	74	16.1	23.5	65	298	23.5
40a 40b 40c	80	16.5	23.5	70	336	23.5
40a 40b 40c	84	18.1	25.5	75	380	25.5
50a 50b 50c	94	19.6	25.5	75	424	25.5
56a 56b 56c	104	20.1	25.5	80	480	25.5
63a 63b 63c	110	21.0	25.5	80	546	25.5

轻型工字钢

型号	翼缘 a (mm)	翼缘 t (mm)	翼缘 最大孔径 (mm)	腹板 c (mm)	腹板 h_1 (mm)	腹板 最大孔径 (mm)
10	32	7.1	9	35	70	8
12	36	7.2	11	35	88	11
14	40	7.4	13	40	107	13
16	46	7.7	13	40	125	15
18	50	8.0	15	45	143	15
18a	54	8.2	17	45	142	15
20	54	8.3	17	50	161	17
20a	60	8.5	19	50	160	17
22	60	8.6	19	55	178	21.5
22a	64	8.8	21.5	55	178	21.5
24	60	9.5	19	55	196	21.5
24a	70	9.5	21.5	55	195	21.5
27	70	9.5	21.5	60	224	21.5
27a	70	9.9	23.5	60	222	23.5
30	70	9.9	23.5	65	251	23.5
30a	80	10.4	23.5	65	248	23.5
33	80	10.8	23.5	65	277	23.5
36	80	12.1	23.5	65	302	23.5
40	80	12.8	23.5	70	339	25.5
45	90	13.9	23.5	70	384	25.5
50	100	14.9	25.5	75	430	25.5
55	100	16.2	28.5	80	475	28.5
60	110	17.2	28.5	80	518	28.5
65	110	19.0	28.5	85	561	28.5
70	120	20.2	28.5	90	604	28.5
70a	120	23.5	28.5	100	598	28.5
70b	120	27.8	28.5	100	591	28.5

热轧槽钢的规线距离

附表 H-4

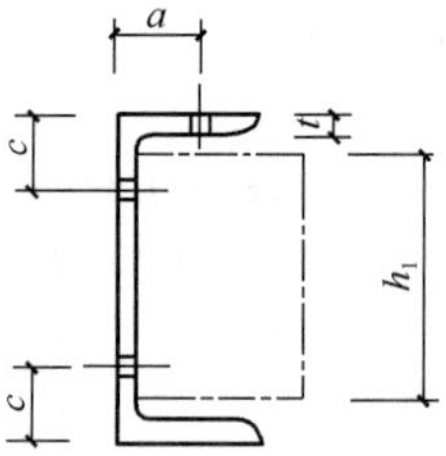

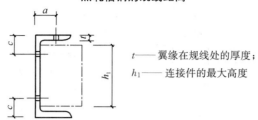

t—— 翼缘在规线处的厚度；

h_1—— 连接件的最大高度

普通槽钢

型号	翼缘			腹板		
	a (mm)	t (mm)	最大孔径 (mm)	c (mm)	h_1 (mm)	最大孔径 (mm)
5	20	7.1	11	—	26	—
6.3	22	7.5	11	—	32	—
8	25	7.9	13	—	47	—
10	28	8.4	13	35	63	11
12.6	30	8.9	17	45	85	13
14a 14b	35	9.4	17	45	99	17
16a 16b	35	10.1	21.5	50	117	21.5
18a 18b	40	10.5	21.5	55	135	21.5
20a 20b	45	10.7	21.5	55	153	21.5
22a 22b	45	11.4	21.5	60	171	21.5
25a 25b 25c	50	11.7	21.5	60	197	21.5
28a 28b 28c	50	12.4	25.5	65	225	25.5
32a 32b 32c	50	14.2	25.5	70	260	25.5
36a 36b 36c	60	15.7	25.5	75	291	25.5
40a 40b 40c	60	17.9	25.5	75	323	25.5

轻型槽钢

型号	翼缘			腹板		
	a (mm)	t (mm)	最大孔径 (mm)	c (mm)	h_1 (mm)	最大孔径 (mm)
5	20	6.8	9	—	22	—
6.5	20	7.2	11	—	37	—
8	25	7.1	11	—	50	—
10	30	7.1	13	30	68	9
12	30	7.6	17	40	86	13
14	35	7.7	17	45	104	15
14a	35	8.5	17	45	102	15
16	40	7.8	19	45	122	17
16a	40	8.6	19	45	120	17
18	40	8.0	21.5	50	140	19
18a	45	8.8	23.5	50	138	19
20	45	8.6	23.5	55	158	21.5
20a	50	9.0	23.5	55	156	21.5
22	50	8.9	25.5	60	175	23.5
22a	50	9.8	25.5	60	173	23.5
24	50	9.8	25.5	65	192	25.5
24a	60	9.7	25.5	65	190	25.5
27	60	9.6	25.5	65	220	25.5
30	60	10.3	25.5	65	247	25.5
33	60	11.3	25.5	70	273	25.5
36	70	11.5	25.5	70	300	25.5
40	70	12.7	25.5	75	335	25.5

附录Ⅰ 基本容许应力（《桥规》）

基本容许应力 **附表Ⅰ-1**

序号	应力种类	单位	钢材牌号								
			Q235qD	Q345qD Q345qE	Q370qD Q370qE	Q420qD Q420qE	Q500qD Q500qE	ZG230 −450Ⅱ	ZG270 −500Ⅱ	35号锻钢	35CrMo
1	轴向应力[σ]	MPa	135	200	210	240	285	—	—	—	220
2	弯曲应力[σ_w]	MPa	140	210	220	250	300	125	150	220	230
3	剪应力[t]	MPa	80	120	125	145	170	75	90	110	130
4	端部承压(磨光顶紧)应力	MPa	200	300	315	360	425	—	—	—	—
5	销孔承压应力	MPa	—	—	—	—	—	—	—	180	—
6	辊轴(摇轴)与平板自由接触的径向受压	kN/cm	—	—	—	—	—	0.55d	0.61d	0.60d	
7	铰轴放置在铸钢铰轴颈上时的径向受压	kN/cm	—	—	—	—	—	—	—	8.4d	

注：1. 表列的Q235qD、Q345qD、Q345qE容许应力是同《桥梁用结构钢》GB/T 714—2015中板厚$t\leqslant$50mm的屈服强度相对应；当$t>$50mm时，容许应力可按屈服点的比例予以调整；
2. 辊轴（摇轴）与接触的平板用不同钢种时，径向受压容许应力应采用其较低者；
3. 表中符号d为辊轴、摇轴或铰轴的直径，以“cm”计；
4. 序号2中直接搁置桥枕的桥面系纵梁的弯曲容许应力［σ_w］采用［σ］；
5. 序号7系按接触圆弧中心角为2×45°考虑；条件不符时可另行确定；
6. 35CrMo只适用于吊杆。

高强度螺栓预拉力设计值 **附表Ⅰ-2**

螺纹直径	M22	M24	M27	M30
性能等级	10.9S			
预拉力设计值（kN）	200	230	300	370

注：高强度螺栓用于列车建筑限界上方范围内的桥面系及连接系时，预拉力设计值可适当降低。

铆钉及精致螺栓容许应力（MPa） **附表Ⅰ-3**

类别	受力种类	容许应力（N/mm^2）
工厂铆钉	剪切	110
	承压	280

续表

类别	受力种类	容许应力（N/mm²）
工地铆钉	剪切	100
	承压	250
精致螺栓	剪切	90
	承压	220

注：1. 平头铆钉的容许应力降低 20%；

2. 铆钉计算直径为铆钉孔的公称直径；

3. 精制螺栓直径至多比栓孔直径小 0.3mm；

4. 本表适用于 BL2；当采用 BL3 时，容许应力可提高 10%。

附录 J　容许应力折减系数（《桥规》）

中心受压杆件轴向容许应力折减系数 φ_1　　附表 J-1

焊接 H 形杆件（检算翼缘板平面内整体稳定）					焊接 H 形杆件（检算腹板平面内整体稳定）、焊接箱形及铆钉杆件				
杆件长细比 λ	φ_1				杆件长细比 λ	φ_1			
	Q235q	Q345q Q370q	Q420q	Q500q		Q235q	Q345q Q370q	Q420q	Q500q
0～30	0.900	0.900	0.866	0.837	0～30	0.900	0.900	0.885	0.867
40	0.864	0.823	0.777	0.729	40	0.878	0.867	0.831	0.810
50	0.808	0.747	0.694	0.644	50	0.845	0.804	0.754	0.718
60	0.744	0.677	0.616	0.564	60	0.792	0.733	0.665	0.632
70	0.685	0.609	0.541	0.496	70	0.727	0.655	0.582	0.546
80	0.628	0.544	0.471	0.426	80	0.660	0.583	0.504	0.461
90	0.573	0.483	0.405	0.368	90	0.598	0.517	0.434	0.396
100	0.520	0.424	0.349	0.319	100	0.539	0.454	0.371	0.330
110	0.469	0.371	0.302	0.272	110	0.487	0.396	0.319	0.280
120	0.420	0.327	0.258	0.231	120	0.439	0.346	0.275	0.238
130	0.375	0.287	0.225	0.201	130	0.391	0.298	0.235	0.202
140	0.338	0.249	0.194	0.168	140	0.346	0.254	0.200	0.172
150	0.303	0.212	0.164	0.138	150	0.304	0.214	0.166	0.143

附录 K　疲劳容许应力幅（《桥规》）

各种构件或连接的疲劳容许应力幅　　　　附表 K-1

疲劳容许应力幅类别	疲劳容许应力幅 [σ_0]（MPa）	构件及连接形式
Ⅰ	149.5	1
Ⅱ	130.7	4.2
Ⅲ	121.7	5.1，5.2，5.3
Ⅳ	114.0	2，18
Ⅴ	110.3	6.1，6.2，6.3，6.4，6.5，7.1，7.2
Ⅵ	109.6	4.1
Ⅶ	99.9	9，15.9
Ⅷ	91.1	3
Ⅸ	80.6	8.1
Ⅹ	72.9	11.1，14，15.7
Ⅺ	71.9	8.2，10，12，15.2，15.3，15.8，16
Ⅻ	60.2	11.2，13.1，15.1，15.4，15.6
ⅩⅢ	60.2	13.2
ⅩⅣ	45.0	15.5，17

注：当桥梁设计温度低于−40℃时，需对材料进行相应的低温脆断性能试验，并对表列疲劳容许应力幅做相应的折减。

构件或连接基本形式及疲劳容许应力幅类别　　　　附表 K-2

类别	构件或连接形式简图	加工质量及其他要求	疲劳容许应力幅类别	检算部位
1	母材 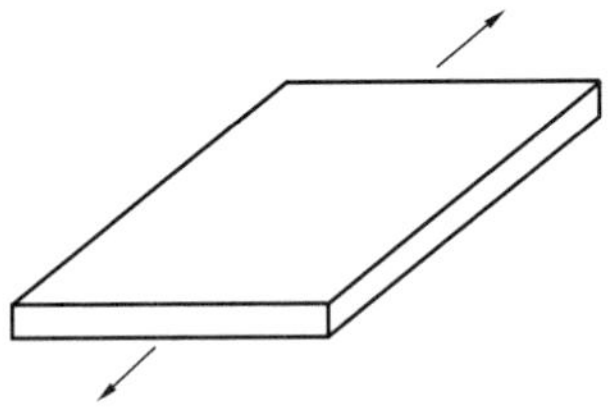	原轧制表面，侧边刨边，表面粗糙度不应大于 $\overset{25}{\bigtriangledown}$；精密切割表面精糙度不应大于 $\overset{12.5}{\bigtriangledown}$；不应在母材上引弧	Ⅰ	非连接部位的母材
2	留有空孔的杆件 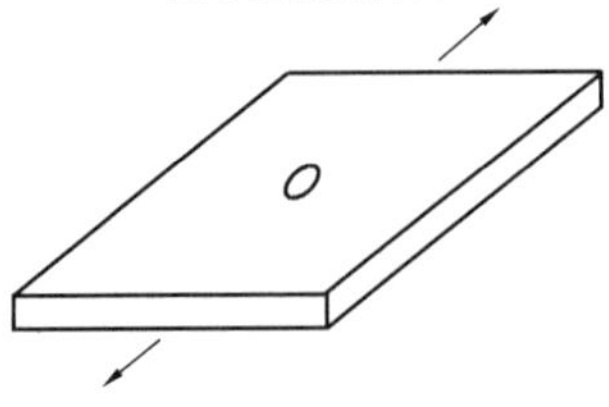	机械钻孔，孔壁光滑，表面粗糙度不应大于 $\overset{25}{\bigtriangledown}$	Ⅳ	弦杆泄水孔处

续表

类别	构件或连接形式简图	加工质量及其他要求	疲劳容许应力幅类别	检算部位
3	铆接构件	机械钻孔，表面粗糙度不应大于 25	Ⅷ	铆钉孔处净截面
4	高强度螺栓			
4.1	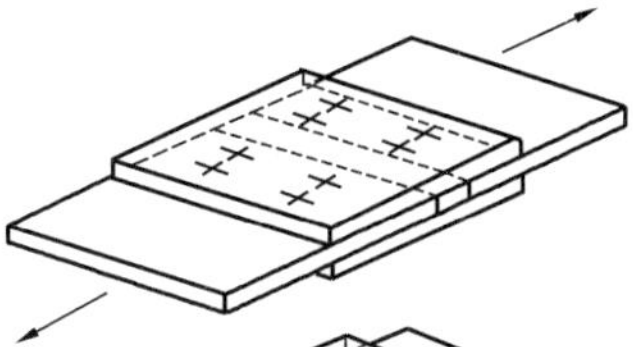 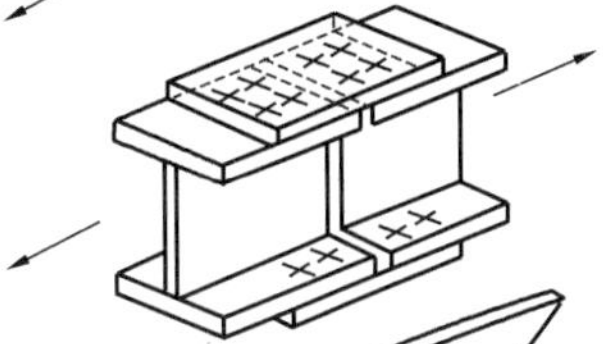 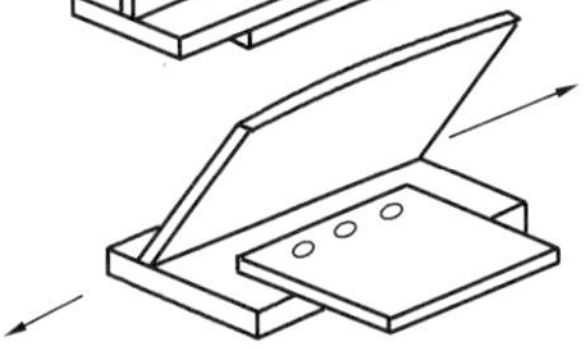	（1）单面或双面拼接，第一排螺栓无滑移 （2）直接拼接断面超过 60％总断面积的双面拼接对称接头 （3）不传递验算方向应力的有高强度螺栓紧固的基材	Ⅵ	栓接毛截面处
4.2	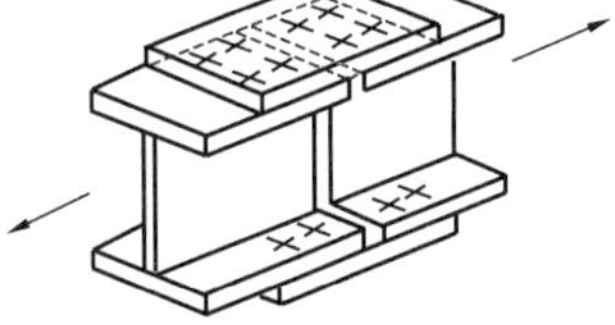	（1）单面或双面拼接，经检算第一排螺栓受力大于抗滑力 （2）非全断面拼接的构件，直接拼接断面小于 60％总断面	Ⅱ	栓接净截面处
5	横向对接熔透焊缝	（1）采用埋弧自动焊时焊缝质量应满足以下要求： ① 定位焊接不应有裂缝、焊渣、焊瘤等缺陷 ② 焊缝背面应清除影响焊接的焊瘤、熔渣和焊根等缺陷 ③ 多层焊的每一层应将焊渣、缺陷清除干净再焊下一层 ④ 应在距杆件端部 80mm 以外的引板上起、熄弧 （2）焊缝加强高顺受力方向磨平，焊趾处不留横向磨痕 （3）焊缝需应经无损探伤检验，焊缝质量符合《桥规》中Ⅰ级焊缝的要求 （4）横向对接焊缝应一次连续施焊完毕，不应有断弧，如发生断弧，应将断弧处已焊成的焊缝刨成 1∶5 斜坡后再继续搭接 50mm 后施焊 （5）同一位置焊接返修次数不应超过二次	Ⅲ	桁梁构件及板梁中横向对接焊缝处
5.1	等厚等宽钢板对接 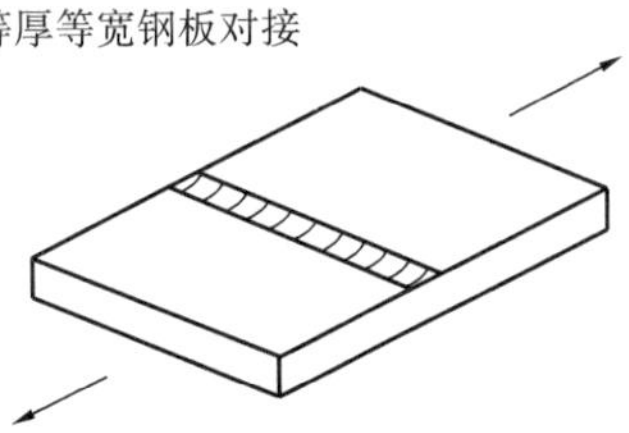			
5.2	等厚不等宽钢板对接 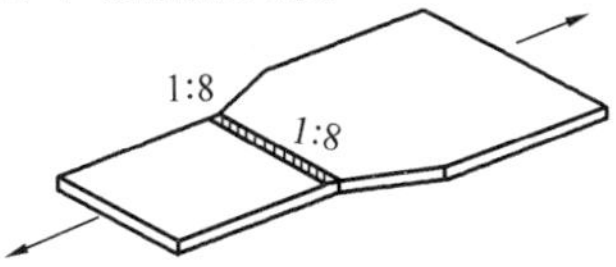			
5.3	等宽不等厚宽钢板对接 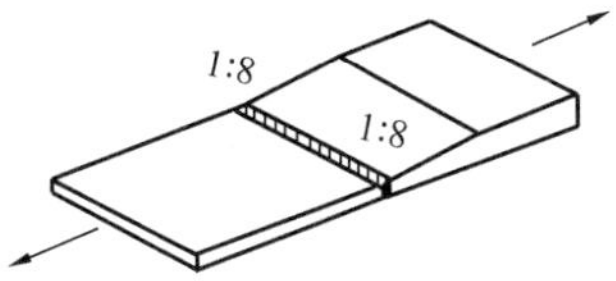			

续表

类别	构件或连接形式简图	加工质量及其他要求	疲劳容许应力幅类别	检算部位
6	纵向焊缝	（1）采用埋弧焊、气体保护焊 （2）焊缝应平整连续 （3）受拉及受疲劳控制的杆件，焊缝全长超声波探伤。焊缝质量应符合《桥规》中Ⅱ级焊缝要求 （4）受压及不受疲劳控制的杆件，探伤范围从杆端至工地栓孔外1m。焊缝质量应符合《桥规》中Ⅱ级焊缝要求 （5）同一位置焊接返修不应超过二次		
6.1	纵向连续对接焊缝 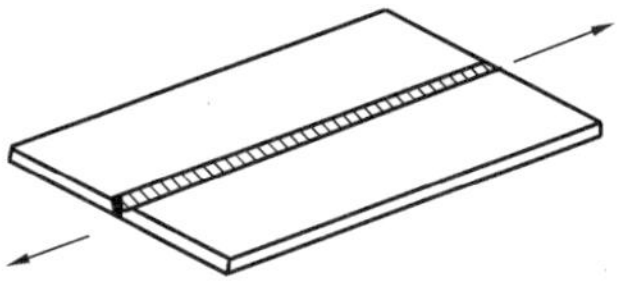	（1）焊缝应一次连续施焊完毕，如果特殊情况而中途停焊时，焊前、焊后应处理。用原定预热温度及施焊工艺继续施焊。焊缝表面要顺受力方向磨修平整，不应有超出《桥规》中规定的凹凸不平现象 （2）焊缝两侧不应有大于0.3mm的咬边或直径大于等于1mm的气孔。小于1mm的气孔，每米不应多于3个，间距不应小于20mm （3）埋弧自动焊应在距杆件端80mm以外的引板上起、熄弧	V	（1）工字形、箱形、T形构件、板梁翼缘及纵向加劲肋等处的纵向角焊缝，或棱角焊缝
6.2	工字形连续角焊缝 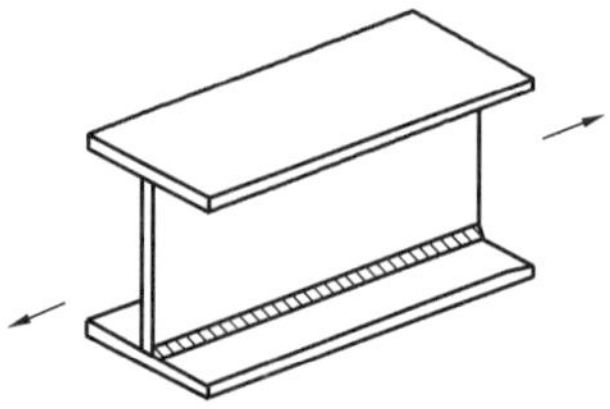	（1）焊缝应一次连续施焊完毕，如果特殊情况而中途停焊时，焊前、焊后应处理，并采用原定预热温度及施焊工艺继续施焊 （2）纵向角焊缝的咬肉不应大于0.3mm，不应有直径大于等于1mm的气孔。直径小于1mm的气孔，每米不应多于3个，间距不应小于20mm （3）埋弧自动焊应在距杆件端80mm以外的引板上起、熄弧		

续表

<table>
<tr><th>类别</th><th>构件或连接形式简图</th><th>加工质量及其他要求</th><th>疲劳容许应力幅类别</th><th>检算部位</th></tr>
<tr><td>6.3</td><td>箱形构件棱角焊缝
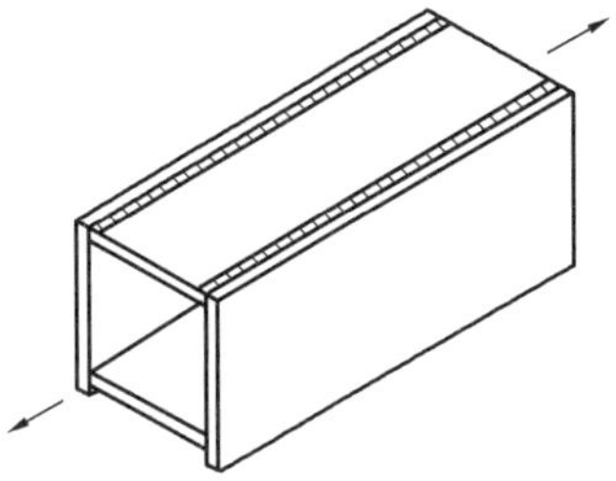</td><td rowspan="3">（1）焊缝应一次连续施焊完毕，如果特殊情况而中途停焊时，焊前、焊后应处理，并采用原定预热温度及施焊工艺继续施焊
（2）一根杆件有不同的熔深时，如系焊缝表面高相同，则深熔深的焊缝起弧应在距杆端 80mm 以外的引板上，在施焊上一层焊缝前应将前一道焊缝停弧处的缺陷清除干净，清除长度不应小于 60mm。坡口深度变化过渡区的斜坡不应大于 1∶10。最后一道焊缝应在距杆端 80mm 以外的引板起、熄弧
（3）一根杆件有不同的熔深时，如系坡口底面高相同，则加高焊缝起弧应在距杆端 80mm 以外的引板上，终端应磨修，将缺陷清除干净。清除熄弧的长度不应小于 60mm，并使高出的焊缝成1∶10的坡度匀顺过渡到较低的焊缝，第一道焊缝应在距杆端 80mm 以外的板上起、熄弧</td><td rowspan="3">V</td><td rowspan="3">（2）板梁中腹板及盖板的纵向焊缝
（3）箱形构件板件对接处棱角焊缝
（4）箱形构件在整体节点附近改变熔深部位的棱角焊缝</td></tr>
<tr><td>6.4</td><td>箱形构件棱角焊缝与水平板对接焊缝交叉
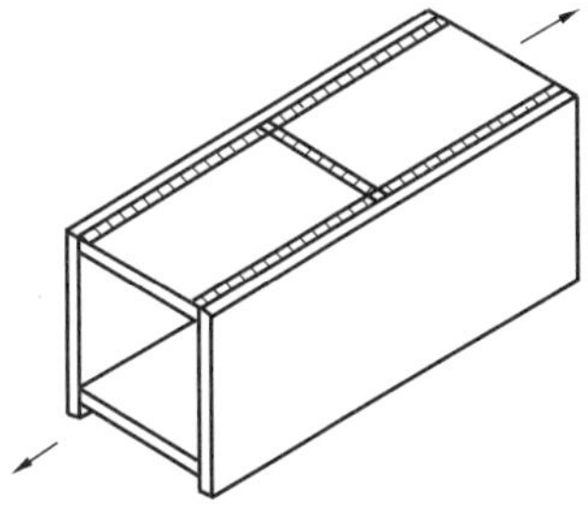</td></tr>
<tr><td>6.5</td><td>箱形构件棱角焊缝与腹板对接焊缝交叉
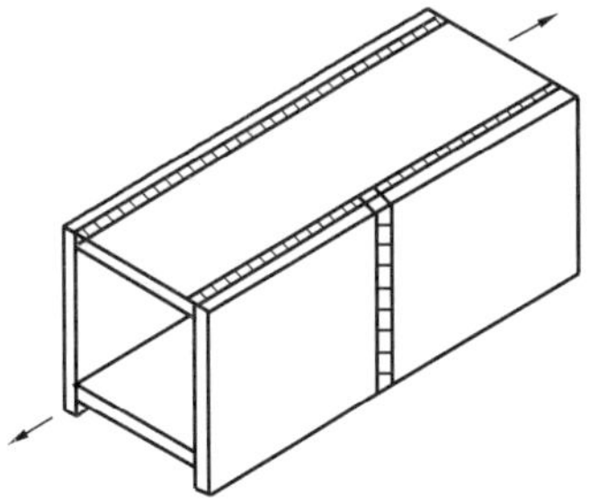</td></tr>
</table>

续表

类别	构件或连接形式简图	加工质量及其他要求	疲劳容许应力幅类别	检算部位
7	工字形对接焊缝与角焊缝交叉			
7.1	盖板对接焊缝与角焊缝交叉 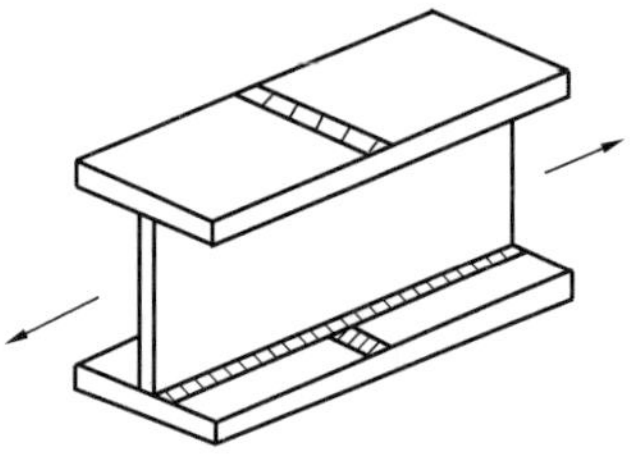	（1）采用埋弧自动焊 （2）垂直于受力方向的焊缝按类别5横向对接焊缝要求 （3）顺受力方向的角焊缝按类别6纵向焊缝接头要求	Ⅴ	工字形、T形构件及纵向加劲肋的纵向角焊缝与盖板或腹板对接焊接头交叉处
7.2	腹板对接焊缝与角焊缝交叉 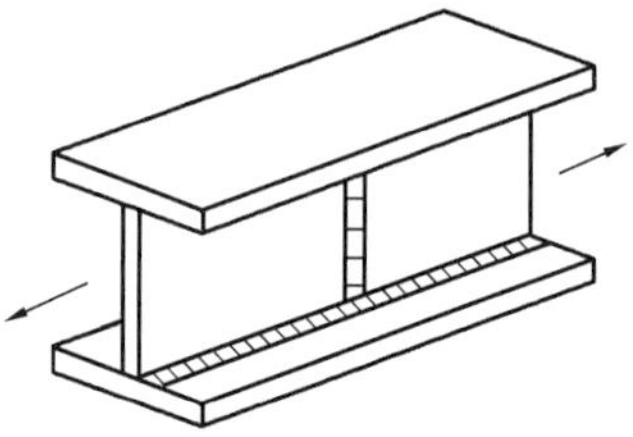			
8	横向附连件角接焊缝			
8.1	附连件无焊缝交叉 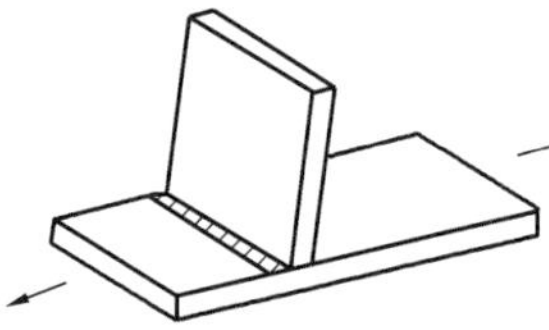	（1）采用成型好的手工焊、CO_2气体保护焊或半自动焊施焊 （2）焊趾处不应有咬肉，如不满足时可用砂轮顺受力方向打磨 （3）对起、熄弧处进行磨修，严格保证质量	Ⅸ	箱形杆件隔板横向连接角焊缝
8.2	附连件有焊缝交叉 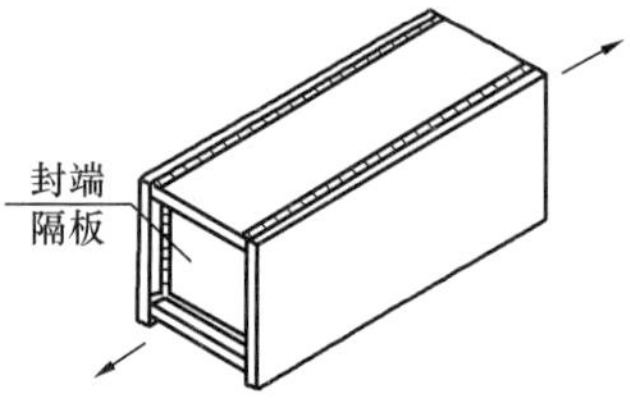 	（1）采用成型好的手工焊、CO_2气体保护焊或半自动焊施焊 （2）焊趾处不应有咬肉，如不满足时可用砂轮顺受力方向打磨 （3）在焊缝交叉部位不应断弧，严格保证质量	Ⅺ	箱形杆件封端板全焊

续表

类别	构件或连接形式简图	加工质量及其他要求	疲劳容许应力幅类别	检算部位
9	板梁竖向加劲肋与腹板连接焊缝端部 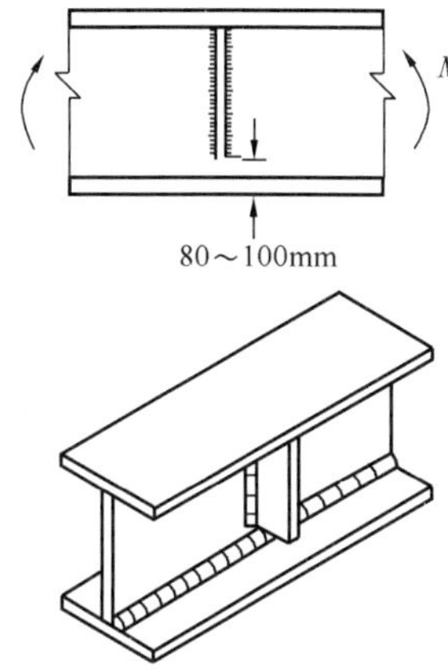	（1）焊缝端部至腹板表面应匀顺过渡 （2）对起、熄弧处应进行磨修，严格保证质量 （3）在腹板侧受拉区不应有咬肉 （4）必要时，竖向加劲肋端部100mm内焊趾处锤击	Ⅶ	板梁竖向加劲肋与腹板连接焊缝端部（检算顺桥轴方向的主拉应力或拉力）
10	板梁盖板端焊缝 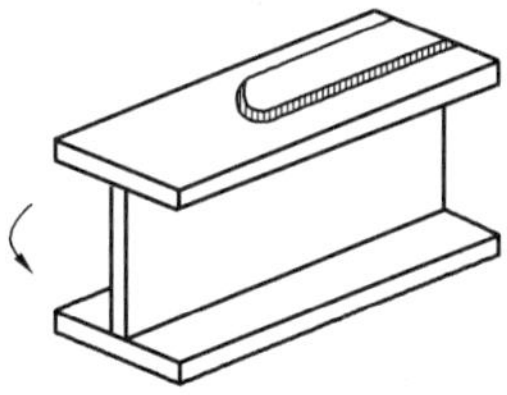	（1）端部焊缝不应有咬肉 （2）盖板端焊缝打磨匀顺过渡，坡度不应大于1∶5 （3）盖板端部焊趾锤击长度不应小于100mm	Ⅺ	板梁盖板焊缝端部或焊趾处
11	平联节点板			
11.1	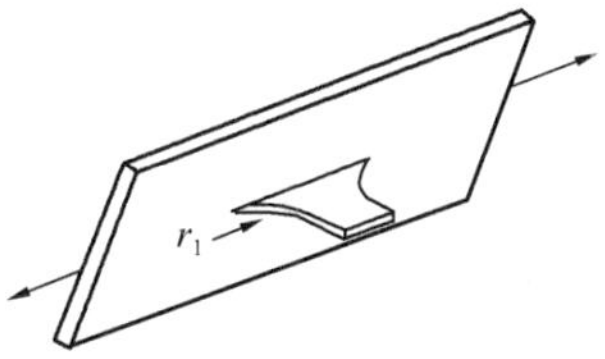	（1）坡口焊透，焊缝两端顺受力方向打磨，使圆弧匀顺过渡 （2）水平节点板与主板焊接时，节点板先焊，并根据需要切圆弧，然后双面倒棱、磨修。在切弧、倒棱、磨修时，应将焊缝的缺陷清除干净 （3）在焊缝两端长100mm的范围内及焊缝端部锤击 （4）$r_1 \geqslant 100$mm；$r_2 \geqslant d/10$，但不应小于100mm	Ⅹ	板梁腹板、翼缘板或杆件竖板与水平节点板手工焊连接焊缝的端部
11.2	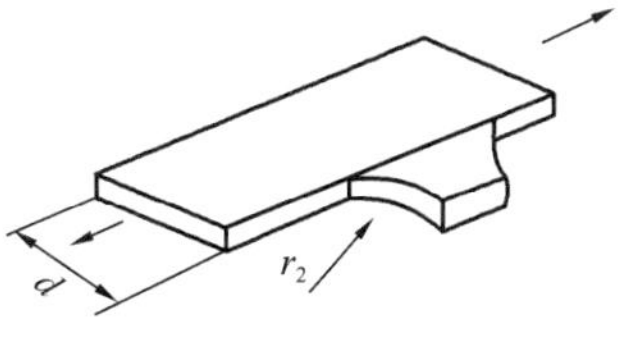		Ⅻ	

续表

类别	构件或连接形式简图	加工质量及其他要求	疲劳容许应力幅类别	检算部位
12	整体节点 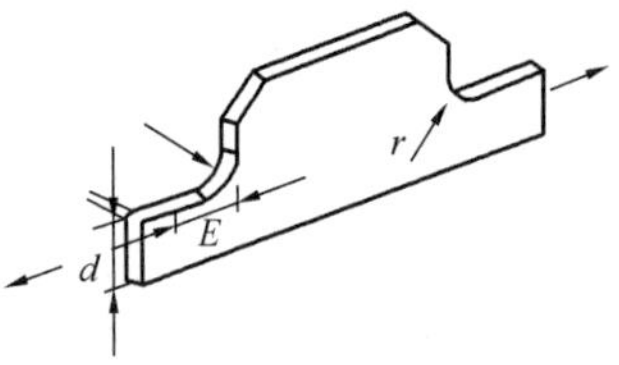	(1) 单面坡口棱角焊缝质量要求按 6.3 (2) 圆弧处应顺受力方向打磨，并自圆弧末端向外打磨，打磨长度 E 不小于 100mm，$r \geqslant d/5$，但不应小于 100mm	Ⅺ	整体节点、圆弧起点、棱角焊缝
13	剪力钉	焊趾不应有咬肉、裂纹，成形应良好，且 $\frac{h}{d} \geqslant 4$。其中 h 为钉高；d 为钉直径		
13.1	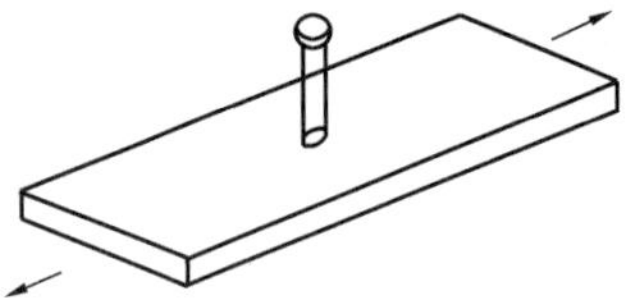		Ⅻ	结合梁受拉翼缘在传剪栓钉焊趾处母材
13.2	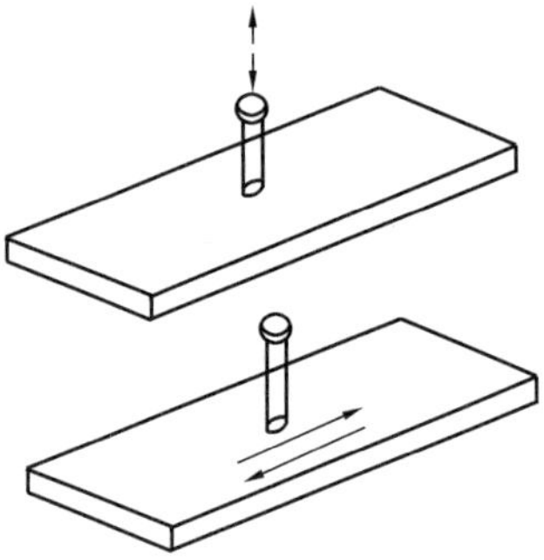		XⅢ	栓钉拉拔应力、栓钉焊接断面剪应力
14	横梁翼板与主桁整体节点十字形熔透焊缝 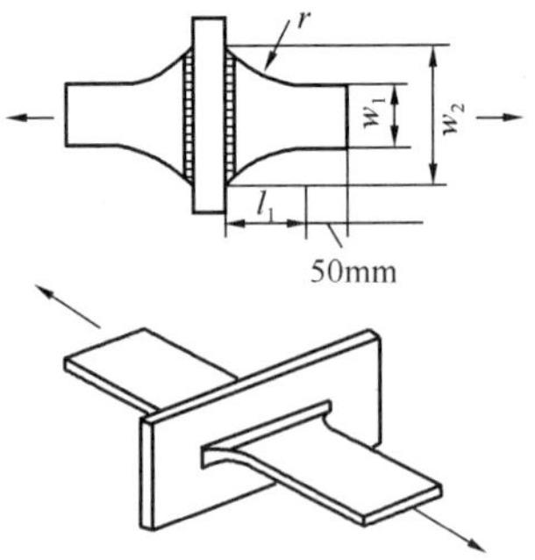	$w_2 \geqslant 2w_1$，$l_1 = w_2 - w_1$，扩大部分采用圆弧过渡。横梁翼板预留 50mm 直线段。圆弧部位采用精密切割，表面加工粗糙度 $\stackrel{12.5}{\bigtriangledown}$，顺受力方向打磨 十字焊缝表面按照工艺进行超声波锤击处理	Ⅹ	检算截面取焊缝根部靠近横梁一侧的理论加宽截面

续表

类别	构件或连接形式简图	加工质量及其他要求	疲劳容许应力幅类别	检算部位
15	正交异性钢桥面板			
15.1	整体桥面与主桁不等厚对接 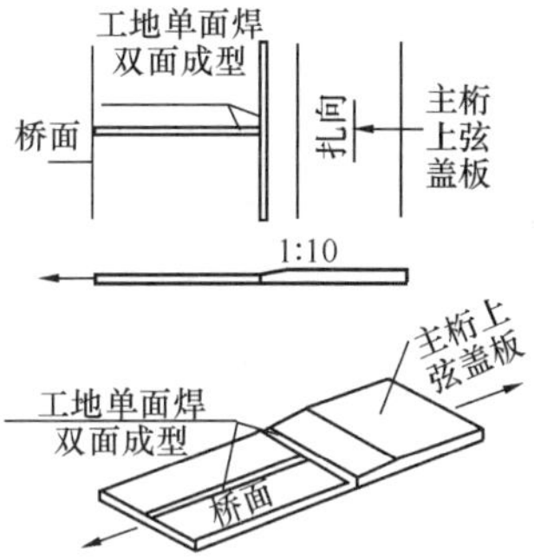	焊趾不应有咬肉、裂纹，成型应良好	Ⅺ	桥面横向检算截面取变截面处薄板侧
15.2	U 肋嵌补段对接 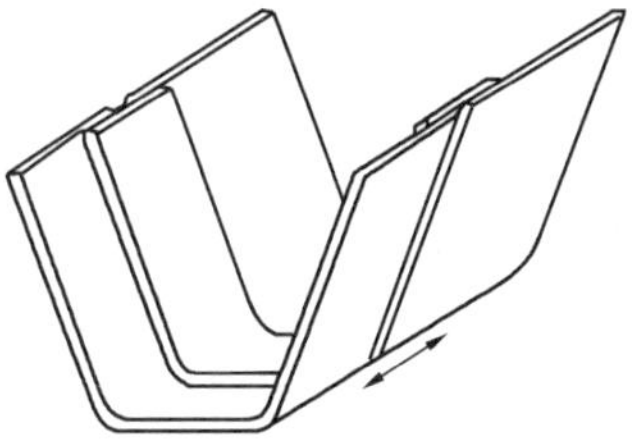	钢衬垫组装间隙不大于 0.5mm，施焊时不应将焊滴流到焊缝外母材上	Ⅺ	U 肋顶板焊缝
15.3	U 肋与桥面板焊接 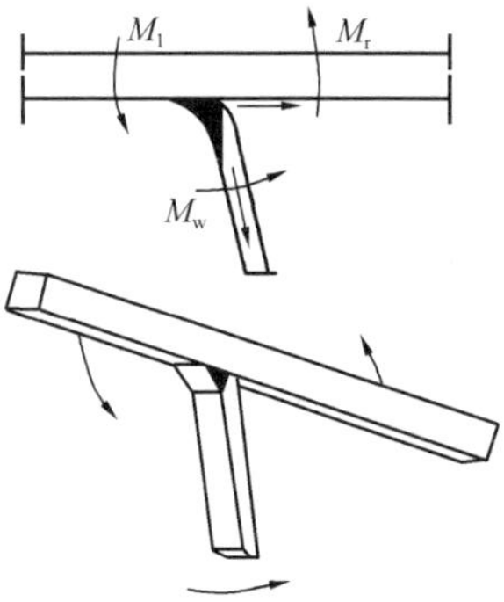	部分熔透坡口焊，焊透深度不应小于 75%肋板厚度，焊喉高不应小于肋板厚度。焊缝通过横隔板时不设过焊孔	Ⅺ	两横隔板之间的 U 肋焊缝和与横隔板相交的焊缝①

续表

类别	构件或连接形式简图	加工质量及其他要求	疲劳容许应力幅类别	检算部位
15.4	U肋与桥面板焊接 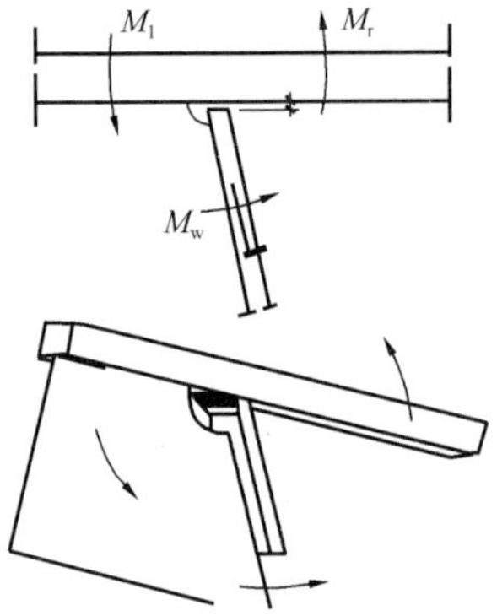	部分熔透坡口焊，焊透深度大于或等于75%肋板厚度，焊喉高 $a\geqslant$ 肋板厚度。焊缝通过横隔板时设过焊孔	Ⅻ	U肋与横隔板相交的焊缝①
15.5	U肋与横梁腹板焊接 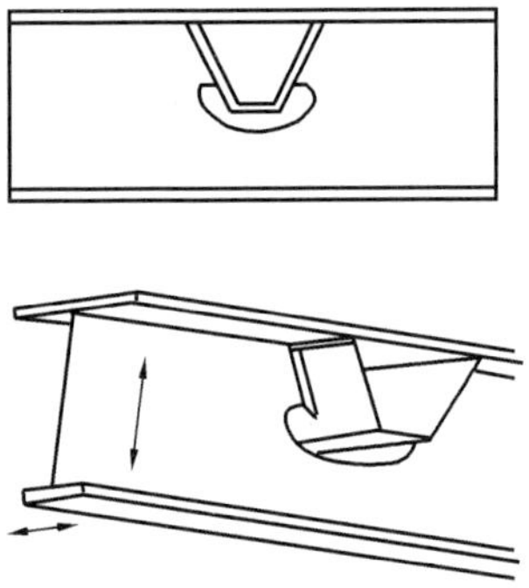	焊趾不应有咬肉、裂纹，焊缝起弧收弧处成形应良好	XIV	因横梁腹板面外变形作用，焊缝边缘处。U肋在腹板平面内挖空处相对竖向变位，挖空圆弧处
15.6	桥面板十字对接焊加腹板角焊缝 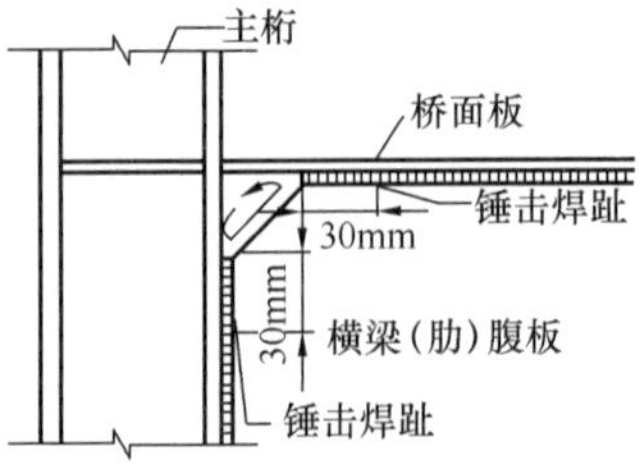	在过焊孔部位，顺孔边沿箭头方向打磨匀顺，并在焊缝端头腹板侧的30mm范围焊趾进行超声波锤击处理	Ⅻ	桥面板与整体节点对接焊缝处

续表

类别	构件或连接形式简图	加工质量及其他要求	疲劳容许应力幅类别	检算部位
15.7	桥面板与主桁不等厚十字对焊接 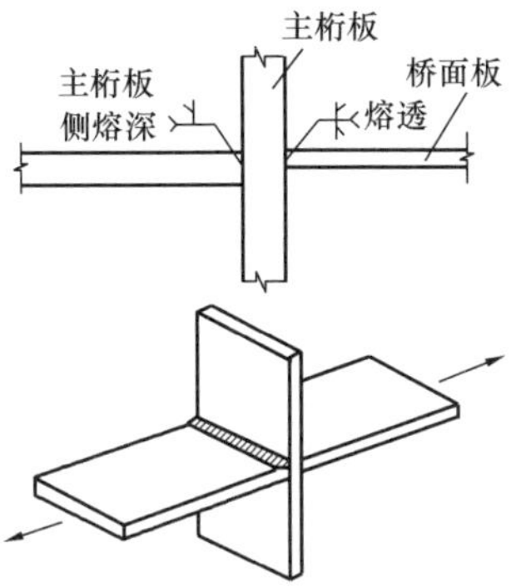	主桁板侧坡口焊熔深可为十字对接桥面板厚度的1.25倍	Ⅹ	桥面板与整体节点对接焊缝处
15.8	栓焊组合接头 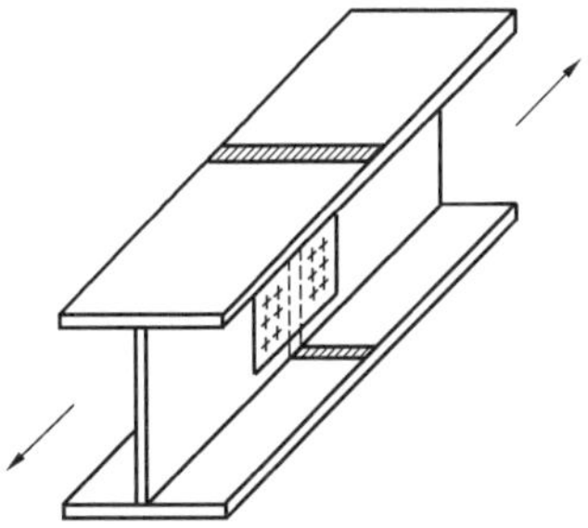	桥面板工地焊接采用单面焊双面成型工艺，焊后对顶面焊缝焊高沿焊缝45°方向交叉打磨平顺，过焊孔部位打磨平顺	Ⅺ	工地对接焊处
15.9	桥面板工地对接时采用马板的焊缝 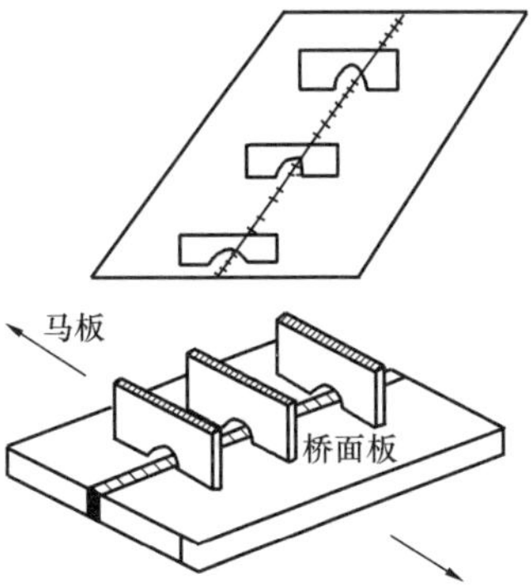	桥面板工地焊接采用马板定位，焊后去除马板，对表面焊高沿焊缝45°方向交叉打磨平顺	Ⅶ	桥面板工地对接后马板去除磨平部位

续表

类别	构件或连接形式简图	加工质量及其他要求	疲劳容许应力幅类别	检算部位
16	桥面板与整体节点 垂直相交对接焊构造 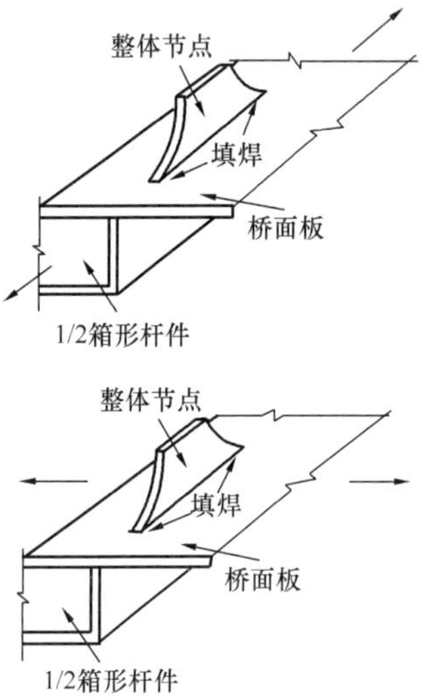 	垂直交叉焊缝两端的槽型熔透焊缝不应垂直填焊，由大于 5mm 半径的弧形坡口过渡。当坡口半径为 5mm 时的坡口示意如下： 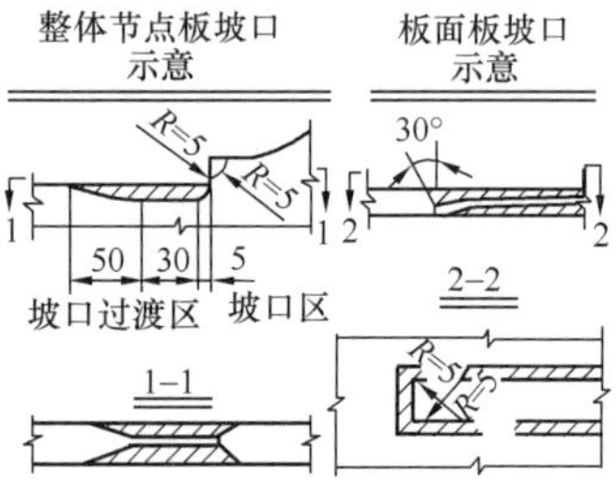 焊接工艺需要特殊设计，严格控制线能量，多次施焊。焊后对上下表面打磨平顺，填焊焊缝和周边表面进行超声波满锤处理	Ⅺ	（1）箱形构件上盖板与腹板纵向角焊缝 （2）垂直相交焊缝处
17	拉索锚固构造 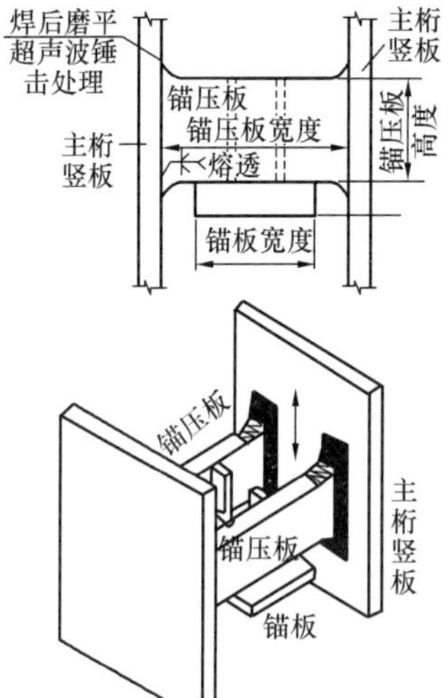 	（1）焊缝端部磨平，分别对竖板和锚压板侧焊趾超声波锤击处理，对焊缝端部竖板侧满锤处理 （2）锚板与锚压板宽度之比应大于 0.65；锚压板的宽高比应小于 1.65	ⅩⅣ	锚压板与竖板焊缝端部②

续表

<table>
<tr><th>类别</th><th>构件或连接形式简图</th><th>加工质量及其他要求</th><th>疲劳容许应力幅类别</th><th>检算部位</th></tr>
<tr><td>18</td><td>实体圆钢吊杆接头螺纹构造
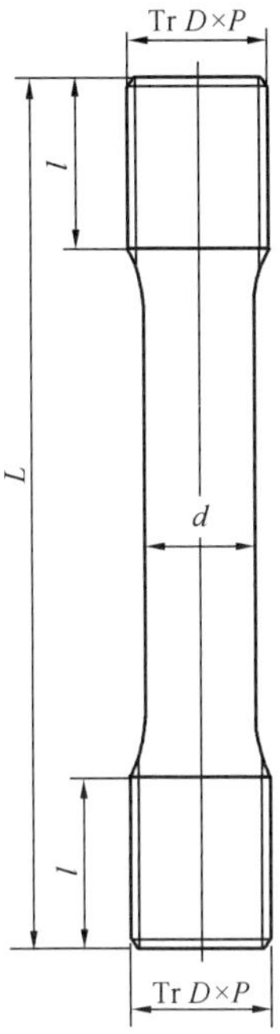</td><td>（1）实体圆钢吊杆材质为 35CrMo 圆钢
（2）圆钢钢坯与成品杆件压缩比（锻造比）不应小于 6
（3）接头螺纹应采用梯形螺纹（Tr$D\times P$），螺纹配合精度符合《梯形螺纹　第 4 部分：公差》GB/T 5796.4—2022 中 8H/7e 要求
（4）螺纹段表面加工粗糙度不应大于 6.3，杆部表面粗糙度不应大于 12.5。外螺纹收尾部分与杆体圆弧光滑过渡，过渡长度不应小于杆体直径 d。T 形螺纹的牙底及牙顶应圆弧光滑过渡。吊杆内螺纹孔口应倒角处理
（5）吊杆螺纹部分的小径应大于杆体直径，且螺纹部分直径与杆体直径比 D/d 不应小于 1.26，螺纹部分长度与直径比 l/D 不应小于 1.21</td><td>Ⅳ</td><td>端部螺纹③</td></tr>
</table>

注：1. ①可用板弯曲引起的应力幅 $\Delta\delta$ 进行验算；
2. ②此处为剪应力检算；
3. ③计算采用杆部截面公称尺寸。

钢梁双线系数 γ_d　　**附表 K-3**

<table>
<tr><th>列车类型 / 线路数量</th><th colspan="5">客货共线/高速/城际铁路列车</th><th colspan="5">重载铁路列车</th></tr>
<tr><td rowspan="3">双线</td><td colspan="5">δ_1/δ_2</td><td colspan="5">δ_1/δ_2</td></tr>
<tr><td>2/5</td><td>3/7</td><td>4/8</td><td>5/9</td><td>3/5</td><td>2/5</td><td>3/7</td><td>4/8</td><td>5/9</td><td>3/5</td></tr>
<tr><td>1.12</td><td>1.13</td><td>1.16</td><td>1.19</td><td>1.21</td><td>1.21</td><td>1.23</td><td>1.27</td><td>1.31</td><td>1.34</td></tr>
</table>

注：δ_1/δ_2 为一线加载时，按杠杆原理计算，两片主桁（或主梁）各自承受的荷载比。

钢梁多线系数 γ_d　　**附表 K-4**

<table>
<tr><th>列车类型 / 线路数量</th><th colspan="5">客货共线/高速/城际铁路列车</th><th>重载铁路列车</th></tr>
<tr><td>三线</td><td colspan="5">1.80～1.90①</td><td>2.26</td></tr>
<tr><td>四线</td><td colspan="5">2.15～2.30①</td><td>2.85</td></tr>
<tr><td rowspan="3">六线</td><td colspan="5">n/N②</td><td rowspan="3">—</td></tr>
<tr><td>0/6</td><td>2/6</td><td>3/6</td><td>4/6</td><td>6/6</td></tr>
<tr><td>2.75</td><td>2.60</td><td>2.80</td><td>2.90</td><td>3.05</td></tr>
</table>

注：1. ①下限为全部高速/城际铁路，上限为全部客货共线铁路，中间部分可内插；
2. ②n 为桥上客货共线铁路的线路数量，N 为桥上线路总数。

客货共线铁路损伤修正系数 γ_n、γ'_n 附表 K-5

影响线加载长度（m）	γ_n	γ'_n						
		恒：活（2：8）	恒：活（3：7）	恒：活（4：6）	恒：活（6：4）	恒：活（7：3）	恒：活（8：2）	恒：活（9：1）
≥20	1.00	1.00	1.00	1.00	1.00	1.00	1.00	1.00
16	1.10	1.08	1.07	1.06	1.04	1.03	1.02	1.01
12	1.20	1.16	1.14	1.12	1.08	1.06	1.04	1.02
8	1.30	1.24	1.21	1.18	1.12	1.09	1.06	1.03
5	1.45	1.36	1.32	1.27	1.18	1.14	1.09	1.05
≤4	1.50	1.40	1.35	1.30	1.20	1.15	1.10	1.05

高速铁路损伤修正系数 γ_n、γ'_n 附表 K-6

影响线加载长度（m）	γ_n	γ'_n						
		恒：活（2：8）	恒：活（3：7）	恒：活（4：6）	恒：活（6：4）	恒：活（7：3）	恒：活（8：2）	恒：活（9：1）
≥30	1.00	1.00	1.00	1.00	1.00	1.00	1.00	1.00
20	1.10	1.08	1.07	1.06	1.04	1.03	1.02	1.01
16	1.20	1.16	1.14	1.12	1.08	1.06	1.04	1.02
8	1.30	1.24	1.21	1.18	1.12	1.09	1.06	1.03
5	1.45	1.36	1.32	1.27	1.18	1.14	1.09	1.05
≤4	1.50	1.40	1.35	1.30	1.20	1.15	1.10	1.05

城际铁路损伤修正系数 γ_n、γ'_n 附表 K-7

影响线加载长度（m）	γ_n	γ'_n						
		恒：活（2：8）	恒：活（3：7）	恒：活（4：6）	恒：活（6：4）	恒：活（7：3）	恒：活（8：2）	恒：活（9：1）
≥30	1.000	1.000	1.000	1.000	1.000	1.000	1.000	1.000
20	1.150	1.120	1.105	1.090	1.060	1.045	1.030	1.015
16	1.250	1.200	1.175	1.150	1.100	1.075	1.050	1.025
8	1.300	1.240	1.210	1.180	1.120	1.090	1.060	1.030
5	1.450	1.360	1.315	1.270	1.180	1.135	1.090	1.045
≤4	1.500	1.400	1.350	1.300	1.200	1.150	1.100	1.050

重载铁路损伤修正系数 γ_n、γ'_n 附表 K-8

影响线加载长度（m）	γ_n	γ'_n						
		恒：活（2：8）	恒：活（3：7）	恒：活（4：6）	恒：活（6：4）	恒：活（7：3）	恒：活（8：2）	恒：活（9：1）
≥20	1.000	1.000	1.000	1.000	1.000	1.000	1.000	1.000
16	1.150	1.120	1.105	1.090	1.060	1.045	1.030	1.015
12	1.250	1.200	1.175	1.150	1.100	1.075	1.050	1.025

续表

影响线加载长度（m）	γ_n	γ'_n						
		恒：活（2：8）	恒：活（3：7）	恒：活（4：6）	恒：活（6：4）	恒：活（7：3）	恒：活（8：2）	恒：活（9：1）
10	1.300	1.240	1.210	1.180	1.120	1.090	1.060	1.030
8	1.400	1.320	1.280	1.240	1.160	1.120	1.080	1.040
5	1.450	1.360	1.315	1.270	1.180	1.135	1.090	1.045
≤4	1.500	1.400	1.350	1.300	1.200	1.150	1.100	1.050

应力比修正系数 γ_ρ　　**附表 K-9**

ρ	−1.4	−1.2	−1.0	−0.8	−0.6	−0.4	−0.2
焊接构件	0.43	0.46	—	—	—	—	—
非焊接构件	0.52	0.56	0.60	0.65	0.71	0.79	0.88
ρ	−4.5	−4.0	−3.5	−3.0	−2.0	−1.8	−1.6
焊接构件	0.21	0.23	0.25	0.28	0.36	0.38	0.41
非焊接构件	0.25	0.27	0.30	0.33	0.43	0.45	0.48

附录 L　组合压杆板束宽度与厚度之比限值

组合压杆板束宽度与厚度之比的最大值　　附表 L-1

序号	板件类型		钢材牌号							
			Q235q		Q345q、Q370q		Q420q		Q500q	
			λ	b/δ	λ	b/δ	λ	b/δ	λ	b/δ
1	H 形截面中的腹板		<60	34	<50	30	<45	28	<40	26
			≥60	$0.4\lambda+10$	≥50	$0.4\lambda+10$	≥45	$0.4\lambda+10$	≥40	$0.4\lambda+10$
2	箱形截面中无加劲肋的两边支承板		<60	33	<50	30	<45	28	<40	26
			≥60	$0.3\lambda+15$	≥50	$0.3\lambda+15$	≥45	$0.3\lambda+14.5$	≥40	$0.3\lambda+14$
3	H 形或 T 形无加劲的伸出肢	铆接杆	—	≤12	—	≤10	—	—	—	—
		焊接杆	<60	13.5	<50	12	<45	11	<40	10
			≥60	$0.15\lambda+4.5$	≥50	$0.14\lambda+5$	≥45	$0.14\lambda+4.7$	≥40	$0.14\lambda+4.5$
4	铆接杆角钢伸出肢	受轴向力的主要杆件	—	≤12	—	≤12	—	—	—	—
		支撑及次要杆件	—	≤16	—	≤16	—	—	—	—
5	箱形截面中 n 等分线附近各设一条加劲肋的两边支承板		<60	$28n$	<50	$24n$	<45	$22n$	<40	$20n$
			≥60	$(0.3\lambda+10)$	≥50	$(0.3\lambda+9)r$	≥45	$(0.3\lambda+8.5)$	≥40	$(0.3\lambda+8)n$

注：1. b、δ 如图 L-1 图中 b_1、δ_1、b_2、δ_2、b_3、δ_3、b_4、δ_4、b_5、δ_5，分别对应表中序号 1、2、3、4、5 项中的 b 及 δ；

2. 计算压应力 σ 小于容许应力 $\varphi_1[\sigma]$ 时，表中 b/δ 值除序号 4 外，可按规定放宽，即根据该杆件计算压应力与基本容许应力之比 φ 查出相应的 λ 值，再根据此 λ 值按本表算出该杆件容许的 b/δ 值。

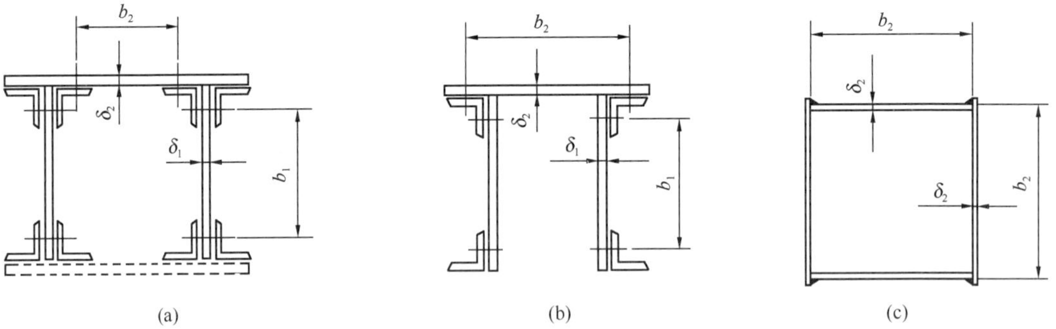

附图 L-1　附表 L-1 图

考 试 样 题

一、选择题（共 24 分，每题 2 分）

1. 根据极限状态设计法对某构件进行静力强度、疲劳强度、挠度验算时，内力分别采用（D）来计算。

A. 设计值、设计值、设计值　　B. 设计值、标准值、设计值

C. 设计值、设计值、标准值　　D. 设计值、标准值、标准值

2.《建筑结构可靠性设计统一标准》GB 50068—2018 提高了荷载分项系数，这说明（A）。

A. 可靠度指标提高、结构设计保守　　B. 可靠度指标降低、结构设计激进

C. 可靠度指标提高、结构设计激进　　D. 可靠度指标降低、结构设计保守

3. 以下哪种不属于钢材的破坏形式？（C）

A. 静力荷载下的塑性破坏　　B. 静力荷载下的脆性破坏

C. 静力荷载下的压杆失稳　　D. 反复荷载下的疲劳破坏

4. 影响焊接结构疲劳强度的主要因素是（C）。

A. 最大拉应力 σ_{max}　　B. 最大压应力 σ_{min}

C. 应力幅 $\Delta\sigma$　　D. 应力比 ρ

5. 关于直角角焊缝有效截面的应力，以下说法正确的是（B）。

A. 正面角焊缝有效截面上的应力为正应力，破坏强度比侧面角焊缝高，塑性较差。

B. 正面角焊缝有效截面上的应力既有正应力也有剪应力，破坏强度比侧面角焊缝高，塑性较差。

C. 侧面角焊缝有效截面上的应力为剪应力，破坏强度比正面角焊缝高，塑性较好。

D. 侧面角焊缝有效截面上的应力既有正应力也有剪应力，破坏强度比正面角焊缝低，塑性较好。

6. 螺栓连接承受剪力时，验算母材净截面强度，以下说法正确的是（B）。

A. 普通螺栓连接考虑孔前传力，按净截面屈服准则验算。

B. 摩擦型高强度螺栓连接考虑孔前传力，按净截面断裂准则验算。

C. 承压型高强度螺栓连接考虑孔前传力，按净截面屈服准则验算。

D. 承压型高强度螺栓连接考虑孔前传力，按净截面断裂准则验算。

7. 在下列因素中，对轴心压杆整体稳定承载力影响不大的是（D）。

A. 荷载的初偏心大小　　B. 构件的初弯曲大小

C. 截面残余应力的分布　　D. 螺栓孔的局部削弱

8. 单轴对称的轴心受压构件，当绕对称轴发生整体失稳时，其失稳模式通常是（C）。

A. 弯曲失稳　　B. 扭转失稳

C. 弯扭失稳　　　　　　　　　　D. 局部失稳

9. 下列说法哪一项是错误的？（B）

A. 钢梁的弯扭整体失稳是截面在弯矩作用下受压部分的失稳导致的。

B. 钢梁整体失稳的影响因素很多，包括截面形式、荷载分布和作用位置、面外支承情况以及加劲肋布置情况。

C. 平台结构中，一方面次梁给主梁传来集中荷载，另一方面也为主梁提供支承，提高其整体稳定性。

D. 钢梁受扭，开口截面的翘曲影响比闭口截面显著。

10. 下列关于钢梁的局部稳定，哪一项是错误的？（C）

A. 钢梁翼缘的宽厚比限值，可基于翼缘失稳不先于钢梁强度破坏的原则而确定。

B. 在弯矩、剪力、集中荷载或其共同作用下，翼缘或腹板中产生过大压应力，是钢梁局部失稳的根本原因。

C. 同时设置横向和纵向加劲肋，能够防止腹板失稳，可不对腹板高厚比进行限制。

D. 对于重型吊车梁，一般需要沿全长设置横向加劲肋来防止腹板在局部压应力下的失稳。

11. 影响工字形截面压弯构件腹板局部稳定的因素不包括（C）。

A. 正应力的梯度　　　　　　　　B. 剪应力与正应力的比值

C. 弯矩作用平面外的长细比　　　D. 截面塑性发展深度

12. 压弯构件在下面哪种弯矩作用形式下更容易发生弯矩作用平面内的整体失稳？（B）

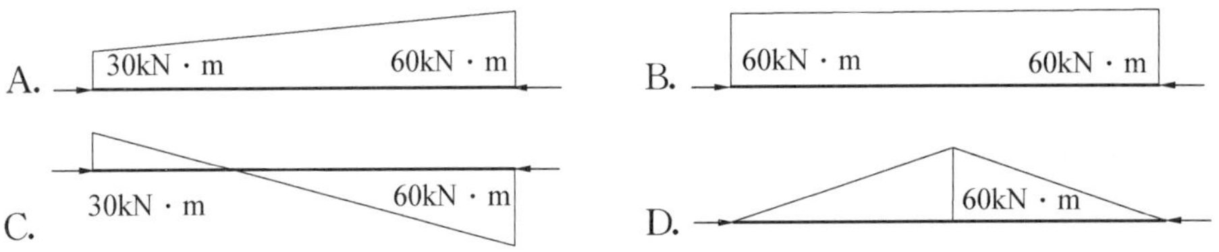

二、简答题（共 36 分，每题 6 分）

1. 近年来出现了一些标新立异的建筑，盲目追求结构的高度、跨度等。结合以上社会现象，谈谈你对钢结构发展和创新方面的认识。

答案：

（1）材料方面：发展高强度钢材和新品种型钢，如强度更高的钢材、耐候钢（抗腐蚀），以及提高厚板材的质量（抗层状撕裂）（2 分）。

（2）研究方面：开展结构设计计算方法的研究。如特殊结构和较复杂的构造（如节点处），计算结果和钢材实际状态存在很大差异，造成材料欠强或不必要的浪费，需对计算理论进行改进（2 分）。

（3）创新方面：创新结构体系，每种新型结构的研制成功，都会带来钢结构的一场变革（2 分）。

2. 重庆鹅公岩轨道（地铁）大桥于 2019 年 7 月通车，2021 年 1 月 18 日一根吊杆发生断裂，破坏位置及破坏断面如图 1 所示。试根据构造、荷载及受力、断面特征等条件分

析该吊杆属于什么形式的破坏？

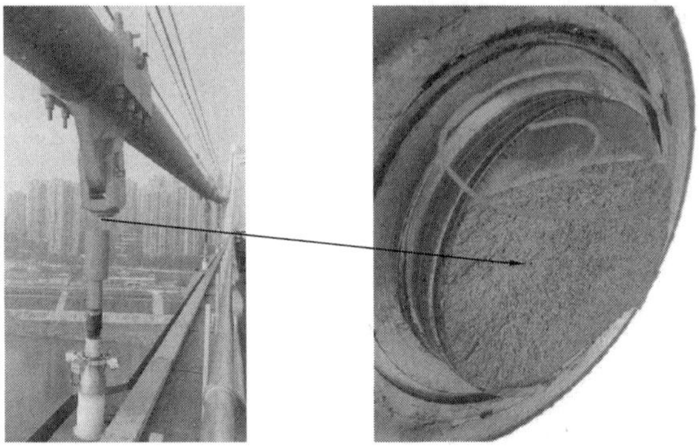

(a) 断裂的吊杆　　(b) 破坏的断面

图 1　重庆鹅公岩轨道大桥结构破坏位置及破坏断面

答案：

该吊杆承受拉力（1 分），破坏位置为杆件锚固区域，存在应力集中（1 分），桥梁承受轨道交通循环荷载（1 分），具备了疲劳破坏发生的三个条件。从通车到破坏经历了大约一年半的时间，经历了一定的应力循环次数。断面上分两个区域，一是光滑区域，为循环应力作用下的裂缝扩展过程中形成的（1 分）；另一部分是粗糙的脆断区域，当裂纹开展到一定程度，截面削弱严重时发生的脆断（1 分），因此分析该吊杆的破坏属于疲劳破坏（1 分）。

3. 如图 2 所示为一跨简支钢梁（截面为热轧普通工字形），跨中承受集中荷载 *F*，因加工需要在截面 *A-A* 处设置拼接接头。利用所学焊缝连接和螺栓连接的知识，给出拼接方法，并绘制连接示意图，简述设计计算思路。

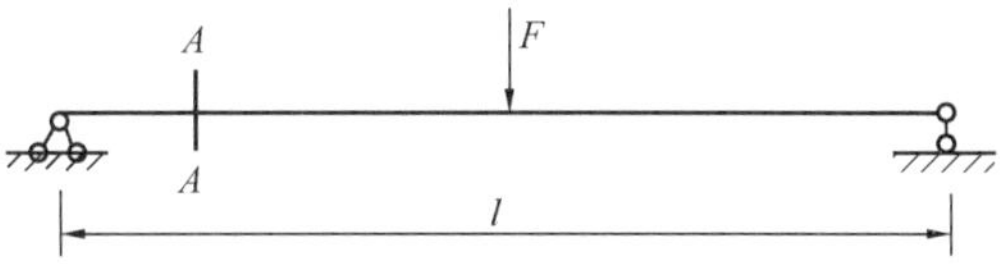

图 2　简答题 3 图

答案：

（1）对接焊缝连接（1 分）

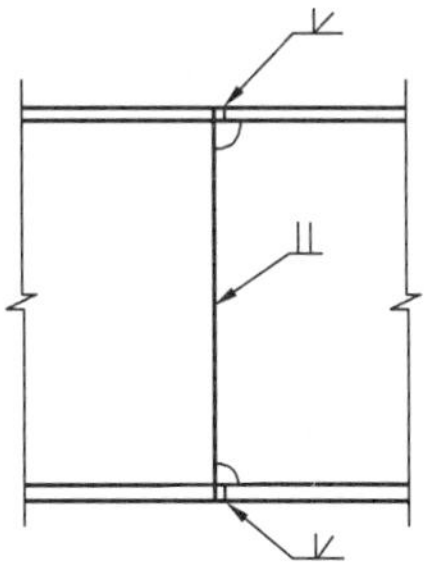

（2 分）

等强度法或内力法（1分）。翼缘焊缝承受所有的弯矩，腹板承受剪力（1分）；也可翼缘与腹板按刚度比例分配弯矩，腹板承受剪力（1分）。

（2）角焊缝连接（1分）

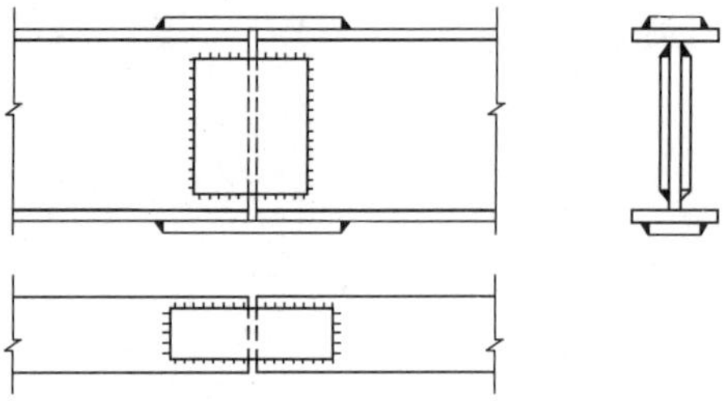

（2分）

等强度法或内力法（1分）。翼缘焊缝承受所有的弯矩，腹板承受剪力（1分）；也可翼缘与腹板按刚度比例分配弯矩，腹板承受剪力（1分）。

（3）高强度螺栓连接（1分）

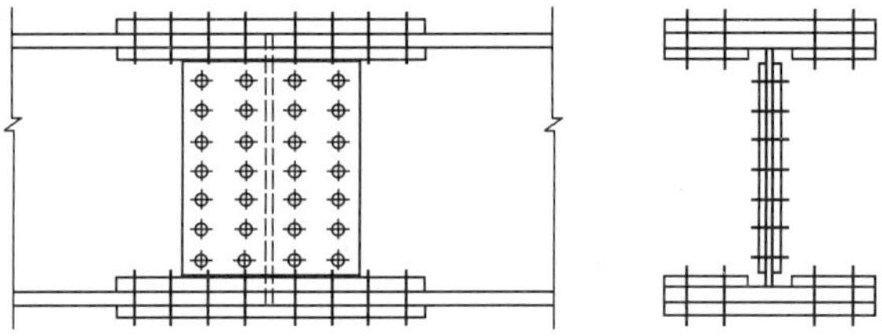

（2分）

等强度法或内力法（1分）。翼缘焊缝承受所有的弯矩，腹板承受剪力（1分）；也可翼缘与腹板按刚度比例分配弯矩，腹板承受剪力（1分）。

4. 工字形截面轴心受压杆件的翼缘和腹板，其局部稳定是如何保证的？写出验算公式，并说明公式中的限值是通过什么原则得到的？

答案：

宽厚比（或高厚比）限值（1分）。

$$\frac{b_1}{t_f} \leqslant (10+0.1\lambda)\sqrt{235/f_y},\ \frac{h_0}{t_w} \leqslant (25+0.5\lambda)\sqrt{235/f_y}$$（2个公式，各2分）

式中　λ——最大长细比，$\lambda<30$，取30；$\lambda>100$，取100。

公式中的限值是通过等稳定原则（在整体失稳之前不发生局部失稳）得到的（1分）。

5. 图3所示为我国自行研制开发的新一代“昆仑号”千吨级架桥机，可以高效地进行高速铁路高架桥箱梁的架设，能够大大缩短工期和节约建造成本。架桥机的基本受力原理类似于课程中的钢梁，当然也更为复杂，且融合了现代机械、智能数控等创新技术。现假设给定一根焊接截面钢梁，请简述要进行哪些验算，各部分的要点是什么，以确保其满足承载能力极限状态和正常使用极限状态（除焊缝强度验算）。

答案：

（1）强度验算，保证不发生强度破坏（1分）。

（2）刚度验算，控制挠度不能过大（1分）。

图 3　新一代“昆仑号”千吨级架桥机

（3）当钢梁没有足够侧向约束时，需要验算面外弯扭失稳的整体稳定性（1 分）。

（4）验算翼缘的稳定性，通过限制其宽厚比来保证（1 分）。

（5）验算腹板的稳定性，若高厚比不大于 $80\sqrt{235f_y}$，可不设置加劲肋或可按照构造要求设置加劲肋（1 分）。

（6）若腹板高厚比大于 $80\sqrt{235f_y}$，需要设置加劲肋，并进行区隔验算（1 分）。

6. 一栋教学楼采用钢框架结构体系，验算首层钢柱时，一般包含哪些内容？

答案：

承载能力极限状态：

（1）强度验算：包括正截面强度验算以及抗剪验算（1 分）。

（2）整体稳定验算：平面内稳定验算（1 分）、平面外稳定验算（1 分）。

（3）局部稳定验算（1 分）。

正常使用极限状态：长细比（1 分）、相对侧移（层间位移角）（1 分）。

三、计算题（每题 8 分，共 40 分）

1. 端板与柱翼缘采用螺栓连接，按 8.8 级摩擦型高强度螺栓计算。端板下端与支托板刨平顶紧，支托板与柱翼缘采用角焊缝连接（焊条为 E50，无引弧板）。螺栓为 M20，单栓预拉力设计值 $P=125\text{kN}$，连接钢材为 Q345，承受水平力设计值 $F=200\text{kN}$、竖向力设计值 $V=240\text{kN}$，作用位置如图 4 所示。钢材接触面喷硬质石英砂处理，$\mu=0.45$，柱翼缘、端板、支托板厚度均为 10mm。试验算螺栓连接是否满足受力要求。

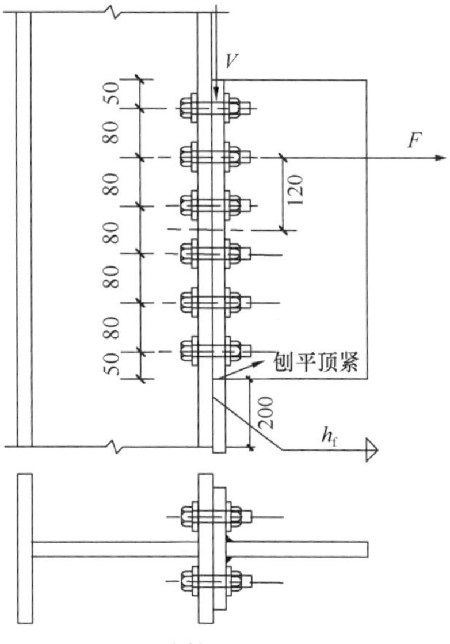

图 4　计算题 1 图（mm）

解：

由于支托板与端板刨平顶紧，竖向力由端板通过支托板传递，因此螺栓连接为偏心受拉连接（1分）。

螺栓群受力：轴心拉力 $N=F=200\text{kN}$，弯矩 $M=Fe=200\times0.12=24\text{kN}\cdot\text{m}$（1分）。

最上排螺栓为最不利螺栓，受力：

$$N_{1t}=\frac{N}{n}+\frac{My_1}{m\sum y_i^2}=\frac{200}{12}+\frac{24\times0.200}{4\times(0.040^2+0.120^2+0.200^2)}=38\text{kN}\ (2\text{分})$$

单栓承载力：$N_v^b=0.9kn_f\mu P=0.9\times1\times1\times0.45\times125=50.625\text{kN}$，$N_t^b=0.8P=0.8\times125=100\text{kN}$（2分）

$$N_{1t}=38\text{kN}<N_t^b=100\text{kN}\ (1\text{分})$$

满足（1分）！

2. 同图4所示结构，支托板与端板刨平顶紧，请结合受力要求与构造要求确定所需要的焊脚尺寸大小。

解：

连接为两条侧面角焊缝，每条焊缝计算长度为 $l_w=200-2h_f$（1分）。

角焊缝强度设计值为200MPa（1分）。

焊缝承受竖向剪力 $V=240\text{kN}$，考虑偏心影响，按下式计算：

$$\tau_f=\frac{\alpha V}{2\times0.7h_fl_w}=\frac{1.3\times240,000}{2\times0.7h_f(200-2h_f)}\leqslant f_f^w=200\text{MPa}\ (1\text{分})$$

解方程得：$h_f\geqslant5.9\text{mm}$（1分）。

按照构造要求，最小焊脚尺寸应不小于5mm（1分），最大焊脚尺寸应不大于 $(10-1\sim2)\text{mm}=8\sim9\text{mm}$（1分），因此取6mm（1分）。

焊缝长度构造要求：$8h_f=48\text{mm}$，$40h_f=240\text{mm}$，实际长度200mm，满足要求（1分）。

3. 图5所示的焊接工字形截面轴心受压柱，翼缘采用焰切边，钢材为Q235B。

（1）计算该柱的整体稳定承载力。

（2）若要提高弱轴（*y* 轴）的稳定承载力，使之与强轴（*x* 轴）的稳定承载力接近，可以沿 *x* 轴方向布置几个侧向支撑（要求侧向支撑的间距相等）？并画出侧向支撑布置的示意图。

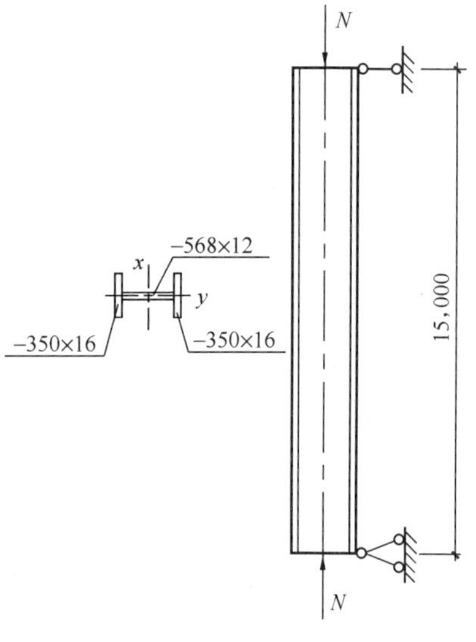

图5　计算题3图（mm）

解：

（1）计算整体稳定承载力

$$A=2\times350\times16+568\times12=18,016\text{mm}^2\ (1\text{分})$$

$$I_x=1.1384\times10^9\text{mm}^4,\ i_x=251.37\text{mm}\ (1\text{分})$$

$$I_y=1.1442\times10^8\text{mm}^4,\ i_y=79.693\text{mm}\ (1\text{分})$$

$$\lambda_x=15,000/251.37=59.67,\ \lambda_y=15,000/79.693=188.22\ (1\text{分})$$

b类截面，查表得：$\varphi_y=0.20756$（1分）。

$$N=\varphi_yAf=0.20756\times18,016\times215\times10^{-3}=803.97\text{kN}\ (1\text{分})$$

（2）计算侧向支撑数量

$$i_x/i_y = 251.37/79.693 = 3.15\ (1\text{分})$$

需要 2 个侧向支撑，侧向支撑布置的示意图如下（单位：mm）（1 分）。

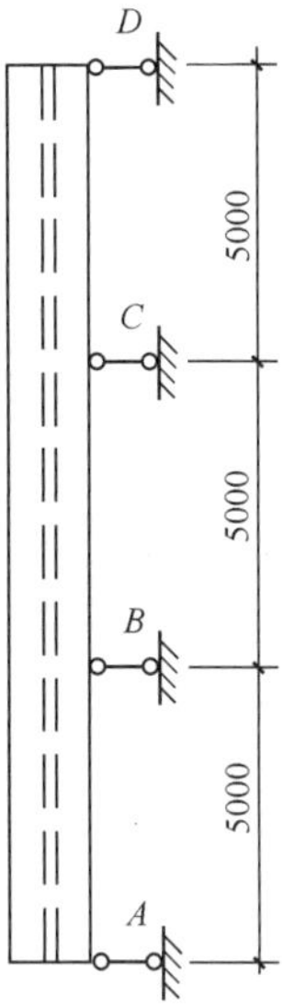

4. 如图 6 所示的热轧 H 型钢截面简支梁，截面型号为 HM450×300。承受跨中集中荷载设计值（静荷载）*P*，作用在上翼缘（注：不需要考虑梁自重影响）。在跨中截面的上翼缘设有侧向支撑，材料为 Q355 钢。若在施工期间，梁已安装就位但支撑还未设置，此时所能承受的最大集中荷载是多少？

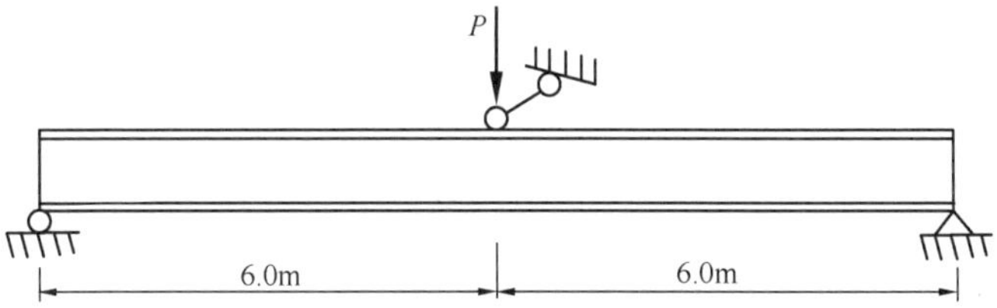

图 6　计算题 4 图

解：

截面型号 HM450×300，查附表 E-3 可得截面及构件几何性质：

截面面积：$A = 154\text{cm}^2$

回转半径：$i_x = 18.9\text{cm}^2$，$i_y = 7.25\text{cm}^2$

截面模量：$W_x = 2490\text{cm}^3$，$W_y = 540\text{cm}^3$

截面高度：$h = 440\text{mm}$

截面宽度：$b_1 = 300\text{mm}$

翼缘厚度：$t_2 = 18\text{mm}$ (1 分)

跨中最大弯矩：$M_x = \dfrac{1}{4}PL = \dfrac{1}{4} \times P \times 12 = 3P$

施工中没有面外支撑时：

面外长细比：$\lambda_y = l_y/i_y = 1200/7.25 = 166$(2 分)

参数：$\xi=\dfrac{Lt_2}{b_1h}=\dfrac{12,000\times18}{300\times440}=1.6$，$\beta_b=0.73+0.18\xi=0.73+0.18\times1.6=1.018$（2分）

$$\varphi_b=\beta_b\frac{4320}{\lambda_y^2}\times\frac{Ah}{W_x}\times\frac{235}{f_E}\sqrt{1+\left(\frac{\lambda_y t_2}{4.4h}\right)^2}$$

$$=1.018\times\frac{4320}{166^2}\times\frac{154\times44}{2490}\times\frac{235}{345}\sqrt{1+\left(\frac{166\times1.8}{4.4\times44}\right)^2}=0.54<0.6 \quad (2分)$$

最大弯矩：$M_{max}=\varphi_b W_x f=0.54\times2490\times10^3\times305/10^6=410\text{kN}\cdot\text{m}$

最大集中荷载：$P_{max}=4M_{max}/L=4\times410/12=136.7\text{kN}$（1分）

5. 某框架柱截面如图7所示，截面为焊接工字形截面（翼缘为焰切边），荷载为静力荷载设计值。试验算弯矩作用平面内的整体稳定是否满足要求。材质：Q355B钢材，$f=305\text{N/mm}^2$，$E=2.06\times10^5\text{N/mm}^2$；截面特性 $A=9600\text{mm}^2$，$I_x=3.197\times10^8\text{mm}^4$，$I_y=2.135\times10^7\text{mm}^4$。

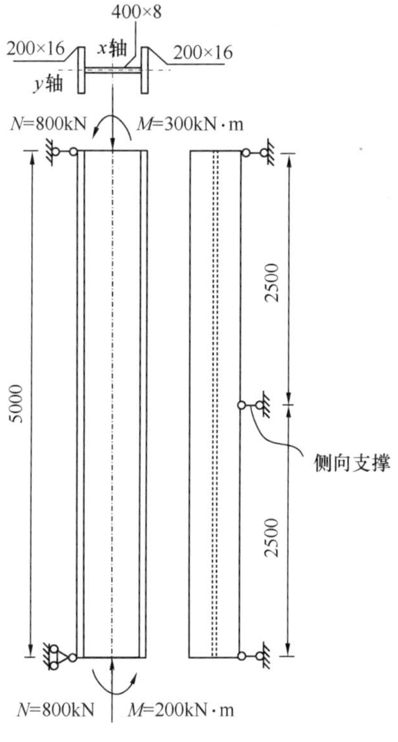

图7 计算题5图（mm）

解：

（1）截面几何特性计算（2分）

$$A=2\times200\times16+400\times8=9600\text{mm}^2$$

$$I_x=\frac{1}{12}[200\times(400+16\times2)^3-(200-8)\times400^3]=3.197\times10^8\text{mm}^4$$

$$I_y=\frac{1}{12}(400\times8^3+2\times200^3\times16)=2.135\times10^7\text{mm}^4$$

$$W_x = \frac{3.197 \times 10^8}{216} = 1.480 \times 10^6 \text{mm}^3$$

$$i_x = \sqrt{\frac{3.197 \times 10^8}{9600}} = 182.49\text{mm},\ i_y = \sqrt{\frac{2.135 \times 10^7}{9600}} = 47.16\text{mm}$$

$$\lambda_x = \frac{5000}{182.49} = 27.40 < [\lambda] = 150,\ \lambda_y = \frac{2500}{47.16} = 53.01 < [\lambda] = 150$$

（2）平面内稳定验算

截面为焊接工字形截面（翼缘为焰切边），b 类截面，$\lambda_x\sqrt{\frac{345}{235}} = 33.20$（1 分）。

查表得：$\varphi_x = 0.9242$（1 分）。

$$\beta_{mx} = 0.6 - 0.4\frac{M_2}{M_1} = 0.6 - 0.4 \times \frac{200}{300} = 0.333 \text{（1 分）}$$

$$N'_{Ex} = \frac{\pi^2 EA}{1.1\lambda_x^2} = \frac{3.14^2 \times 2.06 \times 10^5 \times 9600}{1.1 \times 27.40^2} \times 10^{-3} = 23,610.43\text{kN} \text{（1 分）}$$

$$\frac{N}{\varphi_x A} + \frac{\beta_{mx} M_x}{\gamma_x W_x\left(1 - 0.8\frac{N}{N'_{Ex}}\right)} = \frac{800 \times 10^3}{0.9242 \times 9600} + \frac{0.333 \times 300 \times 10^6}{1.05 \times 1.480 \times 10^6 \times \left(1 - 0.8 \times \frac{800}{23,610.43}\right)}$$

$$= 156.24\text{N/mm}^2 < f = 305\text{N/mm}^2 \quad \text{（2 分）}$$

平面内稳定满足要求。

参 考 文 献

[1] 沈祖炎，陈以一，陈扬骥，等．钢结构基本原理[M]. 3版．北京：中国建筑工业出版社，2018.

[2] 刘学应，等．建筑工业化导论[M]. 北京：清华大学出版社，2021.

[3] 中国钢结构协会．钢结构行业“十四五”规划及2035年远景目标[R]. 上海，2021.

[4] 刘智敏，姜兰潮，陈爱国．钢结构设计原理[M]. 2版．北京：北京交通大学出版社，2019.

[5] 李正宁．微纳结构碳素钢和奥氏体不锈钢制备与性能调控[D]. 兰州：兰州理工大学，2019.

[6] 陈翔，蔡相航．耐候钢在现代建筑设计中的应用探究[J]. 建筑与文化，2021，210(9)：212-213.

[7] 郑凯锋，张宇，衡俊霖，等．国内外耐候钢腐蚀疲劳试验技术发展[J]. 哈尔滨工业大学学报，2021，53(3)：1-10.

[8] 李富文，伏魁先，刘学信. 钢桥[M]. 北京：中国铁道出版社，1992.

[9] 王承礼，徐名枢．铁路桥梁[M]. 北京：中国铁道出版社，1990.

[10] 吴冲．现代钢桥(上)[M]. 北京：人民交通出版社，2006.

[11] 中华人民共和国住房和城乡建设部．钢结构设计标准：GB 50017—2017[S]. 北京：中国建筑工业出版社，2017.

[12] 中华人民共和国住房和城乡建设部．建筑结构可靠性设计统一标准：GB 50068—2018[S]. 北京：中国建筑工业出版社，2018.

[13] 中华人民共和国住房和城乡建设部．铁路工程结构可靠性设计统一标准：GB 50216—2019[S]. 北京：中国计划出版社，2019.

[14] 中国铁路总公司．铁路桥涵设计规范(极限状态法)：Q/CR 9300—2018[S]. 北京：中国铁道出版社，2018.

[15] 国家铁路局．铁路桥梁钢结构设计规范：TB 10091—2017[S]. 北京：中国铁道出版社，2017.

[16] 中华人民共和国住房和城乡建设部．建筑结构荷载规范：GB 50009—2012[S]. 北京：中国建筑工业出版社，2012.

[17] 中华人民共和国住房和城乡建设部．建筑抗震设计规范(2016年版)：GB 50011—2010[S]. 北京：中国建筑工业出版社，2016.

[18] 中华人民共和国住房和城乡建设部．钢结构通用规范：GB 55006—2021[S]. 北京：中国建筑工业出版社，2021.

[19] 中华人民共和国住房和城乡建设部．高强钢结构设计标准：JGJ/T 483—2020[S]. 北京：中国建筑工业出版社，2020.